H. L. Resnikoff
R. O. Wells, Jr.

Mathematatik im Wandel der Kulturen

CIP-Kurztitelaufnahme der Deutschen Bibliothek

Resnikoff, Howard L.:
Mathematik im Wandel der Kulturen/H. L. Resnikoff;
R. O. Wells. [Übers.: Rena Schwarze Wells]. –
Braunschweig; Wiesbaden: Vieweg, 1983.
Einheitssacht.: Mathematics in civilization ‹dt.›
ISBN 3-528-03578-1

NE: Wells, Raymond O.:

Titel der Originalausgabe:
Mathematics in Civilization

Übersetzung: Rena Schwarze Wells, Houston (Texas)

Satz: Vieweg, Wiesbaden
Druck: Lengericher Handelsdruckerei, Lengerich
Buchbinderische Verarbeitung: Hunke & Schröder, Iserlohn
Printed in Germany

ISBN 3-528-03578-1

Aus dem Vorwort zur Originalausgabe

Dieses Buch entstand während der Jahre 1969 bis 1972 aus einer Reihe mathematischer Vorlesungen für die Anfangssemester an der Rice University in Houston (Texas, U.S.A.). Die behandelten Themen sind aus dem Inhaltsverzeichnis ersichtlich. Wir haben keine Vollständigkeit der Darstellung angestrebt, sondern uns vielmehr bemüht, für jedes Gebiet ausreichendes Material einzubeziehen, so daß der Leser eine einigermaßen genaue Vorstellung von der wesentlichen Ähnlichkeit mathematischer Probleme im Verlauf der Geschichte bekommt. Wir hoffen, daß der Leser ebenfalls verstehen wird, warum die Mathematik nicht nur nützlich, sondern auch schön ist.

Kleingedruckte Stellen im Text sind, soweit sie sich von Zitaten unterscheiden, von untergeordneter Bedeutung; vom Leser wird erwartet, daß er mit der Materie vertraut ist, sie jedoch nicht unbedingt beherrschen muß. Es handelt sich dabei gewöhnlich um detailliertere Belege wichtiger Aussagen im Text.

Hinweise auf das Literaturverzeichnis am Ende des Buches werden in eckigen Klammern [ ] angegeben.

Am Ende jedes Kapitels sind Übungsaufgaben zusammengestellt; schwierigere Aufgaben sind durch ein vorangehendes Sternchen gekennzeichnet.

Wir verwenden abwechselnd die Ausdrücke *Akkadier* und *Babylonier* für die nachsumerischen Bewohner, die vor 2000 bis 6000 Jahren das mesopotamische Gebiet besiedelten.

Es ist uns nicht möglich, alle Kollegen zu nennen, die uns mit Bemerkungen und Kritik geholfen haben; dennoch freuen wir uns, daß wir an dieser Stelle Gelegenheit haben, ihnen zu danken. Besondere Anerkennung gebührt David Rektor, der 1969 Vorlesungen über das Gebiet hielt.

Schließlich, und eigentlich in erster Linie, möchten wir unseren Studenten danken, die uns mit ihrer Begeisterung und Geduld ermutigten, unsere unausgefeilten Vorlesungsnotizen in diesem Buch zusammenzufassen.

H. L. Resnikoff
R. O. Wells, Jr.

Houston (Texas)
Dezember 1972

Das Fundament für dieses Buch legten vor vielen Jahren meine ausgezeichneten Lehrer J. J. Finkelstein und D. J. Struik in ihren inspirierenden Vorlesungen und Gesprächen, durch die mir bewußt wurde, wie stark die Bindungen zwischen Naturwissenschaften und Geisteswissenschaften, zwischen Gegenwart und Vergangenheit sind.

H. L. Resnikoff

Vorwort zur deutschen Ausgabe

Die englische Ausgabe dieses Buches erschien vor rund zehn Jahren, und wir freuen uns, daß der Text nun auch der deutschsprachigen Leserschaft zugänglich gemacht wird. Die in dem Buch behandelten Themen umspannen eine Zeitperiode von etwa 4000 Jahren, und so fallen neuere Ereignisse, die sich seit der ersten Ausgabe des Buches ereignet haben, kaum ins Gewicht. In einem Anhang, der dem ursprünglichen Text beigefügt wurde, werden Fortschritte im 20. Jahrhundert besprochen, die in der ersten Ausgabe nicht erwähnt wurden. Wir betrachten wichtige Ergebnisse in der Quantentheorie und der mathematischen Logik und besprechen den Einfluß, den diese auf die heutige Gesellschaft ausüben.

Wir danken dem Vieweg Verlag, insbesondere Ulrike Schmickler-Hirzebruch und Alfred Schubert, für das Interesse an der deutschen Ausgabe und für die Sorgfalt in der Vorbereitung des Manuskripts. Besonderer Dank gebührt Rena Schwarze Wells, die den Text mit Hingabe und Aufmerksamkeit am Detail übersetzte.

H. L. Resnikoff, Cambridge (Massachussetts)
R. O. Wells, Jr., Houston (Texas)

Dezember 1982

Inhaltsverzeichnis

Einleitung

0.1. Junge Leute, die sich heutzutage zu einem Studium entschließen, sollten in ihren Studienjahren mindestens zwei Dinge erreichen. Sie sollten sich erstens eine gewisse Kompetenz in einem Spezialgebiet aneignen, so daß sie später eine entsprechende Stellung in der Gesellschaft finden können. Zweitens sollten sie sich der anderen Kräfte und Strömungen in der Gesellschaft bewußt werden, die den Lauf und die Qualität ihres Lebens beeinflussen, und sie verstehen lernen. Um dieses zweite Ziel zu erreichen, sind in den letzten Jahren an den amerikanischen Colleges Vorlesungen eingerichtet worden, die ein Verständnis für Wesen und Aufgaben anderer Fachgebiete vermitteln, die nicht unmittelbar in das Spezialgebiet des Studenten fallen. Dieses Buch ist für alle diejenigen gedacht, die die Stellung der Mathematik in Wissenschaft und Gesellschaft verstehen möchten. Es vermittelt keine mathematischen Techniken, noch bereitet es den Leser darauf vor, Mathematik ernsthaft anzuwenden. Die einzigen mathematischen Voraussetzungen sind: hinreichende Kenntnisse in der Arithmetik von Brüchen und Dezimalzahlen, in elementarer ebener Geometrie, in den Anfangsgründen algebraischer Verfahren und in der Trigonometrie.

Eine Möglichkeit, den uneingeweihten Leser mit der Mathematik bekanntzumachen, bestünde darin, ihm Beispiele vorzuführen, die gegenwärtig für Mathematiker von Interesse sind, und ihm auf diese Weise zu zeigen, was Mathematik ist und wie Mathematiker denken. Es ist jedoch zeitraubend und schwierig, auf diesem Wege etwas über Mathematik zu lernen; es wäre ebenso erfolglos wie der Versuch, sich Kenntnisse über Musik anzueignen, indem man verschiedene Instrumente zu spielen lernt, ohne eines von ihnen richtig zu beherrschen. Man kann aber Musik genießen und ihre Rolle in der Kulturgeschichte verstehen, ohne selber auch nur ein Instrument zu spielen oder dessen Spieltechnik zu kennen. Genauso kann man Verständnis für mathematische Leistungen und deren Einfluß auf die Kultur haben.

Struktur und Zielsetzung dieses Buches werden durch einen weiteren Vergleich deutlich. Mathematik wächst ähnlich wie ein Baum: Man denke sich die Höhe eines bestimmten Baumabschnitts als ein Maß für die *Zeit*. So finden wir die Anfänge der Mathematik nahe den Wurzeln und die neuesten Entwicklungen als Blüten an den Spitzen der höchsten Äste. Bücher über moderne mathematische Themen kann man sich als horizontalen Querschnitt durch den Gipfel des mathematischen Baums vorstellen, während eine Untersuchung der geschichtlichen Entwicklung eines bestimmten Gebiets irgendwo bei den Wurzeln beginnen würde und sich dann vertikal verlaufend nach oben bis in die Äste verfolgen ließe. Wir wollen uns in diesem Buch auf zwei Hauptthemen konzentrieren und deren Verlauf durch den Baum vom Altertum bis zur Neuzeit verfolgen. Die Themen sind grundlegend und durchdringen die gesamte Mathematik. Außerdem sind sie durch die Jahrhunderte unlösbar miteinander verbunden, obwohl jedes seine spezielle Eigenart beibehalten hat. Indem wir uns auf diese Themen konzentrieren und ihre Entwicklung verfolgen, können wir dem Leser hoffentlich eine Darstellung von der Entwicklung der Mathematik und ihrer symbiotischen Wechselbeziehung mit der jeweiligen kulturellen Entwicklung vermitteln; ein solcher Überblick wäre durch die Untersuchung einer Auswahl von neueren mathematischen Themen nicht möglich.

Der entwicklungsgeschichtliche Standpunkt hat auch einen pädagogischen Vorteil. Selbst der Student, dem die moderne Mathematik fernliegt, hat sich dennoch eine Menge mathematischer Kenntnisse angeeignet, die zwar nach gegenwärtigen Maßstäben elementar sind, einst jedoch als Grenze der Forschung galten. Indem wir einen Weg von der Vergangenheit zur Gegenwart verfolgen – allerdings nicht immer streng chronologisch – und uns auf grundlegende mathematische Probleme antiken Ursprungs beschränken, hoffen wir, auf den vorhandenen Fachkenntnissen des Lesers aufbauen zu können und ihn allmählich zum Verstehen der modernen, verfeinerten Formen dieser Probleme und somit zu einem Verständnis des Wertes und der Konsequenzen mathematischen Fortschritts zu bringen.

Wir haben, wie bereits erwähnt, zwei Wege ausgewählt. Der erste könnte

die Fähigkeit zu rechnen

genannt werden. Er ist unmittelbar verwandt mit der Entwicklung der Technik und mit der Fähigkeit, immer kompliziertere Formen der Gesellschaft zu organisieren. Der zweite Weg könnte

die geometrische Beschaffenheit des Raumes

heißen, d.h. die geometrische Beschaffenheit der physikalischen Welt, in der wir leben. Dieser Weg zeigt uns die Entwicklung von Modellen des physikalischen Universums und ihre Beziehung zu abstrakten Formen der Geometrie, wie sie jahrhundertelang von Mathematikern untersucht wurden. In seinen praktischen Anwendungen bestimmt dieser Weg unsere Fähigkeit, die Natur zu beherrschen. Er ist außerdem die Basis einiger unserer tiefgründigsten philosophischen Betrachtungen. Beide Wege hängen voneinander ab, denn der Fortschritt von einfachen zu komplexen geometrischen Betrachtungen, die Teile der Wirklichkeit exakt beschreiben können, beruht auf der Fähigkeit zu rechnen. Andererseits fordert die Kompliziertheit einiger geometrischer Modelle die vorhandenen rechnerischen Fähigkeiten heraus und ermutigt zu weiteren Entwicklungen.

0.2. Wie schon erwähnt, soll dieses Buch die Rolle der Mathematik in der Entwicklung und Erhaltung unserer kulturellen Errungenschaften untersuchen. Eine unserer Thesen ist, daß die Ergebnisse der Mathematik für Wohl und Wachstum der menschlichen Gesellschaft wichtig sind. Sie bilden deshalb das intellektuelle Rüstzeug eines gebildeten Menschen, obwohl die mathematischen Methoden und die Persönlichkeiten der Mathematik für Nichtmathematiker von keinem großen Interesse sind und auch nicht sein sollten.

Die Mathematik spielt eine sonderbare und einzigartige Rolle, denn sie ist weder eine Naturwissenschaft noch eine Kunst, hat jedoch teil an beiden Disziplinen. Das Künstlerische sorgt für die Motivation der meisten reinen Mathematiker, die Wissenschaft (im weitesten Sinne gemeint) hingegen erntet die Früchte. Die wichtigsten Unterschiede zwischen der Mathematik und den Naturwissenschaften beruhen nicht einfach auf persönlichen Meinungsverschiedenheiten; sie zeigen sich sowohl in quantitativen als auch in qualitativen Methoden, von denen wir einige im weiteren Text betrachten werden.

Trotzdem wird die Mathematik gewöhnlich als Wissenschaft betrachtet, und so nimmt sie an der allgemein wachsenden staatlichen Unterstützung für Forschungsvorhaben teil. Da der Interessenstreit um die Gelder der Steuerzahler sehr stark geworden ist, ist eine ernsthafte Untersuchung der Rolle der Mathematik in der Gesellschaft besonders gerechtfertigt. Ist die Betonung der Mathematik in unserer gegenwärtigen Gesellschaft ausreichend, zu stark oder gerade angemessen? Wir möchten dem Leser einige Hilfen geben, damit er diese schwierige Frage selbst beantworten kann. Denn schließlich sind es seine oder werden es seine zukünftigen Steuern sein, die dazu beitragen, die Zukunft zu bestimmen.

Die Bedeutung, die eine Gesellschaft einer Tätigkeit beimißt, die sie ausübt und fördert, läßt sich an dem Anteil an menschlichen und Sachmitteln ablesen, den diese Tätigkeit in Anspruch nimmt. Ist dieser Anteil gegenwärtig groß, war in der Vergangenheit aber klein, so können wir ziemlich sicher sein, daß die Tätigkeit in letzter Zeit an Bedeutung gewonnen hat. Ist er aber über lange historische Perioden merkbar gleich geblieben, so sollten wir daraus schließen, daß die Tätigkeit stets die gleiche relative Bedeutung wie heute hatte.

Wir wollen den Umfang der mathematischen Forschung von heute untersuchen und ihn mit der Lage in der Vergangenheit – so weit zurück wie möglich – vergleichen. Wie wir sehen werden, bildeten die „bedeutenden" Mathematiker immer – zumindest während der letzten 2000 Jahre – einen praktisch gleichbleibenden Bruchteil der Bevölkerung: Ein bedeutender Mathematiker kam jeweils auf etwa 4 Millionen Menschen. Betrachten wir zunächst die heutige Lage. Die Ausgabe des *World Directory of Mathematicians* von 1966 nennt etwa 11 000 Mathematiker. Die Weltbevölkerung zählte im Jahre 1965 ungefähr 3,3 Milliarden Menschen, d.h. auf etwa 300 000 Menschen kommt ein Mathematiker. Aber nicht jeder Mathematiker erbringt Forschungsergebnisse, die über Jahre hinaus von Bedeutung sind; vielleicht wird nur jeder Fünfzigste eine solche Leistung vollbringen, was bedeutet, daß vielleicht 220 in die Geschichte eingehen werden. Diese Schätzung ist selbstverständlich nur eine Meinung, aber es gibt noch andere Tatsachen, die andeuten, daß diese Rechnung nicht allzu abwegig ist.

Wir müssen Geschichtsbücher zur Hand nehmen, um diese Tatsachen zu verstehen und um das heutige Ausmaß der mathematischen Forschung mit dem der Vergangenheit zu vergleichen. Dirk J. Struik, selbst ein bedeutender Mathematiker, hat ein Werk über die Geschichte der Wissenschaft und der Mathematik geschrieben. Sein Buch *Abriß der Geschichte der Mathematik*[1)] [60] ist ein gründliches und gedankenreiches Werk, das allgemeine Anerkennung gefunden hat. Wir wollen übereinkommen, daß ein Mathematiker bedeutend ist, wenn er (mit Geburtsdatum) in Struiks Index verzeichnet ist. Hiermit „definieren" wir, was der Begriff „bedeutender Mathematiker" für uns aussagt. Obwohl diese Definition für jeden bestimmten Mathematiker in Frage gestellt werden kann, so spiegelt sie doch im allgemeinen wider, wer unter den historischen Personen intuitiv als bedeutend anerkannt wird – nämlich derjenige, der in den Geschichtsbüchern erwähnt wird. Berechnet man die Anzahl bedeutender Mathematiker, ist es sinnvoll, alle

1) Der englische Originaltitel lautet: *A Concise History of Mathematics*

zusammenzuzählen, die vor einem gewissen Datum geboren wurden, denn wichtige mathematische Beiträge verlieren über die Jahre nicht an Wert[1]). Bild 0.1 zeigt die Kurve dieser Funktion. In letzter Zeit scheint die Anzahl bedeutender Mathematiker stark zugenommen zu haben. Andererseits ist sicher, daß es auch einige bedeutende Mathematiker gegeben haben muß, deren Geburtsdatum vor 700 v. Chr. gelegen hat, obwohl uns keine Namen überliefert sind. Hierfür lassen sich mehrere Gründe finden:

Zerstörung der Aufzeichnungen durch die Unbilden der Zeit, Struiks mögliche persönliche Neigungen, gesellschaftliche Anonymität in früheren Kulturen, usw. Wie es sich auch damit verhalten haben mag, so zeigt Bild 0.1 dennoch einen stetigen Zuwachs[2]) der

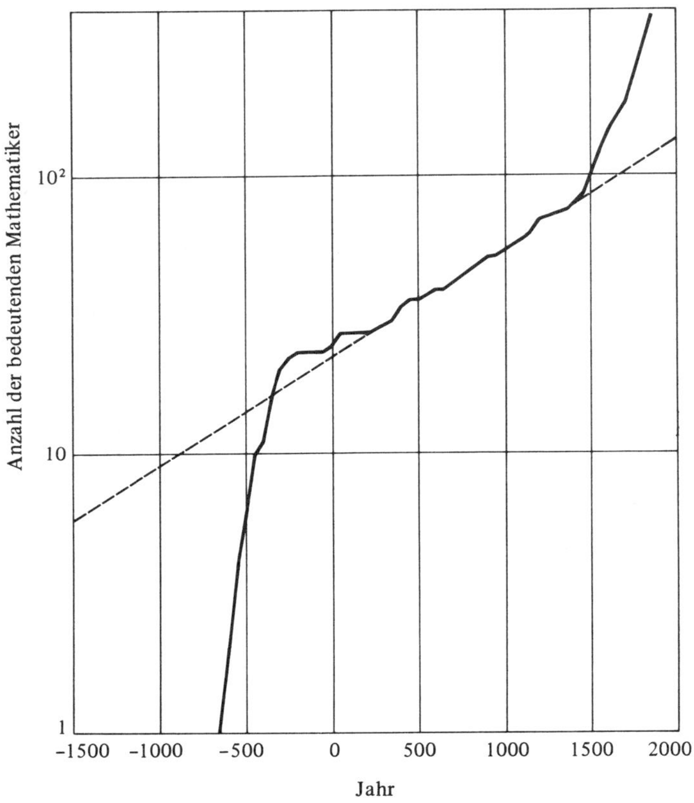

Bild 0.1 Bedeutende Mathematiker (kumulativ, nach Geburtsdatum). Werte von Struik [60]

1) Viele moderne Texte über Zahlentheorie und Unterhaltungsmathematik nennen zum Beispiel immer noch Euklids Beweis (*Euklid* um 300 v. Chr.), daß es unendlich viele Primzahlen gibt.

2) Die Kurve ist auf *halblogarithmischem* Papier aufgetragen, d. h., die Ordinaten sind die *Logarithmen* der kumulierten Anzahl von Mathematikern. Ein Geradenabschnitt entspricht dem *exponentiellen Wachstum.* Siehe die Diskussion über logarithmische und exponentielle Funktionen in Kapitel 7.

Zahl bedeutender Mathematiker von etwa 100 v. Chr. bis 1400 n. Chr., woran sich ein dramatischer und immer noch anhaltender Anstieg der Wachstumsrate anschließt.

Man beachte, daß es kein „finsteres" Mittelalter für bedeutende Mathematiker gab. Die „Finsternis" des mittelalterlichen Europas, von 600 bis etwa 1200 (abhängig davon, welche Autorität man zitiert) wurde durch die „Helligkeit" der arabischen Kultur ausgeglichen.

Bild 0.2 zeigt das kumulierte Wachstum der Anzahl bedeutender Mathematiker; jedoch wurde der Teil der Kurve, der dem stetigen exponentiellen Wachstum von 100 v. Chr. bis 1400 n. Chr. entspricht, zeitlich zurückprojiziert. Diese Projektion deutet an, daß es ungefähr „einen" bedeutenden Mathematiker um 3700 v. Chr. gegeben haben muß. Später werden wir auf diese Spekulation zurückkommen. Dasselbe Bild zeigt Abschätzungen der Weltbevölkerung in verschiedenen Zeitperioden. Man beachte, daß die Bevölkerungskurve und die Kurve kumulierend berechneter bedeutender Mathematiker ungefähr parallel sind. Dies zeigt, daß bedeutende Mathematiker in der fernen Vergangenheit ungefähr den gleichen Anteil der Bevölkerung gebildet haben wie in neueren Zeiten. Eine Auswertung des Bildes ergibt für das Verhältnis Bevölkerung zu kumulierter Anzahl bedeutender Mathematiker die in Tabelle 0.1 dargestellten Daten. Die Tabelle kann nicht auf neueren Stand gebracht werden, da Struik nur die Mathematiker vor dem 20. Jahrhundert betrachtet, und wir klassifizierten bedeutende Mathematiker nach dem Datum ihrer *Geburt*, das mindesten 20 Jahre vor Beginn ihres schöpferischen Lebensabschnitts liegt. Es fällt auf, daß die Verhältnisse fast konstant sind: Die Werte liegen alle zwischen 3,8 Millionen und 6,9 Millionen Menschen pro bedeutendem Mathematiker. Der offensichtliche Trend scheint darauf hinzuweisen, daß die Anzahl der Mathematiker schneller wächst als die Bevölkerung. Dies könnte daran liegen, daß in früheren Zeiten die Mathematiker zu knapp gezählt wurden oder die Weltbevölkerung überschätzt wurde. Vielleicht

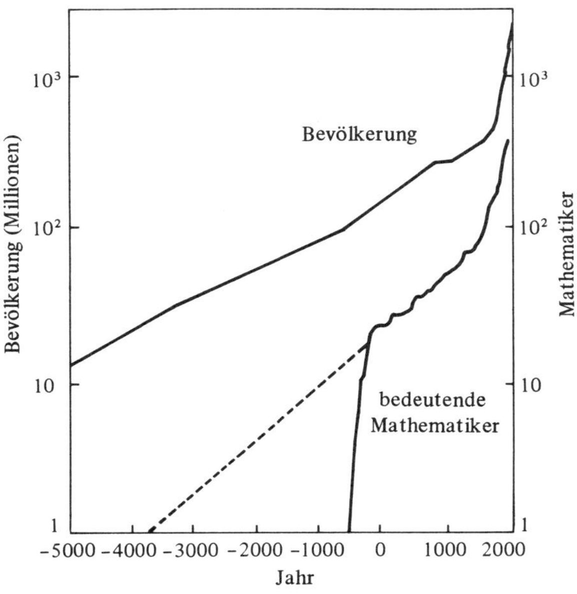

Bild 0.2
Weltbevölkerung und bedeutende Mathematiker

sind aber auch die Anzahl der bedeutenden Mathematiker und die Weltbevölkerung einfach nicht proportional. Aber die Tatsache, daß die Wachstumskurve der Bevölkerung und die der bedeutenden Mathematiker beide durchaus nicht einfach und dennoch beinahe parallel sind, deutet darauf hin, daß diese Größen eng verwandt sein könnten.

Tabelle 0.1 Verhältnis der Bevölkerung zur kumulierten Anzahl bedeutender Mathematiker

Datum	Anzahl der bis dahin geborenen Mathematiker	Weltbevölkerung	Verhältnis: Bevölkerung pro Anzahl der Mathematiker (in Millionen)
700	39	$2{,}70 \cdot 10^8$	6,9
1049	54	$2{,}85 \cdot 10^8$	5,3
1449	80	$3{,}75 \cdot 10^8$	4,7
1549	97	$4{,}20 \cdot 10^8$	4,3
1649	143	$5{,}45 \cdot 10^8$	3,8
1749	180	$7{,}28 \cdot 10^8$	4,0
1799	223	$9{,}06 \cdot 10^8$	4,1
1849	296	$1{,}17 \cdot 10^9$	4,0

Als theoretische Möglichkeit schlagen wir vor, die Wachstumsrate berühmter Mathematiker proportional zum *Weltbruttoprodukt* (oder einem anderen Wachstumsindex der Weltwirtschaft) und nicht proportional zur Weltbevölkerung anzusehen. Das Weltbruttoprodukt ist dem Bruttosozialprodukt ähnlich, das den jährlichen Wert aller Güter und Dienstleistungen mißt, die ein Land erzeugt; dies ist der bekannteste und wahrscheinlich verläßlichste Anzeiger nationalen Lebensstandards. Eine sich entwickelnde Wirtschaft vergrößert mit der Zeit den Wohlstand pro Kopf, und die Weltwirtschaft als Ganzes hat sich zweifellos seit der industriellen Revolution rasch entfaltet. Da Mathematiker von dem Teil des Weltreichtums unterstützt werden, der übrigbleibt, nachdem Nahrung, Kleidung, Wohnung und andere Lebensnotwendigkeiten bezahlt worden sind, scheint die Schlußfolgerung vernünftig, daß die Anzahl der Mathematiker zunehmen sollte, wenn „überschüssiger" Wohlstand zunimmt. Hierin liegt eine mögliche Erklärung des relativ schnellen Wachstums der Anzahl bedeutender Mathematiker im Vergleich zur Weltbevölkerung. Es ist jedoch eine schwer zu beweisende Hypothese, denn zu wenige genaue Daten sind vorhanden, die eine Berechnung des Weltbruttoprodukts für vergangene Jahrhunderte erlauben würden.

Auf jeden Fall nehmen wir vorläufig an, daß weiterhin ungefähr 4 Millionen Menschen auf einen bedeutenden Mathematiker kommen, ein charakteristisches Verhältnis für die Mathematiker, die vor 1850 geboren wurden. Auf die Weltbevölkerung von 1,6 Milliarden im Jahr 1900 sollten also kumuliert berechnet 400 bedeutende Mathematiker entfallen, auf eine Bevölkerung von etwa 3 Milliarden im Jahr 1960 ungefähr 750. Demnach sollte die Anzahl der bedeutenden Mathematiker mit Geburtsdaten zwischen 1900 und 1960 folglich $750 - 400 = 350$ sein. Von denjenigen, die nach 1940 geboren wurden, hat man zum größten Teil noch nicht gehört, obwohl sie mindestens $(60 - 40)/60 = \frac{1}{3}$ der Gesamtsumme ausmachen müßten. Dies bedeutet, daß heute – nach sehr vorsichtiger Schätzung – $(\frac{2}{3})\ 350 \approx 233$ anerkannte bedeutende Mathematiker leben. Das stimmt in vernünftiger Weise mit unserer früheren intuitiven Schätzung überein, daß vielleicht einer von 50 tätigen Mathematikern zu Ruhm gelangt.

Bild 0.2 zeigt, daß die Weltbevölkerung nach 1400 ebenso dramatisch – ein treffender Ausdruck wäre „explosiv" – gewachsen ist wie die Anzahl der bedeutenden Mathematiker. Diese Periode schließt den Zeitraum des Humanismus und der Renaissance ein, und alle diese Ereignisse sind in großem Maße von einer wichtigen Entwicklung abhängig: der *Erfindung der beweglichen Lettern* und dem Gebrauch der *Druckerpresse* von Gutenberg und Fust um etwa 1450 in Mainz. Die Bedeutung dieser Erfindung kann gar nicht genug betont werden. Mit diesem Mittel, Information schnell, billig, in großem Rahmen und in dauerhafter Form zu verbreiten, war es möglich, Bibliotheksarchive für nützliche Nachschlagewerke anzulegen. Man konnte sich auf die Entdeckung neuer Erkenntnisse konzentrieren, ohne ständig das kopieren zu müssen, was bereits geleistet, anderen aber noch nicht mitgeteilt worden war. Immer wieder verweisen geschichtliche Werke auf das späte 15. Jahrhundert als der kritischsten Periode in den letzten beiden Jahrtausenden der kulturellen Entwicklung.

Das Wachstum der Anzahl „bedeutender Technologen" (Bild 0.3) zeigt deutlich eine der Auswirkungen der Druckerpresse. In diesem Fall definieren wir, daß ein Technologe

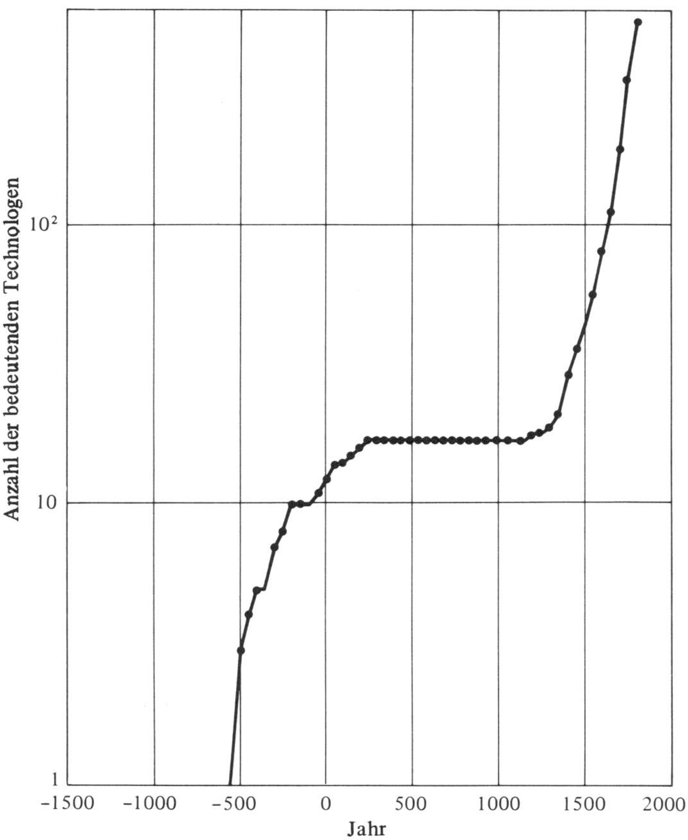

Bild 0.3 Bedeutende Technologen (kumulativ, nach Geburtsdatum). Werte von Derry und Williams [26]

bedeutend ist, wenn er in dem Verzeichnis *Short History of Technology,* einem Standardwerk von Derry und Williams [26], erscheint. Man beachte, daß Technologen in ältesten Zeiten von etwa 700 v. Chr. bis 400 n. Chr. an Zahl ungefähr im selben Maße zunahmen wie Mathematiker, dann aber stagnierte ihr Wachstum während des frühen Mittelalters völlig (wäre dies eine mögliche Definition für das sogenannte „finstere Mittelalter"?) bis zu einem phönixartigen Wiederanstieg nach 1400. Seit 1400 ist die Anzahl der Technologen viel schneller gestiegen als die der Mathematiker. In der Vergangenheit war es wesentlich einfacher, Mathematiker unter den Wissenschaftlern zu finden als heute.

Technologie hängt von zeitgemäßer Kenntnisverbreitung ab, und zwar in stärkerem Maße als die reine Wissenschaft und wesentlich stärker als die Mathematik; deshalb sollte es uns nicht überraschen, daß die Technologie vor der Erfindung der beweglichen Lettern über Hunderte von Jahren ruhte, wie Bild 0.3 so deutlich zeigt. Wie können wir uns dann aber das Wachstum erklären, das die Anzahl der Technologen anscheinend seit 700 v. Chr. ansteigen ließ? Bevor wir diese Frage untersuchen, wollen wir ein Maß für die Auswirkung der Druckkunst in Betracht ziehen, das verdeutlicht, wie schnell sich menschliches Wissen seit dieser Erfindung vermehrt hat.

Die *Library of Congress* in den Vereinigten Staaten (Kongreßbibliothek in Washington) ist die größte Bibliothek der Welt. Obwohl sie erst im frühen 19. Jahrhundert gegründet wurde, wuchs sie mit bemerkenswerter Geschwindigkeit und versucht heute, von beinahe jedem wichtigen Druckerzeugnis ein Exemplar zu beschaffen, unabhängig von der Originalsprache des Werkes. 1966 besaß die Bibliothek beinahe 14 Millionen Bücher [56]. Bild 0.4 stellt auf halblogarithmischem Papier die Anzahl der Bücher dar, die seit 1865 in den Besitz der Bibliothek gekommen sind. Fast alle Punkte liegen auf einer Geraden;

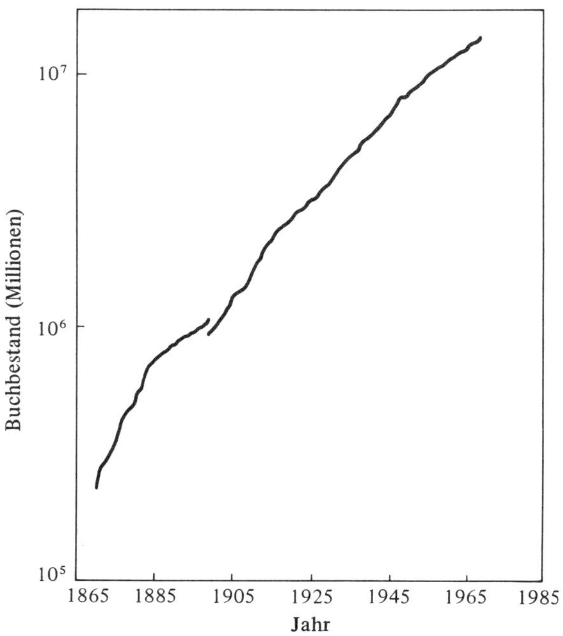

Bild 0.4
Buchbestand der Library of Congress (Kongreßbibliothek, Washington, (D.C.), U.S.A.)

verlängerte man diese Linie zeitlich rückwärts, so würde man feststellen, daß das „erste" Buch um etwa 1500 gedruckt worden sein muß, was bezüglich der von uns benutzten Werte, ziemlich folgerichtig ist. So können wir zunächst den Schluß ziehen, daß die Summe menschlichen Wissens, so wie es in gedruckten Werken wiedergegeben wird, seit der Erfindung des Druckens exponentiell mit der Zeit gewachsen ist.

Für das 15. Jahrhundert haben wir dargelegt, daß schnelle und billige Kommunikationsmöglichkeiten in Verbindung mit der Fähigkeit, Information in permanenter, aber leicht zugänglicher Form aufbewahren zu können, die kulturelle Entwicklung erheblich beschleunigten. Von 4000 bis 700 v. Chr. wurden zwei große Fortschritte gemacht, die zur Gründung der antiken Kulturen führten, welche wir leicht als Vorläufer unserer eigenen erkennen, denn sie sind nach dem gleichen Grundprinzip gebildet. Jene Fortschritte waren: die *Erfindung des Schreibens* und die viel spätere *Erfindung des Alphabets.* Auf Bild 0.5, aus Gelbs *A Study of Writing* [37], sehen wir, daß Bilderschriftsysteme gegen 3100 v. Chr., aber wahrscheinlich nicht viel früher existierten. Diese Systeme bildeten den Ausgangspunkt für die bedeutenden nahöstlichen Schriftformen des Altertums, die *ägyptischen Hieroglyphen* und die *akkadische Keilschrift*[1]), die über mehr als 2000 Jahre existierten, bis sie von den wesentlich zweckmäßigeren alphabetischen Systemen verdrängt wurden. Wenn wir zu Bild 0.2 zurückkehren, sehen wir, daß die geradlinige Darstellung der kumulierten Anzahl der Mathematiker darauf hinweist, daß der „erste" bedeutende Mathematiker 3743 v. Chr. geboren sein mußte. Dieses Datum steht in Einklang mit den ersten kulturellen Entwicklungen nach der Jungsteinzeit und liegt einige hundert Jahre vor dem Aufkommen der bekannten Bilderschriftsysteme.

Es ist denkbar, daß Mathematiker ein Bezeichnungssystem benötigten, das später zu einem vollentwickelten bilderschriftlichen Schreibsystem entwickelt wurde; d.h., die Mathematik ging voraus und war der Katalysator für die Ausbildung des Schreibsystems. Zweifellos sind die ersten mathematischen Aufzeichnungen uralt. Wir zitieren aus Struik [60]:

> Numerische Aufzeichnungen wurden mittels ... Strichen auf einen Stab gemacht ... Das älteste Beispiel vom Gebrauch eines Kerbholzstockes datiert zurück auf die Altsteinzeit und wurde 1937 in Vestonice (Mähren) gefunden. Es ist der Speichenknochen eines jungen Wolfes, etwa 18 cm lang, mit 55 tief eingeritzten Kerben graviert, von denen die ersten 25 in Gruppen von 5 angeordnet sind. Daran anschließend folgt eine einzelne Kerbe von doppelter Länge, die die Reihe beendet; darauf beginnt bei der nächsten, ebenfalls doppelt so langen Kerbe eine neue Serie, die bis 30 geht.

Dieses Kerbholz wurde auf etwa 30 000 v. Chr. datiert. Wenn Zahlen im Bereich von 55 bereits bei den primitiven Jagdkulturen der Altsteinzeit notwendig waren, überrascht es nicht, daß seßhafte Agrarvölker es bald notwendig fanden, viel größere Zahlen und ein praktisches Schreibsystem einzuführen. Wir halten es für durchaus möglich, daß mathematische Bezeichnungen den Schreibsystemen vorausgingen.

Die Erfindung der Schreibsysteme führte zur Herstellung einer großen Anzahl von Aufzeichnungen, von denen einige die Unbilden der Zeit überdauert haben und entziffert wurden, so daß die Kultur, in der sie entstanden waren, bekannt wurde. Daher wissen wir vieles über die ägyptischen und akkadischen Völker, haben aber geringere Kenntnis über

---

[1]) Siehe die Diskussion über die Schreibsysteme in Kapitel 1 und 2.

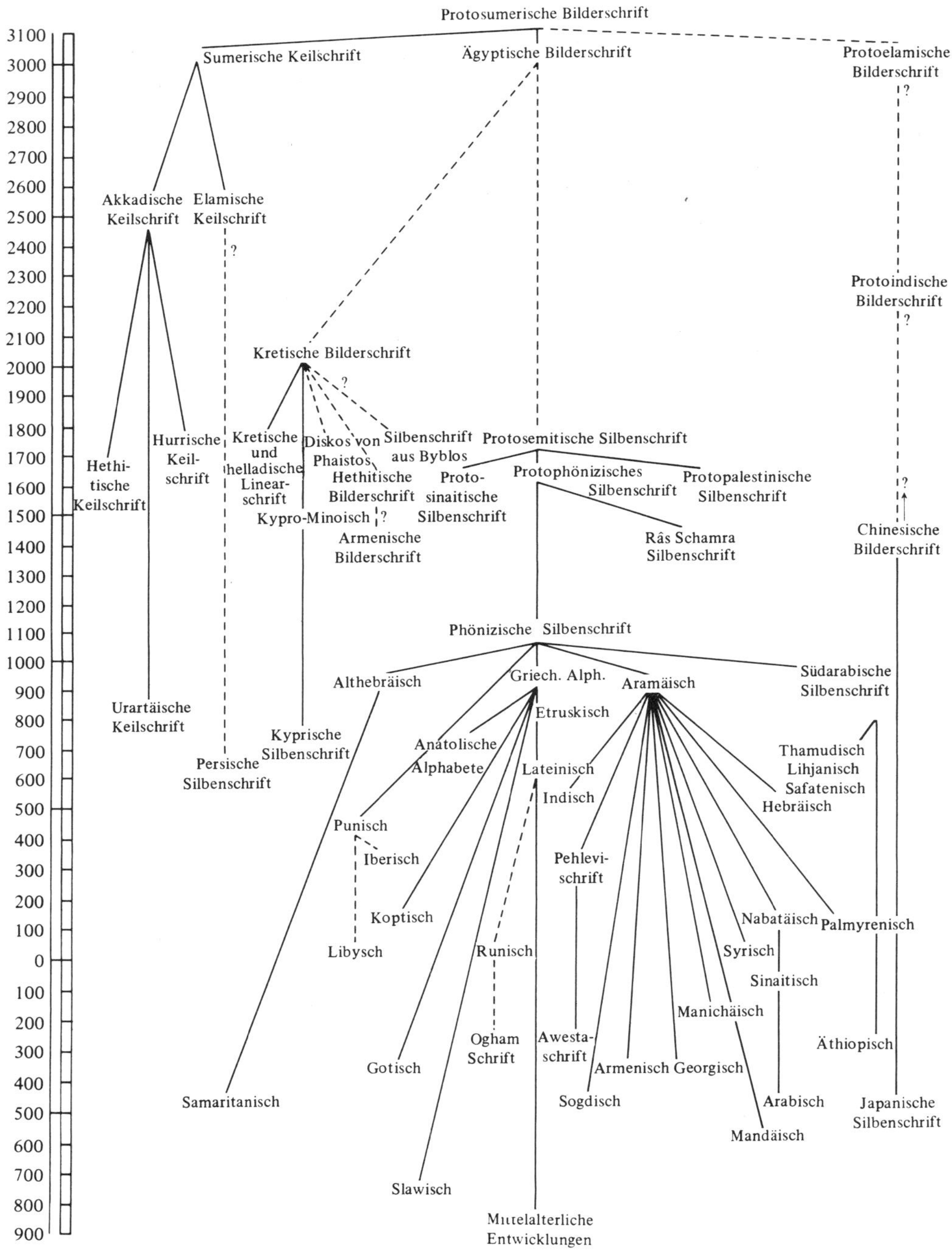

Bild 0.5 Ursprung des Alphabets (Gelb [37])

die sumerischen Vorläufer der Akkadier. Die sumerischen und ägyptischen Schreibsysteme waren ursprünglich Bilderschriften; das akkadische System war eine Abänderung des sumerischen und wurde schließlich zu einem immer noch ziemlich komplexen Silbensystem vereinfacht, das Hunderte von verschiedenen Keilschriftzeichen benutzte, um die verschiedenen Silben der Sprache auszudrücken. Bilderschriftliche Systeme bilden eine höchst starre und wenig praktische Art des Schreibens; große, auf Silben beruhende Schreibsysteme sind nur wenig brauchbar. Die Hauptverbesserung, die die Schreibsysteme sehr viel leistungsfähiger machte, war die Erfindung des Alphabets. Obwohl die Phönizier um 1000 v. Chr. ein kleines brauchbares Silbenalphabet erfanden, waren es die Griechen, die es erst gegen 700 v. Chr. in ein richtiges Alphabet umwandelten. Bald darauf begannen die Griechen ihren phänomenalen Aufstieg zu politischer Macht und geistiger Größe, die noch bis heute nachwirkt. Das chronologische Schema (Bild 0.6) verbindet linguistische Entwicklungen mit den Kulturen, die jene hervorgebracht haben.

Wir wollen zu den Bildern 0.2 und 0.3 zurückkehren und das plötzliche Anwachsen der Zahl bedeutender Mathematiker und bedeutender Technologen betrachten, das zwischen 800 und 700 v. Chr. begann. Könnte dies eine Auswirkung der Erfindung des Alphabets sein, da es ein wirksames Werkzeug zur Aufzeichnung und zum Auffinden von Information ist?

Wir haben auffallende Änderungen in der Kulturentwicklung gesehen, die sich kurz nach oder gleichzeitig mit drei Verbesserungen für Aufzeichnungsverfahren und für Informationsverbreitung ereigneten: der Erfindung von *Schreibsystemen* vor 3100 v. Chr., der Erfindung des *Alphabets* vor 700 v. Chr. und der Erfindung *beweglicher Lettern* um 1450. Während der letzten beiden Jahrzehnte waren wir Zeugen der Erfindung und der explosiven Entwicklung einer vierten Verbesserung: des *elektronischen Rechners.* Wäre es unvernünftig, eine vergleichbare Änderung im Aufbau unserer Gesellschaft als Antwort auf dieses neuartige und unglaublich leistungsfähige Instrument zum Aufzeichnen und Speichern von Information vorherzusagen?

0.3. Unsere beiden Hauptthemen, die wir in Abschnitt 0.1 erwähnten, tauchen in diesem Buch in unterschiedlicher Gestalt ständig wieder auf. Im ersten Teil beschränken wir uns auf die frühen Beispiele, die mit der Fähigkeit des Rechnens und mit der geometrischen Beschaffenheit des Raumes verbunden sind, im Zusammenhang mit drei antiken Kulturen: den Babyloniern, den Ägyptern und den Griechen. Zum Beispiel steht das Stellenwertsystem der Babylonier im Gegensatz zu dem viel mühsameren Schreibsystem der Ägypter, das keinen Stellenwert kannte. Das Stellenwertsystem war einer der bedeutendsten begrifflichen Fortschritte in der Geschichte der Mathematik. Wie wir in Kapitel 4 an Hand der Schätzung des Mondradius und seines Abstands von der Erde durch den griechischen Mathematiker Aristarchos zeigen werden, ist die Entdeckung der Geometrie des Sonnensystems ein wichtiger Fortschritt im Verständnis der Geometrie des den Menschen umgebenden Raumes. Dieses Weltbild löste die einfachere Annahme ab, daß alle Sterne und Himmelskörper auf einer großen transparenten Sphäre liegen, die sich im Himmelsraum um ihre eigene Achse dreht. Die Auffassung, daß der Mond der Erde viel näher ist als die Sonne, hatte von diesem früheren Standpunkt aus keinen Sinn gehabt.

Im zweiten Teil besprechen wir die Entwicklung der uns interessierenden mathematischen Gebiete während des Mittelalters und der Spätrenaissance. Besonders in den Kapiteln über Navigation und Kartographie werden wir sehen, daß das geometrische Welt-

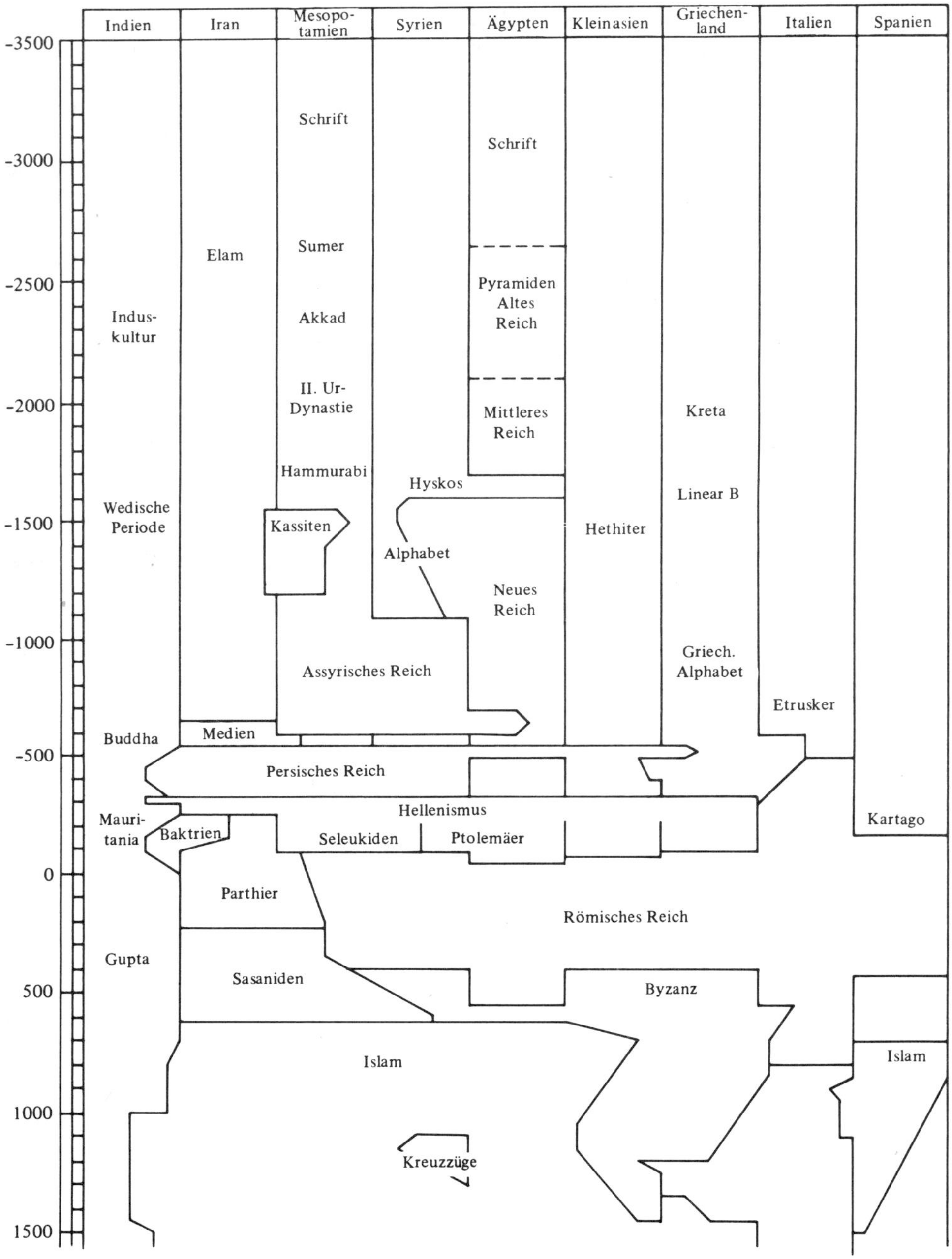

Bild 0.6 Chronologisches Schema

modell, wie es von den Griechen aufgestellt wurde, für die Erforschung der Erdoberfläche brauchbar ist. Eine gleichzeitig stattfindende rechnerische Entwicklung war die Erfindung der Logarithmen, die ein unentbehrliches Werkzeug der Astronomen des 15. und 16. Jahrhunderts in Europa wurden, im selben Maß, wie es die Erfindung der Stellenschreibweise für die babylonischen Astronomen in älteren Zeiten gewesen war. Die Erfindung der analytischen Geometrie durch Descartes im Jahre 1637 verband die Rechenmittel der Algebra, die auf babylonische Errungenschaften zurückgehen, eng mit der Geometrie der Griechen, wodurch eine Brücke zwischen den beiden Disziplinen entstand. Dies war ein entscheidender Schritt auf dem Weg zur Infinitesimalrechnung wie auch ein wichtiges Gebiet der Mathematik an sich.

Im dritten Teil besprechen wir die zunehmende Entfaltung rechnerischer Fähigkeiten durch die Infinitesimalrechnung. Ihre Entwicklung durch Newton und Leibniz um 1680 baut auf einer langen Reihe von Ergebnissen auf, die mit den ersten Grenzwertverfahren der Geschichte, die von den Griechen entwickelt wurden (vgl. Kapitel 4), begann. Sie bildete den Anfang dessen, was wir heute als das Zeitalter der „modernen Mathematik" ansehen. Ihre praktische, theoretische und philosophische Bedeutung kann kaum überschätzt werden.

Newton entwickelte mit Hilfe der Infinitesimalrechnung unter Benutzung der brillanten Ergebnisse von Kepler ein neues Weltmodell, welches das ältere, synthetisch-geometrische Modell der Griechen ersetzte, das synthetisch definierte Kurven (hauptsächlich Kreise) benutzte. Die Anwendung dieser Grenzwertverfahren auf die Geometrie der Flächen, 1824 durch Gauß eingeleitet, lieferte neue Perspektiven für die Geometrie des uns umgebenden Weltraumes. Diese Vorstellungen führten unweigerlich, in einem sich immer noch weiter entwickelnden Prozeß, zum Modell des Weltalls als eines vierdimensionalen gekrümmten „Raumes", der sowohl den gewöhnlichen dreidimensionalen Raum als auch die Zeit enthält. Innerhalb dieses Rahmens ist es möglich, die Form, die Größe und das Alter des Universums zu untersuchen und Ergebnisse zu berechnen, die, obwohl immer noch unvollständig, Schönheit und philosophische Befriedigung auf eine Weise verbinden, daß sie nicht weit von der Wahrheit entfernt zu sein scheinen.

Erster Teil
Mathematik im Altertum

1. Zahlensysteme und die Erfindung des Stellenwertsystems

Dieses Kapitel befaßt sich mit dem Unterschied zwischen *Zählsystemen* und *Stellenwertsystemen* zur Aufzeichnung von Zahlen und führt die *reellen Zahlen* ein. Die Erfindung der Stellenschreibweise bildet den ersten bedeutenden Fortschritt in der Mathematik. Dieses System ermöglicht exakte und leistungsfähige Rechnungen. Stellenwertsysteme werden in Bezug auf eine allgemeine Basis beschrieben. Die ägyptischen und griechischen nichtpositionellen Schreibsysteme werden dem sehr viel stärkeren babylonischen Stellenwertsystem entgegengestellt, das die Basis 60 verwendet.

1.1. Die Zahlkerben, die vor 30 000 Jahren in den Wolfsknochen geritzt worden waren, wie wir in der Einleitung beschrieben haben, sind Beispiele für Symbole, die zur Bezeichnung der Grundzahlen 1, 2, 3, ... benutzt wurden. Jede Kerbe entspricht einer Einheit. Ein ähnlich primitives System ist noch heute gebräuchlich, um Gegenstände abzuzählen; man verbindet Striche auf folgende Weise zu Fünfergruppen: 𝍸

Die Wiederholung eines grundlegenden Zeichens zur Aufzeichnung einer Abzählung ist mühsam und beansprucht viel Platz. Die aufgeführte Zahl kann nicht leicht abgelesen werden, sondern muß *abgezählt* werden, und sie verhindert eine Entwicklung des Rechnens. Um zum Beispiel Zahlstriche zu addieren, wie ||||||| und ||||, muß man lediglich beide Gruppen zusammenfügen: Wir bekommen |||||||||||. Was ist jedoch das Ergebnis? Jede fortgeschrittene Kultur erfand eine Schreibweise oder Symbole zur Darstellung großer Zahlen und entwickelte Methoden zur Durchführung elementarer Rechenoperationen mit Hilfe dieser Symbole; hierin erreichten die verschiedenen Kulturen unterschiedliche Wirksamkeit und Vervollkommnung. Ein bekanntes Zeichensystem, das auf dem Zählen beruht, ist das römische; es wurde bis etwa 1400 in den westlichen Kulturen verwendet. Die Symbole I, V, X, L, C, D bedeuten 1, 5, 10, 50, 100 und 500 und werden heute zur Numerierung von Kapiteln in Büchern, als Stundenzahlen auf Zifferblättern von Uhren und zu anderen dekorativen Zwecken verwendet. Dieses System wurde von dem gegenwärtigen arabischen Ziffernsystem abgelöst, das in vieler Hinsicht besser ist, wie wir noch sehen werden.

Entfernungsmessungen verlangen ein Bezeichnungssystem für Zahlen, in dem es möglich ist, Bruchteile der Grundeinheit eines Maßes auszudrücken. Ist die Grundeinheit ein Meter, so braucht man eine Bezeichnung, die Zentimeter ausdrückt; ist die Grundeinheit der Zentimeter, so muß man Millimeter bezeichnen können, usw. Gleichgültig, wie klein die gewählte Einheit ist, man wird doch immer eine Entfernung zu messen haben, die nicht ein ganzes Vielfaches der Einheit ist, und die deshalb als Bruchteil wiedergegeben werden muß. Bezeichnungssysteme, die auf einem Abzählverfahren beruhen, sind offenbar schlecht geeignet, Entfernungen und ähnliche Größen zu messen.

Einige Bezeichnungssysteme, die von früheren Kulturen entwickelt wurden, hatten besondere Symbole für gewöhnliche Brüche, die unter die Bezeichnungen eines Zählsystems gemischt wurden. Andere, besonders das von den Akkadiern eingeführte System, waren beinahe so vollständig wie unser eigenes Dezimalsystem, jedoch etwas weniger leistungsfähig und praktisch.

1.2. Wir werden die Methoden besprechen, die von den frühen ägyptischen, akkadischen, griechischen und römischen Kulturen zur Darstellung von Zahlen benutzt wurden, um zu zeigen, wie gut das jeweilige System den Messungen geometrischer Größen angepaßt war. Zuerst betrachten wir die Darstellung ganzer Zahlen.

Wir nehmen eine positive ganze Zahl, z. B. 36 521. Wenn man bedenkt, daß die ganz rechte Ziffer die Anzahl der Einer angibt, die nächste Ziffer die Zehner, die dritte die Hunderter und so fort mit höheren Potenzen der Basis 10, so sehen wir, daß 36 521 eine Art stenographische Bezeichnung für

$$3 \cdot 10^4 + 6 \cdot 10^3 + 5 \cdot 10^2 + 2 \cdot 10^1 + 1 \cdot 10^0$$

ist, wobei $10^4 = 10\,000$, $10^3 = 1\,000$, $10^2 = 100$, $10^1 = 10$ und $10^0 = 1$ ist. Allgemeiner ausgedrückt: Wir wissen heute, daß jede positive ganze Zahl n in *Dezimalschreibweise* dargestellt werden kann als

$$n = a_r a_{r-1} \ldots a_0,$$

wobei $a_0, \ldots, a_r$ Symbole sind, die jeweils eine der Zahlen $0, 1, \ldots, 9$ bezeichnen. Diese dezimale Kurzschrift bedeutet die *stellenmäßige Darstellung*

$$n = a_r \cdot 10^r + a_{r-1} \cdot 10^{r-1} + \ldots a_0.$$

Weiterhin können wir irgendeine positive ganze Zahl $g > 1$ nehmen und

$$n = b_s \cdot g^s + b_{s-1} \cdot g^{s-1} + \ldots b_0$$

schreiben, wobei jedes der $b_0, \ldots, b_i, \ldots, b_s$ für eine der Zahlen $0, 1, \ldots, g-1$ steht, und nennen die Reihe der Symbole

$$b_s b_{s-1} \ldots b_0$$

die *stellenmäßige Darstellung von n zur Basis g.* Die Stellung eines Symbols bestimmt die Potenz von g, mit der es zu multiplizieren ist.

Frühere Kulturen benutzten verschiedene Stellenwertsysteme mit verschiedenen Basen, obwohl die Basis 10 im allgemeinen dominierte. Als Basen wurden z.B. 5, 12, 20 und 60 benutzt; unser heutiges Zeitsystem zeigt noch den Einfluß der beiden Basen 12 und 60. Es gibt keine allgemein *beste* Basis; für bestimmte Zwecke eignen sich einige Basen besser als andere. Historisch gesehen findet man verschiedene Gründe für den Gebrauch der einzelnen Systeme.

Moderne Computer verwenden Kombinationen des *Dualsystems* (Basis 2), des *Oktalsystems* (Basis 8), des *Dezimalsystems* (Basis 10), des *Duodezimalsystems* (Basis 12) und des *Hexadezimalsystems* (Basis 16). Das Dualsystem vereinfacht Rechnungen, das Hexadezimalsystem spart Speicherraum (die Anzahl der nötigen *Stellen* für eine gegebene Zahl wird kleiner, je größer die Basis ist, aber die Anzahl der benötigten *Symbole* wird entsprechend größer). Das Dezimalsystem verwenden wir zur Verständigung untereinander. Stellen des Hexadezimalsystems werden häufig in Paaren von Dezimalstellen ausgedrückt, jedoch werden gelegentlich auch Symbole des Alphabets verwendet.

1.3. Die einzigen unter den alten Kulturvölkern, die ein Stellenwertsystem zur Darstellung von Zahlen benutzten, waren die Babylonier und ihre Vorgänger, die Sumerer (von denen kein schriftliches mathematisches Werk überliefert ist). Die Ägypter, Griechen und Römer hatten primitivere, nur teilweise stellenmäßige Dezimalsysteme, die das Zählen mit Zehnerpotenzen ausnutzten, aber für jede Zehnerpotenz ein neues Symbol einführten, anstatt nur eine neue Position. Die Ägypter benutzten beispielsweise die hieroglyphenartigen Symbole in Bild 1.1 und drückten die Zahlen durch Aneinanderfügen der Symbole aus (was Addition der Werte bedeutete, die durch die Symbole dargestellt wurden).

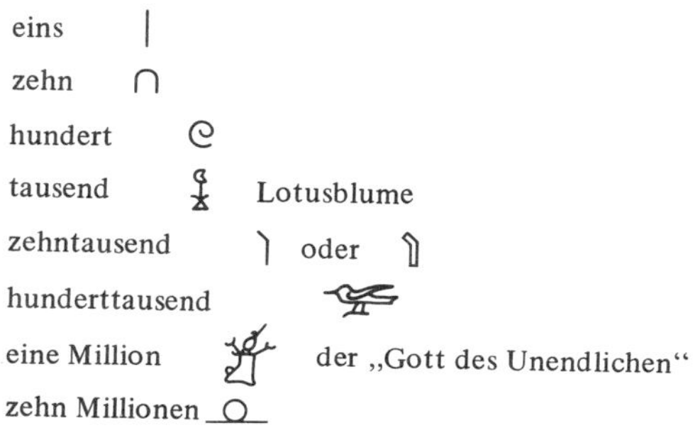

Bild 1.1
Ägyptische hieroglyphenartige Zahlen

Folglich ist

Hier wird die Ähnlichkeit mit römischen Ziffern deutlich. Die Römer benutzten noch zusätzliche Symbole, wie V, L, usw., um 5, 50, usw. darzustellen, so daß man weniger zu schreiben hatte. Das Prinzip ist aber dasselbe.

Die Griechen verwendeten ihre alphabetischen Schriftzeichen, um Zahlen in ähnlicher Weise wie die Ägypter und die Römer darzustellen, aber sie sparten dabei enorm viel Platz (Tafel 1.1).

Tafel 1.1. Griechische Zahlen

1	α	Alpha	10	ι	Jota	100	ρ	Rho
2	β	Beta	20	κ	Kappa	200	σ	Sigma
3	γ	Gamma	30	λ	Lambda	300	τ	Tau
4	δ	Delta	40	μ	My	400	υ	Ypsilon
5	ϵ	Epsilon	50	ν	Ny	500	ϕ	Phi
6	ϛ	Vau	60	ξ	Xi	600	χ	Chi
7	ζ	Zeta	70	o	Omicron	700	ψ	Psi
8	η	Eta	80	π	Pi	800	ω	Omega
9	θ	Theta	90	ϙ	Koppa	900	ϡ	Sampi

$,\alpha = 1\,000$, $,\beta = 2\,000$, usw.

Man beachte, daß drei Buchstaben (ϛ , ϙ , ϡ) in dieser Tafel nicht aus dem gewöhnlichen griechischen Alphabet stammen. Laut Heaths *Greek Mathematics* [40] waren zahlreiche griechische Alphabete von der früheren phönizischen Silbenschrift abgeleitet worden, jedes mit seinen eigenen Varianten (vgl. beispielsweise die Variationen in modernen russischen und ukrainischen Alphabeten). Die ersten beiden zusätzlichen Buchstaben ϛ und ϙ wurden an ihren ursprünglichen Stellen (zum Gebrauch als Ziffern) beibehalten, obwohl sie keine literarische Verwendung mehr fanden. Der letzte Buchstabe ϡ, auch bereits abgeschafft, wurde an das Ende gehängt, da er zur Zeit, als das Zahlensystem entwickelt wurde (um 700 v. Chr.), bereits keinen natürlichen Platz mehr hatte.

Dieses System des Zählens hatte Vorteile gegenüber dem römischen (und einem früheren griechischen System, ähnlich dem römischen, das *attisches* System genannt wird), da es sehr viel weniger Platz benötigte, um eine gegebene Zahl auszudrücken; z. B.

849	=	$\omega\mu\theta$	=	𐅅 HHH ΔΔΔΔ Γ IIII
(dezimal)		(alphabetisch)		(attisch)

Aus dem Zusammenhang können wir die Bedeutung der einzelnen attischen Symbole erraten. Die neuen Zahlen hatten einen politischen Vorteil, denn sie konnten auf Münzen geprägt werden. Die großen griechischen Mathematiker, wie Archimedes, entwickelten im Rechnen mit dem alphabetischen Zahlensystem bewundernswerte Fähigkeiten, wie wir in Kapitel 4 zeigen werden. Das attische System wurde hauptsächlich zur Bezeichnung der Ordinalzahlen benutzt, so wie wir heute teilweise noch die Nummer eines Buchkapitels, eines Bandes in einer Reihenausgabe oder die Stunde auf dem Zifferblatt einer Uhr mit den römischen Ziffern bezeichnen.

Für große Ziffern überschrieben die Griechen das Zeichen M (attisch für 10 000) mit alphabetischen Ziffern, z. B.

$$\overset{\beta}{\mathrm{M}} = 20\,000$$

$$\overset{,\zeta\rho o\epsilon}{\mathrm{M}}\,,\epsilon\omega o\epsilon = 71\,755\,875.$$

Das M dient hier als Stellensystem, auf dem ein Zahlensystem zur Basis 10 000 aufgebaut werden konnte, indem man Symbole (oder *Positionen*) für höhere Potenzen von M = 10 000 (eine *Myriade*) erfand. Etwas Ähnliches tat Archimedes in seinem *Sandrechner*, worin er die Anzahl der Sandkörner im Weltall abschätzte, indem er gewisse „astronomische Annahmen" über ihre Größe machte. Er „rechnete" mit Zahlen zur Basis 10^8 (die *zweite Myriade* = $10^4 \cdot 10^4 = \mathrm{M} \cdot \mathrm{M}$).

Tatsächlich betrachtete Archimedes alle Zahlen von 1 bis 10^8 als Zahlen *erster Ordnung* und nahm die letzte Zahl 10^8 als Einheit der Zahlen *zweiter Ordnung* (10^8 bis 10^{16}) bis zu den Zahlen der 10^8en *Ordnung* [alle Zahlen von $10^{8(10^8-1)}$ bis $10^{8\cdot 10^8}$]. Alle Zahlen von 1 bis zur 10^8en Ordnung bilden die *erste Periode;* d. h., wenn $P = (100\,000\,000)^{10^8}$, dann besteht die erste Periode aus den Zahlen zwischen 1 und P. P ist die Einheit erster Ordnung der *zweiten Periode*, d. h. der Zahlen von P bis $10^8 \cdot P$; man folge auf diese Weise, um $10^8 \cdot P$ bis $10^{16} \cdot P$, usw. zu bilden. Archimedes endet mit *Der Periode*, die durch

Die Periode = $P^{10^8} = [(10^8)^{10^8}]^{10^8}$

wiedergegeben wird. Archimedes benutzte für diese großen Zahlen keine durch Zeichen ausgedrückte Schreibweise, sondern beschrieb sie in Worten. Diese Arbeit zeigt die spielerischen Spekulationen eines brillanten Mathematikers; sie waren jedoch weit entfernt von praktischen Problemen, allgemeinen numerischen Fähigkeiten oder brennenden theoretischen Fragen der Zeit.

Den nächsten grundlegenden Begriffsschritt, der zeitlich viel früher erfolgte, machten die Babylonier, die das *Sexagesimalsystem* erfanden, d.h. ein Stellenwertsystem zur Basis 60. Dieses System wurde ausschließlich für wissenschaftliche Zwecke und auf sehr intelligente Weise benutzt. Zuerst beschreiben wir dieses System und werden dann mit Hilfe eines von O. Neugebauer erfundenen Transliterationsverfahrens die babylonische Mathematik im Zusammenhang damit analysieren. Die Babylonier hatten hauptsächlich zwei numerische Symbole, 𒁹 und 𒌋 , die der *Eins* und der *Zehn* eines primitiven Dezimalsystems entsprechen, wie die ägyptischen | und ∩. Zahlen kleiner als 60 wurden direkt gebildet,

3 = 𒁹𒁹𒁹

25 = 𒌋𒌋 𒁹𒁹𒁹𒁹𒁹

49 = 𒌋𒌋𒌋𒌋 𒁹𒁹𒁹𒁹𒁹𒁹𒁹𒁹𒁹 ,

was genau so primitiv und mühsam war wie die ägyptischen, griechischen und römischen Schreibweisen. Später entwickelten die Babylonier kurzschriftliche Abänderungen, zum Beispiel

9 = 𒁹𒁹𒁹

Die grundlegenden Keilsymbole (*cuneiform*) 𒁹 und 𒌋 bildeten die Schriftzeichen im babylonischen Schreibsystem wie auch ihre Zahlen.

Diese Symbole sind schwierig zu *schreiben*; ursprünglich wurden sie mit einem keilförmigen Instrument in weichen Ton eingedrückt, wie es schematisch in Bild 1.2 gezeigt wird. Dies war ein Fortschritt gegenüber früheren babylonischen Schreibweisen, in denen mit einem scharfen Griffel hieroglyphenartige Zeichen, deren Motive aus dem täglichen Leben entliehen wurden, auf eine Tonoberfläche eingeritzt wurden. Allmählich entwickelten sich diese Formen zu einem Silbensystem, um zu schreiben und um Aufzeichnungen (v.a. aus dem Wirtschaftsleben) zu machen. Glücklicherweise wurden zwei Bibliotheken gefunden, in denen Tausende von Tontafeln gesammelt waren, von denen einige dem mathematischen Bestandteil in unseren eigenen Bibliotheken entsprachen. Ein wesent-

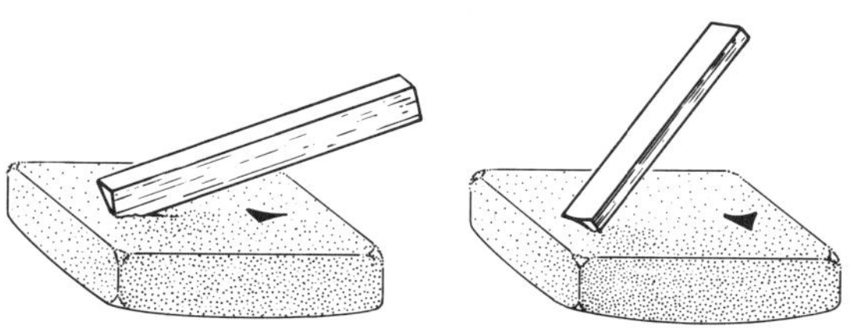

Bild 1.2
Gravierung von Keilsymbolen in Tontafeln (Neugebauer [50a])

licher Teil der Sammlung ist entziffert, analysiert und von Neugebauer und Sachs in *Mathematical Cuneiform Texts* [51][1]) veröffentlicht worden (mit Bildern oder Zeichnungen der ursprünglichen Tontafeln). Die Analysen dieser und ähnlicher Tafeln sind unsere hauptsächliche und zuverlässigste Informationsquelle über den Stand der Mathematik und Astronomie in Babylonien um 3000 bis 200 v. Chr.

Offenbar konnten die Babylonier mit diesem Schreibsystem, das auf den Symbolen 𒁹 und 𒌋 aufbaute, leicht Zahlen bis etwa 100 aufschreiben, ohne neue Symbole einführen zu müssen. Ihre bewundernswerte Leistung, eine der ausgezeichnetsten des Altertums, bestand darin, daß sie mit diesen beiden Zeichen systematisch beliebig große Zahlen *und beliebig kleine Brüche* darstellen konnten. Sie schrieben zum Beispiel 𒁹𒌋𒁹 (hier hat das erste 𒁹 den Wert 60) und lasen es als 60 + 11 = 71. Ähnlich ist

𒁹𒁹 𒌋𒌋 𒁹𒁹𒁹 $= 2 \cdot 60 + 23 = 143$

𒌋 𒁹𒌋 $= 11 \cdot 60 + 10 = 670.$

Dieses Verfahren konnte bis zu drei oder mehr Stellen fortgesetzt werden, wobei jedesmal eine neue Potenz von 60 auftauchte:

𒁹 𒁹 𒁹𒁹𒁹 $= 1 \cdot 60^2 + 1 \cdot 60 + 3$

$= 3663.$

Dieses Beispiel zeigt, wie (und warum!) eine individuelle Zahl wie 3 mit sich berührenden Spitzen geschrieben wurde: um die Symbole von der Schreibweise für zwei einzelne Zahlen, die beide verschiedenen Wert haben, zu unterscheiden. Die Analogie zu unserem Dezimalsystem ist einleuchtend; dieses System nennen wir das *sexagesimale Zahlensystem.*

In der Form, wie es die älteren Babylonier benutzten, fehlten dem sexagesimalen Zahlensystem zwei Haupteigenschaften unseres modernen Dezimalsystems. Es gab weder die Null, noch das „Sexagesimalkomma". Später wurde das besondere Symbol 𒑱 eingeführt, um eine leere Stelle zu bezeichnen, wie in

𒁹 𒑱 𒁹 $= 1 \cdot 60^2 + 0 \cdot 60 + 1$

$= 3601.$

Anfangs gab es jedoch keine Möglichkeit festzustellen, welche Potenz von 60 ein gegebenes 𒁹 -Zeichen repräsentierte, außer aus dem Zusammenhang und durch die Tatsache, daß die Potenzen nach rechts hin abnahmen. Die Zwischenräume zwischen den Hauptzahlen waren nicht einheitlich. Vermutlich wurde der größte Teil der praktischen Arbeit in einem bestimmten Zusammenhang gemacht, und so gab es keine Verwirrung. Ähnlich eindeutig ist es, wenn wir nach dem Preis von Brötchen fragen und zur Antwort „zwanzig" erhalten; damit sind nicht 20 DM gemeint.

Da dem babylonischen System ein Komma wie im Dezimalsystem fehlte, konnte das Symbol 𒁹 , unabhängig vom Zusammenhang, auch 3600, 1/60 oder 1/3600 be-

1) Vgl. hierzu ebenfalls O. Neugebauer [84].

dedeuten. Aber wie wir aus unserem System wissen, müssen wir, soweit es Berechnungen betrifft, nur darauf achten, daß wir die entsprechenden Koeffizienten einer gegebenen Potenz von 60 addieren (oder subtrahieren), während wir bei Multiplikationen oder Divisionen mit den Koeffizienten operieren und das Komma nach der Rechnung richtig setzen. In der Praxis wissen wir oft bereits vorher, wo das Komma im Ergebnis stehen wird und brauchen lediglich die Rechnung mit den verschiedenen Stellenangaben auszuführen. Wie wir sehen werden, war dies das Geheimnis der Rechenfähigkeit der Babylonier und der Grund dafür, daß ihre Astronomie und Algebra denen ihrer ägyptischen Zeitgenossen weitaus überlegen waren.

Wir folgen Neugebauer und stellen eine babylonische sexagesimale Zahl in folgendem Schema dar:

$$\ldots, a, b, c; d, e, \ldots,$$

wobei $a, b, c, \ldots$ (Dezimal-)Zahlen zwischen 0 und 59 sind und das Semikolon das *Komma* bildet, das den ganzzahligen Teil der Zahl, wie im Dezimalsystem, abtrennt. Zum Beispiel stellt 12, 20; 21 die Zahl

$$12 \cdot 60 + 20 + 21 \cdot \frac{1}{60} = 740\frac{7}{20}$$

dar.

Ein System für numerische Bezeichnungen muß Teile eines Ganzen sowie ganzzahlige Größen ausdrücken können. Sämtliche Stellenwertsysteme haben diese Fähigkeit. Die folgende Tafel, die zeigt, wie reziproke Werte kleiner ganzer Zahlen durch Neugebauers sexagesimale Bezeichnung dargestellt werden, ist leicht herzustellen:

$$\frac{1}{2} = 0; 30$$

$$\frac{1}{3} = 0; 20$$

$$\frac{1}{4} = 0; 15$$

$$\frac{1}{5} = 0; 12$$

$$\frac{1}{6} = 0; 10$$

$$\frac{1}{7} = 0; 8, 34, 17, 8, 34, 17, 8, 34, 17, \ldots$$

$$\frac{1}{8} = 0; 7, 30$$

$$\vdots$$

Die dezimale (Basis 10) Darstellung dieser Brüche ist bekannt:

$$\frac{1}{2} = 0{,}5$$

$$\frac{1}{3} = 0{,}3333\ldots$$

$$\frac{1}{4} = 0{,}25$$

$$\frac{1}{5} = 0{,}2$$

$$\frac{1}{6} = 0{,}16666\ldots$$

$$\frac{1}{7} = 0{,}142857142857\ldots$$

$$\frac{1}{8} = 0{,}125$$

$$\vdots$$

Im Dualsystem erscheinen dieselben Zahlen auf andere Weise:

$$\frac{1}{2} = (0{,}1)_2$$

$$\frac{1}{3} = (0{,}010101\ldots)_2$$

$$\frac{1}{4} = (0{,}01)_2$$

usw.,

wobei $(\ )_2$ die Darstellung zur Basis 2 bedeutet.

Durch Untersuchung dieser Ausdrücke können wir uns leicht davon überzeugen, daß einige Brüche *endliche* Ausdrücke haben, während andere unendliche, aber sich letztlich wiederholende Ausdrücke zu haben scheinen. Außerdem haben *einige* Brüche, unabhängig von der gewählten Basis, immer unendliche Ausdrücke in Bezug auf diese Basis.

Diese Feststellungen führen uns zur Untersuchung des Wesens der Zahlen, die im Dezimalsystem in unendlichen Dezimalbrüchen ausgedrückt werden. Und dies führt wiederum zu einer Charakterisierung des *Systems der reellen Zahlen,* das allen mathematischen Leistungen zugrunde liegt, die in diesem Buch beschrieben werden.

1.4 Mathematik ist – und war – zum großen Teil eine Untersuchung der Eigenschaften der *reellen Zahlen.* Die *ganzen Zahlen:* $\ldots, -4, -3, -2, -1, 0, 1, 2, 3, \ldots$ sind reelle Zahlen. Auch die *rationalen Zahlen*, d.h. die Quotienten von ganzen Zahlen (natürlich mit Nenner ungleich 0), gehören zur umfassenden Sammlung der reellen Zahlen. Dies bedeutet, daß alle Zahlen der Gestalt p/q reelle Zahlen sind, wobei p und q ganze Zahlen sind und q ungleich 0 ist. Es sollte dem Leser schon bekannt sein, daß es einige „reelle" Zahlen gibt, die *nicht* rational sind – diese heißen, ziemlich phantasielos, *irrationale Zahlen.* Zum Beispiel sind $1 + \sqrt{3}$, $\sqrt[3]{2}$ und π irrational.

Daß $1 + \sqrt{3}$ und $\sqrt[3]{2}$ irrational sind, ist nicht schwer zu beweisen – wir werden es in diesem Kapitel später durchführen –, aber der Beweis, daß π (das Verhältnis des Kreisumfangs zu seinem Durchmesser) irrational ist, ist sehr viel schwieriger. Wie oft stößt man denn im täglichen Leben auf Zahlen wie $1 + \sqrt{3}$ oder $\sqrt[3]{2}$? Und obwohl π verbreiteter und bekannter ist – vielleicht weil Räder im täglichen Leben nützlich sind –, scheint es dennoch ein eigenartiger Zahlentyp zu sein, das einzige Beispiel seiner Gattung. Haben wir noch eine weitere Zahl, die so eigenartig wie π ist? Vielleicht hat der Leser von einer Zahl gehört, die sich e nennt und die Basis für *natürliche Logarithmen* bildet (siehe Kapitel 7).

Die Erfahrung führt den Leser vielleicht zu der Annahme, daß die meisten reellen Zahlen rational sein müssen, oder zumindest, daß alle „wichtigen" Zahlen, mit vielleicht einigen Ausnahmen, die zugebilligt werden, um der Sache Würze zu geben, rational sind, und daß die irrationalen Zahlen eigentlich in den meisten praktischen Fällen ignoriert werden könnten. Wenn der Leser außerdem glaubt, daß die „reellen Zahlen" wirklich nur die altvertrauten Brüche unter neuem Namen sind, so kann er sich auf eine Überraschung gefaßt machen.

Man bedenke z. B., warum wir, wenn wir uns auf eine spezielle rationale Zahl beziehen, z. B. „sechs-siebtel", diese geradeheraus mit $\frac{6}{7}$ bezeichnen. Die Beschreibung einiger irrationaler Zahlen erinnert an die Gewohnheiten einiger Kulturgruppen, die die Erwähnung gewisser Taten, eines Gottes oder einer Speise verbieten. Wir schreiben z. B. π oder e, was genauso viel verschleiert, wie es offenbart. Diese Buchstaben aus fremden sowie heimischen Alphabeten sind gewiß ein kümmerlicher Ersatz für die konkrete Beschreibung einer reellen Zahl wie $\frac{6}{7}$. Wir wollen versuchen zu verstehen, warum einige Zahlen mit Hilfsmitteln ausgedrückt werden *müssen*, die außerhalb des gewöhnlichen Vokabulars der Arithmetik stehen. Es sollte bereits klar sein, daß, falls es tatsächlich solche Zahlen gibt, wir sie möglichst, besonders im täglichen Leben, vermeiden, denn was für eine Verwirrung würde sonst über die unklare Art und Weise ihrer Beschreibung entstehen. Ein Parlament könnte verordnen, daß $\pi = 3$ ist, aber nicht einmal ein Stadtrat würde behaupten, daß $1 = 2$ ist. Warum?

Was ist eine reelle Zahl? Wir können dem Leser eine recht gute Definition geben, deren Vorteil darin besteht, daß sie sich eines Wissensgebietes bedient, das der Leser bereits beherrscht. Eine *reelle Zahl* ist eine Zahl, die als Dezimalbruch ausgedrückt wird. Jeder Leser ist mit *Dezimalbruchentwicklungen* vertraut. Eine Zahl, die in dieser Form ausgedrückt ist, kann folgendermaßen geschrieben werden:

$$x = a_n a_{n-1} a_{n-2} \ldots a_1 a_0, a_{-1} a_{-2} a_{-3} a_{-4} \ldots, \tag{1.1}$$

wobei jede der Zahlen a_i eine nicht negative ganze Zahl ist, die kleiner als 10 ist, und das Komma die Dezimalstellen zur rechten Seite abtrennt. Die Folge der a_i rechts des Kommas kann, muß aber nicht, endlich sein, und hierin liegt die Schwierigkeit. Ist der Dezimalbruch nicht endlich, betrachten wir nicht mehr einen einfachen endlichen Prozeß. Die Anschauung wird leicht in die Irre geführt, und Begriffe, die unter normalen Umständen ganz elementar sind, müssen für unendliche Situationen neu definiert und nur mit größter Vorsicht benutzt werden.

Die Reihe von ganzen Zahlen $a_n \ldots a_1 a_0$ nennen wir den *ganzen Teil* von x; er kann 0 sein. Die Reihe ganzer Zahlen rechts des Dezimalkommas wird manchmal *fälschlicherweise* als *gebrochener Teil* von x bezeichnet; wir werden sehen, daß er nicht immer als Bruch dargestellt werden kann.

Hier folgen einige Beispiele für reelle Zahlen, um die Bedeutung der drei Punkte rechts von a_{-4} in dem obengenannten Ausdruck zu illustrieren. Eine reelle Zahl ist gegeben, wenn jedes Glied der Entwicklung (1.1) wohldefiniert ist. Betrachten wir die Ausdrücke

(a) 0,50000 . . .
(b) 0,6666 . . .
(c) 0,857142857142857 . . .
(d) 0,212112111211112 . . .
(e) 3,141596 . . .
(f) 1,414213 . . .
(g) 0,156231 . . .

Welche dieser Ausdrücke stellen reelle Zahlen dar? Es ist eine Frage der Interpretation. In (a) und (b) gilt offensichtlich die Regel, daß im ersten Ausdruck die 0, im zweiten die 6 unendlich oft wiederholt werden soll; diese Entwicklungen vertreten also jeweils die reellen Zahlen $\frac{1}{2}$ und $\frac{2}{3}$. In ähnlicher Weise sehen wir in dem folgenden Ausdruck (c), daß der Block der sechs Zahlen „857142" wiederholt werden muß. Damit ist eine Regel gegeben, mit der in der Entwicklung der Wert irgendeines Gliedes beliebig weit rechts vom Komma bestimmt werden kann. (Diese Entwicklung stellt den Bruch $\frac{6}{7}$ dar). Für (d) ist die Regel klar aus dem Zusammenhang ersichtlich: Nach einer „2" folgen stets Einsen und zwar jeweils eine „1" mehr als nach der vorhergegangenen „2". Diese Regel erlaubt es, die Dezimalbruchentwicklung mit beliebig vielen Dezimalstellen zu schreiben; somit ist sie genau bestimmt und wohldefiniert. In (e), (f) und (g) haben wir Ausdrücke, aus denen die Regel, die die Bildung der nächstfolgenden Glieder der Reihe bestimmt, nicht klar wird. Deshalb stellen die letzten drei Ausdrücke mit lediglich dieser Information keine reellen Zahlen dar, es sei denn, weitere Informationen werden gegeben. Wir können (e) spezifizieren, indem wir verlangen, daß die Entwicklung für (e) das Verhältnis des Umfangs zum Durchmesser eines beliebigen Kreises (normalerweise durch π ausgedrückt) ist. Dies allein bestimmt den Rest der Entwicklung, eine Tatsache, die nicht einfach und völlig verständlich ist. In (f) verlangen wir, daß die Entwicklung eine positive Zahl repräsentiert, deren Quadrat 2 ist (die Entwicklung soll $\sqrt{2}$ repräsentieren). Dies wiederum bestimmt eindeutig eine positive reelle Zahl und legt eindeutig den Rest der Glieder fest; d. h., wir können einen Algorithmus finden, der uns immer genauere Annäherungen an die Dezimalbruchentwicklung geben wird (vgl. Kapitel 3). In (g) haben wir eine Folge von sechs Zahlen, die offenbar ohne jegliche Regel hingeschrieben zu sein scheint. Daher sind die restlichen Glieder (. . .) nicht wohldefiniert; eine Person könnte z.B. 0,1562313 schreiben und eine andere 0,1562314444 . . ., das sind beides wohldefinierte und offensichtlich ungleiche reelle Zahlen.

Die aufgeführten Beispiele reeller Zahlen sind in Dezimalbruchentwicklung angegeben. Da wir reelle Zahlen addieren, subtrahieren, multiplizieren und dividieren wollen, ergibt sich die Frage, wie man hierbei vorgehen soll. Wir werden die einfache Antwort an einigen Beispielen illustrieren. Angenommen, wir wollten die Ausdrücke (b) und (c) addieren. Wir könnten auf folgende Weise verfahren: (b) ist $\frac{2}{3}$, (c) ist $\frac{6}{7}$, so ist (b) + (c) gleich $\frac{2}{3} + \frac{6}{7} = \frac{32}{21}$, und bei fortgesetzter Division sehen wir, daß $\frac{32}{21}$ die Dezimalbruchentwicklung 1,52380 ... hat. Auf diese Weise haben wir die beiden Ausdrücke (b) und (c) addiert. Dieses Verfahren umgeht jedoch das echte Problem, denn wir haben die Regeln der Addition von *Brüchen* benutzt. Diese Regeln sind aber nicht für diejenigen Dezimalbruchentwicklungen anwendbar, die nicht mit Brüchen übereinstimmen. Wie sollten wir beispielsweise (c) und (d) addieren? Da (d) kein Bruch ist, ist keine der gewöhnlichen Regeln anwendbar. Die richtige Idee führt zur Konstruktion einer Folge von endlichen Dezimalbruchentwicklungen, die sich der gewünschten Summe (d.h. ihrem Wert) nähert:

0,8	0,85	0,857	0,8571	0,85714
+ 0,2	+ 0,21	+ 0,212	+ 0,2121	+ 0,21211
1,0	1,06	1,069	1,0692	1,06925

Somit ist die Summe (c) + (d) durch 1,06925 ... gegeben, und die Regel, die den Rest der Glieder bestimmt, ist klar. Ähnliches gilt für (b) + (c).

0,6	0,66	0,666	0,6666	0,66666
+ 0,8	+ 0,85	+ 0,857	+ 0,8571	+ 0,85714
1,4	1,51	1,523	1,5237	1,52380

Wir stellen fest:

1. Eine endliche Annäherung der Dezimalbruchentwicklung kann in ihrer *letzten* Ziffer von der tatsächlichen Dezimalbruchentwicklung an der gleichen Stelle, aber an keiner anderen abweichen; d. h., 1,51, aber 1,523. Die Regel ist immer noch wohldefiniert.

2. Wir erhalten dieselbe Dezimalbruchentwicklung, wie durch die oben ausgeführte fortlaufende Division $\frac{32}{21}$.

3. Man braucht nicht zu wissen, daß die Summe den Bruch $\frac{32}{21}$ darstellt, um die Rechnung durchführen zu können.

Auf ähnliche Weise können wir leicht Dezimalbruchentwicklungen von Zahlen subtrahieren, multiplizieren und dividieren.

Besteht die Möglichkeit, daß zwei Dezimalbruchentwicklungen die *gleiche* Zahl darstellen? Was könnte mit „gleich" gemeint sein? Es sei vereinbart, daß zwei reelle Zahlen *gleich* sind (obwohl sie möglicherweise in unterschiedlicher äußerer Form ausgedrückt sind), wenn ihr Unterschied kleiner als irgendeine von uns gewählte Zahl ist. Sie werden sofort sehen (wenn nicht, bleiben Sie dennoch für einen Moment dabei), daß die beiden Dezimalbruchentwicklungen

$$y = b_n \ldots b_0, b_{-1} b_{-2} \ldots b_{-k}\ 000000 \ldots$$

und

$$x = b_n \ldots b_0, b_{-1} b_{-2} \ldots (b_{-k} - 1)\ 9999 \ldots$$

die gleiche Zahl darstellen, wenn b_{-k} größer als 0 ist; z. B. stellen

$$y = 2{,}5630000 \ldots$$

und

$$y = 2{,}5629999 \ldots$$

die gleiche reelle Zahl dar.

Enthält eine Dezimalbruchentwicklung von einer gewissen Stelle an nur Neunen, so stellt sie die gleiche Zahl dar, wie die entsprechende Entwicklung, in der die Neunen durch Nullen ersetzt werden, die Ziffer, die den Neunen direkt vorausgeht, jedoch um 1 erhöht wird. Bis auf diese einzige Ausnahme stellen unterschiedliche Dezimalbruchentwicklungen verschiedene reelle Zahlen dar.

Wir wollen nun untersuchen, wie Dezimalbruchentwicklungen aussehen, die zu *rationalen* Zahlen gehören. Die Beispiele (a) bis (c) veranschaulichen Dezimalbruchentwicklungen rationaler Zahlen; jede wiederholt am Ende unendlich oft eine Folge von Ziffern. Allgemein gilt, wenn $x = p/q$ eine rationale Zahl ist, kann ihre Dezimalbruchentwicklung durch fortlaufende Division gefunden werden. Wir wollen zeigen, daß es eine ganze Zahl t gibt, so daß $p = tq + r$ ist, wobei der Rest r kleiner als q ist. (Man kann immer annehmen, daß r und q nicht negativ sind; ist x negativ, lassen wir p negativ sein.) Ein t mit dieser Eigenschaft kann immer gefunden werden. Man betrachte genau die ganzzahligen Vielfachen von q: q, $2q$, $3q$, ... Nach einiger Zeit finden wir eine erste (d.h. kleinste) ganze Zahl t, so daß $(1 + t)\,q$ größer als p ist, wenn p positiv ist (bei negativem p lese man „größer als $-p$"). Dies ist das gewünschte t. Also ist

$$\frac{p}{q} = \frac{tq + r}{q} = t + \frac{r}{q}\ .$$

Da r kleiner als q ist, ist t der ganze Teil der Dezimalbruchentwicklung von $x = p/q$. Das Verfahren, mit dem r durch q dividiert wird, um den gebrochenen Teil des Bruches zu bestimmen, wiederholt sich, da es aus der Division gewisser Reste durch q besteht. Da es nur q mögliche Reste gibt, nämlich $0, 1, 2, 3, \ldots, q - 1$, ist es offensichtlich, daß mindestens einer der Reste zweimal erschienen ist, nachdem wir $(q + 1)$ mal dividiert haben. Wenn erstmals ein Rest zum zweitenmal auftritt, dann ist das Divisionsverfahren eine echte und exakte Wiederholung von dem, was bereits seit dem ersten Auftreten dieses Restes vorgekommen ist. Deshalb muß die Ziffernfolge sich periodisch wiederholen; zum Beispiel:

$$\frac{6}{7} = 6 : 7 = 0{,}857142|857142|857142\ldots$$

```
0
⑥0
56
 ④0
 35
  ⑤0
  49
   ①0
    7
   ③0
   28
    ②0
    14
     ⑥0
      .
      .
      .
```

Die Reste sind eingekreist. Man beachte, daß die Rechnung eine Kopie des Vorhergehenden ist, sobald der Rest 6 wieder erreicht ist; und die Antwort kann ohne weitere Mühe ausgeschrieben werden. Man finde selber zum Vergleich die Entwicklungen für $\frac{1}{11}$ und $\frac{3}{13}$. Ähnliche Wiederholungen erscheinen auch, wenn eine rationale Zahl im Verhältnis zu irgendeiner anderen Basis ausgedrückt wird.

Wir haben soeben die wichtige Tatsache bewiesen, daß die Dezimalbruchentwicklung einer rationalen Zahl die Form

$$x = a_n \ldots a_1 a_0, a_{-1} a_{-2} \ldots a_{-k} | c_1 c_2 \ldots c_m | c_1 c_2 \ldots c_m | c_1 c_2 \ldots \tag{1.2}$$

hat, wobei der Block $c_1 \ldots c_m$ unendlich oft wiederholt wird. Wir fragen uns nun: Repräsentiert jede reelle Zahl (Dezimalbruchentwicklung) der Form (1.2) eine rationale Zahl? Mit anderen Worten, können wir, wenn (1.2) gegeben ist, ganze Zahlen p und q finden, so daß p/q die Entwicklung (1.2) ergibt, wenn wir eine fortgesetzte Division ausführen?

Um zu ermitteln, ob die Frage positiv beantwortet werden kann, betrachten wir eine einfache, sich wiederholende Dezimalbruchentwicklung

$$r = 0{,}726666 \ldots$$

Wie schreiben wir nun r als Quotient zweier ganzer Zahlen? Man beachte, daß

$$10r = 7{,}26|66 \ldots$$
$$r = 0{,}72|66 \ldots$$

Nachdem r von $10r$ abgezogen wird, heben sich die sich wiederholenden Ziffern rechts der vertikalen Striche auf und man erhält:

$$10r - r = 7{,}26 - 0{,}72 = 6{,}54$$

$$9r = \frac{654}{100}.$$

Damit ist r die rationale Zahl $\frac{654}{900}$.

Man wende nun das gleiche Prinzip auf den allgemeinen Dezimalbruch mit endlicher Periode in (1.2) an:

$$x = a_n \ldots a_1 a_0, a_{-1} a_{-2} \ldots a_{-k} c_1 c_2 \ldots c_m c_1 c_2 \ldots c_m \ldots,$$

wobei der sich wiederholende Teil $c_1 c_2 \ldots c_m$ ist. x werde mit 10^m multipliziert; dies entspricht einer Verschiebung des Kommas um m Stellen nach rechts. Also

$$10^m x = a_n \ldots a_1 a_0 a_{-1} \ldots a_{-m}, a_{-m-1} \ldots a_{-k} c_1 c_2 \ldots c_m | c_1 c_2 \ldots c_m \ldots$$
$$x = a_n \ldots \quad \ldots a_0, a_{-1} \ldots \quad \ldots a_{-k} | c_1 c_2 \ldots c_m \ldots$$

Nach der Subtraktion heben sich die wiederholenden Teile rechts des vertikalen Striches auf und

$$10^m x - x = (10^m - 1)x$$

ist eine Zahl der Form $b_n \dots b_0, b_{-1} \dots b_{-k}$, die rational und gleich $(b_n \dots b_0 b_{-1} \dots b_{-k})/10^k$ ist; deshalb muß x ebenfalls rational sein:

$$x = \frac{(b_n \dots b_0 b_{-1} \dots b_{-k})}{10^k(10^m - 1)}.$$

Eine alternative Lösung des Problems wird durch die Verwendung *geometrischer Reihen* gegeben, die wir hier als Beispiel eines in späteren Kapiteln auftretenden, unendlichen Summationsprozesses einführen. Man betrachte z. B. den Ausdruck

$$1 + \frac{1}{2} + \left(\frac{1}{2}\right)^2 + \left(\frac{1}{2}\right)^3 + \left(\frac{1}{2}\right)^4 + \dots$$

Dies ist ein Beispiel einer geometrischen Reihe. Sie hat die *Teilsummen*

$$\begin{aligned} &1 &&= 1 \\ &1 + \frac{1}{2} &&= 1{,}5 \\ &1 + \frac{1}{2} + \left(\frac{1}{2}\right)^2 &&= 1{,}75 \\ &1 + \frac{1}{2} + \left(\frac{1}{2}\right)^2 + \left(\frac{1}{2}\right)^3 &&= 1{,}875. \end{aligned}$$

Man kann sich leicht auf geometrische Art und Weise überzeugen, daß diese Teilsummen sich der Zahl 2 immer stärker nähern, während wir ständig weitere Glieder anfügen. Der Grenzwert derartiger Teilsummen ist gemeint, wenn „unendliche Reihen summiert" werden.

Im allgemeinen hat eine *geometrische Reihe* die Form

$$a + ar + ar^2 + ar^3 + \dots$$

und kann summiert werden, wenn $-1 < r < 1$ ist; in diesem Fall ist die Summe durch

$$a + ar + ar^2 + ar^3 + \dots = \frac{a}{1-r} \tag{1.3}$$

gegeben.

In dem oben erwähnten Beispiel ist $a = 1$ und $r = \frac{1}{2}$. Diese Formel ist in einfacher Weise der *Grenzwert* ähnlicher endlicher Formeln (vgl. Kapitel 9). Man beachte, daß

$$(1 + r + \dots + r^{n-1})(1 - r) = 1 - r^n \tag{1.4}$$

ist. Die linke Seite ist nämlich

$$(1 + r + \dots + r^{n-1})(1) - (1 + r + \dots + r^{n-1})\,r = (1 + r + \dots + r^{n-1}) - (r + r^2 + \dots + r^n),$$

und sämtliche Glieder heben sich auf, außer $1 - r^n$; für jedes r und jede positive ganze Zahl n heben sich die Mittelglieder in der Multiplikation auf. Wenn $-1 < r < 1$ ist, sehen wir, daß r^n sich Null nähert, wenn n sehr groß wird; zum Beispiel

$$\left(\frac{1}{2}\right)^n = \frac{1}{2^n},$$

was sich offensichtlich beliebig stark Null nähert, wenn n groß genug gewählt wird. Tatsächlich ist

$$\frac{1}{2} = \frac{1}{2} = 0{,}50000$$
$$\left(\frac{1}{2}\right)^2 = \frac{1}{4} = 0{,}25000$$
$$\left(\frac{1}{2}\right)^3 = \frac{1}{8} = 0{,}12500$$
$$\left(\frac{1}{2}\right)^4 = \frac{1}{16} = 0{,}06250$$
$$\left(\frac{1}{2}\right)^5 = \frac{1}{32} = 0{,}03125.$$

Eine Fortsetzung dieses Verfahrens wird offenbar so viele Nullen nach dem Komma erzeugen wie gewünscht werden; d. h., $(1/2)^n$ strebt gegen Null. Indem wir Gl. (1.4) benutzen, erhalten wir die folgende Reihenfolge von Formeln:

$$a + ar = \frac{a - ar^2}{1 - r} = \frac{a}{1 - r} - \left(\frac{a}{1 - r}\right) \cdot r^2$$

$$a + ar + ar^2 = \frac{a - ar^3}{1 - r} = \frac{a}{1 - r} - \left(\frac{a}{1 - r}\right) \cdot r^3$$

$$\vdots \qquad \vdots$$

$$a + ar + ar^2 + \ldots + ar^n = \frac{a}{1 - r} - \left(\frac{a}{1 - r}\right) \cdot r^{n+1}.$$

Auf der rechten Seite jeder Gleichung steht $a/(1 - r)$, das nicht von n abhängt und zu einem Glied addiert wird, das sich Null nähert, wenn n groß wird. Deshalb sagen wir, daß die unendliche Reihe die *Summe* $a/(1 - r)$ hat, denn das „Fehlerglied" der endlichen Teilsumme nähert sich bei großem n Null. Zu beachten ist, daß nicht jede geometrische Reihe eine Summe haben kann. Hätte zum Beispiel $a + ar + ar^2 + \ldots$ eine Summe, wobei $a > 0$ und $r > 1$ angenommen wird, so würde $s = a/(1 - r)$ negativ sein, was absurd ist; unkritischer Gebrauch der Formel führt z. B. zu dem lächerlichen Ergebnis

$$1 + 2 + 2^2 + 2^3 + 2^4 + \ldots = 1 + 2 + 4 + 8 + 16 + \ldots = \frac{1}{1 - 2} = \frac{1}{-1} = -1.$$

Die Reihe hat auch keine Summe, wenn $a \neq 0$ und $r = 1$ ist. Sie hat nur eine Summe, gegeben durch (1.3), wenn $-1 < r < +1$ ist.

Wir zeigen jetzt, daß die Entwicklung (1.2) zu einer rationalen Zahl gehört, indem wir die Formel für die Summe einer geometrischen Reihe anwenden. Der Ausdruck in (1.2) ist gleich der Zahl

$$(a_n a_{n-1} \ldots a_1 a_0) + \left(\frac{a_{-1}}{10} + \frac{a_{-2}}{10^2} + \ldots + \frac{a_{-k}}{10^k}\right) +$$
$$\left(\frac{c_1}{10^{k+1}} + \frac{c_2}{10^{k+2}} + \ldots + \frac{c_m}{10^{k+m}}\right) \cdot \left(1 + \frac{1}{10^m} + \frac{1}{10^{2m}} + \ldots\right).$$

Die unendliche Summe in der letzten Klammer

$$\left(1 + \frac{1}{10^m} + \frac{1}{10^{2m}} + \ldots\right)$$

ist eine geometrische Reihe mit $r = 1/10^m$ und $a = 1$; bei Benutzung von (1.3) ergibt sich die Summe

$$\left(\frac{1}{1 - \frac{1}{10^m}}\right) = \left(\frac{10^m}{10^m - 1}\right),$$ die eine rationale Zahl ist.

Wir haben gezeigt, daß jede Dezimalbruchentwicklung mit periodischer (sich wiederholender) Ziffernfolge eine rationale Zahl repräsentiert und daß umgekehrt jede rationale Zahl als ein Dezimalbruch mit periodischer Ziffernfolge ausgedrückt werden kann.

Außerdem haben wir gelernt, wie man Dezimalbruchentwicklungen für eine unendliche Anzahl unterschiedlicher, irrationaler Zahlen konstruieren kann. Es muß lediglich sichergestellt werden, daß die Dezimalbruchentwicklung *nie* periodisch werden kann. So muß z.B. die Zahl

$$0{,}212112111211112\ldots$$

in oben aufgeführtem Beispiel (d) eine irrationale Zahl sein, in der jede Einergruppe ein Glied mehr hat, als die direkt vorausgegangene linke Einergruppe. Konstruieren Sie selbst einige irrationale Zahlen.

1.5. Da wir wieder bei den irrationalen Zahlen sind, wollen wir beweisen, daß $1+\sqrt{3}$ und $\sqrt[3]{2}$ irrational sind. Zu beachten ist, daß $1+\sqrt{3}$ und $\sqrt[3]{2}$ Dezimalbruchentwicklungen haben, sich somit nach unserer Definition als reelle Zahlen „qualifizieren". Es wird ein *Algorithmus* (Regel) zum Aufschreiben annähernder, endlicher Dezimalbruchentwicklungen benötigt, die im gleichen Sinne *konvergieren*, wie die endlichen Ausdrücke, die die Summe zweier Dezimalbruchentwicklungen approximierten, gegen die gewünschte Dezimalbruchentwicklung „konvergierten". Die frühen Babylonier hatten einen derartigen Algorithmus für $\sqrt{x}$, wobei x eine beliebige positive ganze Zahl sein kann (siehe Kapitel 3); in ähnlicher Art finden wir einen Algorithmus für Wurzeln höherer Ordnung von Zahlen. Es ist jedoch einfacher, mit den formalen Ausdrücken $1+\sqrt{3}$ und $\sqrt[3]{2}$ zu arbeiten (algebraisch, *nicht* rechnerisch). Wir werden jetzt (algebraisch) beweisen, daß es unmöglich ist, ganze Zahlen p und q zu finden, so daß

$$\frac{p}{q} = 1+\sqrt{3}$$

ist. Der hier benutzte Beweis geht auf Euklid zurück und ist ein „Beweis durch Widerspruch" oder indirekter Beweis. Die Idee ist folgende: Es wird angenommen, $1+\sqrt{3}$ sei rational. Nun wird gezeigt, daß dies logischerweise zu einem Widerspruch führt. Da es jedoch Widersprüche in unserem mathematischen System nicht geben darf, kommen wir zu dem Schluß, daß unsere *Annahme* nicht wahr sein kann und folglich falsch ist; dies ist die Tatsache (nämlich, daß $1+\sqrt{3}$ *nicht* rational ist), die wir beweisen wollten.

Bei der Durchführung des Beweises bemerken wir zuerst, daß $1+\sqrt{3}$ dann und nur dann rational ist, wenn $\sqrt{3}$ rational ist. Deshalb müssen wir beweisen, daß $\sqrt{3}$ irrational ist. Angenommen, $\sqrt{3}$ sei rational, d.h., $\sqrt{3}=m/n$, wobei m und n ganze Zahlen sind und wir außerdem annehmen können, daß der Bruch *m/n auf die einfachste Form reduziert ist;* d.h., m und n haben keinen gemeinsamen Teiler außer 1. Quadrieren beider Seiten und Umordnen ergibt:

$$3n^2 = m^2;$$

dann wird m^2 durch 3 geteilt. Nun ist m entweder durch 3 teilbar, oder es bleibt bei Division durch 3 ein Rest 1 oder 2; d.h.,

$$m = 3k, \quad m = 3k+1 \quad \text{oder} \quad m = 3k+2,$$

wobei k eine ganze Zahl ist.

Somit ist entweder

$$m^2 = 9k^2, \quad m^2 = 9k^2 + 6k + 1 \quad \text{oder} \quad m^2 = 9k^2 + 12k + 4.$$

Da lediglich die erste dieser Quadratzahlen durch 3 dividiert werden kann, folgt daraus: Die Teilbarkeit von m^2 durch 3 deutet darauf hin, daß m selbst durch 3 teilbar ist. Also ist $m = 3k$, und wir finden aus $3n^2 = m^2$, daß $3n^2 = 9k^2$ ist; d.h.,

$$3k^2 = n^2.$$

Dann wird n^2 durch 3 geteilt, und nach dem gleichen Argument, das wir bereits benutzt haben, ist n durch 3 teilbar. Unter der Annahme, daß $\sqrt{3}$ rational ist, haben wir gezeigt, daß sowohl m als auch n durch 3 teilbar ist. Dies ist aber ein Widerspruch, da wir angenommen hatten, daß m und n teilerfremd sind. Daher kann $\sqrt{3}$ nicht rational sein, sondern muß *irrational* sein.

Auf ähnliche Weise können wir beweisen, daß $\sqrt[3]{2}$ irrational ist. Angenommen, $\sqrt[3]{2} = m/n$. Dann ist $2n^3 = m^3$. Also wird m^3 durch 2 geteilt. Man zeige, daß dies bedeutet, daß auch m durch 2 geteilt wird; d.h., $m = 2k$. Dann ist $2n^3 = 8k^3$, $n^3 = 4k^3$, und n^3 ist somit durch 2 teilbar. Dann sind m und n gerade, und m und n sind deshalb nicht teilerfremd, usw.

Es ist verständlich, daß der Beweis der Irrationalität einer bestimmten Zahl schwierig sein kann, obwohl wir bereits wissen, wie man unendlich viele verschiedene irrationale Zahlen *konstruieren* kann. Dies ist ein Beispiel der bedauerlichen, aber allgemeingültigen Tatsache, daß im allgemeinen ganz unterschiedliche Methoden nötig sind, um *spezielle* Probleme im Gegensatz zu allgemeinen Problemen zu lösen, und zwar nicht nur in der Mathematik.

1.6. Wie viele rationale Zahlen gibt es? Natürlich eine unendlich große Anzahl. Dennoch wäre es interessant, eine Vorstellung – wenn auch nur intuitiv oder ungenau – von dem ungefähren Anteil zu haben, den die rationalen Zahlen innerhalb der reellen Zahlen einnehmen. Mit anderen Worten: Bilden die periodischen Dezimalbruchentwicklungen die Mehrzahl der Dezimalbruchentwicklungen oder nur einen kleinen Teil? Um diese Fragen vernünftig beantworten zu können, muß klar formuliert werden, wann eine unendliche Menge mehr Elemente hat als eine andere. Da es im endlichen Fall so einfach ist, möchte man vielleicht entsprechend argumentieren: In einem Raum sind 713 Männer und 4 Frauen. Gibt es mehr Männer als Frauen? 713 ist größer als 4, folglich *sind* es mehr Männer als Frauen. Diese Frage kann man auch auf andere Weise lösen, die sich auch im Fall unendlicher Mengen anwenden läßt. Man bilde *Paare* aus je einem Mann und einer Frau und entferne komplette Paare aus dem Raum. Ist der Raum dann leer, behaupten wir, daß es die gleiche Anzahl von Männern und Frauen gibt; ist der Raum aber nicht leer, so enthält er entweder nur Männer oder nur Frauen. Wir sagen, daß es *mehr* Männer als Frauen gab, wenn Männer im Raum übrigbleiben, *mehr* Frauen als Männer, wenn Frauen im Raum übrigbleiben.

So nett es sein mag, sich Männer und/oder Frauen in einem Raum vorzustellen, so ist es auch klar, daß wir wirklich lediglich Paare aus Elementen zweier Mengen gebildet haben, um deren Größen zu vergleichen; die Namen der Elemente oder der Mengen spielen keine Rolle. Die Methode der Paarbildung ist für unendliche Gruppen fast ebenso anwendbar wie für endliche Ansammlungen von Personen. Dies führt zu überraschenden Ergebnissen, denn der Leser hat (wahrscheinlich) eine Vorstellung von endlichen Mengen, aber entweder *keine* oder eine *falsche* Vorstellung von der wahren Eigenschaft unendlicher Mengen.

Zuerst wird uns die Anschauung im Stich lassen, wenn es sich um Teilmengen einer gegebenen Menge handelt. Ist eine Menge S endlich, und ist die Menge T eine echte Teilmenge von S (d.h., alle Elemente von T sind ebenfalls Elemente von S, aber in S sind außerdem Elemente, die nicht in T enthalten sind), so ist es eindeutig, daß es *mehr* Elemente in S als in T gibt. Dies ist für unendliche Mengen nicht wahr. $\mathbb{N}$ bezeichne die Menge positiver ganzer Zahlen $1, 2, 3, 4, 5, \ldots$, und $2\,\mathbb{N}$ bezeichne die Menge *gerader*, positiver Zahlen $2, 4, 6, 8, \ldots$ Dann ist $2\,\mathbb{N}$ eine echte Teilmenge von $\mathbb{N}$. Nun bilde man Paare aus einer ganzen Zahl n in $\mathbb{N}$ und einer geraden Zahl $2n$ in $2\,\mathbb{N}$. Es ist klar, daß jede Zahl in $2\,\mathbb{N}$ nur jeweils zu einem dieser Paare gehört, dasselbe gilt für jede Zahl in $\mathbb{N}$. Laut unserer Absprache über Paarbildung müssen wir deshalb sagen, daß es *in* $\mathbb{N}$ *genau so viele ganze Zahlen gibt wie in* $2\,\mathbb{N}$. Schwer zu glauben? Man hat die Wahl zwischen dieser Methode und der Entscheidung, daß paarweise Zuordnung von Gegenständen sich nicht auf unendliche Mengen anwenden läßt. Seit einiger Zeit (seit den späten 90er Jahren des 19. Jahrhunderts) besteht das Übereinkommen, daß die Methode der paarweisen Zuordnung zu nützlichen (und auch zu verwunderlichen) Resultaten führt und daß sie möglicherweise eine elementarere und grundlegendere Schlußweise ist als diejenige, die sich mit dem Abstreiten der Idee befaßt, daß $\mathbb{N}$ und $2\,\mathbb{N}$ die gleiche Anzahl von Elementen haben. Es gibt Wege, diesen Prozeß einleuchtend zu beschreiben, leider haben wir nicht die Zeit, diese Nebenwege hier zu untersuchen.

Hat man einmal die Methode der paarweisen Zuordnung von Elementen zweier Mengen akzeptiert, um zu entscheiden, ob die Mengen von „gleicher Größe“ sind, so können einige häufiger auftretende Teilmengen der reellen Zahlen in Bezug auf ihre Größe untersucht werden. Wir stellten bereits fest, daß $2\,\mathbb{N}$ so groß wie $\mathbb{N}$ ist. Auf gleiche Art können wir ermitteln, daß die ganzen Zahlen, die Vielfache irgendeiner festen ganzen Zahl sind, die nicht Null ist, genau so zahlreich sind wie die gesamte Menge der ganzen Zahlen.

Eine noch überraschendere Feststellung ist, daß die Menge der rationalen Zahlen nicht größer als die Menge der ganzen Zahlen ist. Wir werden uns darauf beschränken zu zeigen, daß die Menge der positiven rationalen Zahlen dieselbe Größe hat, wie die Menge der positiven ganzen Zahlen. Denn mit den oben erwähnten Bemerkungen kann die Menge der negativen ganzen Zahlen in ein eineindeutiges Verhältnis zu den positiven ganzen Zahlen, die Menge der negativen rationalen Zahlen mit der Menge der positiven rationalen Zahlen gebracht werden. Es genügt daher zu beweisen, daß diese beiden Mengen positiver Zahlen die gleiche Größe haben. Man betrachte die schematische Darstellung der rationalen Zahlen in Bild 1.3. Jede rationale Zahl hat einen Platz in dem Schema; p/q liegt im Schnittpunkt der p-ten Zeile mit der q-ten Spalte, aber einige rationale Zahlen treten mehrfach auf, da $kp/kq = p/q$ für jede positive Zahl k ist. Man streiche deshalb alle Vielfachen der rationalen Zahlen aus, die in gekürzter Form ausgedrückt sind, so daß Zähler und Nenner keine gemeinsamen Teiler haben. Dann erscheint jede rationale Zahl in dem modifizierten Schema genau einmal. Man verfolge darauf einen Weg durch das Schema, wie abgebildet, und numeriere die rationalen Zahlen, so wie sie entlang des Weges auf-

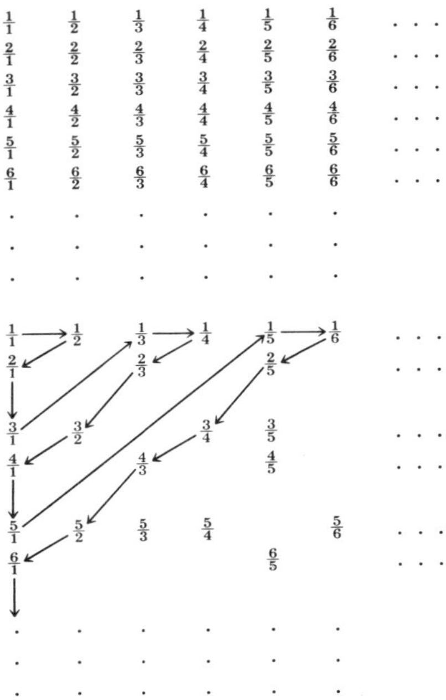

Bild 1.3
Die rationalen Zahlen sind abzählbar

tauchen. Unabhängig davon, wie groß die ganze Zahl n ist, es gibt eine rationale Zahl, die ihr in dem Schema entspricht, und zu jeder rationalen Zahl gehört eine ganze Zahl n. Deshalb treten die rationalen und ganzen Zahlen in gleicher Anzahl auf.

Eine Zahl x heißt *algebraisch*, wenn sie Wurzel einer Polynomgleichung (algebraische Gleichung) ist, deren Koeffizienten a_i ganze Zahlen sind, d.h., wenn

$$a_0x^n + a_1x^{n-1} + \ldots + a_{n-1}x + a_n = 0.$$

Zum Beispiel ist jede rationale Zahl p/q algebraisch, da sie die Wurzel der Gleichung $qx - p = 0$ ist; $\sqrt{2}$ ist zwar irrational, aber algebraisch, da $\sqrt{2}$ eine Wurzel der Gleichung $x^2 - 2 = 0$ ist; π dagegen ist *nicht* algebraisch. Das ist jedoch schwer zu beweisen. Fast alle Zahlen, mit denen wir je in Kontakt kommen, sind algebraisch, aber eine Anwendung desselben Diagonalverfahrens, das wir weiter oben benutzten, zeigt, daß es *genau so viele ganze Zahlen wie algebraische Zahlen gibt.*

Der aufmerksame Leser vermutet vielleicht, daß wir seine Zeit verschwenden, indem wir nicht einfach erklären, daß die Menge der reellen Zahlen nicht größer ist als die Menge der ganzen Zahlen; dies ist jedoch falsch. Es gibt *mehr* reelle Zahlen (d.h. Dezimalbruchentwicklungen) als ganze Zahlen (oder als rationale oder algebraische Zahlen).

Angenommen, es wäre möglich, die ganzen Zahlen (nehmen wir der Einfachheit halber die natürlichen Zahlen) in eindeutige Beziehung zu den Dezimalbrüchen zu setzen. Dann gäbe es einen *ersten* Dezimalbruch, einen *zweiten*, usw., wie aus der Tafel 1.2 ersichtlich ist, wobei a_k^n für die k-te Ziffer nach dem Komma in der Entwicklung der n-ten Zahl der Liste steht. Wir nehmen uns die Freiheit, die ganzzahligen Teile der Dezimalbruchentwicklung nicht aufzuschreiben, um die Notation zu vereinfachen.

Tafel 1.2

Ordinalzahlen	Dezimalbruchentwicklung
1	$,a_1^1 a_2^1 a_3^1 \ldots$
2	$,a_1^2 a_2^2 a_3^2 \ldots$
3	$,a_1^3 a_2^3 a_3^3 \ldots$
.	.
.	.
.	.
n	$,a_1^n a_2^n a_3^n \ldots$
.	.
.	.
.	.

Wir zeigen jetzt, daß eine Liste dieser Art unmöglich ist. Man erinnere sich: Von der Liste wurde behauptet, daß sie jede positive reelle Zahl enthalten sollte. Um zu zeigen, daß eine derartige Liste nicht existieren kann, müssen wir lediglich eine Zahl bilden – einen Dezimalbruch –, die nicht in der Liste steht. Wir nennen hier eine Zahl dieser Art:

$$a = ,a_1 a_2 a_3 \ldots ,$$

wobei

$a_1 = 1$, wenn $a_1^1 \neq 1$ ist, andernfalls $a_1 = 2$

$a_2 = 1$, wenn $a_2^2 \neq 1$ ist, andernfalls $a_2 = 2$

$a_3 = 1$, wenn $a_3^3 \neq 1$ ist, andernfalls $a_3 = 2$

.

.

.

$a_n = 1$, wenn $a_n^n \neq 1$ ist, andernfalls $a_n = 2$

Es leuchtet ein, daß die reelle Zahl mit der eben definierten Dezimalentwicklung sich von der ersten Zahl in der Tafel in der ersten Dezimalstelle, von der zweiten Zahl in der zweiten Dezimalstelle, von der dritten Zahl in der dritten Dezimalstelle usw., unterscheidet. Tatsächlich unterscheidet sich a von jeder Zahl in der Liste, ist jedoch selber eine reelle Zahl, d.h. ein Dezimalbruch; daher kann die Liste nicht vollständig sein. Folglich kann auch keine eineindeutige Korrespondenz zwischen den ganzen und den reellen Zahlen existieren. Immer wird eine reelle Zahl (tatsächlich sind es viele ihrer Art) übrig bleiben. So ist die Menge der reellen Zahlen größer als die Menge der ganzen Zahlen oder rationalen oder algebraischen Zahlen. Diesen eleganten Beweis entwickelte der deutsche Mathematiker Georg Cantor gegen Ende des neunzehnten Jahrhunderts, und er revolutionierte damit unser Verständnis vom System der reellen Zahlen.

1.7. Einer der Hauptgründe für die besondere Schwierigkeit des Gebietes der Mathematik, das als *Analysis* (die die *Integral- und Differentialrechnung* einschließt, vgl. Kapitel 9) bekannt ist, liegt darin, daß es sich mit den Eigenschaften der reellen Zahlen, anstatt lediglich mit denen der rationalen oder der algebraischen Zahlen beschäftigt.

Es ist bemerkenswert, daß der Mensch fähig ist, die Menge der reellen Zahlen zu beherrschen, sie für seine Wissenschaft, seine Technik und manchmal auch für die Kunst zu nutzen, obwohl er selbst endlich ist und nur die ganzen Zahlen und andere abzählbare Zahlenmengen zu seiner Verfügung hat und als Werkzeug nur das endliche Prinzip mathematischer Induktion. Hauptsächlich aus diesem Grund ist die Mathematik schwierig. Mit ihrer Schwierigkeit sollte man rechnen, aber die menschlichen Errungenschaften, dem Unzählbaren, Unbegrenzten zum Trotz, sind, unserer Meinung nach, ehrfurchtsgebietend und inspirierend.

Da es mehr reelle Zahlen als algebraische Zahlen gibt und da die erforderlichen Symbole, deren wir uns bedienen müssen, alle aus einer endlichen Sammlung herangezogen werden (einschließlich der ganzen Zahlen, Zeichen wie „+“, „–“, „·“ und „:“, sowie Buchstaben verschiedener Alphabete), folgt, daß wir nur abzählbar viele Zahlen unter Benutzung endlicher Kombinationen dieser Symbole ausdrücken können. Dies bedeutet, daß es *Zahlen geben muß, für die wir keine allgemeinen und systematischen Ausdrucksmittel in einer endlichen Symbolkombination haben, die einem festgelegten, endlichen Inventar entlehnt wird.* Indem wir die Symbole für die ganzen Zahlen und für die Division benutzen, können wir irgendeine rationale Zahl in systematischer Weise als p/q ausdrücken; auf ähnliche Weise kann irgendeine algebraische Zahl in endlicher Form geschrieben werden, obwohl es im allgemeinen nicht üblich ist. Ist die algebraische Zahl x z.B. eine Wurzel der Gleichung

$$a_0x^n + a_1x^{n-1} + \ldots + a_n = 0,$$

wobei alle a_i ganze Zahlen sind, so ist die Gleichung eindeutig durch die geordnete Folge der ganzen Zahlen

$$(a_0, a_1, \ldots, a_n)$$

bestimmt. Eine algebraische Gleichung n-ten Grades hat genau n (komplexe) Wurzeln, die alle verschieden sind, falls das Polynom keine sich wiederholenden Faktoren hat. Die betreffende Wurzel x ist eindeutig bestimmt, wenn wir angeben, welche der n Wurzeln gemeint ist. Deshalb bestimmt ein endliches Symbol, wie

$$(a_0, a_1, \ldots, a_n \mid k)$$

eine algebraische Zahl völlig, wobei k eine ganze Zahl ist, die festlegt, welche Wurzel des Polynoms gemeint ist. Da jede algebraische Zahl mit einem Ausdruck dieser Art in Verbindung gebracht werden kann, haben wir eine *Schreibweise* entwickelt, durch die jede algebraische Zahl in systematischer Weise ausgedrückt werden kann.

Wie wir bereits gesehen haben, kann ein Schema dieser Art zur Darstellung *aller* reeller Zahlen nicht konstruiert werden. Dies bedeutet, daß wir *spezielle* und *unterschiedliche* Ausdrücke für diejenigen *transzendenten Zahlen* finden müssen, die im Verlauf unserer Untersuchungen auftreten (Eine transzendente *Zahl* ist eine reelle Zahl, die nicht algebraisch ist). Wir geben einer transzendenten Zahl einen Namen, wenn sie wichtig genug dafür ist. Das Verhältnis des Kreisumfangs zu seinem Durchmesser (Auf ziemlich umständliche Weise wird mit diesem Ausdruck eine Zahl definiert! Ist sie größer als 3? Aus dieser Beschreibung ist es nicht leicht zu entnehmen) ist die berühmteste transzendente Zahl der Geschichte; ihr konventioneller Name ist π. Es gibt zwei weitere transzendente Zahlen, die in der Mathematik häufig genug vorkommen und damit einen Namen verdienen. Diese beiden Zahlen sind

e, die Basis des Systems der natürlichen Logarithmen (siehe Kapitel 7)

und

C, die Eulersche Konstante[1]. Gerthsen S. 1194 0,57722

Wellenlänge 20,9cm → 21cm Linie

Viele der anderen transzendenten Zahlen, die tatsächlich auf natürliche Weise auftreten, sind Logarithmen algebraischer Zahlen und algebraische Potenzen von e. Doch keine dieser symbolischen Schreibweisen vermittelt uns irgendetwas darüber, wie der Wert der dargestellten Zahl zu errechnen ist und daß sich dies wesentlich von der gewöhnlichen Schreibweise für rationale Zahlen oder sogar von der oben vorgestellten Darstellung der algebraischen Zahlen unterscheidet. Buchstabennamen für transzendente Zahlen sind lediglich *Namen*, während die *Schreibweise* für rationale und algebraische Zahlen Information über die Eigenschaft der Zahl enthält, und hinreichend angibt, wie ihr Wert zu berechnen ist. Aus diesem Grunde beschäftigen wir uns im täglichen Leben hauptsächlich mit rationalen Zahlen. Wir verfügen über eine systematische Schreibweise, die genau mit ihren mathematischen Eigenschaften und, was am wichtigsten ist, mit ihrer *Größe* (d.h. *Wert*) zusammenpaßt. Man stelle sich die Schwierigkeiten vor, die im täglichen Umgang mit Rechnungen, Punktzahlen beim Fußball, Gewinnchancen in der Lotterie und mit der Einkommenssteuer auftreten würden, wenn jede Zahl einen speziellen, symbolischen Namen hätte, der völlig ohne Beziehung zu ihren arithmetischen Eigenschaften wäre. In genau dieser Situation befanden sich die alten Ägypter, Griechen und Römer.

Übungen

1.1. Drücken Sie die folgenden Dezimalzahlen zur Basis 2 und zur Basis 8 aus:
(a) 346 (b) 64
(c) 512 (d) 1696

1.2. (a) Drücken Sie die Binärzahl 10011 (Basis 2) als Dezimalbruch aus.
(b) Drücken Sie die Oktalzahl 1071 (Basis 8) als Dezimalbruch aus.
(c) Stellt die Zahl 1278 eine Zahl im Oktalsystem dar? Warum?

1.3. Die Darstellung der Zahlen im Duodezimalsystem benötigt 12 verschiedene Symbole, um die Zahlen 0, 1, ..., 9, 10, 11 darzustellen. Benutzen Sie die Schreibweise 0, 1, 2, ..., 9, T, E, um Null und die ersten elf positiven ganzen Zahlen auszudrücken.
(a) Drücken Sie 1512 (Basis 10) im Duodezimalsystem aus.
(b) Drücken Sie die folgenden Zahlen (Basis 12) zur Basis 10 aus: (α) TEE, (β) TOE, (γ) 111, (δ) 01 E3.

1.4. Führen Sie die angegebenen Rechenoperationen zu der in Klammern genannten Basis aus.
(a) $110 \cdot 101$ (Basis 2) (b) $123 + 457$ (Basis 8)
(c) $310E - TEE$ (Basis 12) (d) $50 : 15$ (Basis 8).

---

1) In der englischsprachigen Literatur auch mit Euler-Mascheronische Konstante bezeichnet. Man findet dafür auch den Buchstaben γ.

1.5. Drücken Sie die folgenden Zahlen (Basis 10) in den ägyptischen, griechischen und römischen Systemen aus:

(a) 251 (b) 2462
(c) 28 (d) 10270

1.6. Führen Sie die angegebenen Rechenoperationen aus:

(a) 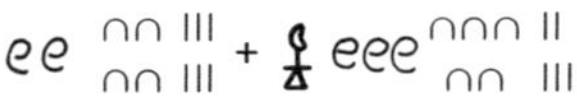 = ____________

(b) $\chi\lambda\alpha + \omega\iota\beta$ = ____________

(c) $\psi\kappa\beta + \sigma\xi$ = ____________

(d)  = ____________

1.7. Drücken Sie das Folgende in Dezimalschreibweise aus:

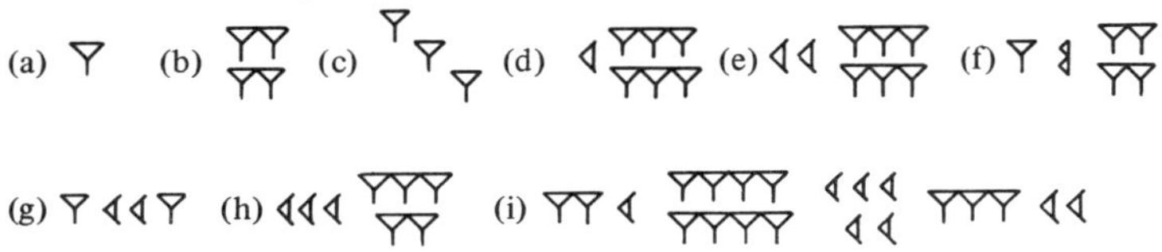

1.8. Drücken Sie die folgenden Zahlen (Basis 10) in babylonischer Schreibweise aus:

(a) 1 (b) 12 (c) 123
(d) 1234 (e) 12345 (f) 123 456
(g) 1 234 567

1.9. Unter Verwendung von Neugebauers System zur Darstellung sexagesimaler Zahlen (Basis 60) sollen die folgenden Zahlen (Basis 10) in sexagesimale Form verwandelt werden:

(a) 621 (b) 3600 (c) ,24
(d) 120,50 (e) $\frac{1}{3}$ (f) $\frac{1}{7}$ (genaue Antwort, bitte!)

1.10. Worin unterscheidet sich Teil (f) in Aufgabe 1.9 von den anderen Teilen?

1.11. Drücken Sie das Folgende in Dezimalschreibweise aus:

(a) 1,1 (b) ;1 (c) 1; 0,1
(d) ;1,50 (e) 12,20; 21 (f) 1; 24,51,10 (dieser Zahl werden wir wieder begegnen!)

1.12. Führen Sie die angegebenen Rechenoperationen zur Basis 60 aus:

(a) 12,2 + 15,4 = ____________
(b) 12,45 + 13,55 = ____________
(c) 25,6;37 · 1,2;3 = ____________
(d) 12,20 : 2,1 = ____________
(e) 1 : 36 = ____________

1.13. Zeigen Sie, daß jede beliebige rationale Zahl, zur Basis 2 ausgedrückt, eine letztlich periodische binäre Entwicklung hat. (Man betrachte das Beispiel

$$\frac{1}{11} = 0.01010101\ldots$$

in dem sich das Symbolpaar (01) wiederholt).

*1.14. Zeigen Sie, daß jede beliebige rationale Zahl, die bzgl. irgendeiner *Basis* ausgedrückt ist, eine periodische Entwicklung in Bezug auf jene Basis hat.

1.15. (a) Nennen Sie mindestens einen Vorteil:
des ägyptischen Zahlensystems im Vergleich zum römischen Zahlensystem;
des griechischen Zahlensystems im Vergleich zum ägyptischen Zahlensystem;
des babylonischen Zahlensystems im Vergleich zum griechischen Zahlensystem;

des Dezimalsystems im Vergleich zum babylonischen Zahlensystem;
des Dualsystems im Vergleich zum Dezimalsystem;
des Dezimalsystems im Vergleich zum Dualsystem.

(b) Welche der oben erwähnten Zahlensysteme verwendeten die Stellenwertschreibweise?

(c) Welches Zahlensystem (nicht unbedingt eines der oben genannten) ist das beste? Warum?

1.16. Zeigen Sie, daß die Reihe

$$2 + \frac{4}{3} + \frac{8}{9} + \frac{32}{27} + \ldots$$

eine geometrische Reihe ist, und finden Sie deren Summe.

1.17. Drücken Sie die folgenden periodischen Dezimalbruchentwicklungen als Brüche aus:

(a) 1,21212 ... (b) 0,12121 ...

(c) 0,185918591859 ... (d) 21,9011111 ...

1.18. (a) Enthält die Dezimalbruchentwicklung von $\sqrt{5}$ eine Ziffernfolge, die letztlich periodisch ist?

(b) Beweisen Sie, daß Ihre in (a) gegebene Antwort die richtige ist.

1.19. Definieren Sie eine Dezimalbruchentwicklung, die eine irrationale Zahl darstellt.

1.20. Zeigen Sie, daß es so viele natürliche Zahlen wie ganze Zahlen gibt.

1.21. Zeigen Sie, daß es so viele Quadratzahlen von natürlichen Zahlen gibt (1, 4, 9, 16, ...,) wie natürliche Zahlen.

***1.22.** Betrachtet sei ein quadratisches Polynom der Form $P(x) = x^2 + ax + b$, wobei a und b ganze Zahlen sind. Die Wurzlen von $P(x) = 0$ heißen *ganze algebraische Zahlen zweiten Grades.* Zeigen Sie, daß es ebenso viele ganze algebraische Zahlen zweiten Grades gibt wie ganze Zahlen.

Hinweis: Folgen Sie dem Beweis in Kapitel 1, daß es ebensoviele ganze Zahlen wie rationale Zahlen gibt. Man beachte, daß jede ganze Zahl d die Gleichung $x^2 - d^2 = 0$ erfüllt, daß also jede ganze Zahl *ebenfalls* eine ganze algebraische Zahl zweiten Grades *ist.*

***1.23.** Angenommen, a, b, c und D seien ganze Zahlen und D liege durch die ganze Aufgabe hindurch fest.

(a) Zeigen Sie, daß $a + b\sqrt{D}$ eine ganze algebraische Zahl zweiten Grades ist.

(b) Wenn $a + b\sqrt{D}$ und $c + d\sqrt{D}$ ganze algebraische Zahlen sind, soll ihre *Summe* und ihr *Produkt* jeweils durch $(a + b\sqrt{D}) + (c + d\sqrt{D}) = (a + c) + (b + d)\sqrt{D}$ und $(a + b\sqrt{D})(c + d\sqrt{D}) = (ac + bdD) + (ad + bc)\sqrt{D}$ definiert werden. Sind Summe und Produkt dieser ganzen algebraischen Zahlen ebenfalls ganze algebraische Zahlen zweiten Grades?

(c) Zeigen Sie, daß jede Lösung von $x^2 - 2ax + (a^2 + b^2) = 0$ in der Form $x = a \pm b\sqrt{-1}$ geschrieben werden kann. Ganze algebraische Zahlen dieser Art heißen *komplexe* (oder *Gaußsche*) ganze Zahlen.

2. Ägyptische Arithmetik

Die Ägypter erfanden als erste eine Ausdrucksweise für das Ergebnis der Division einer ganzen Zahl durch eine andere, wenn der Quotient ein Bruch ist. Ihre Lösung war äußerst umständlich, da ihre Ziffernschreibweise nicht-positionell war. Dieses Kapitel untersucht das ägyptische Zahlensystem und seine arithmetischen Verfahren. Das Ziel besteht darin, zu verdeutlichen, wie schwierig elementare arithmetische Rechenverfahren sind, wenn sie in einer unpraktischen Schreibweise ausgedrückt werden. Außerdem weisen wir darauf hin, daß der weitere Fortschritt der ägyptischen Mathematik und Wissenschaft durch den Mangel an einem positionellen Bezeichnungssystem behindert wurde. Um dem Leser ein besseres Verständnis der Eigenart der ägyptischen Mathematik und Denkweise zu vermitteln, ist eine kurze Skizze über die Entzifferung und Struktur der ägyptischen Hieroglyphen mit aufgenommen.

2.1. Unsere Kenntnis über die ägyptische Mathematik beruht auf zwei wichtigen Papyri: dem *Papyrus Rhind*, nach A. H. Rhind benannt, der es dem Britischen Museum als Schenkung übergab, und dem *Moskauer Papyrus*, das jetzt im Museum der schönen Künste in Moskau aufbewahrt wird. Die beiden Haupttexte sowie eine Reihe weniger wichtiger Papyri wurden zwischen 2060 und 1580 v. Chr. in einer Kursivschrift (*hieratisch* genannt) geschrieben. In modernen Schriftwerken ist es üblich, diese Schrift in die *hieroglyphischen* Begriffszeichen umzuschreiben, die auf Denkmälern und Gräbern zur Aufzeichnung von Informationen benutzt wurden. Die Zeichen, die wir im vorhergehenden Kapitel zur Bezeichnung ägyptischer Ziffern benutzten, kamen aus der Hieroglyphenschrift. In Bild 2.1 sind die entsprechenden Zeichen in hieratischer Schreibweise wiedergegeben. Die Entzifferung und Interpretation mathematischer Texte umfaßt das allgemeine Problem der Entzifferung des hieroglyphischen Ägyptischen, das die älteste Form der schriftlichen Sprache der Ägypter ist. Der Schlüssel zur Entzifferung war der Stein von Rosette. Er enthält 14 Zeilen mit Hieroglyphen, 32 Zeilen einer späten kursiven Form antiker ägyptischer Schrift, die als *demotisch* bezeichnet wird, sowie 54 Zeilen Griechisch. Die Franzosen entdeckten den Stein 1799 in der Nähe der Nilmündung. Anschließend kam er in britische Hände und liegt heute im Britischen Museum. Obwohl viele versucht haben, ihn und andere hieroglyphische Überreste zu entziffern, zeigte sich jedoch zunächst kein Erfolg, bis Champollion 1822 ein „Alphabet" und einige Entzifferungen veröffentlichte. Heute ist eine Straße nahe der Sorbonne in Paris nach ihm benannt.

Bei der Entzifferung wurde von der Vermutung ausgegangen, daß jede der drei Inschriften auf dem Stein von Rosette dieselbe Mitteilung wiedergab. Man hatte festge-

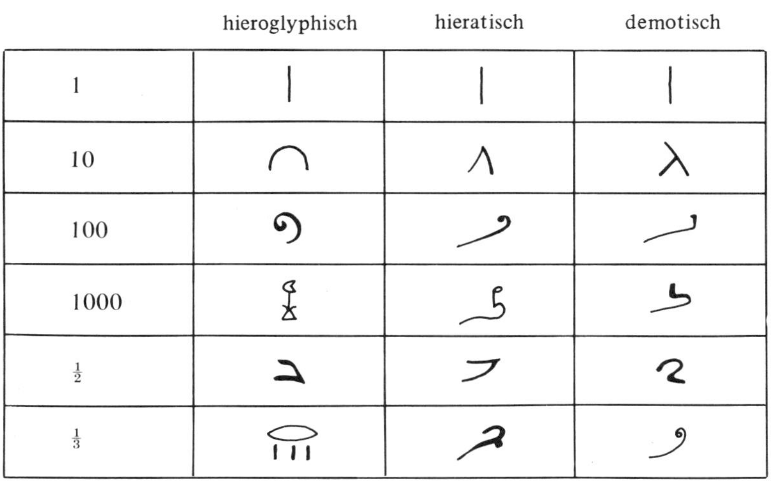

Bild 2.1 Typische ägyptische Bezeichnungen

stellt, daß gewisse Sammlungen hieroglyphischer Zeichen manchmal von einer Kartusche (von dem französischen Wort für „Kapsel"), einer Umrahmung, umschlossen waren, und man nahm allgemein an, daß sie Namen wichtiger Personen darstellten. In der griechischen Inschrift auf dem Stein von Rosette erscheint lediglich der Name *Ptolemäus*, und die hieroglyphische Mitteilung – wahrscheinlich eine Übersetzung des Griechischen – enthält eine Reihenfolge von Hieroglyphen, die eingerahmt sind:

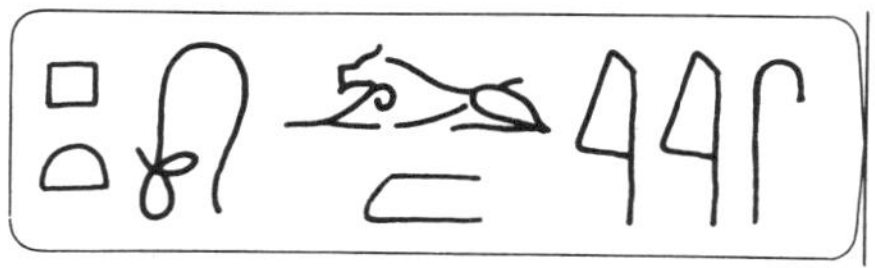

Ptolemäus

Champollion nahm an, daß dies den Namen *Ptolemäus* darstellte. Auf einem anderen mehrsprachigen Denkmal entdeckte er zwei eingerahmte Namen, von denen einer *Ptolemäus* war. Der andere war, wie Champollion aus einer griechischen Übersetzung entnahm, *Kleopatra*; in Hieroglyphen erschien dieser Name in folgender Weise:

Kleopatra

Da beide Namen einige Buchstaben gemeinsam haben, kann man annehmen, daß die gemeinsamen Hieroglyphen sich ebenfalls entsprechen. Zusammen mit einigem „Extra"-Wissen genügte dies, um die Namen zu entziffern.

Wir wollen an Hand von E. A. Wallis Budges Darlegung in seinem Werk *Egyptian Language* [13] die Entzifferung vorführen. Nachdem wir berücksichtigt haben, daß *Ptolemäus* auf Griechisch *Ptolemaios* geschrieben wird, stellen wir die Symbole, die in den beiden Namen vorkommen um und numerieren sie:

Ptolemaios

1 2 3 4 5 6 7

Kleopatra

1 2 3 4 5 6 7 8 9 10 11

Symbol 1 des ersten Namens ist mit Symbol 5 des zweiten Namens identisch und muß somit den Buchstaben *P* darstellen. Ebenso sind die vierten und zweiten identisch und sollten, ihrer Position nach, *L* sein. So ergibt sich:

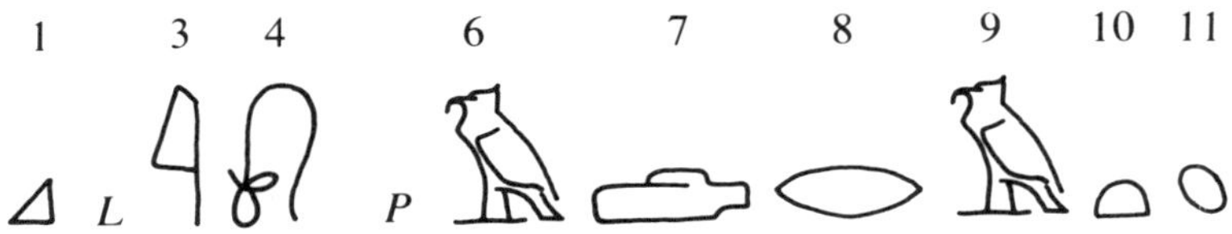

Aus den Stellungen der beiden uns nun bekannten Buchstaben, ist ersichtlich, daß der obere Name *Ptolemäus*, der andere *Kleopatra* sein muß. Da das dritte und vierte Symbol gleich sind und der erste Name *Ptolemäus* ist, kann dieses Symbol nur für einen *o*-artigen Vokal stehen, um

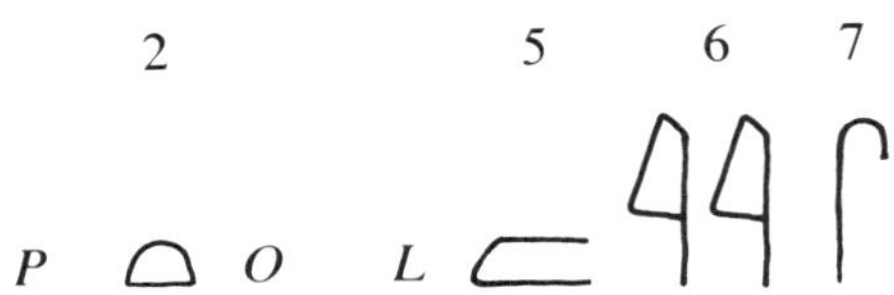

zu ergeben. Zwischen dem *P* und *O* in *Ptolemäus* muß ein *T* stehen, und die griechische Form dieses Namens endet mit *S*; folglich haben wir zwei weitere Hieroglyphen zu unserer Verfügung und erhalten so

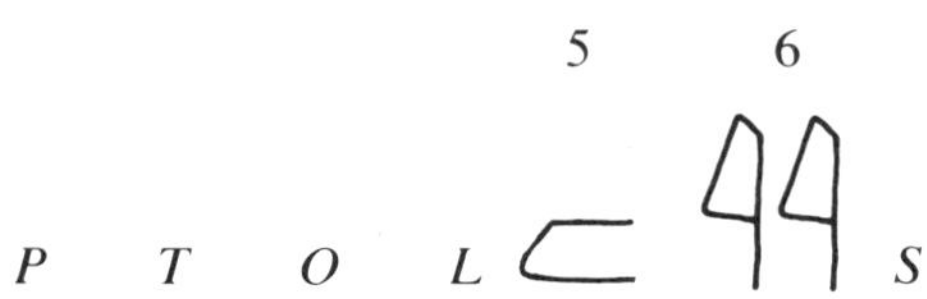

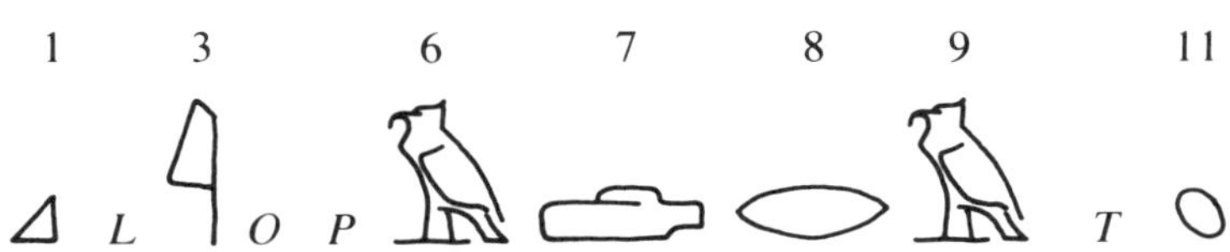

Somit haben wir ein Symbol für *T*, aber es scheint ein *T* in *Kleopatra* zu fehlen, zumindestens dort, wo wir eins erwarten, dagegen steht ein extra *T* beinahe am Ende des Namens. Zu diesem Zeitpunkt benötigen wir einige zusätzliche Informationen. Wie Champollion in anderen Inschriften bemerkt hatte, wurde *Kleopatra* manchmal mit dem Zeichen  , anstatt 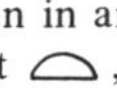, buchstabiert; dies bedeutet, daß 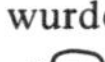 ebenfalls *T* darstellen muß. Das ihm vorausgehende Zeichen mußte einen *a*-artigen Vokal bezeichnen, und das erste Symbol bedeutet offensichtlich *K*. Nun haben wir gefunden:

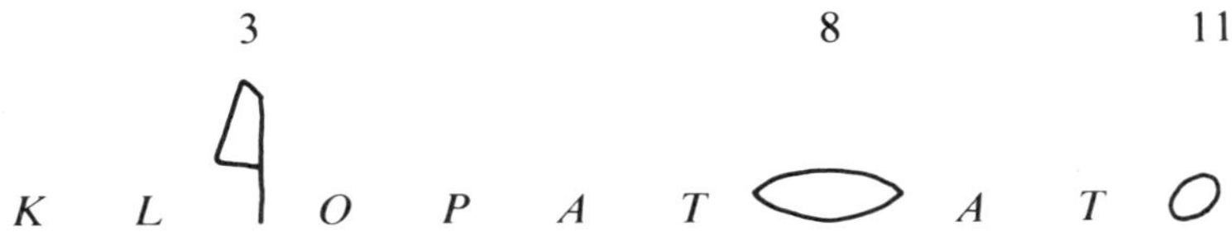

Das Zeichen muß einen *E*-artigen Vokal repräsentieren, deshalb können wir annehmen, daß das verdoppelte Zeichen *I* bedeutet; muß *M* sein. Da die Hieroglyphen in *Ptolemaios* damit erschöpft sind, muß man annehmen, daß das Altägyptische keinen Laut für das *O* vor dem *S* gehabt hat. In Bezug auf *Kleopatra* hatte Young, ein Zeitgenosse Champollions, bemerkt, daß die Symbole immer am Ende der Namen von Göttinnen erschienen; da die Könige und Königinnen Ägyptens (einschließlich griechischer Monarchen) als Gottheiten verehrt wurden, müssen die Symbole in *Kleopatras* Rahmen das Endzeichen für *Göttin* sein. So kann das übriggebliebene unbekannte Symbol nur *R* repräsentieren, d.h. = *R*. So können nun endlich die beiden Inschriften als

P T O L M I S

und

K L E O P A T R A *Göttin*

übersetzt werden. Champollion und seinen Nachfolgern gelang es, ganze Texte zu übertragen und ein ziemlich vollständiges Vokabular sowie eine Grammatik aufzubauen, indem sie die geschilderte Technik erweiterten und ihre Kenntnis des Koptischen (Ägyptisch in griechischen Buchstaben geschrieben) anwendeten.

Hieroglyphische Zeichen stellten ganze Worte wie auch einzelne Buchstaben dar. Dies ist eine bemerkenswerte Eigenart der Schreibsysteme antiker Kulturen im allgemeinen und der Ägypter im besonderen. Sie benutzten eine umständliche und unzweckmäßige Kombination *ideographischen* („Bild"-) Schreibens: ein *Silbensystem*[1] und ein *Alphabet*. Auf dieser komplizierten Struktur errichteten sie einen Überbau aus speziellen Deutzeichen, die die Art des Lesens bestimmten. Zum Beispiel war der Indikator für Göttin, der den Rahmen mit Kleopatras Namen abschloß, nicht nur als Titel gedacht, sondern auch zur Unterrichtung des Lesers bestimmt, daß die vorhergegangenen Symbole den Namen einer Gottheit darstellen und alphabetisch oder als Silben, nicht aber ideogrammatisch gelesen werden sollten. Das Verb *schreiben* konnte z.B. durch die Reihenfolge der Symbole

[1] In einem *Silbensystem* stellen die Symbole Silben dar, wogegen in einem Alphabet im allgemeinen mehrere Buchstaben zur Kennzeichnung einer Silbe benutzt werden.

dargestellt werden: Ein Rohr zum Schreiben, ein Tintenfaß, eine Palette mit roter und schwarzer Tusche, Materialien, die zum Schreiben benutzt wurden, gefolgt von dem Bedeutungszeichen , das immer einen abstrakten Begriff kennzeichnet und eigentlich einen aufgerollten Papyrus darstellt. Ein *Schriftsteller* wurde folgendermaßen dargestellt:

Hierbei wurde lediglich das Zeichen für „abstrakter Begriff" in das Zeichen für „Mensch" abgeändert, um eine Person zu bezeichnen. Hätten die Ägypter die ideogrammatischen, silbenhaften und kennzeichnenden Bestandteile ihres Schreibsystems abgeschafft, wäre ein brauchbares und bequemes Alphabet übriggeblieben, 2000 Jahre bevor es von den Griechen eingeführt wurde.

Mathematische Terminologie unterlag den gleichen umständlichen Konventionen. Die Addition zweier Zahlen betrachtete man als: Eine Zahl „geht hinein" in die zweite oder „vereinigt sich" mit ihr. Das Wort dafür war *per*, was auch „Haus" bedeutet. Die symbolische Bezeichnung konnte entweder , ein Paar Beine sein, die in das Haus „hineingehen", oder das Grundriß-Symbol, das ein Haus darstellt, gefolgt von einem Paar Beinen, die in das Haus „hineingehen", als Kennzeichen, damit das Ideogramm für Haus im Sinne des Additionsbegriffs verstanden wird; daher . Für die Subtraktion wurden Beine, die aus dem Haus „herausgingen", benutzt. Dies wirft die interessante Frage auf: Welche Bewegungsrichtung entspricht „hinein" und welche „hinaus"? Die Ägypter schrieben nicht konsequent von links nach rechts oder von rechts nach links. Ihr hieroglyphisches Schreibsystem enthält eingebaute Informationen, die dem Leser die richtige Richtung anzeigen. Viele der hieroglyphischen Symbole sind Tiere oder Vögel, und die Leseregel (für in Zeilen geschriebenen Text) ist einfach folgende: Lies vom Kopf zum Schwanz. So gehen Füße „hinein", wenn sie gegen die Leserichtung verlaufen, und bezeichnen Addition, wogegen Füße, die in der Leserichtung gehen, „hinausgehen" und Subtraktion bedeuten.

Wie wir beim Entziffern der hieroglyphischen Darstellung von *Ptolemäus* und *Kleopatra* gesehen haben, waren die Ägypter nicht konsequent in ihrem Gebrauch eines einzelnen Symbols für die Bezeichnung eines bestimmten Lautes oder Begriffs. Diese lässige Einstellung übertrugen sie auch auf ihre mathematischen Arbeiten. So enthält z. B. der Moskauer Papyrus ein Paar Beine, die „hineingehen" (also das Additionszeichen), die in diesem Fall aber das Quadrat der beigeordneten Zahl kennzeichnen. Die Bedeutung muß daher aus dem Zusammenhang des Problems entschieden werden. Andere Additionsbezeichnungen waren

 = *demedsh* = „vereinigen"

und

 = *wah* = „hinzulegen“ oder „sammeln“

Beachten Sie, daß beide Bezeichnungen das Bestimmungszeichen für „abstrakt“ verwenden. Subtraktion wird auch durch den Begriff „auseinanderbrechen“ (des Minuenden) wiedergegeben; daher

 = *hebet* = *h* + *b* + *t* + Kennzeichen des „Brechens“

Was *übrigbleibt,* nachdem eine Rechnung ausgeführt worden ist, und was wir *Resultat, Ergebnis,* nennen möchten, wird durch die Symbole

 = *tat* = *ta* + *t* + Pluralzeichen (= |||)
= „Ergebnis“, „das was übrig bleibt“

dargestellt.

Die Druckerpresse und die beweglichen Lettern lieferten den wesentlichen Antrieb für konsequente und permanente Symbolik, die vorher fehlte.

Vor dem 15. Jahrhundert waren die Vieldeutigkeit und Begrenztheit des ägyptischen Schreibsystems die Norm; es gab fast so viele verschiedene Schreibweisen für Grundbegriffe wie es Mathematiker gab. Der älteste bekannte Gebrauch des eindeutigen Pluszeichens „+“ für die Addition trat erstmals in einem lateinischen Manuskript auf, das sich jetzt in der Dresdener Bibliothek befindet und 1486 geschrieben wurde.[1] Die oben erwähnte Inkonsequenz war keineswegs nur dem Fach der Mathematik eigen.

Bild 2.2 veranschaulicht eine hieratische Umsetzung und eine hieroglyphische Transliteration des Problems Nr. 28 im Papyrus Rhind. Offensichtlich muß es von *rechts* nach *links* gelesen werden. Eine Übersetzung (aus T. Eric Peets *The Rhind Mathematical Papyrus* [78]) lautet:

> *Zwei Drittel hinzugefügt und ein Drittel* [*dieser Summe*] *fortgenommen, bleiben 10. Ein Zehntel davon soll 10 sein: das Ergebnis ist 1, Rest 9. Zwei Drittel davon, nämlich 6, werden hinzugefügt; macht insgesamt 15. Ein Drittel davon ist 5. Es waren 5, die weggenommen worden waren: Rest 10.*[2]

Wir erkennen in der ersten Zeile und auch später das Symbol der Beine, das beides, Addition und Subtraktion, bezeichnet. Die ganzen Zahlen sind im hieroglyphischen

1) Siehe die Diskussion über die Entwicklung mathematischer Schreibweise in Kapitel 8.
2) Freie Übersetzung aus dem Englischen; vgl. dazu auch K. Vogel [72], Bd. I, S. 56.

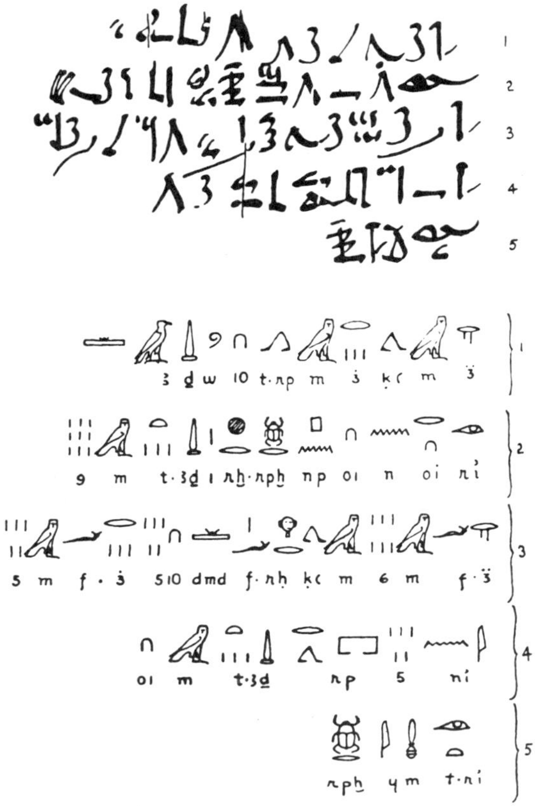

Bild 2.2
Mathematisches Papyrus Rhind, Aufgabe 28 (Aus Vogel [72], S. 56, ursprünglich in A. B. Chace, *the Rhind Mathematical Papyrus*, Oberlin, 1929)

Text deutlich. $\frac{2}{3}$ wird durch das besondere Symbol 𓂚 bezeichnet, und für $\frac{1}{3}$ schreibt man den Nenner 3 und setzt ein bestimmtes Zeichen darüber, was „Eins dividiert durch" bedeutet; folglich:

$\frac{1}{3}$ = 𓂋 III $\frac{2}{3}$ = 𓂚

Man beachte, daß 'I die Hälfte von III ist; deshalb muß 𓂚 gleich 1 geteilt durch die Hälfte von 3 sein; d.h., $\frac{2}{3}$.

2.2. Aus Bild 2.2 werden die Hieroglyphen, die die Zahlen und die Zeichen für Addition und Subtraktion darstellten, klar deutlich. Die wiederholt erscheinende Eule, die sich auf das Wort *em* bezieht, ist eine Präposition, die übersetzt werden kann mit „von", „heraus aus", „in", „hinein", „auf", „unter", „wie", „vereinbar mit", „mit", „in der Verfassung von", „falls" oder „wenn". Im Zusammenhang mit Bild 2.2 sollte die Eule als „von", oder vielleicht besser als „davon" gelesen werden, obwohl auf die Silbe „da" nicht hingewiesen ist. Peets Übersetzung könnte vielleicht verbessert werden, so daß man

Zwei Drittel davon hinzugefügt und ein Drittel [dieser Summe] weggenommen, bleibt 10

liest, und so fort. Diese Neuinterpretation ist wichtig, denn ohne sie scheint das Problem sich mit einer numerischen Rechnung zu befassen, und mit dieser Interpretation ergibt es keinen Sinn. Der Anfang in Peets Übersetzung zum Beispiel scheint die Gleichung

$$\frac{2}{3}-\frac{1}{3}=10$$

zu beschreiben, was absurd ist. Tatsächlich meint Peet, und deutet es durch seinen Gebrauch der Worte „von dieser Summe" an, daß $\frac{2}{3}$ einer unbekannten Menge zur Menge selber addiert werden und dann $\frac{1}{3}$ dieser Summe abgezogen werden soll, um 10 zu ergeben; daher

$$\left(\frac{2}{3}x+x\right)-\frac{1}{3}\left(\frac{2}{3}x+x\right)=10. \tag{2.1}$$

Es handelt sich um die Lösung einer linearen Gleichung mit einer Unbekannten. Fassen wir alle Vielfachen von x zusammen, so ergibt sich die Gleichung

$$\frac{10}{9}x=10$$

mit der Lösung $x = 9$.

Unsere Interpretation muß die richtige sein, denn der übrige Text der hieroglyphischen Inschrift in Bild 2.2 beschreibt, wie das Problem, das in der ersten Zeile genannt wird, zu lösen ist.

Es wird die folgende Reihe arithmetischer Rechnungen beschrieben

$10 \to 10/10 = 1 \to 10 - 1 = 9$ (Zeile 2)

$\to \frac{2}{3}9 = 6 \to 6 + 9 = 15 \to \frac{1}{3}15 = 5$ (Zeile 3)

$\to 15 - 5 = 10.$ (Zeile 4)

Werden diese Rechnungen voll ausgeschrieben, ergeben sie die Lösung für die ursprüngliche Gleichung, denn die eben gegebenen Rechnungen beschreiben die Bildung des arithmetischen Ausdrucks

$$\left[\frac{2}{3}\left(10-\frac{10}{10}\right)+\left(10-\frac{10}{10}\right)\right]-\frac{1}{3}\left[\frac{2}{3}\left(10-\frac{10}{10}\right)+\left(10-\frac{10}{10}\right)\right]=10.$$

Der Vergleich mit

$$\left(\frac{2}{3}x+x\right)-\frac{1}{3}\left(\frac{2}{3}x+x\right)=10$$

verdeutlicht, daß $x = 10-\frac{10}{10} = 9$ eine Lösung der Gleichung ist. Wir können mit Sicherheit annehmen, daß die Ägypter sich nie um die mögliche Existenz weiterer Lösungen sorgten; es war für sie schwierig genug, eine zu finden.

Diese Methode verifiziert, daß eine Zahl, die man vielleicht durch raten oder ausprobieren erhalten hat, tatsächlich eine Lösung ist. Sie liefert jedoch *keine* Vorschrift zur Lösung weiterer Gleichungen derselben Art. Man betrachte in der Tat die folgende Gleichung:

$$(ax + x) - b\,(ax + x) = c.$$

Sie vereinfacht sich zu Problem Nr. 28 des Papyrus Rhind, wenn $a = \frac{2}{3}$, $b = \frac{1}{3}$ und $c = 10$ ist. Ausklammern von x und anschließend von $(a + 1)$ zeigt, daß $x = c/(a + 1)\,(1 - b)$ ist. Jetzt lehrt uns die Vorschrift zur Lösung von Rhind 28, den Ausdruck

$$\left[a\left(c - \frac{c}{c}\right) + \left(c - \frac{c}{c}\right)\right] - b\left[a\left(c - \frac{c}{c}\right) + \left(c - \frac{c}{c}\right)\right]$$

zu berechnen. Ist er gleich c, wird dies zeigen, daß $x = (c - c/c) = c - 1$ die Lösung ist. Jedoch kann der Ausdruck zu $(a + 1)\,(1 - b)\,(c - 1)$ vereinfacht werden, was nur für eine ganz spezielle Wahl von a und b gleich c ist. Mit $a = \frac{2}{3}$ und $b = \frac{1}{3}$ ist dieser Ausdruck tatsächlich $\frac{10}{9}\,(c - 1)$, was nur dann gleich c ist, wenn $c = 10$ ist.

Dieses Beispiel zeigt, daß den Ägyptern eine systematische Methode fehlte, lineare Gleichungen mit einer Unbekannten zu lösen, ebenso wie ihnen eine alphabetische Schreibmethode fehlte. Ihre umständliche Schreibmethode enthielt alle Bestandteile zu einer erfolgreichen alphabetischen Schreibmethode, und im selben Ausmaß enthielt ihre Sammlung mathematischer Techniken allgemeine Verfahren, um lineare Gleichungen mit einer Unbekannten (die wir gleich untersuchen wollen) zu lösen; aber in keinem der beiden Fälle erkannten sie, daß ihre Systeme besondere oder überflüssige Techniken enthielten.

In über einem Dutzend von Problemen in verschiedenen Papyrusrollen tritt ein technisches Wort für eine unbekannte Größe auf, ähnlich unserem Gebrauch von x; die hieroglyphischen Symbole dafür sind

oder

Heute wird das Wort gewöhnlich als *aha* (Haufen) transliteriert. Die *aha*-Rechnungen zeigen eine allgemeine Technik zur Lösung linearer Gleichungen, die auf einer Methode des „falschen Ansatzes" aufbaut. Die Rhind-Probleme sind z.B. alle vom Typ $x + x/a = b$ für bestimmte Zahlen a und b. Wir können von dem „falschen Ansatz" ausgehen, daß $x = a$ ist; dann wäre die linke Seite der Gleichung $(a + a/a) = (a + 1)$; unterscheidet sich dies von b, so ergibt die Multiplikation von x mit $b/(a + 1)$ die Größe b und damit auch den richtigen Wert von x. Um zu sehen, wie diese Methode sich in der Praxis auswirkt, betrachte man das Rhind-Problem Nr. 26, das lautet:

Eine Größe, zu der ihr vierter Teil hinzugerechnet wird, ist 15. [1])

Dies entspricht der Gleichung $x + x/4 = 15$. Es werde jetzt (fälschlicherweise) angenommen, daß $x = 4$ ist (denn $x/4$ läßt sich dann leicht ausrechnen); die linke Seite der Gleichung wäre dann $4 + \frac{4}{4} = 5$, was nur ein Drittel der Zahl auf der rechten Seite ist. Deshalb multipliziert man den falschen Ansatz 4 mit 3 und erhält $x = 12$, wodurch die linke Seite der Gleichung mit der rechten übereinstimmt und damit das Problem gelöst ist.

Da diese Methode allgemein zum richtigen Ergebnis führt, von den Ägyptern aber nicht immer angewandt wurde, wußten sie offenbar nicht, daß sie immer funktioniert. Vielleicht nahmen sie auch an, daß andere Methoden wie die, die im Rhind-Problem Nr. 28 benutzt wurden, auch allgemeine Methoden waren. Auf jeden Fall kann nicht behauptet werden, daß sie lineare Gleichungen wirklich verstanden.

Es ist vielleicht lohnend zu zeigen, daß die allgemeine Methode der *aha*-Berechnungen zur Lösung des Rhind-Problems Nr. 28 angewendet werden kann. Man erinnere sich, daß das Problem in gleicher Weise wie die Gleichung (2.1) gelöst wird:

$$\left(\frac{2}{3}x + x\right) - \frac{1}{3}\left(\frac{2}{3}x + x\right) = 10. \tag{2.1}$$

Betrachtet man den Ausdruck $(\frac{2}{3}x + x)$ als neue Unbekannte u, d.h.

$$u = \frac{2}{3}x + x\,, \tag{2.2}$$

dann kann Gl. (2.1) als

$$u - \frac{1}{3}u = 10$$

geschrieben werden. Nun wird die Methode des falschen Ansatzes angewandt: Ist $u = 3$, dann ist die linke Seite $3 - \frac{3}{3} = 2$. Sie muß mit 5 multipliziert werden, um sie gleich der rechten Seite zu machen. Daher ist der richtige Wert von u gleich $3 \cdot 5 = 15$. Jedoch steht nach Gl. (2.2) u für $\frac{2}{3}x + x$, und wir kommen zu einer neuen Gleichung des gleichen Typs:

$$x + \frac{2}{3}x = u = 15.$$

Wir wenden nochmals die Methode des falschen Ansatzes an: x sei gleich 3. Dann ist $x + \frac{2}{3}x = 3 + 2 = 5$, was mit 3 multipliziert werden muß, um gleich der rechten Seite zu werden. Daher ist $x = 3 \cdot 3 = 9$, was der Schreiber des Problems Nr. 28 mit seiner besonderen Methode fand.

Die *aha*-Rechnungen bilden den Höhepunkt ägyptischer Algebra. Aus mehreren Gründen ergab sich kein weiterer Fortschritt: Erstens machten ihr umständliches Bezeichnungssystem und der Mangel an einem systematischen Verfahren zur Darstellung unbekannter Größen es ihnen schwer, komplexere Probleme auszudrücken; man vergleiche die relative Wirksamkeit späterer algebraischer Bezeichnungssysteme, die in Abschnitt 8.2 beschrieben werden. Und zweitens, was noch wichtiger war, ihre Rechentechnik war so kompliziert und so schlecht den Lösungen von Problemen angepaßt, deren Antworten nicht aus ganzen Zahlen bestanden, daß sie damit auf eine unüberwindliche Hürde stießen. In Abschnitt 2.3 untersuchen wir diese arithmetischen Methoden, um ihre Mängel verstehen zu können.

---

[1]) Freie Übersetzung aus T. E. Peets Text [78].

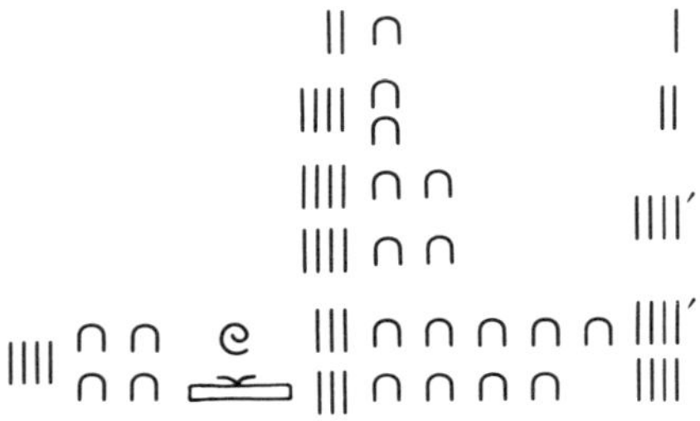

1	12	
2	24	
*4	48	
*8	96	Summe 144

Bild 2.3
12 · 12 = 144. Aus dem mathematischen Papyrus Rhind, Aufgabe 32

2.3. Die Lösung des algebraischen Problems aus Abschnitt 2.2 betraf Addition (inklusive Subtraktion), Multiplikation (inklusive Division) und Operationen mit Brüchen. Die Addition machte keine Schwierigkeiten, denn es genügt, die Anzahl der Einer, Zehner, Hunderter usw., die in den zu addierenden Zahlen vorkommen, zu bestimmen und in der gebräuchlichen Bezeichnungsweise auszudrücken. Zum Beispiel,

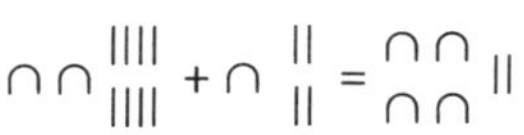

Die Multiplikation brachte bereits wesentlich größere Schwierigkeiten mit sich und verlangte besondere Techniken. Die Ägypter führten eine Methode ein, die auf aufeinanderfolgender Verdoppelung basierte, ähnlich dem Multiplikationsverfahren der Digitalrechner. Das Prinzip funktioniert, da jede positive ganze Zahl als Summe von Potenzen von 2 ausgedrückt werden kann; d.h., jede positive ganze Zahl hat eine Darstellung zur Basis 2.

Man betrachte ein Beispiel aus dem Papyrus Rhind Nr. 32, das die Multiplikation von 12 · 12 beschreibt. In Bild 2.3 ist die Multiplikation links in Hieroglyphen geschrieben, so wie die Ägypter es taten (man lese von rechts nach links), und auf der rechten Seite in moderner Schreibweise. Jede Zeile repräsentiert eine Verdoppelung der vorhergehenden Zeile: 12, 24, 48 und 96 erscheinen als aufeinanderfolgende Doppelte von 12. Auch 1, 2, 4 und 8 erscheinen als aufeinanderfolgende Doppelte von 1. Die 4 neben der 48 kennzeichnet, daß 48 das 4-fache der ursprünglichen Größe 12 ist. Wir multiplizieren 12 · 12, was dasselbe ist wie $(4 + 8) \cdot 12 = (4 \cdot 12) + (8 \cdot 12)$, die Summe der Zeilen, die mit 4 und 8 gekennzeichnet sind. Diese Zeilen sind durch * markiert und sagen dem Schreiber damit, die entsprechenden Größen zu addieren, um das Produkt 12 · 12 zu erhalten. Um beispielsweise 13 · 12 zu ermitteln, schreibe man 13 als eine Summe von Potenzen von 2; also $13 = 8 + 4 + 1$. Man versehe die entsprechenden Zeilen in Bild 2.3 mit * und addiere diese Größen:

*1	12	
2	24	
*4	48	
*8	96	Summe 156.

Als allgemeineren Fall nehme man an, ein alter Ägypter wolle 72 mit 7 multiplizieren. Zuerst würde er (gewöhnlich) die kleinere Zahl als Summe von Zweierpotenzen darstellen (vielleicht im Kopf, wenn die Zahl klein genug ist): $7 = 2^2 + 2^1 + 2^0$. Dann verdoppelt er die größere Zahl wiederholt;

also

$1\ (=2^0)\ \ 72$
$2\ (=2^1)\ 144$
$4\ (=2^2)\ 288.$

Nun addiert er die Resultate der Verdoppelungsoperation, die den Zweierpotenzen, in die der kleinere Multiplikator zerlegt wurde, entsprechen. In unserem Beispiel treten alle Potenzen auf, und die Summe der Zahlen ergibt das Produkt $7 \cdot 72$. Um $9 \cdot 72$ zu errechnen, beachte man, daß $9 = 2^3 + 2^0$ ist. Die Verdoppelungstabelle für 72 lautet jetzt:

$*\ 1\ (=2^0)\ \ 72$
$\ \ 2\ (=2^1)\ 144$
$\ \ 4\ (=2^2)\ 288$
$*\ 8\ (=2^3)\ 576.$

Man addiert die durch Verdoppelung entstandenen Zahlen, die in den Zeilen auftreten, die 2^0 und 2^3 entsprechen und mit Sternchen versehen sind. Dies ergibt das gesuchte Produkt.

Es muß den Ägyptern klar gewesen sein, daß dieses Verfahren immer angewandt werden kann, denn es basiert auf der Tatsache, daß jede positive ganze Zahl eine Summe von Zweierpotenzen ist, was sie höchstwahrscheinlich ohne Frage annahmen. Die Beweisführung dieser Tatsache ist einfach, aber vor der griechischen Kultur wurde von niemandem auch nur der Versuch unternommen, einen Beweis für irgendeine Behauptung zu erbringen.

Es mag lohnend sein, die Beziehung dieser Multiplikationsmethode, die nicht gerade bequem für menschliche Gehirne ist, zur Multiplikationsweise der meisten Digitalrechner herauszustellen. Ist N eine positive ganze Zahl, so kann sie als

$$N = a_r 2^r + a_{r-1}\, 2^{r-1} + \ldots a_2\, 2^2 + a_1\, 2^1 + a_0$$

geschrieben werden, wobei $a_0 = 0$ oder 1, $a_1 = 0$ oder 1 usw. ist; der Ausdruck $a_r a_{r-1} \ldots a_2 a_1 a_0$, der aus einer Folge von Nullen und Einsen besteht, ist die Darstellung von N zur Basis 2. Zum Beispiel sind die Darstellungen von 2, 10 und 123 zur Basis 2 jeweils 10 ($= 1 \cdot 2 + 0 \cdot 2^0$), 1010 ($= 1 \cdot 2^3 + 0 \cdot 2^2 + 1 \cdot 2^1 + 0 \cdot 2^0$) und 1111011 ($= 1 \cdot 2^6 + 1 \cdot 2^5 + 1 \cdot 2^4 + 1 \cdot 2^3 + 0 \cdot 2^2 + 1 \cdot 2^1 + 1 \cdot 2^0$), (vgl. Kapitel 1).

Angenommen, die beiden ganzen Zahlen N und M sollen miteinander multipliziert werden. Wir können N als eine Summe von Potenzen von 2 schreiben, und das Produkt NM ist

$$NM = (a_r\, 2^r + a_{r-1}\, 2^{r-1} + \ldots a_2\, 2^2 + a_1\, 2^1 + a_0$$

wobei alle a Null oder Eins sind. Dann ist das Produkt gleich

$$\sum 2^i M,$$

wobei die Summe[1] nur die Glieder $2^i M$ enthält, für die $a_i = 1$ ist, und i die Werte $0, 1, 2, 3, \ldots, r$ durchläuft. Jetzt ist es einfach, $2^i M$ zu berechnen: Man verdoppelt einfach M, verdoppelt dann das Resultat und fährt mit der Verdoppelung fort, bis $2^i M$ erreicht ist; dies tritt nach i Verdoppelungen ein. Wenn wir also Zahlen *addieren* und *verdoppeln* können, so sind wir auch in der Lage, sie zu multi-

[1]) Das Symbol Σ, ein großes griechisches Sigma, repräsentiert den Begriff „Summe"; wir werden dem Symbol in und im Anschluß an Kapitel 4 wiederbegegnen.

plizieren. Wenn *beide*, N und M, als Summen von Potenzen von 2 ausgedrückt sind, und wir bereit sind, die Antwort als eine Zahl, die in gleicher Weise ausgedrückt wird, zu akzeptieren, dann werden alle Rechnungen in der Darstellung mit der *Basis 2* wiedergegeben. Anstatt nun N als $a_r 2^r + \ldots + a_1 2^1 + a_0 2^0$ zu schreiben, wie wir es oben taten, können wir ebenso gut die Basis-2-Darstellung für N wählen: $a_r a_{r-1} \ldots a_2 a_1 a_0$, eine Folge von Einsen und Nullen. Ähnliches gilt für M.

Die Ägyptische Multiplikation von N und M basiert auf den aufeinanderfolgenden Verdoppelungen von M und der Addition gewisser Ergebnisse dieser Verdoppelung; dies wirft die Frage auf, wie eine Zahl verdoppelt wird, die zur Basis 2 ausgedrückt ist.

Ist diese Zahl $b_s 2^s + b_{s-1} 2^{s-1} + \ldots + b_1 2^1 + b_0 2^0$, so beträgt ihr doppelter Wert $b_s 2^{s+1} + b_{s-1} 2^s + \ldots + b_1 2^2 + b_0 2^1 + 0 \cdot 2^0$; jeder Exponent von 2 ist um eins erhöht worden. Die Darstellung der ursprünglichen Zahl zur Basis 2 ist $b_s b_{s-1} \ldots b_2 b_1 b_0$ und die entsprechende Darstellung ihres Zweifachen ist $b_s b_{s-1} \ldots b_2 b_1 b_0 0$. Um eine Zahl zur Basis 2 zu verdoppeln, muß man lediglich den *Ausdruck der Zahl eine Stelle nach links verschieben.* Soll beispielsweise die Zahl 3 verdoppelt werden, deren Darstellung zur Basis 2 gleich 11 ist, so rückt man diesen Ausdruck um eine Stelle nach links und bekommt 110, was $1 \cdot 2^2 + 1 \cdot 2^1 + 0 \cdot 2^0 = 6$ repräsentiert. Entsprechend ist der Ausdruck für die Zahl 9 zur Basis 2 gleich 1001; ihr Zweifaches wird als 10010 ausgedrückt. Dies entspricht der Tatsache, daß bei Multiplikation mit 10 in unserem Dezimalsystem die Zahl eine Stelle nach links rückt: Das Zehnfache von 3 ist 30. Beliebige Zahlen können aber nicht miteinander multipliziert werden, wenn man ausschließlich fähig ist, 10 zu addieren und mit 10 zu multiplizieren. Der Grund, im Digitalrechner das Verdoppelungsschema für die Multiplikation auszunutzen, ist der: Der Prozeß des Nachlinksrückens kann elektronisch auf einfache Weise und mit einer extrem schnellen Vorrichtung, dem *Schieberegister*, ausgeführt werden. Gemeinsam mit dem *Addierer* bildet es den Kern des arithmetischen Teils des Computers.

Die ägyptische Division verläuft nach dem Muster, das bezüglich ihrer Multiplikation dargelegt worden ist. Um 15 durch 3 zu dividieren, muß eine Zahl x gesucht werden, für die $3x = 15$ ergibt. Deshalb verdoppelt man die 3 wiederholte Male, um zu sehen, ob einige der Zeilen der Verdoppelungstabelle als Summe 15 ergeben. Trifft dies zu, so ist die Summe derjenigen Potenzen von 2, die diesen Zeilen entsprechen, der gewünschte Quotient $\frac{15}{3}$. Es ergibt sich:

* 1	3
2	6
* 4 (= 2^2)	12
8 (= 2^3)	24
.	.
.	.
.	.

Addition der mit Sternchen gekennzeichneten Zeilen:

5   15 ,

daher ist $\frac{15}{3} = 5$.

Wollten wir 16 durch 3 dividieren, so wäre es nicht möglich, in der oben aufgestellten Tabelle Reihen zu finden, deren Summe 16 ergibt. Dies zeigt, daß die Division von 16 durch 3 keinen ganzzahligen Quotienten ergibt, und verlangt einen Weg, mit *Brüchen* zu arbeiten. Die Ägypter konnten schnell feststellen, daß die Summation der mit Sternchen versehenen Zeilen 15 ergab und, da diese Zahl kleiner als 16 ist, 5 kleiner als $\frac{16}{3}$ sein muß. Die Addition der zweiten und dritten Zeile ergibt 18, was bedeutet, daß 6 größer als $\frac{16}{3}$ ist.

Wie wir wissen, gibt es ein besonderes Symbol, um den Bruch $\frac{2}{3}$ auszudrücken. Ein beliebiger Stammbruch, $1/N$, kann geschrieben werden, indem man das Zeichen ⬭ über die Hieroglyphen für N setzt. Im allgemeinen hatten die Ägypter keine Bezeichnung für irgendwelche anderen Brüche. So mußte ein Bruch, den wir als M/N schreiben würden, durch $\frac{2}{3}$ und die Stammbrüche ausgedrückt werden. Zum Beispiel konnte $\frac{3}{7}$ nicht unmittelbar geschrieben werden. Natürlich könnten wir dafür $\frac{1}{7} + \frac{1}{7} + \frac{1}{7}$ schreiben, was vernünftig, aber nicht praktisch ist. $\frac{99}{100}$ jedoch als eine Summe von 99 Brüchen $\frac{1}{100}$ auszudrücken, ist sinnlos. Es gibt andere, praktischere Methoden, $\frac{99}{100}$ als eine Summe von Stammbrüchen darzustellen.

Das grundlegende Problem der ägyptischen Arithmetik bestand darin, eine Methode zu schaffen, um derartige „einfache" Ausdrücke zu finden, so daß Brüche systematisch gebraucht werden konnten.

Wir könnten folgendermaßen verfahren: $\frac{99}{100}$ ist größer als $\frac{1}{2}$, und kein Stammbruch ist größer als $\frac{1}{2}$. Subtrahiert man $\frac{1}{2}$ von $\frac{99}{100}$, so zeigt sich: $\frac{99}{100} = \frac{1}{2} + \frac{49}{100}$. Da $\frac{49}{100}$ größer als $\frac{1}{3}$ (der nächstgrößte Stammbruch) ist, berechnen wir $\frac{49}{100} = \frac{1}{3} + \frac{47}{300}$, was aber nicht so zweckmäßig ist, da der Nenner 300 ziemlich groß ist und infolgedessen die Rechnungen immer schwieriger werden würden. Die Ägypter hätten diesen Punkt mehr gewürdigt als wir. Der nächstgrößte Stammbruch ist nun $\frac{1}{4}$. Hiermit wird es sich besser operieren lassen, da 4 in 100 enthalten ist; wir finden $\frac{49}{100} = \frac{1}{4} + \frac{24}{100}$, was in Ordnung ist, denn wir haben die Nenner nicht über 100 (den Nenner des ursprünglichen Bruchs) erhöht. Nun ist $\frac{24}{100}$ etwas größer als der Bruch $\frac{20}{100}$, den wir als Stammbruch $\frac{1}{5}$ erkennen, somit $\frac{24}{100} = \frac{1}{5} + \frac{4}{100}$. Der letzte Bruch ist gleich $\frac{1}{25}$, und wir erhalten als Zerlegung:

$$\frac{99}{100} = \frac{1}{2} + \frac{1}{4} + \frac{1}{5} + \frac{1}{25}.$$

Dies ist sicherlich ein handlicherer Ausdruck, als es 99 Wiederholungen von $\frac{1}{100}$ sein würden.

Die Zerlegung in Summen von Stammbrüchen ist offensichtlich nicht eindeutig; wir gaben soeben zwei für $\frac{99}{100}$ an, und zwar eine, die vier Summanden benötigte, und eine andere, für die 99 notwendig waren. Hätten wir doch $\frac{1}{3}$ benutzt, also $\frac{49}{100}$ als $\frac{1}{3} + \frac{47}{300}$ ausgedrückt, hätten wir

$$\frac{99}{100} = \frac{1}{2} + \frac{1}{3} + \frac{1}{7} + \frac{1}{71} + \frac{41}{149100}$$

gefunden und wären gezwungen gewesen noch weiter fortzufahren, bevor eine Darstellung als Summe von Stammbrüchen gefunden worden wäre. Das wichtigste Ergebnis hierbei ist, daß es offensichtlich keine Regel gibt, die die Auswahl einer „besten" Stammbruchdarstellung bestimmt. Brüche mit dem kleinsten Nenner herauszusuchen, wie wir es oben taten, führt nicht immer zu der kleinsten Anzahl von Summanden und ergibt vielleicht nicht einmal ein Verfahren, das nach einer endlichen Anzahl von Schritten endet.

Moderne Historiker und Mathematiker versuchten, die Regeln zu finden, denen die Ägypter tatsächlich folgten, um mit Brüchen zu rechnen. Mehrere verschiedene Meinungen sind veröffentlicht worden. Wir halten Neugebauers Argument für das am besten durchdachte und haben es hier aus seinem Buch *The Exact Sciences in Antiquity* [50] wiedergegeben.[1]) (Neugebauer bezeichnet $1/N$ mit $\bar{N}$, und stuft $\frac{2}{3}$ mit den Stammbrüchen ein, indem er $\frac{2}{3}$ mit $\bar{3}$ bezeichnet):

> ... einige der Haupteigenschaften [des ägyptischen Rechnens mit Brüchen] müssen beschrieben werden, um diese eigentümliche Stufe der Arithmetik zu charakterisieren. Sollten z. B. $\bar{3}$ und $\overline{15}$ addiert werden, würde man einfach $\bar{3}\ \overline{15}$ als Resultat stehen lassen und es niemals durch ein Symbol wie $\frac{2}{5}$ ersetzen. ... $\bar{\bar{3}}$ bildet insofern eine Ausnahme, als die Äquivalenz von $\bar{2}\ \bar{6}$ und $\bar{\bar{3}}$ oft benutzt wird.
>
> Jede Multiplikation und Division von Brüchen führt zu dem Problem, wie Stammbrüche zu verdoppeln sind. Hierbei finden wir, daß zweimal $\bar{2}$, $\bar{4}$, $\bar{6}$, $\bar{8}$ usw., immer unmittelbar durch jeweils 1, $\bar{2}$, $\bar{3}$, $\bar{4}$ ersetzt werden. Für zweimal $\bar{3}$ gibt es das besondere Symbol $\bar{\bar{3}}$. Für die Verdoppelung von 5, 7, 9, ..., werden jedoch besondere Regeln befolgt, die ausdrücklich in einer unserer Hauptquellen, dem mathematischen Papyrus Rhind, zusammengefaßt sind. Diese Regeln können in Form einer Tabelle dargestellt werden, die für jede ungerade ganze Zahl n den Ausdruck für 2 mal $\bar{n}$ angibt.
>
> Diese Tabelle ist oft reproduziert worden, und so möchten wir uns auf ein paar Zeilen des Anfangs beschränken:

n	2 mal $\bar{n}$
3	$\bar{2} + \bar{6}$
5	$\bar{3} + \overline{15}$
7	$\bar{4} + \overline{28}$
9	$\bar{6} + \overline{18}$

usw.

Die Frage taucht auf, warum gerade diese Kombinationen aus den unendlich vielen Möglichkeiten, $2/n$ als die Summe von Stammbrüchen darzustellen, ausgewählt wurden.

Ich glaube, der Schlüssel zur Lösung dieses Problems liegt in der Einteilung aller Stammbrüche in zwei Klassen, in „natürliche" Brüche und in „algorithmische" Brüche, in Verbindung mit der früher beschriebenen Technik der aufeinanderfolgenden Verdoppelung und ihrem Gegenstück, der fortlaufenden Halbierung. Als „natürliche" Brüche betrachte ich die kleine Gruppe der Bruchteile, die durch besondere Zeichen oder besondere Ausdrücke von Anfang an herausgehoben werden, wie $\bar{\bar{3}}$, $\bar{3}$, $\bar{2}$ und $\bar{4}$. Diese Teile sind individuelle Einheiten, die als grundlegende Begriffe auf gleicher Ebene mit den ganzen Zahlen betrachtet werden. Sie treten überall im täglichen Leben auf, beim Zählen und Messen.[2]) Die restlichen Brüche sind jedoch die unvermeidliche Folge numerischer Operationen, eines „Algorithmus", aber weniger tief in dem elementaren Begriff des numerischen Wesens verwurzelt. Trotzdem gibt es „algorithmische" Brüche, die sich leicht ergeben, besonders jene, die durch fortlaufende Halbierung entstehen. Dieser Prozeß ist das einfache Gegenstück zur wiederholten Verdoppelung, auf der alle Operationen mit ganzen Zahlen aufgebaut sind. Auf diese Weise erhalten wir zwei Reihen von Brüchen, beide unmittelbar aus den „natürlichen" Brüchen durch aufeinanderfolgende Halbierung abgeleitet. Eine Folge ist $\bar{\bar{3}}$, $\bar{3}$, $\bar{6}$, $\overline{12}$, usw., die andere $\bar{2}$, $\bar{4}$, $\bar{8}$, $\overline{16}$, usw. Die Bedeutung dieser beiden Reihen ist überall in der ägyptischen Arithmetik sichtbar. Ein drastisches Beispiel ... ist ..., daß $\bar{3}$ von $\bar{\bar{3}}$ gefunden wurde, indem man zuerst festsetzte, daß $\bar{\bar{3}}$ von 3 gleich 2 ist, und erst im zweiten Schritt, daß $\bar{3}$ von 3 gleich 1 ist. Diese Anordnung $\bar{\bar{3}} \rightarrow \bar{3}$ ist normal, selbst wenn sie uns

---

1) Freie Übersetzung des englischen Texts.

2) In den meisten Sprachen gibt es allgemein gebräuchliche Spezialausdrücke, um die „natürlichen Brüche" zu bezeichnen. Im Deutschen benutzen wir zum Beispiel „halb" oder „einhalb", um $\frac{1}{2}$ zu bezeichnen, was linguistisch ganz anders ist als die Ausdrucksweise, mit der wir $\frac{1}{8}$, $\frac{1}{9}$, usw. bezeichnen („Achtel", „Neuntel").

total abwegig erscheint. Sie betont die Vollständigkeit der ersten Folge und ihren Ursprung aus dem „natürlichen“ Bruch $\overline{\overline{3}}$.

Will man nun das Zweifache eines Stammbruchs, z. B. $\overline{5}$, als eine Kombination anderer Bruchteile ausdrücken, so scheint es wiederum natürlich, Zuflucht zu diesen beiden Hauptbruchfolgen zu nehmen. Deshalb versucht man, zweimal $\overline{5}$ als Summe eines natürlichen Bruchteils von $\overline{5}$ und irgendeines anderen Bruchs darzustellen, der auf die eine oder andere Weise gefunden werden muß. In diesem frühen Stadium wurden zweifellos einige Versuche gemacht, bis die richtige Lösung gefunden wurde. Ich glaube, die wesentlichen Schritte lassen sich folgendermaßen rekonstruieren. Wir operieren mit dem natürlichen Bruch $\overline{3}$, nachdem andere Versuche (d.h. mit $\overline{2}$) gescheitert sind. Zweimal $\overline{5}$ kann somit als $\overline{3}$ von $\overline{5}$, d.h. $\overline{15}$ dargestellt werden, plus eines Restes, der den Faktor 2 vervollständigen muß und der 1 $\overline{\overline{3}}$ von $\overline{5}$ ist. Die Frage taucht auf, wie man 1 $\overline{3}$ von $\overline{5}$ findet. Dies geschieht in der ägyptischen Mathematik, indem die Drittel gezählt und ihre Zahlen in roter Tusche unter die oberen Einheiten geschrieben werden, in unserem Fall

1	$\overline{\overline{3}}$	(in Schwarz geschrieben)
3	2	(in Rot geschrieben).

Dies bedeutet, daß 1 drei Drittel und $\overline{\overline{3}}$ zwei Drittel enthält, was insgesamt fünf Drittel ergibt. Dies ist der Betrag, der von $\overline{5}$ genommen werden muß. Aber 5 Fünftel sind eine vollständige Einheit, und dies war ein Drittel der ursprünglichen höheren Einheit. Wir erhalten für den zweiten Teil einfach $\overline{3}$, und so wird zweimal $\overline{5}$ als $\overline{3}$ + $\overline{15}$ dargestellt. Dies entspricht genau dem, was wir in der Tabelle finden.

Für den modernen Leser ist es einfach, diese schwerfälligen Ergebnisse mit heutigen Symbolen zu wiederholen, obwohl man sich erinnern muß, daß diese Ausdrucksform völlig unhistorisch ist. Um $\frac{2}{5}$ in der Form $1/m + 1/x$ darzustellen, wählen wir $1/m$ als natürlichen Bruchteil von $\frac{1}{5}$, in diesem Fall $(\frac{1}{3})\,(\frac{1}{5}) = \frac{1}{15}$. Für den übrigen Bruch haben wir

$$\frac{1}{x} = \left(1 + \frac{2}{3}\right)\frac{1}{5} = \frac{5}{3} \cdot \frac{1}{5} = \frac{1}{3}.$$

Somit erhalten wir die Darstellung

$$\frac{2}{5} = \frac{1}{15} + \frac{1}{3}$$

der Tabelle. Im allgemeinen gilt

$$\frac{2}{n} = \frac{1}{3} \cdot \frac{1}{n} + \frac{5}{3} \cdot \frac{1}{n}$$

und das zweite Glied auf der rechten Seite wird dann und nur dann ein Stammbruch sein, wenn n ein Vielfaches von 5 ist. Mit anderen Worten: Ein Versuch mit dem natürlichen Bruch $\frac{1}{3}$ funktioniert nur, wenn n ein Vielfaches von 5 ist. Dies kann tatsächlich für alle Fälle bestätigt werden, die in der Tabelle des Papyrus Rhind enthalten sind. Die Tabelle umfaßt alle Ausdrücke für $2/n$ von $n = 3$ bis $n = 101$.

Ähnlich können wir mit dem natürlichen Bruch $\frac{1}{2}$ verfahren. Dann erhalten wir

$$\frac{2}{n} = \frac{1}{2} \cdot \frac{1}{n} + \frac{3}{2} \cdot \frac{1}{n},$$

was uns zeigt, daß wir auf der rechten Seite einen Stammbruch erhalten, wenn n durch 3 teilbar ist. Für $n = 3$ erhalten wir

$$\frac{2}{3} = \frac{1}{6} + \frac{1}{2}.$$

Die wichtigste mathematische Errungenschaft der Ägypter war die Erfindung eines Bezeichnungssystems, das es *möglich* machte, das Resultat einer beliebigen Division von ganzen Zahlen auszudrücken. Leider ist das ägyptische Verfahren mühsam und führt nicht zu einer eindeutigen Ausdrucksweise für einen Bruch, was es wiederum schwierig macht, die Größe der Zahlen zu vergleichen.

Mit dieser Einsicht in ihre rechnerischen Fähigkeiten können wir uns den Grund denken, warum es den Ägyptern nicht möglich war, quadratische Gleichungen zu lösen. Gewöhnlich wird dies als ein Problem der Algebra angesehen, aber wir wollen jetzt einmal annehmen, daß die „quadratische Formel" einem ägyptischen Mathematiker bekannt geworden wäre. Er hätte davon wenig Gebrauch machen können, denn die ägyptische Bezeichnungsmethode für Zahlen und die Rechentechniken, die aus ihr abgeleitet werden können, sind nicht für die Berechnung von Quadratwurzeln geeignet. In der Tat ist es nicht klar, wie man verfahren könnte, um die Quadratwurzel einer Summe von Stammbrüchen in systematischer Weise zu approximieren. Wie könnte beispielsweise ein Ägypter die Quadratwurzel eines so einfachen Ausdrucks wie $\overline{3} + \overline{9}$ mit einem systematischen Verfahren auswerten? Wir jedoch, mit den Fortschritten von drei Jahrtausenden hinter uns, erkennen leicht, daß $\overline{3} + \overline{9} = \frac{4}{9}$ ist, was $\pm \frac{2}{3}$ als Quadratwurzel hat. Selbst dieses elementare Beispiel zeigt, daß Fortschritte in der Algebra von einer zweckmäßigen Bezeichnung für Zahlen und von systematischen Methoden, mit ihnen rechnen zu können, abhängig sind.

Übungen

2.1. Man betrachte die Bilder 2.4 und 2.5.

a) Finden und übersetzen Sie alle mathematischen Symbole und Zahlen in dem Text von Bild 2.4.

b) Die beiden Spalten auf der äußersten rechten Seite enthalten bestimmte Rechnungen. Entziffern Sie diese Rechnungen.

(*Anmerkung*: Dieser Papyrus stellt tägliche Buchführungen über Brot- und Bierbedarf für den königlichen Hof dar [72, Bd. 1], S. 46.)

2.2. Bild 2.5 zeigt eine Aufgabe aus dem Moskauer Papyrus ([72, Bd. 1], S. 71). Sie beschreibt die Volumenberechnung des Pyramidenstumpfes [die Ägypter zeichneten immer ▷ oder ▢, um Flächeninhalte (oder zweidimensionale Gegenstände) darzustellen, und △ oder △, um Volumen (oder dreidimensionale Objekte) zu kennzeichnen]. In diesem Fall bedeutet ⏢ einen vertikalen Schnitt durch den Körper, für den das Volumen zu berechnen ist. Um dieses Problem zu lösen, quadrierten die Ägypter zuerst die Zahlen 2 und 4 und verdoppelten dann die Zahl 4; in dem Text auf der rechten Seite heißt es weiter (siehe Bild 2.5)

„Vereinige diese 16 mit dieser 8 mit dieser 4, das ergibt 28; bilde $\frac{1}{3}$ von 6, ergibt 2; nimm 28 zweimal, ergibt 56. Siehe, es ist 56; du hast das Richtige."

a) Finden Sie die Zahlen, die oben in dem ägyptischen Text beschrieben wurden.

b) Für das Volumen des Pyramidenstumpfes gilt die Formel

$$V = (a^2 + ab + b^2) \cdot \frac{h}{3}.$$

Identifizieren und interpretieren Sie die Größen *a, b, h* in dem Diagramm und im Text. Prüfen Sie den Gebrauch, den der ägyptische Schreiber von dieser Formel zur Errechnung des Volumens macht. Erklären Sie außerdem die Berechnungen in der Nähe des Diagramms.

c) Leiten Sie die oben angegebene Formel für das Volumen des Pyramidenstumpfes ab (man erinnere sich, daß das Volumen einer rechtwinkligen Pyramide mit der Grundfläche A und der Höhe h gleich $\frac{1}{3}Ah$ ist).

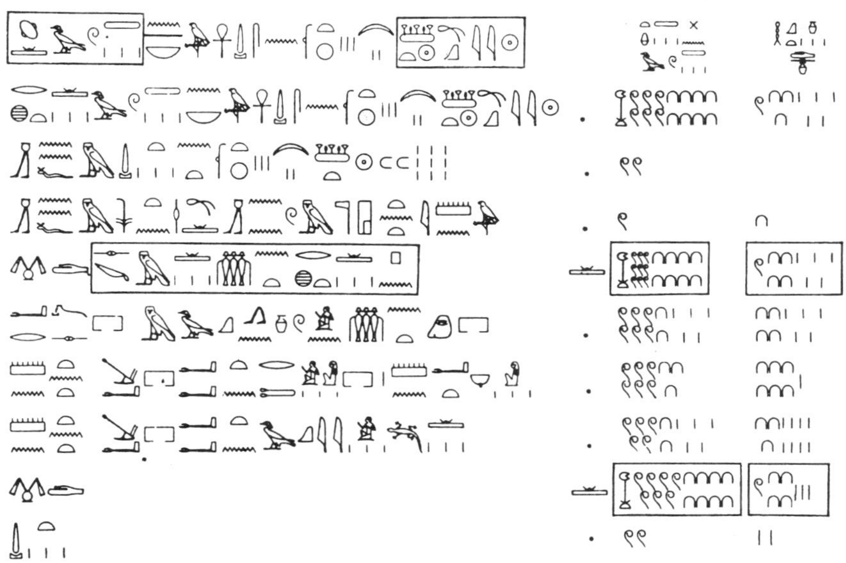

Bild 2.4 (Aus Vogel [72], S. 71, ursprünglich in A. H. Gardinier, *Egyptian Grammar,* Oxford, 1927)

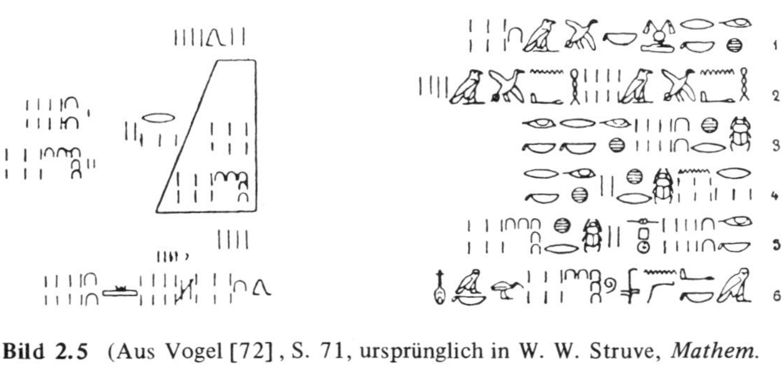

Bild 2.5 (Aus Vogel [72], S. 71, ursprünglich in W. W. Struve, *Mathem. Papyrus d. staatl. Museums der schönen Künste in Moskau,* Quellen und Studien zur Geschichte der Mathem. A 1, Berlin, 1930)

2.3. Unter Verwendung des ägyptischen *Verfahrens* (beschrieben auf S. 45) zur Lösung gewisser linearer Gleichungen, soll

$$(2x + x) - \frac{1}{2}(2x + x) = 3$$

gelöst werden. Nennen Sie zwei Nachteile des ägyptischen Verfahrens. (Die Berechnungen können in der gewöhnlichen Schreibweise zur Basis 10 durchgeführt werden). *Beweisen* Sie, daß die Gleichung keine anderen Lösungen hat.

2.4. Führen Sie die folgenden Berechnungen durch, indem Sie Methoden und Schreibweise der Ägypter verwenden:
a) $45 : 15$ b) $28 \cdot 17$ c) $100 : 10$.

2.5. Unter Verwendung der ägyptischen Methode (aber nicht unbedingt in ägyptischer Schreibweise) sollen die folgenden Berechnungen durchgeführt werden:
a) $64 \cdot 32$ b) $64 \cdot 31$ c) $65 \cdot 31$
d) $63 \cdot 31$ e) $10 \cdot 10$ f) $10 \cdot 10\,000$.
Beachten Sie die Vorteile der *Stellenwertschreibweise* für die Aufgaben e) bis f).

2.6. Addition- und Multiplikationstafeln mit der Basis 2 sind

+	0	1
0	0	1
1	1	10

·	0	1
0	0	0
1	0	1

Berechnen Sie zur Basis 2:
a) $(10)_2 \cdot (1010)_2 =$ b) $(1010)_2 \cdot (1010)_2 =$
c) $(111)_2 \cdot (10001)_2 =$ d) $(1010)_2 \cdot (1{,}01)_2 =$

2.7. a) Drücken Sie $\sqrt{2} = (1{,}414\ldots)_{10}$ zur Basis 2 auf 3 (Binär-)Stellen genau aus. *Hinweis:* $(0{,}4)_{10} = \frac{2}{5} = \frac{1}{4} + \frac{1}{8} + \ldots$
b) Quadrieren Sie zur Probe Ihre Antwort.
c) In welchem Sinne überprüft Aufgabe b) Ihre Rechnung?

2.8. Drücken Sie die (positive) Quadratwurzel von

$$(\overline{2} + \overline{5} + \overline{6} + \overline{10} + \overline{30})$$

aus, indem lediglich ägyptische Verfahren verwendet werden. Prüfen Sie Ihre Antwort (ausschließlich mit ägyptischen Berechnungen!).

2.9. Drücken Sie die folgenden Verdoppelungen aus, indem die Formel

$$\frac{2}{n} = \frac{1}{2} \cdot \frac{1}{n} + \frac{3}{2} \cdot \frac{1}{n} \qquad (**)$$

benutzt wird.
a) $2 \cdot \overline{3}$ b) $2 \cdot \overline{6}$ c) $2 \cdot \overline{9}$
d) $2 \cdot \overline{12}$ e) $2 \cdot \overline{15}$ f) $2 \cdot \overline{18}$

2.10. Angenommen, n sei durch 7 teilbar. Finden Sie eine Formel ähnlich der Formel (**) oben, die $2/n$ bequem als Summe von Stammbrüchen ausdrückt.

2.11. Drücken Sie jede der folgenden Zahlen als Summe von Potenzen von 2 aus:
a) 15 b) 24 c) 63
d) 1023 e) 5113 f) 341

***2.12.** Beweisen Sie, daß jede positive ganze Zahl als Summe bestimmter Potenzen von 2 ausgedrückt werden kann. Kann es mehr als eine Ausdrucksweise dieser Art für eine gegebene ganze Zahl geben?

3. Babylonische Algebra

Wir werden in diesem Kapitel zeigen, in welcher Form die Babylonier das Stellenwertsystem mit der Basis 60 anwendeten, um verschiedene geometrische und algebraische Probleme lösen zu können. Mehrere ihrer Entdeckungen, wie die Technik der Approximation von Quadratwurzeln, sind noch heute im Gebrauch. Die positionelle Schreibweise erlaubte ihnen, algebraische Probleme zu betrachten, deren Lösung mehr als die rationalen Operationen des Addierens, Subtrahierens, der Multiplikation und Division verlangte. Ihre astronomischen Methoden werden hier besprochen, um zu verdeutlichen, wie leistungsfähig ihr Schreibsystem war. Astrologie war jedoch ihr Hauptantrieb und Interesse; die Gründe dafür werden wir kurz besprechen. Der Leser sollte die Errungenschaften der Babylonier und Ägypter vergleichen und beachten, daß offensichtlich der bedeutendste Unterschied in ihrer Schreibweise von Zahlen lag.

3.1. Unsere Kenntnis von der babylonischen Mathematik beruht ausschließlich auf dem Inhalt einiger weniger hundert Tontafeln, die in assyrischem Gebiet ausgegraben wurden, hauptsächlich in den Ruinen von Nippur und Kiš. Es ist erstaunlich, daß keine mathematischen Texte in den bekannteren Ruinen von Ninive gefunden wurden, wo etwa 15000 nichtmathematische Tafeln katalogisiert wurden. Die mathematischen Texte sind übersetzt und mit ausgedehnten Kommentaren über die Eigenschaften der babylonischen Mathematik versehen worden (vgl. sowohl O. Neugebauer, *Mathematische Keilschrift-texte,* [84], 1935, F. Thureau-Dangin, *Textes Mathematiques Babyloniens,* 1938, als auch O. Neugebauer und A. Sachs, *Mathematical Cuneiform Texts,* [51], 1945). Aus den Daten dieser Veröffentlichungen ist ersichtlich, daß unsere Kenntnisse tatsächlich sehr jung sind, wenn man bedenkt, daß die Autoren der Tafeln ihr Werk während einer Zeitperiode von *circa* 2000 bis 300 v. Chr. in Mesopotamien, etwa von der Regierungszeit Hammurabis bis zur Regierung Alexanders des Großen, ausführten. Außerdem gibt es umfassende astronomische Texte, die jedoch vorwiegend aus der späteren babylonischen Zeit stammen, der sogenannten *Seleukidenzeit*, nach 300 v. Chr.

In van der Waerdens *Science Awakening* [71][1]), Kapitel III, findet man einen kurzen Bericht über den Stand der mathematischen Kunst in Babylon, der sich auf die drei von uns erwähnten Quellen beruft. Wir werden seinem Beispiel folgen und einige der interessanten Tafeln und deren Interpretation auswählen, die repräsentativ für die Arbeit des babylonischen Mathematikers sind.

Zuerst müssen wir erwähnen, daß es zwei Arten von Tafeln gibt [als Beispiel vgl. Bild 3.3 (Plimpton 322)]. Es gibt *Tabellentexte* und *Aufgabentexte.* Die Tabellentexte sind mit den Tabellen im Anhang von Algebrabüchern der Oberschulen vergleichbar, und sie enthalten Angaben über Kehrwerte, Quadratzahlen, Kubikzahlen und Quadratwurzeln. Man findet dort auch die unentbehrlichen Multiplikationstabellen, denn die Multiplikationstafel für die Basis 60 war ziemlich groß und konnte nicht so einfach auswendig gelernt werden. Die praktischen Rechnungen und Aufgaben, die die Babylonier ausführten, wären ohne die Existenz dieser Tabellen unmöglich gewesen, ebenso wie trigonometrische Tafeln, Rechenstäbe oder Taschenrechner zur Lösung trigonometrischer Aufgaben, wie sie heute in den Oberschulen gelöst werden, notwendig sind.

[1]) Vgl. hierzu auch die deutsche Ausgabe von B. L. van der Waerden [85].

Bild 3.1 Tabelle mit Kehrwerten
(Museum der Universität von Pennsylvania, CBS 29 13 21)

Bild 3.1 Fortsetzung

3.2. In Kapitel 2 sahen wir, daß die Ägypter unfähig waren, eine Zahl durch eine andere erfolgreich zu dividieren. Die Babylonier konnten

$$\frac{1}{25} = ;2,24$$

und damit

$$\frac{23}{25} = (23)\cdot(;2,24)$$
$$= ;55,12$$

schreiben, wobei wir die Multiplikation in sexagesimaler Form ausgeführt haben. Folglich bildeten die meisten Brüche für sie keine Schwierigkeiten. Wir geben an dieser Stelle eine Tafel aus Neugebauer und Sachs [51], S. 11, wieder.

Tabelle mit Kehrwerten normalen Typs

2	30	16	3,45	45	1,20
3	20	18	3,20	48	1,15
4	15	20	3	50	1,12
5	12	24	2,30	54	1,6,40
6	10	25	2,24	1	1
8	7,30	27	2,13,20	1,4	56,15
9	6,40	30	2	1,12	50
10	6	32	1,52,30	1,15	48
12	5	36	1,40	1,20	45
15	4	40	1,30	1,21	44,26,40

Diese Tabelle erschien auf vielen Tafeln. Wir sehen deutlich, daß sie $\frac{1}{2} = ;30$, $\frac{1}{3} = ;20$, usw. zeigt und das Sexagesimalkomma wegläßt, da es unerheblich ist. Bild 3.1 (CBS 29 13 21) zeigt eine babylonische Tafel, die Kehrwerte enthält. Der obere Teil setzt sich aus zwei Spalten zusammen, der untere Teil ist in drei Spalten aufgeteilt. Jede Spalte enthält eine Liste von Zahlenpaaren, die n und $\bar{n}$ darstellen.

Man beachte, daß in der Tabelle die Kehrwerte bestimmter Zahlen, wie 7 und 11, ausgelassen worden sind. Der Grund hierfür ist einfach. In den meisten Fällen (es gab eine Ausnahme) enthält die Tabelle nur diejenigen Kehrwerte von Zahlen, die leicht als ein endlicher Sexagesimalausdruck geschrieben werden konnten. Für 7 ist aber

$$\bar{7} = 0;8,34,17,8,34,17\ \ldots\ (8,34,17,\text{ wiederholt}) \qquad (\text{sexagesimal})$$
$$= 0,142857142857\ \ldots\ (142857 \text{ wiederholt}) \qquad (\text{dezimal}),$$

was sich unendlich oft wiederholt und daher keine abbrechende bzw. endliche Sexagesimaldarstellung hat. Die Babylonier betrachteten nur Kehrwerte *normalen Typs*, nämlich diejenigen, die keinen sich ständig wiederholenden Sexagesimalbruch haben, sondern in einer endlichen Form ausgedrückt werden können. Es ist leicht zu sehen, daß eine Zahl n dann, und nur dann, vom Normaltyp ist, wenn sie die Form

$$n = 2^{\alpha}\, 3^{\beta}\, 5^{\gamma}$$

hat, wobei α, β, γ positive ganze Zahlen oder Null sind.

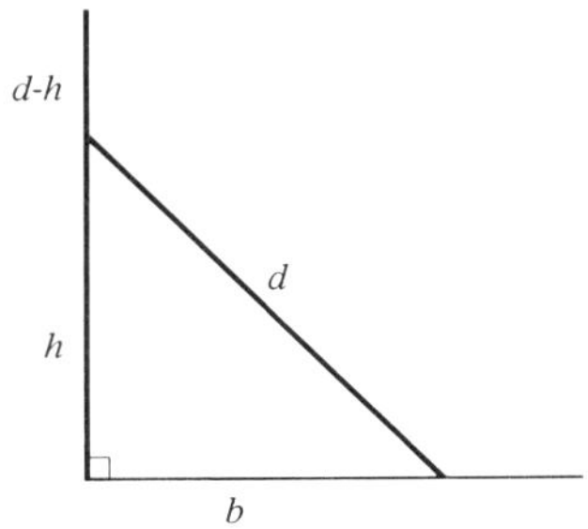

Bild 3.2
Diagramm zur babylonischen Tafel BM 85 196

3.3. Die Babylonier konnten wesentlich mehr über die Berechnung von geometrischen Flächen erlernen als die alten Ägypter. Sie scheinen den „Pythagoräischen Lehrsatz" seit frühesten Zeiten gekannt zu haben. Zum Beispiel enthält die alt-babylonische Tafel BM 85 196 (etwa 1700? v. Chr.) dieses Problem (vgl. K. Vogel [72], S. 67 und van der Waerden [85].[1])

Ein patu (= Stange?) von 0;30 Länge (steht senkrecht an einer Wand). Das obere Ende wird um eine Entfernung von 0;6 abwärts gesenkt. Wie weit hat sich das untere Ende von der Wand entfernt?

Die Situation ist in Bild 3.2 dargestellt, wobei d = 0;30 und $d - h$ = 0;6.

Die Länge b ergibt sich durch die Berechnung von $\sqrt{d^2 - h^2}$. Dieses Problem ist uns bis heute fast unverändert übermittelt worden; der Leser erkennt es vielleicht aus seinen eigenen Schultagen wieder. Es erschien ebenfalls während der Seleukidenzeit in einer keilschriftlichen Inschrift (BM 34 568), in der es heißt:

Ein Rohr lehnt senkrecht gegen eine Mauer. Gehe ich 3 Ellen tiefer (am oberen Ende), entfernt sich das (untere) Ende um 9 Ellen von der Mauer. Wie lang ist das Rohr; wie hoch die Wand?

Beide Aufgaben haben als Lösungen rechtwinklige Dreiecke, deren Seiten von der Form a/N, b/N, c/N sind, wobei N eine positive ganze Zahl und $a^2 + b^2 = c^2$ ist. Die Zahlentripel (a, b, c) von positiven ganzen Zahlen, die $a^2 + b^2 = c^2$ erfüllen, sind heutzutage als *pythagoräische Zahlentripel* bekannt. Das in Abschnitt 1.4 gegebene Argument, das beweist, daß $\sqrt{3}$ nicht rational ist, ist auch auf $\sqrt{2}$ (siehe Abschnitt 1.4) anwendbar; es zeigt, daß es kein pythagoräisches Zahlentripel mit $a = 1$, $b = 1$ und c als ganze Zahl geben kann, da c dann $\sqrt{2}$ sein muß, was irrational ist – und damit ein Widerspruch. Dieses Beispiel wird weiter unten im einzelnen untersucht. Zuerst möchten wir jedoch eine umstrittene babylonische Tafel erwähnen, die eine Liste pythagoräischer Zahlentripel enthält und einen Einblick in die Komplexität des babylonischen mathematischen Denkens vermittelt.

---

[1]) Freie Übersetzung des englischen Texts von van der Waerden.

Einige pythagoräische Zahlentripel sind uns vertraut; zum Beispiel

$$(3,4,5): \quad 3^2 + 4^2 = 5^2$$

und

$$(5,12,13): \quad 5^2 + 12^2 = 13^2.$$

Man betrachte die alt-babylonische Tafel Plimpton 322 in Bild 3.3; eine Übersetzung davon ist Bild 3.4. Die Spaltenüberschriften b und d bedeuten „Breite“ und „Diagonale“. Die bemerkenswerte Tatsache, daß die Zahlen der dritten, vierten und sechsten Spalte alle pythagoräische Tripel (h, b, d) sind, läßt sich leicht beweisen. Auf der Tafel selber (Bild 3.3) sind nur b und d explizit angegeben, h hingegen ist durch das Verhältnis b^2/h^2 ausgedrückt. Wir haben die entsprechenden Werte von $h = \sqrt{d^2 - b^2}$ (die ganze Zahlen sind!) in der äußersten rechten Spalte aufgeführt. Zum Beispiel

$$(2,0)^2 + (1,59)^2 = (2,49)^2$$

oder in der Darstellung mit der Basis 10

$$120^2 + 119^2 = 169^2.$$

Bild 3.3 Pythagoräische Zahlen: Plimpton 322 (Bibliothek der Columbia Universität)

Die zweite Zeile enthält

$$(57{,}36)^2 + (56{,}7)^2 = (1, 20, 25)^2$$

oder dezimal

$$3456^2 + 3367^2 = 4825^2.$$

Reihe	$\frac{b^2}{h^2}$	b	d	Nr.	h
3	[59,0,]15	1,59	2,49	1	2,0
4	[56,56,]58,14,50,6,15	56,7	1,20,25	2	57,36
5	[55,7,]41,15,33,45	1,16,41	1,50,49	3	1,20,0
6	53,10,29,32,52,16	3,31,49	5,9,1	4	3,45,0
7	48,54,1,40	1,5	1,37	5	1,12
8	47,6,41,40	5,19	8,1	6	6,0
9	43,11,56,28,26,40	38,11	59,1	7	45,0
10	41,33,45,14,3,45	13,19	20,49	8	16,0
11	38,33,36,36	8,1	12,49	9	10,0
12	35,10,2,28,27,24,26,40	1,22,41	2,16,1	10	1,48,0
13	33,45	45	1,15	11	1,0
14	29,21,54,2,15	27,59	48,49	12	40,0
15	27,0,3,45	2,41	4,49	13	4,0
16	25,48,51,35,6,40	29,31	53,49	14	45,0
17	23,13,46,4[0]	28	53	15	45

Bild 3.4 Edierte Übersetzung von Plimpton 322

Die in diesen Beispielen vorkommenden Zahlen sind zu groß, um das Ergebnis zufälliger Beobachtungen zu sein, im Gegensatz zu den elementaren Beispielen der Zahlentripel (3,4,5) und (5,12,13). Interessant hinsichtlich der Zahlentripel auf der Plimpton-Tafel 322 ist, daß die rechtwinkligen Dreiecke, die den Seiten (b, d, h) entsprechen, beinahe gleichmäßig abnehmende Werte für das Verhältnis b^2/h^2 (in der ersten Spalte) haben. Das bedeutet, daß der Winkel θ zwischen den Seiten d und h fast gleichmäßig kleiner wird, wenn man die Reihen der Tafel abwärts verfolgt (Bild 3.5).

Man möchte natürlich wissen, wie die Babylonier die pythagoräischen Zahlen fanden, die zur Zusammenstellung der Tabelle nötig waren. Eine bestimmte mathematische

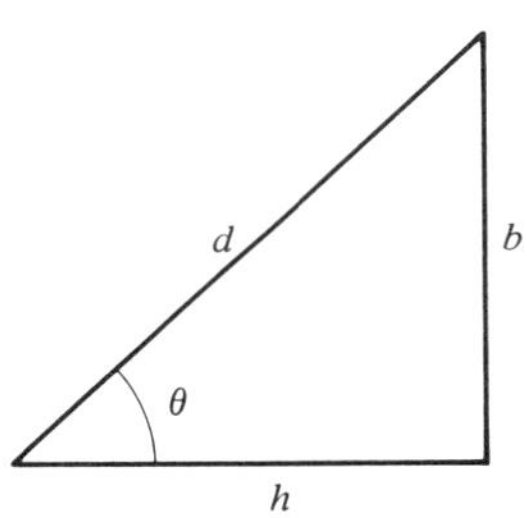

Bild 3.5

Analyse der Eigenschaften ganzer Zahlen muß ausgeführt werden, um ein Schema oder einen Algorithmus zu finden, wodurch sich diese Zahlentripel auf systematische Weise ergeben. Die Griechen und Araber verfügten über eine derartige Formel, aber Plimpton 322 enthält für uns den Beweis, daß die Babylonier bereits viel früher damit vertraut waren (siehe Übung 3.11).

Da Plimpton 322 zwischen 1900 und 1600 v. Chr. geschrieben worden ist, ist es das älteste bekannte Dokument, das sich mit der *Zahlentheorie* befaßt. Es spielt deshalb eine wichtige Rolle für unsere Kenntnis über die verschiedenen antiken Kulturvölker, insbesondere was ihr Verständnis und ihr Interesse an abstrakten und komplizierten mathematischen Fragen betrifft.

Mathematik wirkt nicht auf jeden geheimnisvoll oder dunkel. Ein Katalog der Columbia Universität von 1943 enthält eine Beschreibung der Tabelle in Bild 3.4 und charakterisiert diese als eine „kaufmännische Rechnung". Die wahre Geschichte dieser interessanten Tafel wurde erstmals 1945 in der Veröffentlichung von Neugebauer/Sachs [51] dargestellt, aber die Experten sind sich bis heute nicht einig über das Verfahren, durch das die Zahlen in Plimpton 322 gewonnen wurden. Neugebauer und Sachs [51] geben eine komplizierte Erklärung der Gedankengänge und mathematischen Verfahren, die der Konstruktion der Tabelle für die Zahlentripel zugrunde gelegen haben könnten. Die Frage nach den Gründen für die in Bild 3.4 getroffene Auswahl ist jedoch noch lange nicht beantwortet. Die Erklärung von Neugebauer/Sachs ist von Vogel ([72], Bd. II, S. 37 ff.) und Bruins [76] kritisiert und abgeändert worden. Wir halten Bruins Argument für das überzeugendste. Er kommt zu der überraschenden Folgerung, daß die gleichmäßige Abnahme von b^2/h^2 *zufällig* und eine Folge des Auswahlverfahrens ist, wogegen Neugebauer/Sachs und Vogel annehmen, daß die babylonischen Mathematiker, die diese Tabellen ausarbeiteten, absichtlich das regelmäßig abnehmende Verhältnis wie auch die pythagoräischen Tripel konstruieren wollten, vielleicht um eine Wertetabelle der Tangentenfunktionen zusammenzustellen; dies verlangt eine erheblich kompliziertere mathematische Ableitung.

Was die Wahrheit in Bezug auf Pimpton 322 auch sei, sicher ist, daß die Babylonier für den Fall, daß sich die drei Seiten eines rechtwinkligen Dreiecks rational verhalten (d.h. pythagoräische Tripel sind), gut mit dem pythagoräischen Lehrsatz umgehen konnten. Sie wußten jedoch noch mehr. Übungstexte zeigen, daß sie auch mit rechtwinkligen Dreiecken arbeiten konnten, deren Seiten sich nicht rational verhielten. Zum Beispiel enthält YBC 7289 das Diagramm und die Zahlen, die in den Bildern 3.6 und 3.7 wiedergegeben sind. Die Zahl 1, 24, 51, 10 ist

$$\begin{aligned} 1 + \frac{24}{60} + \frac{51}{60^2} + \frac{10}{60^3} &= 1 + \frac{2}{5} + \frac{51}{3600} + \frac{10}{216000} \\ &= 1 + 0{,}4000000 + 0{,}0141666 + 0{,}0000462^+ \\ &= 1{,}4142129^+, \end{aligned}$$

wenn wir annehmen, daß das „Komma" des Sexagesimalsystems zwischen 1 und 24 steht (d.h. 1;24,51,10). Dieser Wert ist bekanntlich $\sqrt{2}$. Auf zehn Dezimalstellen berechnet ergibt sich $\sqrt{2} = 1{,}414213562$. Der babylonische Wert 1;24,51,10 ist etwa um 0,0000007 zu klein. Es läßt sich leicht nachprüfen, daß unsere Interpretation richtig ist, denn wenn die Seitenlänge eines Quadrates 30 beträgt, dann ist die Länge der Diago-

Bild 3.6
$\sqrt{2}$ (Babylonische Sammlung, Yale, YBC 7289)

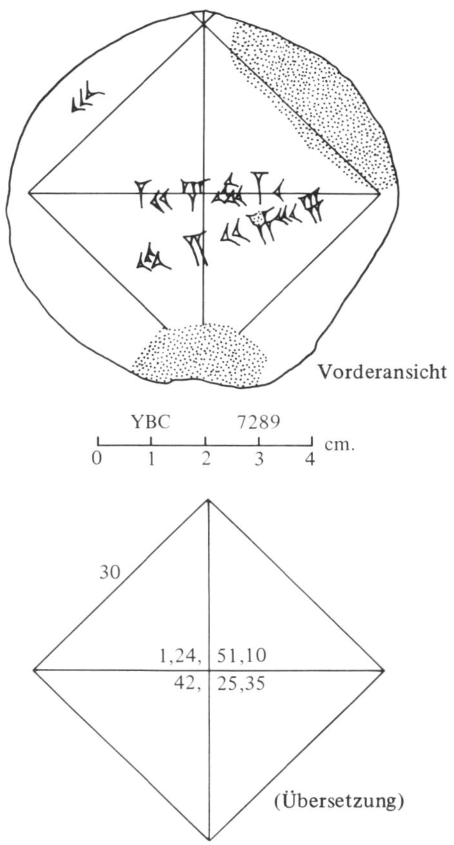

Bild 3.7
Transkription und Transliteration von YBC 7289 (Neugebauer-Sachs [51])

nale $30\sqrt{2}$, oder in babylonischer Schreibweise unter Verwendung der angenommenen Approximation:

$$(30)\cdot(1;24,51,10)$$

Das Produkt wird wie folgt berechnet:

$$30 \times 1 = 30$$

$$30 \times ;24 = \frac{(30)\,(24)}{60} = 12$$

$$30 \times \frac{51}{60^2} = \frac{51}{2\,(60)} = \frac{25}{60} + \frac{1/2}{60}$$

$$= \frac{25}{60} + \frac{30}{(60)^2} = ;25,30$$

und

$$30 \times \frac{10}{60^3} = \frac{1}{2}\,\frac{10}{60^2} = \frac{5}{60^2} = ;0,5.$$

Somit ist das Produkt 30; + 12; + ;25,30 + ;0,5 = 42;25,35, was unter der Diagonalen in Bild 3.7 steht.

Die Babylonier benutzten für $\sqrt{2}$ auch die weniger genaue Abschätzung 1;25, die zu groß und nicht annähernd so genau wie 1;24,51,10 ist.

Wie kam man zu diesen bemerkenswerten Abschätzungen und in welchem Verhältnis stehen sie zueinander? Heutzutage werden Digitalrechner oft so programmiert, daß sie Quadratwurzeln mittels eines sich wiederholenden Verfahrens errechnen, das den Griechen bereits bekannt war. Das Prinzip ist folgendes: Angenommen $\sqrt{x}$ werde gesucht, und die positive Zahl a_1 sei ein Schätzwert, der zu klein ist, d.h., $x > a_1^2$. Dann wird x/a_1 größer als $\sqrt{x}$ sein, da dies lediglich bedeutet, daß $(x/a_1)^2 > x$ ist, was dasselbe ist wie $x > a_1^2$. Es ergibt sich, daß der Mittelwert dieser Abschätzungen, $a_2 = \frac{1}{2}(a_1 + x/a_1)$, näher bei $\sqrt{x}$ liegt als a_1 oder x/a_1. Dies müßte eigentlich bewiesen werden, aber die folgende Zeichnung zeigt, daß dies zumindestens von der Anschauung her vernünftig ist.

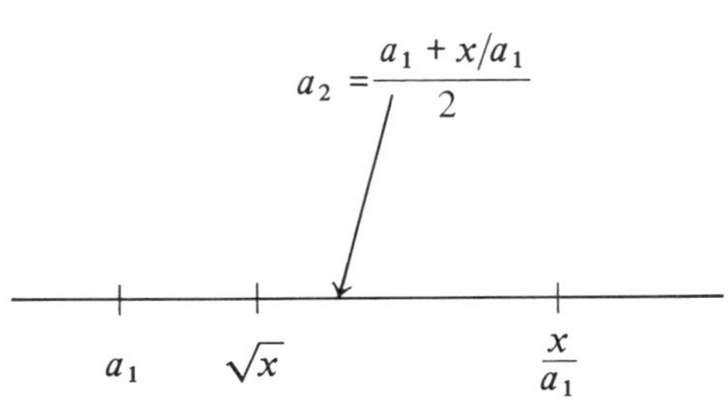

Deshalb kann a_2 als neue Abschätzung von $\sqrt{x}$ genommen werden. Die Wiederholung dieses Verfahrens ergibt immer genauere Ergebnisse.

Gehen wir z. B. von $a_1 = 1$ als einer Approximation von $\sqrt{2}$ aus, dann ist

$$a_2 = \frac{a_1 + 2/a_1}{2} = \frac{1 + 2/1}{2} = \frac{3}{2}$$
$$= 1{,}5$$

tatsächlich schon ein besserer Wert. Fahren wir in gleicher Weise fort, so erhalten wir

$$a_3 = \frac{1}{2}\left(\frac{3}{2} + \frac{2}{3/2}\right) = \frac{17}{12}$$
$$= 1{,}416\ldots$$

und

$$a_4 = \frac{1}{2}\left(\frac{17}{12} + \frac{2}{17/12}\right) = 1\,\frac{169}{408}$$
$$= 1{,}414215\ldots,$$

was um 0,000002 ... zu groß ist, usw.

Wird dieses Verfahren im Sexagesimalsystem wiederholt, finden wir

$$a_1 = 1$$
$$a_2 = \frac{1+2}{2} = 1;30$$
$$a_3 = \frac{1}{2}\left(1;30 + \frac{2}{1;30}\right) = 1;25$$

und

$$a_4 = \frac{1}{2}\left(1;25 + \frac{2}{1;25}\right)$$

Es ist 2/1;25 = 1;24,42,21, ..., somit

$$a_4 = \frac{2;49,42,21}{2}, \ldots = 1;24,51,10, + \ldots,$$

was die in Bild 3.7 wiedergegebene Zahl ist. Wir haben somit genau die Bestimmung für $\sqrt{2}$ aus den babylonischen mathematischen Texten entdeckt!

3.4. Da der Fortschritt in der Geometrie mit dem Stand der Entwicklung der Algebra verknüpft ist, muß in diesem Zusammenhang kurz auf die Eigenart und den Grad der Entwicklung babylonischer Algebra eingegangen werden. Die illustrierenden Beispiele weiter unten zeigen ein besonders einfaches, aber erfolgreiches Verfahren, das vorbildlich für die Fähigkeiten der Babylonier während der gesamten Periode ist, aus der mathematische Texte gefunden wurden.

Es folgt hier Neugebauers Übersetzung der Tafel AO 8862 (aus seiner Arbeit Mathematische Keilschrifttexte [84]). Da Neugebauers Übertragung des alten Textes nicht leicht verständlich ist, geben wir außerdem im Anschluß eine modernere Fassung des gleichen mathematischen Problems von van der Waerden [85].[1])

1 Länge, Breite. Länge und Breite habe ich multipliziert und so
2 die Fläche gemacht.
3 Wiederum was die Länge über die Breite
4 hinausgeht
5 zur Fläche habe ich addiert und
6 (es gibt) 3,3. Wiederum Länge und Breite
7 addiert (gibt) 27. Länge, Breite und Fläche (ist) was?

27	3,3 die Summen	
15	Länge	3,0 Fläche
12	Breite	

8 Du bei Deinem Verfahren:
9 27, die Summe von Länge und Breite,
10 zu [3,3] addiere; (es gibt)
11 3,30. 2 zu 27 addiere; (es gibt)
12 29. Seine Hälfte, von (?) 29, brichst Du ab;
13 14;30 mal 14;30 (ist) 3,30;15.
14 Von 3,30;15
15 3,30 subtrahierst Du;
16 0;15 (ist) der Unterschied. 0;15 hat 0;30 (als Quadrat[wurzel])
17 0;30 zur ersten 14;30
18 addiere; (es gibt) 15 (als) Länge.
19 0;30 von der zweiten 14;30
20 subtrahierst Du; (es gibt) 14 (als) Breite.
21 2 das Du zu 27 addiert hast
22 von 14, der Breite, subtrahierst Du; (es gibt)
23 12 (als) endgültige Breite.
24 15 Länge, 12 Breite habe ich multipliziert.
25 15 mal 12 (gibt) 3,0 (als) Fläche.
26 15 Länge über 12 Breite
27 was ragt es hinaus?
28 (Um) 3 geht es darüber hinaus. 3 zu 3,0, der Fläche, addiere.
29 3,3 (ist) das Resultat.

Es folgt nun der Text von van der Waerden:

Länge. Breite. Ich habe Länge und Breite multipliziert und dadurch die Fläche erhalten. Dann addierte ich zur Fläche den Überschuß der Länge über die Breite: 3,3 (d. h., 183 war das Ergebnis). Wiederum habe ich Länge und Breite addiert: 27. Gesuchte Länge, Breite und Fläche.

(gegeben:)	27 und 3,3	die Summen	
(Ergebnis:)	15 Länge	3,0 Fläche	12 Breite

Man folgt dieser Methode:

27 + 3,3 = 3,30
2 + 27 = 29.

Nehme einhalb von 29 (dies ergibt 14;30).

14;30 × 14;30 = 3,30;15
3,30;15 − 3,30 = 0;15

[1]) Freie Übersetzung des englischen Texts von Neugebauer.

Die Quadratwurzel von 0;15 ist 0;30.

14;30 + 0;30 = 15 Länge
14;30 – 0;30 = 14 Breite

Ziehe 2, die zu 27 addiert worden sind, von 14, der Breite, ab. 12 ist die richtige Breite. Ich habe 15 Länge mal 12 Breite multipliziert.

15 × 12 = 3,0 Fläche
15 – 12 = 3
3,0 + 3 = 3,3.

Dieses Problem ist in einer Form verfaßt, die an übliche Textaufgaben der Oberschule erinnert. Tatsächlich stammen diese direkt von den babylonischen Übungs„büchern", die der westlichen Zivilisation durch die Araber übermittelt wurden. Man beachte das Auftauchen der Quadratwurzel.

Die Babylonier hatten kein Symbol, das ausschließlich zur Darstellung von Unbekannten benutzt wurde, so wie wir x und y verwenden; sie benutzten für diesen Zweck Worte wie *Länge, Breite* usw. Sie hatten z. B. keine Bedenken, eine Länge zu einer Fläche zu addieren, was die Griechen nie getan hätten, denn die geometrischen oder physikalischen Deutungen hätten keinen Sinn ergeben.

Die beschriebene Tafel, so wie auch andere, zeigt das Problem und vermittelt eine Lösungsmöglichkeit. In unserer Schreibweise hat das Problem in AO 8862 das Aussehen:

$$\begin{aligned} xy + x - y &= 183 \\ x + y &= 27. \end{aligned} \qquad (3.1)$$

Die Lösung führt zur Einführung einer neuen Veränderlichen, sagen wir y', die durch

$$y' = y + 2$$

definiert wird, (d. h., diese „Breite" unterscheidet sich von der „tatsächlichen Breite" um 2), was die ursprüngliche Gleichung vereinfachen wird. Dies ist eine neuartige und geniale Idee: Löse nicht das ursprüngliche Problem – vereinfache es. Das neue Problem, in x und y' ausgedrückt, ist tatsächlich einfacher, da in der ersten Gleichung nur die Kombination der Unbekannten xy' erscheint:

$$\begin{aligned} xy' &= 183 + 27 = 210 \\ x + y' &= \ \ 27 + \ \ 2 = \ \ 29. \end{aligned} \qquad (3.2)$$

Der Ausdruck des Problems wurde als Normalform betrachtet, und es gab eine Standardregel für die Lösung, die wie folgt beschrieben werden kann: Angenommen, die Gleichungen

$$\begin{aligned} xy' &= P \\ x + y' &= S \end{aligned} \qquad (3.3)$$

sind gegeben. Dann wird eine neue Unbekannte E, ein „Fehler" eingeführt, indem

$$\begin{aligned} x &= \frac{S}{2} + E \\ y' &= \frac{S}{2} - E \end{aligned} \qquad (3.4)$$

sein soll. Die Lösung des Problems ergibt sich aus

$$E = \sqrt{(S/2)^2 - P}. \tag{3.5}$$

Wir können dies leicht nachprüfen: Da $x + y' = S/2 + E + S/2 - E = S$ ist, ist die zweite der Gleichungen (3.3) befriedigt. Man setzt nun (3.4) in die erste Gleichung für x und y' ein, und findet

$$\left(\frac{S}{2} + E\right)\left(\frac{S}{2} - E\right) = P. \tag{3.6}$$

Dies ist die quadratische Gleichung $E^2 = (S/2)^2 - P$, die mit (3.5) übereinstimmt.

Für das auf der Tafel wiedergegebene Problem ist $P = 210$ und $S = 29$; in dem Text ist E ausdrücklich als $E = 0;30 = \frac{1}{2}$ berechnet; dann ist

$$x = \frac{29}{2} + 0;30 = 14;30 + 0;30 = 15$$

$$y' = \frac{29}{2} - 0;30 = 14;30 - 0;30 = 14,$$

und so ist $y = y' - 2 = 12$. In den letzten vier Zeilen der Tafel wird die Lösung $x = 15$, $y = 12$ überprüft.

Dieses Verfahren erscheint wiederholt in babylonischen Übungstexten und ist tatsächlich von größerer Bedeutung, als es auf den ersten Blick erscheint. Es wurde so benutzt, wie wir heutzutage die Formel

$$x = \frac{-b \pm \sqrt{b^2 - 4ac}}{2a}$$

gebrauchen, um die quadratische Gleichung

$$ax^2 + bx + c = 0$$

zu lösen.

Die Formel zur Lösung quadratischer Gleichungen war den Babyloniern auch bekannt und hätte benutzt werden können, um Gl. (3.1) zu lösen, indem man die zweite Gleichung nach y auflöst und diesen Wert für y in die erste Gleichung einsetzt. Dieses Verfahren ist heute gebräuchlich und wurde schon von den frühen arabischen Mathematikern verwendet, nicht aber von den Babyloniern. Ihr Verfahren entspricht einer anschaulicheren und weniger formalen Technik. Es ist anzunehmen, daß sie folgende Begründungen für ihr Verfahren hatten: Eine Lösung der Gleichung $x + y' = S$ würde $x = y' = S/2$ sein, d.h. der *Durchschnittswert*, aber der Durchschnittswert befriedigt vielleicht nicht die zweite Gleichung, $xy' = P$. Man betrachte die Differenz zwischen dem wirklichen Wert für x und dem Durchschnittswert $S/2$; diese kann als der Fehler E betrachtet werden, so daß

$$x = \frac{S}{2} + E$$

ist.

Da $x + y' = S$ ist, muß y' durch

$$y' = \frac{S}{2} - E$$

gegeben sein. Somit ist das Problem darauf reduziert worden, den Fehler E zu finden. Wie wir gesehen haben, führt dies zur Lösung der besonderen quadratischen Gleichung

$$\left(\frac{S}{2} + E\right)\left(\frac{S}{2} - E\right) = P.$$

Es war bereits bekannt, daß

$$(a + b)(a - b) = a^2 - b^2$$

ist. Somit kam man zu der einfachen quadratischen Gleichung:

$$E^2 = \left(\frac{S}{2}\right)^2 - P.$$

Später werden wir sehen, wie die Zerlegung von $a^2 - b^2$ in Faktoren auf geometrische Weise hätte entdeckt werden können.

Andere algebraische Probleme wurden auf ähnliche Weise gelöst. Z. B. enthält YBC 4697 ein Problem, das als

$$\frac{1}{3}(x + y) - 0;1\,(x - y)^2 = 15$$
$$xy = 10,0$$

ausgedrückt werden kann. Die zweite Gleichung würde von uns im Gegensatz zu den Babyloniern beispielsweise nach y aufgelöst und das Ergebnis in die erste Gleichung eingesetzt werden. So findet man $y = 10,0/x$ und damit

$$\frac{1}{3}\left(x + \frac{10,0}{x}\right) - 0;1\left(x - \frac{10,0}{x}\right)^2 = 15,$$

was sich zu der Gleichung vierten Grades

$$\frac{1}{3}(x^3 + 10,0\,x) - (0;1)\,(x^4 - 20,0x^2 + (10,0)^2) = 15\,x^2$$

umformen läßt. Dies sieht schwierig zu lösen aus, aber die Babylonier benutzten nicht das Einsetzen der zweiten Gleichung; stattdessen verwendeten sie ihr allgemeines Verfahren, indem sie

$$x = A + E \qquad y = A - E$$

schrieben, wobei A der Durchschnittswert der beiden Lösungen x und y ist. Daraus folgt:

$$x + y = 2A \quad \text{und} \quad x - y = 2E.$$

Die beiden Gleichungen des Problems werden dann

$$\frac{2}{3}A - 0;4\,E^2 = 15$$
$$A^2 - E^2 = 10,0.$$

Die zweite Gleichung zeigt, daß $E^2 = A^2 - 10{,}0$ ist. Einsetzen dieses Wertes in die erste Gleichung ergibt

$$\frac{2}{3}A - 0;4\,(E^2 - 10{,}0) = 15,$$

was nur eine quadratische Gleichung ist und mit Hilfe der quadratischen Formel gelöst werden kann. Interessant ist die Feststellung, daß Neugebauer anfangs annahm, das Problem würde zu einer kubischen Gleichung führen. Nach van der Waerdens Meinung ist die babylonische Methode in diesem Fall unserem eigenen üblichen Verfahren vorzuziehen.

Während unserer ganzen Diskussion haben wir die algebraische Identität $(a + b)(a - b) = a^2 - b^2$ benutzt. Heutzutage ersetzt man bei Anwendung dieser und anderer wichtiger Identitäten

$$(a + b)(a + b) = a^2 + 2ab + b^2$$
$$(a - b)(a - b) = a^2 - 2ab + b^2$$

die rechte Seite durch die *faktorisierte* Form, die auf der linken Seite gegeben ist. Die Babylonier taten das Gegenteil: Sie brachten Produkte algebraischer Ausdrücke durch Ausmultiplizieren in eine Form *ohne* Faktorzerlegung. Wie oben gezeigt wurde, ist dies notwendig, um Ausdrücke einzusetzen und zu vereinfachen, wie zum Beispiel in (3.6). Alle drei dieser algebraischen Identitäten entsprechen einfachen geometrischen Zerlegungen, die vielleicht ihre frühere Entdeckung erklären. Die Identität $(a + b)(a - b) = a^2 - b^2$ kann aus Bild 3.8 abgelesen werden, worin das obere rechte Rechteckt der Fläche $b\,(a - b)$ nach links bewegt worden ist und an das Quadrat angelegt wurde. So entsteht das schraffierte Rechteck mit der Fläche $(a - b)(a + b)$. Die anderen beiden Identitäten ergeben sich auf ähnliche Weise (siehe Bild 3.8).

3.5. Die Babylonier wendeten ihre mathematischen Fähigkeiten auf astronomische Probleme an. Zur Einführung zitieren wir den folgenden Abschnitt aus Neugebauers *The Exact Sciences in Antiquity* [50] S. 98:

> Wir können jetzt die Werkzeuge nennen, die am Ende der „Vorgeschichte" babylonischer Astronomie, der Periode von etwa 1800 v. Chr. bis etwa 50 v. Chr., existierten: Der Tierkreis von 12 mal 30 Grad als ein Bezugssystem für Sonnen- und Planetenbewegung. Ein festgelegter Mond- und Sonnenkalender und wahrscheinlich einige der grundlegenden Periodenrelationen des Mondes und der Planeten. Ein empirisches Verständnis für die Hauptfolgen von Planeten- und Mondphänomenen und für die Variation der Längen von Tag und Nacht. Der Gebrauch arithmetischer Reihen, um periodisch veränderliche Größen zu beschreiben. Und vor allem eine vollständige Beherrschung numerischer Methoden, die sofort auf astronomische Probleme angewendet werden konnten. Die Anwendung dieser Möglichkeiten ist wahrhaftig der entscheidende Schritt.

Vom mathematischen Standpunkt aus gesehen, setzte die babylonische Kosmologie in der Tat die Erde in den Mittelpunkt einer Himmelssphäre, an die die Sterne geheftet waren, denn die Bewegungen der Sonne, des Mondes und der Planeten wurden mit Bezug auf den Sternenhintergrund studiert, der damals, wie auch heute, als Bezugssystem diente. Die grundlegenden periodischen Bewegungen von Sonne, Mond und Planten wurden gemessen, und ein *arithmetisches Modell,* das ihre Konjunktion und andere wichtige

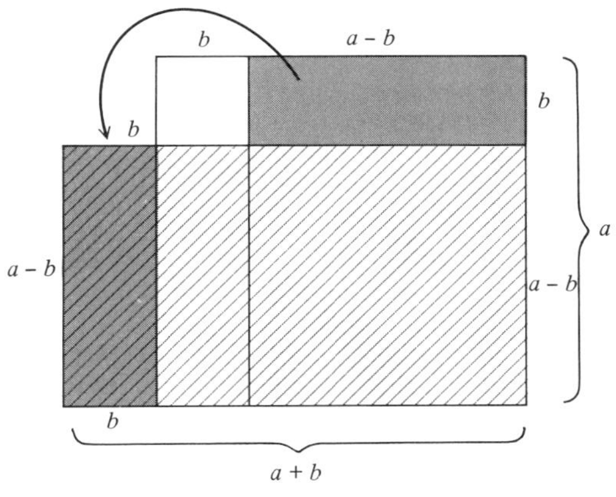

Bild 3.8
Geometrische Beweise einiger algebraischer Gleichungen

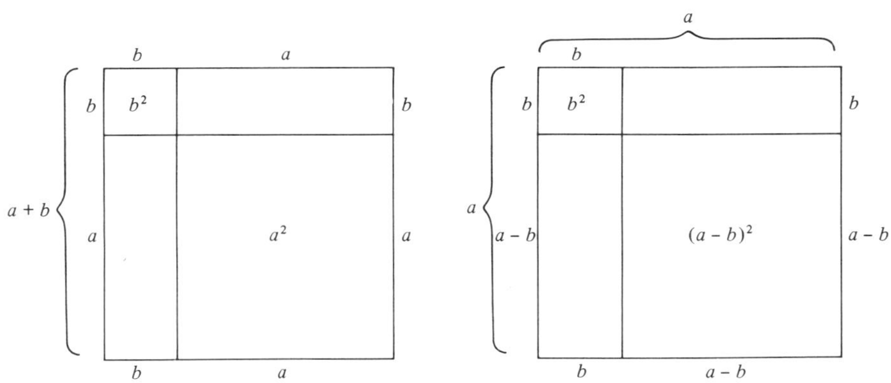

Ereignisse voraussagen konnte, wurde von den babylonischen Astronomen aufgestellt. Zu einem späteren Zeitpunkt beschrieb Claudius Ptolemäus von Alexandrien (um 150) ein geometrisches Modell des Sonnensystems, in dem sich die Planeten, die Sonne und der Mond in zusammengesetzten kreisförmigen Bahnen bewegten. Mit Hilfe dieses Modells war es Ptolemäus möglich, die relative Bewegung, die von der Erde aus beobachtet wird, mit einem bewundernswerten Genauigkeitsgrad vorauszusehen. Unser gegenwärtiges Modell des Sonnensystems, abgesehen von einigen gewissen Verfeinerungen durch Einstein, beruht auf Newtons allgemeinen Gesetzen der Bewegung, die etwa 15 Jahrhunderte später aufgestellt wurden (siehe Kapitel 12). Die Babylonier hatten, soweit wir wissen, kein geometrisches Modell. Sie benutzten vielmehr gewisse arithmetische Funktionen, deren Werte zu einem bestimmten Zeitpunkt die Position eines Himmelskörpers in bezug auf den Hintergrund der Fixsterne, wie sie von der Erde aus gesehen wurden, beschrieben. Diese periodischen Funktionen werden heute manchmal „lineare Zickzackfunktionen“ oder „lineare Sägezahnfunktionen“ genannt; sie sehen ähnlich wie die Zickzack-

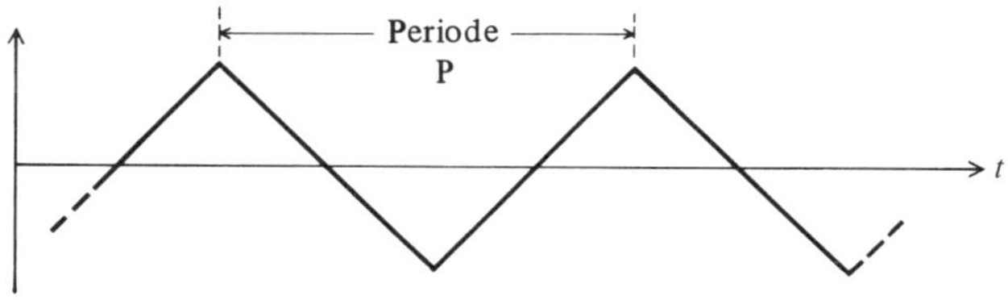

Bild 3.9
Eine lineare Zickzackfunktion

linie in Bild 3.9 aus. Das Zeitintervall P entspricht einer „Periode" der Zickzackfunktion, durch die ihre zukünftigen und vergangenen Werte festgelegt sind. Sie sind grobe Approximationen periodischer Funktionen wie der Sinus- und Kosinunsfunktionen. Im Zusammenhang mit babylonischer Astronomie stellt Bild 3.9 eine gewisse Verlagerung (gewöhnlich winkelförmig) eines Himmelskörpers wie des Mondes dar, der mit der Zeit variiert und dessen zukünftige Lage vorausgesagt werden kann. Die Babylonier gaben diese Information jedoch nicht in graphischer oder anderer geometrischer Form wieder. Die linearen Zickzackfunktionen wurden durch tabellarische Anordnung ihrer Werte dargestellt.

Diese Funktionen oder Wertetabellen waren intellektuelle Abstraktionen und nicht nur die Ergebnisse von Beobachtungen; sie hatten wirklich nichts mit beobachteten Erscheinungen zu tun. Lineare Zickzackfunktionen wurden z. B. benutzt, um die tatsächliche Verdunkelung eines Himmelskörpers während einer partiellen Finsternis festzulegen. Zu anderen Zeiten als denen des tatsächlichen Datums der Finsternis hatten diese Funktionen keine physikalische Bedeutung. Wir möchten diesen Punkt betonen, denn er scheint ein Teil der babylonischen Astronomie zu sein, der vieles mit modernen Ansichten gemeinsamt hat[1]. Wenn uns ein physikalisches System, abgesehen von einem kleinen Bereich, den wir beobachten und messen können, unbekannt ist, und wenn eine bestimmte Funktion gefunden werden kann, die die von uns gemachten Beobachtungen genau vorhersagt (beispielsweise als eine Funktion der Zeit), dann haben wir ein „mathematisches Modell" (vgl. Kapitel 12). In der modernen Physik messen wir den Winkel eines Elektronenstrahls, der eine „unbekannte Masse" trifft, und versuchen eine Funktion zu finden, die diesen Winkel repräsentiert. Wenn eine solche „Funktion" gefunden werden kann, wird sie (in gewisser Weise) ein „Bild" der „unbekannten Substanz" sein.

Die linearen Zickzackfunktionen (das mathematische Modell des Kosmos, das von den Babyloniern benutzt wurde) beruhten auf arithmetischen Reihen (deshalb der Ausdruck „arithmetische Modelle"), die auf geeignete Weise Finsternisse und andere astronomische Ereignisse vorhersagten, von denen die Menschen der Antike annahmen, daß sie einen Einfluß auf ihr tägliches Leben ausübten. Ihre Leistungen sind ein Maßstab ihrer arithmetischen Fähigkeiten und vor allem der Kraft und Wirksamkeit ihres sexagesimalen Stellenwertsystems, das mühsame Berechnungen erlaubte, die ein wesentlicher Teil der astronomischen Theorie waren und blieben.

---

[1] Dies ist eine Analogie zum gegenwärtigen Gebrauch von *komplexen Funktionen* in der Quantenmechanik, um den „Zustand eines Systems" darzustellen, wogegen nur der *absolute Wert* der Funktion, eine reelle Größe, ein physikalisch zu beobachtender Wert ist.

3.6. Astronomie war immer faszinierend und auch immer wichtig. Bevor sie für die Navigation benutzt wurde, die wir in den Kapiteln 5 und 12 untersuchen werden, war sie das einzige Mittel, den Kalender abzustimmen und dadurch die richtige Zeit für jährliche landwirtschaftliche Tätigkeiten, wie zum Beispiel Aussaat und Bewässerung, zu bestimmen. In noch weiter zurückliegenden Zeiten, vielleicht vor der Erfindung des Schreibens, wurden die Sterne und anderen Himmelskörper als Götter verehrt. Das Studium ihrer perfekten Bewegung bildete einen Teil der religiösen Pflichten, die den Göttern gebührte. In diesem Sinne war die Astronomie ursprünglich, als ein technischer Zweig der Religion, einer der vielen Kommunikationskanäle zwischen der priesterlichen Hierarchie und den Göttern, denen sie dienten. In diesen frühen Zeiten konnte keine Information über die *Natur* oder die *Struktur* der Himmelskörper aus einfachen, sichtbaren Beobachtungen, die ohne Instrumente möglich waren, abgeleitet werden. Daher war das astronomische Studium dieser vergötterten Objekte praktisch mit dem Studium und der Vorhersage ihrer Bewegungsbahnen durch den Himmelsraum identisch. Da sie somit von jeglicher Notwendigkeit befreit waren, Fragen zu untersuchen, die sich auf die materielle Zusammensetzung oder die Energiequellen der Sterne und anderer Himmelsbewohner bezogen, war die Astronomie ausschließlich mathematisch. Somit wurde die Mathematik die Dienerin der Religion, die wiederum ihre Entwicklung begünstigte und ihr Ansehen für Tausende von Jahren sicherte.

Der praktische Teil der Religion, der die Errungenschaften der mathematischen Astronomie zum Wohl der Menschheit anwendet, ist die *Astrologie*, die antike Kunst, das Schicksal der Menschen aus den Anordnungen und den Bewegungen der Planeten und Sterne vorherzusagen. Die Astrologie war in Babylonien bereits um 3000 v. Chr. gut entwickelt. Sie wurde darauf begründet, daß die Babylonier persönliche Götter mit den verschiedenen Himmelskörpern identifizierten: *Merkur* mit *Nebo, Venus* mit *Ischtar, Mars* mit *Nergal, Jupiter* mit *Marduk, Saturn* mit *Ninib* (der Leser wird sicher merken, daß die gegenwärtigen Planetennamen von einer ähnlichen römischen Identifizierung abstammen), der *Mond* mit *Sin* und die *Sonne* mit *Schamasch*. Die Bewegung der fünf Planeten, die dem bloßen Auge sichtbar waren, des Mondes und der Sonne betrachtete man als repräsentativ für die Tätigkeiten der entsprechenden Götter. Deshalb bedurfte es nur eines kleinen Gedankensprungs, um zu dem Schluß zu kommen, daß wenn man die Himmelsbewegungen dieser Gottheiten richtig „lesen" könnte, es möglich wäre zu wissen, was sie für die Erde beabsichtigten.[1)]

Die Bewegung der Körper im Sonnensystem wird in bezug auf den Hintergrund der Fixsterne betrachtet. Seit frühesten Zeiten wurden die Sterngruppen mit bekannten Lebewesen und Dingen identifiziert, deren Form in etwa mit der Figur der Sterne übereinstimmte. Von größter Bedeutung waren diejenigen Konstellationen, die von der Erde aus gesehen hinter den Bewegungsbahnen der Planeten, des Mondes und der Sonne liegen. Da alle diese Körper sich auf beinahe gleicher Ebene bewegen – der *Ebene der Ekliptik* – scheint sich ihre Bewegung, im Verhältnis zum Hintergrund der Sterne, auf

1) Wenn diese Prämisse der Astrologie gültig ist, müßte man ebensogut die Bewegungsbahnen der Himmelskörper aus einer sorgfältigen Analyse der Handlungen und der Geschichte der Menschheit vorhersagen können. Da die Menschheit der Beobachtung zugänglicher ist als die weit entfernten Sterne, so wäre dieses der angemessene Weg, dem Studium der Astronomie nachzugehen.

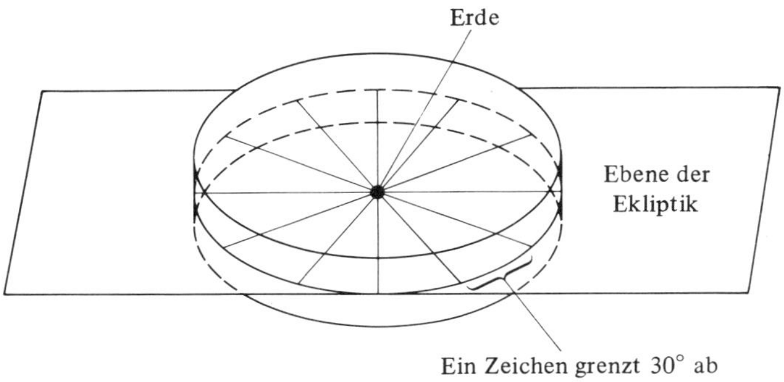

Bild 3.10
Der Tierkreis

♑	Capricorn, der Steinbock	♋	Cancer, der Krebs
♐	Saggitarius, der Schütze	♊	Gemini, die Zwillinge (Castor und Pollux)
♏	Scorpio, der Skorpion	♉	Taurus, der Stier
♎	Libra, die Waage	♈	Aries, der Widder
♍	Virgo, die Jungfrau	♓	Pisces, die Fische
♌	Leo, der Löwe	♒	Aquarius, der Wassermann

einem ziemlich schmalen Band abzuspielen. Diese imaginäre Zone des Himmels (illustriert in Bild 3.10) wird von zwei Kreisen begrenzt, die den gleichen Abstand von der Ebene der Ekliptik haben und etwa 18° von einander entfernt sind. Sie ist der *Zodiakus* oder *Tierkreis.* Der Tierkreis ist in 12 gleichgroße *Zeichen* aufgeteilt, von denen jedes 30° auf der Ebene der Ekliptik ausmacht; jedes Zeichen ist mit einer Konstellation verbunden, die auf dem Tierkreis liegt und von dem es seinen Namen erhält. Da die Konstellationen jedoch von der Erde aus gesehen in der Größe variieren, treffen die Zeichen in der Winkelöffnung nicht mit der Konstellation zusammen, zu der sie gehören. Die 12 Zeichen in Bild 3.10 verlaufen entgegengesetzt der Reihenfolge, die in der Astrologie gebräuchlich ist.

Die Erde ist ein sich drehender „Kreisel", der sich einmal pro Tag um seine Achse dreht. Wird nach dem jährlichen Umlauf um die Sonne die Richtung der Achse der sich drehenden Erde mit ihrer Richtung verglichen, die sie vor einem Jahr an derselben Stelle im Raum hatte[1]), so kann ein Unterschied festgestellt werden, denn die Erde taumelt wie ein Kreisel während sie rotiert. Durch die taumelnde Bewegung beschreibt ihre Achse zusätzlich einen kreisförmigen Kegel im Raum, wie es in Bild 3.11 gezeigt wird. Beinahe 26 000 Jahre vergehen, bevor die Erdachse zu ihrer Ausgangsrichtung zurückkehrt. Dies bedeutet, daß die Erdachse nicht immer nach Polaris, dem gegenwärtigen Polarstern, zeigt; im Jahre 2700 v. Chr. zeigte sie auf α-Draconis; in griechischer Zeit war sie halbwegs zwischen γ-Draconis und β-Ursae Minoris, und es gab keinen echten Polarstern, wogegen die Achse im Jahre 13600 etwa zum hellsten Stern des nördlichen Himmels, zur Vega in der Konstellation von Lyra, zeigen wird.

[1]) Wir lassen die geradlinige Bewegung des Sonnensystems durch den Weltraum außer Betracht, denn sie ist für diese Diskussion nicht von Bedeutung, da ihr Einfluß im Vergleich zu anderen Ursachen klein ist.

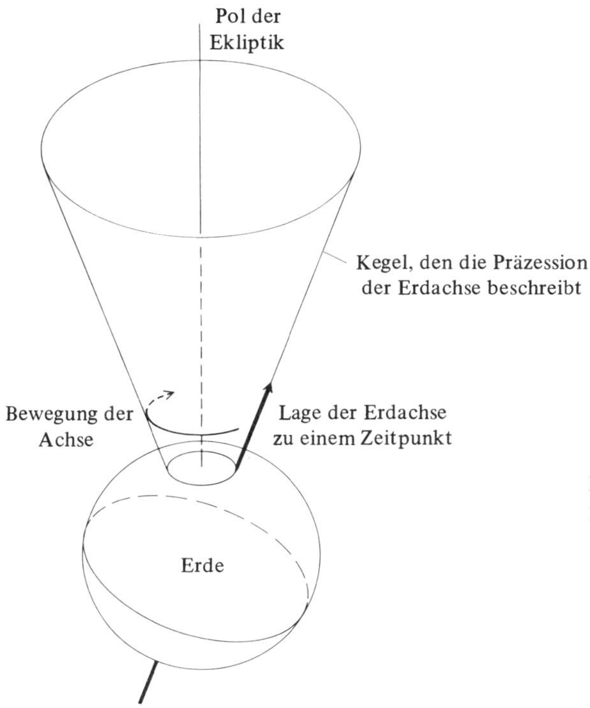

Bild 3.11
Präzession der Erdachse

Eine weitere Folge dieser *Präzession* der Erdachse ist eine fortgesetzte langsame Änderung im jährlichen Aussehen des Himmels. Die Karte des nächtlichen Himmels muß für den Seefahrer offenbar periodisch korrigiert werden, um die sich verändernde Lage der Sterne, gegen die er seine Position mißt, zu berücksichtigen (siehe Kapitel 5). Der Mensch war sich offensichtlich dieser Änderung zu frühesten Zeiten bewußt, obwohl der Grund dafür und eine Schätzung der beinahe 26 000-jährigen Umlaufszeit dieser großen Rotation des Himmels erstmals von dem griechischen Astronomen Hipparchos von Nicaia (ca. 180–125 v. Chr.) gegeben wurde. Sein Werk war eng mit den babylonischen astronomischen Errungenschaften dieser Zeit verbunden.

Die scheinbare langsame Drehung des Himmels, die auf der Präzession der Erdachse beruht, während die Erde rotiert, führt zu einer ebenso langsamen Veränderung der Position, in der die Sonne jedes Jahr zur Frühlings-Tagundnachtgleiche im Verhältnis zu den Tierkreissternbildern aufgeht. Dieses Phänomen, das *Vorrücken der Tagundnachtgleiche*, wurde als verantwortlich für den katastrophalen Untergang und den Aufgang darauffolgender „Zeitalter" in der Weltgeschichte angesehen. Wenn die Sonne der Frühlings-Tagundnachtgleiche von einer Tierkreiskonstellation zur nächsten überwechselte, endete ein Zeitalter und ein neues begann: Die herrschenden Götter legten ihre Zepter nieder – oft nicht ohne beträchtliches Sträuben – und ihre Plätze wurden von Neuankömmlingen übernommen. Die Geschichte hat viele gekannt, die den „Untergang der Welt" prophezeiten; oft wurden ihre Klagen genauer und bezeichnender als „Untergang eines Weltzeitalters" interpretiert, wenn heftige und katastrophale Übergangsereignisse zu erwarten sind, während die transzendente Kraft, die unsere Welt erhellt und führt, von einer Konstellation in die nächste überwechselt.

Der Leser wird nun auf die Tierkreiszeichen in Bild 3.10 hingewiesen; die Reihenfolge der Zeichen stellt von oben nach unten die Anordnung der Konstellationen dar, in denen die Sonne (zur Frühlings-Tagundnachtgleiche) aufgeht, während die Präzession der Erdachse um den Pol der Ekliptik erfolgt. Vor 4000 Jahren ging die Sonne im Sternbild der Zwillinge auf; danach bewegte sie sich in das Sternbild des Stiers. Die Tierkreissternbilder wurden wahrscheinlich während dieser Zeitperiode benannt, da die ältesten religiösen Mythen die fruchtbaren Veränderungen, die die Sonne für die verschiedenen Jahreszeiten und die Erzeugnisse der Erde bewirkte, in Zusammenhang mit dem Stier brachten; dagegen gibt es keine Hinweise auf eine entsprechende Verbindung mit dem Sternbild der Zwillinge. Die Sonne blieb bis etwa 1800 v. Chr. im Sternbild des Stieres, dann begann sie, im Schützen, dem Zeichen des Widders[1]), aufzugehen. Im Jahre 60 v. Chr. ging sie in das Sternbild der Fische über, wo sie bleiben wird, bis eines schönen Frühlingstages im Jahre 2740 das Zeitalter des Wassermanns beginnen wird.

Unser Zeitalter – das der Fische – wurde durch das Erscheinen von Christus dem Fisch gekennzeichnet, wogegen der als Widder gekrönte „zweihörnige" Moses (man denke an Michelangelos eindrucksvolle Plastik) im biblischen Jahr 1491 v. Chr. vom Berg Sinai herabstieg. Er fand, daß sein ungehorsames Volk den Stier als das „Goldene Kalb" vergötterte und den Sitten des vorangegangenen Zeitalters verfallen war, zu dessen Anfang im Jahr 4004 v. Chr. laut der Bibel die „Welt" geschaffen worden war. Diese Bilder wurden im antiken Mythos und in der Religion wiederholt: Von der Stierverehrung des Apis-Osiris in Ägypten und Zeus dem Stier, der Europa davonträgt, bis zum Sieg von Hercules über den Stier von Kreta und Jasons triumphierende Erbeutung des Goldenen (des Widders) Vlies, was den Aufgang eines neuen Zeitalters ankündigte [23].

Wenn die Bewegung der Himmelskörper das Geheimnis des menschlichen Schicksals in sich birgt, ist es nicht verwunderlich, daß die Menschen der Antike keine Mühe scheuten, dieses Geheimnis mittels systematischer Ergründung des Himmelsraums zu entschlüsseln. Die konkreten Denkmäler gleichen in ihrem Aufwand an Zeit und Schätzen den gegenwärtigen Werken der Menschen: Großartige ägyptische Pyramiden, die errichtet wurden, als α-Draconis der Polarstern war, hatten innere Gänge, die in der Richtung dieses Sterns ausgerichtet waren, in der dieser den Meridian der Pyramide durchlief. Vielleicht gibt es jedoch heute kein treffenderes Beispiel eines *konkreten* Zeugnisses der zielstrebigen Hingabe, mit der die Menschen das Rätsel göttlicher Absicht zu enthüllen versuchten, als die gewaltigen Ruinen des präzisen astronomischen *Analogrechners* Stonehenge in England. Wie Gerald Hawkins [39] kürzlich so überzeugend zeigte, war Stonehenge (zwischen 1900 v. Chr. und 1600 v. Chr. aus teilweise bis zu 35 Tonnen schweren Steinen erbaut) dazu bestimmt, den Verlauf solcher auffallenden, sich wiederholenden Himmelsereignisse, wie der Mondfinsternis, zu verfolgen.

[1]) Das „Koordinatensystem" der *Zeichen* des Tierkreises wird ständig neu angepaßt, so daß die Sonne zur Zeit des Frühlingsäquinoktiums im „ersten Punkt des Widders" aufgeht wie bereits für die frühen babylonischen Astronomen. Dies ist natürlich von ihrer Position in Bezug auf die *Konstellationen* unabhängig.

Man vergleiche jedoch damit die Kraft einer wirklich mathematischen Formulierung: Das babylonische arithmetische Modell der Himmelsbewegungen war ein noch genauerer und anpassungsfähigerer *Digitalrechner*, der aus zerbrechlichen Tontafeln mit mathematischen Tabellen in Keilschrift und aus Beobachtungsaufzeichnungen zusammengesetzt war.

Übungen

3.1. Zeigen Sie, wie eine Multiplikationstafel für das Sexagesimalsystem zu konstruieren ist. Es soll angegeben werden, wie groß die Tafel sein muß. Tragen Sie außerdem einige Beispiele ein. Wie konstruierten die Babylonier eine derartige Tafel? Diskutieren Sie den Gebrauch und die Nützlichkeit (Ihrer eigenen Meinung nach) Ihrer Multiplikationstafel in Verbindung mit der Kehrwerttabelle (Bild 3.1) für das allgemeine Rechnen.

3.2. Berechnen Sie, unter Verwendung der Kehrwerttabelle

a) $\frac{1{,}5}{4}$, b) $\frac{20{,}1}{4{,}4}$, c) $\frac{2}{5}$.

***3.3.** Beweisen Sie, daß eine Zahl $1/n$ dann und nur dann eine endliche Dezimalbruchentwicklung hat, wenn sie die Form

$$n = 2^\alpha 5^\beta$$

hat, wobei α und β nichtnegative ganze Zahlen sind.

***3.4.** Beweisen Sie, daß $1/n$ dann und nur dann eine endliche Sexagesimalbruchentwicklung hat, wenn es die Form

$$n = 2^\alpha 3^\beta 5^\gamma$$

hat, wobei α, β und γ nichtnegative ganze Zahlen sind.

3.5. Welche Zahlen $1/n$ haben zur Basis 2 endliche Dezimalbruchentwicklungen?

3.6. Kannten die Babylonier den Lehrsatz des Pythagoras? Konnten sie ihn beweisen? Geben Sie eine Erklärung.

3.7. Berechnen Sie die nächsten drei Nährungswerte für $\sqrt{3}$, indem das babylonische Verfahren benutzt wird und man der (nutzlosen) Näherung $\sqrt{3} \approx 1$ folgt. Drücken Sie Ihre Ergebnisse und Berechnungen nur in moderner Schreibweise aus.

3.8. Verwenden Sie das babylonische Verfahren, um die folgenden Zahlen bis auf zwei Dezimalstellen genau zu schätzen:

a) $\sqrt{5}$ b) $\sqrt{7}$ c) $\sqrt{10}$ d) $\sqrt{1{,}036}$

Warum wählten Sie den Anfangswert, den Sie benutzt haben?

3.9. a) Verwenden Sie das babylonische Verfahren und entwickeln Sie eine approximierende Ausdrucksweise für $\sqrt{1-x^2}$ (als ein Polynom in x).
b) Vergleichen Sie Ihre Ergebnisse in a) mit denen, die bei Anwendung des binomischen Lehrsatzes erhalten wurden.

3.10. Wo in Bild 3.7 sollten „sexagesimale Kommas" liegen (die durch Semikolon dargestellt werden), oder stellen alle Eintragungen positive ganze Zahlen dar? Warum?

3.11. Zeigen Sie: Wenn p, q positive ganze Zahlen sind, dann sind $h = p^2 - q^2$, $b = 2\,pq$ und $d = p^2 + q^2$ pythagoräische Zahlentripel. Gesucht sind die Werte von p und q, die das pythagoräische Zahlentripel (120, 119, 169) ergeben. (*Anmerkung: Alle* pythagoräischen Zahlentripel entstehen auf diese Weise; dies ist die „Formel", auf die im Text auf S. 64 hingewiesen wird.)

3.12. Lösen Sie die folgenden Gleichungen mit der babylonischen Methode:
a) $xy = 720, \quad x + y = 72$
b) $xy = 1, \quad x + y = a,$
in denen a eine gegebene positive Zahl ist.

3.13. Nennen Sie die Bedingungen für P und S in den Gleichungen $xy = P$, $x + y = S$, die notwendig und hinreichend dafür sind, daß das Lösungspaar (x, y) ein Paar von
a) *positiven* Zahlen,
b) *reellen* Zahlen
ist.

3.14. Auf S. 73 wurde bewiesen, daß $(a + b)(a - b) = a^2 - b^2$ ist, indem eine *geometrische Analogie* dieser *algebraischen Identität* verwendet wurde. Verwenden Sie ähnliche Methoden, um
a) $x(y + z) = xy + xz$ (das „Distributivgesetz")
b) $x(yz) = (xy)z$ (das „Assoziativgesetz")
c) $x^3 - y^3 = (x - y)(x^2 + xy + y^2)$
zu beweisen. *Hinweis*: Betrachten Sie dreidimensionale Gegenstände.

4. Griechische Trigonometrie: Die Erfindung von Ungleichungen und die Flächenmessung

Dieses Kapitel befaßt sich mit mehreren wichtigen griechischen Beiträgen zur Mathematik. Begonnen wird mit der Beobachtung, daß wenige *qualitative mathematische Aussagen* oft ohne jeglichen Verlust von Genauigkeit oder Information an die Stelle einer großen Anzahl *quantitativer Aussagen* treten können. Diese grundlegende Auffassungsweise erschien erstmals in der Arbeit von Aristarchos, in der er die Entfernungen von der Erde zum Mond und zur Sonne abschätzte. Im gleichen Werk führte Aristarchos den Gebrauch von *Ungleichungen* ein, um den Fehlerbereich seiner Schätzungen verfolgen zu können. Diese zweite Idee war ebenfalls sehr bedeutend und bildete zusammen mit anderen Entwicklungen den Stützpfeiler für die Theorie der *Inifinitesimalrechnung* (Kapitel 9). Auf Grund der Bedeutung dieser beiden Ideen, und auch, weil diese Anwendung der Mathematik auf die Astronomie elegant und interessant ist, wird seine Arbeit im Detail untersucht. Der Leser, der lange Berechnungen nicht schätzt, wird sie dennoch über sich ergeben lassen müssen, um die grundsätzliche Rolle zu verstehen, die qualitative Aussagen und Ungleichungen in der Mathematik und in der mathematischen Beschreibung der Natur spielen.

Ungleichungen werden von Benutzern von Computern zur Abschätzung von Fehlern viel benutzt. Es wird ein Beispiel beschrieben um zu illustrieren, welche Fehler entstehen können, wenn kein Gebrauch von diesem Verfahren gemacht wird. Im Anschluß daran studieren wir Archimedes' Methode, einen Näherungswert für π zu berechnen; die Rechnungen sind umfangreich und von keinem großen Interesse. Aber die Methode ist ein weiteres einfaches, jedoch wichtiges Beispiel der Anwendung von Ungleichungen. Es wird noch einmal in Kapitel 9 aufgegriffen.

Da jeder etwas über π weiß, wenige jedoch eine Vorstellung davon haben, wie man π praktisch berechnen kann, geben wir Rechenbeispiele, die mit viel weniger Vorstellungskraft und Fähigkeit auskommen als die Methode von Archimedes. Sie sind einfache Folgerungen, die der Infinitesimalrechnung entnommen wurden, und die die Stärke dieses mathematischen Werkzeugs nahebringen, was im Gegensatz zu den Bemühungen von Archimedes steht.

Ein wichtiger theoretischer Fortschritt, der die Haupttechnik der *Integralrechnung* andeutet, wird durch Archimedes' Methoden zur Berechnung der *Fläche*, die von zwei geraden Linien und dem Bogen einer Parabel begrenzt wird, gezeigt. Hierin zeigt sich eine der Grundideen der Infinitesimalrechnung in besonders deutlicher Form. Jedoch wurde für mehr als 1500 Jahre kaum ein weiterer Fortschritt in dieser Richtung erzielt. Wir nehmen an, daß die unzulängliche Schreibweise, die Archimedes und die anderen Griechen benutzten, um variable Größen darzustellen, für die Verzögerung verantwortlich war. Ebenso, wie Vorstöße in der numerischen Schreibweise zu Fortschritten führten, taten es Verbesserungen der Darstellungsmittel für Veränderliche und funktionale Beziehungen, die ihre heutige Form zur Zeit Newtons annahmen.

Diejenigen, die keine Experten in der Mathematik sind, sind sich im allgemeinen nicht bewußt, daß der Begriff der *Fläche* höchst schwierig ist und mit Fallgruben für die aus der Erfahrung gewonnene Anschauung umgeben ist. Der letzte Teil von Kapitel 4 definiert Fläche in klarer Weise und weist auf einige kritische Gesichtspunkte dieses Begriffs hin.

Obwohl es nie ausdrücklich erwähnt wird, kommt in diesem Kapitel indirekt zum Ausdruck, daß es ein grundlegender Zweck der Mathematik ist, Probleme, deren Lösung große Vorstellungskraft und Kreativität verlangen, in andere Formen umzuwandeln, so daß man zur Lösung mittels mechanischer „Rechnung" kommt. Während die Mathematik in diesem Umwandlungsprozeß fortschreitenden Erfolg hat, wird der Begriff „Rechnung" zunehmend verfeinert, aber der Aspekt des Mechanischen bleibt. Man vergleiche z. B. die modernen Verfahren zur Berechnung von π, die sich für Berechnungen mit dem Computer eignen, mit Archimedes' genialer und schöpferischer Methode, die tatsächlich überhaupt nicht automatisiert ist, daß er bei jedem Schritt unsystematische Vereinfachungen macht, um Zahlen zu erhalten, die leicht in der ihm zur Verfügung stehenden Schreibweise ausgedrückt werden konnten.

4.1. Wir haben gesehen, daß der Lehrsatz des Pythagoras in altbabylonischen Zeiten bekannt war und daß Methoden zur Approximation bestimmter irrationaler Zahlen, wie $\sqrt{2}$, im Gebrauch waren. Mit diesen Grundlagen konstruierten spätere babylonische Mathematiker Tafeln der Sehnenlängen eines Kreises von gegebenem Radius, die den modernen Sinustafeln entsprechen und besonders für astronomische Zwecke nützlich waren. Der Grundgedanke euklidischer Trigonometrie, d. h. der Trigonometrie des euklidischen rechtwinkligen Dreiecks, scheint den Babyloniern somit bekannt gewesen zu sein. Sie zogen keine wirklich tiefen kosmologischen Schlüsse aus dieser Kenntnis, da ihre mathematischen Modelle des Kosmos lediglich arithmetischer Natur waren. Sie mußten sich damit zufrieden geben, verläßlich die Positionen von Himmelskörpern zu bestimmen und ihre zukünftigen Positionen und Finsternisse vorherzusagen.

Andererseits entwickelten die Griechen ein erstaunlich genaues geometrisches Modell des Weltalls. Sie nahmen an: Die Erde sei eine Kugel; die Sonne und der Mond seien sphärische physikalische Körper mit einem festen Abstand zur Erde und alle Körper bewegten sich in bestimmtem Verhältnis zueinander. Es gab unterschiedliche Ansichten, ob die Sonne oder die Erde der feste Mittelpunkt der kreisförmigen Bewegung war.

Zwei alexandrinische Wissenschaftler, der Mathematiker Eratosthenes (276–198 v. Chr.) und der Astronom Aristarchos von Samos (etwa 310–230 v. Chr.), steuerten wichtige Beiträge zum menschlichen Verständnis der Welt jenseits ihres unmittelbaren Horizonts bei. Eratosthenes war der erste, der den Umfang (und daher den Radius) der Erde herzuleiten vermochte, wogegen Aristarchos in seiner Abhandlung „Die Größen und Entfernungen der Sonne und des Mondes" eine vernünftige Approximation der Entfernung zwischen der Erde und dem Mond (wie auch anderer ähnlicher Größen) herleitete, was eine ziemlich geniale Leistung war. Die Messungen des Eratosthenes zeigten der griechischen Gesellschaft, wie groß die Erde war (und was für einen kleinen Teil davon sie bewohnte und kannte). Und die Messungen des Aristarchos öffneten eine völlig neue Ansicht über die Größe der Erde im größeren Himmelsuniversum.

Wird die Platte, auf die der Schatten auf einer Sonnenuhr fällt, ausgehöhlt, so daß sie eine hohle Halbkugel bildet, dann kann man leicht den Winkel, den die Verbindungslinie zur Sonne mit der Erdoberfläche bildet, anzeigen. Aristarchos erfand eine Sonnenuhr dieser Art, die *Skaphe* (Bild 4.1) genannt wurde. Eratosthenes benutzte sie zu seiner erstaunlich genauen Bestimmung des Erdradius. Er beobachtete, daß die Sonne zur Zeit der Sommersonnenwende am Mittag in der ägyptischen Stadt Syene (Sī.ē.nē), heute Assuan, keinen Schatten warf. In der Stadt Alexandria, von der Eratosthenes annahm, daß sie auf dem gleichen Längengrad lag, zeigte zur selben Stunde der Schatten in der Skaphe einen Winkel von $2\pi/50$. Unter der Annahme, daß die Sonnenstrahlen in Alexandria und Syene parallel sind (Bild 4.2), ist der Erdumfang $2\pi R_e$ durch Multiplikation von 50 mit der Entfernung von Alexandria nach Syene gegeben. Letztere wurde auf 5000 *Stadien* geschätzt. 40 Stadien wurden gleich dem ägyptischen *σχοινος* angenommen, und das *σχοινος* war 12 000 königliche Ellen von jeweils 0,525 m. Somit ergaben sich für die Länge einer Stadie 157,5 m, und folglich ungefähr 40 000 km für den Umfang der Erde. Eratosthenes verbesserte anscheinend seine Schätzung auf 252 000 Stadien, vielleicht um eine durch 360 teilbare Zahl zu erhalten, die ebenfalls ein bequemer Ausdruck im Sexagesimalsystem war, das die griechischen Mathematiker ausnahmslos für astronomische Berechnungen benutzten. Außerdem erhielt man mit dieser Zahl die einfach zu behaltende Schätzung von 700 Stadien pro Grad. Dies führte zu einer Länge von rund 6316 km für R_e, was nur 40 km kürzer ist als der wirkliche Polarradius. Eratosthenes' erstaunliche Abschätzung des Erdumfangs war bei weitem die beste des gesamten Altertums. Es stimmt, daß die Schätzung durch eine glückliche Aufhebung von Fehlern an Genauigkeit gewann, aber selbst wenn sich die Fehler nicht aufgehoben hätten, wären sie immer noch besser als andere Schätzungen jeder Zeit gewesen. Die Methode des Eratosthenes war auf jeden Fall einwandfrei.

Durch eine bemerkenswerte Verwicklung der Geschichte, die sogar noch im 15. Jahrhundert Folgen hatte, wurde diese höchst genaue Schätzung der Größe der Erd-

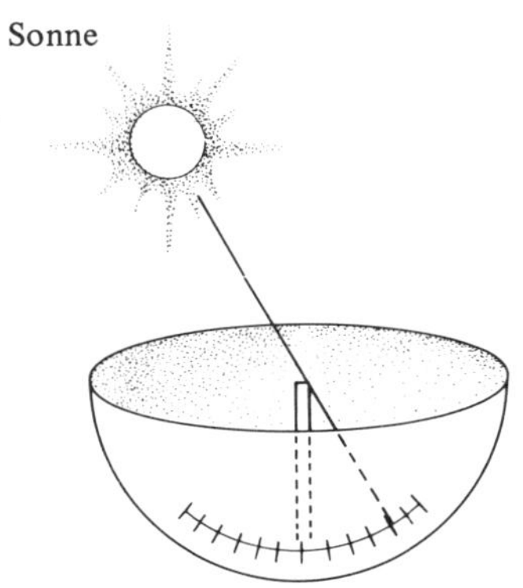

Bild 4.1 Die Skaphe

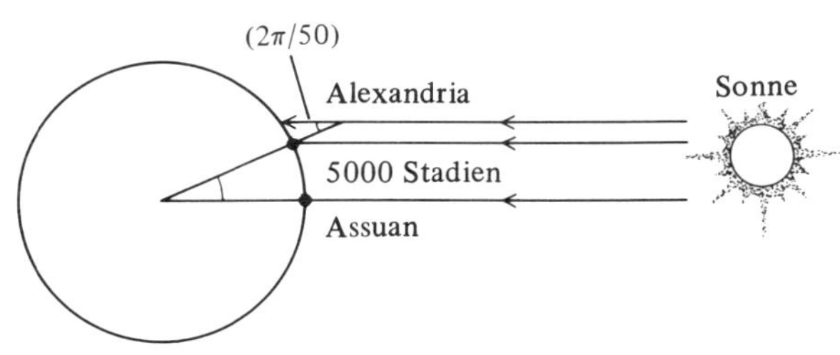

Bild 4.2 Eratosthenes' Messung des Erdumfangs

kugel ignoriert und eine andere Schätzung mit einem groben Fehler benutzt. Dies geschah folgendermaßen: Der stoische Philosoph Poseidonios (etwa 130–51 v. Chr.) verwendete eine ähnliche Methode wie Eratosthenes, um den Erdumfang zu messen. Er ging von Beobachtungen des Sterns Kanopus aus und benutzte die Tatsache, daß Kanopus in der Stadt Rhodos kaum sichtbar am Horizont aufging, wogegen er in Alexandria etwa einen Winkel von $\frac{360}{48}$ Grad erreichte. Der Rest seiner Methode entspricht der von Eratosthenes. Aber indem er mehrere ungenaue Schätzungen miteinander in Beziehung setzte, gelangte er zu der guten Abschätzung von etwa 38600 km für den Erdumfang. Poseidonios' Methode ist jedoch in einer wichtigen Hinsicht fehlerhaft: Durch die Brechungseigenschaften der Atmosphäre können wir noch Gegenstände sehen, die in Wirklichkeit unter dem Horizont liegen (Bild 4.3), so daß genaue Winkelmessungen der Position eines Sterns nicht ausgeführt werden können, wenn er nahe am Horizont ist. In dieser Hinsicht war die Methode von Eratosthenes besser, die die Position der Mittagssonne benutzte. Ein Fehler in der Schätzung der Entfernung zwischen Rhodos und Alexandria gleicht den anderen Fehler zum Teil aus, und so kam Poseidonios auf 38 600 km Umfang. Wäre die Sache so geblieben, wie sie war, hätten zukünftige Mathematiker und Astronomen eine dieser beiden akkuraten Messungen benutzt. Der einflußreichste Sammler geographischer Information seiner Zeit, Strabo (63 v. Chr. bis 21 n. Chr.), schrieb jedoch

> ... von Poseidonios, der abschätzte, daß ihr Umfang [d.h. der Erde] etwa einhundertachtzigtausend Stadien ist ...

Dieser Wert von etwa 28 500 km ist aber um annähernd 25 % kleiner als der wahre Wert. Strabos falsches Zitat über Poseidonios blieb haften, und Kolumbus verwendete es als Argument, die ostindischen Inseln von der iberischen Halbinsel[1]) erreichen zu können.

Geniale Argumente sind vorgebracht worden, um zu erklären, warum Strabo Poseidonios falsch zitierte. Heath [40] nimmt an, daß der unnatürlich konservative Strabo wahrscheinlich die kleinste Schätzung der Entfernung von Rhodos nach Alexandria benutzte (interessanterweise kam diese von Eratosthenes!): etwa 603 km, anstatt Poseidonios' Schätzung von etwa 804 km. Nun ist (804–603)/804 = 0,25, woraus sich der 25-prozentige Unterschied erklärt. Der Grund für derartige unterschiedliche Bestimmungen der Entfernung zwischen Rhodos und Alexandria lag darin, daß diese Städte

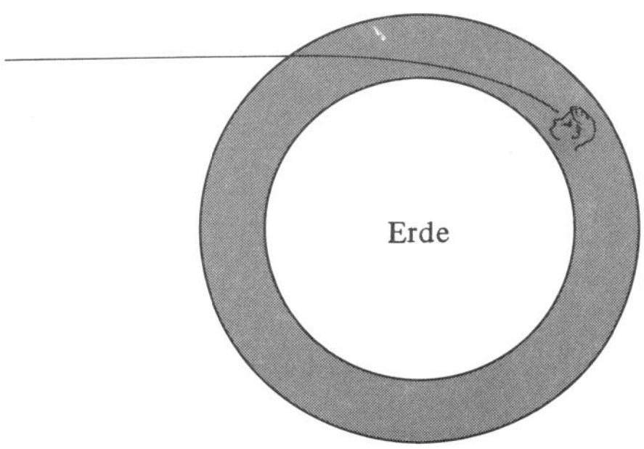

Bild 4.3
Verschiebung des scheinbaren Standorts infolge atmosphärischer Strahlenbrechung des Lichtes

1) Siehe Kapitel 6

durch Wasser getrennt waren. Bis die nautische Astronomie mehr als 1500 Jahre später Fortschritte gemacht hatte, waren Entfernungsmessungen über Wasser lediglich grobe Vermutungen.

Wir gehen jetzt zur Betrachtung der „Größe des Sonnensystems" über, einem Problem mit wesentlich größeren Schwierigkeiten.

Wie schon früher erwähnt, scheint Aristarchos von Samos als erster die trigonometrische Theorie und ein mathematisches Modell des Himmels mit einigen einfachen physikalischen Messungen verbunden zu haben, um die Maßverhältnisse von Erde, Mond und Sonne zu untersuchen. Aufgrund seiner Beobachtungen, die zum Teil ungenau waren, bewies er z. B., daß, wenn D_{em} die Entfernung vom Mittelpunkt der Erde zum Mittelpunkt des Mondes bezeichnet und R_m der Radius des Mondes ist,

$$\frac{45}{2} < \frac{D_{em}}{2R_m} < 30 \tag{4.1}$$

ist. Tatsächlich sind $2R_m = 3476{,}00$ km und $D_{em} = 384\,393$ km; daher ist $D_{em}/2R_m \approx 111$; Aristarchos' Schätzung war ungefähr um den Faktor 4 falsch. Sein Fehler erwies sich als Ergebnis ungenauer Schätzungen gewisser Winkel, aber das abstrakte, formale Argument ist perfekt, und mit diesem Argument wollen wir uns beschäftigen.

Eine der Grundlagen, deren sich Aristarchos bediente, ist die Trigonometrie, die Lehre von den Verhältnissen zwischen Winkeln und Längen von Dreiecksseiten. Wir werden einige trigonometrische Funktionen einführen. Bild 4.4 zeigt einen Kreis, dessen Radius die Länge 1 hat.

Der *Winkel* α (im Bogenmaß gemessen) ist *per definitionem* die Länge des Kreisbogens, der von O bis P entgegen dem Uhrzeigersinn verläuft. c ist die Sehne, die dem Winkel gegenüberliegt, und die Längen x und y sind vertikale und horizontale Entfernungen von Punkt P zu den Achsen. Für jeden Winkel α sind die Längen x, y und c bestimmt. Ändert sich der Winkel α, dann ändern sich diese Längen. In bezug auf diese Bedingungen stellen wir folgende Definition auf:

$$\sin\alpha = y \qquad \tan\alpha = \frac{y}{x} \qquad \text{Sehne}\,\alpha = c. \tag{4.2}$$

besser mit $\frac{\alpha}{2}$
dann ist $\frac{c}{2} = \sin\frac{\alpha}{2}$

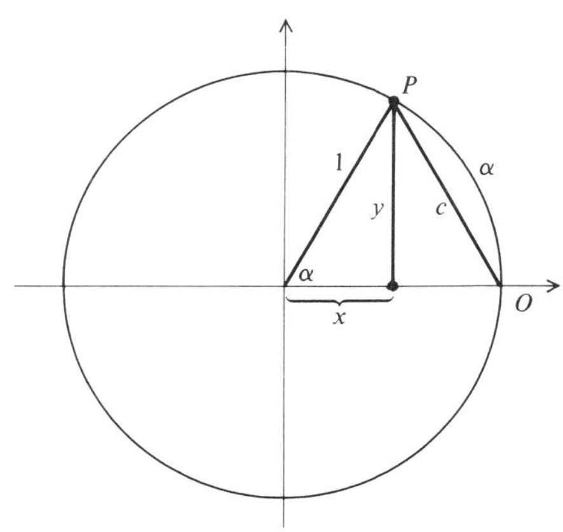

Bild 4.4

Wenn wir uns vorstellen, daß der Punkt P sich im Uhrzeigersinn in Richtung auf O bewegt, können wir sehen, daß $\sin\alpha$ (Höhe y), die Sehne α (Länge c) und $\tan\alpha$ (das Verhältnis y/x) gegen Null gehen.

Bei seinen ganzen Überlegungen baut Aristarchos auf zwei Behauptungen auf, die er ohne Beweis annimmt (obwohl er die anderen, die er benutzt, beweist). Experten der Geschichte der Mathematik entnehmen dieser Tatsache, daß die unbewiesenen Behauptungen zu seiner Zeit allgemein bekannt gewesen sein müssen. Beide Behauptungen und alle seine Berechnungen wurden mit Hilfe von Kreisbögen und den entsprechenden Sehnen dargestellt. In der gegenwärtigen Terminologie ausgedrückt, behauptet der erste Satz, daß

$$\left(\frac{\sin\alpha}{\alpha}\right) \textit{ abnimmt } \text{und} \left(\frac{\tan\alpha}{\alpha}\right) \textit{ zunimmt,}$$

wenn α von O nach $\pi/2$ anwächst. Bild 4.5 zeigt den relevanten Teil des Graphen von $\sin\alpha/\alpha$. Diese Aussagen repräsentieren einen grundlegenden Fortschritt in der Mathematik, da sie sich auf das gesamte Verhalten von Sinus- und Tangensfunktionen beziehen, anstatt lediglich auf bestimmte Werte; dies ist das erste Mal, daß in diesem Buch ein derartiger Begriff erscheint, und der Leser wird bald dessen Einfluß verstehen.

Die Notwendigkeit, eine Funktion als Einheit anstatt als Sammlung von Werten zu betrachten, ist eng mit einem weiteren grundlegenden Fortschritt in der Mathematik verbunden, der als Ersatz zahlreicher *quantitativer* Behauptungen durch einige wenige *qualitative* Aussagen beschrieben werden kann. Oft wird angenommen, daß sich die Mathematik ausschließlich quantitativen Analysen widmet. Aber nur selten macht man sich bewußt, daß die leistungsfähigsten Methoden, mit denen man quantitative Resultate erhält, auf allgemeinen qualitativen Eigenschaften beruhen. Zum Beispiel ist die Behauptung: $\sin\alpha/\alpha$ nimmt ab, eine qualitative Aussage; es wird nicht gesagt, wie schnell oder in welchem Ausmaß diese Abnahme erfolgt. Dennoch entspringen quantitative Folgerungen aus dieser qualitativen Beobachtung, die einen Genauigkeitsgrad vermitteln, der vorher unerreichbar war. Um diesen wichtigen Gedanken weiter erklären zu können, führen wir die zweite unbewiesene Annahme des Aristarchos vor, leiten sie von seiner ersten ab und wenden sie zur Bestimmung genauer Abschätzungen der Sinus- und Tangentenwerte kleiner Winkel an.

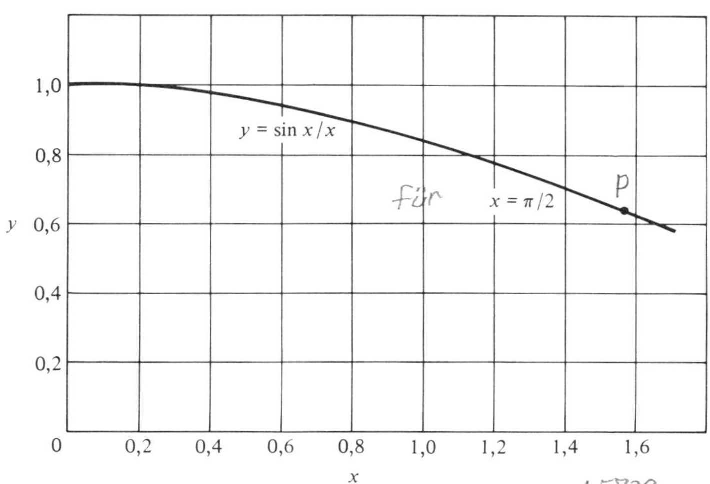

Bild 4.5

Die zweite Behauptung besagt: Wenn $0 < \beta < \alpha < \pi/2$ ist, dann ist

$$\frac{\sin\alpha}{\sin\beta} < \frac{\alpha}{\beta} < \frac{\tan\alpha}{\tan\beta}. \qquad (4.3)$$

Diese Aussage ist teilweise quantitativ, denn sie sagt etwas über die relativen Werte gewisser Funktionen aus. Sie ergibt sich leicht aus der ersten Behauptung, wenn man die Regeln zur Umformung von Ungleichungen benutzt, denn $\beta < \alpha$ bedeutet $\frac{\sin\alpha}{\alpha} < \frac{\sin\beta}{\beta}$, da $\sin\alpha/\alpha$ abnimmt. Daher ist $\sin\alpha/\sin\beta < \alpha/\beta$, und ähnliches gilt auch für die andere Ungleichung in (4.3).

Zur Bestimmung der Größen und Entfernungen von Mond und Sonne benötigte Aristarchos Sinuswerte bestimmter Winkel, die er durch Anwendung der zweiten Behauptung erhielt; er behauptet zum Beispiel, daß

$$\frac{1}{45} > \sin 1^\circ > \frac{1}{60} \qquad (4.4)$$

ist, d.h., $0{,}022\ldots > \sin 1^\circ > 0{,}0166\ldots$ Diese *quantitative* Aussage folgt leicht aus Gl. (4.3) und der Kenntnis des allgemeinen rechtwinkligen Dreiecks mit den Seiten 1, 2 und $\sqrt{3}$. Die Idee ist folgende: Aus einem gleichseitigen Dreieck, in dem jeder Winkel $\pi/3$ und dessen Konstruktion einfach ist, werde ein rechtwinkliges Dreieck mit den Winkeln $\pi/2$, $\pi/3$ und $\pi/6$ konstruiert, indem eine senkrechte Linie von einem Eckpunkt zur gegenüberliegenden Seite gezogen wird. Ist die Seite des gleichseitigen Dreiecks 2, so sind die Seiten des rechtwinkligen Dreiecks nach dem Satz von Pythagoras $1, \sqrt{3}$ und 2 (Bild 4.6). Außerdem ist $1^\circ = \pi/180$ im Bogenmaß, und da $\pi/6 > \pi/180$ und $\sin\alpha/\alpha$ eine abnehmende Funktion ist, ist

$$\frac{\sin\pi/6}{\pi/6} < \frac{\sin\pi/180}{\pi/180}, \qquad (4.5)$$

was sich auf $(\sin\pi/6)/30 < \sin 1^\circ$ reduzieren läßt. Nach Bild 4.6 ist $\sin\pi/6 = \frac{1}{2}$, daher ist schließlich $\frac{1}{60} < \sin 1^\circ$, was die rechte Seite von Aristarchos' Abschätzung ist (Gl. (4.4)). Um die linke Ungleichung zu finden, wird das gleiche Argument auf die zunehmende Funktion $\tan\alpha/\alpha$ angewendet:

$$\frac{\tan\pi/6}{\pi/6} > \frac{\tan\pi/180}{\pi/180},$$

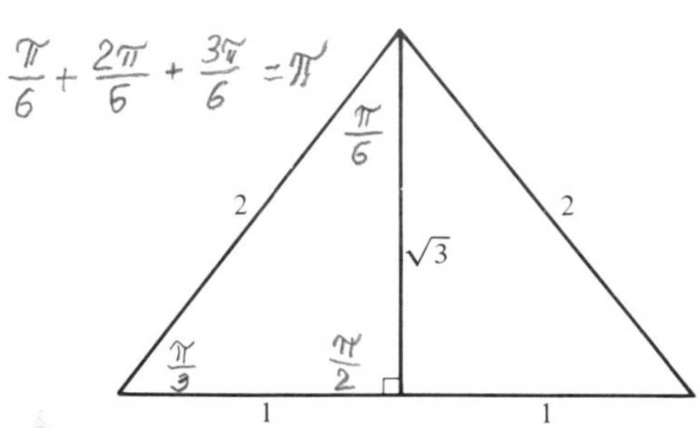

Bild 4.6

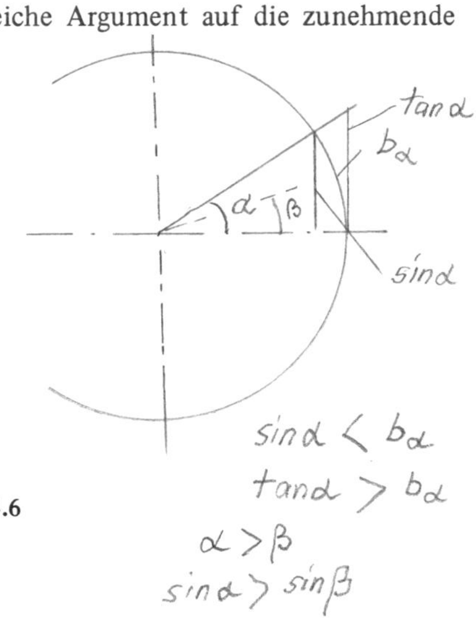

was auf 30 sin 1° < tan $\pi/6$ cos 1° gebracht wird. Nach Bild 4.6 ist tan $\pi/6 = 1/\sqrt{3}$ und es gilt sicherlich cos 1° < 1; deshalb ist sin 1° < $1/30\sqrt{3}$. Schließlich ist $\sqrt{3} = 1{,}732 \ldots > 1{,}5$, somit

$$\sin 1^\circ < \frac{1}{30 \cdot 1{,}5} = \frac{1}{45}.$$

Dies ist Aristarchos' andere Ungleichung.

Diese Ungleichungen wurden absichtlich im Detail hergeleitet, um zu zeigen, daß sie völlig im Bereich der elementaren Rechentechniken lagen. *Voraussetzung* war, daß der fundamentale *qualitative* Sachverhalt, $\sin\alpha/\alpha$ nimmt ab und $\tan\alpha/\alpha$ nimmt zu (wenn α zunimmt), erkannt wurde. Wir können die Bedeutung des Qualitativen in der Mathematik nicht genügend betonen; hierin liegen alle großen Begriffe, wie auch Präzision und Genauigkeit in der Anwendung, verborgen.

4.2. Wir wenden uns nun Aristarchos' Anwendung dieser trigonometrischen Ungleichungen zur Bestimmung der Größe von Sonne und Mond und ihrer Entfernungen von der Erde zu. Die grundlegenden physikalischen Annahmen sind: Jeder dieser Körper ist eine Kugel; eine Mondfinsternis findet statt, wenn der Mond in den Schatten der Erde tritt. Es ist eine unausgesprochene Annahme, daß die Sonne größer als die Erde ist. Dies führt zu Bild 4.7. Die Mittelpunkte von Erde, Mond und Sonne sind jeweils durch O_e, O_m und O_s gekennzeichnet. In Bild 4.7 liegt der Mittelpunkt des Mondes auf der Linie, die die Mittelpunkte von Erde und Sonne verbindet: D bezeichnet die Entfernung von O_e zum Scheitelpunkt O des Kegels, der vom Schatten der Erde gebildet wird, und $2d$ ist der Durchmesser des Schattens im Mittelpunkt des Mondes O_m. In Bild 4.7 liegt der Mond total im Erdschatten. Dies ist korrekt, denn wir wissen von Beobachtungen, daß totale Mondfinsternisse möglich sind. Die Radien von Erde, Mond und Sonne sind mit jeweils R_e, R_m und R_s bezeichnet. Zu Bild 4.7 ist eine physikalische Messung notwendig: die Bestimmung des Verhältnisses $d/R_m \approx 2$. Dieses Verhältnis kann abge-

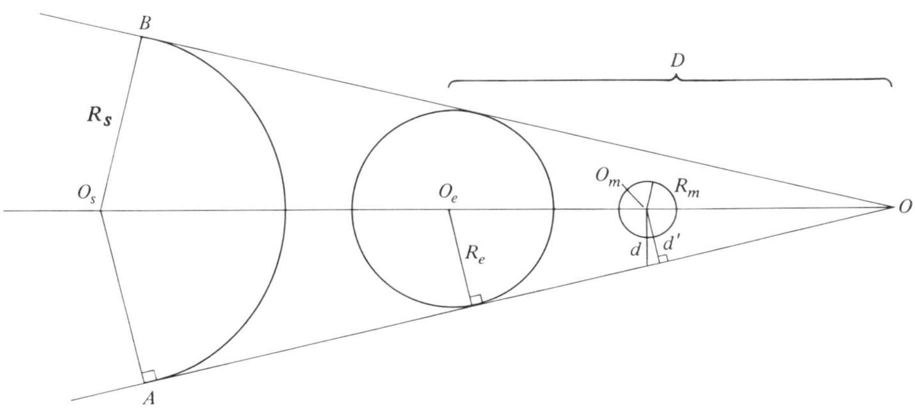

Bild 4.7 Stellung von Sonne, Erde und Mond bei einer Mondfinsternis

schätzt werden, indem man zunächst die Zeit mißt, die der Mond zum Durchlaufen des Schattenbereichs benötigt. Genauer ausgedrückt: Die Zeit, die zwischen der ersten Verdunklung des Mondes beim Eintritt in den Schatten und seinem ersten Wiedererscheinen, wenn er den Schatten verläßt, vergeht. Diese Zeit vergleicht man nun mit der Zeit, die zwischen dem Eintritt des Mondes in den Schatten bis zu seiner völligen Verdunkelung verstreicht. Das Verhältnis 2 ist ungefähr richtig; man kann es selber nachprüfen, wenn man das nächste Mal eine totale Mondfinsternis beobachtet.

Es gibt eine mathematische Annahme, die Aristarchos sorgfältig in allen Einzelheiten rechtfertigt: Die Schattenbreite d und die senkrechte Entfernung d' von O_m zur Schattengrenze OA sind beinahe gleich groß. Dies stimmt auf Grund der großen Entfernung der Sonne von der Erde im Verhältnis zu ihrer Größe, so daß ihre Strahlen AO und BO in Wirklichkeit beinahe parallel sind. Die Fehler, die durch diese Annahme gemacht werden, sind viel kleiner als die Fehler in physikalischen Messungen.

Die zweite notwendige physikalische Messung besagt, daß $D_{em}/R_m = D_{es}/R_s$ ist. Dies bedeutet, daß die Sonne und der Mond am Himmel von gleicher Größe zu sein scheinen (Bild 4.8). Oder mathematisch besser ausgedrückt: Die Winkel, unter denen sie vom Erdmittelpunkt aus gesehen werden, sind beinahe einander gleich. Dies kann nachgeprüft werden, indem man eine Münze in einiger Entfernung vom Auge hält, so daß sie gerade das Licht der Sonne abdeckt. Auf gleiche Weise verfahre man mit dem Mond. Sind die Abstände von Münze zu Auge in beiden Fällen beinahe gleich, so müssen auch die entsprechenden Winkel nahezu gleich sein.

Zusätzlich zu dieser qualitativen Beobachtung der Gleichheit der Winkel muß dessen Größe abgeschätzt werden. Nach Bild 4.8 ist $R_m/D_{em} = \sin(\alpha/2)$. Die Beobachtung (mit der Münze, wenn man sie sorgfältig durchführt) zeigt, daß $\alpha \approx (\frac{1}{2})^\circ$ ist. Aristarchos benutzte den höchst ungenauen Wert 2° für den Winkel α, obwohl (von Archimedes) behauptet wurde, daß er den besseren Wert kannte. Vielleicht verbesserte er seine Beobachtungen erst, nachdem seine Arbeit über die Entfernungen und Größen geschrieben war.

Die dritte notwendige Messung ist der Winkel θ in Bild 4.9, im Grund genommen die Lage bei Halbmond. Man mißt den Winkel θ' zwischen der untergehenden Sonne und dem aufgehenden Halbmond. Daraus folgt $\theta = 90^\circ - \theta'$. Aristarchos nahm an, daß $\theta = 3^\circ$ sei, aber der echte Wert ist näher bei $10'$, d.h. $(\frac{1}{6})^\circ$; deshalb war seine Schätzung um den Faktor 18 falsch. Diese Messung bedeutete: $D_{em}/D_{es} = \sin\theta = \sin 3^\circ$.

4.3. Aristarchos führte einen vollständigen Beweis durch (siehe Heath [40]), der sorgfältige Bestimmungen von d und d' (vgl. Bild 4.7) einschloß. Anstatt dies hier im ein-

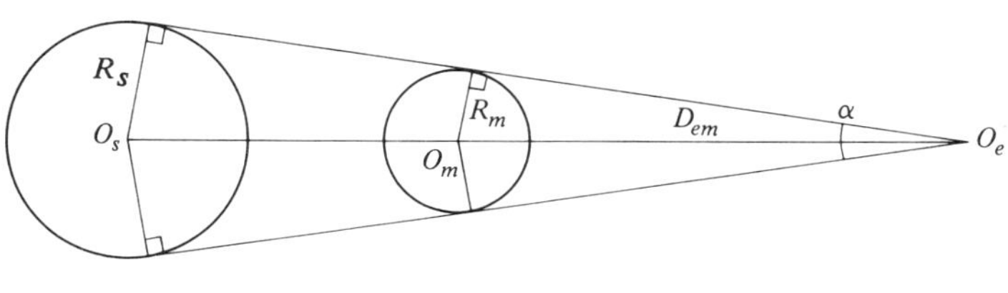

Bild 4.8 Von der Erde aus werden Sonne und Mond unter gleich großen Winkeln gesehen

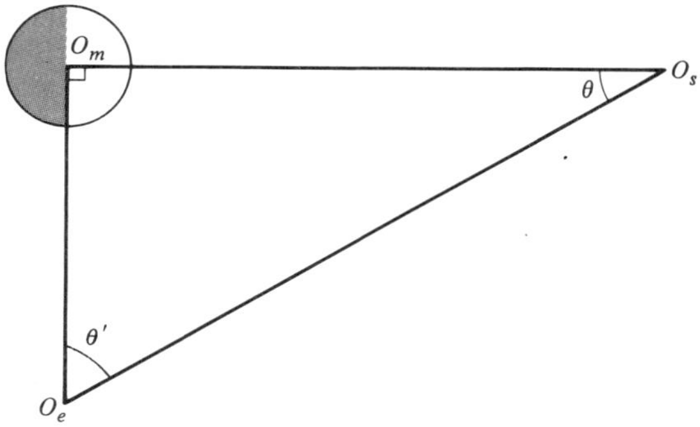

Bild 4.9
Anordnung bei Halbmond

zelnen zu wiederholen, geben wir eine vereinfachte Version, die leichter zu verfolgen ist, obwohl sie nicht so gut wie die des Aristarchos ist.

Unter der Annahme $d \approx d'$ fassen wir zuerst die Beziehungen zusammen, die sich für die verschiedenen Entfernungen und Winkel ergeben, die in den Bildern 4.7, 4.8 und 4.9 beschrieben worden sind. Für die Winkel α und θ benutzen wir die Meßwerte des Aristarchos:

$$\frac{d}{R_m} \approx 2 \qquad \text{(Bild 4.7)} \qquad (4.6)$$

$$\frac{D_{em}}{R_m} = \frac{D_{es}}{R_s} \qquad \text{(Bild 4.8)} \qquad (4.7)$$

$$\frac{R_m}{D_{em}} = \sin 1^\circ \qquad (= \sin \alpha/2) \qquad \text{(Bild 4.8)} \qquad (4.8)$$

$$\frac{D_{em}}{D_{es}} = \sin 3^\circ \qquad (= \sin \theta) \qquad \text{(Bild 4.7)} \qquad (4.9)$$

Wir leiten zwei weitere Gleichungen aus Bild 4.7 ab, indem wir ähnliche Dreiecke verwenden.

$$\frac{D}{R_e} = \frac{D_{es}}{R_s - R_e} \qquad \text{(Bild 4.7)} \qquad (4.10)$$

$$\frac{d}{R_e} = \frac{D - D_{em}}{D} \qquad (d \approx d') \qquad \text{(Bild 4.7)} \qquad (4.11)$$

Jetzt haben wir sechs Gleichungen für die sechs unbekannten Größen d, R_m, R_s, D_{em}, D_{es} und D. Beachten Sie, daß ein spezifischer Wert für R_e bereits aus der Arbeit von Eratosthenes (die weiter oben beschrieben wurde) bekannt ist. Im Prinzip können wir jetzt diese Gleichungen nach jeder Veränderlichen, einschließlich der Entfernung von der Erde zum Mond, auflösen, was genau das ist, was Aristarchos ausführte.

Wir wollen zeigen, wie diese Gleichungen gelöst werden. Um die Schreibweise zu vereinfachen, sei $n = d/R_m$ gesetzt. Indem Gl. (4.10) nach D aufgelöst, das Ergebnis in Gl. (4.11) eingesetzt und die zweite physikalische Messung (Gl. (4.7)) verwendet wird ($D_{em}/R_m = D_{es}/R_s$; Mond und Sonne erscheinen uns gleich groß), um das Verhältnis von D_{em}/D_{es} zu eliminieren, finden wir

$$\frac{R_e}{R_m} + \frac{R_e}{R_s} = 1 + n. \tag{4.12}$$

Der nächste Schritt eliminiert R_s aus Gl. (4.12), so daß R_m durch den Radius der Erde und n ausgedrückt wird. Aus den Gln. (4.7) und (4.9) leiten wir leicht $R_s = R_m/\sin 3°$ ab. Indem wir dies in (4.12) einsetzen, erhalten wir

$$\frac{R_m}{R_e} = \frac{1 + \sin\theta}{1 + n} = \frac{1 + \sin 3°}{1 + 2}, \tag{4.13}$$

wobei wir die zweite physikalische Messung, n = 2, benutzt haben.

Jetzt muß nur noch sin 3° abgeschätzt werden. Wir können uns derselben Methode bedienen, mit der wir sin 1° am Anfang dieses Abschnitts bestimmt haben: $\sin 3° = \sin(\pi/60)$ und $\pi/6 > \pi/60$; daher ist

$$\frac{\sin \pi/60}{\pi/60} > \frac{\sin \pi/6}{\pi/6},$$

das zu

$$\sin\frac{\pi}{60} > \frac{\sin(\pi/6)}{10} = \frac{1}{20}$$

vereinfacht wird, da $\sin(\pi/6) = \frac{1}{2}$ ist. Andererseits ist

$$\frac{\tan(\pi/6)}{\pi/6} > \frac{\tan(\pi/60)}{\pi/60}$$

und $\tan(\pi/6)/10 > \tan(\pi/60)$. Nun ist $\tan(\pi/6) = 1/\sqrt{3} < 1/1.7$.
Wir haben somit $\frac{10}{17} \cdot \frac{1}{10} = \frac{1}{17} > \tan 3° > \sin 3° > \frac{1}{20}$ erhalten. Indem er eine ähnliche, aber kompliziertere Methode benutzte, war es Aristarchos möglich, die Abschätzungen zu verbessern, um so die Ungleichungen

$$\frac{1}{18} > \sin 3° > \frac{1}{20}$$

zu finden. Setzt man diese Ungleichungen in Gl. (4.13) ein, erhält man

$$\frac{54}{19} < \frac{R_e}{R_m} < \frac{20}{7} \tag{4.14}$$

für das Verhältnis von Mondradius zu Erdradius. Die genauere trigonometrische Bestimmung von Aristarchos führte zu einem etwas besseren Ergebnis; was wir hier durchführten, gibt jedoch einen Eindruck von seiner Arbeit.

Jetzt muß die Entfernung Erde – Mond bestimmt werden! Aus Bild 4.8 und der zweiten physikalischen Messung Gl. (4.8) ersehen wir, daß wir, wenn wir sin 1° bestimmen können, Gl. (4.8) mit Gl. (4.14) für den Mondradius kombinieren können, um die gesuchte Entfernung zu erhalten. Zu Anfang dieses Abschnittes erhielten wir tatsächlich in Gl. (4.4) Grenzen für sin 1°. Es folgt, daß

$$\frac{1}{60} < \frac{R_m}{D_{em}} < \frac{1}{45}. \tag{4.15}$$

Multipliziert man diese Kette von Ungleichungen mit der von Gl. (4.14), bekommt man

$$\frac{54}{19 \cdot 60} < \frac{R_e}{D_{em}} < \frac{20}{7 \cdot 45}. \tag{4.16}$$

Der polare Radius der Erde ist, wie bereits erwähnt, etwa 6 356 km, der Radius des Mondes 1738 km und die Entfernung zwischen ihnen ungefähr 384 385 km. Aristarchos' Ungleichung

$$\frac{54}{19} < \frac{R_e}{R_m} < \frac{20}{7}$$

bedeutet, wenn der Wert für R_e benutzt wird,

$$2\,237 > R_m > 2\,224.$$

Wäre seine Messung korrekt gewesen, wären seine Ergebnisse bis auf weniger als 15 Kilometer genau gewesen! Ähnlich folgt aus dem *richtigen* Wert von R_m und Aristarchos' Ungleichungen (4.15),

$$\frac{1}{30} < \frac{2R_m}{D_{em}} < \frac{2}{45},$$

daß 104 281 km $> D_{em} >$ 78 210 km ist, was etwa um den Faktor 4 falsch ist. Selbst wenn seine Messungen genau gewesen wären, sind hier die Fehlergrenzen, die sich durch die Ungleichungen ergeben, viel größer als bei der Bestimmung des Mondradius.

Diese Mängel lenken keineswegs von der Eleganz der Methode oder von ihrer Bedeutung für die Zukunft ab. Zum erstenmal besaß der Mensch jetzt eine Methode zur Bestimmung der Größe des Sonnensystems, in dem er lebt. Das Verfahren war frei von subjektiver Meinung oder Mystizismus, und es erlaubte Verfeinerungen in der Genauigkeit. Aristarchos begann eine Tradition, die Einstein und seine Nachfolger in unserer eigenen Zeit zu noch großartigeren Vorstellungen des Universums und zu den mathematischen Methoden zur Berechnung seiner Größe und Gestalt (siehe Kapitel 12) führten.

4.4. Der Leser wird inzwischen festgestellt haben, daß die Wissenschaftler der Antike immer den *Umfang* der Erde, nicht jedoch ihren Radius berechneten. Der Grund ist folgender: Der Kreisbogen C eines Kreises mit dem Radius R, der einem Mittelpunktswinkel θ gegenüberliegt, hat die Länge $C = R\,\theta$. Um den gesamten Umfang zu messen, braucht lediglich die Länge eines gegebenen Bogens und der *Bruchteil* des gesamten Kreises, auf den er sich bezieht, berechnet zu werden. Ist hingegen der Umfang gegeben, erhält man den Radius aus der Beziehung $C = 2\pi R$; deshalb muß π bekannt sein.

Die Ägypter verwendeten meist den Wert $\pi \approx 3$, was zu einer Überschätzung des Erdradius um etwa 292 km führen würde. Sie hatten einen genaueren Wert $4\,(8/9)^2 = 3{,}160496\ldots$, der, da $\pi = 3{,}14159\ldots$ ist, um 0,01890 zu groß war. Die Babylonier benutzten gewöhnlich auch $\pi \approx 3$, aber eine bessere Schätzung $\pi \approx 3\,\frac{1}{8} = 3{,}125$ erscheint auf einer altbabylonischen Tafel, die 1936 in Susa, etwa 320 km westlich von Babylon, entdeckt wurde. Diese Schätzung ist um 0,01659 zu klein, war aber dem wahren Wert von π etwas näher als der beste bekannte ägyptische Wert. Seine Bedeutung liegt nicht so sehr in der Genauigkeit, als vielmehr in der Herleitungsmethode, auf die die Tafeln aus Susa hindeuten.

Eine Tafel enthält eine Liste von Koeffizienten, die die Flächen mit den Umfängen des gleichseitigen Dreiecks, des Quadrates, sowie des regulären Pentagons, Hexagons, Heptagons und Kreises in Verbindung bringen. Indem die Seiten und der Flächeninhalt des regulären n-Ecks durch jeweils S_n und A_n bezeichnet werden, sind die Beziehungen auf der Tafel als

$$A_5 = 1;40\,S_5^2$$
$$A_6 = 2;37,30\,S_6^2$$
$$A_7 = 3;41\,S_7^2$$

gegeben. Die Gleichung für das Hexagon impliziert den Schätzwert $\sqrt{3} = 1;45 = 1,75$, da $A_6 = (3\sqrt{3})/2S_6^2$ das wahre Verhältnis zwischen Seite und Fläche ist. Es ist der Mühe wert zu bemerken, daß 1;45 die dritte Approximation von $\sqrt{3}$ in der üblichen babylonischen Folge $\alpha_1 = 1$, $\alpha_2 = \frac{1}{2}[1 + (3/1)] = 2$, $\alpha_3 = \frac{1}{2}(2 + 3/2) = 1,75 = 1;45$ zur Berechnung von Quadratwurzeln ist. Der berühmte Astronom Claudius Ptolemäus (etwa 150 n. Chr.)[1] benutzte den Wert $1;43,55,23 = 1,7320509$ für $\sqrt{3}$; der wahre Wert ist 1,7320508, was auf acht Stellen korrekt ist. Ptolemäus' Schätzwert kommt in der üblichen Folge vor: Wir setzen von $\alpha_3 = 1;45 = \frac{7}{4}$ aus die Rechnung fort, um

$$a_4 = \frac{1}{2}\left(\frac{7}{4} + \frac{3\cdot 4}{7}\right) = \frac{97}{56} = 1;43,55,42\,\frac{6}{7}$$

und

$$a_5 = \frac{1}{2}\left(\frac{97}{56} + \frac{3\cdot 56}{97}\right) = \frac{18\,817}{10\,864} = 1\,\frac{7\,953}{10\,864}$$

zu finden. Nun ist

$$1\,\frac{7\,953}{10\,864} = 1;43,55,22\,\frac{662}{679}.$$

Der Rest 662/679 liegt viel näher bei 1 als frühere Reste (die $\frac{6}{7}$, $\frac{5}{7}$, usw. waren), und somit ist ein Aufrunden des letzten Ausdrucks auf 23 gerechtfertigt. Dies war der Wert von Ptolemäus für $\sqrt{3}$.

Die Tafel aus Susa gibt weiterhin eine Gleichung, die den Umfang C_6 des regulären Hexagons in Beziehung zum Umfang C des umschriebenen Kreises setzt:

$$C_6 = 0;57,36\,C.$$

Ist die Seitenlänge des Hexagons 1, dann ist $C_6 = 6$; Einsetzen von $C = 2\pi$ in das Susa-Verhältnis, ergibt den Wert

$$\pi \approx \frac{3}{0;57,36} \approx 3;7,30 = 3\,\frac{1}{8}.$$

Wir wissen nicht im einzelnen, wie diese ausgezeichnete Annäherung gefunden wurde. Die Bedeutung dieses Ergebnisses liegt darin, daß es wahrscheinlich der Spezialfall eines allgemeinen und einheitlichen Verfahrens zum Vergleich von regulären Polygonen mit ihren umschriebenen Kreisen ist. Je größer die Anzahl der Seiten des Polygons ist, desto besser approximiert es seinen umschriebenen Kreis in bezug auf Umfang und Fläche,

[1]) Siehe eine weitere Diskussion über die Arbeit des Ptolemäus in den Kapiteln 5 und 6.

und um so besser sind die Bestimmungen von π. Es sind keine allgemeinen und fortschreitend genauerwerdenden ägyptischen Techniken zur Bestimmung wichtiger Konstanten bekannt; andererseits sind diese babylonischen Methoden in ihrer Art modern, mit einer Ausnahme jedoch, der wir uns jetzt zuwenden (Eingrenzung der Fehler).

4.5. Vor dem Zeitalter der Griechen bestand kaum die Sorge, ob der Schätzwert einer wichtigen Zahl zu groß oder zu klein war. Obwohl die Babylonier beispielsweise wußten, wie man immer bessere Näherungswerte für Quadratwurzeln finden konnte, versuchten sie nicht, die bei der Approximation entstehenden Fehler zu untersuchen. Daher konnten sie nicht abschätzen, wie sich der zunehmende Einfluß der Restfehler im Verlauf einer komplizierten Rechnung ausgewirkt hätte.

Wird z. B. $\sqrt{2}$ aus dem Nenner entfernt, bekommen wir

$$\frac{1}{\frac{17}{12}-\sqrt{2}} = 144\left(\frac{17}{12}+\sqrt{2}\right).$$

Die normale babylonische Annäherung ist $\sqrt{2} \approx 1;25 = \frac{17}{12}$; Einsetzen dieser Zahl auf der linken Seite ergibt den Nenner Null, wogegen Einsetzen in den gleichen Ausdruck auf der rechten Seite zur ganzen Zahl 408 führt, was vom richtigen Wert $144\,(\frac{17}{12}+\sqrt{2})$ um weniger als 1 abweicht. Es ist leicht ersichtlich, daß die *Reihenfolge* bei der Durchführung einer Rechnung wichtig ist, wenn Näherungswerte benutzt werden. Dies ist heutzutage ein kritisches und wichtiges Problem, da Computer von den meisten Zahlen nur Annäherungen speichern können und so viele Rechnungen in einer Sekunde ausführen, daß es oft unmöglich ist, die Reihenfolge, in der jeder Vorgang in der Rechnung abläuft, vorauszusehen.

Das Verfahren, das uns heute einige Sicherheit hinsichtlich des Genauigkeitsgrades des Ergebnisses vermittelt, ist eine weiterentwickelte Version der Methode von Aristarchos in seinen astronomischen Rechnungen. Die abgeschätzten Größen, wie $\sin 1°$ oder $\sqrt{2}$, werden *mit Schranken* angegeben; so ist

$$\frac{1}{45} > \sin 1° > \frac{1}{60},$$

und diese Schranken werden bei der Rechnung beibehalten, um die Schranken für die Genauigkeit des Endergebnisses zu liefern. Hätten wir z. B. festgestellt, daß

$$\frac{14}{10} < \sqrt{2} < \frac{17}{12} = 1{,}41666\ldots$$

ist, so hätten wir berechnen können, daß

$$\frac{1}{60} = \frac{17}{12} - \frac{14}{10} > \frac{17}{12} - \sqrt{2} > 0.$$

Deshalb ist

$$60 = \frac{1}{1/60} < \frac{1}{(17/12)-\sqrt{2}} < \frac{1}{0} = \infty.$$

Dieses Ergebnis zeigt deutlich das Ausmaß des Fehlers, zu dem die Approximation von $\sqrt{2} \approx 17/12$ in dieser Rechnung führt; der Näherungswert ist zu groß. Wird dasselbe Verfahren auf den gleichwertigen Ausdruck $144\left(\frac{17}{12}+\sqrt{2}\right)$ angewandt, finden wir

$$405\frac{3}{5} = 144\left(\frac{17}{12}+\frac{14}{10}\right) < 144\left(\frac{17}{12}+\sqrt{2}\right) < 144\left(\frac{17}{12}+\frac{17}{12}\right) = 408,$$

was zeigt, wie weit sich unsere Rechnung vom richtigen Wert entfernen kann: in diesem Fall nicht sehr weit.

Die Einführung begrenzender Ungleichungen zur Bestimmung der Rechengenauigkeit ist ein wichtiger Gedanke der griechischen Mathematiker, der heute sogar von noch größerer Bedeutung ist, als er es je für die Griechen war. Es ist nicht bekannt, wer erstmals derartige Verfahren anwendete, aber im Werk des Archimedes (287–212 v. Chr.) erreichte die Anwendung dieser Verfahren einen beachtlichen Höhepunkt. Archimedes bestimmte nicht nur die gute Abschätzung

$$(3{,}1408\ldots <)\ 3\frac{10}{71} < \pi < 3\frac{1}{7} (< 3{,}1429),$$

sondern er sah auch die grundlegende Technik der Infinitesimalrechnung voraus, die endgültig von Newton und Leibniz begründet und damit das wichtigste Werkzeug der modernen Mathematik wurde.

4.6. Archimedes bestimmte π, indem er die Methode der Tafeln von Susa für das reguläre 96-seitige Polygon verallgemeinerte. Es lohnt sich, seine Beweisführung wiederzugeben. Man erinnere sich, daß alle seine Rechnungen in der mühsamen griechischen numerischen Schreibweise ausgeführt wurden. OA sei der Radius eines Kreises, O sein Mittelpunkt und AC die Tangente in A. AOC ist so zu konstruieren, daß der Winkel bei O ein Drittel eines rechten Winkels ist ($\pi/6$). Dies läßt sich leicht dadurch erreichen, daß man ein gleichseitiges Dreieck mit der Seite AO konstruiert und den Winkel bei O halbiert. Laut Pythagoras ist dann (Bild 4.10)

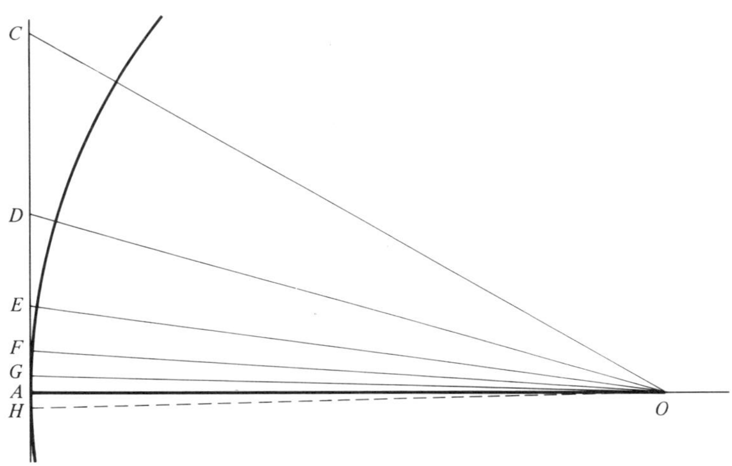

Bild 4.10

$$\frac{OA}{AC} = \sqrt{3}\left(= \frac{1}{\tan \pi/6}\right) > \frac{265}{153}. \qquad *(4.17)$$

Da $\sphericalangle AOC$ gleich $\pi/6$ ist, muß AC die halbe Seite eines gewöhnlichen Sechsecks sein, das den Kreis umschreibt. Der Umfang dieses Sechsecks ist $12(AC)$, was größer als der Umfang $2\pi(OA)$ des Kreises ist; d. h., $12(AC) > 2\pi(OA)$. Daher ist

$$\pi < 6\left(\frac{AC}{OA}\right).$$

Unter Anwendung von Archimedes' Ungleichung (4.17) bedeutet dies:

$$\pi < 6\left(\frac{153}{265}\right) = 3\,\frac{123}{265} = 3{,}464\ldots$$

Somit ergibt die einfache geometrische Ungleichung (4.17) sofort eine obere Schranke für π. (Jede Ungleichung, die Information vermittelt, ist in der folgenden Diskussion durch ein Sternchen gekennzeichnet.)

Archimedes erklärt nicht, wie er die Ungleichung $\sqrt{3} > 265/153$ fand, aber wir können leicht nachprüfen, daß sie korrekt ist. Denn

$$3 = (\sqrt{3})^2 > \left(\frac{265}{153}\right)^2, \quad \text{genau dann, wenn} \quad 3\,(153)^2 > (265)^2$$

ist; tatsächlich läßt sich die letzte Ungleichung auf $70\,227 > 70\,225$ vereinfachen, was eine ziemlich genaue untere Schranke für $\sqrt{3}$ ergibt.

Wir sehen außerdem, daß

$$\frac{OC}{AC} = 2\left(= \frac{1}{\sin \pi/6}\right) = \frac{306}{153}. \qquad (4.18)$$

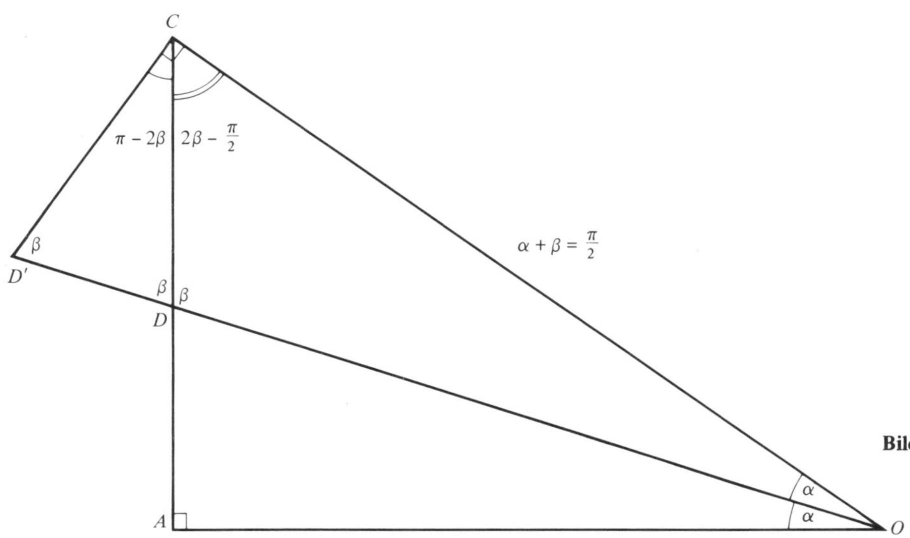

Bild 4.11

Jetzt zeichne man OD, so daß es den Winkel AOC halbiert und beachte den nächsten Schritt von Archimedes in seiner Annäherung für π. Aus Bild 4.11 wird klar, daß die Dreiecke AOD und COD' ähnlich sind; deshalb ist $CO/OA = CD'/AD$. Da das Dreieck $D'CD$ gleichschenklig ist, gilt $CD' = CD$. Dann ist $CO/OA = CD/AD$, $(CO/OA) + 1 = (CD + AD)/AD$, und $(CO + AD)/OA = AC/AD$, folglich ist

$$\frac{CO + OA}{AC} = \frac{OA}{AD}.$$

Indem die Ungleichungen (4.17) und (4.18) benutzt werden, erhält man

$$\frac{571}{153} = \frac{265}{153} + \frac{306}{153} < \frac{OA}{AC} + \frac{OC}{AC} = \frac{OA}{AD}. \qquad *(4.19)$$

Dies ergibt eine obere Schranke für π, indem der Umfang des regulären dem Kreis umschriebenen 12-seitigen Polygons mit $2\pi(OA)$ verglichen wird. Denn wir wissen (wie vorher), daß der Umfang des Kreises mit dem Radius OA kleiner ist als der Umfang des umschriebenen 12-seitigen regulären Polygons, dessen Seiten alle die Länge $2 \cdot AD$ haben, d. h.,

$$2\pi \cdot AD < 24 \cdot AD$$

oder

$$\pi < 12 \cdot \frac{AD}{OA},$$

was mittels Gl. (4.19)

$$\pi < 12 \cdot \frac{153}{571} = 3\,\frac{123}{571} = 3{,}215\ldots$$

ergibt. Beachten Sie, daß dies eine recht genaue obere Schranke für π ist, die eine Verbesserung gegenüber der früheren oberen Schranke $3\,\frac{123}{265}$ ist.

Wir wollen versuchen, einen noch besseren Näherungswert zu finden. Unter gleicher Beweisführung wie früher, ist laut Pythagoras

$$\frac{(OD)^2}{(AD)^2} = \frac{(OA)^2 + (AD)^2}{(AD)^2} > \left(\frac{571}{153}\right)^2 + 1 > \frac{349\,450}{23\,409}.$$

Zieht man die Wurzel, so ergibt sich

$$\frac{OD}{AD} > \frac{591\,\frac{1}{8}}{153}. \qquad (4.20)$$

Danach werde der Winkel AOD durch OE halbiert (s. Bild 4.10). Mittels gleicher Beweisführung wie vorher ist

$$\frac{OD}{OA} = \frac{DE}{AD},$$

woraus

$$\frac{OD + OA}{AD} = \frac{OA}{AE}$$

folgt.

Somit ist nach den Gln. (4.20) und (4.19)

$$\frac{OA}{AE} = \frac{OD}{AD} + \frac{OA}{AD} > \frac{591\frac{1}{8}}{153} + \frac{571}{153} > \frac{1162\frac{1}{8}}{153}. \qquad *(4.21)$$

Durch gleiche Beweisführung wie vorher, erhalten wir

$$\frac{(OE)^2}{(EA)^2} > \left(\frac{1162\frac{1}{8}}{153}\right)^2 + 1 > \frac{1\,373\,943\frac{33}{64}}{23\,409}.$$

Zieht man die Wurzel, ergibt sich

$$\frac{OE}{EA} > \frac{1172\frac{1}{8}}{153}.$$

Nun werde der Winkel AOE durch OF halbiert (s. Bild 4.10). Bei gleicher Beweisführung erhält man

$$\frac{OA}{AF} > \frac{1162\frac{1}{8}}{153} + \frac{1172\frac{1}{8}}{153} = \frac{2\,334\frac{1}{4}}{153}, \qquad *(4.22)$$

was einen noch besseren Annäherungswert ergibt. Somit ist

$$\frac{(OF)^2}{(AF)^2} > \left(\frac{2\,334\frac{1}{4}}{153}\right)^2 + 1 > \frac{5\,472\,132\frac{1}{16}}{23\,409},$$

und daher ist

$$\frac{OF}{AF} > \frac{2\,339\frac{1}{4}}{153}.$$

Zum Schluß werde der Winkel AOF noch durch OG halbiert, und auf gleiche Weise

$$\frac{OA}{AG} > \frac{2\,334\frac{1}{4}}{153} + \frac{2\,339\frac{1}{4}}{153} = \frac{4\,673\frac{1}{2}}{153} \qquad *(4.23)$$

errechnet. Der ursprüngliche Winkel OAC war ein Drittel eines rechten Winkels, also $\frac{\pi}{6}$; deshalb muß der Winkel AOG nach vier Halbierungen $\pi/96$ sein. Jetzt werde der Winkel AOH gezeichnet, der gleich $\measuredangle\, AOG$ ist, aber auf der anderen Seite von OA liegt, wie Bild 4.10 zeigt. Dann ist der Winkel GOH gleich $\pi/48$, und GH ist eine Seite eines regulären 96-seitigen Polygons, das den Kreis mit dem Radius OA umschreibt. Ist P der Umfang dieses Polygons, dann gilt wegen Gl. (4.23)

$$\frac{2\,(OA)}{P} = \frac{2\,(OA)}{96\,(GH)} = \frac{A}{96\,(AG)} > \frac{1}{96}\left(\frac{4\,673\frac{1}{2}}{153}\right) = \frac{4\,673\frac{1}{2}}{14\,688}. \qquad (4.24)$$

Weiterhin ist

$$\frac{14\,688}{4\,673\frac{1}{2}} = 3 + \frac{667\frac{1}{2}}{4\,673\frac{1}{2}} < 3 + \frac{667\frac{1}{2}}{4\,672\frac{1}{2}} = 3\frac{1}{7},$$

daher ergibt sich:

$$\frac{2\,(OA)}{P} > 3\frac{1}{7}. \qquad (4.25)$$

P ist größer als der Umfang des Kreises mit dem Radius OA, d.h., $P > 2\,\pi\,(OA)$. Deshalb ist $1/\pi > 2\,(OA)/P$, und Gl. (4.25) wird zu

$$\pi < 3\frac{1}{7}. \qquad *(4.26)$$

Archimedes gibt eine ähnliche Beweisführung für ein reguläres 96-seitiges Polygon, das in den Kreis mit dem Radius *OA einbeschrieben* ist, und kommt zu dem Schluß, daß sein Umfang Q die Ungleichung

$$\frac{Q}{2(OA)} > \frac{6\,336}{2\,017\frac{1}{4}} > 3\,\frac{10}{71}$$

erfüllt, so daß $3\,\frac{10}{17} < \pi$ ist. Zusammen mit Gl. (4.26) ergibt sich sein berühmtes Ergebnis

$$3\,\frac{10}{71} < \pi < 3\,\frac{1}{7}. \qquad *(4.27)$$

Obwohl die Methode von Archimedes erweitert werden kann, so daß sich beliebig exakte Bestimmungen von π ergeben, erscheinen die Berechnungen umständlich und zeitraubend. In der Tat beruht die Nützlichkeit der Schranken von Archimedes in ihrer Einfachheit. Archimedes gibt weder einen Hinweis darauf, wie er zu der bequemen Schranke $\frac{265}{153} > \sqrt{3}$ kam, noch erklärt er (obwohl Historiker sein wahrscheinliches Vorgehen rekonstruiert haben), wie er die linke Seite durch die rechte ersetzt in der Ungleichung

$$\frac{6\,336}{2\,017\frac{1}{4}} > 3\,\frac{10}{71},$$

und so weiter. Diese arithmetischen Vereinfachungen folgen keinem allgemeinen Verfahren und schränken somit die *praktische* Bedeutung seines Verfahrens zur Bestimmung von π ein.

4.7. Der Wert für π wurde in vier verschiedenen geschichtlichen Etappen ermittelt.

Die frühen Ägypter und Babylonier erhielten den Wert $\pi \approx 3$ durch Mutmaßungen, Messungen oder vielleicht durch Vergleich des Umfangs oder der Fläche des Kreises mit dem eines einbeschriebenen gewöhnlichen Sechsecks.

Die Tafeln von Susa sind das einzige bekannte Beispiel für die zweite Etappe. Sie deuten auf Vertrautheit mit einem allgemeinen Verfahren hin, mit dem die Bestimmung bis zu jeglichem erwünschten Genauigkeitsgrad möglich war.

Archimedes leitete das dritte Stadium ein, das mehr als 1500 Jahre überdauerte. Es ist von komplizierten, jedoch allgemeinen geometrischen Verfahren gekennzeichnet, durch die man obere und untere Schranken für π erhielt. Somit waren automatische Fehlergrenzen sowie der gewünschte Wert gegeben.

Die vierte und wesentlich jüngere Entwicklungsetappe beruht auf der Entdeckung nichtgeometrischer Eigenschaften. Dies führte zur Entdeckung der Darstellung von π durch *unendliche Reihen*, beispielsweise der Gregoryschen Reihe (James Gregory, 1638–1675)

$$\frac{\pi}{4} = 1 - \frac{1}{3} + \frac{1}{5} - \frac{1}{7} + \frac{1}{9} - \frac{1}{11} + \dots$$

Die endlichen Teilsummen der Reihe nähern sich $\pi/4$ mit zunehmender Genauigkeit, je mehr Glieder der Reihe in die Summe aufgenommen werden. In Bild 10.4 wird gezeigt, wie dies geschieht. Hier werden keine neuen Konstruktionen oder besondere Fähigkeiten benötigt, um eine gegebene Bestimmung zu verbessern – lediglich eine enorme Menge arithmetischer Arbeit ist erforderlich, für die sinnvollerweise Rechenmaschinen eingesetzt werden.

Die Gregorysche Reihe *konvergiert* langsam; die ersten paar Summen geben die Näherungswerte

$$\begin{aligned}\pi \approx\ & 4\\ & 2{,}66666\ldots\\ & 3{,}4666\ldots\\ & 2{,}89524\ldots\\ & 3{,}33968\ldots\\ & 2{,}97608\ldots\end{aligned}$$

Man beachte, daß nicht einmal die ersten sechs Glieder für die antike Approximation von $\pi \approx 3$ ausreichen! Dies rückt vielleicht die Leistungen von Archimedes für den Leser ins rechte Licht. Man denke auch daran, daß *diese* Berechnungen im griechischen oder ägyptischen Schreibsystem gemacht werden mußten. Im Vergleich damit ist Archimedes' Methode vielleicht gar nicht so kompliziert.

Viele der anderen Reihen, die π ausdrücken, konvergieren viel schneller; z. B.

$$\frac{\pi^2}{6} = 1 + \frac{1}{2^2} + \frac{1}{3^2} + \frac{1}{4^2} + \ldots;$$

bei dieser Reihe führen die ersten sechs Glieder zu $\pi > 2{,}989$ ... Die Ungleichung gilt, da alle Summanden der Reihe positiv sind. Diese Reihe konvergiert noch nicht sehr schnell.

Die Reihe

$$\frac{\pi^4}{90} = 1 + \frac{1}{2^4} + \frac{1}{3^4} + \frac{1}{4^4} + \ldots$$

dagegen konvergiert viel schneller. Man braucht tatsächlich nur das erste Glied in Betracht zu ziehen, das auf $\pi^4 \approx 90$ hinweist. Somit ist $\pi^2 \approx 3\sqrt{10}$ und $\pi \approx \sqrt{3}\,\sqrt{\sqrt{10}}$. Setzt man $\sqrt{3} \approx 1{,}732$ und $\sqrt{\sqrt{10}} \approx \sqrt{3{,}1622} \approx 1{,}778$, so impliziert dies, daß $\pi \approx 3{,}079\ldots$ ist, was für nur ein Glied nicht schlecht ist[1]). Ein genauerer Wert von $\sqrt{3}$ führt zu $\pi \approx 3{,}080$. Zwei Glieder der Reihe ergeben den Näherungswert $\pi \approx (90 \cdot 17/16)^{1/4} = (9{,}625)^{1/4} \approx 3{,}127$ und drei Glieder $\pi \approx 3{,}136$.

4.8. Viele Probleme in den Natur- und Ingenieurwissenschaften und selbst in den Wirtschafts- und Sozialwissenschaften können im Endeffekt darauf reduziert werden, die Fläche zu finden, die von einer Kurve in der Ebene eingeschlossen wird. Dies ist das Grundproblem des Teils der Infinitesimalrechnung, der *Integrationstheorie* genannt wird.

Die ersten Schritte zur Entwicklung einer erfolgreichen Integrationstheorie wurden von Archimedes und seinen Nachfolgern unternommen. Sie begründeten ihre *Verfahren*

1) Diese Reihen werden von einer speziellen Funktion, der sogenannten *Riemannschen Zetafunktion*, abgeleitet; siehe zum Beispiel Whittaker und Watson [79].

auf der Methode, Schranken festzulegen, die von Aristarchos und später von Archimedes selbst bei seiner Bestimmung von π benutzt wurden. Die Verfahren führten schließlich im 17. und 18. Jahrhundert zur Entwicklung der Infinitesimalrechnung zu einem auch heute noch sehr leistungsfähigen Handwerkszeug.

Die erste Schrift, die den Keim der späteren Integrationstheorie enthält, ist das Werk von Archimedes, in dem er das Problem behandelt, wie der von Geraden und einer Parabel begrenzte Flächeninhalt gefunden werden kann. Der typische Fall (in gegenwärtiger Schreibweise ausgedrückt) ist folgender: $y = 1 - x^2$ sei die Gleichung einer Parabel. Betrachtet wird nun die Fläche, die sie und der Teil der x-Achse zwischen -1 und $+1$, der in Bild 4.12 getönt ist, begrenzen. Die x-Achse wird durch die Punkte 0, $\pm 1/N$, $\pm 2/N$, ..., $\pm k/N$, ..., ± 1 in gleiche Abschnitte unterteilt. Ein Rechteck R_k wird über dem Abschnitt von k/N bis $(k + 1)/N$ errichtet; es hat die Höhe

$$y_k = 1 - \left(\frac{k}{N}\right)^2 = y \cdot \frac{k}{N}, \quad \text{für } k \geqslant 0$$

(Bild 4.13). Dann ist der Flächeninhalt von R_k

$$A(R_k) = \frac{1}{N}\left(1 - \frac{k^2}{N^2}\right).$$

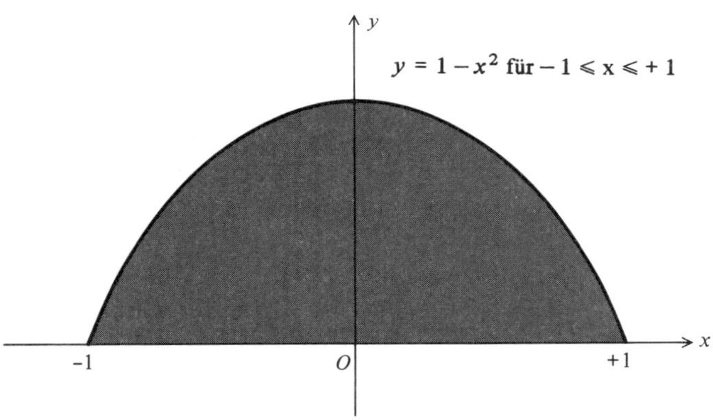

Bild 4.12

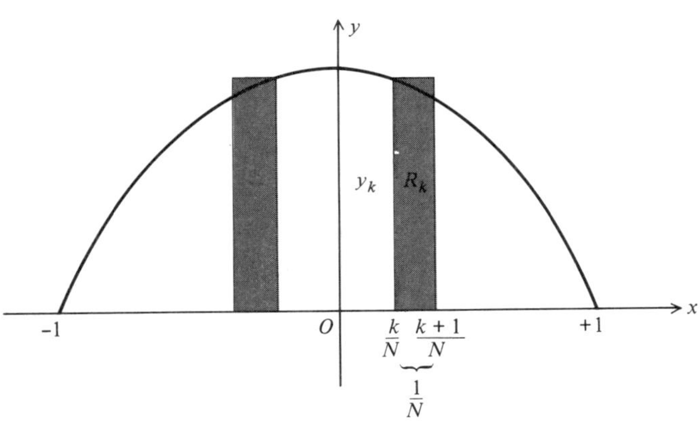

Bild 4.13

An dieser Stelle führt man eine neue Art der Schreibweise ein, welche die Darstellung komplizierter Summen einfacher macht. Für $x_1, x_2, \ldots, x_n$ Zahlen schreibt man kurz die Summe dieser Zahlen

$$\sum_{i=1}^{n} x_i,$$

das heißt,

$$\sum_{i=1}^{n} x_i = x_1 + x_2 + \ldots + x_n.$$

Ist z. B. $x_k = k$, so ist

$$\sum_{k=1}^{n} x_k = \sum_{k=1}^{n} k = 1 + 2 + \ldots + n.$$

Mit dieser Schreibweise können wir entsprechend

$$A(R_0) + A(R_1) + \ldots + A(R_N) = \sum_{k=0}^{N} A(R_k)$$

schreiben. Jetzt ist

$$2[A(R_0) + A(R_1) + \ldots + A(R_N)] = 2 \sum_{k=0}^{N} \frac{1}{N}\left(1 - \frac{k^2}{N^2}\right)$$

größer als die getönte Fläche A in Bild 4.12; d. h.,

$$2 \sum_{k=0}^{N} \frac{1}{N} - \frac{2}{N^3} \sum_{k=0}^{N} k^2 > A,$$

was dasselbe ist wie

$$\frac{2(N+1)}{N} - \frac{2}{N^3} \sum_{k=1}^{N} k^2 > A.$$

Jetzt[1]) ist

$$1^2 + 2^2 + 3^2 + \ldots + N^2 = \frac{N(N+1)(2N+1)}{6}.$$

Daraus folgt:

$$\frac{2(N+1)}{N} - \frac{2}{N^3}\left[\frac{N(N+1)(2N+1)}{6}\right] > A,$$

1) Dies kann durch *vollständige Induktion* bewiesen werden.

d. h., nach Vereinfachung ist für jede positive ganze Zahl N

$$\frac{4}{3}+\frac{1}{N}-\frac{1}{3N^2}>A. \tag{4.28}$$

Auf dieses Ergebnis kommen wir später zurück.

Auf ähnliche Weise liegt das Rechteck S_k (Bild 4.14) mit der Basis k/N bis $(k+1)/N$ und der Höhe $y_{k+1} = 1 - [(k+1)/N]^2$ innerhalb der Fläche A und hat den Flächeninhalt

$$A(S_k) = \frac{1}{N}(1 - [(k+1)/N]^2);$$

daher ist

$$A > 2\,[A(S_0) + A(S_1) + \ldots + A(S_{N-1})],$$

das heißt,

$$A > 2\sum_{k=0}^{N-1}\frac{1}{N} - 2\sum_{k=0}^{N-1}\frac{(k+1)^2}{N^3}.$$

Dies kann vereinfacht werden zu

$$A > 2 - \frac{2}{N^3}(1^2 + 2^2 + \ldots + N^2).$$

Daher ist

$$A > 2 - \frac{2}{N^3}\left[\frac{N(N+1)(2N+1)}{6}\right].$$

Folglich ist

$$A > \frac{4}{3} - \frac{1}{N} - \frac{1}{3N^2}. \tag{4.29}$$

Werden die Gln. (4.28) und (4.29) miteinander verglichen, erhalten wir die Abschätzungen

$$\frac{4}{3}+\frac{1}{N}-\frac{1}{3N^2}>A>\frac{4}{3}-\frac{1}{N}-\frac{1}{3N^2}. \tag{4.30}$$

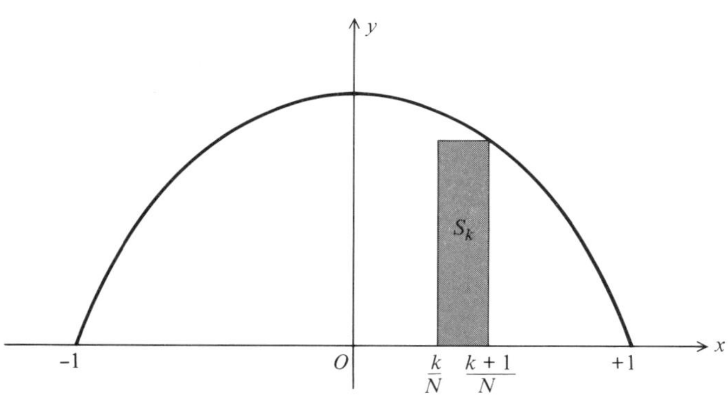

Bild 4.14

N ist eine beliebige, positive ganze Zahl. Ist sie sehr groß, so sind $1/N - 1/3\,N^2$ und $1/N + 1/3\,N^2$ sehr klein und die Abschätzung (4.30) ergibt

$$\frac{4}{3} + \text{klein} > A > \frac{4}{3} - \text{klein}.$$

Wählt man irgendeine kleine Zahl $\epsilon > 0$, kann ein so großes N gefunden werden, daß

$$\frac{1}{N} - \frac{1}{3N^2} < \epsilon$$

und

$$\frac{1}{N} + \frac{1}{3N^2} < \epsilon$$

ist. Also kann man für ein *beliebiges* kleines $\epsilon > 0$

$$\frac{4}{3} + \epsilon > A > \frac{4}{3} - \epsilon \tag{4.31}$$

schreiben. Diese Ungleichungen bedeuten, daß A genau $\frac{4}{3}$ sein muß. Somit haben wir den genauen Wert des Flächeninhalts gefunden, indem wir Ungleichungen auf elegante und vorsichtige Weise verwendet haben.

Die Methode von Archimedes entsprach im wesentlichen der unsrigen. Da jedoch bis in die Zeit von Descartes (1596–1650) noch nicht bekannt war, wie Koordinatensysteme für analytische Zwecke benutzt werden konnten, war es Archimedes nicht möglich, die Rechtecke in den Bildern 4.13 und 4.14 auf einfache Weise zu beschreiben. Deshalb arbeitete er mit Dreiecken (Bild 4.15). Indem er Eigenschaften der Parabel benutzte, zeigte er, daß jedes der Dreiecke ADC und BCE einen Flächeninhalt hat, der gleich einem Achtel des Flächeninhalts von ABC ist. Daraufhin konstruierte er vier Dreiecke mit den Scheitelpunkten auf der Parabel und den Grundseiten AD, DC, CE und EB und zeigte, daß jedes einen Flächeninhalt hat, der ein Achtel des Flächeninhalts von ADC ist. Auf diese Weise fortfahrend fand er, wenn der Flächeninhalt von ABC gleich Δ ist, für den Flächeninhalt der Parabel:

$$A > \Delta + 2\,\frac{\Delta}{8} + 4\,\frac{\Delta}{8^2} + 8\,\frac{\Delta}{8^3} + \ldots + 2^N\,\frac{\Delta}{8^N} \quad \text{für irgendein } N.$$

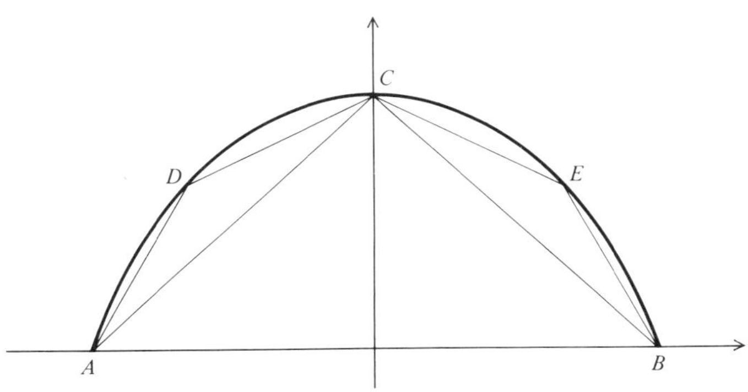

Bild 4.15

Diese Reihe entspricht der geometrischen Reihe

$$\Delta\left(1+\frac{1}{4}+\frac{1}{4^2}+\frac{1}{4^3}+\ldots+\frac{1}{4^N}\right),$$

deren Summe

$$=\Delta\left[\frac{4}{3}-\frac{1}{3}\left(\frac{1}{4}\right)^N\right]$$

ist. Da $\Delta = 1$ ist, ergibt sich $A > \frac{4}{3}-\frac{1}{3}\left(\frac{1}{4}\right)^N$. Wird N immer größer gewählt, so wird $\frac{1}{3}\left(\frac{1}{4}\right)^N$ immer kleiner; deshalb können wir schließen:

$$A \geqslant \frac{4}{3}.$$

Mit einer heutzutage unzureichenden Schlußweise beweist Archimedes, daß $\frac{4}{3} \leqslant A$ und damit notwendigerweise $\frac{4}{3} = A$ das richtige Ergebnis ist.

Sein Verfahren verlangt lediglich die Summation der geometrischen Reihe

$$\sum_{k=0}^{N}\left(\frac{1}{4}\right)^k,$$

wogegen die moderne Verfahrensweise, die von Rechtecken ausgehend die Parabel approximiert, Summen der Form

$$\sum_{k=0}^{N} 1, \quad \sum_{k=0}^{N} k, \quad \sum_{k=0}^{N} k^2$$

benötigt. Die ersten beiden Summen sind einfach zu berechnen, die dritte ist schwieriger, aber die Ergebnisse waren im wesentlichen zu Archimedes' Zeit bekannt. In seiner Arbeit *Über Spiralen* sind z. B. die Ungleichungen

$$(n-1)\,n+\frac{(n-1)^3}{n}+1<1^2+2^2+\ldots+n^2$$

und

$$1^2+2^2+\ldots+(n-1)^2<n\,(n-1)+\frac{(n-1)^3}{3}$$

enthalten (oder gleichbedeutend $1^2+2^2+\ldots+n^2<n\,(n+1)+n^3/3$). Nun ist

$$\frac{n\,(n+1)\,(2n+1)}{6}=\frac{n^3}{3}+\frac{n^2}{2}+\frac{n}{6}.$$

Daher hätten seine Ungleichungen benutzt werden können, wenn die Verwendung von rechtwinkligen Koordinaten verstanden worden wäre.

4.9. Das Ausfüllen der Fläche unter der Kurve in Bild 4.12 mit einer größer werdenden Schar von Rechtecken (oder Dreiecken, wie bei Archimedes) ist ein Beispiel für die *Ausschöpfungsmethode.* Dieses Prinzip wurde erstmals von Eudoxus (ca. 408–355 v. Chr.)

angewendet und später von Archimedes beim Studium der Fläche unter einer Parabel und der Volumina verschiedener geometrischer Objekte, wie der (Voll-)Kugel, zu einem präzisen Verfahren entwickelt. Als seine größte Leistung betrachtete Archimedes seine Entdeckung, daß mittels der Ausschöpfungsmethode das Volumen einer Kugel zwei Drittel des Volumens des umschriebenen Zylinders ist. Es wird behauptet, daß eine Darstellung dieser geometrischen Beziehung auf seinen eigenen Wunsch hin als Inschrift auf seinem Grabstein stehen sollte.

In Bild 4.16 ist eine Seite eines handgeschriebenen griechischen Manuskripts[1] abgebildet, deren Inhalt Bild 4.17 in Druckbuchstaben wiedergibt. Bild 4.18 enthält die deutsche Übersetzung. (Die Übersetzung und der gedruckte Text beginnen mit der *zweiten* Zeile des handgeschriebenen Manuskripts.) Dieses Manuskript wurde irgendwann im 12. Jahrhundert von einem älteren, nicht mehr vorhandenen Manuskript abgeschrieben. Fast unsere gesamte Kenntnis der griechischen Mathematik stammt aus ähnlichen Abschriften. Durch die trockene Luft des Niltals und die Haltbarkeit der babylonischen Tafeln konnten ursprüngliche „Manuskripte" überliefert und von den Gelehrten studiert werden. Für die Überlieferung griechischer Mathematik sind wir jedoch größtenteils von

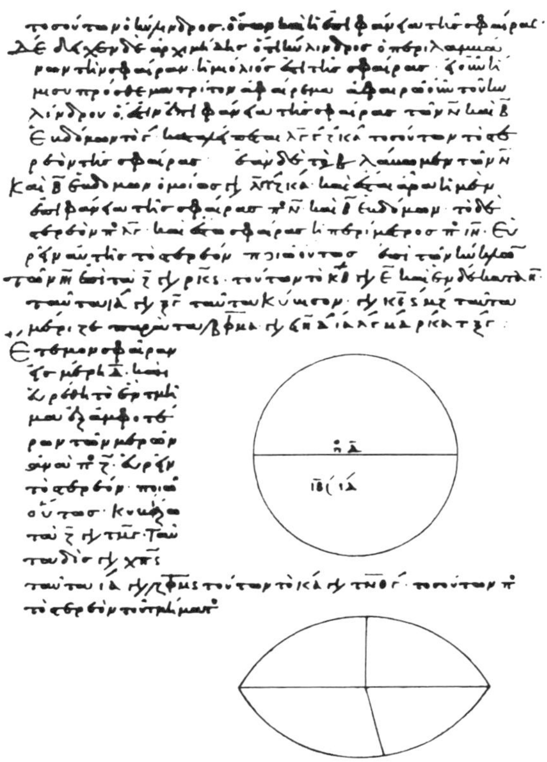

Bild 4.16
Griechisches Manuskript, das eine Arbeit von Archimedes beschreibt: aus dem *Codex Constantinopolitanus* [77]

1) Folio-Nr. 26 r aus dem *Codex Constantinopolitanus*, neubearbeitet von Bruins [77].

Δέδειχεν δέ Ἀρχιμήδης ὅτι κύλινδρος ὁ περιλαμβάνων τὴν σφαῖραν ἡμιόλιός ἐστι τῆς σφαίρας. εἰ οὖν ἥμιόν πρόσθενα τρίτον ἀφαίρενα, ἀφαιρῶ οὖν τοῦ κυλίνδρου, ὅ ἐστιν ἐπιφάνεια τῆς σφαίρας, τῶν $\overline{\nu}$ καὶ $\overline{\beta}$ ἑβδόμων, τὸ γ'. καταλείπεται $\overline{\lambda\gamma}$ γ' ζ' κα'. τοσούτων τὸ στερεὸν τῆς σφαίρας.

Ἐὰν δὲ τὸ β' λάβωμεν τῶν $\overline{\nu}$ καὶ $\overline{\beta}$ ἑβδόμων ὁμοίως γίνονται $\overline{\lambda\gamma}$ γ' ζ' κα'. καὶ ἔσται ἆρα ἡ μὲν ἐπιφάνεια τῆς σφαίρας ποδῶν $\overline{\nu}$ καὶ β ἑβδόμων, τὸ δὲ στερεὸν ποδῶν $\overline{\lambda\gamma}$ <γ' ζ' κα'.>

Καὶ ἔστω σφαίρας ἡ περίμετρος ποδῶν $\overline{\iota\eta}$. εὑρεῖν αὐτῆς τὸ στερεόν. ποιῶ οὕτως· ἐπὶ τῶν κύκλων· τῶν $\overline{\iota\eta}$ ἐπὶ τὰ $\overline{\zeta}$· γίνονται $\overline{\rho\kappa\varsigma}$. τούτων τὸ κβ'· γίνονται $\overline{\epsilon}$ καὶ ἑνδέκατα $\overline{\eta}$. ταῦτα $\overline{\iota\alpha}$· γίνονται $\overline{\xi\gamma}$. ταῦτα κύβισον· γίνονται κε καὶ $\overline{\mu\zeta}$. < . . . . >
ταῦτα μέριζε παρὰ τὰ,β $\overline{\varphi\mu\alpha}$· γίνονται $\overline{ϙ\eta}$ δ'ια' λγ' μα' ρκα' τξγ'.

"Ἕτερον σφαῖραν εἰς μέρη $\overline{\delta}$, καὶ εὑρέθη τὸ ἓν τμῆμα ἐξ ἀμφοτέρων τῶν μέρων ἀνὰ ποδῶν $\overline{\zeta}$. εὑρεῖν τὸ στερεόν. ποιῶ οὕτως· κυβίζω τὰ ζ· γίνονται $\overline{\tau\mu\gamma}$. ταῦτα δίς· γίνονται $\overline{\chi\pi\varsigma}$. ταῦτα $\overline{\iota\alpha}$· γίνονται ,ζ $\overline{\varphi\mu\varsigma}$. τούτων τὸ κα'· γίνονται $\overline{\tau\nu\theta}$ γ'. τοσούτων ποδῶν τὸ στερεὸν τοῦ τμήματος. ||

Bild 4.17 Transkription von Bild 4.16

den Quellen abhängig, die Abschriften von Dokumenten sind, die selbst oft nicht die Originale waren. Ferner fügte jeder Abschreiber dem Manuskript Änderungen bei, die seinen „Stil" zusätzlich zu den Übertragungs- und Auslassungsfehlern reflektieren.

Einiges sollte bei der aufgeführten Seite des griechischen Mathematiktextes „Über den Zylinder" beachtet werden. Erstens kannte der Autor die Arbeit von Archimedes; deshalb muß der Text nach etwa 257 v. Chr. geschrieben worden sein. Am Ende des vierten Absatzes sehen wir, daß die Griechen auch nach Archimedes immer noch ägyptische Stammbrüche benutzten.[1]
Der Apostroph nach einer Zahl entspricht dem ägyptischen⬭, um einen Stammbruch zu bezeichnen (man beachte, daß das handgeschriebene Griechisch große Buchstaben für Zahlen verwendet; die numerischen Symbole in dem gedruckten Text sind jedoch klein geschrieben).
Die Textstellen in eckigen Klammern sind Erläuterungen von Bruins.

[1] Die Griechen wurden anscheinend durch die Ägypter mit der Geometrie bekannt gemacht. Von Thales (etwa 636–546 v. Chr.) wird behauptet, daß er in Ägypten Geometrie studiert habe und der erste gewesen sei, der eine deduktive Methode entwickelte, um abstrakte Aussagen in Bezug auf geometrische Objekte wie Linien, Winkel und Dreiecke zu beweisen. Dieses hatte großen Einfluß auf die spätere griechische Mathematik und Philosophie und damit auf die gesamte mathematische Geschichte. Die Begriffe von Beweis und logischer Folgerung, die in der Mathematik und in der Wissenschaft heute so wichtig sind, gehen auf Thales zurück.

Archimedes zeigte, daß der Zylinder, der die Kugel einschließt, eineinhalb mal so groß wie diese Kugel ist. Wird nun die Hälfte [von einer Größe, um $1\frac{1}{2}$ zu ergeben] addiert, wird ein Drittel [der sich ergebenden Zahl] subtrahiert.

Ich nehme jetzt ein Drittel des Zylinders fort, was [numerisch] die Oberfläche der Kugel ist, von den 50 und $\frac{2}{7}$, ein Drittel. Es bleiben $33\ \frac{1}{3}\ \frac{1}{7}\ \frac{1}{21}$ übrig. So groß ist das Volumen der Kugel.

Und wenn wir $\frac{2}{3}$ von den $50\ \frac{2}{7}$ nehmen, ergibt es ebenfalls $33\ \frac{1}{3}\ \frac{1}{7}\ \frac{1}{21}$. Und der Flächeninhalt der Kugel wird $50\ \frac{2}{7}$ Fuß sein; und das Volumen $33\ \langle\frac{1}{3}\ \frac{1}{7}\ \frac{1}{21}\rangle$.

Und der Umfang der Kugel soll 18 Fuß sein. Um ihr Volumen zu finden, verfahre ich folgendermaßen: Für die Kreise von 18 [im Umfang] mal 7 ergibt 126; ein 22-stel davon ergibt $5\ \frac{8}{11}$ [der Durchmesser der Kugel]. Dies mal 11 ergibt 63. Die dritte Potenz davon ist 250 047. Dividiere dies durch 2 541, das Ergebnis ist $98\ \frac{1}{4}\ \frac{1}{14}\ \frac{1}{33}\ \frac{1}{44}\ \frac{1}{121}\ \frac{1}{363}$. [Es sollte $98\ \frac{1029}{2541} = 98\ \frac{1}{3}\ \frac{1}{21}\ \frac{1}{77}\ \frac{1}{121}\ \frac{1}{363} = 98\ \frac{49}{121}$ sein].

Ich habe eine Kugel in vier Teile zerlegt, und es ergibt sich ein Abschnitt von 7 Fuß an beiden Teilen.

Man finde das Volumen.

Ich verfahre folgendermaßen: Die dritte Potenz von 7, Ergebnis 343; dies zwei mal, Ergebnis 686; dies 11 mal, ergibt 7 546. Der 21. Teil davon ergibt $359\ \frac{1}{3}$. So viele Fuß soll das Volumen des Abschnitts betragen.

Bild 4.18 Übersetzung von Bild 4.16

4.10. In den letzten beiden Teilen dieses Kapitels wurde erörtert, wie durch Fehlerabschätzungen unter Zuhilfenahme von Ungleichungen die *Länge* des Kreisumfangs (daher der Wert π) bestimmt und der *Flächeninhalt*, der durch eine Parabel und eine Gerade begrenzt wird, ermittelt werden kann. Dasselbe mühsame Verfahren könnte dazu verwendet werden, die „Längen" von anderen Kurven und die „Flächen", die sie einschließen, zu berechnen. Jedoch bestehen die Ergebnisse nicht immer aus eindeutig bestimmten Zahlen und stimmen manchmal nicht mit anschaulichen Vorstellungen überein.

Eine sorgfältigere Untersuchung dieses Problems ergibt einige interessante Ergebnisse und überraschende Beispiele und führt endgültig zu einer Definition des Flächeninhalts[1]), die sofort in allen „vernünftigen" Fällen im Einklang mit anschaulichen Vorstellungen steht. Außerdem zeigt sie vor allem, wie der Inhalt einer gegebenen Fläche mit beliebiger Genauigkeit bestimmt werden kann.

Zuerst soll untersucht werden, was wir wirklich aus der Elementargeometrie über Flächeninhalte wissen.

Der Flächeninhalt eines Quadrats mit den Seiten s ist *per definitionem* s^2.

Ist ein Rechteck R mit Grundlinie der Länge b und der Höhe h gegeben, so ist Bild 4.19 ein Quadrat, das sich aus vier Rechtecken R und einem Quadrat mit den Seiten $(b-h)$ zusammensetzt.[2]) Der Flächeninhalt des großen Quadrats ist $(b+h)^2$, wogegen der des kleinen Quadrats $(b-h)^2$ ist. Folglich ist das Vierfache des Flächeninhalts von R gleich

$$(b+h)^2 - (b-h)^2 = 4bh.$$

---

1) Und der Länge einer Kurve; dieser subtile Begriff wird in Abschnitt 9.10 genauer untersucht.

2) Ist $h > b$, vertausche man die Buchstaben b und h, so daß aus dem b ein h und aus dem h ein b wird.

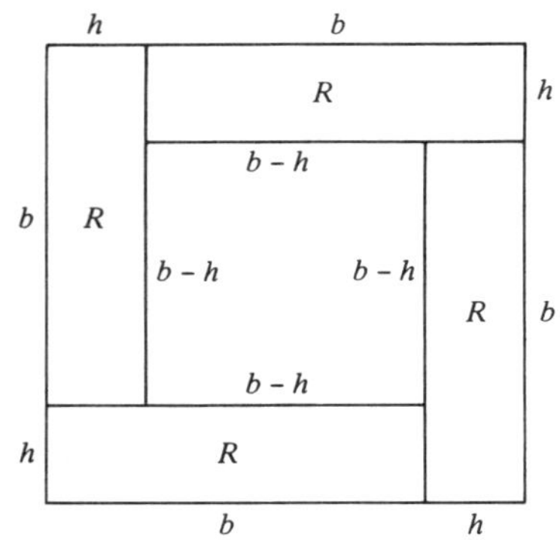

Bild 4.19
Beschreibung des Flächeninhalts eines Rechtecks als Differenz von Flächeninhalten von Quadraten

Deshalb ist bh der Flächeninhalt von R, was wir bereits die ganze Zeit wußten. Hieraus ist ersichtlich, daß die Kenntnis des Flächeninhalts von Quadraten die Kenntnis des Flächeninhalts von Rechtecken zur Folge hat.

Ist P ein Parallelogramm, so ist der Flächeninhalt von P der gleiche wie der Flächeninhalt des Rechtecks, das aus P so konstruiert wird, wie in Bild 4.20 angegeben. Dieselbe Überlegung zeigt, daß der Flächeninhalt eines Dreiecks $bh/2$ ist, da zwei gleiche Dreiecke zu einem Parallelogramm zusammengesetzt werden können (Bild 4.21).

Jedes beliebige Polygon kann in eine Anzahl disjunkter Dreiecke unterteilt werden. Das bedeutet, daß die Kenntnis der Formel für die Berechnung einer Dreiecksfläche ausreicht, um den Flächeninhalt eines Polygons zu bestimmen, obwohl seine tatsächliche Berechnung eine lästige Aufgabe sein kann. Bild 4.22 zeigt eine mögliche Zerlegung eines 11-seitigen schwer zu beschreibenden Polygons in Dreiecke.

Als Nächstes betrachten wir die „Fläche", die von einer Kurve, z.B. einem Kreis, eingeschlossen wird, die also nicht nur aus geraden Linien besteht. Es kann sich herausstellen, daß das Gebiet so genial zertrennt und wieder zusammengefügt werden kann, daß sich ein Rechteck bilden läßt. In diesem Fall sind die oben abgeleiteten Formeln anwendbar, die Fläche des Gebiets ist wohldefiniert und ihr Wert kann explizit be-

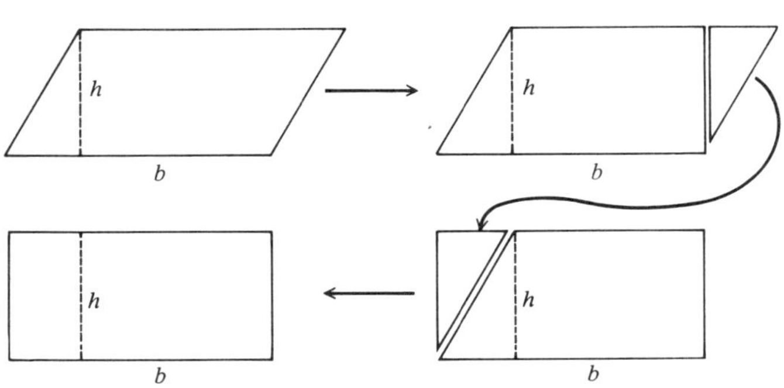

Bild 4.20 Beschreibung des Flächeninhalts eines Parallelogramms als Flächeninhalt eines Rechtecks

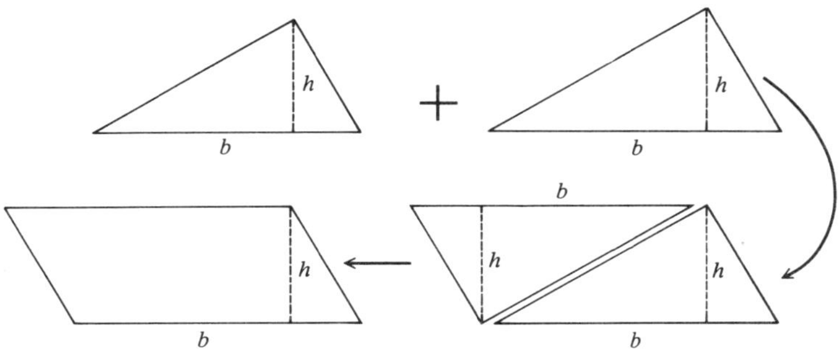

Bild 4.21 Beschreibung des Flächeninhalts eines Dreiecks als halber Flächeninhalt eines Parallelogramms

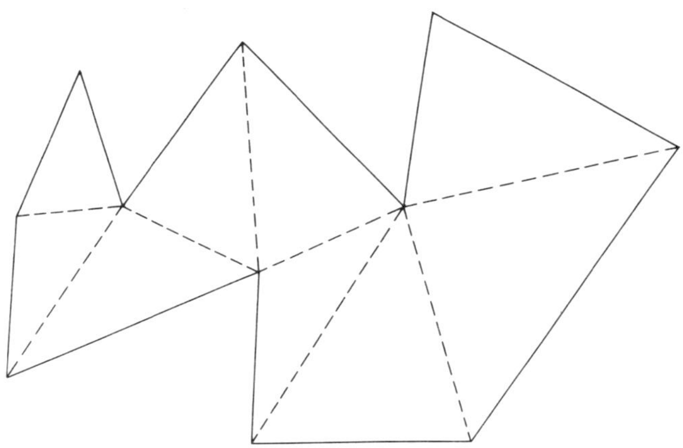

Bild 4.22

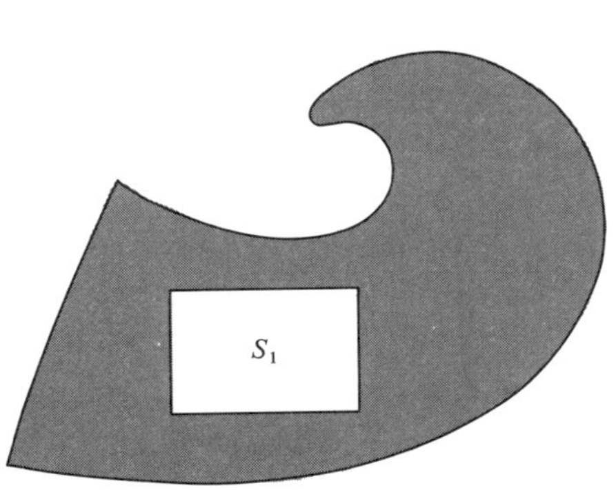

Bild 4.23

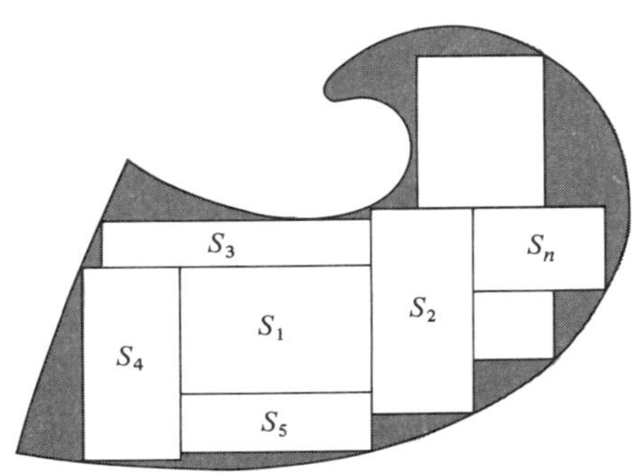

Bild 4.24 Innere Approximation durch Rechtecke

rechnet werden, wenn auch nur im Prinzip. Die meisten Flächen, einschließlich der Kreisfläche, können hingegen nicht auf derartige Weise wieder zusammengefügt werden. Somit kann auch die Formel für den Flächeninhalt eines Rechtecks nicht angewendet werden.

Die Methode des Archimedes enthält ein Verfahren, das diese Schwierigkeit überwindet. Obwohl es vielleicht nicht möglich ist, Teilflächen so zusammenzufügen, daß sich ein Rechteck ergibt, so kann man eventuell ein Rechteck völlig *in* eine Fläche legen (Bild 4.23). In diesem Fall kann man sinnvollerweise behaupten, daß, gleichgültig welcher Art der gesuchte Flächeninhalt A ist, er sicherlich mindestens so groß wie der Flächeninhalt S_1 des Rechtecks sein muß. Füllt S_1 nicht das ganze Gebiet A aus, kann man weitere Rechtecke $S_2, S_3, \ldots, S_n$ so in A einfügen, daß sich nie zwei Rechtecke überdecken (Bild 4.24); dann ist sicherlich

$$A \geqslant S_1 + S_2 + \ldots + S_n. \tag{4.32}$$

Nimmt die Größe der Rechtecke S_k ab, kann die unregelmäßige Form der Fläche A besser approximiert werden, indem immer kleinere Rechtecke mit eingeschlossen werden (ähnlich wie in Abschnitt 4.8 bei der Berechnung der Fläche, die von einer Parabel und einer geraden Linie begrenzt wird). Aus diesem Grund ist zu erwarten, daß die Summe $S_1 + S_2 + \ldots + S_n$ so gewählt werden kann, daß sie sich A so nahe wie gewünscht nähert, wobei Gl. (4.32) natürlich immer richtig bleiben wird.

Auf ähnliche Weise kann die Fläche A durch eine Anzahl disjunkter Rechtecke approximiert werden, die es vollständig einschließen. Bei einer derartigen Annäherung (die den „äußeren" Rechtecken R_k in Abschnitt 4.8 entspricht) wird die Fläche A, was auch immer das bedeutet, nicht größer als die Summe der Flächen der Rechtecke sein, die A einschließen (Bild 4.25); daher ist

$$R_1 + R_2 + \ldots + R_m \geqslant A. \tag{4.33}$$

Aus den Gln. (4.32) und (4.33) folgt:

$$R_1 + R_2 + \ldots + R_m \geqslant A \geqslant S_1 + S_2 + \ldots + S_n.$$

Wir nehmen an, daß die Summe $S_1 + S_2 + \ldots + S_n$ der inneren Rechtecke, die in zunehmendem Maße die Fläche A ausfüllen, sich immer mehr einer reellen Zahl S nähert[1]),

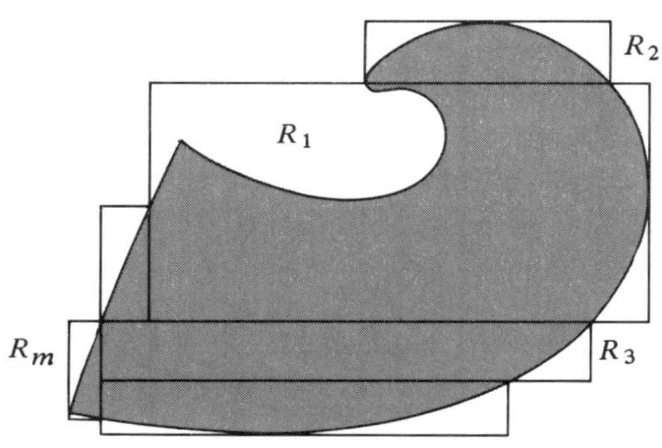

Bild 4.25

Äußere Approximation durch Rechtecke

[1]) So daß S der *Grenzwert* der Summen $S_1 + S_2 + \ldots + S_n$ ist (siehe Kapitel 9).

dann ist sicherlich $A \geqslant S$. Außerdem kann es sich ergeben, daß sich die Gesamtfläche $R_1 + R_2 + \ldots + R_m$ in immer stärkerem Maße einer Zahl R nähert, wenn die Rechtecke R_k so verkleinert werden, daß sie ein immer kleineres Gebiet, aber A immer vollständig bedecken; dann ist sicherlich $R \geqslant A$. Die Kombination dieser Beobachtungen führt zu

$$R \geqslant A \geqslant S. \tag{4.34}$$

Ist $R = S$, dann ist der Flächeninhalt A eingeschlossen; er muß gleich R (und S) sein. Diese Aussage kann als *Definition* des Inhalts von Flächen benutzt werden, die von Kurven begrenzt werden.

Man sagt, A besitzt einen ***Flächeninhalt***, wenn der Flächeninhalt einer sich ausdehnenden Folge von Mengen disjunkter Rechtecke, die ***in*** dem Gebiet A ***enthalten sind***, sich dem Flächeninhalt einer abnehmenden Folge von Mengen disjunkter Rechtecke, die A ***enthalten***, annähert. Die ***Größe des Flächeninhalts*** ist der gemeinsame Grenzwert der wachsenden Folge der Menge von inneren Rechtecken und der abnehmenden Folge der Menge von äußeren Rechtecken.

Der aufmerksame Leser wird bemerken, daß der Flächeninhalt A entweder durch den Flächeninhalt S der größer werdenden Menge von inneren Rechtecken oder durch den Flächeninhalt R der kleiner werdenden Menge von äußeren Rechtecken gegeben ist. Warum muß man sich um beide kümmern? Ist die Betrachtung von nur einer dieser Mengen ausreichend? Leider nicht; es gibt Flächen, für die der „äußere Flächeninhalt" R tatsächlich größer als der „innere Flächeninhalt" S ist. Daher ist die intuitive Vorstellung von einem Flächeninhalt widersprüchlich, und nach der eben festgelegten Definition kann von einer derartigen Fläche nicht behauptet werden, daß sie in sinnvoller Weise einen Inhalt hat.

Betrachtet werde z. B. ein Quadrat mit der Seitenlänge 1. Linien mit der Länge $\frac{1}{2}$ seien innerhalb des Quadrats im rechten Winkel zur Basis gezogen. Sie sollen die Basis in jedem Punkt berühren, dessen Entfernung vom Scheitelpunkt O (in Bild 4.26) eine rationale Zahl ist. Der rationale Basispunkt $\frac{2}{3}$, auf dem eine Linie errichtet ist, wird in der Abbildung als Beispiel hervorgehoben. Wir wollen bestimmen, ob das Innere H dieses „haarigen Quadrats" einen Flächeninhalt hat (mit dem ***Inneren*** sind alle Punkte innerhalb des Quadrats gemeint, die nicht auf irgendeiner der „Haarlinien" liegen). Zuerst wird R berechnet, das der Grenzwert des Flächeninhalts kleiner werdender Rechtecke ist, die H enthalten. Das Quadrat selbst ist ein Rechteck, das H enthält. Offensichtlich wird

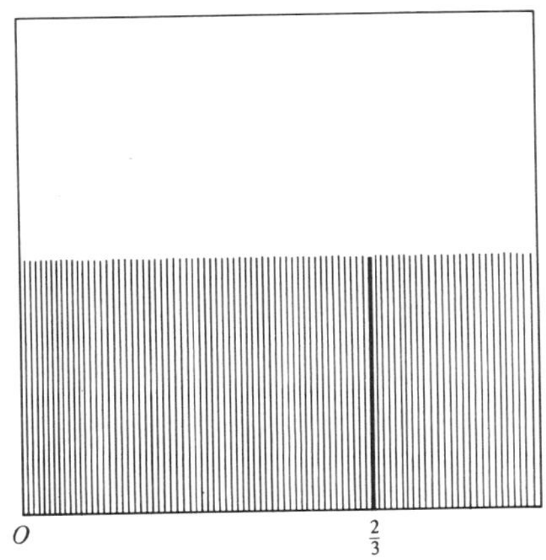

Bild 4.26
Das „haarige Quadrat", für das kein Flächeninhalt definiert werden kann

jedes rechtwinklige Stück, das aus dem Quadrat entfernt wird, ebenso einige Punkte von H entfernen. Deshalb ist der kleinste Wert, den die kleiner werdenden äußeren Rechtecke annehmen können, der des Flächeninhalts des ursprünglichen Quadrats mit der Seitenlänge 1: also $R = 1$. Was die wachsende Folge von Mengen innerer Rechtecke angeht, so wird sicherlich ein Rechteck S_1 mit der Basis 1 und der Höhe $\frac{1}{2}$ gerade in H oberhalb der Haarlinien passen (Bild 4.27). Dieses Rechteck enthält aber nicht alle Punkte aus H. Die Punkte zwischen den „Haaren", oberhalb von *irrationalen* Entfernungen vom Scheitelpunkt O (beispielsweise Punkte zwischen den Haaren oberhalb von $\sqrt{2}/2$), liegen nicht im Rechteck S_1. Jedoch kann *kein* Rechteck S_2, das völlig innerhalb von H liegt, einen derartigen Punkt enthalten. Denn falls so ein Punkt P innerhalb des Rechtecks S_2 läge, müßte die Basis von S_2 über ein Haar fallen, da es rationale Zahlen gibt, die beliebig nahe zu P sind. Daher ist der größtmögliche Flächeninhalt der inneren sich ausdehnenden Menge von Rechtecken der Flächeninhalt S_1, der $\frac{1}{2}$ ist. Folglich ist

$$1 = R \neq S = \frac{1}{2}.$$

H hat somit *keinen* Flächeninhalt.

Weitere Beispiele können leicht hergestellt werden. Man betrachte ein Quadrat U mit der Seitenlänge 1, das weiter unterteilt wird und in das eine Kurve eingezeichnet ist, wie es in der Diagrammfolge von Bild 4.28 gezeigt wird. Dieses Verfahren wird unendlich fortgesetzt und C sei die Kurve, die sich daraus ergibt. Nach n Unterteilungen haben die kleinen Quadrate die Seitenlänge $(\frac{1}{2})^n$. Da die Kurve C durch jedes kleine Quadrat läuft, ist kein Punkt in U weiter als $\sqrt{2}/2^n$ (Länge der Diagonale der kleinen Quadrate im n^{ten} Stadium) von der Kurve entfernt. Wird n größer, d. h., wenn der Unterteilungsprozeß fortgesetzt wird, wird die Entfernung jedes Punktes im Quadrat U von der Kurve C kleiner als irgendeine positive Zahl. Tatsächlich muß sie nach der Definition der rellen Zahlen in Kapitel 1 gleich Null sein. Nicht jeder Punkt von U liegt jedoch *auf* der Kurve C; der Mittelpunkt des Quadrats U z. B. ist nicht auf C. A sei die Menge aller Punkte innerhalb von U, die *nicht* auf C liegen.

Ebenso, wie wir beim „haarigen Quadrat" argumentierten, sehen wir, daß die äußeren sich zusammenziehenden Rechtecke sich auf U zusammenziehen, so daß der Grenzwert der äußeren Flächenapproximation der Flächeninhalt von U sein muß, der 1 ist. Da andererseits jeder Punkt in U in Nullentfernung von C liegt (obwohl nicht jeder Punkt auf C liegen muß!), kann kein Rechteck innerhalb von U größer als ein Punkt sein. Daher muß der Näherungswert des inneren Flächeninhalts Null sein, und $A = U - C$ hat folglich keinen Flächeninhalt.

Intuition ist ein schlechter Führer, wenn *alle* reellen Zahlen, und nicht nur die rationalen, im Spiel sind. Dies zeigt sich vielleicht nirgends besser als in den verwirrenden Beispielen

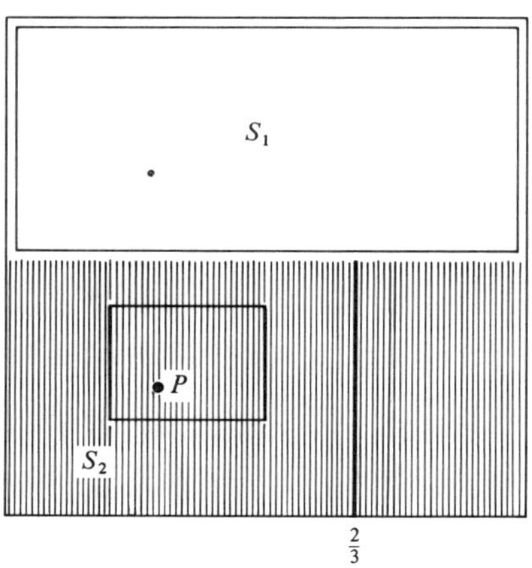

Bild 4.27

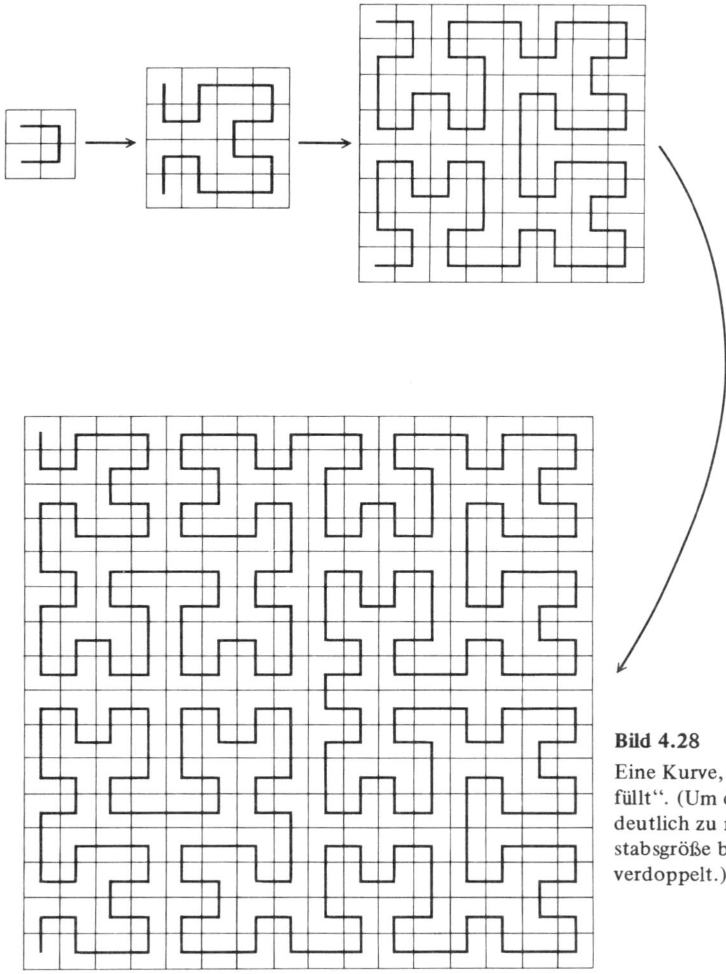

Bild 4.28
Eine Kurve, die ein Quadrat „ausfüllt". (Um die Konstruktionsschritte deutlich zu machen, wurde die Maßstabsgröße bei den Quadraten jeweils verdoppelt.)

der Berechnung von Flächeninhalten oder Volumina geometrischer Gegenstände, deren Eigenschaften nicht lediglich durch „rationale Beschreibung endlicher Art" festgelegt werden können. Archimedes' Methoden der Bestimmung von Flächeninhalten, die in verfeinerter und erweiterter Form eine wirksame Definition dieses geometrischen Begriffs vermitteln, schlagen eine wichtige Brücke zwischen der Arithmetik reeller Zahlen und den grundlegenden Begriffen der Geometrie. Über diese Brücke kommen nicht nur diejenigen Eigenschaften der reellen Zahlen, die Genauigkeit und Meßmethoden in die Geometrie einführen; Pathologie und Komplexität der reellen Zahlen überqueren diese Brücke ebenso und verlangen dadurch eine Verfeinerung geometrischer Anschauung und erzwingen so ein Verständnis für das subtile Gewebe der Widersprüche, das ständig den unvorbereiteten mathematischen Praktiker zu umgarnen sucht.

Übungen

4.1. Welches war das wichtigste Merkmal griechischer Mathematik, beginnend mit Thales, das in früheren Kulturen fehlte? Warum ist dieses Merkmal wichtig?

4.2. Aristarchos lieferte mehrere Abschätzungen physikalischer und mathematischer Größen. Was ist hinsichtlich der *Form* seiner Aussagen wichtig?

4.3. Zeigen Sie an Hand von Tafel 4 im Anhang, daß $\sin x/x$ eine abnehmende Funktion von x ist, indem die ungefähren Werte für x in bezug auf 1°, 10°, 20°, 30°, 40°, 50°, 60°, 70° und 80° berechnet werden, wobei x im *Bogenmaß* ausgedrückt ist.

4.4. Verfahren Sie weiter wie in Aufgabe 4.3, um zu zeigen, daß $\tan x/x$ eine *zunehmende* Funktion ist.

4.5. Zeigen Sie, unter Verwendung der Formel

$$\frac{\sin x}{\sin y} < \frac{x}{y} < \frac{\tan x}{\tan y} \quad \text{für} \quad 0 < y < x < \frac{\pi}{2},$$

daß $\sin(\pi/3) < 0{,}94$ ist. Entnehmen Sie in einer graphischen Darstellung den genauen Wert von $\sin(\pi/3)$, und vergleichen Sie die beiden Ergebnisse.

4.6. Zeigen Sie, daß $\sin(2y) < 2\sin(y)$ und $2\tan(y) < \tan(2y)$ für $0 < y < \pi/2$ ist.

***4.7.** Finden Sie unter Verwendung eines rechtwinkeligen Dreiecks, dessen einer Winkel gleich $\pi/12$ ist, eine „obere Grenze" für sin 1°, die besser ist als Aristarchos' obere Grenze $\sin 1° < \frac{1}{45}$.

4.8. Sind Aristarchos' grundlegende Vermutungen vernünftig? Warum? Geben Sie Belege für jede seiner Vermutungen.

4.9. Hätte die „Größe des Weltalls" in frühen Zeitaltern vernünftig abgeschätzt werden können, wenn die Erde keinen Mond hätte?

4.10. Drücken Sie die ägyptischen Abschätzungen $\pi \approx 3$ und $\pi \approx 4\left(\frac{8}{9}\right)^2$ in ägyptischer Schreibweise aus, indem Stammbrüche und ägyptische Multiplikation benutzt werden ($\pi \approx 3$ ist natürlich trivial).

4.11. Vergleichen Sie die Werte von

$$\left(\frac{17}{12} - \sqrt{2}\right)^{-1} \quad \text{und} \quad 144\left(\frac{17}{12} + \sqrt{2}\right)$$

für die ersten drei babylonischen Näherungswerte für $\sqrt{2}$, indem bei $a_1 = 1$ begonnen wird.

4.12. Vergleichen Sie die Werte von

$$(\sqrt{2} - 1)^{-1} \quad \text{und} \quad \sqrt{2} + 1$$

für die ersten drei Näherungswerte (wie in Aufgabe 4.11).

4.13. Schätzen Sie die Fehler (a) in Aufgabe 4.11 und (b) in Aufgabe 4.12, indem Sie *Schranken* für die Genauigkeit von $\sqrt{2}$ angeben.

4.14. Weshalb ist es wichtig, daß wie in Aufgabe 4.13 Schranken gegeben werden?

4.15. Definieren Sie den Begriff *Flächeninhalt* so sorgfältig wie möglich.

4.16. Zeigen Sie, wie Ihre Definition sich auf den Flächeninhalt (a) eines Quadrats, (b) eines Dreiecks und (c) eines „haarigen Quadrats" anwenden läßt.

***4.17.** Läßt sich die *Länge einer Kurve* (oder „Bogenlänge") genau so einfach „definieren" wie Flächeninhalt? (siehe Aufgabe 4.15)

a) Wenn die Antwort „ja" ist, geben Sie eine Definition und zeigen Sie, daß diese Definition sich auf den Umfang der geometrischen Objekte, die in a) und b) der Aufgabe 4.16 erwähnt wurden, und auf die Länge eines Kreises anwenden läßt.

b) Ist Ihre Antwort „nein", geben Sie Beispiele, die die ernsthaften Schwierigkeiten illustrieren, die Sie in Betracht ziehen.

***4.18.** Unter Verwendung des babylonischen Näherungsverfahren für Quadratwurzeln und Archimedes' Methode zum Vergleich von Kreisumfängen, soll π abgeschätzt werden, indem ein reguläres 12-seitiges Polygon betrachtet wird (siehe S. 96). Finden Sie eine „obere" und eine „untere" Schranke für π.

4.19. a) Zeichen Sie auf Millimeterpapier den Graphen von $y = \sin(1/x)$ für $0 < x < 2/\pi$.

b) Besitzt diese Kurve eine Länge? Warum?

***4.20.** a) Geben Sie auf Millimeterpapier eine graphische Darstellung von $y = 1/x^2$ für $x \geqslant 1$.

b) Mit S sei die Punktmenge (x, y) bezeichnet, für die $1 \leqslant x$ und $0 \leqslant y \leqslant 1/x^2$ ist. Hat S einen Flächeninhalt? Warum? Seien Sie so exakt wie möglich.

4.21. Berechnen Sie die ersten vier Näherungswerte für π, indem eine „unendliche Reihe" verwendet wird:

a) $$\frac{\pi^2}{6} = 1 + \frac{1}{2^2} + \frac{1}{3^2} + \frac{1}{4^2} + \ldots$$

und

b) $$\frac{\pi^4}{90} = 1 + \frac{1}{2^4} + \frac{1}{3^4} + \frac{1}{4^4} + \ldots$$

4.22. Beweisen Sie, daß $1 + 2 + 3 \ldots + n = n(n+1)/2$ ist.

4.23. Finden Sie den Inhalt der Fläche, die durch die x-Achse, die Gerade $x = 1$ und die Kurve $y = x^2$ begrenzt ist (Bild 4.29).

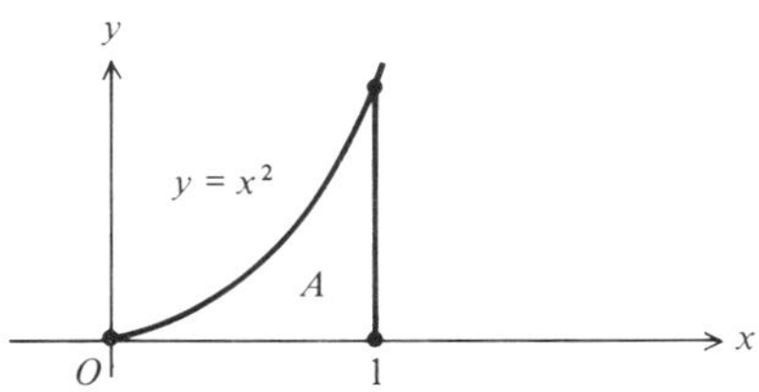

Bild 4.29

4.24. Was muß man wissen, um den Flächeninhalt „unter" einem Teil der Kurve $y = x^m$ zu finden, wobei m eine positive ganze Zahl ist?

***4.25.** Beweisen Sie unter Verwendung der Definition der reellen Zahlen, die in Kapitel 1 gegeben wurde, daß es zwischen zwei beliebigen rationalen Zahlen eine irrationale Zahl gibt.

***4.26.** Beweisen Sie, daß zwischen zwei beliebigen irrationalen Zahlen eine rationale Zahl existiert.

4.27. Welche Regel beschreibt die Progression von einer Approximation der Kurve C zu der nächsten in Bild 4.28? Zeichnen Sie die nächste Stufe der Approximationsfolge (man benutze kariertes Papier mit $\frac{1}{2}$ cm Einteilung).

4.28. Finden Sie, indem lediglich elementare Geometrie und die Definition des Flächeninhalts eines Quadrates, wie in Abschnitt 4.12, verwendet wird, die Formel für den Flächeninhalt eines Trapezes mit der Höhe h, dessen Grundseiten die Längen b_1 und b_2 haben.

4.29. Zeigen Sie, unter Verwendung eines Verfahrens ähnlich dem, das auf der Seite 108 gegeben wurde, daß das Volumen eines Quaders der Höhe h, dessen Basis ein Quadrat mit der Seitenlänge b ist, das Produkt b^2h ist.

4.30. Zeigen Sie, daß das Volumen eines Quaders mit den Kantenlängen a, b, c das Produkt abc ist, indem das Ergebnis aus Aufgabe 4.29 verwendet wird.

Zweiter Teil
Die Reifezeit des Rechnens

5. Navigation

In diesem Kapitel beschäftigen wir uns mit Navigationsproblemen der Seefahrer des fünfzehnten Jahrhunderts; dabei werden die Probleme vom mathematischen Standpunkt aus betrachtet. Langfristige Schiffsfahrten auf offener See hingen von der Fähigkeit ab, den Standort auf der Erdoberfläche bestimmen zu können, was zu dieser Zeit nur durch Beobachtung der Positionen der Sterne möglich war. Somit waren im Zeitalter der Erforschungen Verfeinerungen in Hinsicht auf astronomische Beobachtungen und ein Verständnis der Geometrie der Kugel erforderlich, ausgedrückt in der Terminologie der sphärischen Trigonometrie. Das Kapitel beginnt mit der Untersuchung der *geographischen Breite,* behandelt dann die Beziehung zwischen *geographischer Länge* und genauen Zeitmessungen und beschreibt das *nautische Dreieck.* Die weittragende Bedeutung genauer Breitengradmessung zur Größenbestimmung des Weltalls wird kurz besprochen. Der Begriff der *Krümmung* wird auf anschauliche Weise eingeführt, um den Leser auf eine eingehende Untersuchung der Differentialgeometrie und die Probleme der Weltraumfahrt vorzubereiten, die in den Kapiteln 11 und 12 behandelt werden.

5.1. *Himmelsnavigation* ist die Kunst, Beobachtungsdaten von Himmelsobjekten in brauchbare Information über die Position des Beobachters auf der Erde umzusetzen. Dies ist ein altes Thema; die frühesten geschichtlichen Aufzeichnungen deuten darauf hin, daß sich die Reisenden von Sternen leiten ließen. Himmelsnavigation wurde immer wissenschaftlicher, komplizierter und verläßlicher, da immer weiter verfeinerte mathematische Techniken eingeführt wurden, mit denen Beobachtungsdaten auf mechanische, manchmal schwer verständliche Weise direkt in brauchbare Informationen umgesetzt werden konnten.

Isaac Newton schrieb einst[1]:

> Würde man einen Mathematiker zur See schicken, anstatt die Beobachtungen der Seefahrer an fähige Mathematiker an Land zu schicken, so würde dieses wesentlich mehr für die Navigation und die Sicherheit von Menschenleben und Gütern einbringen.[2]

Newtons Hoffnungen in dieser Hinsicht wurden eineinhalb Jahrhunderte später erfüllt, als Nathaniel Bowditch 1773 in Salem (Massachusetts, USA) geboren wurde. Bowditch war ein fähiger Mathematiker, der sich für die Probleme der Navigation interessierte. Sein Buch über dieses Thema wurde im Jahre 1802 unter dem Titel *The American Practical Navigator* veröffentlicht und erscheint noch heute regelmäßig in verbesserter

[1] Dies wird Isaac Newton durch James Phinney Baxter III in *Scientists Against Time* [4], S. 404 zugeschrieben.

[2] Freie Übersetzung des englischen Textes von J. P. Baxter [4].

Auflage (als *U.S. Navy Hydrographic Office Publication Nr. 9*). Seit seinem ersten Erscheinen wurden etwa 70 Auflagen veröffentlicht. Nach Newtons Worten war Bowditch im Grunde ein Mathematiker, der zur See fuhr und damit die Praxis der Seefahrt seiner Zeit revolutionierte.

Man muß zwischen Astronomie und Navigation unterscheiden. Die wissenschaftliche Astronomie wird gewöhnlich an einem festen Ort von einer kleinen Gruppe von Personen ausgeübt, die es sich zur Aufgabe macht, soviel wie *möglich* über den Himmelsraum zu lernen. Die „Kunst" der Navigation, die sich allmählich zu einer „Wissenschaft" und einer „Technologie" entwickelte, wird und wurde von einer viel größeren (und deshalb durchschnittlich weniger ausgebildeten) Gruppe von Seeleuten ausgeübt. Ständig unterwegs, sind sie lediglich daran interessiert, nur soviel für das Studium des Himmels zu erlernen, als *nötig* ist, um ihre eigene Position zu bestimmen. Folglich werden viele Verfahren und Probleme, die für den Astronomen ganz einfach sind, nur langsam zu einem Bestandteil des Wissens praktischer Seefahrer. Dies war natürlich in früheren Zeiten zutreffender als es heute ist, auf Grund der neueren wesentlichen Verbesserungen im Bereich der Kommunikation und des Fortschritts in der Technologie.

Einer der ersten mathematischen Beiträge zur Navigationstheorie stammt von Ptolemäus, den wir schon erwähnten. Von seinen beiden hervorragenden Büchern behandelt der *Almagest* die Astronomie und bestimmte bis zur Zeit des Kopernikus das astronomische Denken. Das andere Buch, die *Geographie*, war das erste Buch, das sich auf wissenschaftliche Weise mit dem Problem der Formulierung einer Weltbeschreibung befaßte. Einer seiner grundlegenden Beiträge war der Begriff der Winkelkoordinaten zur Beschreibung einer Position auf der Erdoberfläche. Das Weltbild des Ptolemäus setzte die Erde in den Mittelpunkt des ganzen Systems. Wir wissen heute, daß dies falsch ist. Aber er wußte, daß die Erde selbst kugelförmig war, eine Auffassung, die im allgemeinen von den aufgeklärten Europäern im Mittelalter ignoriert und erst während der Renaissance unter beträchtlichen Fanfarenklängen wiederentdeckt wurde. Ptolemäus führte das Koordinatensystem für Punkte auf der Erde ein, das heute als geographische Breite und geographische Länge bekannt ist, und bestimmte die Koordinaten für alle Orte, die ihm bekannt waren.

Da Ptolemäus für die Größe (den Umfang) der Erde Strabos Abschätzung benutzte, kam er für die Länge eines Grades (d.h. $\frac{1}{360}$ des Umfangs) auf der Erdoberfläche auf etwa 80 km, statt des richtigen Wertes von etwa 110 km, ein Fehler von 27 %. Dies führte später zu Kolumbus grober Unterschätzung der Entfernung von Europa nach Zipangu (Japan) in westlicher Richtung. Die Kenntnis der tatsächlichen Entfernung, die auf einer so langen Fahrt zurückgelegt werden mußte, war für Kolumbus von größter Wichtigkeit. Die Gesamtentfernung, die er zurücklegen konnte, war durch die Vorratskapazität (und die Technologie) seiner Schiffe begrenzt; dies wird am Ende des Kapitels 6 ausführlicher besprochen.

Für viele Zwecke war es weniger wichtig, die tatsächlich zurückzulegende Entfernung zu kennen, als die Frage zu beantworten: Wie wissen wir, wann wir einen gewissen, vorbestimmten Ort (Punkt) auf der Erdkugel erreicht haben? Winkelkoordinaten sind von der Erdgröße unabhängig, und die Mittel zu ihrer Berechnung auf offener See waren in Bezug auf Genauigkeit weit besser als diejenigen, mit denen die tatsächliche Entfernung gemessen werden konnte, die in einer bestimmten Richtung zurückgelegt worden war.

Es gibt drei grundlegende und miteinander verbundene Probleme der Navigation:

1. Die Bestimmung der *geographischen Breite.*
2. Die Bestimmung der *geographischen Länge.*
3. Die Bestimmung der *Zeit.*

Jede hat ihre eigene ausführliche und interessante Entwicklung und ihre historischen Folgen. Es ist hier unmöglich, alle Einzelheiten zu beschreiben, aber wir haben einen Aspekt ausgewählt, um die Rolle der Mathematik bei dieser Entwicklung zu veranschaulichen.

5.2. Obwohl die Auffassung von Ptolemäus, daß die Erde im Mittelpunkt des Weltalls steht, absolut gesehen falsch ist, so *erscheint* das Weltall aber dem erdgebundenen Beobachter in dieser Weise. In unserer Besprechung über Navigation haben wir diesen Standpunkt angenommen und benutzen den ptolemäischen Begriff von einer *Himmelskugel,* in deren Mittelpunkt die Erde steht, und in der die Sterne an eine große konzentrische transparente Kugel geheftet sind (Bild 5.1).

Die Grundidee besteht darin, unabhängige Koordinatensysteme für die Erde und die Himmelskugel aufzustellen. Indem die Beziehung zwischen den beiden Systemen zu gegebener, durch Beobachtung bestimmter Zeit benutzt wird, kann die Position auf der Erde bestimmt werden. Zuerst betrachte man die Breiten- und Längenkoordinaten auf der Erdoberfläche. Die Erde dreht sich um eine Achse, und die beiden Punkte auf ihrer Oberfläche, die bei dieser Bewegung festbleiben, heißen *Nordpol* und *Südpol.* Der *Äquator* ist der Großkreis, den man durch den Schnitt mit einer Ebene erhält, die durch den Mittelpunkt der Erde und senkrecht zur Rotationsachse verläuft. Es sei G ein fester Punkt auf dem Äquator (in der Praxis der Schnittpunkt des Äquators mit dem Meridian, der durch Greenwich, England verläuft). Der Winkel α ist als *geographische Breite* und der Winkel β als *geographische Länge* eines Punktes auf der Erdoberfläche definiert (Bild 5.2). Der Winkel α variiert von $0°$ bis $\pm 90°$, was den Standorten vom Äquator bis zum

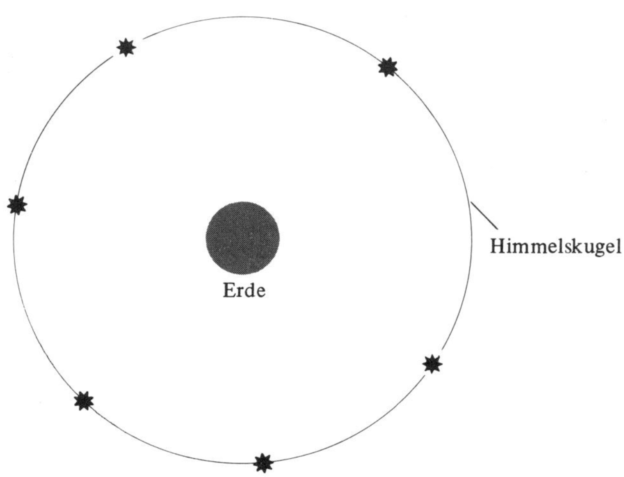

Bild 5.1
Die Himmelskugel

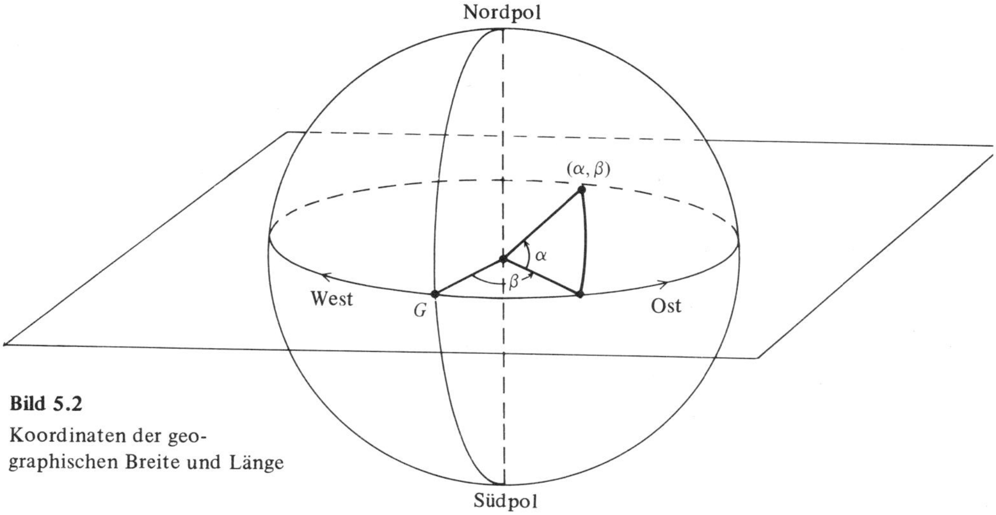

Bild 5.2
Koordinaten der geographischen Breite und Länge

Nord- bzw. Südpol entspricht. Man schreibt z. B. 35 °N oder 22 °S, um den Unterschied zwischen Nord- und Südhalbkugel zu kennzeichnen. Die geographische Länge β kann in einer Richtung Werte von 0° bis 360° annehmen (z. B. in östlicher Richtung). In der Navigation gibt man die geographische Länge von 0° bis 180° östlich und westlich des Meridians von G an. Die Länge 150° O entspricht z. B. dem Meridian, der erreicht wird, wenn man von G 150° in östliche Richtung fährt. 25° W bezieht sich auf den Meridian, der 25° vom Punkt G in westlicher Richtung liegt. In diesem Bereich bestimmen die Winkel α und β eindeutig einen Punkt auf der Erdoberfläche. Sie bestimmen tatsächlich eindeutig einen Punkt auf *jeder beliebigen* Kugel, die konzentrisch zur Erde ist, insbesondere bestimmen sie eindeutig einen Punkt auf der Himmelskugel.

Bei unserer Untersuchung wollen wir annehmen: Die Himmelskugel steht fest, die Sterne sind daran angeheftet; die Erde ist eine konzentrische Kugel, die um ihre Achse rotiert. Die Achse der Erdrotation schneidet die Himmelskugel in zwei Punkten, die wir den *Himmelsnordpol* bzw. den *Himmelssüdpol* nennen (Bild 5.3).

Beachten Sie, daß die Erd- und die Himmelskugel je nach Standort in entgegengesetzten Richtungen zu rotieren scheinen. Für einen Beobachter auf der fiktiven Himmelskugel würde die Erde ungefähr eine Umdrehung pro Tag ausführen. Auf der Erde würde ein Beobachter die Himmelskugel ihn umkreisen sehen, wobei die Sterne im Osten aufgehen und im Westen untergehen. Stünde der Beobachter im Punkt O des Bildes 5.3, so könnte er den Himmelspol betrachten, dieser würde stillstehen, während die Erde rotiert. Die Sterne in der Umgebung dieses Punktes würden scheinbar in kleinen Kreisen um den Punkt rotieren.[1] Das Problem, die geographische Breite für einen Beobachter im Punkt

[1] Wir lassen die *Präzession* der Erdachse unberücksichtigt, da sie mit einer Umlaufzeit von 26 000 Jahren für nautische Zwecke unbemerkbar, jedoch für astrologische Betrachtungen von zentraler Bedeutung ist; man erinnere sich an die Diskussion in Abschnitt 3.7.

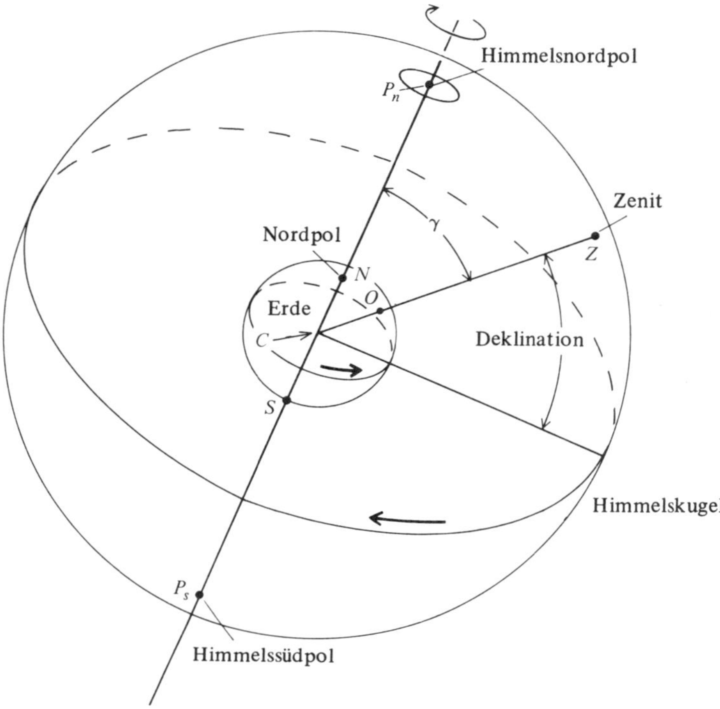

Bild 5.3
Himmelskoordinaten

O zu ermitteln (Bild 5.3), besteht darin, den Winkel γ zu messen, da dieser Winkel die geographische Breite auf der Erdkugel durch die Beziehung $\alpha = 90^\circ - \gamma$ auf eindeutige Weise bestimmt. Der Punkt direkt über dem Beobachter auf der Himmelskugel (das heißt, der Punkt, der durch den Schnittpunkt des Strahls definiert wird, der durch den Beobachter verläuft und den Erdmittelpunkt mit der Himmelskugel verbindet), heißt der *Zenit*, dessen Lage natürlich auf Grund der Rotation eine Funktion der Zeit ist. Der Winkel γ hingegen ist nicht eine Funktion der Zeit, sondern er ist vielmehr zeitlich konstant.

Wie kann ein Betrachter im Punkt O den Winkel γ bestimmen? Eine einfache Möglichkeit besteht darin, einen Stern am (oder sehr nahe beim) Himmelsnordpol zu benutzen, wie in Bild 5.4 beschrieben wird. Selbstverständlich können wir das Problem auf ein zweidimensionales reduzieren, indem wir unsere Aufmerksamkeit auf die Ebene beschränken, die durch die drei Punkte C, P_n und Z verläuft; diese Ebene ist in Bild 5.4 dargestellt. Mit irgendeinem Meßgerät wird der Winkel δ so genau wie möglich bestimmt; dies ergibt die *Höhe* des Sterns (aus heutiger Sicht die des Polarsterns *Polaris*). Das heißt, der Stern und der Horizont werden gleichzeitig betrachtet und der Winkel zwischen den beiden bemessen. Ein modernes Gerät, mit dem diese Winkelmessung genau ausgeführt werden kann, ist der *Sextant*. Er wurde 1700 von Isaac Newton erfunden (Bild 5.5). Ältere, aber weniger exakte und praktische Instrumente arbeiteten nach dem Prinzip des Winkelmessers, bei dem zwei Stäbe (Bild 5.6) benutzt wurden. Der Winkel wurde gemessen, indem einer der Stäbe mit einer Skala versehen wurde.

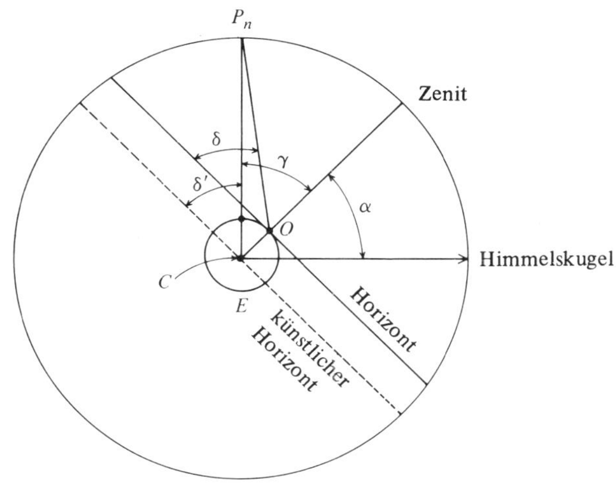

Bild 5.4

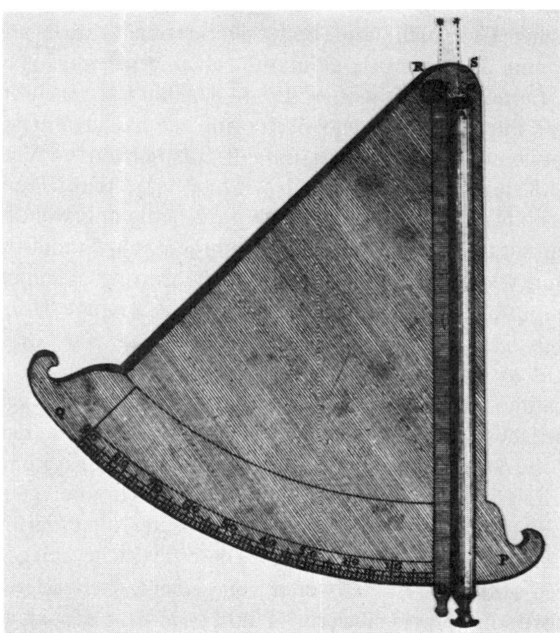

Bild 5.5 ?

Sextant von Isaac Newton. Entdeckt unter den Arbeiten des Astronomen Halley mit einer Beschreibung in Newtons Handschrift, 1742 zuerst veröffentlicht

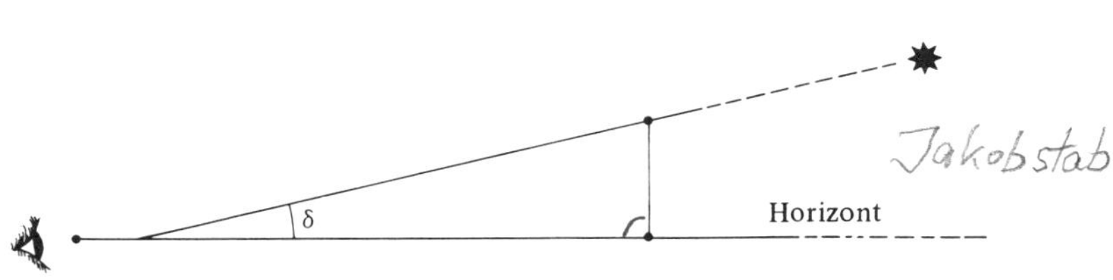

Bild 5.6

Bei Bild 5.4 muß beachtet werden, daß $\delta' + \gamma = 90° = \gamma + \alpha$ ist; deshalb hat die geographische Breite α denselben Wert wie der Winkel δ'. Die Höhe δ des Sterns Polaris, die den Winkel zwischen der Richtung von Polaris und dem Horizont darstellt, stimmt jedoch nicht immer mit dem gesuchten Winkel δ' überein. Die relativen Größen der Objekte und damit die Struktur der physikalischen Welt spielen hier eine Rolle. Die folgenden Annahmen werden gemacht:

A1. Der Polarstern liegt genau im Punkt P_n. Dies ist tatsächlich nicht ganz richtig. Polaris liegt sehr nahe am Punkt P_n, und für eine erste Annäherung an die geographische Breite kann der Unterschied ignoriert werden (Bild 5.3). Es gibt Verfahren, um diesen Unterschied zu berücksichtigen, indem man die Trigonometrie und die Kenntnis der Bewegung des Polarsterns auf einem kleinen Kreis um P_n als eine Funktion der Zeit anwendet. Die Annahme A1 ist ein Teil der Darstellung in Bild 5.4.

A2. Der Winkel δ ist annähernd so groß wie δ'. Dies ist eine vernünftige Annahme, denn die Sterne sind in Bezug auf den Erdradius sehr weit entfernt; es kann also angenommen werden, daß der *Horizont* mit dem *künstlichen Horizont*, der durch den Erdmittelpunkt verläuft, zusammenfällt.

Legen wir diese beiden Annahmen zu Grunde, so können wir schließen, daß die geographische Breite α ungefähr gleich der Höhe δ von Polaris über dem Horizont ist.

Dieses Verfahren ist seit geraumer Zeit bekannt, und mancher Reisende hat seinen Kurs nach Norden oder Süden in dieser etwas ungenauen Weise beobachtet und gesteuert. In früheren Zeiten ergab ein ähnlicher Gebrauch der Sonnendeklination (Höhe) zur Mittagsstunde genauere Auskunft, wenn die richtige Deklination einer gegebenen geographischen Breite für jeden Tag des Jahres bekannt war. Während des fünfzehnten Jahrhunderts konnten erfahrene Seefahrer ihre geographische Breite auf See bis auf ein bis zwei Grad genau bestimmen. Die Verwendung des Polarsterns, mit entsprechenden Verbesserungen, die mehr mathematische Kenntnisse verlangen, als wir hier dargestellt haben, entwickelte sich zu der vorherrschenden Navigationsmethode, die noch heute angewendet wird. Die Himmelsnavigation ist heutzutage jedoch vereinfacht worden: die Standorte aller gut zu beobachtenden Sterne sind vorausberechnet und in Tabellenform zusammengefaßt. Man liest einfach die geographische Breite ab, nachdem die scheinbare Höhe eines solchen Sterns gemessen worden ist. Dies vermeidet Berechnungen zu einer Zeit, während der die Information gebraucht wird.

Eine Bemerkung muß zu Annahme A1 gemacht werden. Man erinnere sich (vgl. Abschnitt 3.7) der Präzession der Erdachse und der allgemein bekannten Tatsache, daß das Sonnensystem sich in Bezug auf die Sterne unserer Galaxis (das Milchstraßensystem) bewegt. Daraus folgt, daß sich die relativen Positionen der Sterne am Himmel ganz langsam verändern; d.h., die relativen Positionen der Sterne auf unserer idealisierten Himmelskugel verändern sich langsam im Bezug auf die Zeit. Diese Tatsache spiegelt sich darin wider, daß Polaris vor etwa 5000 Jahren viel weiter von seiner gegenwärtigen Position in der Nähe des Himmelsnordpols (ein idealisierter Punkt) entfernt war als er es heute ist und daher zu damaliger Zeit nicht als Polarstern betrachtet wurde. Die Geschichte wissenschaftlicher Navigation war kurz im Verhältnis zu dieser Bewegung, deren Einfluß über Perioden von einigen hundert Jahren gering ist. Astronomen unserer Zeit können die genaue Position der Sterne als eine Funktion der Zeit genau berechnen, und die sich verändernde Position von Polaris wird oft in Planetarien gezeigt. Durch derartige Kenntnisse kann die Beziehung zwischen antiken Kalendersystemen und unserem eigenen festgestellt werden. Frühe babylonische Astronomen beobachteten z.B. die Position gewisser Sterne auf der Himmelskugel und trugen diese Information und das Datum der Beobachtung in ihren eigenen Kalender ein. Indem wir die Position der Sterne auf der Himmelskugel als Funktion der Zeit berechnen, können wir ermitteln, wann die Beobachtung gemacht wurde. Damit ist es möglich, historische Ereignisse, wie die Regierung eines bestimmten Königs, genau zu datieren. Die antike Methode der Datierung kann so mit unserer in Verbindung gebracht werden, und das Geschichtsstudium gewinnt ein wichtiges Verfahren zur Prüfung des Ursprungs und Alters von historischem Material.

5.3. Die Bestimmung der geographischen Breite durch die oben beschriebene Methode hängt von der annähernd gleichen Größe der Winkel δ und δ' ab. Ihr Unterschied ist von dem Verhältnis des Radius der Himmelskugel zum Erdradius abhängig, d.h. vom Verhältnis zwischen der Entfernung zum nächstliegenden Stern und dem Erdradius. Ist dieses Verhältnis groß, dann wird $\delta - \delta'$ klein. Andererseits ist $\delta - \delta'$ merkbar groß, wenn die Sterne der Erde nahe sind und infolgedessen das Verhältnis klein wird. Die Bestimmung der geographischen Breite mit dieser Methode kann daher beträchtlich fehlerhaft sein. Außerdem hängt die Größe der Differenz $\delta - \delta'$ von der Stellung des Beobachters auf der Erde ab. Befindet er sich z.B. am Nordpol, sind sowohl δ als auch δ' gleich 90°, es ergibt sich kein Fehler, gleichgültig in welcher Entfernung sich die Sterne befinden. Befindet sich der Betrachter jedoch an einem Punkt O auf der Erde, von dem aus er den Polarstern noch gerade eben am Horizont sehen kann, dann ist $\delta = 0$, aber $\delta' \neq 0$, und ihr Unterschied wird so groß, wie er nur werden kann, wenn der Betrachter umherreist (Bild 5.7).

Nehmen wir an, daß der Beobachter die wahre geographische Breite einer Position auf der Erde kennt, aber durch die oben beschriebene Meßtechnik entdeckt, daß es einen Fehler gibt, d.h., daß $\delta - \delta'$ nicht Null ist. Führt er diesen Fehler auf die Tatsache zurück, daß die Sterne sich in endlichem Abstand von der Erde befinden, dann kann er bestimmen, wie weit sie mindestens entfernt sein müssen. Zur Vereinfachung sei angenommen, daß der Polarstern vom Beobachter aus gerade noch sichtbar am Horizont ist; dann ist $\delta = 0$ und δ' hat den größten Wert. Bild 5.8 zeigt, wie die Entfernung zum Polarstern berechnet wird: $R_e/D = \sin\delta'$, wobei R_e der Erdradius und D die Entfernung vom Erdmittelpunkt zum Polarstern ist. Daher ist $D = R_e/\sin\delta'$. Nun kann ein Fehler von

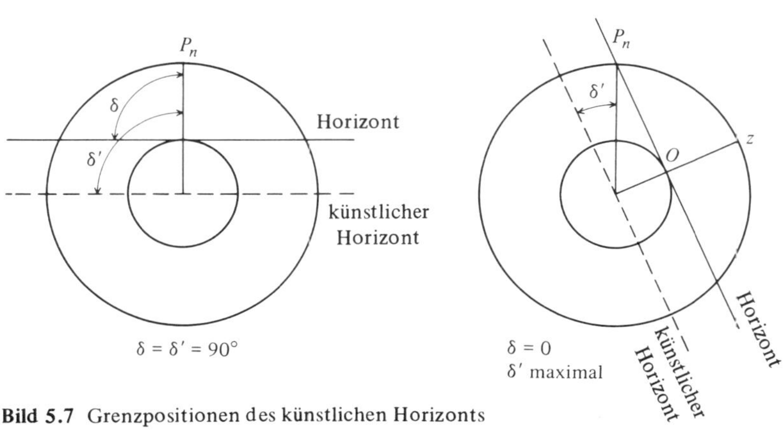

Bild 5.7 Grenzpositionen des künstlichen Horizonts

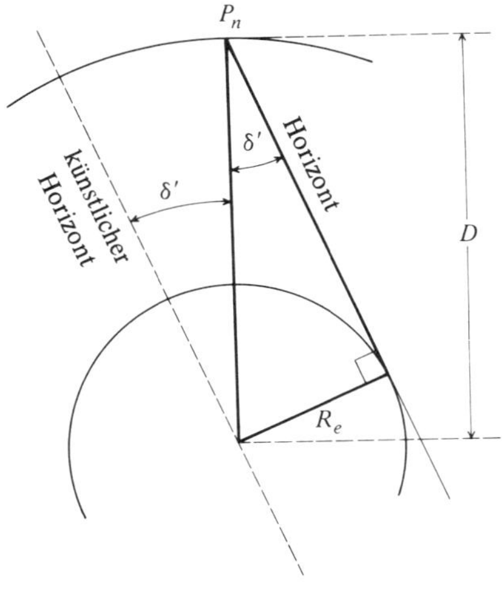

Bild 5.8
Entfernung zum Polarstern

1° in der Messung der geographischen Breite oder Länge einem Fehler von beinahe 112 Kilometern auf der Erdoberfläche entsprechen. Im frühen achtzehnten Jahrhundert verlangte die britische Regierung während langer Seereisen in den Längenmessungen eine Genauigkeit von 1°; die erforderliche Genauigkeit für Berechnungen des Breitengrads muß noch viel größer gewesen sein. Dauerte eine Seereise von durchschnittlicher Länge 100 Tage und häuften sich Fehler in der Längengradmessung an, was auf Grund der Mängel der Uhren leicht möglich war (dies wird später in diesem Kapitel beschrieben), dann mußte eine Genauigkeit von $\left(\frac{1}{100}\right)^\circ$ pro Trag für Längengradmessungen erreichbar gewesen sein. Wird ein ähnlicher Genauigkeitsgrad für Breitengradmessungen angenommen, dann ist

$$D \geqslant \frac{R_e}{\sin\left(\frac{1}{100}\right)^\circ}.$$

Aus einer Sinustafel, oder besser, indem die Methoden aus Kapitel 10 benutzt werden, erhält man $0{,}01^\circ = 0{,}0001745\ldots$ im Bogenmaß und

$$\sin 0{,}01^\circ = 0{,}0001745\ldots$$

Da $R_e \approx 6\,356$ km ist, ergibt sich:

$$D > \frac{6\,356}{0{,}0001745}\text{ km} \approx 36{,}5\text{ Mio. km}.$$

Diese Berechnungen bedeuten, daß die Seefahrer, nachdem sie erst einmal ihre Reiserouten über die Ozeane mit ausreichender Genauigkeit kontrollieren konnten, z. B. eine kleine Insel nach einer Fahrt von mehreren tausend Kilometern auffinden konnten, auch wußten, daß das Weltall im Vergleich zur Größe der Erde unermeßlich groß ist. Die oben gegebene Abschätzung ist natürlich immer noch viel zu klein; die wahre Entfernung von der Erde zur Sonne ist ungefähr 149 500 000 km, und der Polarstern ist sicherlich weiter entfernt. Dieses Verfahren ergibt lediglich *untere Schranken* für die Entfernung und ist auf jeden Fall ein Ergebnis, das einer großen Anzahl Menschen bekannt gewesen sein muß, da es den Seefahrern zugänglich war. Übrigens, Aristarchos schätzte die Entfernung von der Erde zur Sonne und kam zu dem Schluß, daß sie ungefähr 400 000 km von einander entfernt waren; zu seiner Zeit war es vielleicht nicht klar, daß die anderen Sterne eine viel größere Entfernung haben.

Schließlich ist anzunehmen, daß die zunehmende Genauigkeit in der Navigation im fünfzehnten und sechzehnten Jahrhundert zu einer erweiterten Begriffsvorstellung von der Größe des physikalischen Weltalls geführt hat. Dies hat, in Verbindung mit dem erweiterten Überblick über Kulturen und Gesellschaftsgruppen als einem Ergebnis der Entdeckung neuer Völker, durch die Europäer, die Blütezeit des Fortschritts, den wir Renaissance nennen, stark beeinflußt.

5.4. Das Problem der Längengradbestimmung kann auf das Problem genauer Zeitmessung reduziert werden. Es zeigt sich, daß die Zeitmessung für die Wissenschaftler, die sich mit der Nautik beschäftigten, am schwierigsten zu bewältigen war. Bevor wir alle Einzelheiten der geographischen Längenbestimmung untersuchen, wollen wir einiges aus der Entwicklung der Zeitmessung erwähnen. Eine kurze Darstellung des Problems gibt Bowditch in seinem *American Practical Navigator* [70], Ausgabe von 1958, S. 44:[1])

> Eine einst weitverbreitete Aussage: „Der Seefahrer kennt ständig seine geographische Breite." Eine genauere Aussage wäre gewesen: „Der Seefahrer kennt nie seine geographische Länge." Im Jahre 1594 schrieb Davis: „Es mag zwar einigen Wißbegierigen gelingen, eine Methode zur Bestimmung der geographischen Länge zu finden, aber das ist den Seeleuten zu lästig, da es tiefgründige Kenntnis der Astronomie verlangt. Deshalb sollte niemand glauben, daß die geographische Länge mit irgendeinem Instrument auf See gefunden werden kann. Kein Seemann lasse sich mit derartigen Regeln belasten, sondern führe tadellose Bücher und sorgfältige Berichte über den Weg seines Schiffes." In Bezug auf die Verhältnisse seiner Zeit hatte er recht, denn erst im 19. Jahrhundert war es dem gewöhnlichen Seemann möglich, die geographische Länge genau zu bestimmen.

Als Folge seiner Unfähigkeit, die geographische Länge zu bestimmen, wandte der Seefahrer alter Zeiten die Methode des *parallelen Segelns* an; diese bestand darin, zu einem bestimmten Breitengrad zu segeln und dann entweder in östlicher oder in westlicher Richtung weiterzureisen. Diese Methode war sehr zeitraubend, aber man hatte immerhin eine Vorstellung davon, wie man z.B. den Atlantik überqueren mußte. Die frühen portugisischen Forscher, die an der westafrikanischen Küste auf und ab segelten, brauchten keine Kenntnis der geographischen Länge, sondern nur der geographischen Breite und hatten deshalb weniger Schwierigkeiten als die Seefahrer der Neuen Welt. Wir zitieren nochmals aus dem Werk von Bowditch [70], S. 45:

> Während des Zeitalters der Entdeckungen boten Spanien und Holland Belohnungen für die Lösung dieses Problems [die Bestimmung der geographischen Länge] an, jedoch vergeblich. Als 2000 Mann auf See untergingen, da ein Geschwader der britischen 'men-of-war' in einer Nebelnacht des Jahres 1707 auf Grund lief, reichten die Offiziere der königlichen Marine und der Handelsmarine eine Bittschrift beim Parlament ein. Als Folge wurde 1714 das Amt für geographische Länge gegründet, das beauftragt wurde, diejenige Person zu belohnen, die das Problem, die geographische Länge auf See zu „bestimmen", lösen würde. Auf einer Seereise nach

[1]) Freie Übersetzung des Textes von Bowditch.

Westindien und zurück sollten die vorgeschlagenen Methoden geprüft werden, die vernünftig erschienen. Der Entdecker eines Systems, das die geographische Länge innerhalb von 1° am Ende der Reise bestimmen konnte, sollte £ 10 000 erhalten; für Genauigkeiten innerhalb von 40′ den Betrag von £ 15 000, und innerhalb von 30′, £ 20 000. Heutzutage wären dies noch interessante Beträge. Damals bedeuteten sie ein Vermögen.

Einen interessanten Versuch, ein Chronometer zu bauen, unternahm der holländische Mathematiker und Wissenschaftler Christian Huygens (1629–1695), der das Ergebnis eines nichttrivialen mathematischen Problems verwandte, das sich mit einer speziellen Art von Pendel beschäftigte (Bild 5.9). Dies war aber für ausgedehnte Seefahrten auf Grund der Größenveränderungen gewisser Metallteile bei variierender Temperatur unzulänglich. Der erste nutzbare nautische Zeitmesser wurde von John Harrison konstruiert, der schließlich den oben erwähnten Preis an seinem achtzehnten Geburtstag erhielt, jedoch erst nach Vermittlung des englischen Königs. Das Chronometer, das das Modell für moderne nautische Zeitmesser wurde, erfand im Jahre 1766 Pierre LeRoy aus Frankreich.

Nachdem wir festgestellt haben, daß sich viele Wissenschaftler intensiv bemühten, die Zeit genau zu messen, wollen wir untersuchen, wie mit dieser Kenntnis die geo-

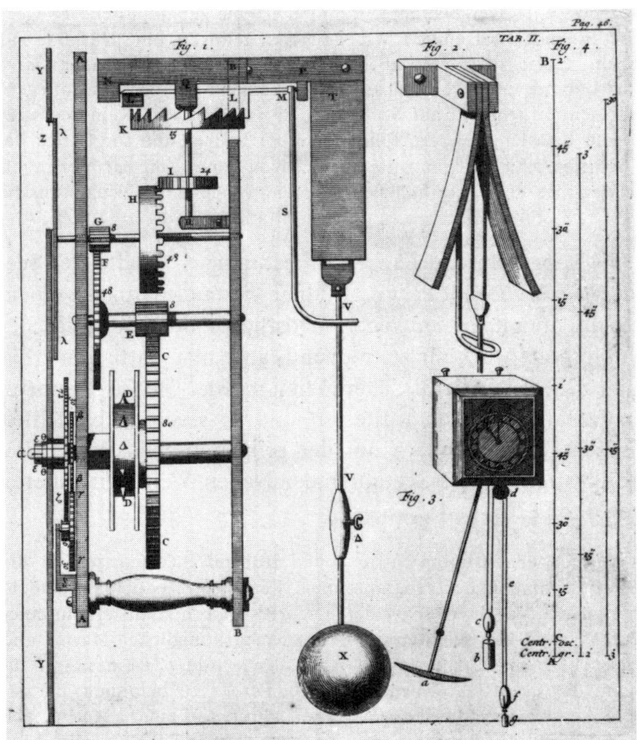

Bild 5.9 Die Pendeluhr von Christian Huygens, die 1657 vollendet wurde, ermöglichte zum ersten Mal eine genaue Bestimmung der geographischen Länge.

graphische Länge gemessen werden kann. Wir müssen mit einem kurzen mathematischen Umweg beginnen. Man erinnere sich der folgenden mathematischen Grundtatsache aus der ebenen Trigonometrie: Ein Dreieck besteht aus drei Seiten und drei Winkeln. Die Kenntnis von drei dieser 6 Größen bestimmt mathematisch die restlichen drei, mit einer einzigen Ausnahme: Durch drei Winkel können die drei Seiten des Dreiecks nicht bestimmt werden. Dies ist beweisbar, indem die verschiedenen Beziehungen der trigonometrischen Funktionen, wie der Kosinussatz, angewandt werden. Zur *praktischen* Bestimmung von drei unbekannten Größen (Winkel und Seiten) aus drei gegebenen sind *trigonometrische Tafeln* erforderlich. Das Ergebnis ist dann selbstverständlich nur so exakt wie es die Tafeln sind. Wie sich der Leser sicher auch erinnert, können Rechnungen oft mühsam sein, wenn extreme Genauigkeit verlangt wird. Wir kommen auf diesen Punkt zurück, wenn wir die Erfindung der Logarithmen in Kapitel 7 untersuchen.

Nun wenden wir uns der *sphärischen Trigonometrie* zu. Ein *sphärisches Dreieck* wird durch drei verschiedene Punkte auf einer Kugel bestimmt. Die Teilsegmente der Großkreise, die diese Punkte miteinander verbinden, bilden die Seiten des sphärischen Dreiecks. Bild 5.10 zeigt das sphärische Dreieck PQR, das durch die drei Punkte P, Q und R bestimmt wird und die Seiten a, b und c hat. Die erste Frage ist: Was ist mit einem *Winkel* zwischen zwei Seiten gemeint? Angenommen, α sei der zu definierende Winkel zwischen den Seiten a und b im Punkt P. Dann ist α dadurch *definiert*, daß er gleich dem ebenen Winkel (ebenfalls mit α bezeichnet) ist, der durch Projektionen der Segmente a und b auf die Ebene entsteht, die senkrecht zur Achse PC (C ist der Mittelpunkt der Kugel) durch C verläuft (Bild 5.10). Somit ist α gleich dem Winkel zwischen den Meridianebenen, die durch die Teilabschnitte a und b bestimmt sind. Sind diese Begriffe von Winkel und Seite gegeben, so kann man beweisen, daß das grundlegende Ergebnis der ebenen Trigonometrie sich auf die sphärische Trigonometrie übertragen läßt: Kenntnis von drei Größen (Winkel und Seiten) eines sphärischen Dreiecks bestimmt auf mathema-

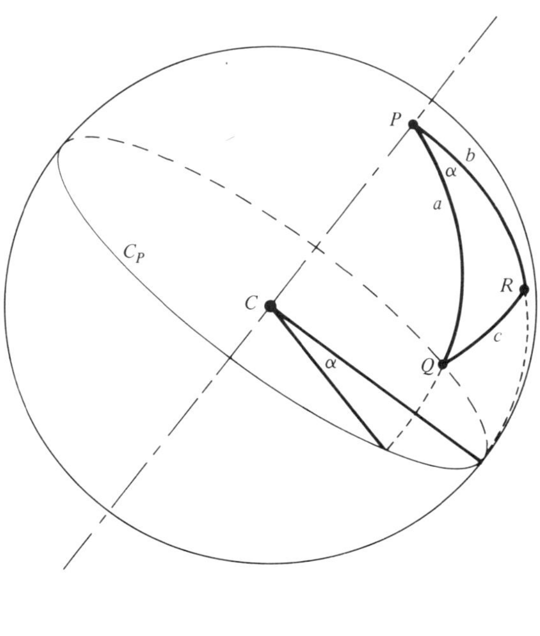

Bild 5.10
Definition des Winkels zwischen zwei Großkreisen auf einer Kugel

tische Weise die drei übrigen Größen (diesmal gibt es keine Ausnahmen, da drei Winkel eindeutig die drei Seiten bestimmen). Indem die Beziehungen zwischen Winkel und Seiten eines sphärischen Dreiecks in gleicher Weise wie im ebenen Fall benutzt werden, kann wiederum die Formel für die Lösung eines derartigen Dreiecksproblems abgeleitet werden. Unter Verwendung der entsprechenden trigonometrischen Tafeln können Lösungen von beliebigem Genauigkeitsgrad erreicht werden.

Die Lösung des Längengradproblems kann beschrieben werden, wenn diese Formeln für bestimmte Dreiecke auf der Himmelskugel bekannt sind. Zuerst wird ein Bezugspunkt zur Messung der geographischen Länge benötigt. Dieser Bezugspunkt ist erst kürzlich standardisiert worden, da in früheren Zeiten niemand die geographische Länge messen konnte, und so fehlte die Notwendigkeit für einen Standard. Im Jahre 1810 wollten die Amerikaner, die sich mit Navigation beschäftigten, den Meridian der Stadt Washington als Bezugsstandard festlegen. Dagegen wandten sich aber die Briten, die bereits seit einiger Zeit Greenwich benutzten, da es als erstes astronomisches Observatorium die zeitlichen Positionen der Sterne tabellarisch festhielt. Diese Informationen wurden in Jahrbüchern veröffentlicht, die erstmals im Jahre 1767 erschienen. Wie wir sehen werden, spielt diese Art der Information eine wichtige Rolle in der Messung der geographischen

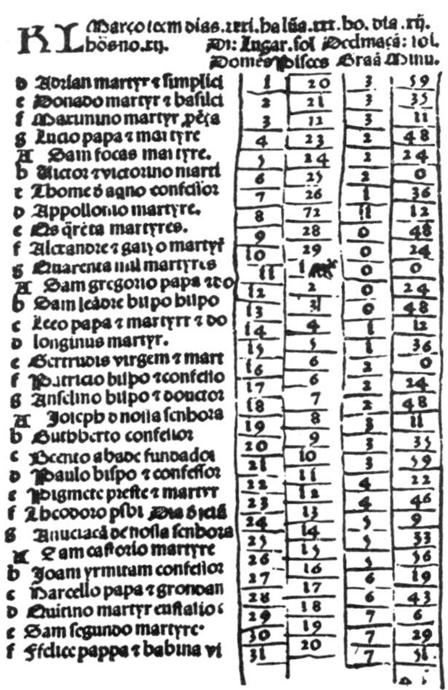

Fixsterne, 1855.

MEAN PLACES OF 100 PRINCIPAL FIXED STARS, FOR JANUARY 1, 1855.

Star's Name.	Mag.	Right Ascension. h. m. s.	An. Variation. s.	Declination. ° ′ ″	An. Variation. ″
α ANDROMEDÆ	2	0 0 53.97	+ 3.087	+28 17 23.3	+19.93
γ PEGASI (*Algenib*)	3.2	0 5 46.37	3.085	+14 22 38.1	20.05
β Hydri	3	0 18 3.62	3.292	−78 4 23.1	20.23
α CASSIOPEÆ	var.	0 32 18.36	3.356	+55 44 29.2	19.83
β Ceti	2	0 36 18.45	3.016	−18 47 0.1	19.86
α URS. MIN. (*Polaris*)	2	1 6 29.82	+18.117	+88 32 11.3	+19.23
θ Ceti	3	1 16 46.57	3.000	− 8 55 58.6	18.74
α Eridani (*Achernar*)	1	1 32 18.42	2.238	−57 58 28.2	18.59
α ARIETIS	2	1 59 0.44	3.365	+22 46 28.4	17.29
γ Ceti	3.4	2 35 47.42	3.102	2 37 19.4	15.44
α CETI	2.3	2 54 42.21	+ 3.129	+ 3 31 4.7	+14.40
α PERSEI	2	3 13 59.52	4.243	49 20 26.8	13.25
η Tauri	3	3 38 52.31	3.553	+23 39 11.0	11.54
γ¹ Eridani	3	3 51 15.91	2.796	−13 55 26.7	10.59
α TAURI (*Aldebaran*)	1	4 27 36.26	3.436	+16 12 49.4	7.72
α AURIGÆ (*Capella*)	1	5 5 59.03	+ 4.423	+45 50 41.8	+ 4.27
β ORIONIS (*Rigel*)	1	5 7 34.23	2.884	− 8 22 22.5	4.54
β TAURI	2	5 17 7.72	3.791	+28 28 48.3	3.55
δ ORIONIS	2	5 24 36.06	3.066	− 0 24 37.8	3.05
α Leporis	3	5 26 20.19	2.648	−17 55 46.0	2.94
ε ORIONIS	2	5 28 51.43	+ 3.044	− 1 17 54.6	+ 2.71
α Columbæ	2	5 34 24.05	2.177	−34 9 13.3	2.23
α ORIONIS	var.	5 47 19.35	3.249	+ 7 22 32.6	+ 1.11
μ Geminorum	3	6 14 11.30	3.636	+22 34 59.9	− 1.37
α Argus (*Canopus*)	1	6 20 44.13	1.330	−52 37 4.7	− 1.81
51 (Hev.) Cephei	5	6 31 6.10	+30.650	+87 15 7.9	− 2.80
α CANIS MAJ. (*Sirius*)	1	6 38 45.60	2.646	−16 31 12.8	4.52
ε Canis Majoris	2.1	6 52 55.69	2.360	−28 46 40.3	4.58
δ Geminorum	3.4	7 11 27.65	3.597	+22 14 41.7	6.16
α² GEMINOR. (*Castor*)	2.1	7 25 20.49	3.841	32 12 6.2	7.37
α CAN. MIN. (*Procyon*)	1	7 31 42.52	+ 3.145	+ 5 35 35.7	− 8.79
β GEMINOR. (*Pollux*)	1.2	7 36 26.23	3.681	+28 22 19.9	8.26
15 Argus	3	8 1 22.22	2.557	−23 53 20.5	10.06
ε Hydræ	3.4	8 39 5.74	3.189	+ 6 56 52.2	12.86
ι Ursæ Majoris	3	8 49 15.44	4.123	+48 36 26.7	13.78
ι Argus	2	9 13 12.52	+ 1.602	−58 40 3.3	−14.91
α HYDRÆ	2	9 20 27.65	2.951	− 8 1 56.8	15.36
θ Ursæ Majoris	3	9 23 7.85	4.048	+52 20 6.3	16.13
ε Leonis	3	9 37 36.82	3.424	24 26 22.0	16.34
α LEONIS (*Regulus*)	1.2	10 0 38.72	3.205	+12 40 26.4	17.40
η Argus	2	10 39 26.75	+ 2.306	−58 55 21.5	−18.74

Bild 5.11 Nautische Jahrbücher des 16. und 19. Jahrhunderts

Länge. 1884 einigten sich 25 Nationen auf einer Konferenz in Washington darauf, den Meridian von Greenwich, England, als den *Null-* oder *Grundmeridian* zu benutzen und ihn mit der *geographischen Länge* 0° zu bezeichnen.

Ein solches *Jahrbuch* enthält verschiedene Daten über gewisse Himmelskörper. Für unsere Zwecke brauchen wir nur zu wissen, daß ein Jahrbuch die Position von Himmelskörpern auf der Himmelskugel als eine Funktion der Zeit angibt, wobei der Betrachter sich an einem Bezugspunkt befindet, der in diesem Falle Greenwich ist (Bild 5.11 ist ein Beispiel aus einem alten Jahrbuch). Die Himmelspositionen werden u.a. sowohl für einige leicht auffindbare Sterne als auch für die Sonne, den Mond und verschiedene Planeten angegeben. Die Daten werden aus Beobachtungen gewonnen. Dann werden mit Hilfe der Himmelsmechanik zukünftige Positionen berechnet und tabelliert. Grob gesehen rotieren die Sterne pro Stunde um etwa 15° (d.h., die Himmelskugel rotiert mit dieser Geschwindigkeit und vollendet alle 24 Stunden eine gesamte Umdrehung). Wenn ein Stern in Greenwich zu einer bestimmten Stunde beobachtet wird und man weiß, wie schnell und in welcher Richtung er sich bewegt, kann seine Position zu einem späteren Zeitpunkt berechnet werden. Diese Daten werden in Tabellen erfaßt und stehen dem Navigator auf einem Schiff zur Verfügung. Sie enthalten ebenfalls Fehlerbestimmungen, so daß Schranken für den endgültigen Fehler ermittelt werden können.

Wir nehmen nun an, daß wir auf der Erdoberfläche von einem gegebenen Punkt O aus beobachten, dessen geographische Breite bekannt ist, und daß wir seine geographische Länge mittels einer Messung der Höhe eines Sterns (vielleicht der Sonne) zu einer bestimmten Zeit ermitteln wollen. Die Höhe des Polarsterns wurde früher besprochen; allgemein ist der Begriff für irgendeinen anderen Himmelskörper derselbe (Bild 5.12): Die Höhe eines beliebigen Sterns ist sein Deklinationswinkel gegenüber dem Horizont. Es sei nochmals betont, daß kein Unterschied zwischen dem tatsächlichen und dem künstlichen Horizont gemacht wird. Der Komplementärwinkel der Höhe, d.h. $90° - \alpha$, heißt die *Zenitdistanz* und ist der Winkel zwischen der Sichtlinie (der Linie OS oder genauer, der Linie CS, da wir annehmen, daß der Winkel SOZ auf Grund der großen Entfernungen etwa gleich SCZ ist) und der Nomalen im Punkt O, d.h. der Linie OZ. Der durch die Zenitdistanz des Sterns S bestimmte Kreisbogen ist ein Segment auf einem Großkreis, der S mit Z verbindet.

Jetzt sind wir ausreichend vorbereitet, um ein *nautisches Dreieck* zu definieren: Es ist einfach ein Dreieck, dessen Scheitelpunkte der Himmelsnordpol, der Zenit des Beobachters und ein bestimmter Himmelskörper S, der nicht mit den ersten beiden Punkten zusammenfällt, sind (Bild 5.13).

Kennen wir für dieses Dreieck die geographische Breite und die Höhe (oder die Zenitdistanz) des Sterns S zu einer bestimmten Zeit t_0, dann kennen wir alle drei Seiten des Dreiecks. In diesem Fall sagen wir, daß wir die Seiten des Dreiecks „kennen", wenn wir die Winkel im Mittelpunkt der Himmelskugel kennen, die den die Seiten des Dreiecks bildenden Kreisbögen gegenüberliegen. Bis auf eine Proportionalitätskonstante (die der Radius der Kugel ist) sind die drei Seiten eindeutig durch die Mittelpunktswinkel bestimmt. Diese drei Seiten bestimmen wiederum die drei Winkel des nautischen Dreiecks.

Woher kennen wir die drei Seiten? Erstens liegt der Kreisbogen P_nZ der geographischen Breite des Beobachters gegenüber, von der wir annehmen, daß sie bekannt ist. Zweitens liegt der Kreisbogen SZ der Zenitdistanz des Sterns S gegenüber, wie sie vom

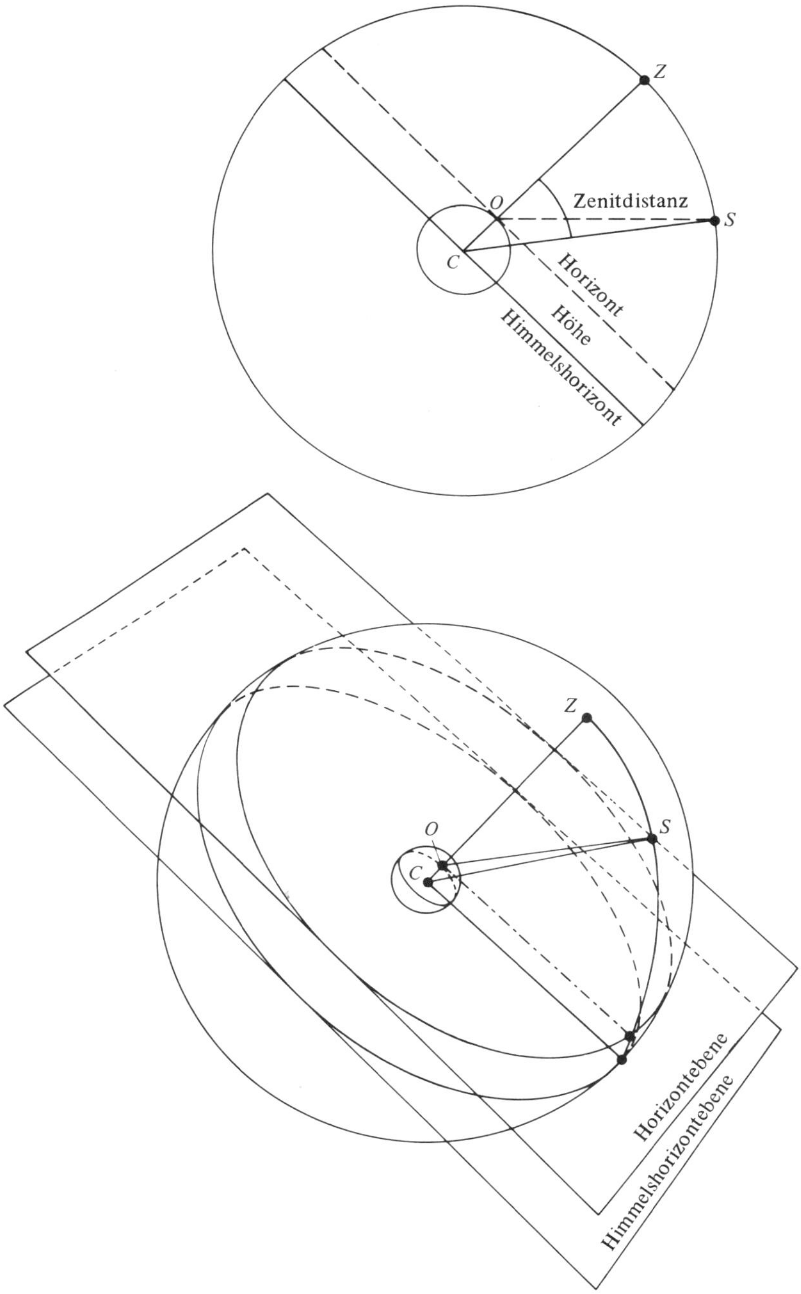

Bild 5.12 Ebenen des Horizonts und des Himmelshorizonts

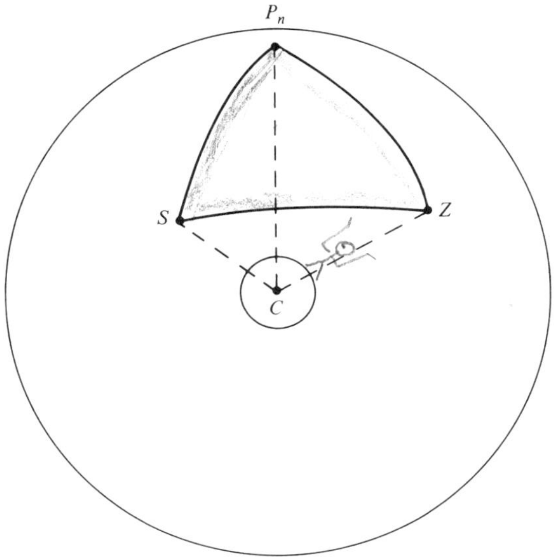

Bild 5.13
Ein nautisches Dreieck

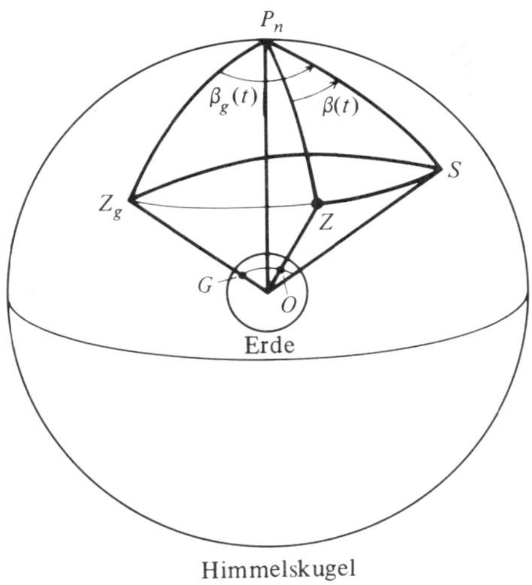

Bild 5.14
Berechnung der geographischen Länge

Beobachter aus gesehen wird (Bild 5.12). Drittens ist die *Poldistanz* des Sterns (Winkel SCP_n) aus dem Jahrbuch bekannt. Dies ist im wesentlichen die *Breitenkoordinate* des Sterns auf der Himmelskugel. Somit kennen wir alle drei Seiten des Dreiecks. Die einzige Seite, die mit der Zeit ihre Länge ändert, ist die Seite SZ; dies hängt mit der relativen Bewegung des Sterns und des Beobachters zusammen. Wird angenommen, daß der Beobachter in Greenwich ist, dann ergibt sich das nautische Dreieck P_nSZ_g; diese Situation ist in Bild 5.14 dargestellt. Grundsätzlich stellen wir fest, daß der Winkel $\beta_g(t) - \beta(t)$ eine Konstante ist [in diesem Fall bedeutet $\beta_g(t), \beta(t)$, daß die Winkel β_g, β mit der Zeit t variieren] und tatsächlich die Differenz der Länge zwischen den Punkten G und O auf der Erde darstellt. In den Jahrbüchern wird der Winkel $\beta_g(t)$ als Funktion der Zeit für einen bestimmten Stern angegeben, in diesem Fall unser S. Andererseits können wir mittels sphärischer Trigonometrie den Winkel $\beta(t)$ messen, da wir die drei Seiten des nautischen Dreiecks P_nZS aus unserer Beobachtung der Höhe des Sterns S und der geographischen Breite des Beobachters im Punkt O kennen. Dadurch wird die geographische Länge gefunden.

Dies gibt einen Hinweis auf die Art und Weise, in der Seefahrer die geographische Breite und Länge berechnen können. Es sollte klar sein, wie wichtig diese Berechnungen für die Entwicklung der seefahrenden Völker und das Wachstum des Welthandels waren.

5.5. Die Art der Geometrie, mit der der Mensch die ihn umgebende Welt beschrieb, veränderte sich im Rahmen seiner Kenntnisse. Die Ägypter hatten eine ungenaue Vorstellung von einer flachen Welt. Die Griechen entwickelten eine genaue und axiomatische *ebene Geometrie*, um Realitäten zu beschreiben, und sie führten die *sphärische Geometrie* ein. Mit der späteren Entwicklung der Navigation wurde die sphärische Geometrie erweitert und im wesentlichen vollendet. Sie beschreibt die Geometrie eines wirklichen Objekts (der Erde), das wie eine sphärische Fläche *positiv gekrümmt* ist. Welche Art von Geometrie ist nötig, um unser *Weltall* zu beschreiben?

Sollten wir einen flachen dreidimensionalen Raum benutzen, ähnlich unserer Vorstellung vom Sonnensystem, in dem Planeten die Sonne in einer räumlichen Ausdehnung umkreisen, wie in einem großen Raum, in dem viele kleine Gegenstände umherschweben? Diese Vorstellung ist für einige Zwecke hinreichend, aber man stelle sich vor, daß wir in andere Galaxien vordringen. Dann muß man wissen, ob die Geometrie des „großen Raumes" der Wirklichkeit derartig großen Ausmaßes angemessen ist.

Es erweist sich als notwendig, die *Zeit* als eine vierte Dimension zu betrachten (sie taucht bereits in unserer Diskussion über die Messung der geographischen Breite auf), die Eigenschaften eines bestimmten *vierdimensionalen* „Raumes" zu untersuchen und sich zu fragen, was seine natürliche Geometrie ist. Wir untersuchen dieses Konzept in den Kapiteln 11 und 12 genauer. Gegenwärtig ist nicht bekannt, welches die geeignetste Geometrie ist. Die Situation ähnelt der Lage der frühesten Kosmologen, die nicht wußten, ob die Erde flach oder rund war. Es gibt gegenwärtig verschiedene Theorien über die Form des Weltalls; eine von ihnen sei hier kurz erwähnt. Zunächst brauchen wir einen neuen geometrischen Begriff, und zwar den einer *negativ gekrümmten Fläche*, was unmittelbar verständlich ist, wenn man ein Beispiel betrachtet. Ein Teil der Fläche, die durch die Gleichung $z = x^2 - y^2$ im gewöhnlichen dreidimensionalen Raum definiert wird, ist in Bild 5.15 dargestellt. Die Fläche ähnelt in der Nähe des Punktes O einem Sattel, der daher ein *Sattelpunkt* der Fläche genannt wird. Wir bezeichnen sie als eine im Punkt O *negativ gekrümmte* Fläche. Im allgemeinen „geht" eine negativ gekrümmte Fläche in allen ihren Punkten in einer Richtung „abwärts" und in einer anderen Richtung „aufwärts". Bei *positiver Krümmung* „geht" die Fläche in allen ihren Punkten entweder in jeder Richtung „aufwärts" oder in jeder Richtung „abwärts". Dies ist beispielsweise auf der Oberfläche einer Kugel der Fall, wobei „abwärts" und „aufwärts" sich auf die Richtungen beziehen, die in einem bestimmten Punkt senkrecht zu der Fläche verlaufen. Unter Anwendung dieser heuristischen Definition, wollen wir eine Fläche als *flach* be-

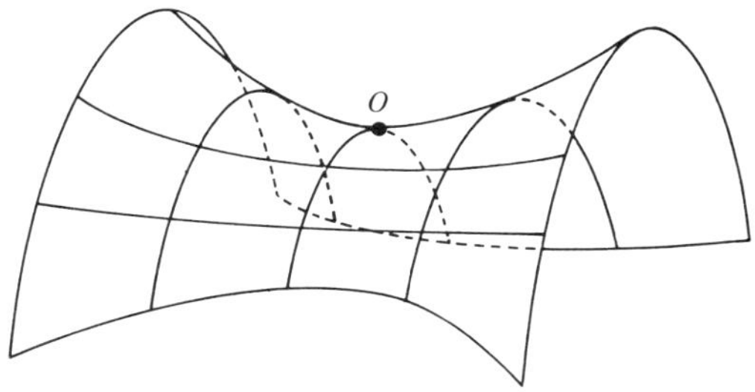

Bild 5.15
Eine Fläche mit negativer Krümmung

$z = x^2 - y^2$

zeichnen, wenn sie in keiner Richtung „aufwärts“ oder „abwärts“ verläuft: Eine Ebene im dreidimensionalen Raum ist offensichtlich hierfür ein typisches Beispiel.

Man kann die Begriffe positive und negative Krümmung auch für mehrdimensionale Räume in Betracht ziehen, aber es ist unmöglich, sie in diesem Fall darzustellen. *Vielleicht* ist der vierdimensionale Raum, der das sich durch die Zeit bewegende Weltall darstellt, auf irgendeine natürliche Weise ein *negativ gekrümmter Raum.*[1]) In der Zukunft wird diese Vorstellung vielleicht für den durchschnittlich gebildeten Menschen so leicht zu begreifen sein, wie das Konzept der kugelförmigen Erde es heute ist. Dies wird jedoch ohne Zweifel nur dann möglich sein, wenn es praktische Folgen hat, die das Leben zivilisierter Völker beeinflussen, so wie es heutzutage die Luftfahrt, Wettersatelliten und globale Kommunikationssysteme tun.

Die Oberfläche in der Nähe eines auf der Erde stehenden Beobachters erscheint flach, betrachtet er sie jedoch von einem Standpunkt, der weiter von der Oberfläche entfernt ist, so erscheint die Oberfläche (und ist tatsächlich) positiv gekrümmt. Ein Beobachter auf der Erde möge in den Weltraum hinausblicken. In der Nähe des Beobachters erscheint das Weltall, z. B. in unserem Sonnensystem, „flach“; sieht der Beobachter jedoch „weiter hinaus“ (und berücksichtigt die Zeit), dann ist es möglich, daß das, was er „sieht“, negativ gekrümmt ist.

Ebenso, wie die sphärische Geometrie der Erde und der Himmelskugel verstanden werden mußte, um auf der Erde Seefahrt zu betreiben, so ist es gleichermaßen nötig, die Beschaffenheit der Geometrie des Weltalls zu verstehen, wenn wir darin herumfahren wollen. Bild 6.2 zeigt Raumfahrtnavigatoren bei der Arbeit, während sie eine Route für eine große Weltraumforschungs- und Entdeckungsfahrt aufzeichnen. Ihre traditionelle und anerkannte Aufgabe bleibt unverändert, aber durch die regelmäßige Zunahme unserer mathematischen Kenntnisse und technologischen Fähigkeiten wird das hohe Ziel unserer Träume erreicht.

---

1) Der begriffliche Rahmen, in dem diese Konzepte untersucht werden, heißt *Differentialgeometrie;* ihre Bedeutung liegt in der Anwendung der *Infinitesimalrechnung* auf die Geometrie. Differentialgeometrie war das grundlegende mathematische Hilfsmittel, das Albert Einstein (1879–1955) in seiner allgemeinen Relativitätstheorie verwendete, einer Theorie über die geometrische Struktur des Weltalls (siehe Kapitel 11 und 12).

Übungen

5.1. Wodurch ist ein Weltmodell (die Himmelskugel) gerechtfertigt, bei dem die Erde im Mittelpunkt steht und Sterne, Sonne und Planeten an eine Kugel mit festem (großen) Radius geheftet sind, die sich um die Erde dreht, obwohl wir wissen, daß diese Himmelskörper tatsächlich enorme Entfernungsunterschiede von der Erde haben?

5.2. Was für eine Abänderung des „Himmelskugel-"Modells ist nötig, um es für die Analyse interplanetarer Raumfahrt nutzbar zu machen? Beschreiben Sie in allgemeinen Worten, wie ein derartiges Modell benutzt werden könnte.

5.3. Beschreiben Sie, wie eine Sternwarte (in Greenwich, England, zum Beispiel) eine Deklinationstafel (mit Fehlern) für einen einzigen „festgehefteten" Stern zusammenstellen könnte, wie in der Tafel in Bild 5.11. Können die Positionen aller Fixsterne an der Himmelskugel von einer einzigen Sternwarte bestimmt werden? Warum?

5.4. Es sei angenommen, daß Sie sich an einem Punkt auf der Erdoberfläche befinden und exakt messen können, daß die Höhe von Polaris $45° \, 2'$ beträgt. Nennen Sie Ihre geographische Breite, wenn angenommen wird, daß Polaris sich genau im Himmelsnordpol befindet?

5.5. Bestimmen Sie den Fehler in der Berechnung Ihrer geographischen Breite in Aufgabe 5.4, indem Sie die Daten benutzen, die in der Tafel der Fixsterne für 1855 (dies möge zeitgemäß sein) in Bild 5.11 gegeben sind.

5.6. Nehmen Sie an, daß Sie sich auf der südlichen Halbkugel befinden und Polaris nicht sehen können; Sie sehen jedoch den Sirius, einen der helleren Sterne am Himmel. Unter welchen Voraussetzungen kann eine Messung seiner Höhe Ihre geographische Breite bestimmen? Unter Annahme dieser Voraussetzungen und unter der Annahme, daß Sie die Höhe des Sirius zu 59° gemessen haben (der Winkel des Sterns oberhalb des Horizonts), bestimmen Sie Ihre geographische Breite aus den Daten in Bild 5.11. Wäre es einem Seefahrer möglich zu sagen, daß Ihre Voraussetzungen erfüllt wurden, wenn angenommen wird, daß keine anderen Messungen gemacht worden sind? Warum?

5.7. Auf der Erde sei ein Punkt P mit den Koordinaten (α, β) gegeben. Gesucht ist die Entfernung auf der Erdoberfläche von P zu einem besonderen Punkt Q mit den Koordinaten $(0, \gamma)$. (*Hinweis*: Bestimmen Sie diese Distanz, indem Sie zuerst den Winkel berechnen, der dem Großkreis gegenüberliegt, der durch Q und P verläuft und benutzen Sie ihn dann zur Ermittlung der Entfernung, indem der in Kapitel 4 gegebene Wert für den Erdradius benutzt wird.)

5.8. Wenn ein Seefahrer mit der Methode des „Parallelsegelns" von Lissabon, Portugal (39° N, 9° W) zur Mündung des Amazonas in Brasilien (0° N, 50° W) segeln würde, wieviel weiter ist er dann gesegelt, als wenn er auf dem Weg des kürzesten Großkreises gefahren wäre (vgl. Aufgabe 5.7)? Welche Stadt in Nordamerika kann von Lissabon aus leicht durch Parallelsegeln erreicht werden?

5.9. Bestimmen Sie mit Hilfe eines anderen Buches, wie ein Schiffschronometer sich von einer gewöhnlichen Uhr unterscheidet. Waren die Schwierigkeiten, die mit der „Erfindung eines exakten Chronometers" verbunden waren, mathematischer oder anderer Art? Geben Sie eine Erklärung. Welche heute existierenden Uhren sind, nach Ihrer Meinung, am exaktesten? Wären sie für die moderne Nautik nützlich?

5.10. Kann ein Stern, der sich am Himmelsnordpol befindet, für die Breitengradbestimmung verwendet werden? Geben Sie eine Begründung für Ihre Antwort.

5.11. Nehmen Sie an, Sie befinden sich an einem Punkt P auf der Erdoberfläche und wissen, daß Ihre geographische Breite ungefähr 45° N beträgt. Sie haben nun die Gelegenheit, die Höhe verschiedener Sterne zu messen, deren geographische Breiten a) nahe zum Himmelsnordpol, b) nahe 45° N Breite und c) nahe 0° N Breite (über dem Äquator) liegen. Die Wahl welches Sternes würde den Fehler in der Bestimmung Ihrer geographischen Breite minimieren? Bei welcher Wahl würde der größte Fehler auftreten? Warum?

*5.12. a) Finden Sie die Formeln, die zur Lösung des Nautischen Dreiecks notwendig sind, um die geographische Länge zu bestimmen, wenn die geographische Breite einmal bekannt ist. (Verwenden Sie einen trigonometrischen Text, der eine Diskussion sphärischer Trigonometrie enthält.)

b) Geben Sie ein hypothetisches Beispiel für die Lösung eines solchen Problems.

5.13. Die Erde soll nicht um ihre Achse rotieren. Erfinden Sie eine Methode zur Bestimmung der geographischen Länge. Hätte ein Seefahrer des sechzehnten Jahrhunderts diese Methode benutzen können? Warum?

5.14. Betrachtet werde das sphärische Dreieck, das durch die Fläche zwischen den Meridianen von 0° und 90° W oberhalb des Äquators gebildet wird.

a) Finden Sie die Summe der Winkel dieses Dreiecks.

b) Wie läßt sich dies mit der Summe der Winkel eines ebenen Dreiecks vergleichen?

*5.15. Trifft das Ergebnis aus Aufgabe 5.14b für ein sphärisches Dreieck (oder für irgendein Dreieck) auf der Erdoberfläche immer zu? Geben Sie einen exakten Nachweis für ihre Antwort.

6. Kartographie

Mit Navigationsproblemen stehen diejenigen Probleme in Verbindung, die sich mit der Aufzeichnung einer Reiseroute und der Bestimmung eines für die Seefahrt günstigsten Kurses beschäftigen. Dieses Kapitel widmet sich der *Kartographie*, die vom mathematischen Standpunkt aus betrachtet wird. Das Hauptproblem besteht darin, einen Teil einer gekrümmten Fläche auf einer Ebene darzustellen. *Zylinder-* und *stereographische Projektionen* werden vorgestellt, aber in der Hauptsache wird die *Mercatorprojektion* untersucht. Ihre wichtige Beziehung zum Einzeichnen eines Kurses auf einer Karte wird in Einzelheiten besprochen. In den Zeiten, in denen Mathematik Eingang in diese Wissenschaft fand, zeigten sich in der Entwicklung der Kartographie rasche Fortschritte. Zu anderen Zeiten fiel sie jedoch zurück, wenn Landkarten lediglich von Reisenden auf Grund ihrer Erfahrungen gezeichnet wurden, oder von Gelehrten, um philosophische Theorien der Weltordnung zu illustrieren, anstatt eine Beziehung zwischen Orten auf der Erde und Punkten auf einem Stück Papier darzustellen. Eine Reihe interessanter früher Karten wird wiedergegeben, um dieses Thema zu illustrieren. Im Rahmen der astronomischen und technologischen Probleme, die damit zusammenhingen, besprechen wir zum Schluß die Gründe, warum Kolumbus unter spanischer, anstatt unter der portugiesischen Flagge segelte.

6.1. Kartographie, die Wissenschaft der Landkartenherstellung, ist ein hochmathematisches Thema, denn das kartographierte Gebiet besteht meist aus einem Teil oder der gesamten Oberfläche der Erde und mußte daher auf einen Teil der euklidischen Fläche – d. h., auf eine Ebene – abgebildet werden. Die Erdoberfläche ist annähernd die Oberfläche einer Kugel, aber eine Kugeloberfläche kann nicht wahrheitsgetreu unter Aufrechterhaltung aller ihrer geometrischen Eigenschaften auf eine Ebene abgebildet werden. Dies drückt zwanglos einen präzisen mathematischen Lehrsatz aus: Es gibt keine eineindeutige Beziehung zwischen einer Kugel und einem Teil einer Ebene, in der zwei der folgenden drei Größen unverändert erhalten bleiben: Winkel, Flächen und Entfernungen. Eine Landkarte kann Winkel *oder* Flächen genau wiedergeben, aber nicht Winkel *und* Flächen. Bei der Abbildung einer Kugel oder selbst eines Teils der Kugel auf eine Ebene bleiben Entfernungen *nie* unverändert. Verschiedene praktische Forderungen bestimmen, welche der Größen, die (wenn überhaupt) erhalten werden *können*, für eine bestimmte Anwendung erhalten werden *sollten*. Bei einigen nützlichen Karten bleibt keine von den Größen erhalten. Trotzdem sind sie brauchbar, da alle Größen annähernd erhalten bleiben, so daß die Fehler, zumindestens für kleine Teile der Erdoberfläche, gering sind.

Ernstzunehmende, auf mathematischer Grundlage hergestellte Karten, wurden erstmals von Claudius Ptolemäus um etwa 150 angefertigt. Aber erst im späten fünfzehnten Jahrhundert, als praktische nautische Forderungen erfüllt werden mußten, wurden brauchbare mathematische Lösungen zu kartographischen Problemen entwickelt. Die wichtigste unter diesen Lösungen ist die berühmte und allgemein bekannte *Mercatorprojektion*, die in Bild 6.1 wiedergegeben ist. Ihre Anwendung auf die Abbildung der gesamten Erdoberfläche (die als kugelförmig betrachtet wurde) auf eine Ebene wurde von Mercator (Gerard Kremer oder De Cremer, 1512–1594) realisiert. Nachdem er einen akademischen Grad an der Universität von Löwen erhalten hatte, nahm er weitere Privatstunden in höherer Mathematik bei dem holländischen Astronomen Reiner Gemma Frisius. Mercators in Metall gravierte *Große Weltkarte* erschien 1569. 1969 wurde ihr vierhundertster Jahrestag auf Grund ihrer bis in die heutige Zeit andauernden Zweckmäßigkeit im Raumfahrtskontrollraum des Johnson Space Centers (NASA, Houston, Texas) gefeiert, als der erste Mensch den Mond betrat (Bild 6.2).

Nur wenige Werke menschlicher Erfindergabe haben sich einer so langen Lebensdauer erfreut. Es lohnt sich daher zu überlegen, welche besonderen Eigenschaften der Mercatorprojektion sie so bedeutend und so langlebig gemacht haben. Eine dieser Eigenschaften, obwohl sie rein mathematischer Art ist, hat dennoch große praktische Bedeutung.

Bevor wir diese bemerkenswerte Eigenschaft genauer untersuchen, sollen einige allgemeine Kennzeichen der Mercatorprojektion sowie anderer, ihr verwandten Projek-

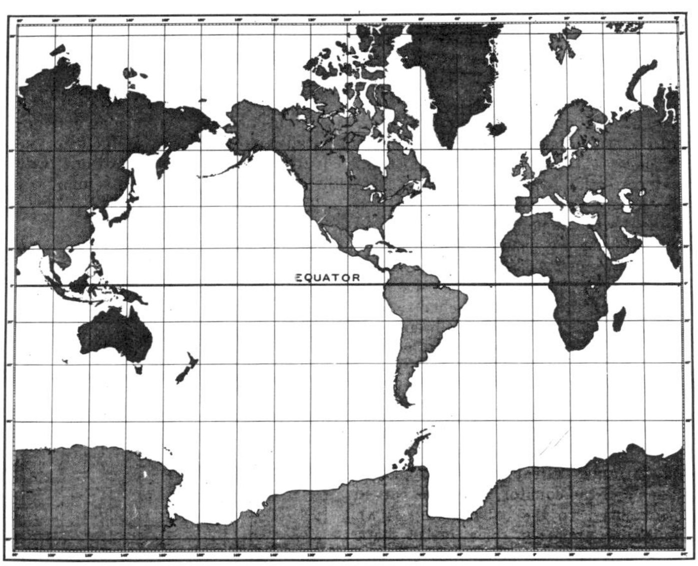

Bild 6.1 Weltkarte (Mercatorprojektion)

Bild 6.2 Raumfahrtskontrollraum

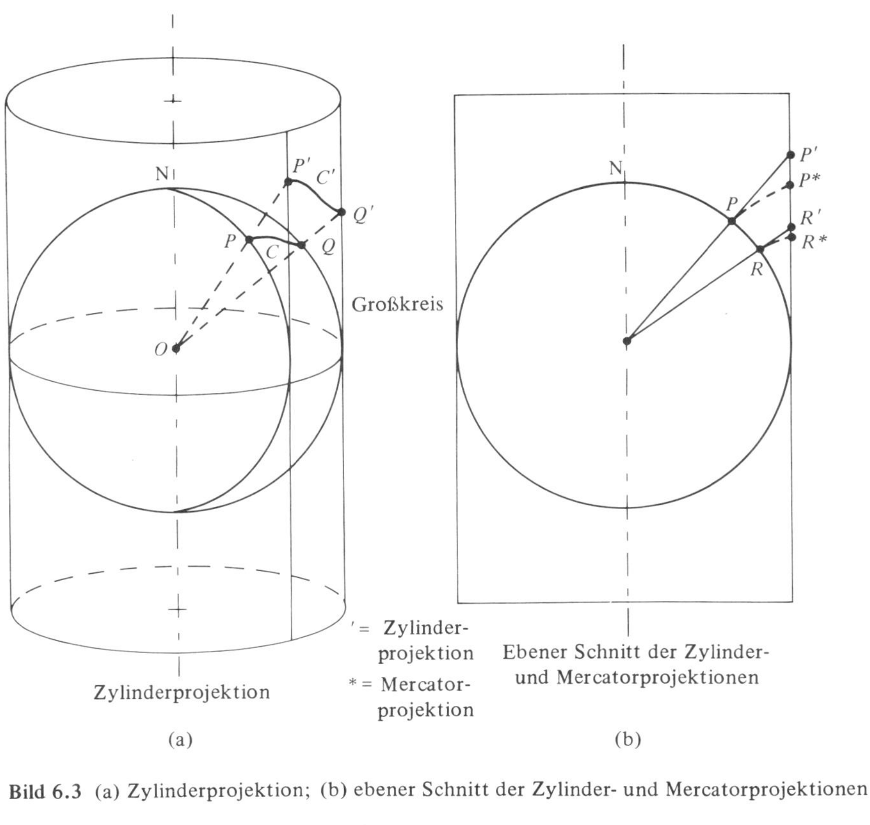

Bild 6.3 (a) Zylinderprojektion; (b) ebener Schnitt der Zylinder- und Mercatorprojektionen

tionen beschrieben werden. Gegeben sei ein Kugel; es werde nun ein Zylinder konstruiert, der die Kugel berührt (Bild 6.3). Die Berührungskurve beider Körper, der Kugel und des Zylinders, ist ein Großkreis. Die Achse des Zylinders steht senkrecht zur Ebene dieses Kreises und geht durch den Mittelpunkt der Kugel. Die Achse trifft die Kugel in zwei Punkten, die *Achsennordpol* und *Achsensüdpol* genannt werden können. Ihre Lage auf der Kugel hängt offensichtlich davon ab, wie der Zylinder in bezug auf die Kugel ausgerichtet ist. Tatsächlich gibt es, wenn zwei diagonal gegenüberliegende Punkte auf der Kugel gegeben sind, nur einen Zylinder, der die Kugel so berührt, daß diese Punkte seine Achsenpole sind.

Der Mittelpunkt der Kugel sei O, und P sei ein beliebiger Punkt auf der Kugel. Der Strahl, der von O durch P hindurchgeht, trifft den Zylinder in nur einem Punkt. Ist P jedoch einer der Achsenpole, so trifft der Strahl den Zylinder überhaupt nicht, da er mit der Achse des Zylinders zusammenfällt. So entspricht, außer für den Fall der Achsenpole, jeder Punkt P auf der Kugel einem einzigen Punkt auf dem Zylinder. Dieser Punkt auf dem Zylinder werde mit P' bezeichnet. Umgekehrt entspricht *jedem* mit P' bezeichneten Punkt auf dem Zylinder genau ein Punkt P auf der Kugel. Man erhält ihn, indem man P' mit O verbindet; die Verbindungsstrecke durchsticht dann die Kugel in P. Diese Technik führt zu einer *eineindeutigen Korrespondenz* zwischen den Punkten auf dem Zylinder und den Punkten auf der Kugel ohne die Achsenpole. Diese Korrespondenz nennt man eine *Abbildung* der Kugel (ohne die Achsenpole) auf den Zylinder[1]. Nun schneide man den Zylinder auf einer Linie parallel zu seiner Achse auf und rolle ihn flach auseinander. Dies ergibt eine Karte der Kugel (ohne die Achsenpole) auf einem Streifen in der euklidischen Ebene, die oberflächlich der Mercatorkarte in Bild 6.1 ähnelt (wenn der Zylinder den Äquator der Erde berührt, die die untersuchte Kugel sein soll), abgesehen davon, daß die Karte in der Abbildung am oberen und unteren Rand abgeschnitten ist (sie sollte sich bis ins Unendliche in beiden Richtungen ausdehnen). Die detaillierte Umsetzung der Entfernungen, Winkel und Flächen ist nicht ganz dieselbe wie die, die sich aus einer echten Zylinderprojektion ergibt.

Aufgrund der Projektionstechnik, die in Bild 6.3a gezeigt wird, werden Punkte nahe der Achsenpole auf Punkte abgebildet, die von den Punkten auf dem berührenden Kreis weit entfernt liegen. Daher werden Gebiete immer stärker vergrößert, je näher sie den Achsenpolen liegen. Aus diesem Grund erscheinen Grönland auf der nördlichen und die Antarktis auf der südlichen Hemisphäre auf der Zylinder- und der verwandten Mercatorprojektion unverhältnismäßig groß, obwohl diese Gebiete in Wirklichkeit relativ klein sind.

Die Erdoberfläche wird in Bild 6.1 in der üblichen Weise dargestellt, wobei der Zylinder den Äquator berührt. Diese Orientierung ist nicht notwendig, obwohl wir später zeigen werden, warum dies für die Mercatorprojektion besonders günstig ist. Auf jeden Fall zeigt die Projektion, die in dieser Weise gebildet wird, Gebiete und Entfernungen auf und in der Nähe des Äquators beinahe genau. Die Ungenauigkeit nimmt

---

[1] In Bild 6.3a sind zwei Punkte P und Q durch eine Kurve C verbunden und auf die Punkte P' und Q' projiziert, die durch die projizierte Kurve C' verbunden sind. Die Kurve C' könnte einen Fluß oder eine Grenze darstellen und wird ein Teil der Abbildung der Kugel auf den Zylinder.

aber zu, je weiter man sich vom Äquator entfernt. Wird der Zylinder so gewählt, daß er einen anderen Großkreis berührt, dann gibt die Karte die Entfernungen und Gebiete in der Nähe dieses Berührungskreises exakt wieder, nicht jedoch Gebiete in der Nähe des Äquators. Bild 6.4 (tatsächlich eine Mercatorprojektion) zeigt eine Projektion, bei der ein Zylinder den Großkreis berührt, der durch den Nord- und Südpol und durch den Äquator bei 90° westlicher Breite verläuft. Die entsprechende Karte vermittelt eine genaue Darstellung des Teils auf der Erdoberfläche, der in der Nähe der westlichen Breite von 90° liegt. Die abgebildete Karte ist unvollständig, denn lediglich etwas mehr als die Hälfte des Zylinders ist wiedergegeben, Europa, Asien und andere interessante Gebiete wurden ausgelassen. Die Karte zeigt jedoch die relative Größe von Nord- und Südamerika, Grönland und der Antarktis wirklichkeitsgetreuer als gewöhnlich.

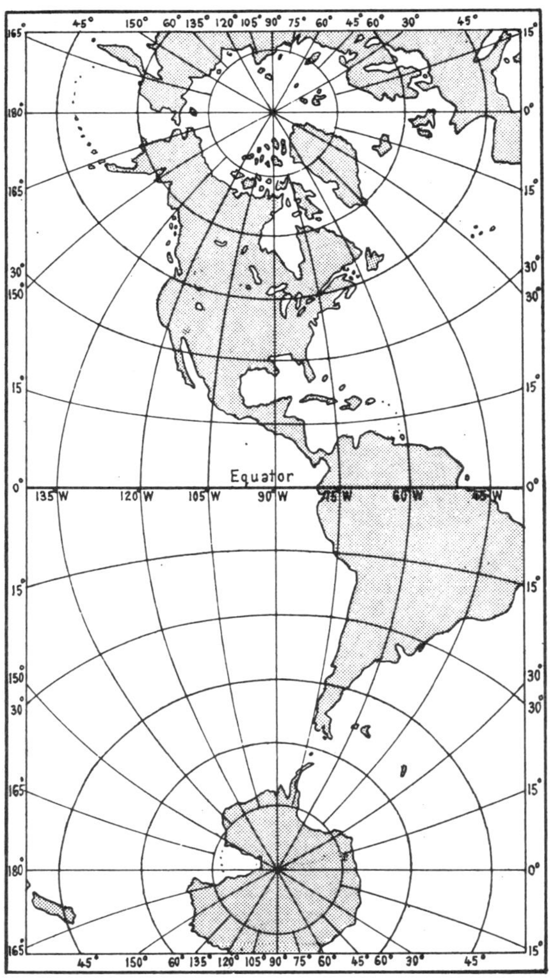

Bild 6.4
Transversale Mercatorkarte der westlichen Hemisphäre

Bild 6.5 zeigt eine weitere Projektion, in der der Zylinder den Großkreis berührt, der die Stadt Washington mit Moskau verbindet. Das untere Bild b) zeigt einen Teil dieser (Mercator-) Karte; das obere Bild a) umreißt den Teil, der auf b) abgebildet ist, so wie er gewöhnlich auf einer normalen Mercatorkarte erscheint, dessen Zylinder den Äquator berührt (Bild 6.1). Die Dinge erscheinen verändert. Die Gerade in a), die Washington und Moskau verbindet, verläuft durch Frankreich oder vielleicht Belgien; der Großkreis zwischen diesen Städten, der durch die Gerade in b) dargestellt ist, verläuft dagegen durch Island.

Bei einer Zylinderprojektion läßt sich die Lage des Punktes P', der einem Punkt P auf der Erdoberfläche entspricht, leicht beschreiben. Der Zylinder soll die Kugel am Äquator berühren. Jeder Meridian auf der Erdoberfläche wird bei der Projektion als Linie auf dem Zylinder parallel zur Zylinderachse abgebildet. Man schneide den Zylinder entlang der Linie, die der geographischen Länge ± 180° entspricht, auf und breite ihn aus, um eine flache Karte zu erhalten. Der Äquator wird zu einer Geraden von der Länge $2\pi R_e$ (R_e = Radius der Erde) und verläuft senkrecht zu den Rändern der Karte. Der Meridian, der der geographischen Länge 0° entspricht, ist eine Gerade, die senkrecht zum Äquator und in gleichem Abstand zu den Rändern der Karte verläuft (Bild 6.6). Diese Karte ist natürlich zu groß: Ihre Breite $2\pi R_e$ beträgt ungefähr 40 200 km, die Höhe ist unendlich groß. Um eine praktische Karte zu erhalten, müssen der horizontale und der vertikale Maßstab reduziert werden. Der Faktor des Maßstabs in horizontaler Richtung sei S_H. Eine *horizontale Koordinate x der Karte* wird eingeführt, indem man

$$x = S_H R_e \beta$$

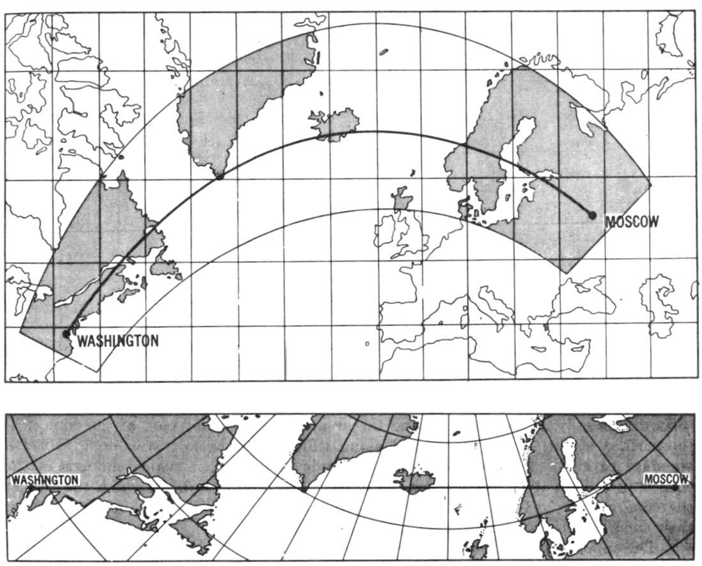

Bild 6.5 (a) Darstellung des Großkreises zwischen Moskau und Washington auf einer Mercatorkarte; (b) eine schiefe Mercatorkarte, deren Basis eine Zylindertangente entlang des Großkreises durch Moskau und Washington ist und die ein Gebiet von etwa 800 Kilometern auf beiden Seiten des Großkreises umfaßt

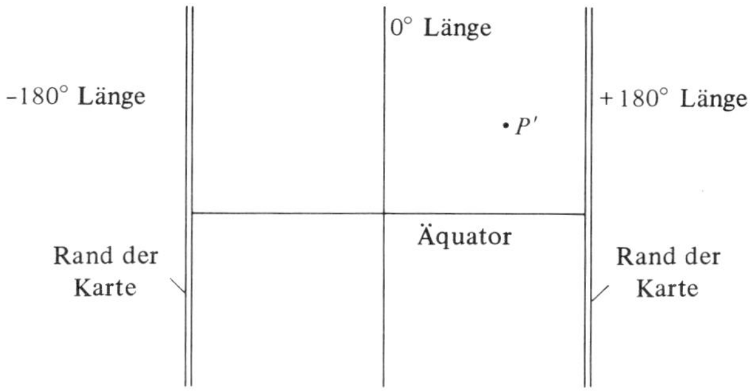

Bild 6.6
Eine Zylinder- oder Mercatorprojektion, die flach ausgebreitet ist, so daß sie eine Karte bildet

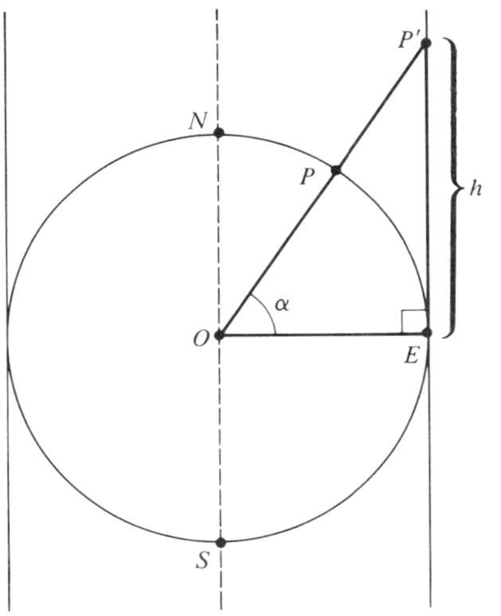

Bild 6.7
Vertikale Koordinate der Karte bei einer Zylinderprojektion

definiert. β ist die Länge von P (im Bogenmaß). Wir wählen S_H entsprechend der gewünschten Kartenbreite. Um beispielsweise eine Karte von 30 cm zu erhalten, sei

$$S_H = (2\pi R_e)^{-1} \frac{30 \text{ cm}}{\text{km}}$$

gewählt.

Die Höhe von P' über der Äquatorebene wird durch die geographische Breite α des Punktes P bestimmt. Dies läßt sich leicht einsehen, wenn ein Teil des Bildes 6.3b nochmals wie in Bild 6.7 dargestellt wird.

Die Seite h des rechtwinkligen Dreiecks $OP'E$ ist die gesuchte Höhe. Der Winkel POE ist die geographische Breite von P. OE ist der Erdradius und hat daher die Länge R_e. Dann ist $h = R_e \tan\alpha$. Um diese Länge für eine praktische Karte klein genug zu machen, führe man für den vertikalen Maßstab einen Verkleinerungsfaktor S_V und eine *vertikale Koordinate y der Karte* ein, indem

$$y = S_V R_e \tan\alpha$$

α = geogr. Breite

definiert wird. Indem ein Wert für S_V festgelegt wird, kann die Entfernung vom Äquator bis zu einem vorgeschriebenen Kreis mit konstanter geographischer Breite irgendeiner Größe angepaßt werden. Soll beispielsweise die Entfernung vom Äquator zu der horizontalen Linie, die dem Kreis am 45. Breitengrad entspricht, auf der Karte 15 cm sein, dann wählt man $S_V = 16/R_e$ cm/km, denn tan 45° ist ja gleich 1.

Die beiden Gleichungen beschreiben in der Kombination

$$x = S_H R_e \beta$$
$$y = S_V R_e \tan \alpha$$

auf der (praktischen) Karte vollständig die Lage P' des Punktes P der Erdoberfläche, der die geographischen Breiten- und Längenkoordinaten α und β hat, solange P nicht einer der Pole ist. Die Streckung der Gebiete in der Nähe der Pole wird in analytischer Terminologie durch die Aussage ausgedrückt, daß $\tan \alpha$ unbegrenzt wächst, wenn α sich 90° nähert.

6.2. Es ist völlig klar, daß weder Entfernungen, noch die Form und Größe von Flächen durch die Zylinder- oder Mercatorprojektion erhalten bleiben. Aber die Mercatorprojektion, die man aus der Zylinderprojektion erhält, gibt die Winkel zwischen Kurven richtig wieder. Die Mercatorprojektion entsteht, indem man die Karte in vertikaler Richtung auf gewisse komplizierte, später zu beschreibende Weise zusammendrängt. Die Breitengrade schneiden beispielsweise die Längengrade auf der Erdoberfläche in rechten Winkeln, und sie tun dies auch auf einer Mercatorkarte (vgl. Bild 6.1) und, vielleicht überraschenderweise, auch in den Bildern 6.4 und 6.5b. Dies ist eine wichtige Eigenschaft der Mercatorprojektion, obwohl einige andere Karten ebenfalls diese Eigenschaft haben. Wird z. B. die Erdkugel auf eine Fläche gelegt, so daß der Südpol der Berührungspunkt ist, und werden Strahlen vom Nordpol durch Punkte auf der Kugel bis zu der Stelle gezeichnet, an der sie die Berührungsebene treffen, dann erhält man eine andere Kartenart, die stereographische Projektion genannt wird. Bei ihr bleiben ebenfalls die Winkel zwischen Kurven erhalten. Eine Karte dieser Art (jedoch mit dem Nordpol als Berührungspunkt und vom Südpol aus projiziert) erscheint auf der Fahne der Vereinten Nationen. Im Übrigen hat sie keine Ähnlichkeit mit der Mercatorprojektion und findet keine Verwendung in der Navigation. Bild 6.8 veranschaulicht eine stereographische Projektionskarte.

Wir werden beweisen, daß bei der stereographischen Projektion Winkel zwischen Kurven erhalten bleiben. C und C' seien zwei Kurven auf einer Kugel, die sich im Punkt P treffen. Die Tangente an C in P ist T und die Tangente an C' in P ist T'. Die beiden Tangenten T und T' bestimmen eine Ebene und bilden in dieser Ebene einen Winkel, sagen wir α. Der Winkel zwischen den Kurven C und C' in P ist damit als α definiert. Auf Grund dieser Definition muß bewiesen werden, daß in Bild 6.9 $\alpha = \alpha^*$ ist, wobei α^* der Winkel zwischen den stereographisch abgebildeten Kurven ist. Um dies zu beweisen, sei zuerst beachtet, daß T^* in der Ebene liegt, die durch T und PP^* bestimmt ist, und T'^* in der Ebene liegt, die durch T' und PP^* bestimmt ist. Tatsächlich ist T^* die Abbildung von T durch die stereographische Projektion. Deshalb muß die Ebene, die durch N und T bestimmt wird (Bild 6.10), ebenfalls T^* enthalten, und ebenso T'^*, das die stereographische Projektion von T' ist. Daher können BB^* und AA^* parallel zu PP^* gezeichnet werden, wie dies in Bild 6.10 geschehen ist. Auch können die Ebenen π und π^* senkrecht zu der Ebene ABA^*B^* konstruiert werden. Aus der Geometrie der Raumwinkel folgt: $\alpha = \alpha^*$, wenn die Winkel zwischen den Ebenen PAB und π und zwischen $P^*A^*B^*$ und π^* gleich sind. Um festzustellen, ob diese Winkel gleich sind, wird eine Ebene durch die Linie PP^* senkrecht zur Ebene ABB^*A^* gezeichnet und nachgeprüft, wo sie die ursprüngliche Kugel schneidet. Dieser Schnittpunkt ist in Bild 6.11 dargestellt. Wir müssen beweisen, daß $\gamma = \gamma^*$ ist, was leicht möglich ist. Zuerst sei bemerkt, daß $\gamma^* + \pi/2 = \delta + \pi/2$ ist, wobei δ der Winkel ONP ist, da er einen Außenwinkel des Dreiecks NSP^* darstellt. Folglich ist $\gamma^* = \delta$. Andererseits ist $ON = OP$, da beide Strecken Radien des Kreises sind. Die Basiswinkel des Dreiecks ONP sind somit gleich, wie in dem Bild gezeigt wird. Dann folgt

$$\delta + \epsilon + \frac{\pi}{2} = \gamma + \epsilon + \frac{\pi}{2}$$

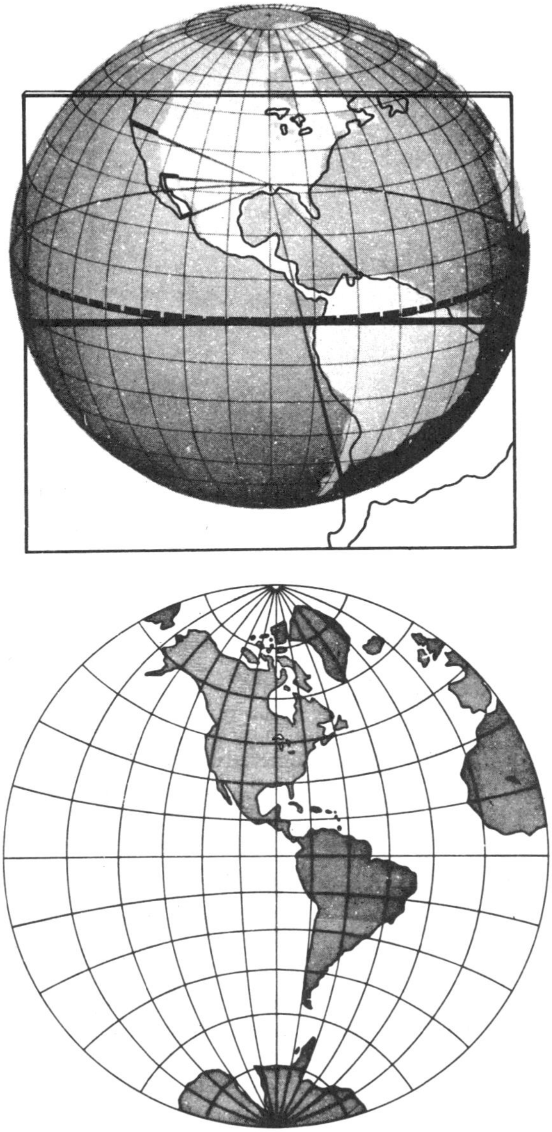

Bild 6.8
(a) Stereographische Äquatorialprojektionen; (b) stereographische Karte der westlichen Hemisphäre

aus der Betrachtung der Winkel im Punkt P; also ist $\delta = \gamma$. Die Kombination der Ergebnisse führt zu $\gamma = \gamma^*$, was zu beweisen war. Dieser etwas komplizierte geometrische Beweis über die Erhaltung der Winkel zwischen Kurven bei stereographischer Projektion könnte durch einen einfacheren und direkteren Beweis ersetzt werden, bei dem analytische Verfahren verwendet werden, die aber zu diesem Zeitpunkt zu „anspruchsvoll“ sind.

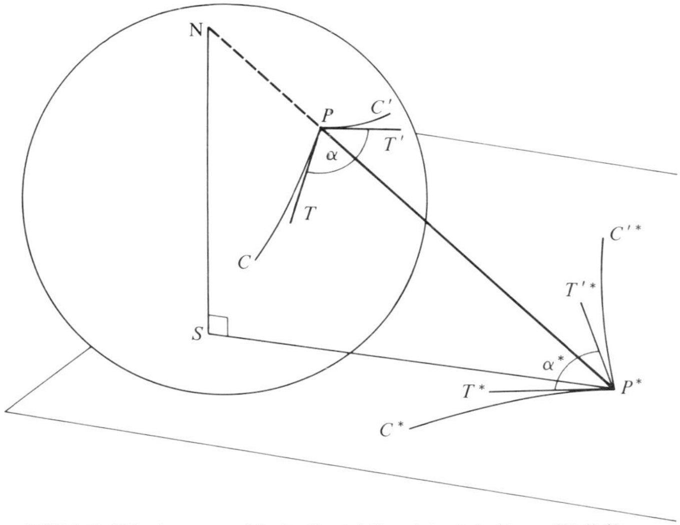

Bild 6.9 Die stereographische Projektion ist winkeltreu. (Teil 1)

Bild 6.10 Die stereographische Projektion ist winkeltreu. (Teil 2)

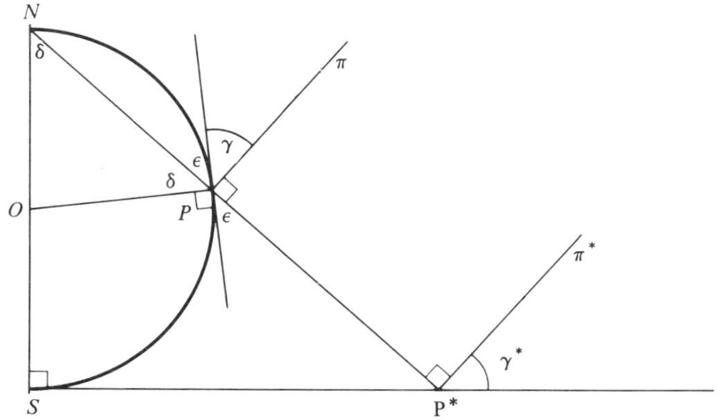

Bild 6.11 Die stereographische Projektion ist winkeltreu. (Teil 3)

6.3. Die Zylinderprojektion der Kugel, die in Abschnitt 6.1 besprochen wurde, hat im allgemeinen Ähnlichkeit mit der Mercatorprojektion. Aber es gibt wichtige Unterschiede aufgrund derer die Mercatorprojektion besonders nützlich ist, wogegen die Zylinderprojektion nur am Rande und vorwiegend von pädagogischem Interesse ist. Die Mercatorprojektion hat zwei bemerkenswerte Eigenschaften:

1. Sie erhält die Winkel zwischen Kurven.
2. Kurven auf der Erdoberfläche, die mit allen Längengraden einen festen Winkel bilden, erscheinen auf der Mercatorkarte als Geraden.

Die zweite Eigenschaft ist wichtig, da ein Schiff am einfachsten dadurch gesteuert werden kann, daß ein Kurs gehalten wird, der einen festen Winkel mit der von der Kompaßnadel angezeigten Richtung bildet. Nehmen wir an, daß eine Kompaßnadel zum Nordpol zeigt, dann hat ein Kurs, der einen festen Winkel mit der Kompaßrichtung bildet, auch einen festen Winkel mit den Längengraden. Folglich *erscheint ein Kompaßkurs dieser Art auf der Mercatorkarte als eine gerade Linie.* Die Aufgabe, den Kurs von einem Punkt auf der Erde zu einem anderen aufzuzeichnen, wird auf das Zeichnen einer Geraden reduziert, die die Bilder der beiden Punkte auf der Mercatorkarte verbindet, sowie auf das Messen (mit einem Winkelmesser zum Beispiel) des Winkels dieser Linie mit den Längengraden (die auf der Karte alle parallel sind). Wie bereits erwähnt, bleiben bei der Mercatorprojektion Winkel erhalten. Der Winkel, der zwischen der Kurslinie und den Längengraden gemessen wird, ist gleich dem Winkel, den die Kompaßnadel zwischen der Richtung nach Norden und der Schiffsbewegung anzeigt.

Kompaßnadeln zeigen (ungefähr) zum Nordpol, woraus sich erklärt, daß Mercatorkarten mittels zusammengedrückter Zylinder, die die Erdoberfläche *entlang des Äquators* berühren, konstruiert werden. Die Achse des Zylinders fällt mit der Linie, die die Pole verbindet, zusammen. Würde eine Kompaßnadel auf einen anderen Punkt, zum Beispiel auf P, zeigen, dann erhielte man eine günstige Mercatorprojektion, indem man einen Zylinder wählt, dessen Achse durch P verläuft. Das Verhalten der Magnetnadel bestimmt die zweckmäßigste Achse für den berührenden Zylinder.

Wir haben mehrere Male erwähnt, daß man die Mercatorprojektion durch ein entsprechendes Zusammendrücken der Zylinderprojektion erhält, wie schematisch in Bild 6.3b gezeigt ist.

Dies kann genau beschrieben werden, indem man die Koordinaten eines Punktes auf der Karte mit Hilfe der Koordinaten (geographische Breite und Länge) eines Punktes auf der Erdoberfläche angibt. Auf der Erdoberfläche sei ein Punkt P mit der geographischen Breite α und der geographischen Länge β angenommen. In der euklidischen Ebene sei ein Punkt P^* definiert, indem seine kartesischen Koordinaten (x, y) wie folgt gegeben werden (siehe Kapitel 7 bzgl. der Logarithmenfunktionen und Kapitel 8 bzgl. des Koordinatensystems):

$$\begin{aligned} x &= S_H R_e \beta \\ y &= S_V R_e \lg \tan\left(\frac{\alpha}{2} + \frac{\pi}{4}\right), \end{aligned} \tag{6.1}$$

wobei die festen Zahlen S_H und S_V die horizontalen und vertikalen Maßstabsfaktoren sind, die die Größe der Karte bestimmen – das heißt, ob sie auf ein gewöhnliches Stück Papier paßt oder ob es einer größeren Wandkarte bedarf.[1]) Die augenfälligen Eigenschaften der Mercatorprojektion können leicht durch diese Gleichungen geprüft werden. Die Pole korrespondieren z. B. mit den geographischen Breiten vom Bogenmaß $\pm \pi/2$, deshalb müssen die entsprechenden Punkte auf der Karte die y-Koordinaten

$$y = S_V R_e \lg \tan\left(\frac{\pi}{4} + \frac{\pi}{4}\right) = S_V R_e \lg \infty = \infty$$

und

$$y = S_V R_e \lg \tan 0 \qquad = S_V R_e \lg 0 = -\infty$$

haben, d. h. Nord- und Südpol erscheinen in einer unendlich großen Entfernung über bzw. unter der Äquatorlinie, unabhängig vom Maßstab der Karte. Die Längengrade korrespondieren mit Punkten auf der Kugel, die eine feste β-Koordinate besitzen. Deshalb haben ihre Bilder auf der Karte einen festen x-Wert, d. h., ihre Bilder sind Geraden parallel zur y-Achse. In ähnlicher Weise entsprechen die Breitengrade auf der Kugel einem konstanten α, und ihre Bilder auf der Karte haben die Gleichung y = const., was eine horizontale Gerade bedeutet. Die Bilder der Breiten- und Längengrade bilden somit auf der Karte ein kartesisches Netz.

Die bemerkenswerteste Eigenschaft der Mercatorprojektion ist, daß Kompaßrichtungen, d. h. Kurven auf der Erdoberfläche, die alle Längengrade in einem festen Winkel schneiden, auf der Karte als Geraden erscheinen. Dies führt zur Frage: Welche Art von Kurve auf der Kugel ist ein Kompaßkurs? Ist es eine *geodätische Linie*[2]) (d.h. ein Teil eines Großkreises auf der Kugel) oder eine andere leicht zu beschreibende Kurve? Leider ist dies nicht der Fall. Ein Kompaßkurs ist im allgemeinen eine komplexe Kurve von spiralförmiger Art, die ohne Hilfe von Gleichungen überhaupt nicht einfach zu beschreiben ist. Eine Kurve dieser Art ist in Bild 6.12 dargestellt und wird im Zusammenhang mit Bild 8.29 in Kapitel 8 weiter beschrieben.

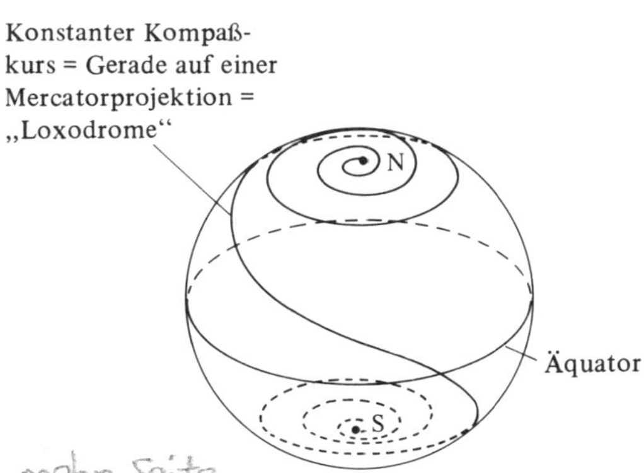

Bild 6.12

rhumb line
calculator
distance
track
great circle

mehr Seite
201

---

1) Vergessen Sie nicht, daß das Bild bei der Mercatorprojektion (und Zylinderprojektion) ein Streifen ist, der in den „vertikalen“ Richtungen unendlich groß ist, der aber gewöhnlich bei einer passenden geographischen Breite, etwa 80°, auf die entsprechende Größe zurechtgeschnitten ist.

2) Eine *geodätische Linie* ist eine Kurve, die die kürzeste Verbindung zwischen zwei beliebigen naheliegenden Punkten darstellt. Auf einer Kugel haben z. B. Großkreise diese Eigenschaft. Breitenkreise, mit Ausnahme des Äquators, der ja ein Großkreis ist, haben diese Eigenschaft nicht (siehe Kapitel 11).

Kompaßkurse haben einige interessante Eigenschaften, die leicht aus den Gleichungen abgeleitet werden können, die wir jetzt untersuchen wollen. Eine Gerade auf der Mercatorkarte hat eine Gleichung der Form $ax + by = c$, wobei a, b, c Konstanten sind. Die Gln. 6.1 zeigen, wie x und y mittels Breiten- und Längenkoordinaten auf der Kugel ausgedrückt werden sollen. Einsetzen dieser Ausdrücke in die Gleichung der Geraden ergibt die Gleichung des Kompaßkurses auf der Kugel. Zur Vereinfachung seien $S_H R_e = 1$ und $S_V R_e = 1$ gewählt; die Gleichung eines Kompaßkurses wird dann

$$\beta = \frac{c}{a} - \frac{b}{a} \lg \tan\left(\frac{\alpha}{2} + \frac{\pi}{4}\right)$$

und wird *Loxodrome* genannt. Zum Beispiel korrespondiert die Gerade $y = 0$ mit den Konstanten $a = 0$, $b = 1$, $c = 0$, *deshalb mit der Kurve* $0 = \lg \tan(\alpha/2 + \pi/4)$. Der Logarithmus einer Zahl ist nur Null, wenn die Zahl 1 ist (vgl. Kapitel 7). Deshalb muß $\tan(\alpha/2 + \pi/4)$ gleich 1 sein, was bedeutet, daß $\alpha = 0$ ist. Daher entspricht diese besondere Gerade auf der Erdoberfläche dem Äquator. Ähnlich korrespondiert die Linie $y = x$ mit der *Loxodromen*, deren Gleichung

$$\beta = \lg \tan\left(\frac{\alpha}{2} + \frac{\pi}{4}\right) \tag{6.2}$$

ist. Wie sieht diese Kurve auf der Kugel aus? Ist $\alpha = 0$, dann ist $\beta = \lg 1 = 0$; deshalb liegt der Punkt, in dem der Meridian von Greenwich den Äquator schneidet, sicherlich auf der Kurve. Wenn β sich von 0 bis 2π vergrößert, windet sich die Kurve auf der nördlichen Halbkugel (vgl. Bild 6.12) bis zu einem Punkt, der auf dem Längengrad von Greenwich (0°) über dem Äquator liegt; eine Vergrößerung von β um weitere 2π entspricht einer weiteren Drehung der Kurve um die Kugel zu noch größerer Höhe. Wird β unendlich groß, muß der Ausdruck auf der rechten Seite ebenfalls anwachsen, was bedeutet, daß $\tan(\alpha/2 + \pi/4)$ unendlich groß wird. Da $\tan\theta$ sich Unendlich nähert, wenn θ sich $\pi/2$ nähert (vgl. Bild 8.20 auf S. 194), folgt, daß $(\alpha/2 + \pi/4)$ sich $\pi/2$ nähert, wenn β sich Unendlich nähert; d.h., α muß sich $\pi/2$ nähern. Es gibt nur einen Punkt mit der Breite $\pi/2$: den Nordpol. Somit ist der Teil der Loxodrome, der der Gerade $y = x$ auf der Mercatorkarte entspricht, eine Spirale auf der nördlichen Hemisphäre, die sich um den Nordpol windet. Die restliche Kurve ergibt sich aus der Beobachtung dessen, was passiert, wenn β immer stärker *negativ* wird; dieses entspricht einer Spirale auf der südlichen Hemisphäre, die sich um den Südpol windet. Bild 6.12 veranschaulicht diese Loxodrome. Alle Loxodromen, mit Ausnahme der Breiten- und Längengrade, sind Spiralen der gleichen Art, wie sich leicht beweisen läßt.

Da Kompaßkurse auf der Mercatorkarte Spiralkurven auf der Erdoberfläche darstellen, ist es klar, daß Kompaßkurse keine geodätischen Linien sind, außer wenn sie in der Richtung des Äquators oder eines Längengrades verlaufen. Obwohl geodätische Kurse, d.h. Routen auf den Großkreisen, kürzer als andere Richtungen sind, können sie in eine Karte nicht ohne weiteres eingezeichnet oder leicht vom Steuermann eines Schiffes eingehalten werden. Er müßte ständig den Kurs korrigieren, um den Großkreis zwischen zwei Punkten zu verfolgen. Die erhöhten Kosten einer Reise auf Grund der größeren Länge einer Kompaßroute scheinen durch die Einfachheit loxodromischer Navigation ausgeglichen zu werden.

Großkreise auf der Kugel erscheinen in der Mercatorprojektion nicht als Geraden, aber man erhält ihre Gleichungen natürlich dadurch, daß die Gleichung eines Großkreises durch α und β ausgedrückt wird, Gl. (6.1) nach α und β aufgelöst wird und diese Ergebnisse dann in die Gleichung für Großkreise eingesetzt werden. Der endgültige Ausdruck ist kompliziert; es wäre höchst umständlich, geodätische Kurse auf Mercatorkarten einzutragen.

Die Theorie der *Funktionen einer komplexen Veränderlichen*, die in diesem Buch nicht besprochen wird, zeigt, wie die Mercatorprojektion mit der stereographischen Projektion in Beziehung gebracht werden kann. Es zeigt sich, daß die Mercatorprojektion das Ergebnis eines Verfahrens ist, in dem zuerst die Kugel stereographisch auf die Ebene projiziert wird und dann die Punkte der Ebene mit Hilfe der ***komplexen Logarithmenfunktion*** abgebildet werden. Diese Funktion ist eine natürliche Verallgemeinerung der gewöhnlichen Logarithmenfunktion (in Kapitel 7 beschrieben) auf die komplexen Zahlen. Mit Hilfe der komplexen Funktionentheorie läßt sich leicht beweisen, daß Winkel durch die Mercatorprojektion erhalten werden, da beide, die stereographische Projektion und die komplexe logarithmische Transformation, diese Eigenschaft haben.

Der Vergleich zwischen der Zylinder- und der Mercatorprojektion ist lehrreich. Man erinnere sich der Gleichungspaare, die diese definieren:

Zylinderprojektion
$$x = S_H R_e \beta$$
$$y = S_V R_e \tan\alpha$$

Mercatorprojektion
$$x = S_H R_e \beta$$
$$y = S_V R_e \lg\tan\left(\frac{\alpha}{2} + \frac{\pi}{4}\right).$$

Als erster wichtiger Punkt muß bemerkt werden, daß die Kenntnis trigonometrischer Funktionen, einschließlich ihrer Wertetabellen, für die praktische Konstruktion einer Zylinderprojektionskarte ausreicht. Die Lage (kartesische Koordinaten x, y) eines Ortes auf der Karte wird zwar durch die geographische Breite und Länge dieses Ortes bestimmt, aber für die Konstruktion einer Mercatorkarte sind die trigonometrischen Funktionen nicht ausreichend. Man *muß* eine neue Funktion einführen – die Logarithmen – und eine zugehörige Wertetabelle aufstellen, damit sie bequem anzuwenden ist. Die Einführung dieser neuen und relativ komplizierten Funktion ist nicht vermeidbar. Das Repertoire der Funktionen ist in der mathematischen Geschichte viele Male erweitert worden: Während der Suche nach der Lösung eines wichtigen Problems erscheint automatisch eine neue Funktion. Sie wird untersucht, ihre Werte werden tabelliert, und durch zunehmenden Gebrauch wird sie bekannter und besser verstanden. Oft weist das Studium dieser „neuen" Funktionen auf komplizierte Probleme hin, deren Lösungen wiederum zur Einführung weiterer, noch schwierigerer Funktionen führen. Es ist ein Prozeß der sich anscheinend ständig fortsetzt.

Bild 6.3b veranschaulicht die Aussage, daß der mit Punkt P^* auf der Mercatorkarte korrespondierende Punkt P auf der Erdoberfläche näher zur Äquatorebene liegt als der zylindrisch projizierte Bildpunkt P'. Es ist auch lehrreich, die Positionen von P^* und P' zu vergleichen, was durch Vergleich ihrer entsprechenden vertikalen Kartenkoordinaten y geschieht. Nach den Gleichungen ist das Verhältnis von y für die Zylinderprojektion zu dem entsprechenden y für die Mercatorprojektion

$$\frac{\tan\alpha}{\lg\tan(\alpha/2 + \pi/4)}. = \frac{y_{Zylinder}}{y_{Merkator}}$$

Der vertikale Maßstabsfaktor S_V und der Radius der Erde R_e heben sich im Zähler und Nenner auf; deshalb hängt das Verhältnis der y weder von der Wahl des Maßstabes noch von der Größe der Erde ab. aber von α!, im Bogenmaß

Ist erst einmal etwas über die Eigenschaften der logarithmischen Funktion bekannt, so kann gezeigt werden, daß dieses Verhältnis immer größer als 1 ist, wenn $0 < \alpha < \pi/2$ ist. Daraus kann man folgendes schließen: Obwohl sich die y-Koordinate des Bildpunktes bei *beiden* Projektionen Unendlich nähert, wenn sich P dem Nordpol nähert, strebt der

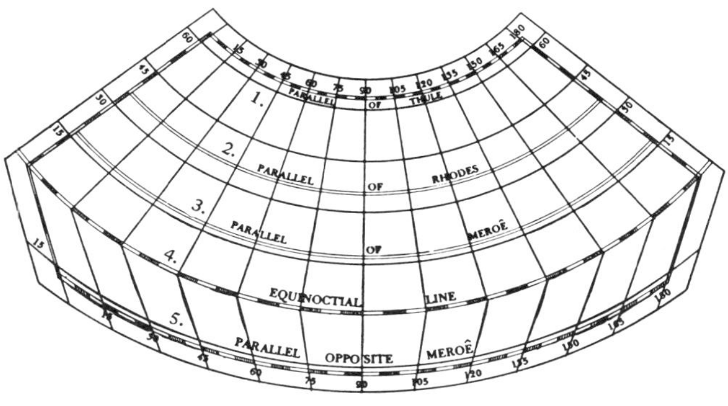

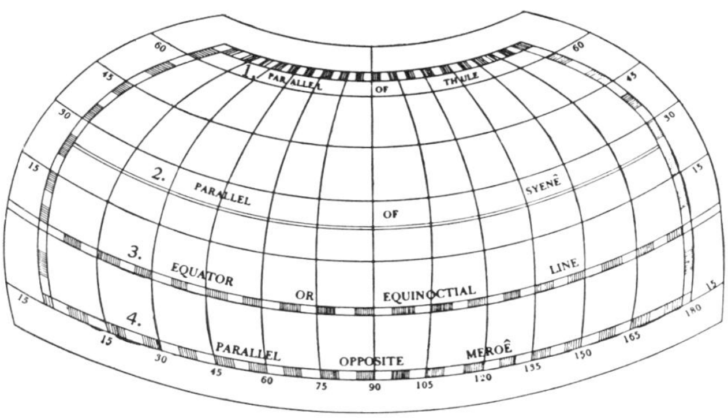

Bild 6.13

(a) Eine Rekonstruktion der ptolemäischen Kegelprojektion, die zur Anfertigung einer Karte der bewohnten Welt vorgeschlagen worden war (nach einer Kopie des 16. Jahrhunderts).
1. Breitenkreis von Thule 2. Breitenkreis von Rhodos 3. Breitenkreis von Meroe 4. Äquinoktalkreis 5. Gegenbreitenkreis von Meroe

(b) Modifizierte sphärische Projektion der Welt von Ptolemäus. Diese Projektion lieferte ein besseres Abbild der Erdoberfläche auf einem Blatt Papier. Obwohl sie der Kegelprojektion vorzuziehen ist, gab Ptolemäus zu, daß sie weitaus schwieriger zu konstruieren war (mit Genehmigung der Enoch Pratt Free Library).
1. Breitenkreis von Thule 2. Breitenkreis von Syene 3. Äquator- oder Äquinoktalkreis 4. Gegenbreitenkreis von Meroe

Kartenpunkt P' (Zylinderprojektion) dennoch viel schneller gegen Unendlich als der Kartenpunkt P^* (Mercatorprojektion), so daß die Entfernung zwischen P' und P^* ebenfalls unbegrenzt zunimmt.

6.4. Die Geschichte der Kartenkunde ist faszinierend. Wenige Interpretationen sind nötig, um sich ein vernünftiges Urteil über das Weltbild, das sich die Menschen vor Hunderten von Jahren machten, zu bilden. Wir brauchen lediglich die Karten zu betrachten, die sie hinterließen und die ihre Ansichten und Kenntnisse wesentlich treffender ausdrücken als Worte. Es zeigt sich sowohl ein Rückschritt als auch ein Fortschritt in dem ständigen Bemühen der Menschen, die Beschaffenheit und die Position geographischer Orte exakt darzustellen. In der Beschreibung der kugelförmigen Gestalt der Erde ist eine umfassende kosmologische Auffassung enthalten.

Die Karten des Ptolemäus haben ein gutentwickeltes System geographischer Breiten- und Längenkoordinaten. Offensichtlich war er sich der Notwendigkeit bewußt, daß für verschiedene Zwecke verschiedene kartographische Abbildungen nötig waren. Bild 6.13 zeigt zwei von ihm benutzte Projektionen. Die in Bild 6.14 wiedergegebene hübsche Karte wurde im 16. Jahrhundert von einem Venezianer reproduziert und Ptolemäus zugeschrieben. Jedoch gab es zwischen der Ära des Ptolemäus (ca. 150 n. Chr.) und der Reproduktion seiner Karte im 16. Jahrhundert viele sonderbare Weltbilder, die in dieser Form der Nachwelt erhalten sind. Das ptolemäische Modell der Welt war eine Kugel, auf deren sphärischer Oberfläche eine exakte Abbildung eines Teils der euklidischen Ebene nicht möglich war. Die Geographen des 16. Jahrhunderts waren derselben Ansicht. Im Jahre 535 argumentierte jedoch der zum Mönch gewordene welterfahrene, kaufmännische Reisende, Cosmas von Alexandria,

> Wenn zwei Männer auf entgegengesetzten Seiten [der Erde] ihre Fußsohlen gegen [sie] legen, wie können dann beide aufrecht stehen?

(Bild 6.15). Wäre die Erde nicht kugelförmig, so wäre das geometrische Modell des Aristarchos, das mit Erfolg zur Berechnung der Entfernungen von der Erde zum Mond und zur Sonne benutzt worden war, nicht anwendbar. Hier zeigt sich deutlich die Rolle geometrischer Modelle in der Deutung physikalischer Realität. Die Wahl des falschen Modells zieht in fast allen Fällen falsche numerische Bestimmungen interessanter physikalischer Größen nach sich. Cosmas überlieferte uns seine Weltansicht in einer Karte, die etwa um 548 (Bild 6.16) hergestellt worden ist; die Geometrie, mit deren Hilfe Aristarchos astronomische Entfernungen berechnen konnte, ist in diesem Fall ohne Bedeutung.

Die Symmetrie, die der Karte von Cosmas innewohnt, ist typisch für die Weltbilder des mittelalterlichen Europa. Von Isidor (Bild 6.17), dem Bischof von Sevilla (16. Jahrhundert), wird diese Symmetrie auf einer schematischen Karte, die mehr auf philosophische Kosmologie hindeutet als auf eine Auswertung von Beobachtungen, sogar noch weiter ins Extrem getrieben. Das rechteckige Weltbild des Zeitalters von Cosmas war anscheinend unbefriedigend. Es wurde durch eine scheibenförmige flache Welt ersetzt, die derselben Ansicht wie der von Cosmas entsprach, jedoch häufig mehr Einzelheiten zeigte.

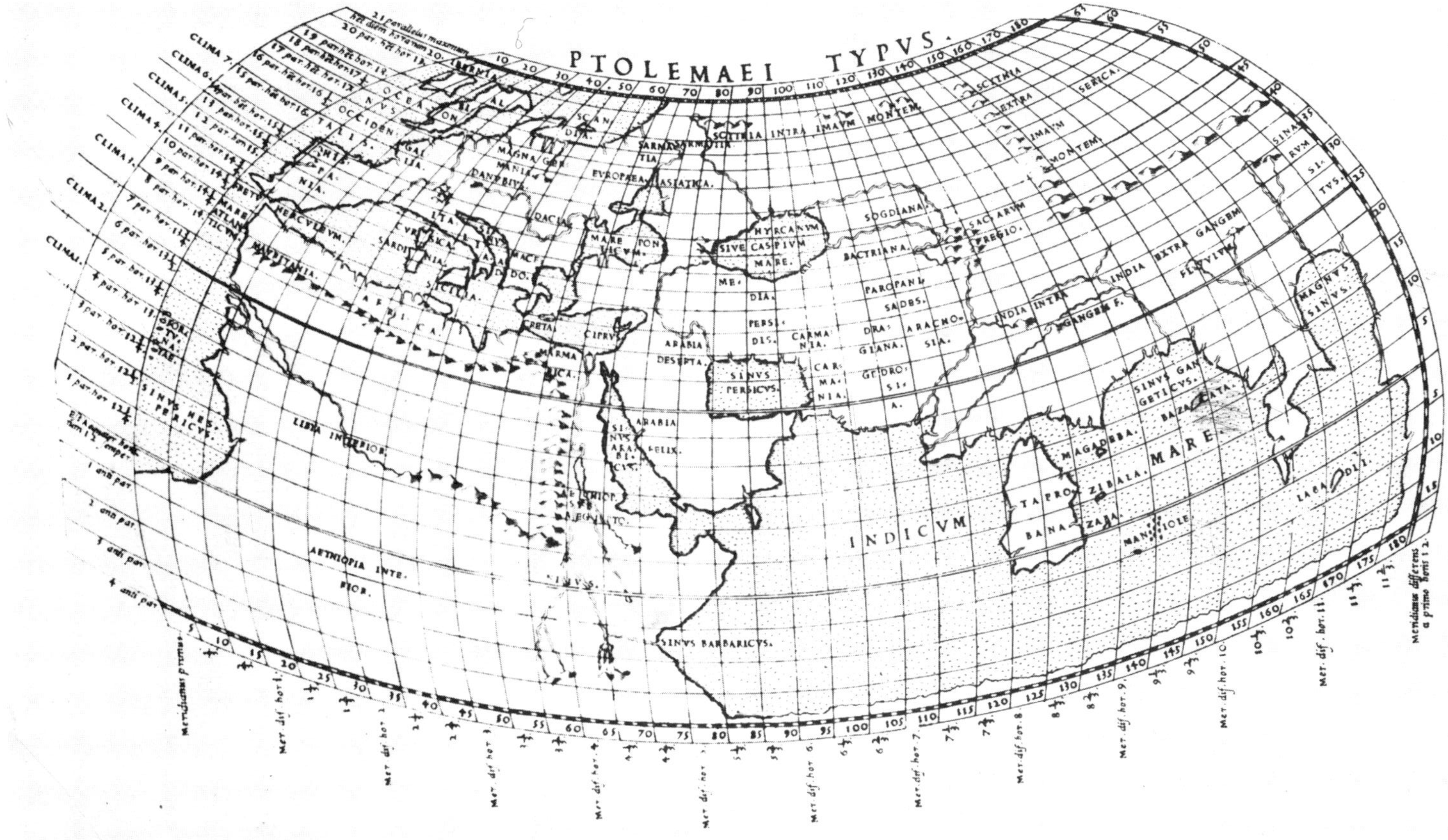

Bild 6.14 Das Weltbild des Ptolemäus, gemäß einem venezianischen Verleger, 1561. Die geographische Länge ist in [Bruchteilen von] Stunden östlich der Inseln der Seligen angegeben, die Breite durch die Stundenzahl am längsten Tag des Jahres (Enoch Pratt Free Library)

Bild 6.15
Cosmas' Bestreitung der Antipoden, 535 (Enoch Pratt Free Library)

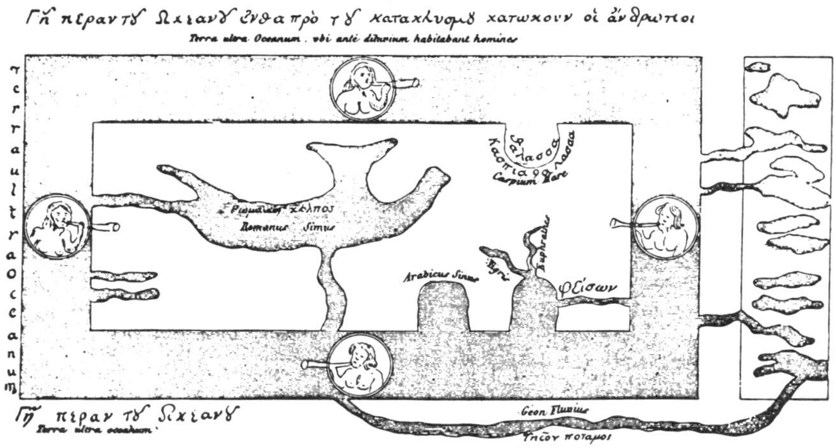

Bild 6.16 Das Weltbild des Cosmas; um 548 n. Chr., gestaltet nach dem Tabernakel. Vier große Flüsse im Paradies versorgen die Gewässer der Erde (Original in der Library of Congress)

Die Karte in Bild 6.18 schließt das Paradies und den Garten Eden mit ein; leider sind weder Entfernungen noch Koordinaten angegeben. Bild 6.19 beruht auf dem gleichen allgemeinen geometrischen Modell, führt jedoch zwei unverbundene große Inseln ein, eine auf der südlichen Hälfte und ohne Leben, da die biblische Arche angeblich auf der anderen gelandet war, und eine auf der nördlichen Hälfte. Wenn wir für einen Augenblick zum Bild 6.15 zurückkehren, fragen wir uns, ob es Cosmas klar war, daß sein Argument für ungültig erklärt worden wäre, wenn ähnliche Annahmen über vermutete antipodische Inseln auf der Oberfläche einer kugelförmigen Erde gemacht worden wären.

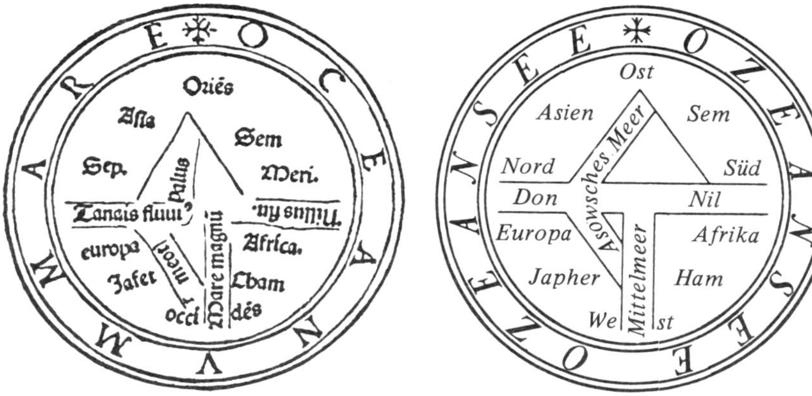

Bild 6.17 Das Weltbild des San Isidore, Bischof von Sevilla (570–636) war äußerst einfach. Die Karte links, aus seinen *Etymologien*, wird durch das rechte Schema erklärt (mit Genehmigung der Walters Kunst Gallerie).

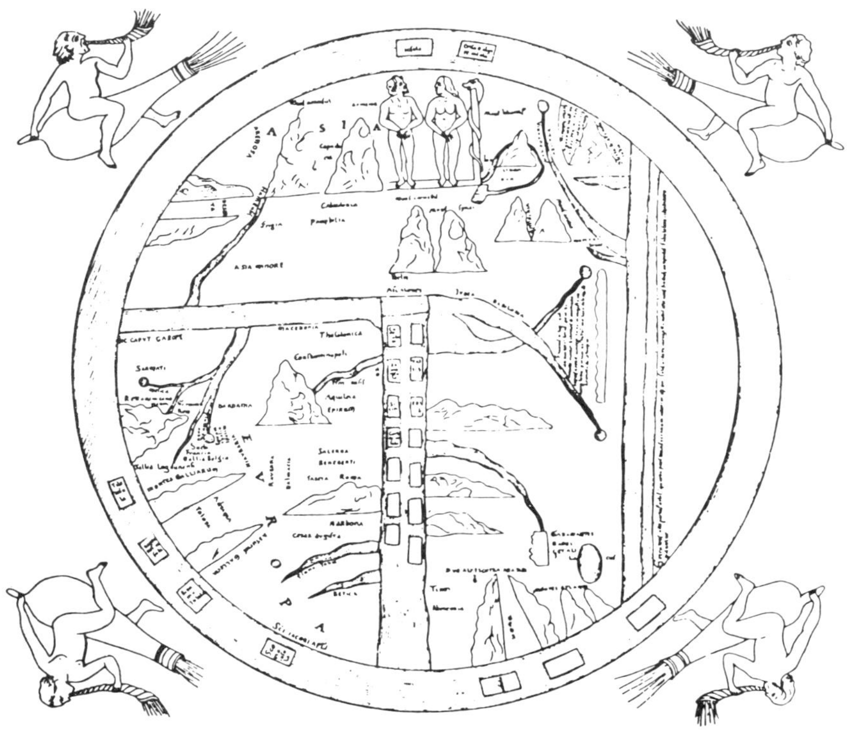

Bild 6.18 Das Weltbild um 900. Das Paradies und Eden liegen im Fernen Osten. Vier Windbläser senden die Winde der Erde aus ihren Äolsbeuteln (nach einem Original in der Kongreßbibliothek).

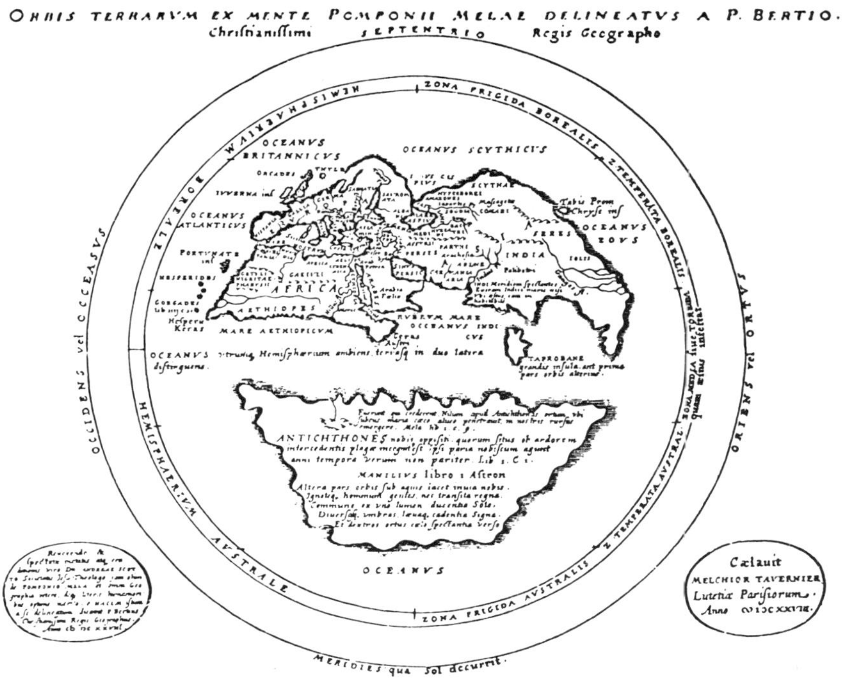

Bild 6.19 Laut der Kirche war Leben auf Antichthon unterhalb des äquatorialen Ozeans unmöglich, da die Arche Noah mit allen Überlebenden oberhalb des Ozeans auf dem Berg Ararat landete. (Original in der Library of Congress)

Die Ansichten von Cosmas und Isidor haben stets Anhänger gefunden. Viele, sogar noch in unserer Zeit, wie z. B. die ‚Flat Earth Society' in London, finden die Vorstellung einer flachen Erde verträglicher mit naiver Wahrnehmung und oberflächlicher Argumentation als die schwerverständliche Auffassung einer allgemeinen Schwerkraft, die sich automatisch aus einer sphärischen Erde ergibt. Die Verteidiger naiver Wahrnehmung als ein Maß der Wahrheit erhielten den Todesstoß durch die Wahrnehmung selber, als Photographien wie die in Bild 6.20 überall bekannt wurden. Man fragt sich, wie der gelehrte Cosmas reagiert hätte.

Im allgemeinen läßt sich aus der dargestellten Entwicklung schließen, daß die Theologen und Philosophen des Mittelalters, deren geometrische Modelle auf Symmetrie und Einfachheit anstatt auf Beobachtungen und Messungen beruhten, ganz der populären Karikatur eines abstrakten Mathematikers, der ständig Schlüsse zieht, aber niemals um sich sieht, entsprachen.

6.5. Eine nach einem mathematischen Prinzip gezeichnete Karte der Erdoberfläche enthält ein bestimmtes Modell der Erde, eine Vorstellung über das wahre Aussehen der Erdkugel. Zusätzlich bedeutet eine Karte dieser Art ein systematisches Mittel, die Ent-

Bild 6.20 Die Erde vom Mond aus gesehen (Apollo 8)

fernungen zwischen Punkten auf der Erde zu bestimmen, deren geographische Breite und Länge gemessen werden. Diese Entfernungen können schließlich mit Hilfe des Erdradius in Metern, Meilen oder einer anderen gebräuchlichen Einheit ausgedrückt werden. Während der frühen Jahre der Renaissance bestand Unklarheit über die Größe der Erde und beträchtliche Unkenntnis über die relative Lage sehr bekannter geographischer Orte. Folglich war es für Herrscher der seefahrenden Nationen, wie Portugal, Spanien und England, oft schwierig zu entscheiden, ob eine vorgeschlagene Forschungsreise einerseits in Hinsicht auf die Fähigkeit der Schiffe, ausgedehnte Vorstöße ins Unbekannte zu überstehen, andererseits in bezug auf die Ausdauer der Seeleute und die Führungsfähigkeit der Navigatoren durchführbar war.

Die Geschichte der Entdeckung Amerikas durch Kolumbus im Jahre 1492 veranschaulicht die verschiedenen Meinungen und halbverstandenen Tatsachen, die zu seiner Zeit verbreitet waren, und auch das Risiko übersehener Gelegenheiten, was manchmal eintraf, wenn der Rat gelehrter Männer angenommen wurde.

Im Jahre 1492 war Portugal in der Erforschung der Meere führend. Seit 1434 steuerten furchtlose Kapitäne ihre kleinen Schiffe von Portugal aus entlang der Westküste von Afrika oft ohne Sicht auf Land und durch tückische Gewässer. Sie besaßen keine geeigneten Mittel, die geographische Länge zu bestimmen, und die Verwendung von Polaris und anderen nördlichen Sternen für Breitenbestimmungen wurden immer unverläßlicher, je mehr die Schiffe sich dem Äquator näherten. Bei etwa 9° nördlicher Breite sank Polaris unter den Horizont und war damit außer Sicht. Wie in Kapitel 5 beschrieben wurde, können andere Sterne für die Bestimmung der geographischen Breite benutzt werden, wenn die Zeit der Beobachtung bekannt ist, aber auf Grund des Nichtvorhandenseins genauer und seetüchtiger Zeitmesser, nützte dieses Mittel dem Seefahrer des 15. Jahrhunderts wenig. Mit Ausnahme der Sonne am Mittag, konnte er nicht die Zeit bestimmen, zu der ein Gestirn den Zenit durchläuft. Die geographische Breite wird mittels Messung der Sonne nach demselben allgemeinen Prinzip berechnet, das in Kapitel 5 umrissen wurde. Aber die technischen Probleme der Beobachtung sind größer und die notwendigen Berechnungen viel komplexer, da die Bahn der Sonne, so wie sie von der Erde aus gesehen wird, sich mit der Jahreszeit ändert. Tatsächlich sind die *täglichen* Unterschiede für nautische Zwecke bedeutend. Zusätzlich sind ausführliche Tabellen der scheinbaren Position der Sonne zur Anwendung dieser *Sonnenregel*, wie sie damals hieß, nötig, aber diese Tabellen konnten nur von ausgebildeten Mathematikern und Astronomen ausgearbeitet und angewendet werden. Wir zitieren aus J. H. Parrys ausgezeichneten Buch *The Age of Reconnaissance* [53]:

> Die genauen Methoden, durch die die spätmittelalterliche Wissenschaft den Seefahrern vermittelt wurde, sind im allgemeinen kaum bekannt. Chroniken berichten oft, daß Herrscher ... Astronomen an ihren Hof baten, um von ihrem Wissen zu profitieren; aber es wird selten genau erklärt, was, wen und mit welchem Ergebnis die Gelehrten unterrichteten. Die Sonnenregel bildet eine Ausnahme: Ein deutlicher und seltener Fall, in dem eine Gruppe von Wissenschaftlern mit der Absicht vom Staat angestellt wurde, theoretische Kenntnisse zur Lösung eines bestimmten und drängenden praktischen Problems anzuwenden. Johann II von Portugal berief im Jahre 1484 einen Ausschuß mathematischer Experten, um eine Methode auszuarbeiten, mit der sich die geographische Länge durch Beobachtungen der Sonne finden lassen würde.
>
> Die Arbeit der Kommission von Johann II wurde zum Nutzen der praktisch tätigen Seeleute in Portugal in einem Handbuch mit dem Titel *Regimento do astrolabio e do quadrante* zusammengefaßt. Dieses war das erste europäische Navigationshandbuch und nautische Jahrbuch. Die erste Ausgabe wurde 1509 gedruckt, aber es gab wahrscheinlich frühere Ausgaben, und das Werk scheint bereits seit den letzten Jahren des 15. Jahrhunderts in Manuskriptform zirkuliert zu haben. [siehe Bild 5.11.]

Kolumbus war kein professioneller Seefahrer; Parry nennt ihn einen „autodidaktischen und äußerst überzeugenden geographischen Theoretiker mit einiger Kenntnis in Hydrographie und einer Grundlage in Nautik". 1484, während das Mathematikerkommittee von Johann II in Portugal arbeitete, schlug Kolumbus der portugiesischen Krone vor, auf Kosten der Krone eine Reise von Europa aus in westlicher Richtung über die gesamte Ausdehnung des Ozeans nach Zipangu (Japan) durchzuführen. Er schätzte die Entfernung auf ungefähr 4 800 Kilometer, tatsächlich beträgt sie jedoch etwa 17 700 Kilometer. Laut Parry ergab sich diese enorme Diskrepanz aus dem Zusammenspiel mehrerer Fehler. Er unterschätzte den Erdradius aufgrund der Angaben von Ptolemäus und Poseidonios, überschätzte die Größe Asiens nach Angaben von Ptolemäus und Marco Polo und verließ sich auf Marco Polos Schätzung, daß Japan etwa 2 400 Kilometer vom Festland entfernt sei. Als Kolumbus, unter der spanischen Flagge segelnd, nach 4 800 Kilometern auf Land stieß, war er nicht überrascht. Die Experten von Johann II, die ziemlich genaue Kenntnis von der Größe der Erde und gerechtfertigte Skepsis über Berichte hatten, die sie von Reisenden über Entfernungen erhielten, hatten offensichtlich dem König zu einer Ablehnung des Antrags geraten. Am provinzielleren spanischen Hof, der vom Wissen und der Skepsis hervorragender Mathematiker unbelastet war, wurde Kolumbus, wie wir alle wissen, wesentlich wärmer empfangen. So spricht heute ganz Südamerika, mit Ausnahme von Brasilien, spanisch und nicht portugiesisch.[1])

In Bild 6.21 haben wir eine Karte (aus [14]) reproduziert, die angeblich von Kolumbus benutzt wurde, und über die wir den amerikanischen Kontinent (gerasterte Fläche) gelegt haben. Japan erstreckt sich auf dieser Karte von der tatsächlichen Lage von Nieder-Kalifornien bis beinahe zum Äquator.

Die wissenschaftliche Forschungstätigkeit, die Johann II in Verbindung mit praktischen Staatsproblemen unterstützte, sollte uns, die wir unter einem Schirm bundesunterstützter Forschungsprogramme leben, nur allzu bekannt sein. Staatlich unterstützte Forschung ist weder heutzutage etwas neues noch war sie es damals. Archimedes beschäftigte sich ab und zu mit Arbeiten für das Verteidigungsministerium (obwohl er es nur ungern tat), und mehrere berühmte Mathematiker der elisabethanischen Zeit waren außerdem Entzifferer von Geheimschriften für eine Version der CIA im 16. Jahrhundert. Die Unbeliebtheit dieser Arbeiten ist nicht unbedingt ein Ergebnis unseres Zeitalters.

Interessanter ist die Erkenntnis, daß die wissenschaftliche Meinung über wissenschaftliche Möglichkeiten im Grunde konservativ ist, obwohl die Forschungstätigkeit selbst oft revolutionär ist. Deshalb war die Ansicht der Kommission von Johann II zwar wissenschaftlich gerechtfertigt, daß kleine Schiffe nicht über ausgedehnte Meere nach Japan segeln könnten. Sie führte jedoch zur Entmutigung für die Erforschung der westlichen Meere und schließlich zu einer enormen Beschränkung der Zukunft Portugals.

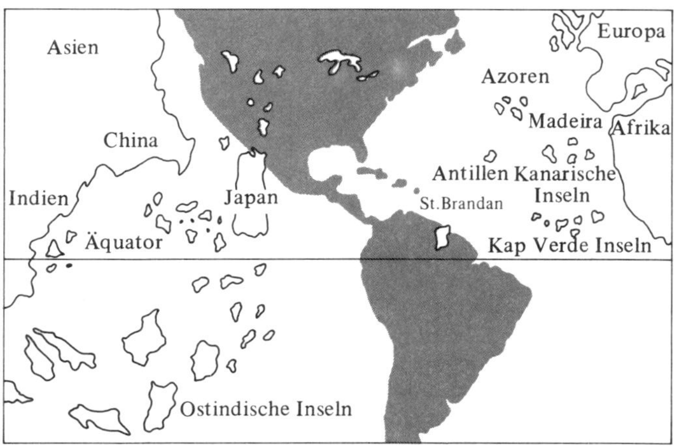

Bild 6.21 Die schattierten Gebiete zeigen die Entdeckungen, die Kolumbus und seine Nachfolger machten. Diese Gebiete sind in die Toscanelli-Karte eingetragen, die Kolumbus benutzte

[1]) Guayana, mit einer Gesamtbevölkerung von weniger als 1 Million, bildet eine Ausnahme, die wir hier aus der Betrachtung ausschließen.

Übungen

6.1. Betrachtet werde die Zylinderprojektion einer Kugel, die dann auf einer Ebene ausgebreitet wird, wie in Bild 6.3a, b gezeigt und im Text beschrieben. Angenommen, ein Gebiet F auf einer Kugel wird durch eine derartige Projektion auf *ein Quadrat* in der Ebene abgebildet. Was können Sie über die Beziehungen zwischen den Längen der „Seiten" des Gebietes R auf der Kugel unter der Annahme aussagen, daß zwei der Seiten auf Meridianen liegen und eine der Seiten auf dem Äquator (dem Berührungskreis) liegt? Zeichnen Sie ein schematisches Diagramm, um die Beziehung graphisch darzustellen.

6.2. Betrachtet werde ein gleichseitiges Dreieck Δ in der Ebene (Bild 6.22), wobei der Abschnitt AB auf dem Äquator liegt. Beschreiben Sie das entsprechende Gebiet auf der Kugel für Zylinder- und Mercatorprojektion. Was geschieht bei diesen Projektionen mit den Längen der Seiten? Was geschieht bei diesen Projektionen mit den Winkeln α, β und γ? Zeichnen Sie ein schematisches dreidimensionales Diagramm vom Bild des Dreiecks.

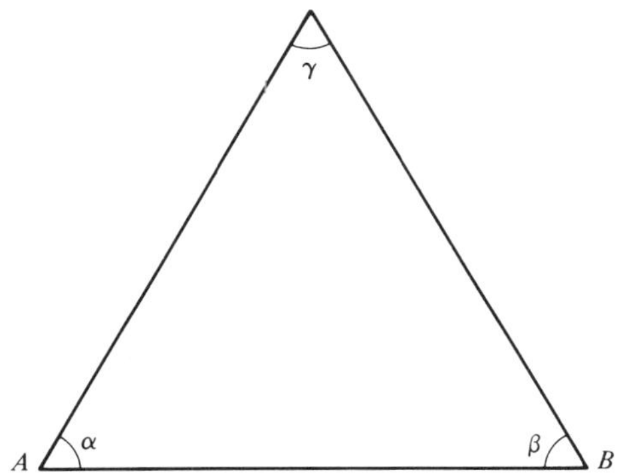

Bild 6.22

6.3. Was läßt sich über die Beziehung zwischen den Flächen der Gebiete sagen, die in den Übungen 6.1 und 6.2 betrachtet wurden? Geben Sie (anschauliche) Gründe für Ihre Antwort.

6.4. Bei einer Kugel sollen die Maßstabsfaktoren S_H und S_V gleich sein. Welche Kartengröße benötigt man a) für die Zylinderprojektion, b) für die Mercatorprojektion, damit die gesamte Kugel, mit Ausnahme der geographischen Breiten zwischen 89° und 90° (Nord und Süd), dargestellt werden kann, wenn das Abbild des Äquators auf der Karte 30 cm lang ist?

6.5. Auf einer Kugel windet sich eine Loxodrome um den Nordpol, wie es im Text beschrieben wurde. Übertragen Sie unter Verwendung der Gleichungen für diese Kurve die *Projektion* der Kurve graphisch auf die Ebene, die durch den Mittelpunkt der Kugel und den Äquator verläuft. Die Projektionsstrahlen stehen senkrecht auf der Ebene. Dies illustriert das spiralenförmige Verhalten einer Geraden auf einer Mercatorkarte.

6.6. Betrachtet werde die stereographische Projektion der südlichen Hemisphäre auf eine Ebene, die den Südpol berührt. Kann die gesamte Hemisphäre auf ein endliches Gebiet der Ebene abgebildet werden? Geben Sie eine Erklärung und illustrieren Sie ihre Antwort.

6.7. Durch eine beliebige Abbildung werde eine Kugel auf ein ebenes Gebiet abgebildet. Geben Sie eine Begründung dafür, daß es keine Abbildung gibt, bei der *alle Entfernungen erhalten* bleiben. Man erinnere sich, daß Entfernungen auf der Kugel an Hand der Länge des Großkreises, der zwei Punkte verbindet, gemessen werden. Die Länge in der Ebene wird gemessen, indem die gradlinige Entfernung zwischen zwei Punkten bestimmt wird. (*Anmerkung*: Es ist schwierig, diese Frage genau zu beantworten; siehe Kapitel 11. Geben Sie eine so vollständige Antwort wie möglich, mit Hinweisen auf Beispiele).

6.8. Stimmen Sie mit der Behauptung überein, daß die Karten, die zu bestimmter Zeit in der Geschichte vom Menschen hergestellt wurden, seine Anschauung über die Welt und das Weltall reflektieren? Erklären Sie Ihre Antwort.

6.9. Mit Hilfe einer schematischen Zeichnung sollen Sie die Behauptung illustrieren: Die Mercatorkarte „erhält Winkel". Geben Sie an, welche Art von „Rechnungen" durchgeführt werden müssen, um diese Behauptung zu beweisen.

6.10. Wie erklären Sie die Tatsache, daß die Weltkarte des Ptolemäus viel genauer und vollständiger ist als Karten in der Art der Bilder 6.16–6.19, die viel später erschienen?

7. Die Erfindung der Logarithmen

Dieses Kapitel beschäftigt sich mit *Logarithmen*, einem rechnerischen Hilfsmittel, das zur Erleichterung der Multiplikation und Division von großen Zahlen dient. Rechnungen mit Logarithmen werden unter Verwendung von Tafeln ausgeführt, und zwar in ähnlicher Weise wie die Kehrwerttafeln der Babylonier (in Kapitel 3 beschrieben) für derartige Zwecke benutzt wurden. Die Anforderungen der Astronomie an die Rechentechnik waren die Ursache für die Erfindung der Logarithmen. In moderner Zeit liegt ihre Hauptbedeutung in der Verbindung mit der *Infinitesimalrechnung* und in ihrer Anwendung auf *komplexe Funktionen*, da ausgedehnte numerische Rechnungen heutzutage von Rechenmaschinen ausgeführt werden.

7.1. In Kapitel 2 hörten wir, warum die Stellenwertschreibweise der babylonischen Mathematiker ihnen gegenüber ihren Zeitgenossen große Vorteile bei Rechenproblemen brachte, besonders wenn es sich um Brüche handelte. Dies galt vor allem für die Astronomie. Im Laufe der Zeit wurde die Astronomie eine hochentwickelte Wissenschaft, deren Voraussagen in zunehmendem Maße exakter, die Berechnungen jedoch entsprechend mühsamer wurden. Es wurde eine Methode erforderlich, die selbst die immer komplizierteren Rechnungen, wie Multiplikation und Division 10- bis 12-stelliger Zahlen, vereinfachte. Gegen Ende des 16. Jahrhunderts entwickelte sich eine solche Methode aus dem Studium trigonometrischer Funktionen. Bis zur Erfindung der Logarithmen durch John Napier (1550–1617) im Jahre 1614, war diese Methode, die *Prosthaphäresis* genannt wurde, das Hauptmittel zur Vereinfachung der Multiplikation. Sie wurde in den wichtigsten astronomischen Instituten Europas verwendet, von denen das von Tycho Brahe (1564–1601) in Dänemark zweifellos das wichtigste für die Entwicklung der modernen Wissenschaft war. Die in diesem Institut gesammelten Daten und die dort durchgeführten Rechnungen waren die Grundlage, die Johann Kepler (1571–1630) in der nächsten wissenschaftlichen Generation zu seiner Formulierung der drei Gesetze der Planetenbewegung führten. Diese Gesetze wurden später in Isaac Newtons (1642–1727) Theorie der Gravitationsbewegung übernommen, die für praktische Zwecke (z. B. für den bemannten Mondflug) heute noch von uns benutzt wird, um die Bewegungen der Körper im Weltall vorauszubestimmen. Ohne ausreichende rechnerische Fähigkeiten wären die Keplerschen Gesetze nie entdeckt worden.

Welche Mittel standen nun Tycho Brahe zur Verfügung, um die komplexen und umfangreichen Berechnungen auszuführen? Bis zur Entwicklung mechanischer Rechenmaschinen, die später zur Entwicklung elektronischer Computer führte, war das Leitprinzip der Rechenmethoden: Es ist einfacher zu addieren und zu subtrahieren als zu multiplizieren und zu dividieren. In diesem Fall bedeutet „einfacher" schneller und bequemer. Die Stellenwertschreibweise ermöglicht die Multiplikation großer Zahlen. Die individuelle Fähigkeit, ein Problem mit großen Zahlen in einer gegebenen Zeitspanne zu lösen, hat jedoch ihre Grenzen, obwohl es von Zeit zu Zeit Personen mit bemerkenswerten Fähigkeiten im Kopfrechnen gegeben hat. So ein Phänomen war der deutsche „Blitzrechner" Zacharias Dase (1824–1861), dessen außergewöhnliche Begabung unter anderem darin bestand, im Kopf in 54 Sekunden das Produkt von zwei 8-stelligen Zahlen, in 6 Minuten das von zwei 20-stelligen Zahlen, in 40 Minuten das von zwei 40-stelligen Zahlen und in 8 Stunden 45 Minuten das Produkt von zwei 100-stelligen Zahlen zu berechnen. Bild 7.1 veranschaulicht diese Daten auf doppeltlogarithmischem Papier, woraus leicht zu ersehen ist, daß die von ihm benötigte Zeit für diese Operationen etwa um $n^{2,7}$ variierte, wobei n die Anzahl der Stellen in jedem Faktor bezeichnet. Keiner weiß, worin Dase oder andere seltene Rechengenies sich von gewöhnlichen Personen unterscheiden, oder ob die von ihnen verwendeten Verfahren irgendwelche wesentlichen Vereinfachungen benutzten, die, wenn sie bekannt wären, die Rechenfähigkeiten des Durchschnittsmenschen bedeutend verbessern würden. Es besteht die Versuchung, ein Rechengenie als „biologische Rechenmaschine" zu betrachten, die durch eine günstige Veränderung der Wahrscheinlichkeits- und genetischen Gesetze auf bemerkenswerte Weise leistungsfähiger als die anderen Menschen „geschaltet" worden ist.

Eine theoretische Abschätzung der Zeit, die nötig sein „sollte", um das Produkt von zwei n-stelligen Zahlen zu berechnen, läßt sich leicht aufstellen. Die Zahlen seien

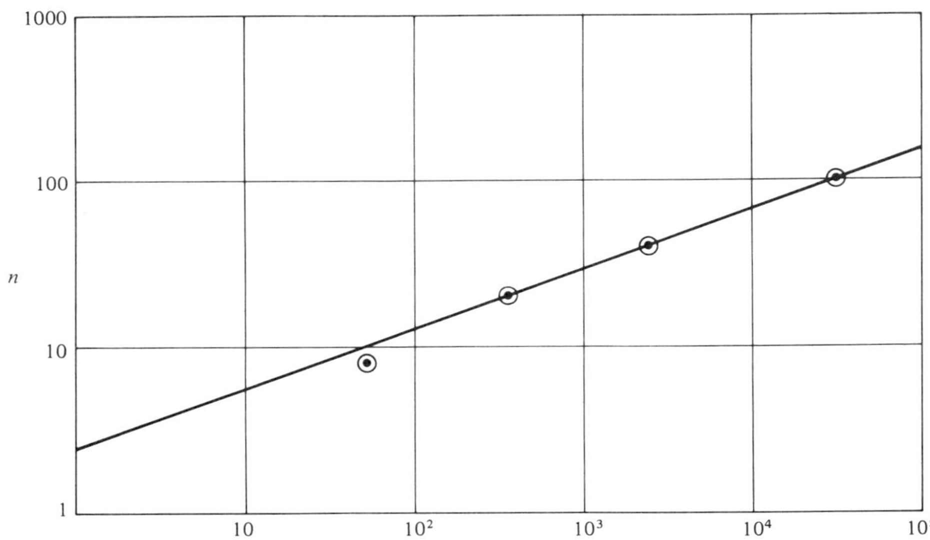

Bild 7.1 Die von Zacharias Dase benötigte Zeit zur Berechnung des Produktes von zwei n-stelligen Zahlen

$a = a_n \ldots a_2 a_1$ und $b = b_n \ldots b_2 b_1$. Wird auf gewöhnliche Weise multipliziert, so ergibt sich ein Diagramm folgender Art:

$$
\begin{array}{cccc|ccc}
 & & & \multicolumn{4}{l}{a_n \ \ldots \ a_2 a_1 \times b_n \ldots b_2 b_1} \\ \cline{4-7}
 & & & & c_{1n} & & c_{12}c_{11} \\
 & & & c_{2n} & & c_{22}c_{21} & \\
 & & \cdot & & & \cdot & \\
 & \cdot & & & \cdot & & \\
 \cdot & & & & \cdot & & \\
c_{nn} & & c_{n2} & & c_{n1} & & \\ \hline
\multicolumn{7}{l}{d_{2n}d_{2n-1} \cdot \ \ . \ \ . \ d_n \ \ . \ \ . \ \ . \ d_2 d_1}
\end{array}
$$

worin $d_{2n} \ldots d_2 d_1$ das Produkt ist; zum Beispiel entspricht $12 \cdot 34$ dem Diagramm

$$
\begin{array}{r}
12 \cdot 34 \\ \hline
48 \\
36 \\ \hline
408 \\ \hline
\end{array}
$$

Um das Produkt $a \cdot b$ zu errechnen, muß jede Stelle von a mit jeder Stelle von b multipliziert werden, insgesamt $n \cdot n = n^2$ elementare Multiplikationen. Dies ergibt die Stellen c_{ij}. Dann müssen die c_{ij} jeder Spalte addiert werden; wir wollen das Problem des ,,Übertragens", wenn die Summe zweier Stellen größer als 9 ist, ignonieren. Es wird ungefähr n^2 Elementarsummen geben, was leicht ersichtlich ist, wenn das Dreieck der Zahlen c_{ij} nach links von der gestrichelten Linie bewegt wird, so daß es den Platz unter c_{11} ausfüllt. Eine sorgfältigere Analyse würde die Möglichkeit in Betracht ziehen, daß einige der Produkte $a_j b_i$ größer als 9 sein können, aber dies ist hier unwichtig.

Angenommen, es dauert p Sekunden, um das Produkt zweier 1-stelliger Zahlen und s Sekunden, um die Summe zweier 1-stelliger Zahlen im Kopf zu finden. Dann muß es *mindestens*

$$T(n) = pn^2 + sn^2 = (p + s)\, n^2$$

Sekunden dauern, um das Produkt zweier n-stelliger Zahlen zu berechnen. Man muß beachten, daß die Zeit, die Dase für die Rechnungen benötigte, mit zunehmendem n stärker zunahm als diese theoretische Minimalzeit n^2. Nehmen wir nun an, daß unser Gedächtnis keinen Unterschied zwischen der Speicherung von Elementarprodukten und der von Elementarsummen kennt, dann können wir $p = s$ setzen. Folglich ist

$$T(n) = 2pn^2$$

die theoretisch minimale Zeit, um das Produkt zweier n-stelliger Zahlen zu berechnen. Für $n = 1$ ist $T(1) = 2p$; daraus kann man die Zeit für die Berechnung eines Elementarproduktes ermitteln:

$$p = \frac{1}{2} T(1).$$

Die graphische Darstellung in Bild 7.1 zeigt nicht die von Dase benötigte Zeit zur Berechnung des Produktes von zwei 1-stelligen Zahlen: Auf diesem Niveau war er zu schnell für eine Zeitmessung. Außerdem war die Zeit, um das Ergebnis auszusprechen, größer als die Zeit, die für das Kopfrechnen benötigt wurde. Aber p kann aus Bild 7.1 bestimmt werden: Aus den bekannten Werten

$$T(20) = 360 \text{ Sekunden}$$
$$T(100) = 28\,845 \text{ Sekunden}$$

erhalten wir für Dase die Formel

$$T(n) = (2p)\,n^{2{,}7237},$$

und hieraus wird p bestimmt. Zum Beispiel ist für $n = 20$

$$360 = (2p)\,(20)^{2{,}7237}.$$

Da $(20)^{2{,}7237} \approx 3\,496$ ist, ergibt sich

$$p \approx \frac{360}{(2)\,(3\,496)} \text{ Sekunden} = 0{,}051 \text{ Sekunden}.$$

In ähnlicher Weise kann man errechnen, wie viele Sekunden nötig sind, um zwei n-stellige Zahlen zu addieren. Hat s dieselbe Bedeutung wie vorher, dann haben wir sowohl n Elementaradditionen von Paaren einstelliger Zahlen als auch etwa $n/2$ weitere Elementaradditionen, die für das „Übertragen" des Überschußes von einer Spalte zu der links benachbarten notwendig sind, da beinahe die Hälfte (genau 25 von 55) der Elementarsummen 9 überschreiten. Dies bedeutet, daß die Addition mindestens

$$s\left(n + \frac{25}{55}\,n\right) \approx \frac{3}{2}\,sn \text{ Sekunden}$$

dauern muß.

7.2. Da die Multiplikation zweier n-stelliger Zahlen etwa $(p + s)\,n^2$ Sekunden erfordert, wogegen für die Addition zweier n-stelliger Zahlen nur etwa $\frac{3}{2}\,sn$ Sekunden notwendig sind, einschließlich der Zeit, die nötig ist, um den Überschuß von einer Spalte zur unmittelbar links danebenliegenden Spalte zu übertragen, ist es eindeutig, daß eine Addition leichter und schneller auszuführen ist als eine Multiplikation. Jedes Verfahren, das Multiplikation durch Addition (und/oder Subtraktion) ersetzt und geringen Gebrauch von tabellierten Werten macht, reduziert wahrscheinlich den erforderlichen Arbeitsaufwand bei der Berechnung von Produkten mehrstelliger Zahlen. Derartige Produkte bilden einen großen Teil nautischer und astronomischer Berechnungen.

Es gibt zahlreiche unterschiedliche Methoden, Multiplikationen in Additionen umzuwandeln, bei denen Tafeln erforderlich sind. In diesem Kapitel wollen wir drei davon besprechen. Die erste Methode ist, soweit wir wissen, nie praktisch angewendet worden. Sie ist jedoch einfach und veranschaulicht die grundlegenden Eigenschaften aller dieser Methoden. Die zweite ist das prosthaphäretische Verfahren, das eine wichtige historische Rolle spielt, wie wir schon oben erwähnten. Logarithmen, die dritte Methode, stellen die leistungsfähigste Methode von allen dar und ermöglichen außerdem, nichtganzzahlige Potenzen und beliebige Wurzeln von Zahlen zu berechnen. Mit ihrer Hilfe können Positionen auf Mercatorkarten berechnet werden.

Die Idee, die allen diesen Methoden der Umwandlung von Multiplikation in Addition zugrunde liegt, zeigt sich im folgenden Kapitel: Wenn x und y zwei Zahlen sind, dann (vgl. Abschnitt 4.10) ist

$$(x+y)^2 - (x-y)^2 = 4xy. \tag{7.1}$$

Wenn wir also eine Funktion S durch

$$S(x) = \frac{1}{4}x^2$$

definieren und eine Wertetabelle von $S(x)$ aufstellen, so können wir das Produkt xy berechnen, indem wir nur Additionen und Subtraktionen ausführen und gewisse Werte der Wertetabelle der Funktion S übernehmen. Tatsächlich zeigt die algebraische Gleichung (7.1), wenn sie mit Hilfe der Funktion S ausgedrückt wird, daß

$$xy = S(x+y) - S(x-y)$$

ist. Um xy zu berechnen, bestimmen wir zuerst $x+y$ und $x-y$, ermitteln dann aus der Wertetabelle $S(x+y)$ und $S(x-y)$ und führen am Ende die Subtraktion $S(x+y) - S(x-y) = xy$ aus. Es genügt, wenn die Tabelle die Werte von $x^2/4$ für x zwischen 0 und 1 enthält; ist x und/oder y größer als 1, versetzt man die Kommata, so daß beide Zahlen innerhalb des Intervalls von 0 bis 1 liegen. Nachdem man mit Hilfe der Tabelle die Multiplikation ausgeführt hat, wird das Komma im Ergebnis wieder zurückversetzt.

Ein Beispiel verdeutlicht dieses Verfahren: Es ist das Produkt 64,1 · 520 zu bilden. Wir geben hierzu einen Auszug aus der Wertetabelle der Funktion $S(x) = x^2/4$ wieder, in der x jeweils um 0,001 wächst:

x	$S(x)$
0,100	0,002 500 00
0,101	0,002 550 25
0,102	0,002 600 50
0,103	0,002 652 25
0,104	0,002 704 00
⋮	⋮
0,585	0,085 556 25
0,586	0,085 849 00
0,587	0,086 142 25
0,588	0,086 436 00
0,589	0,086 730 25
⋮	⋮
0,690	0,119 025 00
0,691	0,119 370 25
0,692	0,119 716 00
0,693	0,120 062 25
0,694	0,120 409 00
⋮	⋮
0,999	0,249 500 25

Zur Berechnung von 64,1 · 520 setzen wir $64{,}1 = 0{,}641 \cdot 10^2$ und $520 = 0{,}052 \cdot 10^4$. Dann ist

$$64{,}1 \cdot 520 = (0{,}641 \cdot 0{,}052) \cdot 10^6.$$

Setzt man $x = 0{,}641$ und $y = 0{,}052$ so ergibt sich

$$x + y = 0{,}693$$
$$x - y = 0{,}589.$$

Wir haben vorsichtigerweise 520 als $0{,}052 \cdot 10^4$ geschrieben, anstatt $0{,}52 \cdot 10^3$, um sicher zu sein, daß $x + y$ innerhalb des Bereichs der Tafel liegt. Aus der Tafel entnehmen wir

$$S(x + y) = S(0{,}693) = 0{,}120\,062\,25$$
$$S(x - y) = S(0{,}589) = 0{,}086\,730\,25$$

und

$$xy = S(x + y) - S(x - y) = 0{,}033\,332\,00.$$

Folglich ist

$$64{,}1 \cdot 520 = (xy) \cdot 10^6 = 33\,332,$$

was das gesuchte Ergebnis ist.

In Kapitel 3 wurde erwähnt, daß die Babylonier Tafeln für die Quadrate ganzer Zahlen hatten; da ihre Schreibweise positionell war, hätten sie tatsächlich diese Methode benutzen können, um Multiplikationen in ihren astronomischen Berechnungen zu vereinfachen; es existiert jedoch kein Beweis dafür, daß sie tatsächlich Tafeln für diesen Zweck verwendeten.

Eine Tafel für die Werte der Funktion S erleichtert die Multiplikation von Zahlenpaaren, hilft jedoch nicht bei der Berechnung von gebrochenen Potenzen, wie $2^{1/2}$. Aus diesem Grund ist eine Logarithmentafel eine viel nützlichere Erfindung als eine Tafel für Quadratzahlen.

7.3. Der Ausdruck *Prosthaphäresis* bezog sich ursprünglich auf die Korrektur, die nötig war, um den tatsächlichen Standort eines Planeten aus seiner geschätzten Position zu ermitteln. Später wurde er auch in den mathematischen Methoden benutzt, die nötig waren, um die Korrektur zu berechnen.

Eine *prosthaphäretische Regel* ist eine trigonometrische Gleichung, die ein Produkt zweier Zahlen in die Summe zweier anderer Zahlen verwandelt. Diese Gleichungen sind schon dem Schüler, der etwas Trigonometrie kennt, vertraut. Aber ihre Verwendung zur Vereinfachung von Multiplikationen ist ein Anwendungsbeispiel der Trigonometrie, das nicht so gut bekannt ist, wie es sein sollte. Eine prosthaphäretische Regel ist zum Beispiel

$$2 \cos A \cos B = \cos(A + B) + \cos(A - B), \tag{7.2}$$

was leicht aus dem Additionstheorem

$$\cos(A + B) = \cos A \cos B - \sin A \sin B$$

abgeleitet werden kann.

Um die Formel (7.2) für die Multiplikation benutzen zu können, brauchen wir eine Kosinustafel, die für den erwünschten Genauigkeitsgrad der Rechnung ausreicht. Angenommen, wir wollen das Produkt 80 765 · 97 803 berechnen. Dann wenden wir die Kosinustafel folgendermaßen an: Zuerst schreibt man

$$80\,765 \cdot 97\,803 = (0{,}807\,65 \cdot 0{,}978\,03) \cdot 10^{10}, \tag{7.3}$$

so daß die in Betracht kommenden Zahlen durch Dezimalzahlen zwischen 0 und 1 ersetzt werden. Dann berechnet man das Produkt in Klammern auf folgende Weise: Man setzt

$$\cos A = \frac{(0{,}807\,65)}{2} = 0{,}403\,83$$

$$\cos B = 0{,}978\,03$$

und findet als Winkel A und B aus der Kosinustafel (im Bogenmaß):

$$A \approx 1{,}152$$
$$B \approx 0{,}208.$$

Folglich ist

$$A + B = 1{,}360$$
$$A - B = 0{,}944.$$

Aus der Tabelle liest man ab

$$\cos(A + B) \approx 0{,}208$$
$$\cos(A - B) \approx 0{,}588.$$

Durch Addition ergibt sich

$$\cos(A + B) + \cos(A - B) = 0{,}796,$$

was nach (7.2) das gewünschte Produkt in den Klammern von (7.3) ist. Indem das Komma zurückversetzt wird, erhalten wir als (ungefähres) Ergebnis

$$80\,765 \cdot 97\,803 \approx 7{,}96 \cdot 10^9.$$

Tatsächlich ist das Produkt genau 7 899 059 295. Verwendet man genaue fünfstellige trigonometrische Tafeln, so verbessert sich das prosthaphäretische Ergebnis auf $7{,}9008 \cdot 10^9$.

Welche Methode ist die einfachere? Selbst in unserem Beispiel ist es leichter, sich auf die Tafeln zu beziehen und drei Additionen und eine Division durchzuführen als eine ganze Multiplikation. Um ein genaueres Ergebnis zu erhalten, muß man lediglich Tafeln mit höherer Stellenzahl als die hier verwendeten benutzen. Andererseits ist eine Rechnung, in die wissenschaftliche Daten eingehen, nur so genau wie die angewandten Meßverfahren. Sind die Anfangswerte z. B. nur auf fünf Stellen genau, so ist der Aufwand einer vollen Multiplikation, um das obenerwähnte vollständige 10-stellige Produkt zu erhalten, wertlos.

7.4. Logarithmen sind ein weiteres und sehr zweckmäßiges Mittel, ein Produkt in eine Summe und einen Quotienten in eine Differenz zu verwandeln. Mit ihrer Hilfe kann man außerdem eine Potenz in ein Produkt verwandeln, einschließlich der Quadrat- und Kubikwurzeln usw. Man kann mit einer Logarithmentafel die Berechnung komplizierter Multiplikationen auf Summen und die Berechnung von Potenzen auf Produkte reduzieren und so enorme Zeit sparen.

Sowohl in der Wissenschaft als auch in der Gesellschaft ist es so, daß wir im Leben nichts umsonst bekommen, nicht einmal eine vereinfachte Rechnung. So kann man natürlicherweise vermuten, daß viel Arbeit und Energie in die Vorbereitung der Logarithmentafeln gesteckt worden sein muß, wenn sie eine derartig arbeitssparende Einrichtung sind. Tatsächlich wurde die erste Logarithmentafel, *Mirifici logarithmorum canonis descriptio*, 1614 von John Napier veröffentlicht, nachdem er 20 Jahre an ihrer Zusammenstellung gearbeitet hatte. Sie wurde als *The Construction of the Wonderful Canon of Logarithms* 1889 von W. R. McDonald ins Englische übersetzt.

Die wesentliche Eigenschaft des Logarithmus ist die, eine Funktion zu sein, die nach den folgenden Regeln ein Produkt in eine Summe und einen Quotienten in eine Differenz verwandelt:

$$\log(x \cdot y) = \log x + \log y \tag{7.4}$$

$$\log\left(\frac{x}{y}\right) = \log x - \log y. \tag{7.5}$$

Obwohl viele alternative Definitionen zur Verfügung stehen, die von der mathematischen Bildung des Lesers und dem interessierenden Anwendungsgebiet abhängen, werden Logarithmen gewöhnlicherweise auf folgende Weise definiert: b sei eine positive reelle Zahl und ungleich 1. Man definiert dann

$${}^{b}\log x = y \text{ dann und nur dann, wenn } b^y = x$$

ist, d. h. ${}^{b}\log x$ ist jene Zahl y, für die $b^y = x$ ist. Zum Beispiel ist

$${}^{10}\log 1\,000 = 3, \quad \text{da } 1\,000 = 10^3,$$
$${}^{2}\log 16 = 4, \quad \text{da } 16 = 2^4,$$

und

$${}^{2}\log \sqrt{2} = 0{,}5, \quad \text{da } \sqrt{2} = 2^{1/2}.$$

Dies ist eine völlig vernünftige Definition, vorausgesetzt wir wissen, was b^y für ein beliebiges y bedeutet. Die Zahl b nennen wir die *Basis* des logarithmischen Systems. Ist $y = n$ eine positive ganze Zahl, dann ist

$$b^n = b \cdot b \ldots b \quad (n\text{-mal}).$$

Somit ist nach der Definition ${}^{b}\log(b^n) = n$. Auf ähnliche Weise können wir, wenn $y = p/q$ und p und q positive ganze Zahlen sind,

$$b^{p/q} = \sqrt[q]{b^p}$$

definieren. Dabei sei angenommen, daß wir die q^{te} Wurzel einer gegebenen Zahl finden können.

Man beachte:

$$^{b}\log(b^{n} \cdot b^{m}) = {}^{b}\log(b^{n+m}) = n + m$$

$$^{b}\log(b^{n}) = n$$

$$^{b}\log(b^{m}) = m$$

Daraus folgt

$$^{b}\log(b^{n} \cdot b^{m}) = {}^{b}\log(b^{n}) + {}^{b}\log(b^{m}).$$

Daher ist der Logarithmus des *Produkts* $(b^{n} \cdot b^{m})$ die *Summe* der Logarithmen der Faktoren b^{n} und b^{m}. Dies gilt für die Logarithmusfunktion im allgemeinen. Das Exponentengesetz ist daher auch für gebrochene Potenzen gültig, da

$$b^{p/q} \cdot b^{m/n} = b^{(p/q)+(m/n)}.$$

Folglich ergibt sich

$$^{b}\log(b^{p/q} \cdot b^{m/n}) = \frac{p}{q} + \frac{m}{n} = {}^{b}\log(b^{p/q}) + {}^{b}\log(b^{m/n}).$$

Ist uns einiges über Grenzwerte und Stetigkeit[1] bekannt, dann wissen wir, daß jede reelle Zahl y der Grenzwert von rationalen Zahlen wie p/q ist (bricht man z. B. die Dezimalbruchentwicklung der reellen Zahl[2] an einer Stelle ab, so erhält man eine Annäherung durch eine rationale Zahl). p_n/q_n sei eine Folge rationaler Zahlen, die gegen die gegebene Zahl y konvergiert; dann definiert man

$$b^{y} = \lim_{n \to \infty} b^{p_n/q_n}.$$

Damit hat der Ausdruck b^{y} für alle y eine Bedeutung, und deshalb auch die Logarithmusfunktion. Tatsächlich ist $^{b}\log x$ diejenige Zahl y, für die $b^{y} = x$ ist, wenn x gegeben ist.

Viele wichtige Eigenschaften sind einfache Folgerungen aus der Definition der Logarithmen und der Gleichungen (7.4 und 7.5). Wenn $x = y = 1$ ist, dann ist zuerst nach (7.4)

$$^{b}\log(1 \cdot 1) = {}^{b}\log 1 + {}^{b}\log 1;$$

daher ist $^{b}\log 1 = 0$. Der Logarithmus von 1 ist bei jeder Basis gleich 0. Auch gilt, wenn s irgendeine Zahl ist,

$$^{b}\log(x^{s}) = s\,{}^{b}\log x,$$

denn $b^{y} = x$ bedeutet, daß

$$x^{s} = (b^{y})^{s} = b^{ys}$$

ist, woraus sich $ys = {}^{b}\log x^{s}$ ergibt; aber nach Definition ist $y = {}^{b}\log x$. Dies zeigt ein schnelles Verfahren zur Errechnung des Wertes irgendeiner Potenz oder Wurzel von x.

Bild 7.2 ist die graphische Darstellung der exponentiellen Kurve $x = b^{y}$, wobei b eine konstante Zahl größer als 1 sei. Einige Punkte wurden als Beispiele herausgegriffen. Wird die Ebene an der gestrichelten Linie gespiegelt, so ergibt dies die Darstellung der Funktion $y = {}^{b}\log x$ (Bild 7.3).

---

[1] Wird in Kapitel 9 besprochen.

[2] Man erinnere sich der Definition und der Eigenschaften reeller Zahlen, die in Kapitel 1 gegeben wurden.

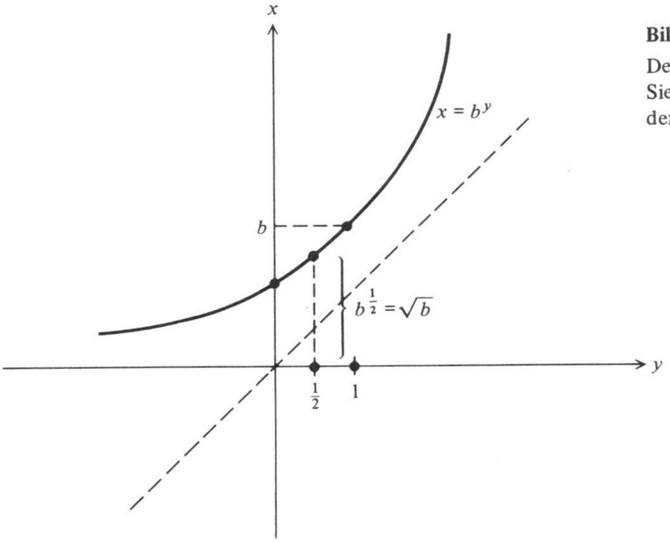

Bild 7.2
Der Graph von $x = b^y$. (Beachten Sie die vertauschte Bezeichnung der Achsen.)

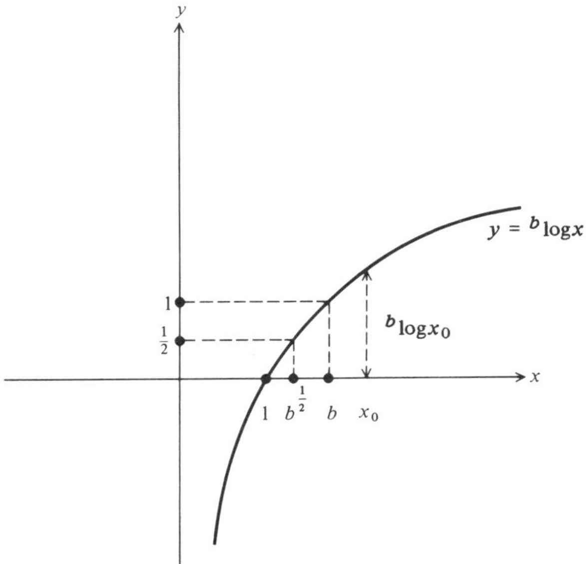

Bild 7.3 Der Graph von $y = {}^b\log x$ entsteht durch Spiegelung des Graphen $x = b^y$ an der gestrichelten Geraden in Bild 7.2

Aus geschichtlichen Gründen wird für rechnerische Zwecke am häufigsten $b = 10$ verwendet. Man schreibt dann der Einfachheit halber $\lg x$ anstelle von ${}^{10}\log x$. Vom Standpunkt der Infinitesimalrechnung (siehe Kapitel 9) und allgemeinen theoretischen Betrachtungen aus, ist die Zahl[1])

$$e = 1 + \frac{1}{1} + \frac{1}{1 \cdot 2} + \frac{1}{1 \cdot 2 \cdot 3} + \frac{1}{1 \cdot 2 \cdot 3 \cdot 4} + \ldots, \quad \approx 2{,}718\,281\,8,$$

die zuerst von Leonhard Euler (1707–1783) benutzt wurde, die *natürliche Basis* der Logarithmen. e ist eine irrationale Zahl (tatsächlich ist sie transzendent), die in der Mathematik eine ähnlich wichtige Bedeutung wie π hat.

Tatsächlich kann die Potenz e^y durch

$$e^y = 1 + \frac{y}{1} + \frac{y^2}{1 \cdot 2} + \frac{y^3}{1 \cdot 2 \cdot 3} + \ldots$$

ausgedrückt werden, so daß dieses „unendliche Polynom" eine Zahl für jeden Wert von y definiert. Man definiert den natürlichen Logarithmus von x durch

$${}^{e}\log x = y \text{ dann und nur dann, wenn } e^y = x \text{ ist.}^{2)} \tag{7.6}$$

$e^v = u$ möge für zwei andere Zahlen u und v gelten. Dann bedeutet die Definition in (7.6), daß

$$v = {}^{e}\log u. \tag{7.7}$$

Nun ist e auch eine Zahl, obwohl sie einen besonderen „Namen" hat, folglich gilt auch für sie das gewöhnliche Exponentengesetz:

$$e^y \cdot e^v = e^{y+v}. \tag{7.8}$$

Die Definition von ${}^{e}\log x$ und ${}^{e}\log u$ werde aus (7.6) und (7.7) in (7.8) eingesetzt, um

$$e^{{}^{e}\log x} \cdot e^{{}^{e}\log u} = e^{{}^{e}\log x + {}^{e}\log u} \tag{7.9}$$

finden zu können. Da $x = e^y = e^{{}^{e}\log x}$ und $u = e^v = e^{{}^{e}\log u}$, ist die linke Seite von (7.9) gleich $x \cdot u$. Nach der Definition ist

$$x \cdot u = e^{{}^{e}\log (x \cdot u)},$$

und aus (7.9) folgt:

$$e^{{}^{e}\log (x \cdot u)} = e^{{}^{e}\log x + {}^{e}\log u}.$$

Sind zwei Potenzen derselben Zahl gleich, dann müssen auch die Exponenten gleich sein. Dies bedeutet:

$${}^{e}\log (x \cdot u) = {}^{e}\log x + {}^{e}\log u,$$

was verdeutlicht, daß der Logarithmus tatsächlich Multiplikation in Addition verwandelt.

---

1) Unter Verwendung der Infinitesimalrechnung kann man zeigen, daß $\lim_{N \to \infty} (1 + 1/N)^N$ gleich e ist.

2) Es ist üblich, $\ln x$ für ${}^{e}\log x$ zu schreiben.

7.5. Napier verfuhr auf völlig andere Weise. Ein Logarithmus soll ein Produkt in eine Summe verwandeln. Eine *geometrische Folge*

$$a, ar, ar^2, ar^3, \ldots$$

eigentlich $ar^1 \ldots ar^0$

ist aus Produkten zusammengesetzt. Das Ausgangsglied ist eine bestimmte Zahl a. Jedes darauffolgende Glied wird aus dem vorhergehenden durch *Multiplikation* mit einer festen Größe r erhalten. Eine *arithmetische Folge*

$$a_0, a_0 + s, a_0 + 2s, \ldots$$

besteht aus Summen. Sie hat ein Ausgangsglied a_0, und jedes Glied wird aus dem vorangegangenen Glied durch *Addition* der Größe s gebildet. Napier definierte Logarithmen auf folgende Weise: Jedem Glied der geometrischen Folge

$$N, N\left(1 - \frac{1}{N}\right)^1, N\left(1 - \frac{1}{N}\right)^2, \ldots, N\left(1 - \frac{1}{N}\right)^N \tag{7.10}$$

ordnete er das entsprechende Glied der arithmetischen Folge

$$0, 1, 2, \ldots, N \tag{7.11}$$

zu und nannte diese Korrespondenz den *Logarithmus* – in Symbolen

$$\text{Nap.}\log\left[N\left(1 - \frac{1}{N}\right)^k\right] = k.$$

Napier drückte es folgendermaßen aus:

> Die Logarithmen können als äquidifferente Begleiter der proportionalen Zahlen bezeichnet werden.

Geometrisch benutzte Napier die folgende Beschreibung. P sei ein Punkt auf dem Geradenabschnitt AB in Bild 7.4. P soll sich in Richtung auf B bewegen und zwar mit einer Geschwindigkeit, die zu seiner Entfernung von B proportional ist, während sich zur gleichen Zeit Q mit konstanter Geschwindigkeit entlang des Abschnitts CD bewegt. Dann nannte Napier die Länge $\overline{CQ}$ den Logarithmus der Länge $\overline{AP}$. (Diese Länge sollte der Sinus eines Winkels sein. Napier dachte an die astronomischen Anwendungen). Mit seinen Worten (ins Deutsche übersetzt):

> Der Logarithmus eines gegebenen Sinus ist die Zahl, die arithmetisch mit derselben Geschwindigkeit größer geworden ist, mit der der Radius anfing, geometrisch kleiner zu werden, und in derselben Zeit, in der der Radius sich auf den gegebenen Sinus verkleinert hat.

Aus den Folgen (7.10) und (7.11) ist ersichtlich, daß der Unterschied zwischen aufeinanderfolgenden Gliedern proportional zur Anzahl der betroffenen Glieder abnimmt. Dieselbe Idee liegt Bild 7.4 zugrunde.

Mit Hilfe dieser Definitionen konnte Napier Tafeln seiner Logarithmen konstruieren, für die er $N = 10^7$ annahm. Unabhängig von ihm entwickelte Jost Bürgi (1552–1632)

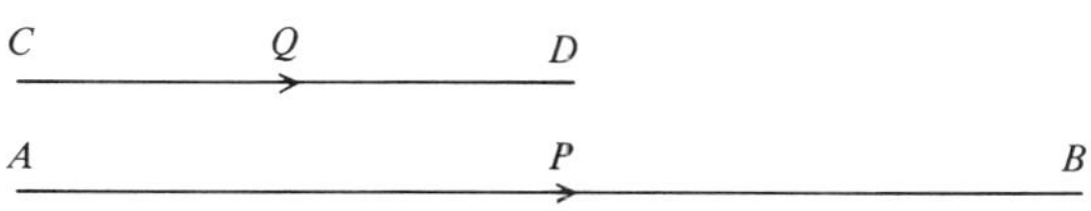

Bild 7.4

eine ähnliche Idee, veröffentlichte jedoch seine Ergebnisse später als Napier. Diese besondere Definition war bestens geeignet, um log sin α für einen gewissen Winkel α zu berechnen; wie bereits erwähnt, hatte Napier dies beabsichtigt. Seine Methoden wurden von Henry Briggs (1561–1631) verbessert, der die ersten Logarithmen zur Basis 10 veröffentlichte und damit 300 Jahre lang die Standardmethode zur Vereinfachung von Rechnungen lieferte.

Wie es in den Naturwissenschaften üblich ist, eignet sich der erfindungsreiche Mathematiker gewöhnlich viele Ideen vorangegangener Generationen an und formt sie zu einem neuen Konzept um. Bis zu einem gewissen Grad mag dies auch Napier getan haben, aber die Logarithmen schlugen tatsächlich hohe Wellen, als sie erstmals vorgestellt wurden. Briggs soll z. B., als er Napier in Schottland besuchte, gesagt haben[1]):

> Mein Herr, ich habe diese lange Reise mit der Absicht unternommen, Sie persönlich zu sehen und herauszufinden, durch welchen Antrieb von Geist oder Genialität Sie erstmals an dieses hervorragende Hilfsmittel, nämlich die Logarithmen, dachten.

7.6. Wie schwierig ist es, eine brauchbare Logarithmentafel von Grund auf zu konstruieren? Wir wollen unsere elementare Definition der Logarithmen zur Basis 10, die in Abschnitt 7.4 gegeben wurde, benutzen, um die Logarithmen der Zahlen von 1 bis 10 zu approximieren; d. h., wir müssen die ungefähren Werte für ${}^{10}\log 1$, ${}^{10}\log 2, \ldots, {}^{10}\log 10$ finden, die wir mit $\lg 1, \lg 2, \ldots, \lg 10$ bezeichnen. Zunächst einmal ist offenbar $10^0 = 1$ und $10^1 = 10$, somit erhalten wir sofort $\lg 1 = 0$ und $\lg 10 = 1$. Nun wollen wir die anderen Werte ermitteln.

Beginnen wir mit $\lg 2$. Der Kniff besteht darin, eine hohe Potenz von 2 zu finden, die annähernd gleich einer hohen Potenz von 10 ist, um dann die Eigenschaften der Logarithmen anzuwenden. Wir sehen, daß

$$2^{10} = 1024 \approx 1000 = 10^3$$

ist. Daher dürfen wir behaupten:

$$\lg 2^{10} \approx \lg 10^3,$$

was besagt, daß

$$10 \lg 2 \approx 3 \lg 10 = (3) \cdot (1) = 3$$

ist. Somit ist

$$\lg 2 \approx \frac{3}{10} = 0{,}30.$$

Jetzt können wir $\lg 5$ berechnen; z. B.

$$\lg 5 = \lg\left(\frac{10}{2}\right) = \lg 10 - \lg 2 \approx 1 - 0{,}3 = 0{,}7.$$

1) F. Cajori, „History of the exponential and logarithmic concepts" *Amer. Math. Monthly,* **20,** (1913) S. 6.

Wir wollen nun lg 3 und lg 7 berechnen, die die anderen Primzahlen[1]) zwischen 1 und 10 sind. Es gilt zum Beispiel

$$3^7 = 2187 \approx (2)\cdot(1093) \approx 2\cdot 10^3.$$

Unter Verwendung dieser Gleichung und unserem Ergebnis für lg 2 erhalten wir

$$\lg 3 \approx \frac{1}{7}(\lg 2 + 3\cdot\lg 10)$$

$$\approx \frac{1}{7}\cdot(0{,}3 + 3) = \frac{3{,}3}{7} = 0{,}47.$$

Für lg 7 benutzen wir die einfache Tatsache:

$$7^2 = 49 \approx 50 = \frac{10^2}{2},$$

woraus sich

$$\lg 7 \approx \frac{1}{2}(\lg 10^2 - \lg 2)$$

$$\approx \frac{1}{2}(2 - 0{,}30) \approx 0{,}85$$

ergibt. Wir können jetzt auch lg 4, lg 6, lg 8 und lg 9 berechnen, indem wir die Beziehungen $4 = 2^2$, $6 = 2\cdot 3$, $8 = 2^3$ und $9 = 3^2$ und die Werte für lg 2 und lg 3 verwenden.

Durch die beschriebenen Rechnungen erhalten wir eine primitive Logarithmentafel (siehe Tabelle 7.1). Die 3. Spalte gibt die Werte für lg x bis auf 3 Stellen genau an; wie man sieht, besteht hier eine ziemliche Übereinstimmung. Heutzutage werden Logarithmen jedoch *nicht* auf diese Weise errechnet. Dies sollte nur ein Beispiel sein, um zu zeigen, daß wir im Prinzip eine gewisse Art der Approximation schon durch elementare Methoden erhalten können.

Tabelle 7.1

x	lg x	lg x
1	0,00	0,000
2	0,30	0,301
3	0,47	0,477
4	0,60	0,602
5	0,70	0,699
6	0,77	0,778
7	0,85	0,845
8	0,90	0,903
9	0,94	0,954
10	1,00	1,000

[1]) Eine ganze Zahl ist eine *Primzahl*, wenn sie (ohne Rest) nur durch ± 1 und ± sich selber teilbar ist.

Um Logarithmen systematisch zu berechnen, benutzen wir wiederum unendliche Reihen, die Briggs und Napier leider in moderner Form nicht zur Verfügung standen. Sie mußten mühsam Wurzeln berechnen, um ihre Tafeln zusammenzustellen. Heute wissen wir, daß[1])

$$^{e}\log(1-x) = -\left(x + \frac{x^2}{2} + \frac{x^3}{3} + \ldots\right)$$

ist, solange

$$-1 < x < +1.$$

Dies ergibt die Werte von $^{e}\log x$ für $0 < x < 1$, was nach den Regeln für Operationen mit Logarithmen ausreichend ist, um den Logarithmus irgendeiner Zahl zu irgendeiner Basis zu bestimmen. Zum Beispiel gibt es eine einfache Regel, um die Basis in einem Logarithmus zu ändern (was wir hier nicht ausführen wollen). Die Basis e und die Basis 10 sind auf folgende Weise miteinander verbunden:

$$^{10}\log x = (^{10}\log \mathrm{e})\, ^{e}\log x.$$

Deshalb ist

$$^{10}\log(1-x) = -(^{10}\log \mathrm{e})\left(x + \frac{x^2}{2} + \ldots\right),$$

womit wir weiterrechnen können. Das Beispiel

$$^{10}\log(31{,}735) = {}^{10}\log(10^2 \cdot 0{,}31735) = 2 + {}^{10}\log 0{,}31735$$

zeigt auch, warum wir nur die Logarithmen der Zahlen zwischen 0 und 1 brauchen, um den Logarithmus irgendeiner Zahl zu finden.

Logarithmen sind natürlich immer noch im Gebrauch und dienen heute, zusätzlich zur Vereinfachung der Multiplikation und der Berechnung von Potenzen, noch vielen anderen Zwecken. Diese traditionellen Anwendungen werden sowohl in den technischen Rechenstäben ausgenutzt[2]) als auch auf halblogarithmischem und doppeltlogarithmischem Papier (siehe Bilder 0.1 und 7.1) angewendet. Mit dem Aufkommen preiswerter elektronischer Taschenrechner haben diese Anwendungen an Bedeutung verloren, wogegen der Gebrauch der Logarithmusfunktion als wesentlicher Teil in der Lösung von Problemen weiterhin besteht und noch an Bedeutung zunimmt. Genau wie die vertikale Koordinate in der Mercatorprojektion die Logarithmusfunktion als das *Ergebnis* einer praktischen Rechnung, anstatt einer zwischengeschalteten Vereinfachungstechnik, verwendet, so haben diese Anwendungen der Logarithmusfunktion die gleiche Bedeutung wie trigonometrische und andere Funktionen, die ständig in der gesamten Mathematik vorkommen.

---

1) Diese Beziehung kann aus Napiers Definition der Logarithmen abgeleitet werden, ausgedrückt als Maßstab des Längenwechsels von Linienabschnitten, unter Verwendung des *Taylorschen Satzes,* der in Kapitel 10 beschrieben wird.

2) Die „C-" und „D-" Skalen eines typischen Rechenstabes sind logarithmisch geteilt. Addition der Abschnitte (parallele Verschiebung der Zunge im Stab) entspricht der Addition der Logarithmen der Zahlen, die auf den Abschnitten eingezeichnet sind, dadurch ergibt sich der Logarithmus des Produkts (oder Quotienten). Das Produkt (oder der Quotient) kann direkt abgelesen werden. Die Skalen entsprechen den tabellierten Werten der Logarithmusfunktion. Die jeweilige Einstellung der Zungenposition auf dem Rechenstab entspricht einer Addition oder Subtraktion.

Übungen

7.1. Beweisen Sie, auf Grund der trigonometrischen Identität $\cos(x+y) = \cos x \cos y - \sin x \sin y$ und der Tatsache, daß $\cos(-x) = \cos x$ ist:

$$2\cos x \cos y = \cos(x+y) + \cos(x-y) \qquad (*)$$

7.2. Berechnen Sie, unter Verwendung der mit (*) bezeichneten Identität in Übung 7.1, die folgenden Produkte (die „prosthaphäretische Regel"). [*Hinweis für Teil* b): Man erinnere sich, daß $\cos(\pi - x) = -\cos x$, wenn $0 \leqslant x \leqslant \pi/2$ ist].
a) $1576 \cdot 998$; b) $244 \cdot 358$; c) $244 \cdot 0{,}358$.

7.3. Ist die Methode zur Multiplikation von Zahlen in Übung 7.2 leichter oder komplizierter als die direkte Berechnung? Geben Sie eine Erklärung für Ihre Antwort. Nennen Sie Beispiele für Situationen, in denen sie a) nützlich wäre; b) nicht so nützlich (d.h. eher hinderlich) wäre.

7.4. Wie viele verschiedene Operationen sind nötig, um Produkte mit der prosthaphäretischen Regel zu berechnen? Wie viele Operationen benötigt man bei der Verwendung von Logarithmen?

7.5. Beschreiben Sie, allgemein ausgedrückt, wie eine Logarithmentafel benutzt werden kann, um beliebige (reelle) Potenzen einer reellen Zahl zu berechnen. Geben Sie zusätzlich mehrere nichttriviale Beispiele, um die Methode zu veranschaulichen.

7.6. Kann die prosthaphäretische Regel angewendet werden, um beliebige Potenzen einer gegebenen Zahl zu berechnen? Geben Sie eine Erklärung.

7.7. a) Berechnen Sie die Zahl e bis auf drei Dezimalstellen genau, indem Sie die Reihe

$$e = 2 + \frac{1}{2} + \frac{1}{2 \cdot 3} + \frac{1}{2 \cdot 3 \cdot 4} + \ldots$$

verwenden (d.h., approximieren Sie, indem Sie genügend Glieder der unendlichen Summe berechnen, so daß die ersten drei Dezimalstellen sich nicht mehr ändern, wenn weitere Glieder hinzugefügt werden).

b) Finden Sie, unter Verwendung dieses Näherungswertes für e, den Näherungswert für ${}^{10}\log e$ aus der Logarithmentafel mit der Basis 10.

7.8. Verwenden Sie die Reihe

$${}^{10}\log(1-x) = -\left(x + \frac{x^2}{2} + \frac{x^3}{3} + \ldots\right) {}^{10}\log e,$$

die für $-1 < x < 1$ gültig ist, und den Wert von ${}^{10}\log e$ in Übung 7.7b, um
a) ${}^{10}\log 2$; b) ${}^{10}\log 3$; c) ${}^{10}\log 7$
zu berechnen. Vergleichen Sie dann Ihre Werte mit denen in Tabelle 7.1 und in der Logarithmentafel im Anhang des Buches [*Hinweis*: Man verwende ${}^{10}\log y = -{}^{10}\log(1/y)$].

7.9. Können Sie, unter Verwendung der „groben" Technik im Text zur Approximation von ${}^{10}\log 2$, ohne Reihen zu benutzen, den Wert ${}^{10}\log 2 = 0{,}30$, der dort gegeben ist, verbessern?

7.10. Erklären Sie die Vor- und Nachteile des Logarithmensystems zur
a) Basis 2; b) Basis e; c) Basis 10.

7.11. Schlagen Sie eine Erklärung vor, die die „unmäßige" Zeit begründet, die Zacharias Dase benötigt, um im Kopf das Produkt zweier 8-stelliger Zahlen zu errechnen, wie in Bild 7.1 gezeigt wurde.

7.12. Am 1. Juli 1968 betrug die Bevölkerungsschätzung für den städtischen Bereich von Houston, Texas (USA), 1 867 000. Die Bevölkerung wuchs mit einer jährlichen Rate von 3,4 Prozent. Achtzehn Monate später betrug die Schätzung für die Gesamtbevölkerung der U.S.A. 204 351 000, die Gesamtbevölkerung wuchs mit einer jährlichen Rate von 1 Prozent.

a) In welchem Jahr wird die Bevölkerung von Houston der Bevölkerung der U.S.A. gleich sein, unter der Annahme, daß die Zuwachsrate konstant bleibt.
b) Bedeutet dies, daß der Rest der U.S.A. leer sein wird?
c) Bedeutet dies, daß Houston sich mit der U.S.A. decken wird?
d) Kann aus dieser Berechnung ein sinnvoller Schluß gezogen werden?

7.13. Kann eine Wertetabelle der Funktion $S(x) = x^2/4$ benutzt werden, um Division in Addition und/oder Subtraktion zu verwandeln? Geben Sie einen Grund für Ihre Antwort.

7.14. Finden Sie zur Berechnung von x^4 eine Formel aus einer Tafel der Funktion $S(x)$.

7.15. Der Zweck dieser Übung ist es, Ihre Rechenfähigkeit mit der des Rechenwunders Zacharias Dase und ebenfalls mit der theoretisch optimalen Fähigkeit zu vergleichen. Im Text wurde dargestellt, daß die Zeit in Sekunden, die nötig ist, um das Produkt zweier n-stelliger Zahlen zu berechnen, ungefähr nach der Gleichung

$$T(n) = c \cdot n^2 \qquad c = p + s$$

variieren sollte, wobei p die Zeit in Sekunden ist, um zwei 1-stellige Zahlen miteinander zu multiplizieren. s ist die Zeit in Sekunden, um zwei 1-stellige Zahlen zu addieren. Wenn auf doppeltlogarithmischem Papier, wie es in Bild 7.1 verwendet wurde, $T(n)$ gegen n^2 aufgetragen wird, dann wäre das Ergebnis eine Gerade mit der Steigung 2. Man erinnere sich, daß die benötigte Zeit für Zacharias Dase proportional zu $n^{2,72}$ ist; d. h., es gibt eine Konstante c_D, so daß

$$T(n) = c_D n^{2,72};$$

aus den gegebenen Daten können wir $c_D = 0{,}102\ \ldots$ schätzen. Wir geben hier eine kurze Liste von Produkten, deren Faktoren aus einer Tafel von Zufallszahlen gewählt wurden. Lassen Sie sich die numerierten Paare vorlesen und die Zeit in Sekunden aufschreiben, die Sie benötigten, um das Produkt zu berechnen (Tabelle 7.2). Berechnen Sie die Durchschnittszeit in Sekunden für Produkte von 1 Stelle × 1 Stelle, 1 Stelle × 2 Stellen, 2 Stellen × 2 Stellen, usw., so weit, wie Sie kommen können.

a) Tragen Sie im Punkt $n = \sqrt{km}$ auf doppeltlogarithmischem Papier die Zeit in Sekunden ein, die Sie benötigen, um das Produkt einer k-stelligen × m-stelligen Zahl zu berechnen; d. h., $n = 1$ für 1 Stelle × 1 Stelle; in $n = 1{,}41 \ldots = \sqrt{1 \times 2}$ für 1 Stelle × 2 Stellen, usw.
b) Wenn die Punkte beinahe auf einer Geraden liegen, schätzen Sie die Steigung dieser Geraden, d. h., den Exponenten E in der Gleichung $T(n) = c_{\text{des Rechners}}\, n^E$. Vergleichen Sie Ihren Exponenten mit dem von Dase und mit dem theoretischen Minimum $E = 2$.
c) Schätzen Sie den Wert von $(p + s) = c_{\text{des Rechners}}$ für sich selber und vergleichen Sie diesen mit der Schätzung $c_D = 0{,}102$ für Dase.
d) Geben Sie eine Erklärung für die Unterschiede in der Zeit, die theoretisch von Dase und Ihnen selber benötigt wurde.

Tabelle 7.2. Zufallsprodukte

	Zufallspaare	Berechnungszeit (in Sekunden)	Durchschnittszeit für die Gruppe
1 Stelle × 1 Stelle $n = 1$	7 × 5 2 × 6 4 × 5 9 × 5 3 × 7		
1 Stelle × 2 Stellen	9 × 63 7 × 57 3 × 74 3 × 19 6 × 53 3 × 37 6 × 13 2 × 32 8 × 56 6 × 68		
2 Stellen × 2 Stellen	66 × 15 88 × 38 61 × 12 22 × 25 71 × 46 98 × 18 65 × 68 98 × 11 31 × 74 17 × 88		
2 Stellen × 3 Stellen	31 × 617 39 × 941 72 × 979 44 × 164 91 × 497 11 × 936 44 × 864 86 × 978 34 × 538 52 × 147		
3 Stellen × 3 Stellen	172 × 133 385 × 145 144 × 569 629 × 935 128 × 231 594 × 845 352 × 825 976 × 892 934 × 167 747 × 864		

8. Die Algebraisierung der Geometrie

Als die Klassen von Kurven und anderen in der Geometrie betrachteten Gegenständen zahlreicher wurden, mußte eine Methode gefunden werden, mit der geometrische Probleme in eine *algebraische* (und später in eine *analytische*) Form umgewandelt werden konnten. Der Vorteil, geometrische Probleme zu „algebraisieren", besteht darin, daß die Lösungen algebraischer Probleme, wenn sie überhaupt möglich sind, gewöhnlich einem Algorithmus folgen, wogegen die Lösungen geometrischer Probleme mittels geometrischer Methoden normalerweise für jedes Problem eigene anschauliche Hilfsmittel verlangen. In diesem Sinne kommt das Bedürfnis nach Algebraisierung aus dem Wunsch, sich die Arbeit zu erleichtern. Das folgende Kapitel untersucht dieses Problem und macht uns mit der von Descartes entwickelten Lösung bekannt. Dies führt natürlicherweise zum Thema des dritten Teils, der die Anwendung analytischer Techniken, wie z. B. der Infinitesimalrechnung, zur Lösung noch komplizierterer Klassen geometrischer Probleme behandelt, und endlich zur Beschreibung des Weltalls.

Zusätzlich zu einer theoretischen und historischen Diskussion bringen wir als Beispiele eine Auswahl berühmter und nützlicher Kurven. Die älteste stammt von ca. 200 v. Chr., und die neueste ist ein Produkt des neunzehnten Jahrhunderts. Auf diese Weise soll verdeutlicht werden, wie der geometrische Charakter einer Kurve immer komplizierter wird, wenn ihre Definition immer differenzierter wird: ausgehend von synthetisch-geometrischen Definitionen und Definitionen mit algebraischen und transzendenten Gleichungen bis zu Definitionen, die die Aussagekraft und den Formalismus der Infinitesimalrechnung verlangen.

8.1. Die Idee, zur Messung und Ortsbestimmung ein Koordinatenkreuz auf eine geometrische Fläche zu legen, hat eine lange Geschichte. Das vielleicht berühmteste Beispiel aus antiken Zeiten ist die Weltkarte des Ptolemäus (siehe Bild 6.14), in der er die Punkte auf der Kugel durch Winkelpaare darstellte, die die Anzahl der Grade nördlich und östlich eines festgelegten Bezugspunktes angaben. Dieses System von geographischen Breiten- und Längenkoordinaten spielte in der Theorie der Navigation, die in Kapitel 5 behandelt wurde, eine entscheidende Rolle.

Der Titel des Kapitels, „Algebraisierung der Geometrie", bezieht sich besonders auf die Erfindung der *analytischen* Geometrie durch René Descartes (1596–1650) und Pierre Fermat (1601–1665). Diese Mathematiker verbanden die algebraische Schreibweise und die Fähigkeit des Algebraikers, Probleme lösen zu können, die schon bei den Babyloniern entstand, mit der Geometrie der Ebene und des Raumes, die von den Griechen entwickelt worden war. Der systematische Übergang vom einen zum anderen erfolgt mittels eines *Koordinatensystems*, einer Verbindung die sowohl die Algebra als auch die Geometrie und tatsächlich die gesamte Mathematik bereichert hat.

Es gab somit folgende drei Bestandteile bei der Erfindung der analytischen Geometrie:

1. Die Entwicklung der algebraischen Schreibweise und der Fähigkeit des Algebraikers, Probleme zu lösen;
2. die klassische synthetische Geometrie der Griechen (wie sie z. B. von Euklid formuliert wurde);
3. der Begriff eines Koordinatensystems.

8.2. Zu Beginn der Diskussion über die „Algebraisierung der Geometrie" sollen einige Aspekte der Entwicklung der Algebra als Zweig der Mathematik betrachtet werden. Der Fortschritt verlief an zwei Fronten und beschäftigte sich jeweils mit der Fähigkeit, Probleme zu lösen, und mit der algebraischen Schreibweise. Die Fähigkeit der Problemlösung betrifft Verfahren wie Zerlegung in Faktoren, Reduktion komplizierter Gleichungen auf eine einfachere Form, Methoden des Einsetzens neuer Variablen, der Gebrauch der Quadratwurzeln und Exponenten usw. Alle diese Verfahren sind heute dem Schüler des Gymnasiums schon bekannt.

Die algebraische Schreibweise durchlief drei Stadien: ein *rhetorisches* (grammatikalische Sätze), ein *synkopisches* (kurzschriftliche Abkürzungen und Worte) und ein *symbolistisches* Stadium (abstrakte Symbole). Die Babylonier drückten ihre Aufgaben und Lösungen vollständig in Worten aus (vgl. Kapitel 3). Abgesehen von einigen Ausnahmen, war dies bei den westlichen Kulturvölkern bis zur Zeit von Regiomontanus (1436–1476) die anerkannte Schreibweise. Zum Beispiel beschreibt Leonardo di Pisa (Fibonacci, 1180–1250) die Multiplikation zweier linearer Ausdrücke, $(10-x)\cdot(24+x)$, folgendermaßen:

Ex 10 in 24 veniunt denarii 240; et ex 10 in re addita veniunt decem res additae; et ex 24 in re diminuta veniunt 24 res diminutae; a quibus si auferantur 10 res additae, remanebunt 14 res diminutae; et ex re addita in rem diminutam provenit census diminutus et sic habentur pro dicta multiplicatione denarii 240, censo diminutis et rebus 14.

Übersetzung[1]): Aus 10 in 24 kommen 240 bekannte Einheiten, aus 10 in ein zuzügliches x kommen 10 zuzügliche x; und aus 24 in ein abzügliches x kommen 24 abzügliche x. Wenn man von diesen die 10 zuzüglichen x abzieht, bleiben 14 abzügliche x. Und aus dem zuzüglichen x in das abzügliche x ergibt sich ein abzügliches x^2. Und so erhalten wir für die gestellte Multiplikationsaufgabe $240 - x^2 - 14x$.

Zu beachten ist, daß das + und − Zeichen, die Klammern und das abstrakte Symbol x für die Unbekannte noch nicht erfunden waren. Wie schwierig muß der Versuch gewesen sein, auf ähnliche Weise die Multiplikation von

$$(ax+b)\,(cx+d)\,(ex+f)$$

auszudrücken, was heutzutage für jeden Oberschüler eine Kleinigkeit ist. Wenn moderne Formeln benutzt werden, ist weniger *Denken* nötig. Deshalb können wir in kürzerer Zeit mehr leisten; Rechenverfahren kann man automatisch anwenden, wenn man sie einmal gelernt und verstanden hat.

Die rhetorische Art der Ausdrucksweise für algebraische Beziehungen wurde dem westlichen Europa durch die Araber übermittelt. Die ersten Mathematiker in Italien, die im dreizehnten Jahrhundert arabische Mathematik übernahmen, folgten treu dieser Tradition. Der Übergang zur synkopischen Periode wurde durch das Interesse gefördert, einiges Überflüssige, was für den rhetorischen Ausdruck mathematischer Beziehungen nötig war, beim Schreiben abzuschaffen. Die grundlegende synkopische Form bestand immer noch aus dem grammatischen Satz, aber verschiedene stenographische Bezeichnungen gaben häufig vorkommende Worte oder Begriffe wieder. Das erste bekannte Beispiel synkopischer Schreibweise war wahrscheinlich Diophantos' (aus Alexandria, ca. 250 n. Chr.) Gebrauch der besonderen griechischen Symbolfolge ςς̄ für die unbekannte Größe (abgeleitet von

[1]) Entnommen aus Tropfke [69], S. 121, Bd. 3.

dem S-Laut am Ende des griechischen Wortes ἀριθμός – arithmetisch). Indem z.B. $\mu^{\bar{o}}$ eine konstante Größe bezeichnet, ist

$$\tilde{\iota}\,ςς̃ = 10x \qquad \overline{\iota\alpha}\,ςς̃ = 11x \qquad \bar{\lambda}\,\mu^{\bar{o}} = 30$$

(vgl. die Besprechung des griechischen Zahlensystems in Kapitel 1). Unter Verwendung dieser Abkürzungen schrieb Diophantos den „synkopischen Satz"[1])

ςς^οἰ ἄρα ἰ μ^ὸ λ ἴσοι εἰσὶν ςς^οῖς $\overline{\iota\alpha}$ μονάσι $\overline{\iota\epsilon}$

$$10x + 30 = 11x + 15$$

der eine verkürzte Wiedergabe des folgenden Satzes war:

Deshalb sind 10 Zahlen (und) 30 Einheiten gleich 11 Zahlen (und) 15 Einheiten.

Diophantos besaß eine Kurzschrift für x^2 ($\delta^{\tilde{\nu}}$, vom griechischen Wort für Quadrat), für x^3 ($\chi^{\tilde{\nu}}$, vom griechischen Wort für Würfel), usw.

Synkopische Schreibsysteme wurden in Europa in der Frührenaissance eingeführt. Regiomontanus schrieb algebraische Ausdrücke auf folgende Weise (die Übersetzung in die moderne Ausdrucksweise ist auf der rechten Seite wiedergegeben):

$$\frac{2\,\mathfrak{C}\text{ et }100\;\tilde{\mathrm{m}}\,20\,\mathfrak{X}}{10\,\mathfrak{X}\;\tilde{\mathrm{m}}\,1\,\mathfrak{C}} - 25 \qquad \frac{2x^3 + 100 - 20x}{10x - x^3} = 25$$

und

$$5\;\tilde{\mathrm{m}}\text{ Radice de }21\,\frac{8}{27},\text{ ecce valor rei} \qquad 5 - \sqrt{21\,\frac{8}{27}} = x\,.$$

Man beachte die unterschiedlichen Symbole für die verschiedenen Potenzen der Unbekannten x und auch die Vermischung von Symbolen und Worten. Ein weiteres Beispiel, von Michael Stifel (1486–1567), ist

$$\frac{9\,\mathfrak{z}\mathfrak{z} + 8\,\mathfrak{z}}{6\,\mathfrak{C}}\text{ per }\frac{3\,\mathfrak{X}}{2}\text{ facit }\frac{27\,\mathfrak{f}\,s + 24\,\mathfrak{C}}{12\,\mathfrak{C}}\,,$$

das heißt,

$$\frac{9x^4 + 8x^2}{6x^3} \cdot \frac{3x}{2} = \frac{27x^5 + 24x^3}{12x^3}\,.$$

x^4 wird durch Wiederholung des Symbols für x^2 bezeichnet, für x^5 ($\mathfrak{f}\,s$) ist aber ein völlig neues Symbolpaar nötig. So mußten die Beziehungen zwischen den unterschiedlichen Symbolen, die die verschiedenen Potenzen der Veränderlichen darstellten, beachtet werden. Dies ähnelt dem Unterschied zwischen den ägyptischen (oder römischen) und den babylonischen und modernen (Stellenwert-)Zahlensystemen: Die Anzahl unterschiedlicher Symbole nahm im ägyptischen System zu, als die Menge der dargestellten

---

1) Entnommen aus Tropfke [69] und Cajori [15], ebenso wie weitere Beispiele in diesem Textabschnitt. Ein oberer Index spielt eine ähnliche Rolle wie das „th" in „8th" (im Englischen) oder „ième" in „2ième" (im Französischen), um Ordnungszahlen zu bezeichnen.

Größen zunahm. Die Beziehungen zwischen den Symbolen mußten beachtet werden, wenn Rechnungen durchgeführt wurden.

Diese willkürliche Bezeichnung für die Potenzen einer Größe x machte ihre natürliche Beziehung zueinander unklar. Es gab keine vernünftige Möglichkeit, das wichtige „Potenzgesetz" $x^m \cdot x^n = x^{m+n}$ in dieser Schreibweise auszudrücken. Folglich erschienen den Mathematikern des frühen siebzehnten Jahrhunderts der Begriff und die Eigenschaften der Logarithmen wunderbar und geistreich, obwohl sie ja schließlich nichts weiter als Exponenten in Bezug auf eine feste „Basis-"Größe sind.

Eine weitere Entwicklung sieht man in der Schreibweise des Thomas Harriot (1560–1621),

$$aaa - 3.bba ===== + 2.ccc$$
$$(x^3 - 3b^2x = 2c^3)$$

und des William Oughtred (1574–1660)

$$Aqq + 4AcE + 6AqEq + 4AEc + Eqq$$
$$(a^4 + 4a^3b + 6a^2b^2 + 4ab^3 + b^4).$$

In diesem Beispiel bedeutet q „quadratisch" oder „quadriert" und c „kubisch"; die großen Buchstaben stellen veränderliche Zahlen dar. Es gibt aber immer noch keine Schreibweise für Exponenten. Beachtet sei auch, daß dieser Ausdruck eine *Formel* ist, ohne bestimmte Werte für $A, B, \ldots$, die offensichtlich die Reihenentwicklung von $(a + b)^4$ darstellt und ein Spezialfall des binomischen Lehrsatzes ist, den man heute im Gymnasium lernt. Der Begriff eines *Buchstabenkoeffizienten* wurde erstmals von dem französischen Mathematiker Viète (1540–1603), auch Vieta genannt, eingeführt. In René Descartes *La Géométrie* finden wir einen Ausdruck, der das Aussehen moderner Formeln hat:

$$x^3 - \sqrt{3}xx + \frac{26}{27}x - \frac{8}{27\sqrt{3}} \propto 0$$

($\propto$ bedeutet =). Früher hatte er

$$6𝔠 + 11𝔷 + 6𝔵 + 1 \text{ ductum per} \sqrt{\frac{3}{4}}$$

$$\left[(6x^3 + 11x^2 + 6x + 1) \cdot \sqrt{\frac{3}{4}}\right]$$

geschrieben, woraus zu ersehen ist, daß der Übergang zur modernen symbolischen Schreibweise bereits im wesentlichen zu seiner Zeit vollzogen war. Tatsächlich wurde die moderne Schreibweise mit Exponenten von Descartes erfunden und erschien erstmals im Jahre 1637 in *La Géométrie*.

Stifels Verdopplung des Symbols, um die Bezeichnung für x^4 aus x^2 zu erhalten, ist der Ursprung für die Schreibweise mit Exponenten, die erst von Descartes beinahe 100 Jahre später erfunden wurde. Der Leser sollte selbst einmal einen Vergleich anstellen zwischen dem gleichzeitigen Bestehen überflüssiger Bilderhieroglyphen sowie einem im wesentlichen selbstständigen System silbenhafter Hieroglyphen des ägyptischen

Schreibschemas und den ungewandten synkopischen Bezeichnungsweisen, die in der Renaissance für Potenzen einer unbekannten Größe benutzt und oft durch Beispiele der zukünftigen und unvergleichbar stärkeren Exponentenschreibweise ergänzt wurden.

Seit der Zeit von Leibniz (1646–1716) ist die algebraische Schreibweise standardisiert worden. Durch eine gemeinsame und weitverbreitete Schreibweise wurde die Möglichkeit des mathematischen Informationsaustausches enorm vergrößert. Ähnlich wie für Leute, die eine gemeinsame Sprache sprechen, eine bessere Verständigung möglich ist als für diejenigen, die sich nur mit Hilfe eines Dolmetschers oder durch Erlernen einer neuen Sprache verständlich machen können. Vielleicht ist es kein Zufall, daß die Entwicklung einer standardisierten algebraischen Schreibweise sofort zur nützlichen Anwendung der Algebra auf Probleme der Geometrie führte.

8.3. Im elementaren Studium der Geometrie werden die wichtigsten Eigenschaften geometrischer Objekte in der gewöhnlichen euklidischen Ebene und im dreidimensionalen Anschauungsraum untersucht. Zuerst werden im allgemeinen Punkte, Geraden, Ebenen, Kurven (wie Ellipsen, Parabeln und Hyperbeln) und Flächen (wie Kugeln und Kegel) betrachtet.

Alle diese geometrischen Objekte können auf natürliche und einfache Weise als Menge von Punkten mit gewissen Eigenschaften definiert werden, die nur von den Begriffen *Winkel* und *Entfernung* abhängen. Zum Beispiel ist der Kreis in der Ebene der geometrische Ort aller Punkte mit einem festem Abstand von einem gegebenen Punkt. Ein Kegel im Raum ist dagegen der Ort aller Punkte, die auf Geraden liegen, die alle durch einen festen Punkt P verlaufen und einen festen Winkel α mit einer gegebenen Geraden L durch P bilden (Bild 8.1).

Nur solche geometrischen Objekte, die in der geschilderten Weise definiert werden können, wurden von den Griechen untersucht, denn dieses Verfahren zur Definition geometrischer Objekte war das einzige ihnen bekannte. Leider ist es sehr begrenzt, denn viele Kurven und Flächen, von denen einige wichtige praktische Anwendungsmöglichkeiten sowie interessante mathematische Eigenschaften haben, können nicht mit diesen, im wesentlichen elementaren, geometrischen Mitteln definiert werden.

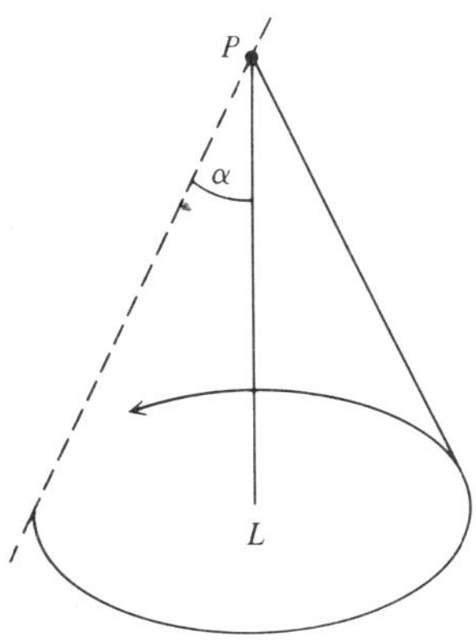

Bild 8.1

Erzeugung eines Kegels durch Rotation einer Geraden um eine feste Gerade L bei einem festen Winkel α

Eine wichtige Folge der Algebraisierung der Geometrie ist es, daß die Menge der explizit definierbaren Kurven und Flächen stark zunimmt. Die Vielfältigkeit potentieller mathematischer Modelle, die zur Beschreibung der physikalischen Wirklichkeit zur Verfügung stehen, wird so erweitert und erstaunlich verfeinert.

Man muß sich die Definition eines kartesischen Koordinatensystems in der Ebene wieder ins Gedächtnis rufen. L_1 und L_2 seien zwei senkrechte Geraden in der Ebene E, wie in Bild 8.2 dargestellt ist. Wir nehmen an, daß der Begriff der Entfernung festgelegt sei. Für jeden Punkt P in der Ebene E sind die senkrechten Entfernungen von P zu L_1 und zu L_2 wohldefiniert; sie seien mit $\overline{PL_1}$ und $\overline{PL_2}$ bezeichnet. So kann dem Punkt P ein geordnetes Paar $(\pm PL_2, \pm PL_1)$ von mit Vorzeichen versehenen Zahlen zugeordnet werden. Die Vorzeichen dieser Zahlen ergeben sich aus dem Quadranten, in dem P liegt (Bild 8.2). Einige Punkte sind als Beispiele in Bild 8.3 eingezeichnet. Entfernungen in horizontaler Richtung werden gebräuchlicherweise mit x bezeichnet, diejenigen in vertikaler Richtung mit y, was einer langen Tradition folgt. Somit entspricht nach dieser Regel jedem Punkt P in der Ebene ein eindeutig zugeordnetes, mit Vorzeichen versehenes Zahlenpaar. Umgekehrt entspricht jedem solchen Zahlenpaar, in Bezug auf dieses besondere Koordinatensystem in der Ebene, ein eindeutiger Punkt P. Das Paar (2, 1) ist beispielsweise ein geordnetes Zahlenpaar, bei dem beide Zahlen positiv sind. Um den entsprechenden Punkt in E zu finden, bewegen wir uns ausgehend vom Punkt $O = (0, 0)$ zwei Entfernungseinheiten nach rechts (+ Richtung) und dann eine Entfernungseinheit nach oben (+ Richtung). Wäre dagegen das Zahlenpaar $(2, -1)$ gegeben, dann läge der entsprechende Punkt zwei Einheiten nach rechts (+) und eine nach unten (–), wie in Bild 8.3.

Newton scheint als erster negative Zahlen zur Beschreibung von Punkten in einem Koordinatensystem benutzt zu haben. Vor seiner Zeit wurden sprachliche Mittel zur Bezeichnung der „Richtung" benutzt, von denen heute noch einige bestehen. Die Messung der geographischen Länge „östlich" und „westlich" des Meridians von Greenwich ist ein Beispiel – „+" oder „–" wäre für mathematische Zwecke praktischer. Die Attribute *vor Christus* und *nach Christus* in der geschichtlichen Zeitbestimmung sind ein weiteres traditionelles Beispiel.

Man nennt diese Korrespondenz zwischen Punkten der Ebene und geordneten Zahlenpaaren ein *kartesisches Koordinatensystem* der Ebene. Der Punkt mit den Ko-

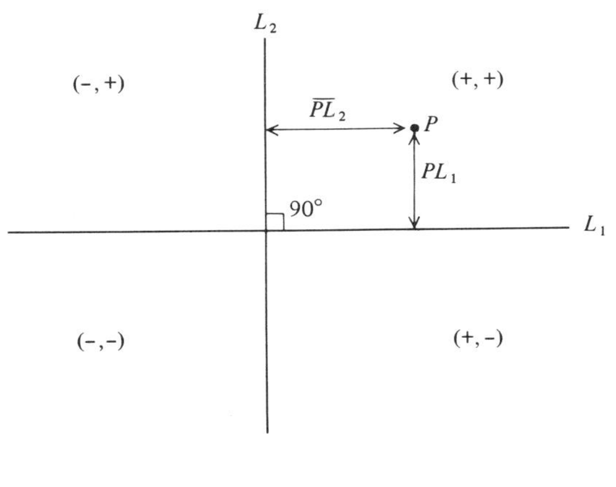

Bild 8.2
Kartesisches Koordinatensystem

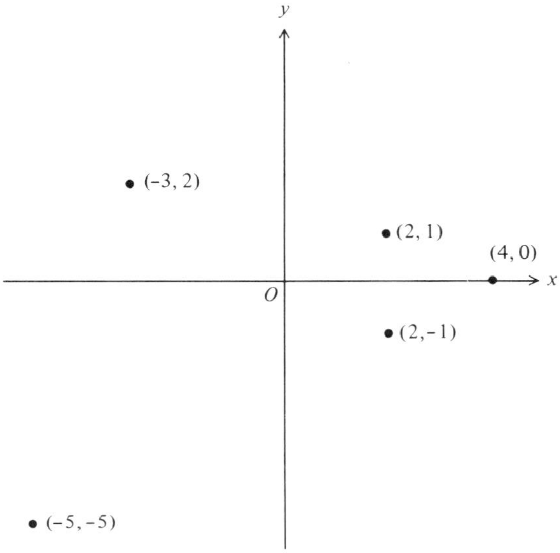

Bild 8.3

ordinaten (0, 0), den wir den *Ursprung* des Koordinatensystems nennen, wird gewöhnlich mit *0* bezeichnet. Die geordneten Zahlenpaare (x, y), die sich auf den geometrischen Punkt P beziehen, werden *Koordinaten* von P genannt. Wir stellten bereits fest, daß Ptolemäus der Begriff eines Koordinatensystems für Punkte in einer Ebene bekannt war. Deshalb kann es nicht diese Beziehung zwischen Zahlenpaaren und Punkten alleine sein, die eine großartige Leistung bedeutet, zumindestens sicherlich nicht im 17. Jahrhundert, so viele Jahre nach Ptolemäus. Den bedeutendsten Beitrag des 17. Jahrhunderts lieferten Descartes und Fermat in Hinsicht auf die Algebraisierung der Geometrie. Sie erkannten, daß ein Koordinatensystem für Punkte in einer Ebene die Möglichkeit bietet, die Rechenmethoden der Algebra und der Arithmetik und damit eine Methode zur algebraischen Beschreibung und Definition geometrischer Objekte einzuführen.

Merkwürdigerweise wären die Griechen, zumindestens im Prinzip, bereits dazu fähig gewesen, euklidische Geometrie und babylonische Algebra miteinander zu verbinden und so die Algebraisierung der Geometrie um mehr als 1000 Jahre vorwegzunehmen. Aber in einem der klassischen Beispiele, in denen das Philosophiestudium einen praktischen, jedoch leider negativen Einfluß gehabt hat, wiesen die Griechen eine Identifizierung geometrischer Punkte in der Ebene mit Paaren geordneter Zahlen zurück. Sie argumentierten folgendermaßen: „Zahlen“ sind in erster Linie ganze Zahlen, die zum Zählen benutzt werden, aber mittels elementarer arithmetischer Operationen – Addition und Subtraktion, Multiplikation und Division – ist es möglich, die *rationalen Zahlen* zu konstruieren, d.h. Brüche, die Verhältnisse ganzer Zahlen sind. Die Menge der rationalen Zahlen reicht für alle gewöhnlichen und praktischen Rechenzwecke aus. Da die Griechen noch keine zusammenhängende und vollständige Theorie von Zahlen komplizierter Art konstruieren konnten, weigerten sie sich zuzugeben, daß irgendwelche anderen Zahlen, außer den rationalen, „richtige“ Zahlen waren. Es gab einfach keine philosophische Rechtfertigung und keinen praktischen Bedarf für die Einführung anderer Zahlen. Diese Ein-

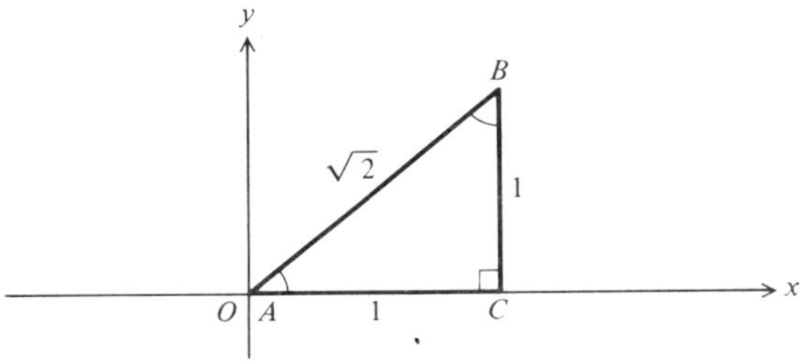

Bild 8.4

stellung führte zu einer sonderbaren Unterscheidung zwischen Punkten in der Ebene und Zahlenpaaren. Wäre eine Gleichsetzung von Punkten und Zahlenpaaren akzeptiert worden, hätte das ebenfalls automatisch zur Einführung nichtrationaler Zahlen geführt. Nehmen wir zum Beispiel an, daß ein gleichschenkliges, rechtwinkliges Dreieck ABC in einer Ebene gezeichnet wird (Bild 8.4). Es sollte keine Schwierigkeit bereiten, ein derartiges Dreieck lediglich mit Zirkel und Lineal zu konstruieren. Die Seiten AC und BC mögen in irgendeiner bequemen Maßeinheit die Länge 1 haben. Der pythagoräische Lehrsatz zeigt, daß die Länge der Hypothenuse, falls diese Zahl existiert, $\sqrt{2}$ ist. Vielleicht zeigt die Dreieckskonstruktion deutlich, daß die Hypothenuse im geometrischen Sinne existiert. Gilt dies aber auch für $\sqrt{2}$ im griechischen Sinne? Das heißt, ist $\sqrt{2}$ eine rationale Zahl? Wie in Abschnitt 1.4 wollen wir zeigen, daß $\sqrt{2}$ nicht rational ist.

Es wird angenommen, daß die Zahl rational sei. Es kann dann $\sqrt{2} = m/n$ geschrieben werden, wobei m und n positive ganze Zahlen sind, ohne irgendwelche gemeinsamen ganzzahligen Faktoren, die größer als 1 sind. Dann ergibt sich durch Quadrieren: $2 = m^2/n^2$. Folglich ist $2n^2 = m^2$. Dies bedeutet, daß m^2 gerade ist. m selbst muß jedoch gerade oder ungerade sein. Ist m gerade, dann ist das Quadrat von m auch gerade, ist m jedoch ungerade, also $m = 2k + 1$, dann ist $m^2 = 4k^2 + 4k + 1$ und somit auch m^2 ungerade. Wir sahen aber weiter oben, daß m^2 in unserem Fall gerade ist; deshalb ist m ebenfalls gerade, also $m = 2p$. Dann ist $2n^2 = m^2 = (2p)^2 = 4p^2$ und $n^2 = 2p^2$, was bedeutet, daß n^2 und somit auch n gerade ist. Beide, m und n, sind gerade, was der Annahme widerspricht, daß sie keine gemeinsamen Teiler haben, die größer als 1 sind. Dieser Widerspruch bedeutet, daß die Annahme, daß $\sqrt{2}$ als Bruch dargestellt werden kann, falsch ist: $\sqrt{2}$ ist *nicht rational.*

Vom griechischen Standpunkt aus ist also $\sqrt{2}$ *keine Zahl*. Da aber der Geradenabschnitt, der die Hypothenuse des gleichschenkligen, rechtwinkligen Dreiecks bildet, natürlich existiert, ergibt sich, daß keine eindeutige Korrespondenz zwischen den Zahlen – d.h. zwischen *rationalen* (griechischen) Zahlen – und den Punkten auf einer Geraden existiert. Es gibt mehr Punkte auf einer Geraden als rationale Zahlen. Da ein kartesisches Koordinatensystem sich aus zwei Achsen mit geordneten Zahlenpaaren aufbaut, folgt notwendigerweise, daß es mehr Punkte in der Ebene gibt als Paare von rationalen Zahlen. Diese Schlußfolgerung macht es den Griechen unmöglich, analytische Geometrie zu erfinden. So wurde die Untersuchung der Arithmetik und die der Geometrie derartig voneinander getrennt, daß die Trennung wahrscheinlich unvereinbar und ewig gewesen wäre, wenn der Mensch nicht ein schlechtes Gedächtnis hätte. Die sorgfältigen und subtilen griechischen Untersuchungen über das Wesen der Zahlen und die Widersprüche, die in dem Versuch lagen, Punkte der Ebene und (rationale) Zahlenpaare in Übereinstimmung zu bringen, wurden vergessen. Der pragmatischere und einfachere Standpunkt der Babylonier, alle arithmetischen Größen durch rationale Zahlen zu approximieren, führte letzten Endes zu der Auffassung, daß nicht-rationale Zahlen durch die Gesamtheit ihrer rationalen Approximationen definiert werden könnten. In anderen Worten und etwas einfacher ausgedrückt: Nicht-rationale Zahlen wurden von den Mathematikern des 17. Jahrhunderts als die Menge der Dezimalzahlen betrachtet, die diese approximierten. Diese Auffassung wurde im späten 19. Jahrhundert formalisiert, und unser gegenwärtiger Begriff der reellen Zahlen erhielt schließlich eine einwandfreie philosophische Grundlage. An dieser Stelle mag es für den Leser nützlich sein, noch einmal die Abschnitte 1.4–1.6 nachzulesen.

Wir wollen zu der Beziehung zwischen Zahlenpaaren und Punkten in der Ebene zurückkehren. Wenn wir uns darauf einigen, daß wir mit „Zahl" unendliche Dezimalbrüche meinen, dann existiert tatsächlich eine Korrespondenz zwischen Zahlenpaaren, und Punkten: Jeder Punkt kann durch ein Zahlenpaar dargestellt werden. Im nächsten Schritt müssen die rechnerischen Methoden der Algebra und Arithmetik auf die Geometrie übertragen werden, indem diese Korrespondenz benutzt wird. *Dieser Schritt* ist, wie schon erwähnt, die wesentliche und bedeutsame Leistung bei der Algebraisierung der Geometrie.

Wie Algebra in die Untersuchung geometrischer Probleme eingeführt werden kann, sollen einige einfache Beispiele zeigen.

Einem allgemeinen Punkt P in der Ebene seien seine Koordinaten, $P = (x, y)$, zugeordnet. Wie kann ein Kreis $K(r)$, dessen Mittelpunkt der Nullpunkt ist und der den Radius r hat, bezogen auf das Koordinatensystem ausgedrückt werden? Laut Definition ist der Kreis $K(r)$ die Menge der Punkte, deren Entfernung vom Nullpunkt genau r ist. Damit lautet das Problem: Welche Punkte $P = (x, y)$ liegen in der Entfernung r von $O = (0, 0)$. Um dieses Problem zu lösen, müssen wir wissen, wie man die Entfernung von (x, y) bis $(0, 0)$ ausdrückt. Dazu benutzen wir das rechtwinklige Dreieck in Bild 8.5, dessen Katheten die Längen x und y haben und dessen Hypothenuse die Länge $\overline{PO}$ hat. Aus dem pythagoräischen Lehrsatz ergibt sich

$$\overline{PO} = \sqrt{x^2 + y^2}.$$

Die Menge der Punkte (x, y), die $\overline{PO} = r$ befriedigen, ist dieselbe, wie die Menge der Punkte, deren Koordinaten (x, y)

$$\sqrt{x^2 + y^2} = r$$

befriedigen, oder

$$x^2 + y^2 = r^2, \qquad (8.1)$$

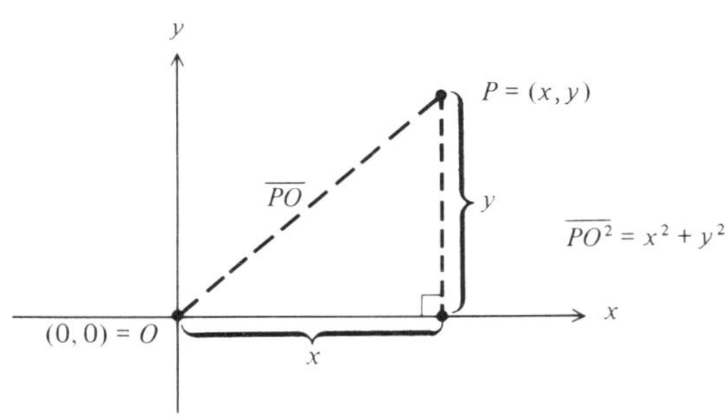

Bild 8.5
Der Satz von Pythagoras

was dasselbe ist. Diese Gleichung (8.1) ist eine *algebraische Beziehung*, die die beiden veränderlichen Zahlen x und y miteinander verbindet. Jedes Zahlenpaar (x, y), das Gl. (8.1) befriedigt, entspricht einem Punkt auf dem Kreis $K(r)$, und umgekehrt hat jeder Punkt auf dem Kreis Koordinaten, die die Gl. (8.1) befriedigen müssen. Wir nennen daher (8.1) die „Gleichung des Kreises" oder die „Gleichung, die den Kreis definiert". Ist ein Kreis gegeben, so kann ihm eine Gleichung mit zwei Unbekannten, x und y, die dieses geometrische Objekt darstellt, mittels eines Koordinatensystems zugeordnet werden. Auch andere Kurven der Ebene können auf ähnliche Weise durch eine algebraische Gleichung mit zwei Veränderlichen dargestellt werden.

Umgekehrt entspricht jede algebraische Gleichung mit zwei Veränderlichen einem geometrischen Objekt. Ein einfaches Beispiel wird durch die folgende Gleichung gegeben:

$$3y - x = 0\,. \tag{8.2}$$

Betrachtet sei die Menge aller Punkte in der Ebene mit den Koordinaten (x, y), die Gl. (8.2) befriedigen. Werden in ein Diagramm (Bild 8.6) die Punkte eingezeichnet, die Lösungen für Gl. (8.2) sind, so zeigt sich, daß alle diese Punkte auf einer Geraden liegen. Die Punkte (3, 1), (6, 2), (9, 3) befriedigen z. B. Gl. (8.2) und liegen alle auf der gleichen Geraden L. Eine solche Gerade wird jeweils durch zwei Punkte bestimmt. Unter Anwendung der euklidischen Flächengeometrie (Proportionalität der Seiten rechtwinkliger Dreiecke) kann man leicht beweisen, daß jede Lösung (x, y) von Gl. (8.2) auf L liegen muß. Hieraus kann man schließen, daß Gl. (8.2) durch ihre Schar von Lösungen eine Gerade L in der Ebene des Koordinatensystems bestimmt. Wir sagen, Gl. (8.2) ist die „Gleichung der Geraden L". Wie im Fall des Kreises hätte Gl. (8.2) abgeleitet werden können, wenn L gegeben gewesen wäre. Das Verfahren läßt sich also umkehren. Gewisse geometrische Objekte lassen sich durch algebraische Gleichungen ausdrücken und alle algebraischen Gleichungen beschreiben geometrische Objekte.

Ein geometrisches Objekt kann vielen algebraischen Gleichungen entsprechen. Dies steht im Gegensatz zu der eindeutigen Korrespondenz von Punkten der Ebene und geordneten Zahlenpaaren. Betrachtet sei z. B. der Punkt O mit den Koordinaten (0, 0). Dieser Punkt entspricht selbstverständlich der algebraischen Gleichung

$$x^2 + y^2 = 0,$$

denn die Gleichung hat nur $x = 0$ und $y = 0$ als Lösungen; aber die Gleichung

$$x^2 + 2y^2 = 0$$

hat auch nur das Paar $(x, y) = (0, 0)$ als Lösungen und beschreibt somit denselben geometrischen Punktgegenstand. Es läßt sich leicht eine beliebig große Anzahl verschiedener algebraischer Gleichungen konstruieren, die denselben geometrischen Punkt beschreiben.

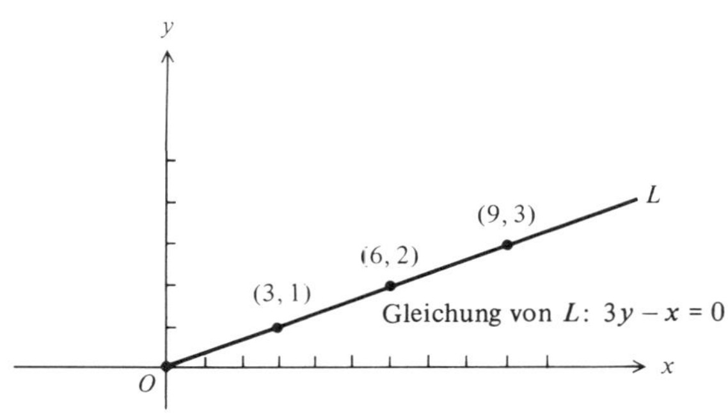

Bild 8.6 Lineare Gleichungen entsprechen Geraden

Diese Vielfältigkeit algebraischer Beschreibungen eines geometrischen Objekts ist von der Einfachheit des bestimmten Gegenstandes, der als Beispiel gewählt worden war, unabhängig. Es gibt unendlich viele unterschiedliche Gleichungen, die anderen, komplexeren geometrischen Objekten entsprechen; z. B. kann der oben besprochene Kreis $K(r)$ durch die Lösungen der Gleichungen

$$(x^2 + y^2)^n = r^{2n}$$

beschrieben werden, wobei n irgendeine positive ganze Zahl ist. Der Leser wird jedoch bemerken, daß alle diese Gleichungen auf einfache Art miteinander in Beziehung stehen. Dies ist kein Zufall, spiegelt jedoch ziemlich tiefliegende Eigenschaften der Polynome wider, die wir für unsere weitere Arbeit nicht benötigen. Wir wollen hier lediglich erwähnen, daß die Beziehung zwischen geometrischen Objekten und algebraischen Gleichungen, obwohl sie nicht eineindeutig ist, dennoch eine Untersuchung lohnt, und daß ein vollständiger Überblick über die Beziehungen zwischen den verschiedenen Gleichungen, die ein Objekt repräsentieren, gewonnen werden kann.

8.4. Sämtliche klassischen Kurven, die von den Griechen untersucht wurden, können als Lösungen von (nicht unbedingt algebraischen) Gleichungen dargestellt werden. Die erste grundlegende Beobachtung, die sowohl Fermat als auch Descartes machte, besagte: Geraden in einer Ebene entsprechen genau linearen Gleichungen in zwei Unbekannten (x und y), also Gleichungen, in denen x und y in der ersten Potenz auftreten. Die allgemeinste Gleichung dieser Art ist

$$ax + by + c = 0,$$

wobei a, b und c Konstanten sind. Die moderne Bezeichnung *linear* ist von dem Wort *Linie* abgeleitet, was auf den Einfluß hinweist, den diese Zuordnung auf die mathematische Fachsprache ausübte. Eine spätere Entwicklung in der Algebraisierung der Geometrie zeigte, daß alle klassischen Kegelschnitte, die von den Griechen untersucht wurden – Ellipse, Hyperbel und Parabel (außerdem Kreise und Geraden als entartete Fälle mit eingeschlossen) – genau die Kurven in der Ebene sind, die durch Gleichungen *zweiten Grades*

$$ax^2 + bxy + cy^2 + dx + ey + f = 0 \tag{8.3}$$

beschrieben werden können, wobei wiederum a, b, c, ... konstante Zahlen sind. Wenn z. B. $a = c = 1, f = -r^2$ und die anderen Konstanten Null sind, dann wird Gl. (8.3) zu Gl. (8.1) reduziert, d.h. zu dem Kreis mit dem Radius r, dessen Mittelpunkt im Nullpunkt liegt.

Das grundlegende Prinzip der analytischen Geometrie ist diese Korrespondenz zwischen Kurven in der Ebene und Gleichungen in zwei Unbekannten. Fermat drückte es folgendermaßen aus:

> Jedesmal, wenn in einer endgültigen Gleichung zwei unbekannte Größen vorkommen, haben wir einen geometrischen Ort, wobei seine Ausdehnung eine Linie, gerade oder gekrümmt, beschreibt.

Welche Bedeutung hat diese Zuordnung? Wenn die Griechen mit geometrischen Verfahren Kurven definieren und darstellen konnten, und wenn es auch eine algebraische Form gibt, dieselben Kurven zu beschreiben, worin besteht dann der Vorteil der letzteren

Methode? Ein Vorteil liegt darin, daß gewisse Probleme in der Geometrie durch Gleichungen ausgedrückt werden können, deren Lösung sich mit der Lösung des geometrischen Problems deckt. Bei der Lösung des Problems können dann verschiedene Regeln der Algebra angewandt werden, die in den letzten Jahrhunderten entwickelt worden sind. Viele dieser Regeln sind sehr einfach, so daß sich eine Lösung mittels algebraischer Umformungen leicht und beinahe automatisch finden läßt, wenn das Problem erst einmal in Form von Gleichungen ausgedrückt ist. Sind die Gleichungen gefunden, kann ihre geometrische Ableitung vergessen werden, und wir können uns völlig auf das algebraische Problem konzentrieren.

Eine noch wichtigere Konsequenz aus der Zuordnung von algebraischen Gleichungen zu geometrischen Objekten ergibt sich aus der Anwendung in umgekehrter Richtung: Indem Gleichungen zur *Definition* der Kurven in der Ebene und in höherdimensionalen Räumen verwendet werden, wird die Mannigfaltigkeit und die Anzahl beschreibbarer Kurven und anderer geometrischer Objekte stark vergrößert. Ein Beispiel soll diese Tatsache veranschaulichen. Die Griechen definierten eine Parabel als die Schnittlinie einer Ebene mit einem geraden Kreiskegel (Bild 8.7). Indem man ein kartesisches Koordinatenkreuz in die Ebene E legt, kann man zeigen, daß der Parabel die Gleichung $y = x^2$ entspricht (Bild 8.8). Wie sehen nun die Kurven aus, die $y = x^3$, $y = x^4$, ... usw. entsprechen? Stellen wir die Lösungen dieser Gleichungen graphisch dar, so erhalten wir die Kurven in Bild 8.9.

Es gibt keine offensichtliche Möglichkeit, diese Kurven mit Hilfe der griechischen Methode zu definieren. Die algebraischen Definitionen zeigen außerdem, daß die Kurven miteinander verwandt sind, und deuten an, daß sie gewisse Eigenschaften gemeinsam

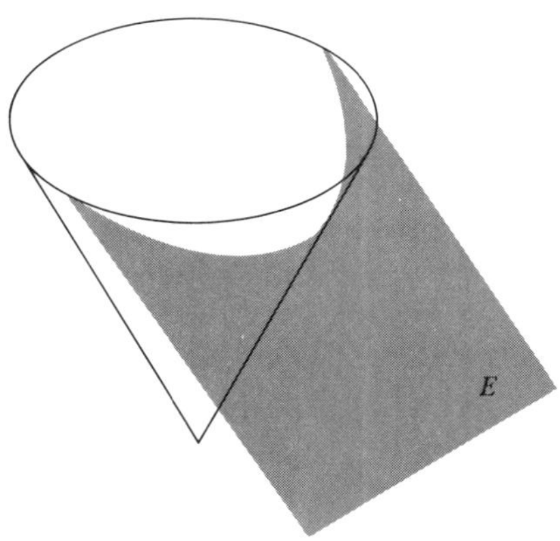

Bild 8.7
Eine Parabel als Schnittlinie eines Kegels mit einer Ebene

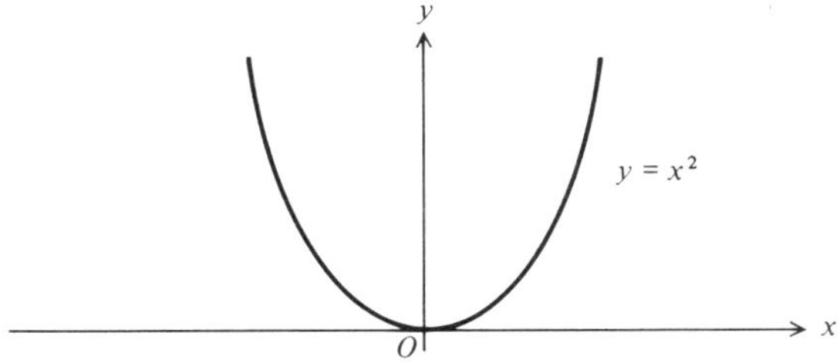

Bild 8.8
Parabel $y = x^2$

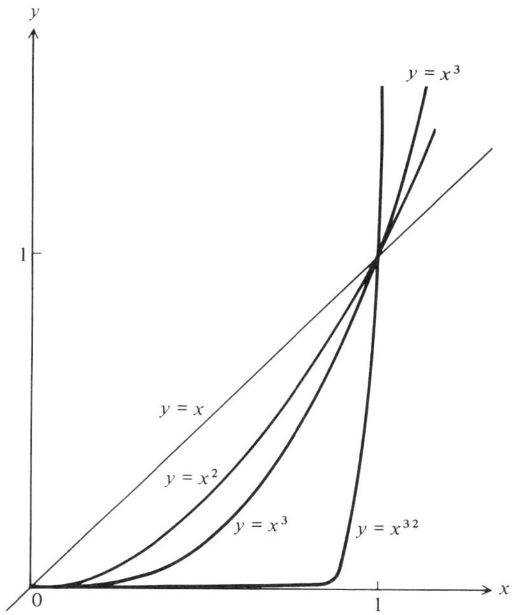

Bild 8.9
Graphen von Potenzfunktionen für $0 \leqslant x \leqslant 1$

haben. Dies stimmt und ist mittels Algebra und der „analytischen" Techniken, die in Kapitel 9 entwickelt werden, nicht schwer zu beweisen. Geometrische Definitionen unter Verwendung der Begriffe Winkel, Entfernung und Schnittlinie würden die Beziehungen zwischen diesen Kurven nicht deutlich werden lassen und sicherlich nicht die Einfachheit der algebraischen Definition

$$y = x^n$$

haben. Sie enthält in einer Formel die Definition all dieser Kurven, wenn n alle positiven ganzen Zahlen annimmt.

Möglicherweise kann durch komplizierte und geniale Argumente eine geometrische Definition der Kurve gefunden werden, die $y = x^n$ entspricht, wobei n eine positive ganze Zahl ist. Es kann sogar möglich sein, daß derartige Definitionen auf Fälle ausgedehnt werden können, in denen n nicht unbedingt eine ganze *rationale* Zahl ist, und daß z. B. die Kurven, die den Gleichungen $y = x^{1/20}$ und $y = x^{3/4}$ entsprechen, durch geometrische Modelle griechischer Art definiert werden können. Es wäre jedoch nicht möglich, von der Anschauung her zu sinnvollen Definitionen für die Kurven $y = x^n$ zugelangen, wenn x *keine* rationale Zahl ist. Beispielsweise gibt es keinen Mechanismus, um die Kurve $y = x^{\sqrt{2}}$ mit synthetisch geometrischen Begriffen zu beschreiben.

Man mag sich fragen, warum Kurven dieser Art von Interesse seien. Eines der Zentralprobleme der theoretischen Physik ist es, mathematische „Modelle" zu finden, die Erscheinungen der realen physikalischen Welt beschreiben. Diese mathematischen Beschreibungen sind im wesentlichen Systeme von Gleichungen, die Variable in Beziehung zueinander bringen, welche direkt meßbare physikalische Größen darstellen. Nun können sich Gleichungen, die einige Aspekte der physikalischen Welt exakt beschreiben, als einfache Polynome mit ganzzahligen Exponenten für alle Veränderlichen erweisen. Z. B. ist Gl. (8.3), die Gleichung, die den allgemeinen Kegelschnitt definiert, von dieser Art. In solchen Fällen *mag* es möglich sein, eine „griechische" geometrische Definition der Gleichungen zu geben – d.h., ein „griechisches" oder synthetisches *geometrisches Modell* des in Betracht stehenden physikalischen Aspekts. Einfacher ausgedrückt: Die Griechen hätten das Modell bereits entdecken können und damit ein wissenschaftliches Verständnis des physikalischen Problems erreicht, wie auch die Fähigkeit, genaue Voraussagen zu machen. Wenn andererseits diese Gleichungen von komplizierterer Art sind, dann stehen geometrische Modelle außer Frage – zumindestens im griechischen Sinne – und der wissenschaftliche Fortschritt ist dann vom Stand algebraischer und schließlich „analytischer" Kenntnisse abhängig. Da den physikalischen Problemen, wie der Bestimmung der Bewegung von Körpern im Raum unter dem Einfluß von Kräften (z.B. Schwerkraft) ein geometrischer Aspekt innewohnt, verlangt die Konstruktion eines entsprechenden mathematischen Modells, daß geometrische Kenntnisse in irgendeiner Weise angewandt werden. Wie wir aber gesehen haben, muß vielleicht auch der algebraische Apparat und sogar noch mehr zur Verfügung stehen, um die Wirklichkeit ausreichend wiederzugeben. Daher war die Algebraisierung der Geometrie mit dem Fortschritt der theoretischen Physik eng verbunden. Wir werden auf das Problem, Modelle für physikalische Vorgänge zu entwickeln, in Kapitel 12 zurückkommen. Dort wird ein noch stärkeres analytisches Instrumentarium zur Verfügung gestellt, das bei der Beschreibung und beim Verständnis der Struktur des Universums behilflich ist.

8.5. Die Griechen untersuchten systematisch und unter dem Gesichtspunkt der synthetischen Geometrie die *Kegelschnitte*, d.h. Kurven, die Gleichungen zweiten Grades von der Art der Gl. (8.3) entsprechen. Sie erfanden auch verschiedene spezielle Kurven, für die synthetische geometrische Definitionen möglich sind. Es gelang ihnen aber nicht, ihre systematischen Studien der Klassen verwandter Kurven über die Kegelschnitte hinaus zu erweitern. Selbst *Kurven dritten Grades*, die den allgemeinen Gleichungen dritten Grades mit den Veränderlichen x und y entsprechen, wurden erst durch Newton im 17. Jahrhundert umfassend untersucht.

Der Rest dieses Kapitels bietet eine Auswahl von Kurven, die den Griechen bekannt waren, von komplexeren Kurven, deren Definition und deren Untersuchung die Kenntnis der Methoden der algebraisierten Geometrie voraussetzen, und von noch komplizierteren, interessanten und nützlichen Kurven, deren Studium die Möglichkeiten der Algebra überschreitet, und die zusätzlich das kunstfertige analytische Instrumentarium der Infinitesimalrechnung für ihre Definition verlangen.

An gewissen Problemen übten sich die griechischen Geometer über Jahrhunderte. Dies führte zur Erfindung vieler spezieller Kurven, die ihnen bei den Lösungen halfen. Ein solches Problem ist die berühmte „Verdoppelung des Würfels": Angenommen, ein Würfel mit der Seitenlänge s ist gegeben, sein Volumen ist s^3. Die Aufgabe besteht darin, die Seitenlänge t eines Würfels zu finden, dessen Volumen zweimal so groß wie das des ursprünglichen Würfels ist, d.h. $2s^3$. Dies führt zu der Gleichung $t^3 = 2s^3$, woraus $t = 2^{1/3}\, s$ folgt, daher ist eine *geometrische Konstruktion* von $2^{1/3} = \sqrt[3]{2}$ erwünscht.

Ein zweites bekanntes Problem ist die „Dreiteilung eines gegebenen Winkels".

Keines der beiden Probleme kann mittels quadratischer Gleichungen gelöst werden.

Daher müssen beide notwendigerweise (nach dem Prinzip algebraischer Geometrie!) zu Kurven führen, die keine Kegelschnitte sind. Um $2^{1/3}$ zu konstruieren, werden wir zu der Gleichung dritten Grades $y^3 - 2x = 0$ und der zugehörigen Kurve dritten Grades geführt. Die Dreiteilung des Winkels θ bedeutet, daß $\theta/3$ gefunden werden muß, wenn θ gegeben ist. Nach Bild 8.10 ist θ dann und nur dann bekannt, wenn $x = \cos\theta$ bekannt ist. Deshalb ist die Dreiteilung von θ zur Bestimmung von $\cos(\theta/3)$ aus $\cos\theta$ äquivalent. Wir betrachten nun die trigonometrische Gleichung

$$\cos\theta = 4\cos^3\frac{\theta}{3} - 3\cos\frac{\theta}{3},$$

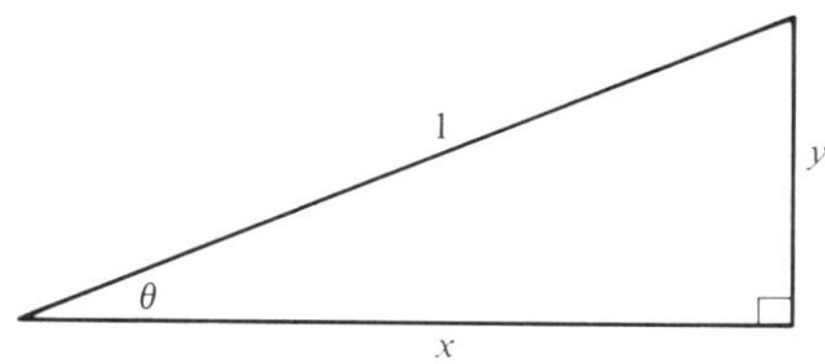

Bild 8.10

die leicht durch wiederholte Anwendung der Formeln für $\cos(a + b)$ und $\sin(a + b)$ abgeleitet werden kann. Setzt man $x = \cos\theta/3$, $y = \cos\theta$, so erhält man eine Gleichung dritten Grades

$$y = 4x^3 - 3x,$$

und der Wert von $x = \cos\theta/3$ wird durch den Wert von $y = \cos\theta$ bestimmt. Die beiden berühmten Probleme führen also zum Studium spezieller Gleichungen dritten Grades und daher zu speziellen Kurven dritten Grades.

Zum Beispiel wird die *Kissoide des Diokles* (Diokles, zwischen 250 und 100 v. Chr.), die in Bild 8.11 dargestellt ist, durch die Gleichung dritten Grades

$$x^2 = \frac{(2r - y)^3}{y}$$

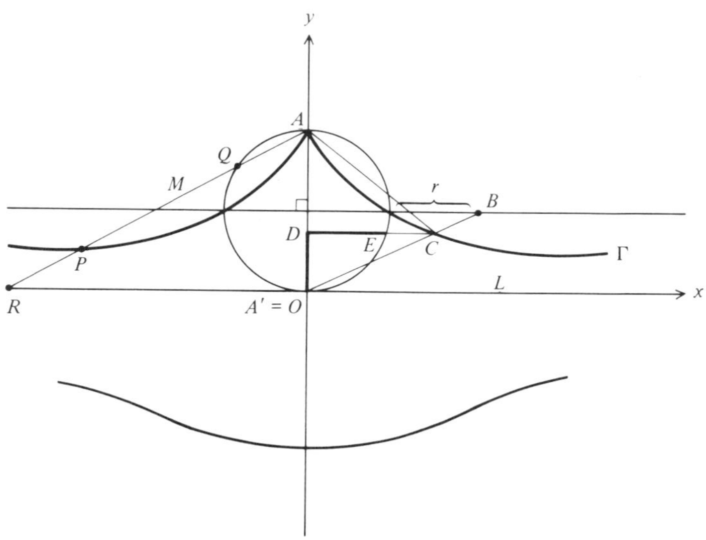

Bild 8.11
Die Kissoide des Diokles

beschrieben, wobei $r > 0$ eine Konstante ist. C sei der Schnittpunkt von $\overline{A'B}$ mit der Kissoide und $\overline{CD}$ die Senkrechte auf die y-Achse. E bezeichne den Schnittpunkt von CD mit dem Kreis. Dann kann gezeigt werden, daß $\overline{ED} = 2^{1/3}\ \overline{A'D}$ ist, was das Problem der Würfelverdoppelung löst.

C ist tatsächlich der Schnittpunkt der Kissoide Γ und der Geraden $\overline{A'B}$, deren Gleichung

$$y = \frac{1}{2}x$$

ist. Einsetzen dieses Wertes von y in Gl. (8.4), etwas zusätzliche Rechnung und die Anwendung des pythagoräischen Lehrsatzes führen zu dem erwünschten Resultat.

Die Kissoide kann auch auf synthetische Art beschrieben werden, was sie vom griechischen Standpunkt aus attraktiv machte.

Man lasse einen Kreis mit dem Radius r die Linie L in Bild 8.11 im Punkt A' berühren; A sei der andere Endpunkt des Durchmessers durch A'. Eine beliebige Linie M werde von A zur Linie L gezogen; sie schneide den Kreis in Q und treffe die Linie L in R. Es wird nun ein Punkt P auf der Linie M bestimmt, so daß $\overline{AP} = \overline{RQ}$ ist; dann liegt P auf dem Zweig der Kissoide von Diokles, der oberhalb der x-Achse liegt.

Die *Konchoide von Nikomedes* (Nikomedes, zwischen 250 und 150 v. Chr.) ist in Bild 8.12 wiedergegeben. Ihr entspricht eine Gleichung vierten Grades

$$(x-a)^2 (x^2+y^2) - bx^2 = 0. \tag{8.5}$$

Sie kann dazu benutzt werden, die beiden klassischen Probleme zu lösen. Auch sie kann synthetisch geometrisch beschrieben werden.

Die Unterschiede im Aussehen der Kurven vierten Grades sind bemerkenswert. So besteht z. B. die Kurve

$$a^2y^2 + b^2x^2 - x^2y^2 = 0 \qquad a, b \text{ Konstanten,} \tag{8.6}$$

wie Bild 8.13 zeigt, sowohl aus vier verschiedenen symmetrischen Kurven als auch aus dem isolierten Punkt (0, 0). Die Kurve ist der Spezialfall für $m = -2$ der Schar der Lamé-Kurven (Gabriel Lamé, 1795–1870), die durch die Gleichung

$$\left(\frac{x}{a}\right)^m + \left(\frac{y}{b}\right)^m = 1 \qquad a, b \text{ konstant, } m \text{ rational,} \tag{8.7}$$

definiert sind.

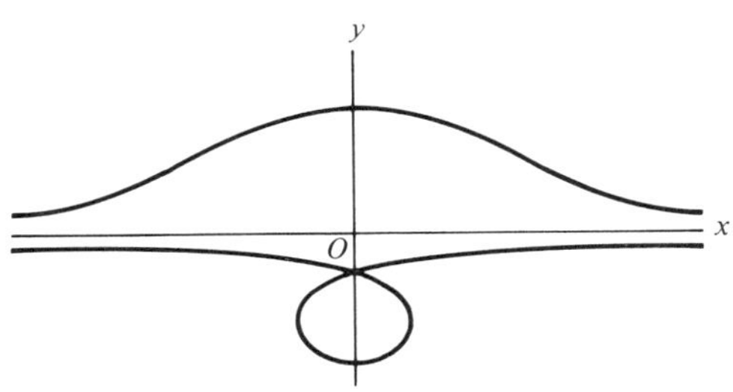

Bild 8.12 Die Konchoide des Nikomedes

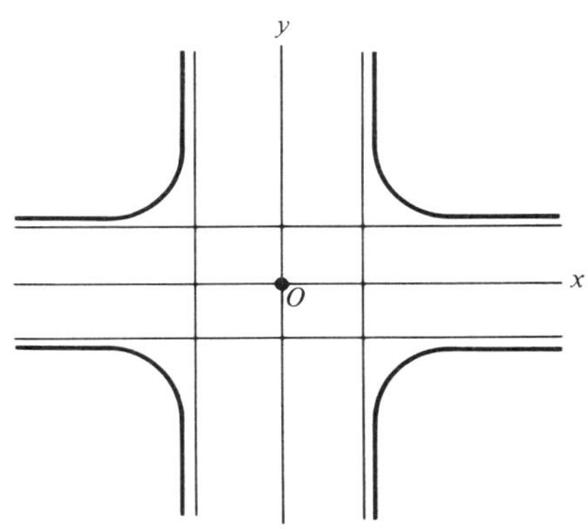

Bild 8.13 Lamé-Kurve; $m = -2$

Ist $m = 2$, so ist die Lamé-Kurve eine Ellipse. Allgemeiner gilt: Die Kurve ist geschlossen, wenn m eine positive gerade ganze Zahl ist. Bild 8.14 zeigt den Fall $m = 4$.

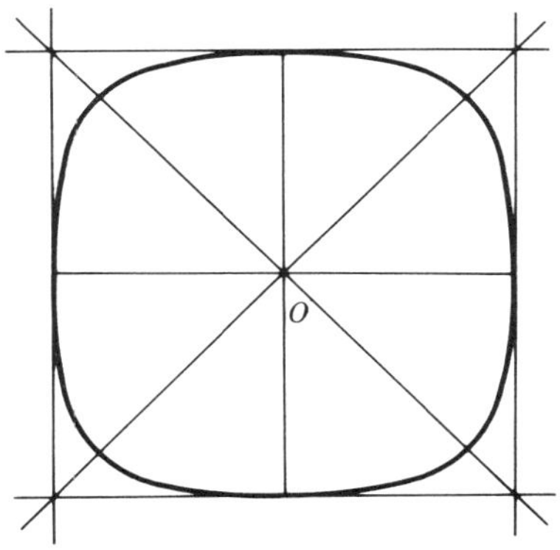

Bild 8.14 Lamé-Kurve; $m = 4$

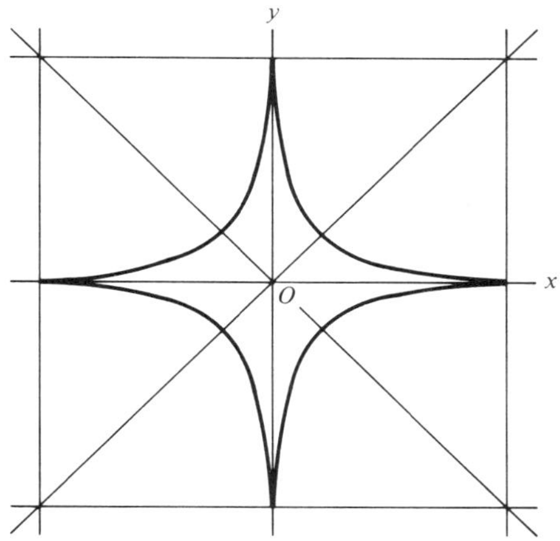

Bild 8.15 Lamé-Kurve; $m = \frac{2}{5}$

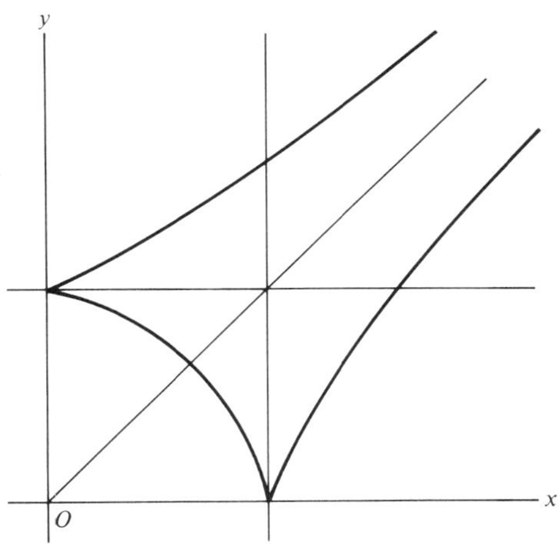

Bild 8.16 Lamé-Kurve; $m = \frac{3}{2}$

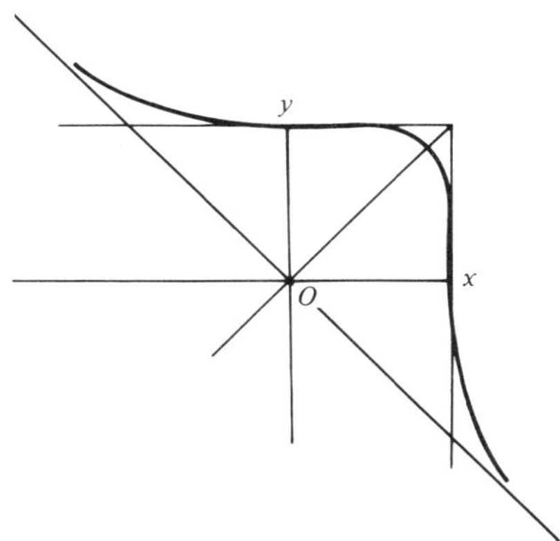

Bild 8.17 Lamé-Kurve; $m = 5$

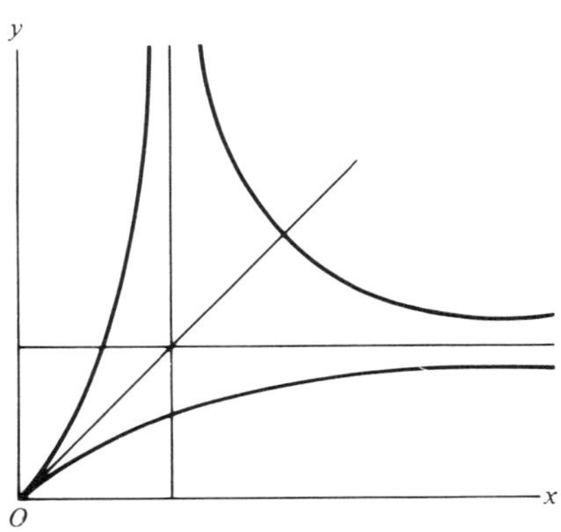

Bild 8.18
Lamé-Kurve; $m = -\frac{3}{2}$

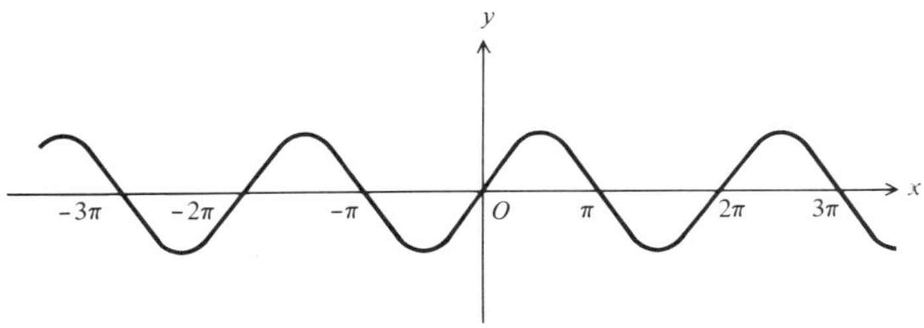

Bild 8.19
$y = \sin x$

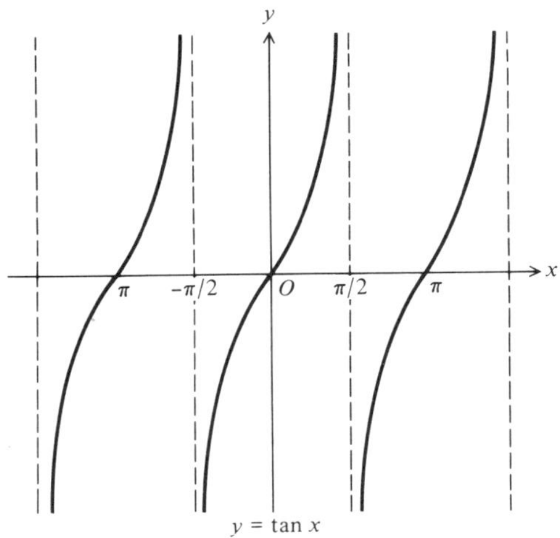

Bild 8.20
$y = \tan x$

Ist m eine rationale Zahl der Form p/q und ist p gerade, dann ist die Kurve ebenfalls geschlossen; ist q ungerade, ist sie sternförmig, wie in Bild 8.15 mit $m = \frac{2}{5}$. Die Bilder 8.16 bis 8.18 zeigen einige andere Formen für $m = \frac{3}{2}$, 5 und $-\frac{3}{2}$.

Durch Kombination algebraischer Gleichungen mit komplizierten Funktionen können neue geometrische Objekte beschrieben werden. Zum Beispiel führen die trigonometrischen Funktionen zu periodischen Kurven. Die in Bild 8.19 dargestellte Kurve entspricht der Funktion

$$y = \sin x, \tag{8.8}$$

und die unbegrenzte Kurve in Bild 8.20, die aus unendlich vielen unzusammenhängenden Stücken besteht, der Funktion

$$y = \tan x. \tag{8.9}$$

Die Exponentialfunktion

$$y = a^x \qquad a > 0 \text{ konstant} \tag{8.10}$$

beschreibt die Kurve in Bild 8.21 und wird dort für den Fall $a = e = 2{,}718\ldots$ mit verschiedenen Potenzen von x verglichen, um ihr rapides Anwachsen bei zunehmendem x zu zeigen.

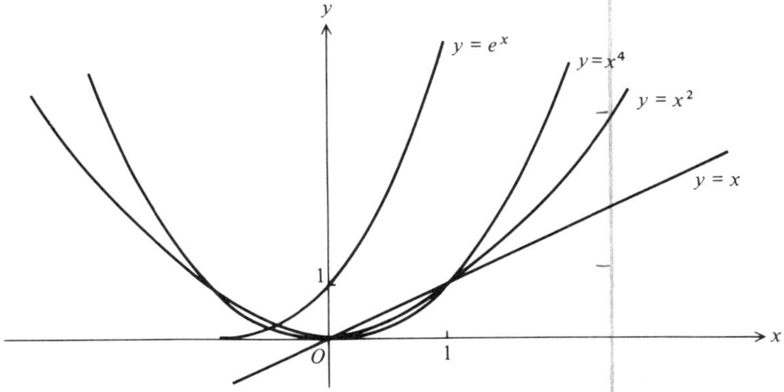

Bild 8.21 $y = e^x$ und $y = x^n$ für verschiedene n

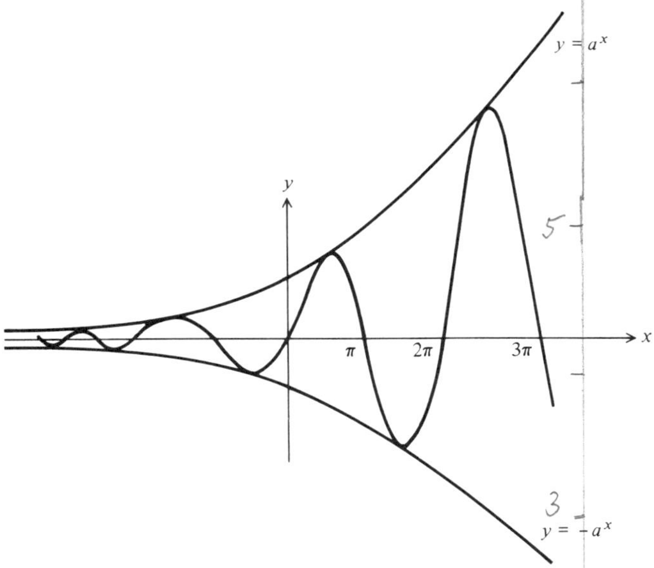

Bild 8.22
$y = a^x \sin x$

Kombiniert man diese Funktionen auf verschiedene Weise, so führt dies z. B. zu

$$y = a^x \sin x,$$

was in Bild 8.22 graphisch dargestellt ist.

Die Kurve, die durch

$$y = \frac{a}{2}(e^{x/a} + e^{-x/a}) \quad a > 0 \tag{8.11}$$

beschrieben und *Kettenlinie* genannt wird, ist besonders interessant. Diese Kurve wird beispielsweise von einem schweren Kabel (oder einer Kette) gebildet, das unter dem Einfluß der Schwerkraft gespannt ist; daher ist sie Brückenbauingenieuren wohlbekannt (vgl. Abschnitt 9.11). Die Kettenlinie ähnelt im Aussehen so sehr der Parabel, daß Galileo Galilei annahm, letztere sei die zu einem gespannten Kabel gehörende Kurve. Die wahre Form, wie in Gl. (8.11) beschrieben, wurde 1690–1691 von Huygens, Leibniz und Johann Bernoulli unabhängig entdeckt, indem sie einer Aufforderung von Jakob Bernoulli folgten.

Die Kettenlinie ist der *Traktrix* verwandt, einer Kurve, der die schwierige Gleichung[1])

$$y \exp\left(\frac{x - \sqrt{a^2 - y^2}}{a}\right) = a - \sqrt{a^2 - y^2} \tag{8.12}$$

entspricht und die in Bild 8.23 gezeigt wird.

Die Traktrix ist der Weg, den beispielsweise ein an einer Schnur gezogenes Kinderspielzeug beschreibt, wenn das ziehende Kind auf einer geraden Linie entlangläuft und das Spielzeug sich zu Beginn in einem solchen Abstand von der Linie befindet, der genau so groß wie die Länge der Schnur ist (Bild 8.24). Läßt man die Traktrix um die x-Achse rotieren, dann erhält man eine Fläche, die (da sie die Abnutzung minimal hält) die Idealform für ein Kugellager hat, durch das eine sich drehende Welle gelagert ist, die beträchtliche Belastungen auf das Kugellager in Richtung der x-Achse ausübt. Diese Situation er-

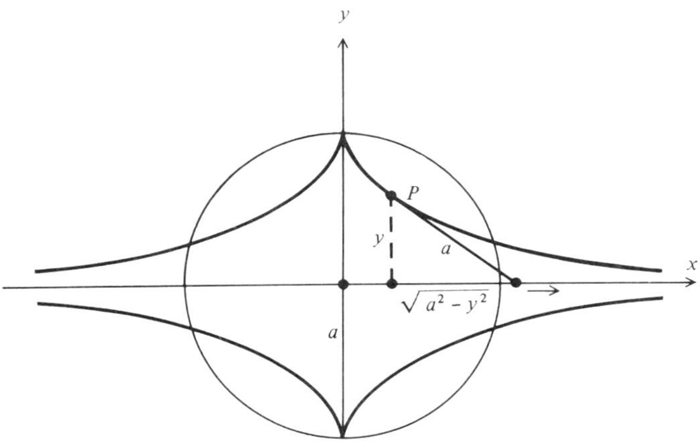

Bild 8.23
Eine Traktrix

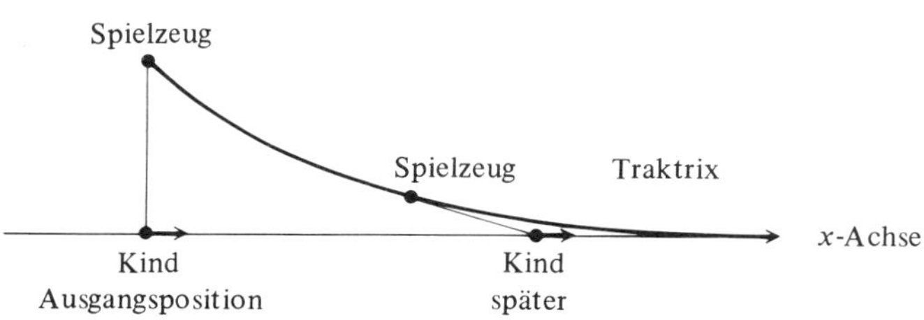

Bild 8.24
Die Bildung einer Traktrix ist ein Kinderspiel

---
1) Es hat sich eingebürgert, exp z anstatt e^z zu schreiben, um dem Setzer die Arbeit zu erleichtern, wenn z ein komplizierter Ausdruck ist.

gibt sich z. B. in Ölbohranlagen (in denen natürlich die x-Achse in Richtung des Erdmittelpunktes zeigt).

Die (gewöhnliche) *Zykloide*, von der ein Bogen in Bild 8.25 graphisch dargestellt ist, entspricht der Gleichung

$$\cos\left(\frac{x+\sqrt{2ay-y^2}}{a}\right) = 1-\frac{y}{a} \quad a>0 \text{ konstant.} \tag{8.13}$$

Sie hat jedoch eine viel einfachere synthetische Definition: P sei ein fester Punkt auf einem Kreis (Radius a), der entlang einer Linie gerollt wird ohne zu verrutschen. Die Kurve, die von P dabei beschrieben wird, ist die Zykloide. Obwohl die Zykloide und eine Schar weiterer Kurven, die mit ihr verwandt sind, im Altertum bekannt waren – *Epizykloiden*, die gebildet werden, indem ein Kreis auf einem anderen Kreis abrollt, waren fundamentale Elemente des ptolemäischen Modells der scheinbaren Bewegung der Sonne um die Erde – unterblieb die Untersuchung der tiefgründigeren und interessanteren Eigenschaften der Zykloide bis zur Erfindung der Infinitesimalrechnung.

Wird einer der Zykloidenbögen auf den Kopf gestellt, so bildet er eine Schale. In dieser Form ist die Zykloide eine *Brachystochrone*, d.h. die Kurve, auf der sich ein reibungsloses Teilchen am schnellsten unter dem Einfluß eines (konstanten) Gravitationsfeldes von einem Punkt zum anderen bewegen wird, was Johann I. Bernoulli entdeckte. Sie ist auch eine *Tautochrone*, d.h. die Kurve, für die die Fallzeit eines Teilchens, das unter dem Einfluß der Schwerkraft auf der Kurve bis zu ihrem tiefsten Punkt reibungsfrei entlanggleitet, unabhängig von der anfänglichen Höhe des Teilchens auf der Kurve ist. Endlich ist die Zykloide noch eine *Isochrone*: Ist ein Pendel gezwungen, zwischen zwei zykloidenförmigen Begrenzungen zu schwingen wie in Bild 5.9, dann hängt die Periode der Schwingung, d.h. die Dauer einer kompletten Schwingung, nicht von der Amplitude der Schwingung ab. Folglich beeinflußt die Reibung, die die Amplitude der Schwingung verringert, nicht die zeitmessenden Eigenschaften des Pendels. Huygens entdeckte sowohl die tautochronen als auch die isochronen Eigenschaften der Zykloide und, wie in Kapitel 5 beschrieben wurde, versuchte er erfolglos, durch Ausnutzen der letztgenannten Eigenschaften eine seetüchtige nautische Uhr zu konstruieren.

Eine Kurve, die im zwanzigsten Jahrhundert immer größere praktische Bedeutung gewonnen hat, ist die *Gaußsche Glockenkurve*, auch *Normalverteilung* genannt. Ihre Gleichung ist

$$y = \frac{1}{\sqrt{2\pi}} e^{-x^2/2} \tag{8.14}$$

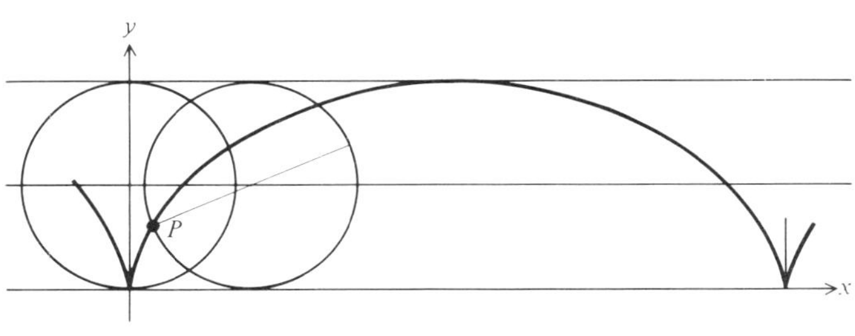

Bild 8.25
Eine Zykloide

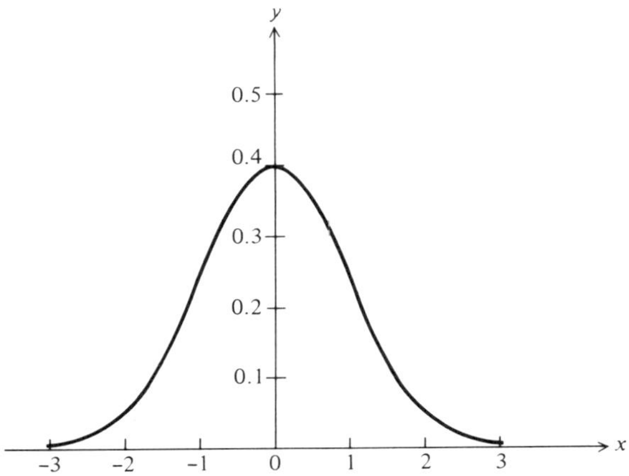

Bild 8.26
Gaußsche Glockenkurve $y = \frac{1}{\sqrt{2\pi}} e^{-x^2/2}$

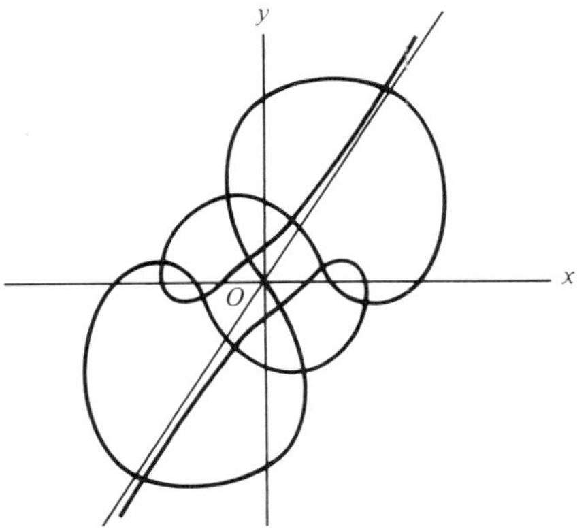

Bild 8.27
$x + \mathrm{i}\,y = \mathrm{sn}\,(2 + 3\,\mathrm{i})\,u$

(Bild 8.26). Sie beschreibt eine statistische Verteilung von Größen, die additiven, unabhängigen Veränderungen unterliegen, wie z. B. Zensuren in der Schule oder Universität.

Durch die Einführung von Funktionen, die komplizierter sind als Polynome, trigonometrische und exponentielle Funktionen, steht eine größere Menge von Kurven zur Verfügung. Wir zeigen hier mehrere Beispiele, deren Definition die Kenntnis der Infinitesimalrechnung erfordert und für die man keine synthetisch geometrischen Beschreibungen erwarten kann. Bild 8.27 stellt graphisch eine Kurve dar, die einer bestimmten *elliptischen Funktion* entspricht, die die gewöhnlichen trigonometrischen Funktionen verallgemeinert; ihre Komplexität erlaubt hier keine Beschreibung.

Die *Cornu-Spirale* oder *Klotoide* kommt ursprünglich in der Theorie der Lichtbeugung vor. Die attraktive Kurve wird von dem Gleichungspaar

$$x = \int_0^t \cos\left(\frac{\pi u^2}{2}\right) du \qquad (8.15a)$$

$$y = \int_0^t \sin\left(\frac{\pi u^2}{2}\right) du \tag{8.15b}$$

beschrieben und ist in Bild 8.28 graphisch dargestellt. Das lange lateinische „S“ bezeichnet das *Integral* (siehe Abschnitt 9.5), t ist ein Parameter. Dieses Gleichungspaar muß in folgendem Sinne verstanden werden: Für jeden Wert, der t zugeordnet wird, sind die rechten Seiten von (8.15a) und (8.15b) Zahlen, die jeweils gleich x und y sind, und damit einen Punkt $P = (x, y)$ in der Ebene definieren. Ist z. B. $t = 0$, dann ist (wie wir in Kapitel 9 sehen werden) notwendigerweise

$$\int_0^0 \cos(\pi u^2/2)\, du = \int_0^0 \sin(\pi u^2/2)\, du = 0,$$

woraus sich $x = y = 0$ ergibt. Der entsprechende Punkt in der Ebene ist der Nullpunkt des Koordinatensystems. Durchläuft t die positiven reellen Zahlen, beschreibt der entsprechende Punkt mit den Koordinaten (x, y) vom Nullpunkt aus den Teil der Spirale oberhalb der x-Achse, windet sich unendlich oft um den Punkt $(\frac{1}{2}, \frac{1}{2})$ herum und kommt diesem Punkt beliebig nahe. Wenn t dagegen die negativen reellen Werte durchläuft, beschreibt der entsprechende Punkt auf ähnliche Weise den Teil der Spirale unterhalb der x-Achse, windet sich unendlich oft um den Punkt $(-\frac{1}{2}, -\frac{1}{2})$ und kommt ihm beliebig nahe.

Wenn die Vorstellungskraft erst einmal entfesselt ist und die geometrischen Kurvendefinitionen immer weiter verfeinert werden, vergrößert sich damit entsprechend der Bereich der sichtbar werdenden Phänomene. Ungewöhnliche Eigenschaften, die sich der Anschauung entgegenstellen, treten auf und stiften anfangs Verwirrung und führen so zu Besorgnis über die logischen und philosophischen Grundlagen der Mathematik. Später, wenn diese Phänomene und ihre Bedeutungen verstanden und in die ständig wachsende mathematische Struktur integriert worden sind, wird man erkennen, daß ein neues Niveau der Entwicklung und der Verfeinerung erreicht worden ist. Von diesem höheren und günstigeren Ausgangspunkt aus kann die Phantasie wiederum ihren ungestümen Aufstieg beginnen. Auf ihrem Wege akzeptiert sie weder Einschränkung noch Führung, außer dem sicheren und festen Stab der Logik.

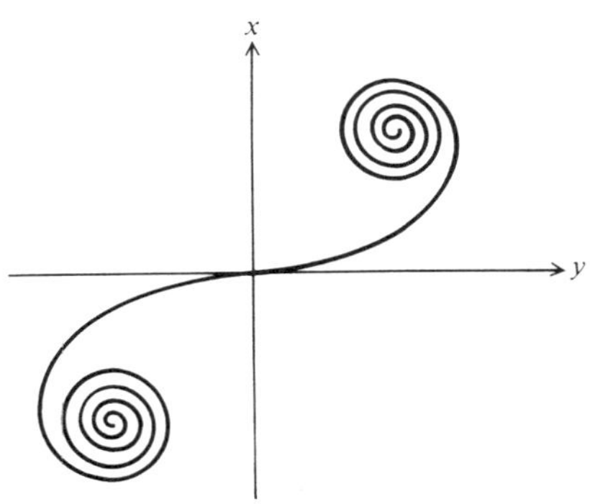

Bild 8.28
Die Cornu-Spirale

Im zwanzigsten Jahrhundert wurden weitere Erfolge in der Verfeinerung der Verfahren erreicht, was sich in der Untersuchung von Kurven zeigt, deren Konstruktion in Bild 4.28 beschrieben wird. Die Kurve ist vollständig in einem Quadrat enthalten, schneidet sich selber nie, füllt das Quadrat aus mit Ausnahme einer Punktmenge, deren „Fläche" Null ist, hat eine unendliche Länge und hat in keinem ihrer Punkte eine Tangente.

Dieses Kapitel soll mit einer Beschreibung der *logarithmischen Spirale* abgeschlossen werden, die 1638 von Descartes entdeckt wurde. Diese elegante Kurve ist in Bild 8.29 graphisch dargestellt und entspricht der Gleichung

$$y = x \tan [\log (x^2 + y^2)]. \qquad (8.16)$$

Setzen wir $r^2 = x^2 + y^2$ und $\tan \theta = y/x$, so erhalten wir

$$r = e^{\theta/2}. \qquad (8.17)$$

Diese Spirale besitzt Eigenschaften, die viele Mathematiker fasziniert haben. Ist P irgendein Punkt auf der Spirale, der nicht im Ursprung liegt, dann ist der Teil der Spirale vom Ursprung bis P eine Kurve mit unendlich vielen Windungen, aber *endlicher* Länge. Jede Gerade durch den Ursprung trifft die Kurve in Punkten, deren Entfernung vom Ursprung eine geometrische Folge bildet. Wird irgendein Teil dieser Kurve um einen beliebigen Faktor vergrößert oder verkleinert, dann ist das Resultat kongruent mit einem anderen Teil derselben Spirale.

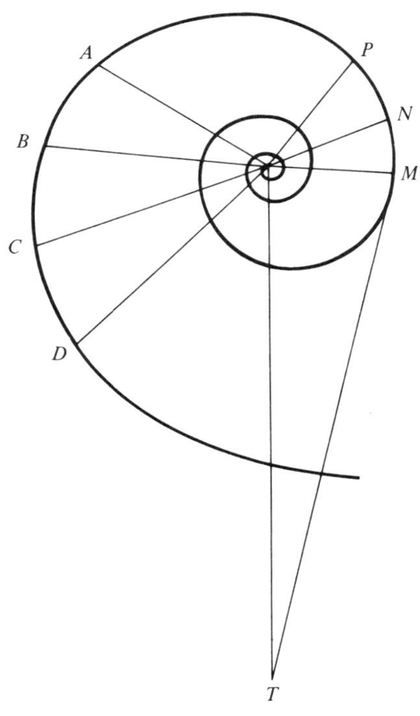

Bild 8.29
Logarithmische Spirale

Die Spirale trifft jede Gerade durch den Ursprung stets im gleichen Winkel. Aus dieser Tatsache und der Eigenschaft, daß bei der stereographischen Projektion einer Kugel auf eine Fläche die Winkel erhalten bleiben (in Abschnitt 6.2 bewiesen; vgl. Bild 6.9), folgt, daß die logarithmische Spirale genau die stereographische Projektion von Mercators Loxodromen auf die Erdoberfläche ist (vgl. Bild 6.12 und Abschnitt 6.3), wie Johann Bernoulli entdeckte. Er war so eingenommen von dieser bemerkenswerten Kurve, daß er veranlaßte, daß sie auf seinem Grabstein eingemeißelt würde mit der Inschrift

Eadem mutata resurgo,

„Obwohl verändert, erstehe ich unverändert wieder“, eine passende Grabinschrift für die Mathematik selbst.

Übungen

8.1. Übertragen Sie in moderne Schreibweise:

a) 1𝔵 m̃ 1 per 1𝔵 et 1 = 1𝔷 m̃ 1
b) 1𝔵 m̃ 1 per 1𝔷 et 1𝔵 et 1 = ?

Betrachten Sie, daß die rechte Seite von b) ein neues Symbol benötigt.

8.2. Übertragen Sie das Folgende unter Verwendung von Stifels Schreibweise.

a) 1𝔵 m̃ 1 per 1𝔠 + 1𝔷 + 1𝔵 + 1 faut 1𝔷𝔷 m̃ 1
b) 1𝔵 m̃ 1 per 1𝔷𝔷 + 1𝔠 + 1𝔷 + 1𝔵 + 1 faut 1ſs m̃ 1
c) 1𝔵 m̃ 1 per 1ſs + 1𝔷𝔷 + 1𝔠 + 1𝔷 + 1𝔠 + 1 = ?

Beachten Sie, daß die rechte Seite von c) ein neues Symbol benötigt.

8.3. Die Gleichungen in den letzten beiden Aufgaben sind Spezialfälle einer einfachen algebraischen Identität. Schreiben Sie die Identität in moderner Schreibweise auf und *beweisen* Sie, daß diese Identität wahr ist.

8.4. Kann Ihr Beweis auch in der älteren Schreibweise ausgedrückt werden? Warum nicht?

8.5. Man erinnere sich an die Summationsschreibweise $\sum_{k=1}^{n} X_k$, die $X_1 + X_2 + X_3 + \ldots + X_n$ bedeutet. Schreiben Sie die Identität, die in Übung 8.3 gefunden wurde, unter Verwendung der Summationsschreibweise.

8.6. Die Übungen 8.1a, b können geometrisch interpretiert werden. Wie lauten diese Interpretationen (vgl. die Übungen in Kapitel 3)? Was können Sie über geometrische Interpretationen für Übung 8.3 aussagen?

8.7. Müssen die Koordinatenachsen aufeinander senkrecht stehen, damit man ein wirksames Koordinatensystem für die Ebene hat? Geben Sie eine Erklärung. Welchen Hauptvorteil hat das rechtwinklige Koordinatensystem?

8.8. Angenommen, $y = x^2$ sei die Gleichung einer Parabel. Schreiben Sie eine andere Gleichung auf, um die gleiche Kurve in der Ebene darzustellen [d. h. dieselbe Punktmenge (x, y) befriedigt die Gleichung].

8.9. Tragen Sie auf Millimeterpapier die Punkte ein, die der Gleichung $x^2 - y^2 = 1$ entsprechen. Eine solche Kurve heißt *Hyperbel.* Zeigen Sie an Hand einer graphischen Darstellung, wie diese Kurve als Schnittlinie eines Kegels mit einer Ebene vorkommt.

8.10. Was meint Fermat mit „gerade oder gekrümmte Linie" in der Gleichung auf S. 187? Wie würde man dies heutzutage ausdrücken?

8.11. Entspricht die Gleichung $x^2 + y^2 = -1$ irgendeiner Kurve in der Ebene? Geben Sie eine Erklärung.

8.12. Betrachtet werde die Menge S von Punkten in der Ebene, die auf einer der aufeinander senkrecht stehenden Geraden in Bild 8.30 liegen. Finden Sie ein geeignetes Koordinatensystem für die Ebene mit veränderlichen Koordinaten x und y und außerdem ein einfaches Polynom $P(x, y)$ mit der Eigenschaft, daß $P(x, y) = 0$ die Punktmenge S beschreibt.

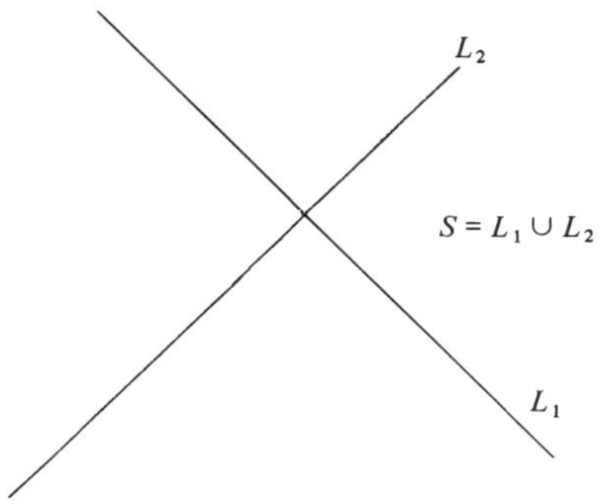

Bild 8.30

8.13. Beweisen Sie, daß die Punktmenge (x, y), die für konstantes a, b und c

$$ax + by + c = 0$$

befriedigt, eine Gerade in der (x, y)-Ebene ist.

8.14. Die Gleichung in Übung 8.13 möge die allgemeinste Gleichung einer Geraden in der Ebene sein. Finden Sie eine spezifische Gleichung, die zu der Geraden gehört, die durch die Punkte (1, 1) und 1, 0) verläuft.

8.15. Betrachten Sie die Kurve in Bild 8.31. Kann eine Kurve wie C eine Gleichung von der Form $y = ax^2 + bx + c$ haben, wobei a, b und c Konstanten sind? Warum? (*Hinweis*: Wie viele Lösungen gibt es für eine quadratische Gleichung?)

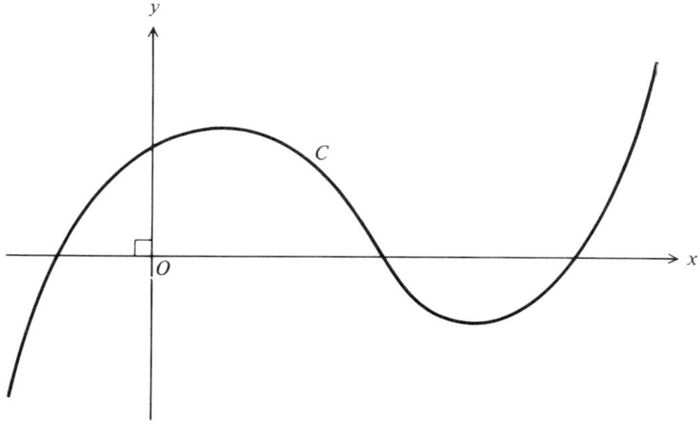

Bild 8.31

8.16. Finden Sie ein Beispiel für eine Gleichung, deren Kurve die Form der Kurve C in Übung 8.15 hat.

8.17. Unter welchen Bedingungen für a und b stellt die Gleichung $ax^2 + by^2 = 1$ einen Kreis dar? Beweisen Sie Ihre Behauptung.

8.18. Nennen Sie mindestens drei Gründe, weshalb die Algebraisierung der Geometrie eine bedeutende mathematische Erfindung war.

8.19. Wenn die gesamte „Information" über Kurven in der Ebene in den Gleichungen enthalten ist, die diese beschreiben, welchen Nutzen hat es dann, sie als Kurven und nicht einfach als Gleichungen zu betrachten und die Geometrie außer Betracht zu lassen?

***8.20.** Bild 8.9 scheint zu zeigen, daß für $0 < x < 1$ die Kurve $y = x^n$ sich den beiden Geradenabschnitten nähert, die aus der x-Achse zwischen $x = 0$ und $x = 1$ und dem senkrechten Linienabschnitt bestehen, der $(1, 0)$ mit $(1, 1)$ verbindet. Geben Sie eine exakte Formulierung, die dieses Phänomen beschreibt, und beweisen Sie dann, daß dies tatsächlich wahr ist.

***8.21.** $x^2 + y^2 = 1$ beschreibt einen Kreis mit dem Radius 1 und dem Mittelpunkt im Nullpunkt. Dieser Kreis berührt das Quadrat mit der Seitenlänge 2, dessen Mittelpunkt im Nullpunkt liegt und dessen Seiten parallel zu den Koordinatenachsen sind (Bild 8.32). Beschreiben Sie die Kurven, die zu den Gleichungen $x^n + y^n = 1$ gehören, wobei n eine ganze Zahl größer als 1 ist. Was passiert, wenn n groß wird?

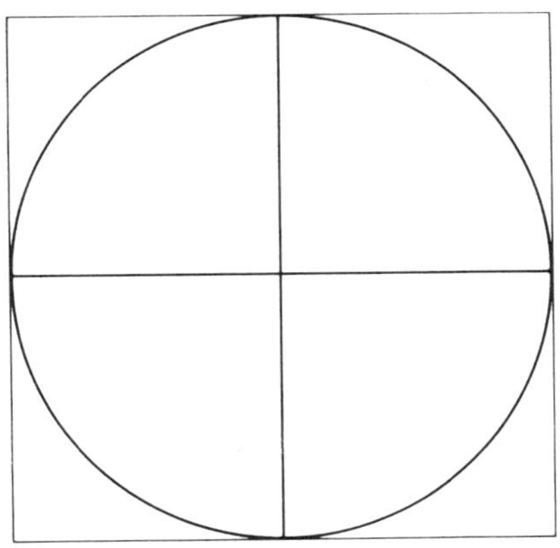

Bild 8.32

Dritter Teil
Der Aufstieg der geometrischen Analysis

9. Infinitesimalrechnung

In diesem Kapitel beschreiben wir die grundlegenden Ideen der mathematischen Theorie, die als *Infinitesimalrechnung* bekannt ist. Dieses leistungsfähige Rechenverfahren, das von Newton und Leibniz gegen Ende des siebzehnten Jahrhunderts erfunden wurde, hatte einen stärkeren Einfluß auf Wissenschaft und Technik als irgendein anderer Fortschritt. Hundert Jahre vor der Erfindung der Integral- und Differentialrechnung war die Beschreibung der Bewegung eines Gegenstandes beim freien Fall unter Einfluß der Schwerkraft oder die Bewegung eines Balls auf einer schiefen Ebene ein Problem, das selbst die größten Wissenschaftler dieser Zeit auf eine harte Probe stellte und zum Aufgeben zwang. Hundert Jahre nach ihrer Entstehung ermöglichte es die Infinitesimalrechnung dem französischen Mathematiker und Physiker Laplace, alle Himmelsbewegungen, mit Ausnahme unbedeutender Aspekte der Bewegung von Mond und Planeten, zu erklären. Er konnte so erste wissenschaftliche Spekulationen über den Ursprung des Sonnensystems auf mathematischer Grundlage anstellen.

Dieses Kapitel beginnt mit der Einführung des Begriffs *Grenzwert*, der die Basis für alles Folgende bildet und in der Tat die Grundlage für die Definition der reellen Zahlen ist, die in Kapitel 1 gegeben wurde. Dieser Begriff trat in noch unentwickelter Form bereits vielfach in früheren Entwicklungsperioden der Mathematik auf. Er unterliegt der Stellenwertschreibweise, ist in dem babylonischen Näherungsverfahren für Quadratwurzeln enthalten, erscheint in geometrischer Form in Archimedes' Bestimmung von π, die er durch den Vergleich des Kreisumfangs mit dem Umfang einbeschriebener und umschriebener regulärer Polygone erhielt, und auch in seinem Verfahren, den Inhalt der Fläche zu finden, die durch eine Parabel und eine Sehne begrenzt wird. Die Hypothese, daß der Erdradius im Vergleich zu der Himmelskugel so klein ist, daß der Horizont und der „künstliche Horizont“ zur Berechnung der Höhe eines Sterns nicht unterschieden werden müssen, ist ein weiteres Beispiel, bei dem man Eigenschaften des Grenzwertes benutzte. Die Erweiterung des Begriffs des Logarithmus von rationalen Potenzen der Basis bis zu einem Logarithmus für jede *beliebige* Potenz (vgl. Kapitel 7), verlangt für eine genaue und verständliche Darstellung Kenntnisse der Eigenschaften von Grenzwerten. Dieses immer wieder auftauchende und in der vorausgegangenen Arbeit stets gegenwärtige Thema übernimmt nun eine zentrale und sichtbare Rolle in der Mathematik und ihrer Anwendung in Physik und Technik.

Im Anschluß an die *arithmetischen* und *geometrischen* Definitionen des Grenzwertes wird ein spezieller Grenzwert, die *Ableitung*, eingeführt. Es werden Methoden zur Berechnung ihres Wertes für einfache Funktionen entwickelt, und ihre geometrische Bedeutung als Steigung einer Tangente in einem gegebenen Punkt an eine Kurve wird untersucht. Die Bedeutung einer algebraisierten Geometrie wird aus diesem Beispiel ersichtlich. Dann zeigen wir, daß ein anderer und scheinbar unabhängiger, besonderer Grenzwert, das sogenannte *Integral*, eine geometrische Interpretation als *Flächeninhalt* hat und tatsächlich das erste sinnvolle Mittel bietet, mit dem der Begriff des Flächeninhalts für geometrische Objekte definiert werden kann, deren Grenzen nicht aus Geradenabschnitten bestehen.

Eine grundlegende Entdeckung von Newton und Leibniz war die Dualität der Begriffe von Ableitung und Integral. Sie zeigten, daß die beiden Verfahren sich in einer gewissen spezifischen Weise umgekehrt zu einander verhalten. Die Bedeutung dieser Entdeckung besteht darin, daß sie eine Methode zur Berechnung von Integralen (und daher Flächeninhalten) bietet, die auf der Verwendung von Ableitungen beruht; da die letzteren gewöhnlich viel einfacher sind, ist dieses Verfahren äußerst nützlich.

Das Kapitel behandelt weiterhin einige Anwendungen auf Untersuchungen der Bewegung entlang einer Linie und der Berechnung der Länge von Kurven. Dies ist ein schwieriges und komplexes Problem. Das Kapitel schließt mit einer kurzen historischen Studie über die Anwendung der Infinitesimalrechnung auf die Konstruktion von Hängebrücken.

9.1. In den vorangegangenen Kapiteln sind wir auf verschiedene Näherungsverfahren für arithmetische Größen oder geometrische Objekte gestoßen, die alle Spezialfälle von *Grenzübergängen* sind. So wurde beispielsweise in Archimedes' Schätzung von π (Abschnitt 4.6) die Länge eines Kreises durch die Länge einbeschriebener und umschreibender regulärer Polygone approximiert, die, wenn die Anzahl ihrer Seiten zunahm, sich dem Kreis immer stärker anzunähern schienen. Es wurde auch erwähnt, daß unendliche Reihen verwendet werden können, um eine Größe darzustellen; z. B.

$$\frac{\pi}{4} = 1 - \frac{1}{3} + \frac{1}{5} - \frac{1}{7} + \ldots$$

Die drei Punkte, die dem letzten Pluszeichen folgen, weisen darauf hin, daß die Reihe nach aus den ersten Gliedern ersichtlichen Bildungsgesetzen fortgesetzt wird – aufeinanderfolgende ungerade Nenner und abwechselnde Vorzeichen –, und daß es möglich ist, $\pi/4$ so genau wie erwünscht zu approximieren, indem man die Anzahl der Glieder entsprechend erhöht. Der Leser sollte schon einen Blick auf Bild 10.4 und die damit verbundene Besprechung werfen, um mehr über dieses Beispiel zu erfahren. Die Anzahl der Glieder zu bestimmen, die nötig ist, um den vorgeschriebenen Genauigkeitsgrad für einen Näherungswert zu erhalten, ist ein anderes und häufig ziemlich schwieriges Problem.

Die Definition der reellen Zahlen, die in Abschnitt 1.4 gegeben wurde, macht implizit Gebrauch von Grenzübergängen. Denn die unendliche Dezimalbruchentwicklung $b_n b_{n-1} \ldots b_1 b_0\ b_{-1} b_{-2} b_{-3} \ldots b_{-k} \ldots$ einer reellen Zahl ist die „Summe" der speziellen unendlichen Reihe

$$b_n 10^n + b_{n-1} 10^{n-1} + \ldots + b_1 10 + b_0 + \frac{b_{-1}}{10} + \frac{b_{-2}}{10^2} + \frac{b_{-3}}{10^3} + \ldots + \frac{b_{-k}}{10^k} + \ldots \qquad (9.1)$$

bedeutet.

Der grundlegende Begriff, der sowohl den geometrischen als auch den arithmetischen Näherungen in Gl. (9.1) zugrundeliegt, ist der des *Grenzwertes*. Um zu viele Fachausdrücke zu vermeiden, behandeln wir die Grenzwerte auf anschauliche Weise, aber alles kann auch bewiesen werden. Zuerst definieren wir den *arithmetischen Grenzwert*. Es sei

$$a_1, a_2, \ldots, a_n, \ldots \qquad (9.2)$$

eine Folge von Zahlen, z. B.

$$10^{-1}, 10^{-2}, 10^{-3}, \ldots, 10^{-n}, \ldots \qquad (9.3)$$

Wir bezeichnen die Folge (9.2) mit $\{a_n\}$ und sagen, daß die reelle Zahl a der *Grenzwert* dieser Folge ist, wenn die Dezimalbruchentwicklung der numerischen Differenzen $(a - a_n)$ mit immer mehr aufeinanderfolgenden Nullen anfängt, je größer n wird. Zum Beispiel hat die Folge (9.3), die kürzer mit $\{10^{-n}\}$ bezeichnet wird, den Grenzwert 0, da die Differenzen $(0 - 10^{-n}) = (-10^{-n})$ die in Tabelle 9.1 gegebenen Dezimalbruchentwicklungen haben.

Tabelle 9.1

n	$a - a_n = 0 - 10^{-n}$
1	$-0{,}1$
2	$-0{,}01$
3	$-0{,}001$
4	$-0{,}0001$
$\vdots$	$\vdots$
n	$-0{,}\underbrace{000\ldots01}_{(n-1)\text{ Nullen}}$
$\vdots$	

Deshalb erscheint bei größer werdendem n in der Dezimalbruchentwicklung von $(a - a_n)$ eine zunehmende Anzahl von Anfangsnullen. Denkt man sich die Zahlen a_n als Punkte auf einer Linie (dies ist ein Beispiel für Algebraisierung der Geometrie!), dann hat die Folge der Zahlen a_n die Zahl a als Grenzwert, falls die zu a_n gehörenden Punkte sich so dem Punkt a nähern, daß für genügend große n die Entfernung zwischen a_n und a kleiner als irgendein vorausbestimmter (positiver) Wert ist. Dies ist in Bild 9.1 für die Folge $\{10^{-n}\}$ graphisch dargestellt.

Ist a der Grenzwert der Folge a_n, dann schreibt man

$$\lim_{n \to \infty} a_n = a,$$

was als „a_n nähert sich dem Grenzwert a, wenn n sich Unendlich nähert" gelesen wird.

Aus dieser Definition des Grenzwertes folgt, daß die vertrauten unendlichen Dezimalbruchentwicklungen von Brüchen (rationalen Zahlen) als Folgen von Zahlen angesehen werden können, die die zugehörigen Brüche als Grenzwerte haben. Beispielsweise hat $\frac{1}{3}$ die unendliche Dezimalbruchentwicklung

$$\frac{1}{3} = 0{,}33333\ldots.$$

Genau wie vorher bedeuten die Punkte, daß die Entwicklung sich nach den gegebenen Regeln unendlich fortsetzt. Jetzt wird eine Folge definiert, die dieser Dezimalbruchentwicklung entspricht; z. B.

$$\begin{aligned} a_1 &= 0{,}3 \\ a_2 &= 0{,}33 \\ a_3 &= 0{,}333 \\ a_4 &= 0{,}333\,3 \\ &\vdots \\ a_n &= 0{,}\underbrace{333\ldots3}_{n\text{-mal}} \\ &\vdots \end{aligned}$$

Das heißt, das n-te Glied der Reihe ist die Zahl, die man erhält, indem man nach dem Komma n-mal die Drei setzt. Daraus ist leicht ersichtlich, daß die Folge $\{a_n\}$ einen Grenzwert hat, und tatsächlich ist

$$\lim_{n \to \infty} a_n = \frac{1}{3}.$$

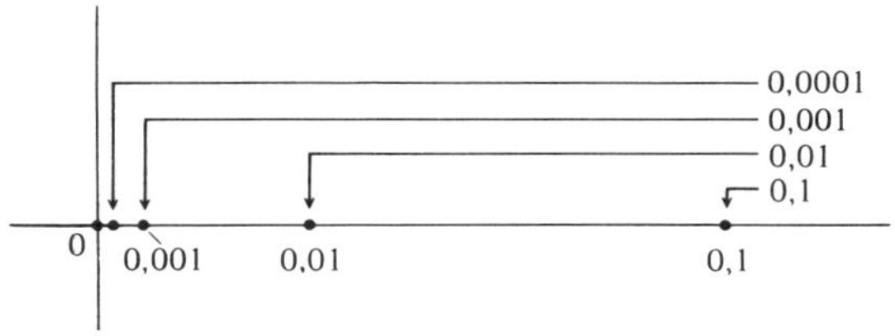

Bild 9.1

$$\lim_{n \to \infty} (0{,}1)^n = 0.$$

Um dies zu zeigen, ist die Dezimalbruchentwicklung der Differenzen

$$(a - a_n) = \Big(\frac{1}{3} - 0{,}\underbrace{333\ldots3}_{n\text{-mal}}\Big)$$

in Tabelle 9.2 zusammengestellt:

Tabelle 9.2

n	$(a - a_n) = \Big(\frac{1}{3} - 0{,}\underbrace{333\ldots3}_{n\text{-mal}}\Big)$
1	0,0333 ...
2	0,00333 ...
3	0,000333 ...
⋮	⋮
n	$0{,}\underbrace{000\ldots}_{n \text{ Nullen}}0333\ldots$
⋮	

Die Dezimalbruchentwicklungen in dieser Tabelle werden berechnet, indem $\frac{1}{3}$ als 0,333 ... ausgedrückt wird, so daß

$$a - a_n = (0{,}333\ldots) - (0{,}\underbrace{333\ldots3}_{n \text{ Dreien}})$$

$$= 0{,}\underbrace{000\ldots}_{n \text{ Nullen}}0333\ldots .$$

Die Anzahl der Anfangsnullen in der Dezimalbruchentwicklung von $(a - a_n)$ wird offenbar größer, wenn n größer wird. Auf gleiche Weise kann man zeigen, daß 0,5 = 0,4999... ist. Das bedeutet:

$$0{,}5 = \lim_{n \to \infty} a_n$$

mit

$$a_n = 0{,}4\underbrace{99\,99\ldots9}_{(n-1)\text{-mal}} .$$

Ein weiteres Beispiel ist

$$1+\frac{1}{2}, 1-\frac{1}{3}, 1+\frac{1}{4}, 1-\frac{1}{5}, \ldots$$

Diese Folge hat den Grenzwert 1, da die Differenzen der Glieder zu 1

$$-\frac{1}{2}, +\frac{1}{3}, -\frac{1}{4} \ldots$$

sind. Bei den Dezimalbruchentwicklungen dieser Zahlen ergeben sich zunehmend viele aufeinanderfolgende Nullen nach dem Komma.

Nicht alle Zahlenfolgen haben Grenzwerte; z. B. wechselt die Folge

$$0, 1, 0, 1, 0, 1, \ldots$$

zwischen 0 und 1. Hätte sie einen Grenzwert, sagen wir z. B. a, dann wären die Differenzen $(a - a_n)$

$$a, a-1, a, a-1, a, a-1, \ldots,$$

deren Dezimalbruchentwicklungen keine größer werdende Anzahl aufeinanderfolgender Anfangsnullen haben können, wenn n größer wird. In diesem Fall sagen wir, daß der Grenzwert einer Folge *nicht existiert,* oder daß diese Folge *keinen Grenzwert hat.*

9.2. Es gibt auch einen entsprechenden Begriff des *Grenzwertes einer Folge geometrischer Objekte.* Dieser Begriff ist nicht leicht zu verdeutlichen, ohne die Beziehung zwischen geordneten Zahlenpaaren und geometrischen Punkten in der Ebene (und die entsprechenden Beziehungen für Punkte auf einer Linie oder im Raum) zu benutzen. Aber in seiner elementaren Form ist er so anschaulich, daß er dargestellt werden sollte, auch wenn dies auf eine etwas unbefriedigende Art und Weise geschieht. Als Beispiel betrachten wir eine Tangente an eine gegebene Kurve als den geometrischen Grenzwert von Sekanten. Γ sei eine Kurve, wie in Bild 9.2. In diesem Bild ist eine Folge von Sekanten (eine *Sekante* ist ein Geradenabschnitt, der zwei Punkte auf der Kurve verbindet) eingezeichnet, die sich immer mehr dem gegebenen Punkt P auf der Kurve nähern, so daß der Abstand der Endpunkte der Sekante von P den Grenzwert Null hat. Für die Kurve in Bild 9.2 ist der *geometrische Grenzwert* der Geraden, der durch die Folge der Sekanten bestimmt wird, die Tangente T, die die Kurve in P berührt.

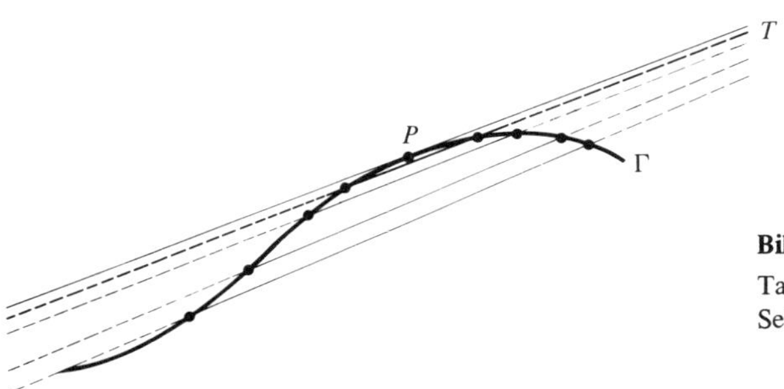

Bild 9.2

Tangente als Grenzwert einer Folge von Sekanten

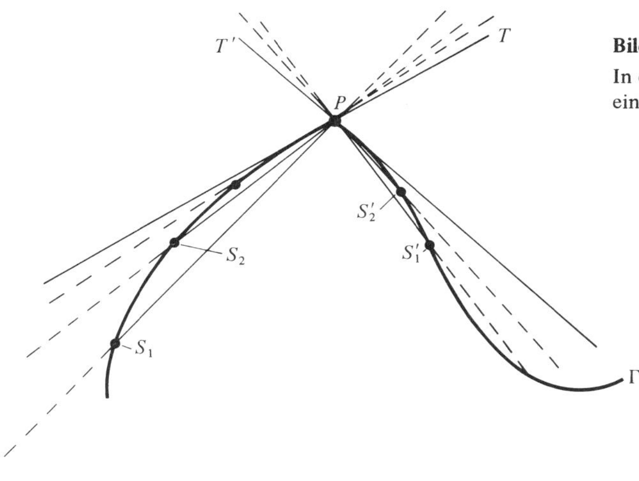

Bild 9.3
In einem „Knickpunkt" gibt es keine eindeutige Tangente

Hat die Kurve aber in P einen „Knickpunkt" (Bild 9.3), so daß sie in diesem Punkt nicht mehr „glatt" ist, dann ist das Problem natürlich viel komplizierter. Es kann zwei verschiedene Lagen für Geraden geben, die Grenzwerte von Sekantenfolgen sind. Daher gibt es keine eindeutige Tangente an die Kurve in P. In diesem Fall kann eine Sekantenfolge gefunden werden, die nicht im geometrischen Sinne konvergiert. Man kann eine Folge von Sekanten $S_1, S_2, S_3, \ldots$ finden, die gegen die Gerade T in Bild 9.3 konvergiert, und eine andere Sekantenfolge $S'_1, S'_2, S'_3, \ldots$, die gegen die Gerade T' konvergiert. Jetzt werde eine neue Sekantenfolge konstruiert, in der sich die Glieder der vorangegangenen beiden Folgen abwechseln:

$$S_1, S'_1, S_2, S'_2, S_3, S'_3, \ldots$$

Die Sekanten in dieser Folge nähern sich abwechselnd den Geraden T und T', die die Grenzwerte sind: Die Folge alterniert. Sie nähert sich jedoch nicht irgendeiner festen Geraden als ein Grenzwert. Man vergleiche diesen Fall mit der abwechselnden Folge $0, 1, 0, 1, 0, 1, \ldots$, die im vorangegangenen Abschnitt untersucht wurde, und die nicht gegen einen Grenzwert im arithmetischen Sinne konvergiert.

9.3. Indem Koordinaten und Gleichungen zur Darstellung von Kurven benutzt werden, können die beiden Begriffe des Grenzwertes miteinander verbunden werden. Wir wenden dies auf den Fall der Tangenten an. Eine Folge von Sekantenabschnitten S_n soll gegen die Tangente T der Kurve Γ im Punkt P, wie in Bild 9.4, konvergieren. Dies bedingt zwei Voraussetzungen: Erstens konvergiert die Folge der Geraden, die durch die Sekanten bestimmt wird, gegen eine Gerade durch den Punkt P; zweitens konvergieren die Steigungen der Sekanten gegen die Steigung der Tangente T.[1]) Eine Folge $P_1, P_2, P_3, \ldots$ hat P als Grenzwert, falls die Folge der Entfernungen zwischen P und P_n den Grenzwert

---

[1]) Entspricht eine Gerade im kartesischen Koordinatensystem der Gleichung $y = mx + b$, dann ist die *Steigung* der Geraden die Zahl m. Man erinnere sich, daß $m = \tan\theta$ ist, wobei θ der Winkel zwischen der positiven x-Achse und dem Teil der Geraden ist, der über der x-Achse liegt.

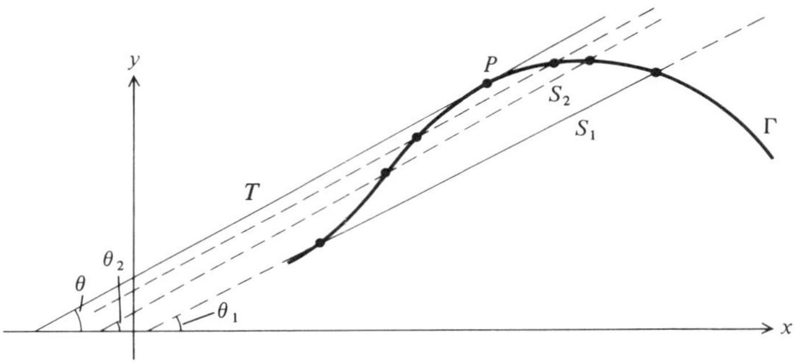

Bild 9.4 Ist eine Tangente der Grenzwert einer Folge von Sekanten, so ist ihre Steigung der Grenzwert der Folge von Sekantensteigungen

Null hat. Folglich ist der geometrische Begriff einer Tangente als der Grenzwert einer Sekantenfolge gleichbedeutend mit dem arithmetischen Begriff, daß die Zahlenfolge, die die Entfernung von P zu den Sekanten angibt, Null als Grenzwert hat, und die Steigungen der Sekanten die Steigung der Tangente als Genzwert haben.

In Bild 9.4 ist θ_n der Winkel zwischen der positiven x-Achse und der Sekante S_n. Die Steigung von S_n ist deshalb $\tan\theta_n$. θ bezeichnet den entsprechenden Winkel, den die Tangente T mit der x-Achse bildet. Dann muß die Winkelfolge

$$\theta_1, \theta_2, \ldots, \theta_n, \ldots$$

gegen den Winkel θ konvergieren; dies ist jedoch gleichbedeutend mit der Aussage, daß die Zahlenfolge

$$\tan\theta_1, \tan\theta_2, \ldots, \tan\theta_n, \ldots$$

gegen $\tan\theta$ konvergiert.

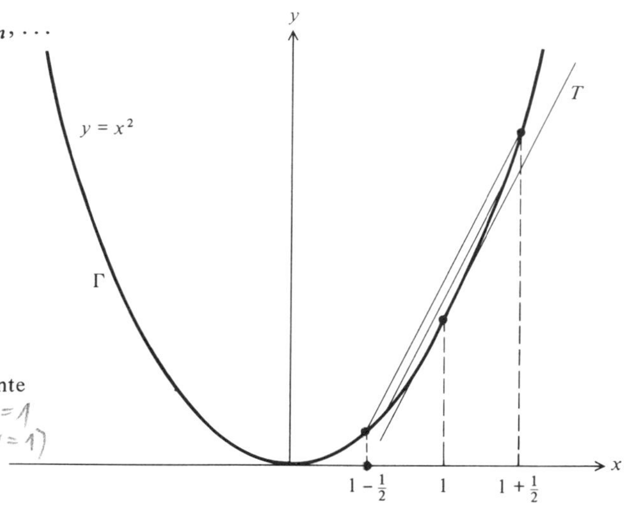

Bild 9.5
Berechnung der Steigung der Tangente an die Kurve $y = x^2$ bei $x = 2$? $x = 1$ ($y = 1$)
aber $m_n = 2$

Ausgehend von diesen Überlegungen wollen wir versuchen, die Steigung der Tangente an eine Kurve in einem bestimmten Punkt zu berechnen. Als Beispiel wird die Parabel Γ gewählt. Sie hat die Gleichung $y = x^2$ und ist in Bild 9.5 graphisch dargestellt. Wir be-

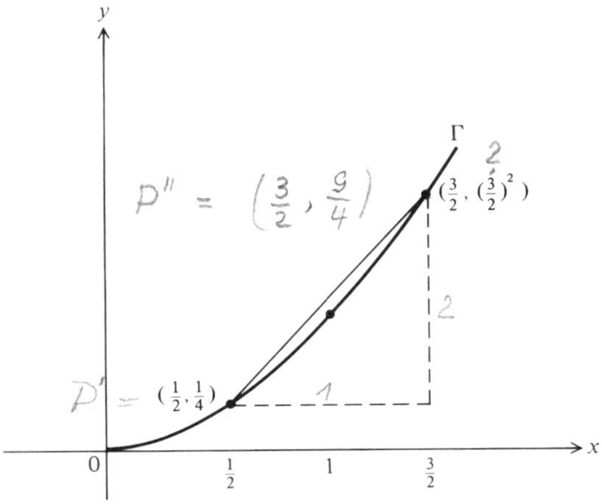

Bild 9.6

rechnen die Steigung einer Sekantenfolge und prüfen, ob sich ihr Grenzwert finden läßt. Beispielsweise können wir es für diejenige Sekantenfolge versuchen, die auf Γ durch die Folge der Punktepaare $\{(x_n', x_n'')\}$ bestimmt wird:

$$\left(1-\frac{1}{2}, 1+\frac{1}{2}\right), \left(1-\frac{1}{3}, 1+\frac{1}{3}\right), \ldots, \left(1-\frac{1}{n}, 1+\frac{1}{n}\right), \ldots$$

Die Steigung der ersten Sekante ist (vgl. Bild 9.6)

$$m_1 = \frac{\left(\frac{3}{2}\right)^2 - \left(\frac{1}{2}\right)^2}{1} = \frac{8}{4} = 2,$$

die der zweiten

$$m_2 = \frac{\left(\frac{4}{3}\right)^2 - \left(\frac{2}{3}\right)^2}{\left(\frac{2}{3}\right)} = \frac{2\left(\frac{2}{3}\right)}{\left(\frac{2}{3}\right)} = 2.$$

Im allgemeinen ist die Steigung der n-ten Sekante

$$\begin{aligned} m_n &= \frac{(1+1/n)^2 - (1-1/n)^2}{(1+1/n) - (1-1/n)} \\ &= \frac{1+2/n+(1/n)^2 - 1 + 2/n - (1/n)^2}{2/n} \\ &= \frac{2(2/n)}{(2/n)} = 2. \end{aligned}$$

Die Folge der Steigungen ist daher

$$m_1 = 2,\; m_2 = 2,\; m_3 = 2, \ldots.$$

Sie konvergiert offenbar gegen den Grenzwert 2, der auch die Steigung der Tangente T an die Kurve im Punkt (1, 1) sein muß, wie es Bild 9.7 zeigt.

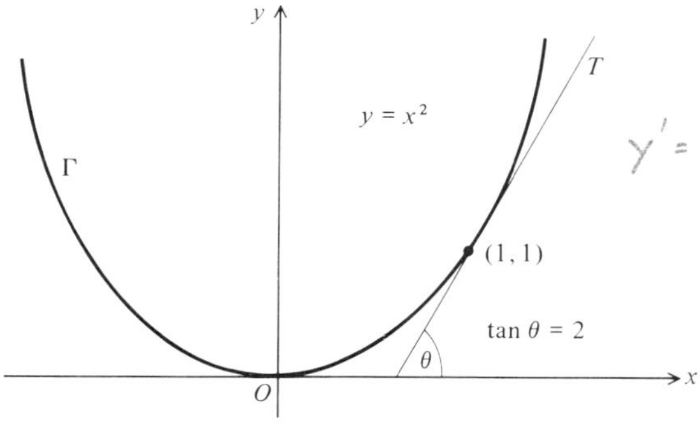

Bild 9.7

Um dieses Verfahren allgemeiner zu untersuchen, betrachten wir eine Kurve, die durch eine Gleichung der Form $y = f(x)$ definiert wird, wobei f irgendeine Funktion ist. f könnte beispielsweise $f(x) = \sin x$ oder e^x oder $\log x$ oder $x^3 + 2x + 1$ usw. sein. Bild 9.8 zeigt einen Teil der *graphischen Darstellung* der Funktion $y = f(x)$. Das heißt: Von der Menge der Punkte in der Ebene sind die Punkte gekennzeichnet, deren kartesische Koordinaten (x, y) die Gleichung $y = f(x)$ erfüllen. P sei ein Punkt mit den Koordinaten $(x_0, f(x_0))$. Wir betrachten nun eine feste Sekantenfolge $S_1, S_2, \ldots$, die sich dem Punkt P, wie gezeigt, nähert. Wie wir schon gesehen haben, kann diese Folge eine Gerade als Grenzwert haben, muß aber nicht. Wir wollen annehmen, daß ein Grenzwert existiert und betrachten die Folge der entsprechenden Steigungen

$$m_1, m_2, \ldots, m_n, \ldots$$

Wir wollen diese Steigungen berechnen. Dazu brauchen wir Bezeichnungen für die Punkte auf der x-Achse, die die Sekanten bestimmen. Diese Paare von Punkten seien (x'_1, x''_1), $(x'_2, x''_2), \ldots$ (Bild 9.8). Die Steigungen der entsprechenden Sekanten in Bild 9.9 sind

$$m_1 = \frac{f(x''_1) - f(x'_1)}{x''_1 - x'_1}$$

$$m_2 = \frac{f(x''_2) - f(x'_2)}{x''_2 - x'_2}$$

$$\vdots$$

$$m_n = \frac{f(x''_n) - f(x'_n)}{x''_n - x'_n}$$

usw.

Der Grenzwert der Steigung ist die Steigung m der Tangente, wenn es eine gibt. Ihr Wert wird durch die Symbole ausgedrückt, die wir durch

$$m = \lim_{n \to \infty} m_n = \lim_{n \to \infty} \frac{f(x''_n) - f(x'_n)}{x''_n - x'_n} \tag{9.4}$$

eingeführt haben. Dieser Grenzwert ist so wichtig, daß ihm ein eigener Name gebührt. Wir bezeichneten ihn als die Steigung der Tangente im Punkt $(x_0, f(x_0))$, aber er ist

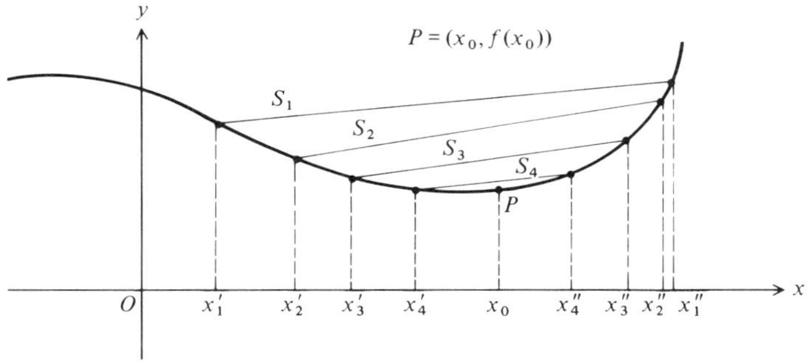

Bild 9.8
Allgemeine Berechnung der Steigung (Teil 1)

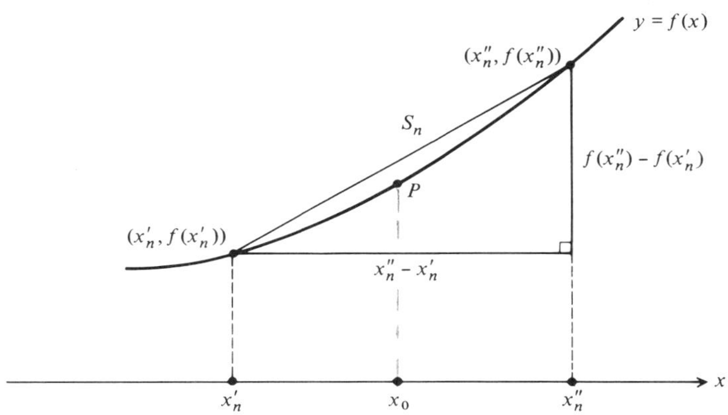

Bild 9.9
Allgemeine Berechnung der Steigung (Teil 2)

besser als die *Ableitung der Funktion $y = f(x)$ im Punkt x_0* bekannt. Genauer gesagt: Existiert für jede Sekantenfolge dieser Art ein Grenzwert m der Steigungen m_n und ist dieser Grenzwert m für alle Sekantenfolgen gleich, dann ist m der *Wert der Ableitung der Funktion in diesem Punkt.* Wie wir gesehen haben, existiert die Ableitung einer Funktion in einem Punkt nicht immer; zum Beispiel kann eine Kurve mit einem Knick Sekantenfolgen haben, die sich zwei unterschiedlichen Grenzgeraden nähern.

9.4. Wir wissen, daß eine *Funktion f* eine Vorschrift ist, die jeder Zahl x eine Zahl y zuordnet, was als $y = f(x)$ geschrieben wird. Hat die Funktion f in jedem Punkt eine Ableitung, was der Fall ist, wenn die graphische Darstellung der Funktion in jedem ihrer Punkte eine Tangente hat, dann kann eine neue Funktion $\frac{df}{dx}(x)$ gebildet werden, die folgendermaßen definiert wird: $\frac{df}{dx}(x)$ ist der Wert der Ableitung der Funktion f im Punkt x.

Ist z.B. $f(x) = 3x$, dann ergibt die graphische Darstellung eine Gerade mit der Steigung 3 (Bild 9.10). Welcher Art ist die graphische Darstellung der Ableitung von $f(x) = 3x$? Die Betrachtung zeigt, daß für jedes beliebige Paar von Punkten (x_1, x_2) auf der x-Achse die Sekante, die in Bild 9.11 die Punkte verbindet, die Steigung 3 haben wird, d.h. die gleiche Steigung wie die Gerade selbst. Deshalb hat jede Folge von Sekanten, die auf einen bestimmten Punkt zustrebt, gleiche Steigungen mit dem Wert 3. Der

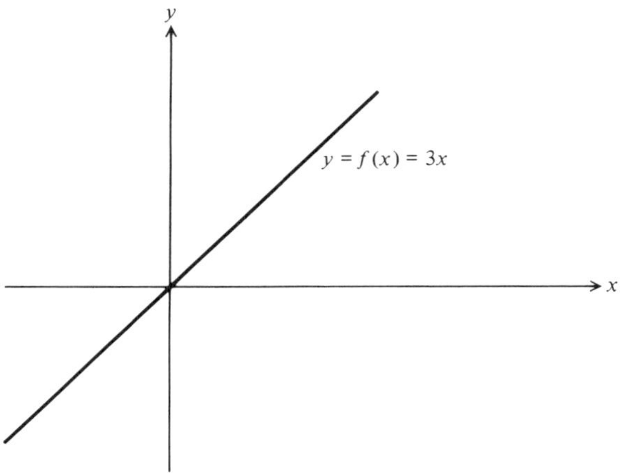

Bild 9.10
Graph einer linearen Funktion

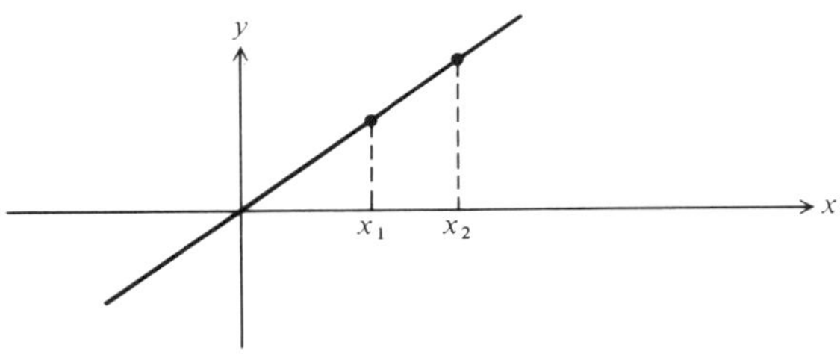

Bild 9.11

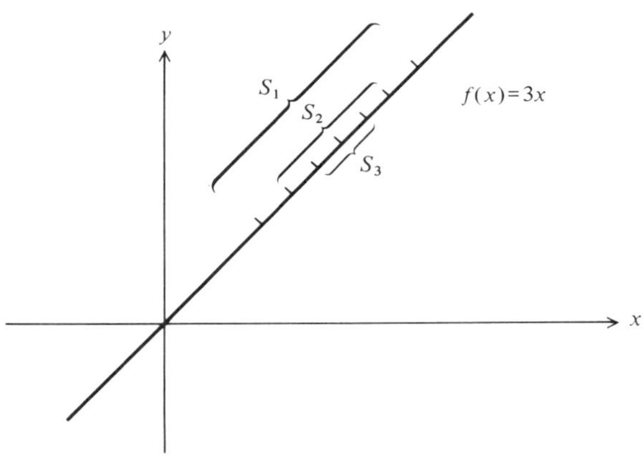

Bild 9.12

Grenzwert irgendeiner Steigungsfolge dieser Art *muß* also die Zahl 3 sein (Bild 9.12). Deshalb hat die Ableitung der Funktion $f(x) = 3x$ in jedem Punkt x den Wert 3. Die graphische Darstellung dieser Funktion (Bild 9.13) ist eine Gerade, die parallel zur x-Achse verläuft. Dieses Verfahren ordnet also einer gegebenen Funktion f eine neue Funktion zu, die die *Ableitung* von f genannt wird und gewöhnlich als $\frac{df}{dx}$ geschrieben wird.

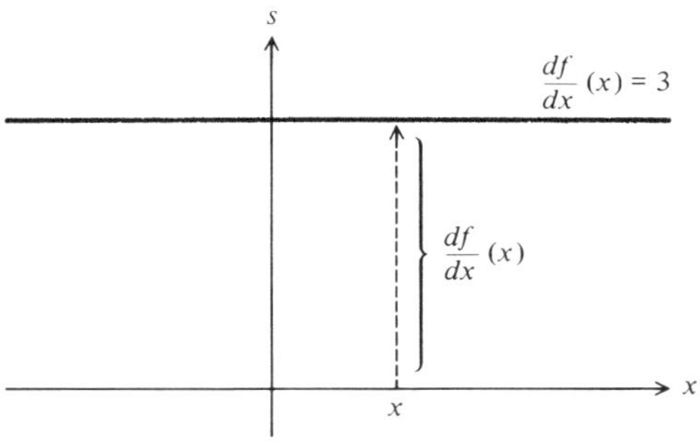

Bild 9.13
Graphische Darstellung der Ableitung der linearen Funktionen $f(x) = 3x$

In unserem Beispiel ist

$$f(x) = 3x,$$

und somit

$$\frac{df(x)}{dx} = 3.$$

Formeln für das *Differenzieren* von Funktionen (d. h. die Berechnung von $\frac{df}{dx}$) erweisen sich in der Mathematik als äußerst wichtig und sind der Schlüssel zur Infinitesimalrechnung. Mit der bisher gegebenen, unhandlichen Definition einer Ableitung wäre es unpraktisch, alle möglichen Sekantenfolgen nachzuprüfen, um festzustellen, ob die Ableitung einer Funktion an einem spezifischen Punkt einen bestimmten Wert hat. Glücklicherweise können einfache Formeln zur Berechnung der Ableitungen gewöhnlich vorkommender Funktionen und ihrer Kombinationen entwickelt werden.

Eine Formel dieser Art ist

$$\frac{d(x^2)}{dx} = 2x. \tag{9.5}$$

Die Funktion $f(x) = x^2$ hat also als Ableitung die Funktion $\frac{df(x)}{dx} = 2x$. In unserem ursprünglichen Beispiel war die Steigung der Kurve $y = x^2$ in dem Punkt $P = (1, 1)$ berechnet worden. Mit der Formel (9.5) erhalten wir sofort

$$f(x) = x^2 \quad \frac{df(x)}{dx} = 2x, \quad \text{folglich ist} \quad \frac{df}{dx}(1) = 2 \cdot 1 = 2 \tag{9.6}$$

die Ableitung von f im Punkt $x = 1$. Sie stellt (nach der Definition) den Wert für die Steigung der Tangente im Punkt $(1, f(1))$ dar. Dies stimmt mit unserer früheren Berechnung überein, aber wir können die Steigung auch in irgendeinem anderen Punkt finden. Zum Beispiel ist die Steigung der Tangente an die Kurve $y = x^2$ im Punkt $(0, 0)$

$$\frac{df(0)}{dx} = 2 \cdot 0 = 0,$$

und für $(\frac{1}{2}, \frac{1}{4})$ ist sie

$$\frac{df(\frac{1}{2})}{dx} = 2 \cdot \frac{1}{2} = 1,$$

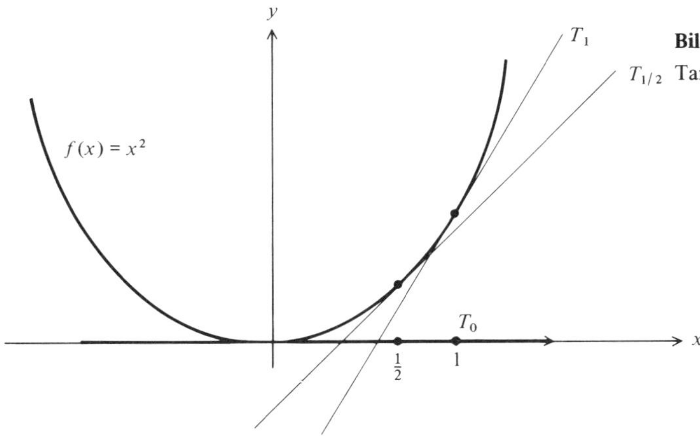

Bild 9.14
Tangenten an die Parabel $y = x^2$

was mit der Anschauung übereinstimmt. Die Steigung von $y = x^2$ bei $x = 0$ ist offenbar Null, denn die Tangente verläuft horizontal (Bild 9.14). Die Steigung bei $x = \frac{1}{2}$ muß irgendwo zwischen 0 und 2 liegen, da die Steigung zuzunehmen scheint, während man von $x = 0$ zu $x = 1$ weitergeht. Wird die Ableitung von $y = x^2$ als Funktion von x aufgetragen, erhält man eine Gerade; tatsächlich entspricht diese, nach Gl. (9.5), der Gleichung

$$\frac{df(x)}{dx} = 2x.$$

Auch hier ist die Kurve der Ableitung weniger kompliziert als die ursprüngliche. Dies ist nicht immer so, aber es stimmt im allgemeinen für Polynome, wie die folgende wichtige Formel zeigt.

LEHRSATZ: $a_0, a_1, \ldots, a_n$ seien konstante reelle Zahlen, und $f(x)$ sei das Polynom

$$f(x) = a_n x^n + a_{n-1} x^{n-1} + \ldots + a_0.$$

Dann ist

$$\frac{df(x)}{dx} = n a_n x^{n-1} + (n-1)\, a_{n-1} x^{n-2} + \ldots + a_1.$$

Diese Formel zeigt, wie die Ableitung eines Polynoms berechnet werden kann, ohne die Eigenschaften von Grenzwerten der Sekanten untersuchen zu müssen. Ihr Beweis ist nicht schwierig, wenn man einige Fähigkeit in der Handhabung von Grenzwerten besitzt.

Als Beispiel für die Verwendung des Lehrsatzes wird die Ableitung von $f(x) = 4x^5 + 3x^2$ bestimmt. Sie ist

$$\frac{d\,(4x^5 + 3x^2)}{dx} = 20x^4 + 6x.$$

Die Regel des Lehrsatzes ist offensichtlich viel einfacher anzuwenden als die ursprüngliche Definition für Grenzwerte; sein Nachteil besteht darin, daß er nur für Polynome gilt.

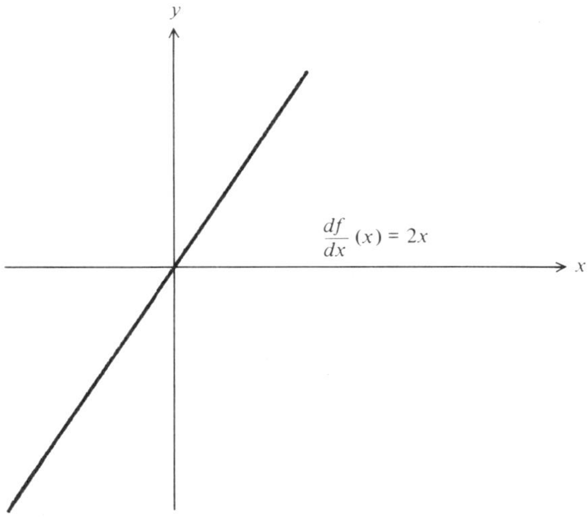

Bild 9.15
Die Ableitung von $y = x^2$

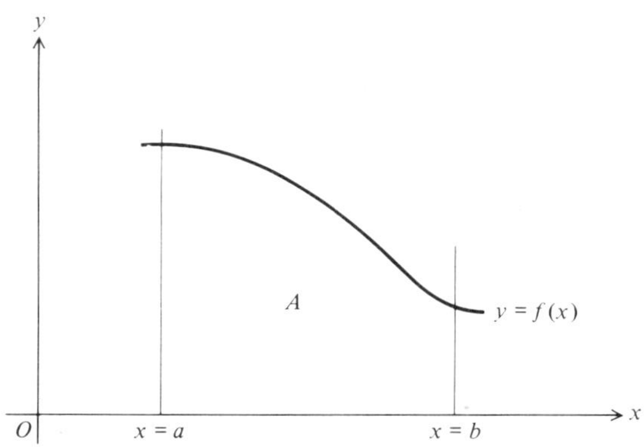

Bild 9.16

9.5. In den Abschnitten 4.8 und 4.10 wurde der Begriff des Flächeninhalts untersucht. Es wurde eine Methode eingeführt, mit der der Flächeninhalt einer ebenen Figur als Grenzwert von Approximationen durch Rechtecke gefunden werden kann. Dieses Verfahren konnte auf einen Bereich angewendet werden, der von einer Parabel und einer Geraden eingeschlossen wird. Dieses Verfahren, erstmals von Eudoxos benutzt und von Archimedes bedeutend erweitert, ist als die *Exhaustions- bzw. Ausschöpfungsmethode* bekannt. Sie bildet die Grundidee der *Integrationstheorie* oder *Integralrechnung*, der wir uns jetzt zuwenden.

Um die Diskussion zu erleichtern, nehmen wir an, daß der Flächeninhalt unter der Kurve $y = f(x)$ bestimmt werden soll. Die Fläche wird außerdem von zwei vertikalen Geraden bei $x = a$ und $x = b$ und von der x-Achse begrenzt (Bild 9.16). Man erinnere sich daran, daß man den gesuchten Flächeninhalt von innen und außen mit Summen der Flächeninhalte von Rechtecken approximieren kann. Im Bild 9.17 ist dieses Verfahren veranschaulicht. Das obere Diagramm zeigt umschreibende und das untere ein-

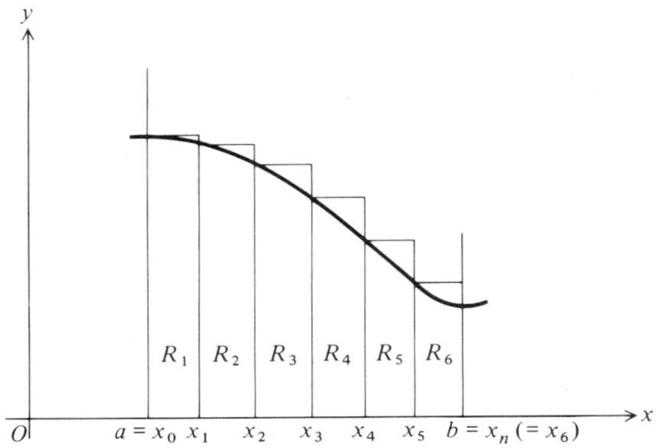

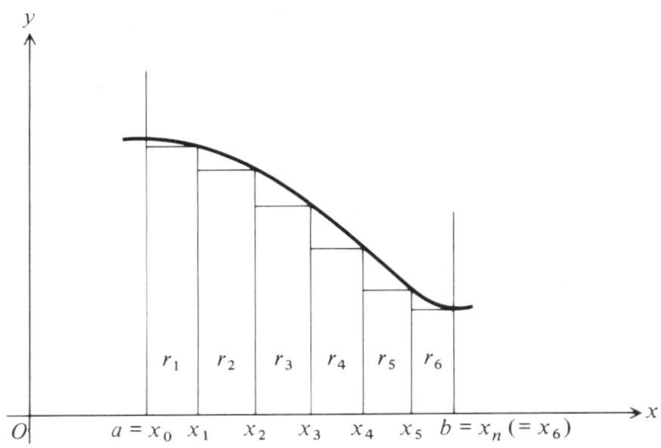

Bild 9.17
Approximation des Flächeninhalts mittels äußerer und innerer Rechtecke

beschriebene Rechtecke. Man unterteilt also die Intervalle zwischen $x = a$ und $x = b$ durch Punkte $x_0 < x_1 < x_2 \ldots < x_n$, wobei $x_0 = a$ und $x_n = b$ ist. Dann konstruiert man ein Rechteck über jedem dieser kleinen Intervalle, die durch die Unterteilung (allgemein zwischen x_i und x_{i+1}) gebildet worden sind. Die Höhe des Rechtecks ist (bei den R_i) das Maximum oder (bei den r_i) das Minimum der Kurve in dem jeweiligen Intervall. Dadurch erhalten wir die Rechtecke $R_1, R_2, \ldots, R_n$ und $r_1, r_2, \ldots, r_n$, die jeweils *umschreibenden* und *einbeschriebenen* Rechtecke. In Bild 9.17 ist $n = 6$ gewählt worden. Es ist klar, daß der Flächeninhalt A (im Sinne von Abschnitt 4.10) unter der Kurve, der berechnet werden soll, sicherlich kleiner ist als die Summe der Flächeninhalte der Rechtecke $R_1, R_2, \ldots, R_n$ und bestimmt größer als die Summe der Flächeninhalte der kleineren Rechtecke $r_1, r_2, \ldots, r_n$. Ist $A(R_i)$ der Flächeninhalt von R_i und $A(r_i)$ der von r_i, dann ist

$$A(r_1) + A(r_2) + \ldots + A(r_n) < A < A(R_1) + A(R_2) + \ldots + A(R_n).$$

Wir nehmen nun an, daß die Anzahl der Intervalle immer größer gemacht wird, so daß sich die Breiten der Rechtecke Null nähern. Auf diese Weise wird die Summe der Flächen R_i kleiner und die Summe der Flächen r_i größer.

Als Summe der umschreibenden und einbeschriebenen Rechtecke für die spezielle Parabel in Abschnitt 4.8 ergab sich zum Beispiel (Bilder 4.13 und 4.14)

$$\frac{4}{3} + \frac{1}{N} - \frac{1}{3N^2} > A > \frac{4}{3} - \frac{1}{N} - \frac{1}{3N^2},$$

wobei N die Anzahl der verwendeten Intervalle ist. Damit die Breiten der Rechtecke Null zustreben, muß die Anzahl N der Intervalle über alle Grenzen vergrößert werden. Für große N strebt $1/N$ jedoch gegen Null; daher ist für eine große Anzahl von Intervallen

$$\frac{4}{3} - \text{klein} < A < \frac{4}{3} + \text{klein},$$

wobei die Glieder, die mit „klein" bezeichnet sind, den Grenzwert Null haben. Beide, die „umschreibende Summe" und die „einbeschriebene Summe", streben $\frac{4}{3}$ zu, und der Flächeninhalt unter der Parabel liegt dazwischen. Der Flächeninhalt unter der Parabel muß tatsächlich *gleich* $\frac{4}{3}$ sein, wie es in Abschnitt 4.8 erörtert wurde.

Jetzt benutzen wir die Grundgedanken dieses Beispiels, um allgemein den Flächeninhalt unter einer Kurve zu *definieren.* Wie in Bild 9.17 dargestellt, wird der Flächeninhalt unter der Kurve der Funktion $y = f(x)$ zwischen den vertikalen Geraden $x = a$ und $x = b$ als der *Grenzwert* der Summen der Flächeninhalte der umschreibenden und einbeschriebenen Recktecke *definiert*, wobei die Breiten der Rechtecke Null zustreben. Diese Definition ist nur sinnvoll, wenn dieser Grenzwert existiert. Er muß außerdem für alle möglichen Folgen einbeschriebener und umschreibender Rechtecke derselbe sein. (Dies entspricht der Definition einer Ableitung als Grenzwert der Steigungen einer *beliebigen* Folge von Sekanten, die auf einen gegebenen Punkt zustrebt.) Wenn wir aus irgendeinem Grund wissen, daß alle diese Grenzwerte gleich sind, dann genügt es, eine geeignete Folge solcher Mengen von Rechtecken zu finden, für die der Grenzwert der Summen ihrer Flächeninhalte berechenbar ist. Zum Beispiel ergeben bei der Fläche unter der Parabel sowohl die umschreibende als auch die einbeschriebene Folge von Rechtecksflächensummen die erwünschte Antwort von $\frac{4}{3}$. Diese Definition des Flächeninhalts ist dieselbe wie diejenige aus Kapitel 4, sie ist jedoch präziser und formaler formuliert.

Wir wollen uns darauf einigen, diesen Grenzwert, wenn er existiert, *Integral der Funktion $f(x)$ vom Punkt a zum Punkt b* zu nennen; wir schreiben dafür

$$\int_a^b f(x)\,dx.$$

Diese symbolische Schreibweise wurde um 1680 von Leibniz erfunden. Das Symbol $\int$ ist ein langes lateinisches S, das hier für die *Summe* der Flächeninhalte von Rechtecken steht, die in dem bereits diskutierten „*Grenzwert*"-Sinn zu verstehen ist. Das Symbol dx bezeichnet im Grenzprozeß die „infinitesimale" Breite eines der approximierenden Rechtecke, und $f(x)$ ist die Höhe dieses Rechtecks, dessen Basis auf x liegt.

Wie kann das Integral einer Funktion f von a bis b berechnet werden? Eine Möglichkeit besteht darin, eine Folge von Approximationen durch Rechtecke zu finden, deren Grenzwert berechnet werden kann, wie wir es für eine Parabel in Abschnitt 4.8 durchführten. Es läßt sich zeigen, daß die Grenzwerte existieren und für verschiedene

Folgen einbeschriebener oder umschreibender Rechtecke stets die gleichen sind, wenn die Kurve *stetig* ist. Dies bedeutet, daß die Kurve durch die „stetige" Bewegung eines Punktes aufgezeichnet werden kann, z. B. der Spitze eines Bleistifts, der sich auf einem Stück Papier bewegt. Für viele häufig vorkommenden und wichtigen Funktionen gibt es jedoch eine viel einfachere und bessere Methode, das Integral zu finden, die auf dem mit Recht so benannten ***Fundamentalsatz der Infinitesimalrechnung*** beruht, den Newton und Leibniz unabhängig voneinander entdeckten und der in Abschnitt 9.7 nach einem kurzen historischen Abstecher dargestellt wird.

9.6. 1647 fand Cavalieri die folgende Formel für die Fläche A unter der Kurve $y = x^n$ (Bild 9.18), wobei n eine nichtnegative ganze Zahl ist:

$$A = \int_0^b x^n \, dx = \frac{b^{n+1}}{n+1}. \qquad (9.7)$$

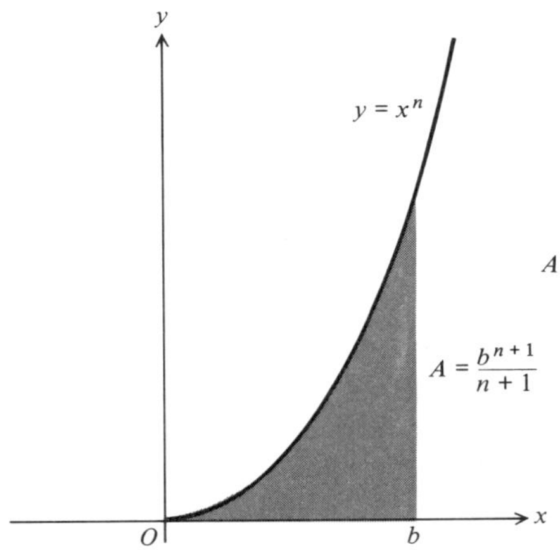

Bild 9.18
Geometrische Interpretation der Formel von Cavalieri

Cavalieri bewies diese Formel für $n = 1, 2, \ldots, 9$ und vermutete dann, daß sie wahrscheinlich im allgemeinen gilt, obwohl er dafür keinen Beweis hatte.

Cavalieris Methode benutzte die *Theorie der Indivisiblen*, die zu seiner Zeit in Mode war, aber seither zur Flächenberechnung längst von der *Exhaustionsmethode* abgelöst wurde. Kurz gesagt: In der Theorie der Indivisiblen wurde angenommen, daß eine ebene Fläche aus einer unendlichen Anzahl paralleler Geradenabschnitte von endlicher Länge und „unteilbarer" Breite besteht. Der Flächeninhalt eines solchen Bereichs wurde als die „Summe" oder „Vereinigung" dieser unteilbaren Elemente betrachtet. Um den Flächeninhalt eines geometrischen Bereichs R mit dieser Methode zu berechnen, müssen die Elemente von R mit den Elementen eines Bereichs verglichen werden, dessen Flächeninhalt bekannt ist. Zum Beispiel kann mit Hilfe dieser Beweisführung leicht der Flächeninhalt eines Dreiecks ermittelt werden. Ist uns beispielsweise der Flächeninhalt eines Parallelogramms bekannt, so gilt: Jedes der unteilbaren Geradenelemente des Dreiecks erscheint zweimal in dem entsprechenden Parallelogramm, und somit muß der Flächeninhalt des Dreiecks die Hälfte des Flächeninhalts des Parallelogramms sein. Eine komplizierte Form dieser Beweisführung verwendete Cavalieri in seiner Ableitung der Formel (9.7). Eine vollständigere Besprechung findet sich bei Boyer [8], S. 362.

Die Bedeutung von Cavalieris Arbeit liegt nicht in seiner Methode, sondern vielmehr darin, daß sie die erste veröffentlichte *Formel* war, mit der eine Klasse von Funktionen integriert werden konnte. Wie wir bereits erwähnten, sind es derartige allgemeine Formeln, die der Infinitesimalrechnung einen großen Teil ihrer Leistungsfähigkeit und ihrer praktischen Bedeutung verleihen.

Fermat (1601–1665) leistete zahlreiche Beiträge sowohl zur Entwicklung der Differential- und Integralrechnung als auch zur Grundlegung der analytischen Geometrie, wie bereits in Kapitel 8 erwähnt wurde. Er führte den Begriff des „Differenzen-"Quotienten ein, der in Gl. (9.4) benutzt wurde, um die Ableitung zu definieren, und verwendete ihn in seiner Untersuchung von Maxima- und Minimaproblemen. Fermat verstand intuitiv den Begriff der Ableitung einer Funktion in einem Punkt, aber er kannte noch nicht den Begriff des Grenzwertes, der viel später eingeführt wurde. Er folgte der in Abschnitt 9.3 beschriebenen Methode, um die Formel für die Ableitung eines Polynoms zu entwickeln.

Cavalieris Leistungen in der Integralrechnung und diejenigen Fermats in der Differentialrechnung wurden von Newton und Leibniz in ihrer Formulierung des Hauptsatzes der Infinitesimalrechnung benutzt.

9.7. In den vorangegangenen Abschnitten wurden unabhängige Entwicklungen der Differential- und Integralrechnung aufgezeigt. Gegen 1680 entdeckten Newton und Leibniz unabhängig voneinander die Beziehung zwischen diesen scheinbar unterschiedlichen Begriffen, die man sich geometrisch als das Bestimmen von Tangenten und als das Berechnen von Flächeninhalten vorstellen kann. Diese Beziehung ist heutzutage unter dem Namen *Fundamentalsatz der Infinitesimalrechnung* bekannt. Er kann folgendermaßen formuliert werden:

$y = f(x)$ sei eine Funktion, die in jedem x, für das $a \leqslant x \leqslant b$ ist, eine Ableitung hat. Dann ist

$$\int_a^b \frac{df(x)}{dx}\, dx = f(b) - f(a). \tag{9.8}$$

Beachten Sie, daß die Begriffe Ableitung und Integral beide auf der linken Seite der Gleichung erscheinen. Beide Begriffe stellen bekanntlich Grenzübergänge dar, die auf die betreffende Funktion angewendet werden. Diese Gleichung besagt, daß diese beiden Grenzübergänge *invers* zueinander sind, ähnlich wie das Ziehen einer Quadratwurzel die Umkehrung des Quadrierens einer Zahl ist.

Wir wollen nun ein besonderes Beispiel behandeln. Angenommen, wir wollten Cavalieris Formel (9.7) unter der Annahme prüfen, daß uns die einfachere Formel zur Berechnung der Ableitung eines Polynoms bekannt ist. Daraufhin wählen wir

$$f(x) = \frac{x^{n+1}}{n+1}.$$

Aus der Differentiationsformel in Abschnitt 9.5 folgt

$$\frac{df(x)}{dx} = x^n.$$

Wird jetzt der Fundamentalsatz (9.8) mit $a = 0$ benutzt, so finden wir

$$\int_0^b \frac{df(x)}{dx}\, dx = \int_0^b x^n\, dx = f(b) - f(0) = \frac{b^{n+1}}{n+1} - \frac{0^{n+1}}{n+1} = \frac{b^{n+1}}{n+1},$$

was genau Cavalieris Formel ist (9.7).

Dies ist natürlich sofort auf die Quadratur der Parabel anwendbar (wie auch Cavalieris Formel es ist). Suchen wir den Flächeninhalt unter der Kurve $y = 1 - x^2$ zwischen $x = -1$ und $x = 1$ (wie in Bild 4.12), dann suchen wir zunächst eine Funktion $f(x)$, für die

$$\frac{df(x)}{dx} = 1 - x^2 \tag{9.9}$$

gilt. Die Funktion

$$f(x) = x - \frac{x^3}{3}$$

beispielsweise erfüllt Gl. (9.9). Beachten Sie, daß auf Grund der Symmetrie die Fläche von $x = -1$ bis $x = 0$ dieselbe ist, wie die zwischen $x = 0$ und $x = 1$. Wir benutzen den Fundamentalsatz der Infinitesimalrechnung, um den

$$\begin{aligned} \text{Flächeninhalt} &= 2 \int_0^{+1} (1 - x^2)\, dx = 2 \int_0^{+1} \frac{df(x)}{dx}\, dx \\ &= 2\,(f(1) - f(0)) \end{aligned}$$

zu berechnen, wobei $f(x) = x - x^3/3$ ist. Deshalb ist der

$$\begin{aligned} \text{Flächeninhalt} &= 2\left(+1 - \frac{(+1)^3}{3}\right) - 2\left(0 - \frac{0}{3}\right) \\ &= 2\left(1 - \frac{1}{3}\right) \\ &= \frac{4}{3}, \end{aligned}$$

ein Ergebnis, das früher auf viel mühsamere Weise gewonnen worden war. Es liefert uns ebenfalls eine Bestätigung des Fundamentalsatzes für diesen Sonderfall, da die frühere Ableitung des Resultats $\frac{4}{3}$ unabhängig von dieser Berechnung ist.

Jede Formel, die für die Integration bekannt ist, wird auf Grund des Fundamentalsatzes eine Formel für die Differentation, und umgekehrt. In der Praxis ist es leichter, Formeln zur Differentiation von Funktionen abzuleiten, aus denen dann mit Hilfe des Fundamentalsatzes zahlreiche Formeln für Integrale spezifischer Funktionen abgeleitet werden können. Bild 9.19 zeigt Teile zweier Seiten aus einer frühen Zusammenstellung von Integralen, die den beachtlichen Umfang von mindestens 567 Seiten hatte.

9.8. Die einfachste und wirklich nützliche Anwendung der Differentialrechnung ist die Lösung von *Extremwertaufgaben*, die entweder die Minimierung oder die Maximierung einer Funktion mit einer oder mehr Veränderlichen verlangen. Sie erscheinen in allen Bereichen des Lebens. Einige Extremwertaufgaben verlangen sowohl den Gebrauch von Integral- als auch Differentialrechnung, aber die einfacheren Probleme können mit der Differentialrechnung allein durchgeführt werden.

Im folgenden werden einige typische Extremwertaufgaben beschrieben:

1. Ein Dosenfabrikant will eine zylindrische Dose mit vorbestimmtem Volumen, aber unter *minimalem* Materialaufwand herstellen.

F. Alg. rat. ent. TABLE 1. Lim. 0 et 1.

1) $\int (1-x^2)^a dx = \frac{(2^{a/2})^2}{1^{2a+1/1}}$ (VIII, 239). 2) $\int (1-x)^{p-1} x\, dx = \frac{1}{p(p+1)}$ (VIII, 319).

3) $\int (1-x)^p x^{1-p} dx = \frac{1}{2} p\pi (1-p)\, Cosec\, p\pi =$ 4) $\int (1-x)^{1-p} x^p dx\, [p^2 < 1]$ (IV, 27).

5) $\int (1-x)^{p-1} x^{q-1} dx = \frac{\Gamma(p)\Gamma(q)}{\Gamma(p+q)} = \frac{1^{p-1/1}}{q^{p/1}} = \left[\begin{matrix} p \\ q \end{matrix}\right] = B(p,q)$, l' intégrale Eulérienne de première espèce (VIII, 262).

6) $\int (1-x)^{q+b-1} x^{p+a-1} dx = \frac{p^{a/1} q^{b/1}}{(p+q)^{a+b/1}} \frac{\Gamma(p)\Gamma(q)}{\Gamma(p+q)}$ (VIII, 262).

7) $\int (1-x)^{b-p} x^{p+c} dx = \frac{(1+p)^{c/1}(1-p)^{b/1}}{1^{b+c+1/1}} \frac{p\pi}{Sin\, p\pi} =$ 8) $\int (1-x)^{p+c} x^{b-p} dx$ (IV, 28).

9) $\int (1-x)^{b-p} x^{p-c} dx = \frac{(1-p)^{b/1}}{p^{c|-1}\, 1^{b-c+1/1}} \frac{p\pi}{Sin\, p\pi} =$ 10) $\int (1-x)^{p-c} x^{b-p} dx$ (IV, 28).

11) $\int (1-x^2)^q x^{2a-1} dx = \frac{1^{a-1/1}}{2 \,.\, (q+1)^{a/1}}$ (VIII, 238).

12) $\int (1-x^2)^q x^{2a} dx = \frac{2^{q/2}}{(2a+1)^{q+1/2}}$ (VIII, 238).

13) $\int (1-x^r)^{p-1} x^{q-1} dx = r^{p-1} \frac{1^{p-1/1}}{q^{p/r}} = \frac{1}{pr} \frac{pr+q}{(p+1)q} \cdot \frac{2(pr+q+r)}{(p+2)(q+r)} \cdot \frac{3(pr+q+2r)}{(p+3)(q+2r)} \cdots\cdot$ (VIII, 233, 234).

14) $\int (1-x)^{a-1} (1+qx^b)^c x^{p-1} dx = 1^{a-1/1} \sum_0^\infty \binom{c}{n} \frac{q^n}{(p+nb)^{a/1}}$ $[q^2 < 1]$ (VIII, 475).

15) $\int [(1+x)^{p-1}(1-x)^{q-1} + (1+x)^{q-1}(1-x)^{p-1}]\, dx = 2^{p+q-1} \frac{\Gamma(q)\Gamma(q)}{\Gamma(p+q)}$ (VIII, 631).

16) $\int [p^r x^{r-1} (1-px)^{q-1} + (1-p)^q x^{q-1} \{1-(1-p)x\}^{r-1}]\, dx = \frac{\Gamma(q)\Gamma(r)}{\Gamma(q+r)}$ (VIII, 631).

Page 27.

F. Algébrique;
Exponentielle;
Circulaire Directe.
TABLE 396. Lim. 0 et $\frac{\pi}{2}$.

1) $\int e^{-px} Sin\, x \,.\, x\, dx = \frac{1}{(1+p^2)^2} \left[\left\{1-p^2-\frac{1}{2}p\pi(1+p^2)\right\} e^{-\frac{1}{2}p\pi} + 2p\right]$ (VIII, 566).

2) $\int e^{-px} Cos\, x \,.\, x\, dx = \frac{1}{(1+p^2)^2} \left[p^2 - 1 + \left\{\frac{\pi}{2}(1+p^2) + 2p\right\} e^{-\frac{1}{2}p\pi}\right]$ (VIII, 566).

3) $\int e^{-q\, Tg\, x} \frac{x\, dx}{Cos^2 x} = \frac{1}{q} \left[Ci(q) . Sin\, q + Cos\, q . \left\{\frac{\pi}{2} - Si(q)\right\}\right]$ V. T. 271, N. 2.

4) $\int e^{-q\, Tg\, x} \frac{Sin\, x + Cos\, x}{Cos^3 x} x\, dx = Sin\, q . \left\{\frac{\pi}{2} - Si(q)\right\} - Ci(q) . Cos\, q$ V. T. 271, N. 3.

5) $\int e^{-Tg^2 x} Sin\, 4x \frac{x\, dx}{Cos^8 x} = -\frac{3}{2}\sqrt{\pi}$ V. T. 272, N. 9.

6) $\int e^{-Tg^2 x} Sin^2 2x \frac{x\, dx}{Cos^8 x} = 2\sqrt{\pi}$ V. T. 272, N. 9.

7) $\int e^{-q\, Tg^2 x} \frac{q - Cos^2 x}{Cos^4 x \,.\, Cot\, x} x\, dx = \frac{1}{4}\sqrt{\frac{\pi}{q}}$ V. T. 272, N. 9.

8) $\int e^{-q\, Tg^2 x} \frac{q - 2\, Cos^2 x}{Cos^6 x \,.\, Cot\, x} x\, dx = \frac{1+2q}{8}\sqrt{\frac{\pi}{q}}$ V. T. 272, N. 11.

Page 567.

Bild 9.19 Integrationstabelle von Bierens de Haan, 1867

2. Der Rat der Wirtschaftsberater will die Anzahl der Beschäftigten *maximieren* und die Inflation *minimieren.* Dieses Problem hat vielleicht vom mathematischen Standpunkt aus keine Lösung.

3. Ein Ingenieur will die Kurve eines Hängebrückenkabels bestimmen, das bei einer gegebenen Menge Baumaterial *maximal* belastbar ist; siehe Abschnitt 9.11.

4. Ein Geschäftsleiter möchte den Profit *maximieren.*

5. Die NASA will die Bahnen von Raumflugkörpern bestimmen, auf denen der Treibstoffverbrauch *minimiert* wird, jedoch die Vollendung des Fluges innerhalb eines vorbestimmten Zeitintervalls möglich ist (vgl. Kapitel 12 und besonders Abschnitt 12.8).

6. Welche Kurve von *minimaler* Länge verbindet zwei vorgeschriebene Punkte auf einer gegebenen Oberfläche miteinander? Man beachte, daß sich als Lösung eine Gerade ergibt, wenn die Oberfläche eine Ebene ist. Ist sie eine Kugel, dann ist die Kurve ein Großkreis. Dies wird ausführlich in Kapitel 11 diskutiert, und Kapitel 12 zeigt die Anwendung auf die Konstruktion von Weltmodellen.

7. Extremwertaufgaben kommen auch in weniger abstrakten und weniger angenehmen Zusammenhängen vor. Zum Beispiel soll der Winkel eines Geschützes berechnet werden, unter dem ein ballistisches Geschoß abgefeuert werden muß, damit sich eine *maximale* Reichweite ergibt. Bleibt der Luftwiderstand unberücksichtigt, ist dies ein einfaches Problem. Aber ansonsten ist es das nicht. Napoleons Interesse an der Mathematik mag teilweise auf seiner Ausbildung als Artillerieoffizier beruht haben.

Der Leser kann leicht eine große Anzahl weiterer Aufgaben ersinnen, die sich auf sein eigenes Interessengebiet beziehen und die – vielleicht noch nicht in mathematische Form gebracht – den Begriff der Maximierung und Minimierung einer veränderlichen Größe enthalten.

Um zu zeigen, wie die Differentialrechnung zur Lösung von Extremwertaufgaben benutzt werden kann, werde folgendes einfache, aber charakteristische Problem gelöst.

Ein Bauer hat eine bestimmte Menge Zaunmaterial, um eine rechteckige Fläche einzuzäunen, die auf einer Seite von einem Fluß begrenzt ist. Welche Ausmaße muß das Rechteck haben, um den vom Zaun gegebener Länge eingeschlossenen Flächeninhalt zu maximieren? Bild 9.20 zeigt die verschiedenen Elemente des Problems. Die Länge des zur Verfügung stehenden Zaunmaterials soll 200 m betragen. Dann ist

$$2x + y = 200 \qquad (= \text{Länge des Zauns in m}) \qquad (9.10)$$

$$xy = A \qquad (= \text{Flächeninhalt des Feldes in m}^2) \qquad (9.11)$$

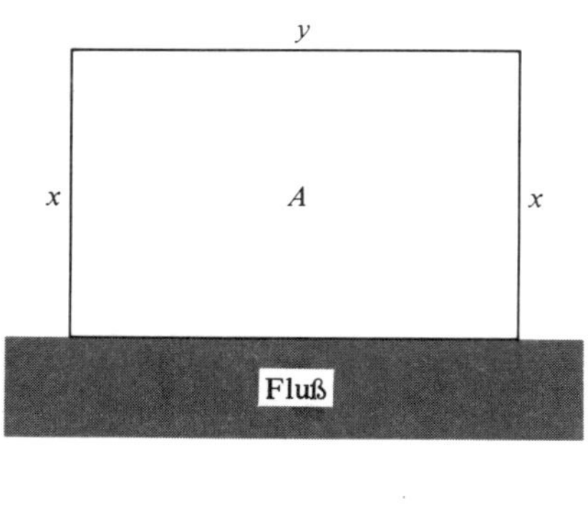

Bild 9.20

Für einen gegebenen Wert von x ist y durch die erste Gleichung bestimmt, der Flächeninhalt A ergibt sich dann aus der zweiten Gleichung. Man kann also A als eine Funktion der einzigen Veränderlichen x betrachten. Tatsächlich ergibt die Lösung von Gl. (9.10) für y und Einsetzen des Ergebnisses in Gl. (9.11)

$$A(x) = xy = x(200 - 2x).$$

Bild 9.21 stellt die Kurve dar, die der Funktion $A(x)$ entspricht. Sie scheint ein *Maximum* bei Punkt $x = 50$ zu haben. Dann scheint der Flächeninhalt des Feldes bei $x = 50$ maximal zu sein, womit die Aufgabe gelöst wäre. Wie kann der Punkt auf der Kurve, der dem Maximum entspricht, genau berechnet werden?

Würden wir viele Punkte auftragen, könnte die Stelle des Maximums mit irgendeinem Genauigkeitsgrad ermittelt werden. Dieses Verfahren ist mühsam und im Prinzip ungenau. Theoretisch gesehen ist klar, daß im Maximalpunkt die Tangente an die Kurve *parallel zur x-Achse* verlaufen muß, was bedeutet, daß die Steigung dieser Tangente gleich 0 ist. Nach der Theorie muß dann die Ableitung der Funktion $A(x)$, die die Kurve definiert, bei dem x-Wert 0 sein, über dem das Maximum liegt. Welche Ableitung hat die Funktion $A(x)$? Durch Anwendung des Lehrsatzes für die Differenzierung eines Polynoms (siehe Abschnitt 9.4) läßt sich leicht

$$\frac{dA(x)}{dx} = 200 - 4x$$

finden. Diese Funktion von x ist nur in einem Punkt Null, nämlich bei $x = 50$. Wir schließen daraus, daß $x = 50$ genau der Punkt ist, in dem die Funktion $A(x)$ ihren maximalen Wert erreicht.

Die Lösung dieses einfachen Problems zeigt die Bedeutung der Differentialrechnung, um derartige Dinge zu behandeln.

9.9. Newton sah die Ableitung als den Betrag der Positionsveränderung eines sich im Raum bewegenden Teilchens an. Dies ermöglichte es ihm, den im wesentlichen geome-

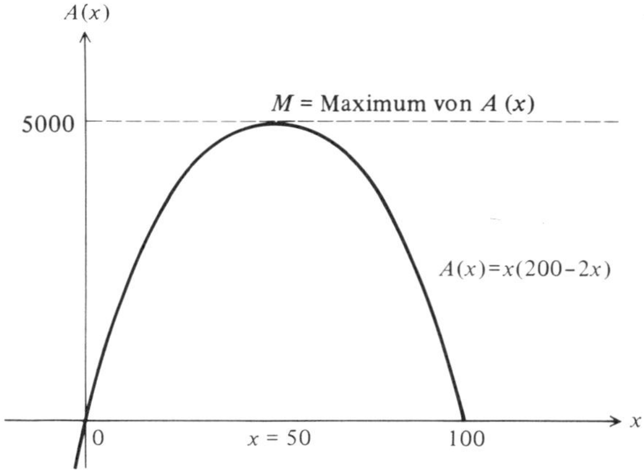

Bild 9.21

trischen Standpunkt der Infinitesimalrechnung in die Physik einzuführen und als Folge davon allgemeine „Naturgesetze“ in mathematischer Terminologie zu formulieren.

Sei $x(t)$ die Position eines Teilchens, das sich entlang der x-Achse als eine Funktion der Zeit t bewegt (ein stark vereinfachtes Bild der dreidimensionalen Welt, aber eins, das nicht ohne interessante Anwendung ist). Auf das Teilchen werde eine bestimmte Kraft F ausgeübt, z. B. die konstante Kraft des Schwerefeldes in der Nähe der Erdoberfläche (in diesem Fall denken wir uns die x-Achse als senkrecht zur Erdoberfläche stehend). Newton postulierte, daß die *zweite Ableitung* von $x(t)$ [die Ableitung der Ableitung von $x(t)$] proportional zur Kraft ist, und der Proportionalitätsfaktor die *Masse m* des Teilchens ist. In Symbolen ausgedrückt ergibt sich

$$F = m\frac{d^2x}{dt^2}, \tag{9.12}$$

wobei $\frac{d^2x}{dt^2}$ die traditionelle Schreibweise für die zweite Ableitung von $x(t)$ ist.

Ein typisches Problem aus der Dynamik, einem Zweig der Physik, der sich mit der Bewegung von Teilchen unter der Wirkung von Kräften beschäftigt, besteht darin, zu bestimmen, wo ein Teilchen sich zu einem zukünftigen Zeitpunkt t befinden wird, wenn seine Lage zur Zeit t_0 im Punkt $x(t_0)$ war und es sich dann mit einer Geschwindigkeit $v(t_0)$ fortbewegte. Die Art der Kraft F wird als bekannt vorausgesetzt. In diesem Fall findet man die zukünftige Bewegung des Teilchens, indem die *Differentialgleichung* (9.12) für die unbekannte Funktion $x(t)$ gelöst wird. Ist beispielsweise F eine konstante Kraft, dann ist die zweite Ableitung von $x(t)$ gleich dem konstanten Verhältnis F/m. Nach dem Lehrsatz über die Differenzierung eines Polynoms in Abschnitt 9.4 ist die Ableitung eines Polynoms zweiten Grades ein Polynom ersten Grades, und die Ableitung eines Polynoms ersten Grades ist eine Konstante. Kombiniert man diese Aussagen und die Definition der *zweiten* Ableitung, so sehen wir, daß die zweite Ableitung eines Polynoms zweiten Grades eine Konstante ist. Es gibt also ein Polynom

$$x(t) = at^2 + bt + c, \tag{9.13}$$

das Newtons Gleichung (9.12) befriedigt. Durch Differenzierung von Gl. (9.13) finden wir

$$\frac{dx}{dt} = 2at + b \tag{9.14}$$

und

$$\frac{d^2x}{dt^2} = 2a.$$

Ein Vergleich der letzten Gleichung mit Gl. (9.12) zeigt, daß die Konstante a den Wert

$$a = \frac{F}{2m}$$

haben muß. Setzt man in die Gl. (9.13) $t = 0$ ein, so erhält man die Lage des Teilchens zum Zeitpunkt 0: $x(0) = c$, also die Konstante c. Wir können uns leicht davon überzeugen, daß dx/dt die Geschwindigkeit des Teilchens zur Zeit t darstellt.[1] Somit haben wir gezeigt, daß bei konstanter Kraft Newtons Differentialgleichung durch eine Parabel (9.13) dargestellt werden kann, deren Koeffizienten vollständig durch die Ausgangslage und die Anfangsgeschwindigkeit des Teilchens bestimmt werden.

Ist die Position des Teilchens bei $t = 0$ der Nullpunkt, so daß $x(0) = 0$ ist, und ist seine Geschwindigkeit dann v, so läßt sich die Lösung von Newtons Gleichung auf

$$x(t) = \frac{F}{2m}t^2 + vt \tag{9.15}$$

---

[1] Manchmal schreiben wir auch dx/dt anstatt $\frac{dx}{dt}$, d^2x/dt^2 anstatt $\frac{d^2x}{dt^2}$, usw., um die Arbeit des Setzers zu erleichtern.

vereinfachen. Diese Gleichung gibt die Lage des Teilchens für irgendeinen Zeitpunkt t an. Sie beschreibt z. B. die Lage eines Gegenstandes, der unter dem Einfluß der konstanten Kraft der Erdanziehung abwärts fällt (nahe der Erdoberfläche und ohne Berücksichtigung des Luftwiderstandes). Die Lage des Gegenstandes verändert sich nicht mit konstanter, sondern mit immer größer werdender Geschwindigkeit, abhängig vom Quadrat der Zeit t. Dies stimmt mit der Erfahrung überein, daß jeder fallende Gegenstand mit zunehmender Zeit beschleunigt wird.

Im allgemeinen wird die Infinitesimalrechnung dazu benutzt, die grundsätzlichen Gleichungen der Bahnen und Bewegungen von „Teilchen", wie Raumfahrtsschiffe, Planeten, Moleküle in chemischen Reaktionen und bei Atomexplosionen, Flüssigkeiten in Röhren, strömende Luft an Flugzeugtragflächen und Elektronen in elektrischen Schaltsystemen – fast jegliche Art dynamischer Systeme – auszudrücken. Man beachte, daß die Gesetze der Bewegung als *Differentialgleichungen* formuliert werden, d. h. als Gleichungen, die unbekannte Funktionen und ihre Ableitungen enthalten, und für die (9.12) ein einfaches Beispiel ist. Gleichungen dieser Art sind Verallgemeinerungen algebraischer Gleichungen, ihr Studium setzt das Studium elementarer Infinitesimalrechnung fort und ist für Ingenieure, Physiker, Ökonomen, Chemiker, Demographen, Psychologen und viele andere obligatorisch, die verschiedene Aspekte systematischer Veränderungen in der Welt beschreiben wollen.

9.10. Die vorangehende Diskussion der Differential- und Integralrechnung wurde durch die geometrischen Probleme motiviert: Tangenten an eine Kurve zu finden und den Inhalt eines Gebietes zu ermitteln. Es gibt ein drittes geometrisches Problem, dessen Bedeutung deutlicher werden wird, wenn wir die Differentialgeometrie in Kapitel 11 betrachten werden, aber wir erwähnen es schon hier, da es auch mittels der Infinitesimalrechnung „lösbar" ist: Die *Länge* eines Kurvenabschnitts (Bogenlänge) zu bestimmen. Zum Beispiel ist das Messen der Länge eines Kreises mit dem Durchmesser 1 tatsächlich das gleiche wie das Messen von π, was, wie Archimedes' Berechnungen zeigen, nicht einfach ist. Archimedes' Methode liefert einen Schlüssel zu einem allgemeinen Prinzip. Die Definition der Bogenlänge, die unten gegeben wird, ist ähnlich derjenigen, die Archimedes für den Kreis benutzte, und sie wird auch Berührungspunkte mit der Definition für Ableitung und Integral haben, da sie der Grenzwert einer Folge von Approximationen sein wird.

Γ sei eine Kurve in der Ebene, die die Punkte A und B verbindet (Bild 9.22). Eine Folge von $(n + 1)$ aufeinanderfolgenden Punkten auf Γ, z. B. $A = P_0, P_1, \ldots, P_n = B$ werde gewählt und durch Geradenabschnitte s_n (in Bild 9.23 ist $n = 4$) miteinander verbunden. Es scheint klar, daß die Länge von Γ, die wir mit $l(\Gamma)$ bezeichnen, größer oder gleich der Summe der Längen der Geradenabschnitte $s_1, \ldots, s_n$ ist:

$$l(\Gamma) \geq l(s_1) + \ldots + l(s_n).$$

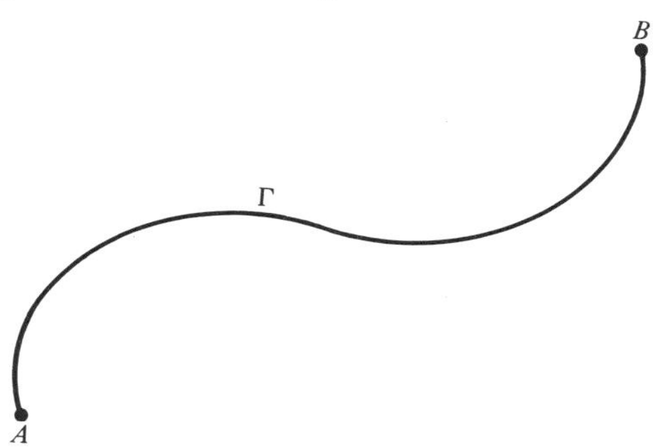

Bild 9.22

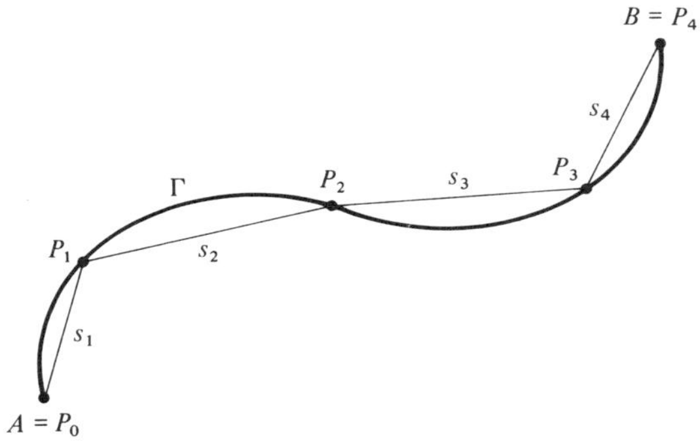

Bild 9.23

Approximation einer Kurve durch einen Polygonzug

Wir könnten versuchen, wie bei der Flächenmessung zu verfahren, um zu entscheiden, ob es eine Größe entsprechend der rechten Seite dieser Ungleichung gibt, die in natürlicher Weise die Länge $l(\Gamma)$ von oben begrenzt, d.h. $\geqslant l(\Gamma)$ ist. Für den Kreis benutzte Archimedes den Umfang eines umschreibenden Polygons. Aber ohne weitere Voraussetzungen ist nicht klar, welche Figur gewählt werden muß. Wir ignorieren daher eine obere Schranke und machen weiter. Ohne ganz streng zu sein, werde $l(\Gamma)$ als *Grenzwert* definiert. Er ergibt sich als Summe der Verbindungsstrecken einer Punktfolge, wenn die Anzahl der Punkte immer größer wird (genauer: Wenn sie gegen unendlich strebt). Dann wird die Entfernung zwischen aufeinanderfolgenden Punkten auf der Kurve immer kleiner. Auf diese Weise wird die Kurve immer feiner unterteilt, und im Grenzwert entspricht die „polygone Näherung" der Kurve Γ. Diesen Grenzwert wird es nicht immer geben, aber er existiert für die meisten glatten Kurven. Es ist ein ziemlich schwieriges Problem, diesen Grenz*wert* ausführlich und genau zu berechnen.

Die Kurve soll die graphische Darstellung einer Funktion $f(x)$ sein, die eine Ableitung hat. $f(x)$ könnte beispielsweise ein Polynom sein. Eine *Formel* für die Länge der Kurve läßt sich ableiten. Man betrachte Bild 9.24. Für eine gegebene Näherung zeigt der Lehrsatz des Pythagoras:

$$l(s_1) + \ldots + l(s_n) = \sqrt{[f(x_1) - f(x_0)]^2 + (x_1 - x_0)^2} + \ldots + \sqrt{[f(x_n) - f(x_{n-1})]^2 + (x_n - x_{n-1})^2}, \tag{9.16}$$

da die Entfernung zwischen zwei Punkten mit den Koordinaten (a, b) und (c, d) (nach Pythagoras)

$$\sqrt{(d-b)^2 + (c-a)^2}$$

ist.

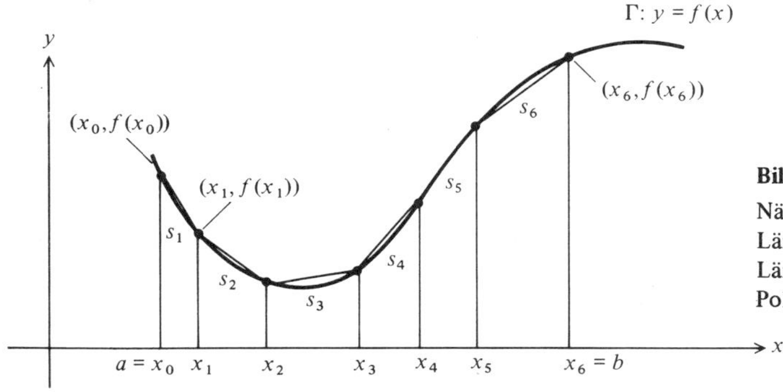

Bild 9.24

Näherungsweise Berechnung der Länge einer Kurve durch die Längen eines approximierenden Polygonzuges

Ordnet man Gl. (9.16) um, so erhält man

$$l(s_1) + \ldots + l(s_n) = \left\{1 + \left[\frac{f(x_1) - f(x_0)}{x_1 - x_0}\right]^2\right\}^{1/2} (x_1 - x_0) + \ldots, \tag{9.17}$$

wobei auf der rechten Seite ... die entsprechenden Glieder mit $x_2 - x_1$, $x_3 - x_2$, usw. andeutet. Nun betrachten wir die Funktion

$$g(x) = \left\{1 + \left[\frac{df(x)}{dx}\right]^2\right\}^{1/2},$$

und nehmen an, daß $df/dx\,(x)$ überall existiert, das heißt, die Kurve in Bild 9.24 hat in jedem Punkt eine Tangente. Für sehr kleine $(x_1 - x_0)$ ist dann

$$\frac{df(x_1)}{dx} \sim \frac{f(x_1) - f(x_0)}{x_1 - x_0},$$

(wobei ~ „ungefähr gleich" bedeutet), denn der Differenzenquotient, der die approximierende Sekantensteigung angibt, entspricht annähernd der Tangentensteigung. Ähnliches gilt für die anderen Werte von x_i. Von der Anschauung her wird man erwarten, daß

$$l(s_1) + \ldots + l(x_n) \sim g(x_1)(x_1 - x_0) + \ldots + g(x_n)(x_n - x_{n-1}) \tag{9.18}$$

gilt, wobei der Ausdruck auf der rechten Seite eine Summe von Rechtecksflächen ist, wie Bild 9.25 zeigt. Wird nun die Unterteilung der Kurve sehr fein gemacht, d.h., der größte Unterschied $(x_k - x_{k-1})$ wird sehr klein, dann muß die Summe auf der rechten Seite von Gl. (9.18) dem Wert

$$\int_a^b \left\{1 + \left[\frac{df(x)}{dx}\right]^2\right\}^{1/2} dx$$

zustreben. Dies ist der Flächeninhalt unter der Kurve in Bild 9.25. Andererseits muß sich der Ausdruck auf der linken Seite der Bogenlänge der Kurve in Bild 9.24 nähern.

Die Länge der Kurve, deren Gleichung $y = f(x)$ von $x = a$ bis $x = b$ ist, entspricht deshalb dem Integral

$$l(\Gamma) = \int_a^b \left\{1 + \left[\frac{df(x)}{dx}\right]^2\right\}^{1/2} dx. \tag{9.19}$$

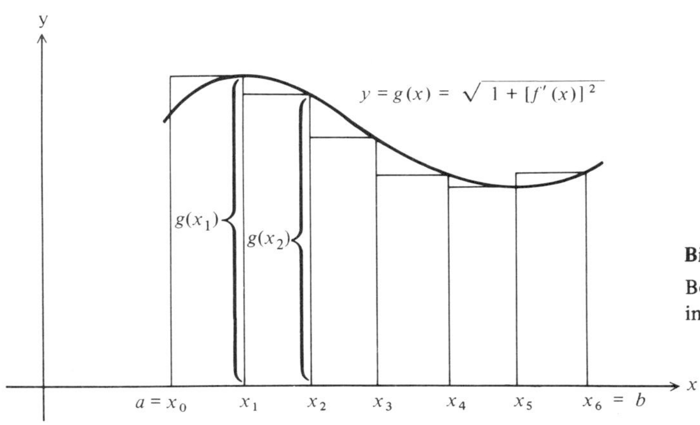

Bild 9.25

Bogenlänge als Flächeninhalt interpretiert

Dies ist eine *Formel* für die Bogenlänge der Kurve, welche nach dem Prinzip der Algebraisierung der Geometrie die graphische Darstellung der Funktion $y = f(x)$ ist. Wir gestehen, daß unser anschaulicher Beweis mehrere „Lücken" enthält. Die Genauigkeit kann jedoch verbessert werden, indem man sich sorgfältig an die formale Theorie der Grenzwerte und an einige zusätzliche Ergebnisse über die Differentiation von Funktionen hält.

Die Formel (9.19) ist sehr kompliziert. Sie enthält drei Grenzübergänge: die Ableitung der Funktion f, die Quadratwurzelfunktion und das Integral, ein dritter Grenzübergang, der die beiden anderen überlagert. Beträchtliche Kenntnisse sind nötig, um die Bogenlänge einer Kurve zu bestimmen.

Formeln wie (9.19) wurden durch die Zeitgenossen von Fermat: Van Heuraet (1633–1660) und Neil (1637–1670), aufgestellt. Zu dieser Zeit war das Problem der Bestimmung von Bogenlängen im Brennpunkt der mathematischen Forschung.

Das Vorhandensein einer Formel für die Bestimmung der Bogenlänge garantiert noch nicht, daß sich genaue numerische Antworten finden lassen, es sei denn, die Integrale lassen sich berechnen (siehe jedoch Kapitel 10 bezüglich Approximationen). Die Quadratwurzel in Gl. (9.19) macht die zahlenmäßige Bestimmung des Integrals enorm schwierig und stellte die Mathematiker 200 Jahre lang vor eine Unzahl von Forschungsproblemen, als sie versuchten, dieses Integral für häufige und wichtige Funktionen $f(x)$ zu berechnen. Selbst wenn $f(x)$ ein Polynom ist, ist das Integral[1] *kein* Polynom, was die Hauptschwierigkeit ist.

In der einzigen Arbeit, die Fermat während seiner Lebenszeit veröffentlichte (1660), gibt er eine Lösung des Bogenlängenproblems für die *semikubische Parabel* in (Bild 9.26):

$$y = x^{3/2} \qquad 0 \leqslant x \leqslant a.$$

Der Teil unterhalb der x-Achse entspricht den negativen Werten der Quadratwurzel von x^3.

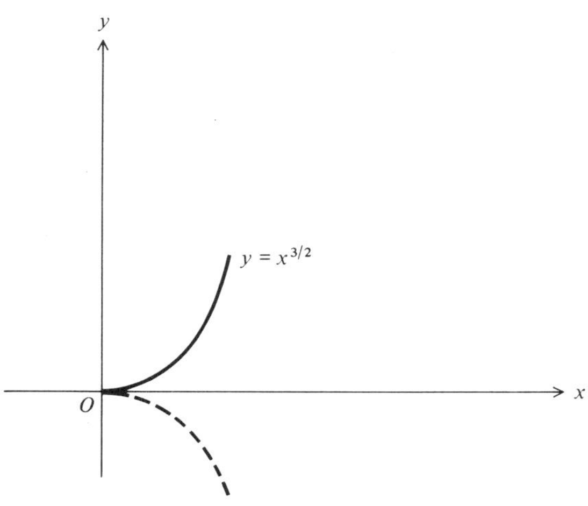

Bild 9.26
Semikubische Parabel

[1] Betrachtet als eine Funktion der oberen Grenze b.

Das Bogenlängenintegral für die semikubische Parabel kann mittels elementarer Funktionen berechnet werden, was im siebzehnten Jahrhundert als große Überraschung galt. Descartes nahm an, es sei unmöglich, die Länge einer durch polynomische Gleichungen definierten Kurve zu berechnen. Er drückte dies in *La Géométrie* [86], S. 39 folgendermaßen aus:

> ... car encore qu'on n'y puisse recevoir aucunes lignes qui semblent à des cordes, c'est-a-dire qui deviennent tantôt droites et tantôt courbes, à cause que la proportion qui est entre les droites et les courbes n'étant pas connue, et même, je crois, ne le pouvant être par les hommes, on ne pourroit rien conclure de là qui fût exact et assuré.[1])

Die Geschichte unterstützte die dogmatischen und unbegründeten Behauptungen von Descartes nicht, noch unterdrückte glücklicherweise sein großes Ansehen die Forschungstätigkeit jüngerer und fruchtbarer Köpfe. Es läßt sich nämlich leicht zeigen, daß

$$\frac{d}{dx}\left[\frac{8}{27}\left(1+\frac{9}{4}x\right)^{3/2}\right]=\left(1+\frac{9}{4}x\right)^{1/2}$$

ist, woraus folgt, daß die Länge $l(\Gamma)$ des einen Zweiges der semikubischen Parabel von $x = a$ bis $x = b$ explizit durch die direkte Formel

$$l(\Gamma)=\frac{8}{27}\left[\left(1+\frac{9}{4}b\right)^{3/2}-\left(1+\frac{9}{4}a\right)^{3/2}\right]$$

gegeben ist. Z. B. ergibt sich von $x = 0$ bis $x = 1$ einfach die Länge $(13^{3/2} - 8)/27 \approx$ $\approx 1{,}4397\ldots$

9.11. Unter den allgemeinen Anwendungen der Infinitesimalrechnung im Ingenieurwesen gibt es kaum eine romantischere und eindrucksvollere als den Entwurf und die Konstruktion großer Hängebrücken – dünne Bänder aus Stahl, die sich von luftigen Türmen in schönen und gleichzeitig zweckmäßigen Bögen spannen. Von dem 21 m langen Brückenbogen über die Tees aus dem Jahre 1741 bis zu der herrlichen, 1,2 km langen Golden-Gate-Brücke, die im Jahre 1937 fertiggestellt wurde (Bild 9.27), zeigt sich eine allgemeine Entwicklung zu immer längeren und zunehmend schlankeren Hängebrücken. Neben diesen eindrucksvollen Erfolgen der Ingenieurbaukunst steht aber die andauernde Folge von Brückeneinstürzen, wozu auch die 78 m lange Fußgängerbrücke über den Tweed bei Drybourgh Abbey in Berwick County (Schottland) zu rechnen ist. Der Zusammenbruch erfolgte bei einem Sturm, sechs Jahre nach der Fertigstellung der Brücke im Jahre 1817. Ein weiterer Mißerfolg war der Einsturz der 136 m langen Union-Brücke über den Tweed, in der Nähe von Berwick 1820, ebenfalls bei heftigem Wind und sechs Monate nach ihrer Vollendung. Der Brighton-Chain-Pier in Sussex County (England), der aus 77 m langen Spannbögen mit einer etwa 3,90 m breiten Fahrbahn bestand, stürzte in einem Sturm ein. Der 308 m lange Bogen über den Ohio bei Wheeling, West Virginia

---

1) ... obwohl man hierbei [in der Geometrie] keine Linien (oder Kurven) berücksichtigen sollte, die wie Fäden sind, d. h., die manchmal gerade und manchmal gekrümmt sind, denn das Verhältnis zwischen den Geraden und den Kurven ist nicht bekannt, und ich glaube auch nicht, daß es jemals vom Menschen erkannt werden kann. Und somit läßt sich daraus nichts schließen, was exakt und sicher ist.

Bild 9.27 Die Golden-Gate-Brücke: Eine Leistung der Ingenieurmathematik

(USA), hielt sechs Jahre nach Vollendung einem Hurrikan nicht stand. Ein Zeitungsreporter, der diesem Ereignis beiwohnte, schrieb:

Mit dem Gefühl unaussprechlicher Trauer teilen wir mit, daß das prächtige und weltberühmte Bauwerk, die Wheeling-Suspension-Bridge (Hängebrücke in Wheeling, West Virginia) von einem fürchterlichen Sturm aus ihren Verankerungen gerissen wurde und jetzt in Trümmern liegt. Gestern morgen sahen noch Tausende dieses erstaunliche Bauwerk, ein mächtiger Weg, der den Ohio überspannt, und betrachteten die Brücke als eins der stolzesten Denkmäler des Unternehmungsgeistes unserer Bürger. Jetzt ist nichts übrig als die zerstörten Türme, die über das trostlose Wrack unter ihnen hinausragen.

Gegen 3 Uhr gingen wir gestern nachmittag über die Hängebrücke, wie häufig, um die kühle Brise und die wellenförmige Bewegung der Brücke zu genießen ... Wir waren kaum zwei Minuten nach Verlassen des Brückenpflasters auf der Mainstreet, als wir Leute in Richtung des Flußufers laufen sahen; wir kamen gerade rechtzeitig, um den ganzen Bau sich mit gewaltiger Kraft heben und senken zu sehen.

Für kurze Zeit beobachteten wir mit atemloser Besorgnis die Brücke, die sich wie ein Schiff durch den Sturm kämpfte. Einen Moment lang hob sie sich beinahe bis zur Höhe der Türme, fiel dann, drehte und krümmte sich und wurde fast mit der Unterseite nach oben geschleudert. Zum Schluß schien eine deutliche Verdrehung entlang der gesamten Spannweite zu verlaufen. Etwa die Hälfte des Bodenbelags war beinahe völlig umgedreht. Dann stürzte die riesige Konstruktion von ihrer schwindelnden Höhe mit entsetzlichem Krachen und Brausen in den Fluß unter ihr.

Um den unerwarteten Absturz dieses erstaunlichen Bauwerks von der Mechanik her erklären zu können, müssen wir auf weitere Untersuchungen warten. Wir erlebten die phantastische Szene mit. Die mächtige Masse des Brückenbodens und der Trägerkabel, die eine Art Korb bildeten, der zwischen den Türmen aufgespannt war, wurde wie ein Pendel hin- und hergeschleudert. Jede Schwingung gab ihr mehr Schwung und die Kabel, die die ganze Konstruktion hielten, konnten den Kräften, die aus so vielen verschiedenen Richtungen auf sie einwirkten, nicht widerstehen und wurden buchstäblich verdreht und aus ihren Verankerungen gerissen ...

Wir glauben, daß der Unternehmungsgeist und der Gemeinschaftssinn unserer Bürger den Verlust so schnell, wie es einer Gemeinde nur möglich ist, beheben werden. Es ist ein Grund zur Freude, daß kein Menschenleben durch die Katastrophe verloren ging.[1])

1864, vierzehn Jahre nach ihrer Erbauung, zerbrach die 318 m lange Hängebrücke über den Niagara Fluß zwischen Lewistown, New York, und Queenston, Kanada, in heftigem Wind. Ihre stabilisierenden Haltekabel waren vorübergehend entfernt worden, um im Frühling, während der Schneeschmelze eine Eisstauung zu beseitigen. Im Jahre 1886, ein Jahr nach einer Inspektion, brach eine 66 m lange Brücke über die Ostrawitza bei Ostraw (Tschechoslowakei) unter der Vibration zusammen, die verursacht wurde, als eine kleine Truppe der Uhlaner Kavallerie mit 26 Soldaten, 16 Pferden und 2 Wagen (eine sehr leichte Belastung) über die Brücke stürmten.

Das bei weitem spektakulärste und am sorgfältigsten dokumentierte Versagen einer Hängebrücke war das der Tacoma-Narrows-Brücke mit einer Spannweite von 853 Metern, die die Olympic Halbinsel mit dem Rest des Staates Washington (USA) verbindet. Das Unglück ereignete sich knappe vier Monate nach der Fertigstellung im Jahre 1940 bei einer Windgeschwindigkeit von über 60 km/Stunde.

Dynamische Schwingungen von Hängebrücken erreichten ihren Höhepunkt bei der Katastrophe bei Tacoma Narrows ... Von Anfang an zeigte dieser Bau Zeichen der Instabilität. Während der Errichtung wurden von Zeit zu Zeit mäßige vertikale Schwingungen beobachtet ... Manchmal traten diese Bewegungen schon bei sehr schwachem Wind auf (5–6,5 km/Std.), zu anderen Zeiten erzeugten viel stärkere Winde gar keine Bewegung.

Während der frühen Morgenstunden des 7. Novembers 1940 herrschte ein ziemlich starker Wind, der eine geringe Bewegung der Brücke hervorrief ... Der Hauptteil vibrierte in vertikaler Rich-

---

[1]) Freie Übersetzung aus dem Englischen.

tung mit mäßiger Amplitude und einer Frequenz von ungefähr 36 Schwingungen pro Minute. Diese Bewegung hielt bis etwa 10 Uhr an, während inzwischen der Windmesser Wind mit einer Geschwindigkeit von etwa 68 km/Std. anzeigte.

Zu diesem Zeitpunkt änderte sich heftig die gesamte Bewegung des Bauwerks. Der Grund dafür steht nicht sicher fest. Es gibt jedoch einige Gründe für die Annahme, daß eines der Bänder, die das Hauptkabel hielten, verrutschte. Auf jeden Fall veränderte sich die frühere vertikale Bewegung sofort von 36 auf 12 Schwingungen pro Minute. Daraus resultierte äußerst heftige Torsionsbewegung; der Ausschlag erreichte in beide Richtungen eine Amplitude von ungefähr 45 Grad von der Ruhelage ...

Für etwa eine Stunde widerstand die Brücke zäh dieser heftigen, schlingernden und sich verdrehenden Bewegung mit relativ geringfügigem Schaden, aber schließlich gab das Material nach, und ein Teil der Bodenplatte und der Seitenfläche, nahe der Mitte des Hauptspannbogens, fielen herab [in das 335 m tiefergelegene Wasser].

Die Natur hatte dieses großartige Bauwerk vernichtet, indem sie es Kräften unterwarf, denen es sich auf Grund seiner Anlage nicht widersetzen konnte. Es war das bemerkenswerteste und eindrucksvollste Versagen in der Geschichte der Hängebrücken.[1)]

Dieses Zitat stammt aus *The Mathematical Theory of Vibration in Suspension Bridges* [5]. Der weitere Text zeigt, daß der Einsturz der Tacoma-Narrows-Brücke sowie der Bruch der oben erwähnten anderen Brücken auf der sich verstärkenden und sich automatisch synchronisierenden Wirkung der vom Wind verursachten Schwingungen des Bauwerks beruhte, was zu einer zunehmenden Verstärkung dieser Bewegungen führte, bis die Brücke zerstört war.

Konstruktionsentwürfe für Hängebrücken waren immer ein hochmathematisches Problem. Man betrachte das Hängebrückenkabel C in Bild 9.28. Seine Form wird dadurch bestimmt, daß y als eine Funktion von x, z. B. $y = y(x)$, dargestellt wird. Ist $w(x)$ das Gewicht pro horizontaler Längeneinheit im Punkt x, dann wird der Verlauf der Kurve C durch die Differentialgleichung

$$\frac{d^2y}{dx^2} = -\frac{w(x)}{H} \qquad (9.20)$$

bestimmt, wobei H eine Konstante (gleich der horizontalen Spannung im Kabel) ist. Hat das Kabel ein konstantes Gewicht je Meter Länge, was natürlich zutrifft, wenn es aus einem einheitlichen Material mit konstantem Durchmesser hergestellt ist, dann gilt

$$w(x) = w\left[1 + \left(\frac{dy}{dx}\right)^2\right]^{1/2}. \qquad (9.21)$$

Bild 9.29 zeigt, wie sich die Länge des Kabels zwischen P und Q aufgrund des pythagoräischen Lehrsatzes aus den Koordinaten x und y ergibt. Man erkennt den Ausdruck für

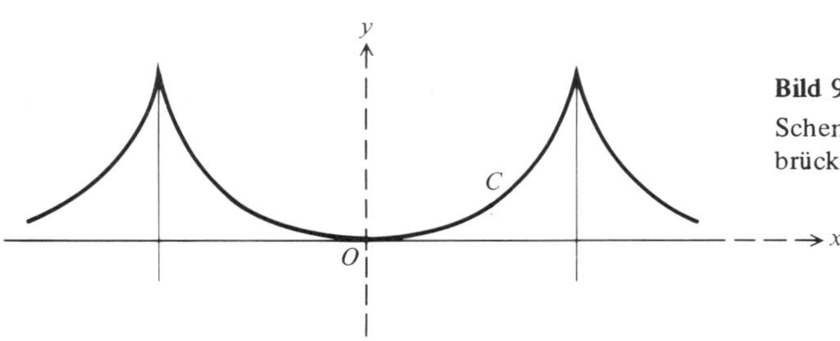

Bild 9.28
Schematische Darstellung einer Hängebrücke

1) Freie Übersetzung aus dem Englischen

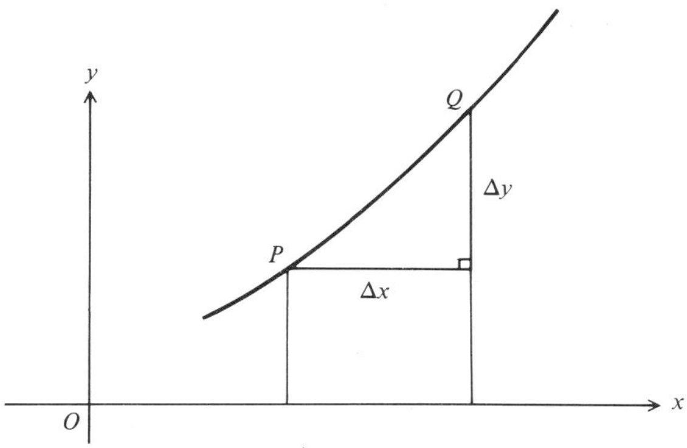

Bild 9.29

die Bogenlänge in Gl. (9.21) wieder. Es kann nun gezeigt werden, daß die Lösung von Gl. (9.20)

$$y = \frac{H}{2w}(e^{(w/H)x} + e^{-(w/H)x} - 2)$$

ist, mit e als der Basis der natürlichen Logarithmen (siehe Kapitel 7). Diese Kurve, die natürlicherweise von einem freihängenden gleichförmigen Kabel unter dem Einfluß der Schwerkraft gebildet wird, nennt man *Kettenlinie* (vgl. Abschnitt 8.5).

In Wirklichkeit besteht jedoch eine Hängebrücke nicht nur aus den Hängekabeln, sondern auch aus der daran aufgehängten Fahrbahn; auch die Fahrzeuge, die sich auf ihr bewegen, müssen mitberücksichtigt werden. Das Gewicht pro Längeneinheit der Fahrbahn selbst ist im wesentlichen konstant, sagen wir, gleich a; wäre die Fahrbahn durch gewichtslose Kabel aufgehängt, so könnte Gl. (9.20) zu

$$\frac{d^2y}{dx^2} = -\frac{a}{H}$$

vereinfacht werden. Die rechte Seite ist konstant, d. h. ein Polynom vom Grade Null; deshalb ist nach dem Lehrsatz über Ableitungen in Abschnitt 9.4

$$y = \frac{a}{2H}x^2 + bx + c$$

mit Konstanten b und c; die Kabelkurve wäre dann eine *Parabel*.

Der tatsächliche Zustand liegt irgendwo zwischen einer gewichtslosen Fahrbahn (für die die Kabelkurve eine Kettenlinie ist) und einem gewichtslosen Kabel (für die sie eine Parabel ist) (vgl. Bild 9.27). Die Differentialgleichung muß gelöst werden, indem vom Konstrukteur die tatsächlichen Gewichte pro Längeneinheit eingesetzt werden. Dazu muß er die voraussichtliche Belastung durch Fahrzeuge, die Festigkeit der verwendeten Materialien, die Größenveränderungen durch Temperaturschwankungen und das Gewicht, das durch verschiedene Windgeschwindigkeiten auf die Konstruktion ausgeübt wird, berücksichtigen.

Keine dieser Belastungen und Kräfte war für die obenbeschriebenen Unglücke verantwortlich. Die Auswirkung synchronisierter Schwingungen kann nicht ermittelt werden, ohne daß die zeitliche Auslenkung einzelner Punkte der Brücke unter der Einwirkung wechselnder Windstärken untersucht wird. Leider wurden diese Berechnungen nicht ausgeführt. Erst durch Filme, die die gequälten, sich verdrehenden Bewegungen der Tacoma-Narrows-Brücke zeigten, wurde der Anstoß zu entsprechenden Untersuchungen gegeben. Eine derartige Bewegung der Brücke wurde bis dahin von den Architekten nicht für möglich gehalten, aber 10 Jahre später wurde eine im wesentlichen vollständige, mathematische Lösung des komplizierten Problems der Hängebrückenschwingungen in [5] vorgestellt. Es ist ziemlich unwahrscheinlich, daß es je wieder einen Brückeneinsturz geben wird, der auf dieser Ursache beruht.

Übungen

9.1. Entscheiden Sie, ob die hier gegebenen Folgen reeller Zahlen eine Zahl als Grenzwert haben. In Fällen, für die ein Grenzwert existiert, schreiben Sie den Wert auf.

a) $1, \frac{1}{2}, \frac{1}{4}, \frac{1}{8}, \ldots, \frac{1}{2n}, \ldots$

b) $1, 2, 3, 4, \ldots$

c) $1, \frac{1}{2}, 0, \frac{1}{3}, 0, \frac{1}{4}, 0, \frac{1}{5}, \ldots$

d) $1, \frac{1}{2}, 1, \frac{1}{3}, 1, \frac{1}{4}, 1, \frac{1}{5}, \ldots$

e) $2, \frac{3}{2}, \frac{4}{3}, \frac{5}{4}, \ldots, \frac{n+1}{n}, \ldots$

9.2. Geben Sie eine anschauliche Definition einer Tangente an eine glatte Kurve. Können Sie eine exakte Definition geben, ohne den Begriff des Grenzwertes zu verwenden?

9.3. Schreiben Sie unter Verwendung eines kartesischen Koordinatensystems die Gleichungen einer Folge von Geraden in der Ebene,

a) die *nicht* gegen eine begrenzende Gerade konvergieren;

b) *die* gegen eine begrenzende Gerade konvergieren.

Können Sie eine Kurve finden, für die Ihre Geradenfolge in Teil a) eine Sekantenfolge an die Kurve sein wird?

9.4. Zeigen Sie in der graphischen Darstellung der Parabel $y = x^2$ in Bild 9.5, daß die Sekantenfolgen, die durch Punkte auf der Parabel bestimmt werden, deren x-Koordinaten die Zahlenpaare

a) $\left\{1 - \frac{1}{2}, 1 + \frac{1}{2}\right\}, \left\{1 - \frac{1}{4}, 1 + \frac{1}{3}\right\}, \left\{1 - \frac{1}{8}, 1 + \frac{1}{5}\right\}, \ldots, \left\{1 - \frac{1}{2n}, 1 + \frac{1}{n}\right\}, \ldots$

b) $\left\{\frac{1}{2}, 1\right\}, \left\{\frac{3}{4}, 1\right\}, \left\{\frac{7}{8}, 1\right\}, \ldots, \left\{1 - \frac{1}{2n}, 1\right\}, \ldots$

sind, beide als Grenzwert die Gerade haben, die durch den Punkt (1, 1) verläuft und den Anstieg 2 hat.

9.5. Gegeben ist die Kurve mit $y = x^3$. Bestimmen Sie den Grenzwert der Sekanten an die Kurve, die durch die Punkte bestimmt werden, deren x-Koordinaten die Zahlenpaare

$$\left\{1 - \frac{1}{2}, 1 + \frac{1}{2}\right\}, \left\{1 - \frac{1}{3}, 1 + \frac{1}{3}\right\}, \ldots, \left\{1 - \frac{1}{n}, 1 + \frac{1}{n}\right\}, \ldots$$

sind (vgl. Übung 9.4). Glauben Sie, daß es für alle derartigen Folgen nur eine Grenzgerade geben wird? Warum?

9.6. Ersetzen Sie die Zahl 1 in Übung 9.5 durch eine beliebige x-Koordinate x, und leiten Sie eine Formel für die Steigung der Tangente in irgendeinem derartigen Punkt (x, x^3) auf der Kurve ab,

a) unter Verwendung einer bestimmten Folge zur Berechnung des Grenzwertes, wie in den Übungen 9.4 und 9.5, und unter Annahme, daß alle derartigen Grenzwerte die gleichen sind, und

b) unter Verwendung irgendeiner Grenzfolge von Sekanten für einen Punkt (x, x^3) auf der Kurve.

9.7. Stellen Sie die Funktionen

$$y = f(x) \qquad y = \frac{df}{dx}(x) \qquad y = \frac{d^2f}{dx^2}(x) \qquad \text{(zweite Ableitung)}$$

für

a) $f(x) = x$ c) $f(x) = x^2$

b) $f(x) = x + 2$ d) $f(x) = x^3$

graphisch dar.

9.8. Berechnen Sie unter Verwendung des grundlegenden Lehrsatzes für die Ableitung eines Polynoms die folgenden Ableitungen:

a) $\dfrac{d}{dx}(1 + 2x + 3x^2)$

b) $\dfrac{d}{dx}\left(\sqrt{2}x^4 + \left(\dfrac{\pi}{e}\right)x^2 + \pi^2\right)$

c) $\dfrac{d}{dx}[(ax + b)(cx + d)]$, a, b, c, d, Konstanten

d) $\dfrac{d}{dx}(x - 1)^3$

9.9. Betrachten Sie die Funktion $f(x)$, definiert durch

$$f(x) = \begin{cases} x, & \text{wenn } x \geqslant 0 \text{ ist} \\ -x, & \text{wenn } x < 0 \text{ ist.} \end{cases}$$

a) Stellen Sie $f(x)$ graphisch dar.

b) Bestimmen Sie alle Punkte, in denen $f(x)$ eine Ableitung hat.

c) Berechnen Sie die Ableitung von $f(x)$ in allen Punkten, in denen sie existiert und stellen Sie die Ableitungsfunktion graphisch dar.

9.10. Beweisen Sie, daß die Funktion $f(x)$ in Übung 9.9 keine Ableitung in $x = 0$ hat. (*Hinweis:* siehe Bild 9.3).

9.11. Betrachten Sie die vier Kurven in Bild 9.30 und berechnen Sie die Flächeninhalte der schraffierten Gebiete bei den einzelnen Kurven, indem Sie so viele der folgenden Methoden benutzen, wie anwendbar sind. Erklären Sie, warum die eine oder andere Methode nicht (unmittelbar) anwendbar ist. Welche Art von zusätzlicher Information wäre notwendig, damit die Methode funktioniert?

Methode A: Elementare Geometrie der Ebene.

Methode B: Approximation von innen durch einbeschriebene Rechtecke (wie in Bild 9.17).

Methode C: Mit dem Fundamentalen Lehrsatz der Infinitesimalrechnung und dem grundlegenden Satz zur Berechnung der Ableitungen von Polynomen.

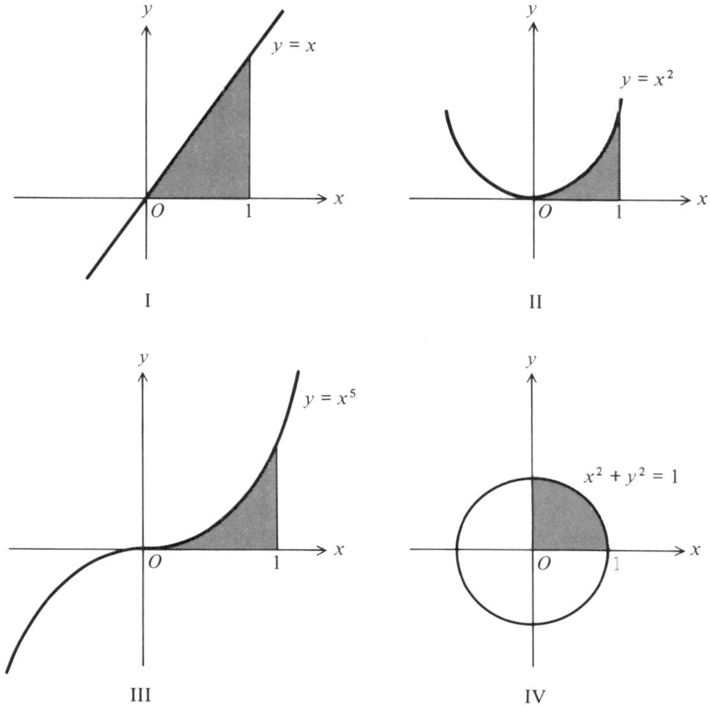

Bild 9.30

9.12. Welche der Methoden zur Berechnung von Flächen in Übung 9.11 (*A, B* oder *C*) scheint die stärkste zu sein? Welche die schwächste? Geben Sie eine Erklärung.

9.13. Ein Metallarbeiter soll bei einem quadratischen Metallblech, dessen Seiten 2 Meter lang sind, an den Ecken Quadrate entfernen, so daß ein Behälter gebildet werden kann, indem die Ränder entlang der in Bild 9.31 gestrichelten Linien hochgeklappt werden. Welche Länge x muß die Seite ab des herauszuschneidenden Quadrats haben, damit der Behälter ein maximales Volumen hat? (*Hinweis:* Man vergleiche das Beispiel im Text und Bild 9.18 und benutze die Tatsache, daß die Ableitung einer Funktion bei maximalem oder minimalem Wert verschwindet. Die Funktion, die maximiert wird, ist das Volumen.)

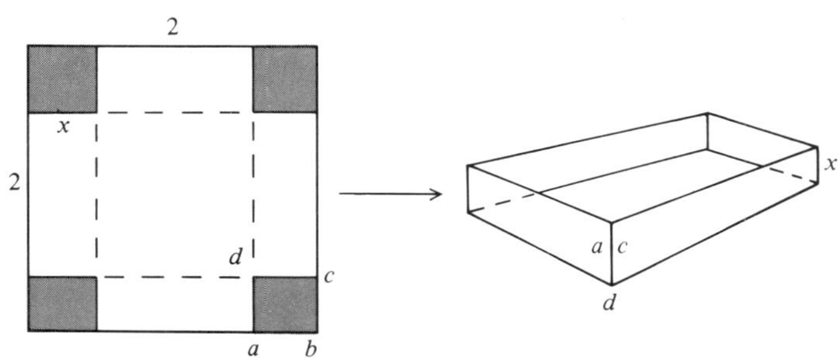

Bild 9.31

9.14. Berechnen Sie die folgenden Integrale durch Anwendung des Fundamentalsatzes der Infinitesimalrechnung:

a) $\int_0^1 (2x - 3x^2)\,dx$ c) $\int_0^1 \sqrt{2}x^2\,dx$

b) $\int_2^3 (1 - x^2)\,dx$ d) $\int_0^1 dx$

9.15. Geben Sie eine anschauliche Begründung, warum die Länge der Kurve Γ in Bild 9.23 $\geqslant l(S_1) + \ldots + l(S_n)$ sein soll, wie dort angegeben wird.

9.16. Die Bogenlänge eines Kreissegments in Bild 9.32 ist durch $S = r \cdot \theta$ definiert, wobei r der Radius und θ der eingeschlossene Winkel ist (gemessen im Bogenmaß). Stimmt diese Definition mit der allgemeineren überein, die in Abschnitt 9.10 gegeben wird? Begründen Sie Ihre Antwort (geben Sie aber keinen ausführlichen Beweis). [*Hinweis:* Betrachten Sie Archimedes' Arbeit über die Messung von π (Kapitel 4) und über die Bedeutung des *Bogenmaßes* von Winkeln.]

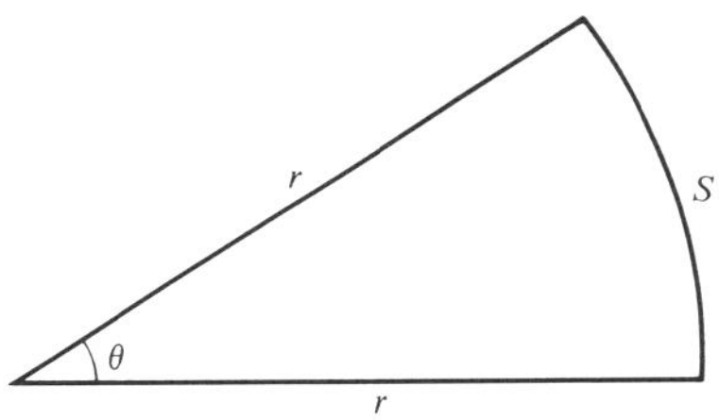

Bild 9.32

10. Berechnung von Funktionswerten

Kapitel 10 untersucht den *Taylorschen Satz*. Diese eindrucksvolle und bemerkenswert nützliche Aussage drückt den Wert einer Funktion in einem Punkt durch seine Werte und die Werte aller seiner Ableitungen in einem nahegelegenen Punkt in Form einer unendlichen Reihe aus. Mittels dieser Beziehung können die Werte einer Funktion mit beliebiger Genauigkeit berechnet werden. Tatsächlich werden fast alle modernen Tafeln von Funktionswerten – Logarithmen, trigonometrische und andere, viel kompliziertere Funktionen – mit Hilfe von Reihenausdrücken, die aus dem Taylorschen Satz abgeleitet werden, berechnet. Der Taylorsche Satz hat auch eine wichtige geometrische Bedeutung. Er liefert die Lösung des Problems, die „beste" Näherung durch Kurven von Polynomen an den Graphen einer Funktion, in der Nähe eines ihrer Punkte, zu bestimmen. Das verallgemeinert die geometrisch offensichtliche Tatsache, daß die Tangente in einem Punkt die „beste" approximierende polynomische Kurve ersten Grades ist.

10.1. Von einem gewissen Standpunkt aus erscheint die Entwicklung der Mathematik als ein sich wiederholender Schwingungsprozeß mit Perioden rechnerischer Überlegenheit und Perioden mit formalen und theoretischen Fortschritten. Zum Beispiel führte die babylonische Einführung des Stellenwertsystems zu großartigen Leistungen bei astronomischen Berechnungen, die wiederum zu Fortschritten in der Auffassung von der geometrischen Struktur des Weltalls führten, wie auch zu Fortschritten in der Untersuchung trigonometrischer Funktionen. Die spätere Einführung der Exponentialschreibweise und der Algorithmen in der Algebra führten zur Erfindung der Logarithmen und zur Entwicklung der algebraischen Geometrie. Diese wiederum bahnten den Weg für die Erfindung der Infinitesimalrechnung.

In diesem Abschnitt zeigen wir, wie eine Vereinigung der Techniken der algebraischen Geometrie und der Infinitesimalrechnung ein bedeutendes Instrumentarium zur Berechnung von Funktionswerten schafft und zum tieferen Verständnis des Charakters von Funktionen führt. Das früheste und noch immer wichtigste Ergebnis dieser Art ist unter dem Namen *Taylorscher Satz* bekannt, nach dem englischen Mathematiker Brook Taylor (1685–1731). Der Satz ist heute noch „modern" und wird immer wieder in verschiedenen verallgemeinerten Formen in der gegenwärtigen mathematischen Forschung wie auch in Anwendungen der Mathematik auf Naturwissenschaft und Technik benutzt.

Das Problem, das durch den Taylorschen Satz gelöst wird, läßt sich am anschaulichsten mit geometrischen Begriffen darstellen. Es sei der Teil Γ einer Kurve gegeben (Bild 10.1). Aus Bequemlichkeit werde angenommen, daß die Kurve durch den Nullpunkt 0 eines kartesischen Koordinatensystems verläuft. Ist sie ausreichend glatt, so hat sie eine wohldefinierte Tangente in 0, die die Kurve in 0 trifft und in Punkten nahe 0 dicht anliegt. Mit anderen Worten, die Tangente in 0 an Γ *nähert* sich Γ nahe dem Berührungspunkt. Aus dieser anschaulich verständlichen Annäherung einer Kurve durch eine Gerade folgt, daß die y-Koordinate eines Punktes (x, y) auf der Kurve durch die entsprechende y_L-Koordinate des Punktes (x, y_L) auf der Tangente L approximiert werden kann. Ist z. B. m die Steigung[1]) der Tangente, dann hat die Gerade die Gleichung

$$y_L = mx.$$

Für x nahe 0 muß der Wert y für den Punkt (x, y) auf Γ ebenfalls ungefähr

$$y \approx mx$$

sein.

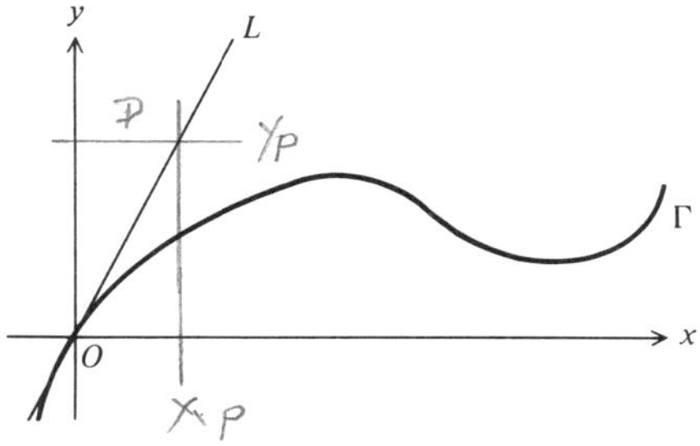

Bild 10.1

Approximation einer Kurve durch ihre Tangente in einem Punkt

1) Man erinnere sich, daß die *Steigung* einer Geraden der Tangens des Winkels ist, der zwischen der positiven x-Achse und dem Teil der Geraden oberhalb der x-Achse liegt.

Soweit haben wir die elementarsten Grundsätze algebraischer Geometrie benutzt. Jetzt wollen wir den Begriff der Ableitung von der Infinitesimalrechnung her einführen. Die Kurve Γ in Bild 10.1 möge einer Gleichung entsprechen, sagen wir $y = f(x)$. Dann wissen wir (aus Abschnitt 9.3), daß die Steigung m der Tangente im Nullpunkt an die Kurve durch

$$m = \frac{df(0)}{dx} = \frac{df}{dx}, \quad \text{berechnet für } x = 0,$$

gegeben ist. Dies bedeutet, daß die Werte von $y = f(x)$ für x nahe Null ungefähr durch

$$f(x) \approx \left(\frac{df(0)}{dx}\right)x$$

gegeben sind.

Mit anderen Worten: Die Gerade durch den Nullpunkt, die die entsprechende Kurve am „besten" approximiert, ist die Gerade, deren Steigung dieselbe ist, wie die Steigung der Kurve bei *0*.

Die Algebraisierung der Geometrie führte unzählige neue Kurven in die geometrischen Überlegungen ein. Insbesondere stehen diejenigen Kurven, die Gleichungen von der Form $y = P_n(x)$ entsprechen, wobei P_n ein Polynom n-ten Grades ist, jetzt auf einer gemeinsamen Grundlage mit einfachen Geraden (Polynome P_1 ersten Grades) und Parabeln (Polynome P_2 zweiten Grades). Deshalb ist die Frage berechtigt, welche Kurve n-ten Grades sich $y = f(x)$ im Nullpunkt am stärksten nähert. Wie lautet z. B. die Gleichung einer Parabel, die sich „am besten" im Nullpunkt an $y = f(x)$ anschmiegt? Um diese Frage einwandfrei beantworten zu können, muß die Aussage „am besten" genau definiert werden. Von der Anschauung her müßte es bedeuten, daß die sich nähernde Parabel so viel Kontakt wie irgend möglich mit der Kurve Γ hat, so wie die Tangente mehr Kontakt mit Γ hat als irgendeine andere Gerade, die die Kurve im Nullpunkt trifft. Wird diese Bedingung mathematisch ausgedrückt, kommt man zu dem Schluß, daß die Parabel der Gleichung

$$y = ax + bx^2$$

entsprechen muß, wobei

$$a = \frac{df(0)}{dx}$$

$$b = \frac{1}{2}\frac{d^2f(0)}{dx^2}$$

ist. Dies bedeutet, daß die Parabel und die Kurve Γ die gleiche Tangente in *0* haben, und daß die Kurven, die den Ableitungsfunktionen entsprechen, ebenfalls in *0* die gleiche Tangente haben.

Wird dieses Verfahren weiter durchgeführt, können wir versuchen, $y = f(x)$ mit Hilfe eines Polynoms n-ten Grades so gut wie möglich im Nullpunkt zu approximieren. Die Koeffizienten des Polynoms lassen sich mit Hilfe der Funktion f bestimmen, wie in Gl. (10.1) angegeben ist. Wir verwenden dort die bequeme Kurzschreibweise $f^{(k)}(0)$ für die k-te Ableitung von $f(x)$, berechnet für $x = 0$. Das Polynom T_n wird *Taylorsches Polynom* von f genannt:

$$T_n = f^{(1)}(0)\,x + \frac{f^{(2)}(0)}{2!}x^2 + \ldots + \frac{f^{(n)}(0)}{n!}x^n. \tag{10.1}$$

Die Zahlen[1])

$$f^{(1)}(0), \ldots, \frac{f^{(k)}(0)}{k!}, \ldots, \frac{f^{(n)}(0)}{n!}$$

sind Konstante, die lediglich von der Funktion f abhängen.

Die Kurve, die dieser polynomischen Gleichung n-ten Grades entspricht, nähert sich nahe $x = 0$ mit zunehmender Genauigkeit $y = f(x)$, wenn immer größere Werte für n angenommen werden. Der *Taylorsche Satz* besagt, daß aus der *Näherungsformel* eine exakte *Gleichung* wird, wenn n unbegrenzt wächst (d.h., wenn n sich Unendlich nähert). Ist $f(0) = 0$, dann ist

$$f(x) = f^{(1)}(0)\,x + \ldots + \frac{f^{(n)}(0)}{n!}x^n + \ldots \tag{10.2}$$

Dieser Satz ist *nicht* für alle Funktionen f *gültig*. Bestimmte Bedingungen müssen erfüllt sein. Einige von ihnen sind selbstverständlich, andere sind schwieriger auszudrücken und nachzuprüfen, aber auf die meisten Funktionen, die mit gewöhnlichen Mitteln aufgeschrieben werden können, ist der Taylorsche Satz uneingeschränkt anwendbar.

Bild 10.2 zeigt *Taylorsche Polynome* unterschiedlichen Grades, die sich der Kurve $y = \sin x$ nähern. Es ist völlig klar, daß die Approximation der Sinuskurve durch die Polynome zunehmend besser wird, je weiter der Grad des Polynoms erhöht wird.

Der Einfachheit halber betrachten wir Kurven, die durch den Nullpunkt verlaufen. Dies bedeutet, die Funktion f hat die Eigenschaft $f(0) = 0$. Um diese unnötige und unbequeme Einschränkung zu vermeiden, beachte man lediglich, daß, wenn f irgendeine Funktion ist, $y = f(x) - f(0)$ einer Kurve entspricht, die durch den Nullpunkt verläuft. Jetzt ist die Ableitung der Konstanten $f(0)$ gleich Null, und die n-te Ableitung von $f(x) - f(0)$ ist dieselbe wie die n-te Ableitung von $f(x)$ selbst. Das bedeutet, daß der Taylorsche Satz für jede vernünftige Funktion f auf die Funktion $f(x) - f(0)$ angewendet werden kann, um die folgende Formel zu erhalten:

$$f(x) - f(0) = f^{(1)}(0)\,x + \ldots + \frac{f^{(n)}(0)}{n!}x^n + \ldots \tag{10.3}$$

Schließlich sei bemerkt, daß wir in der Nähe von $x = 0$ die Kurve Γ betrachtet haben. Wir hätten auch nach ihrem Verhalten in der Nähe irgendeines Punktes $x = a$ fragen können. Hätten wir dies getan und eine entsprechende Analyse durchgeführt, so hätten wir den vollständigen allgemeinen *Taylorschen Satz* erhalten:

$$f(x + a) = f(a) + f^{(1)}(a)\,x + \frac{f^{(2)}(a)}{2!}x^2 + \ldots + \frac{f^{(n)}(a)}{n!}x^n + \ldots. \tag{10.4}$$

---

1) $n! = 1 \cdot 2 \cdot 3 \ldots n$; $1! = 1$, $2! = 2$, $3! = 6$, $4! = 24$, $5! = 120$, u.s.w.

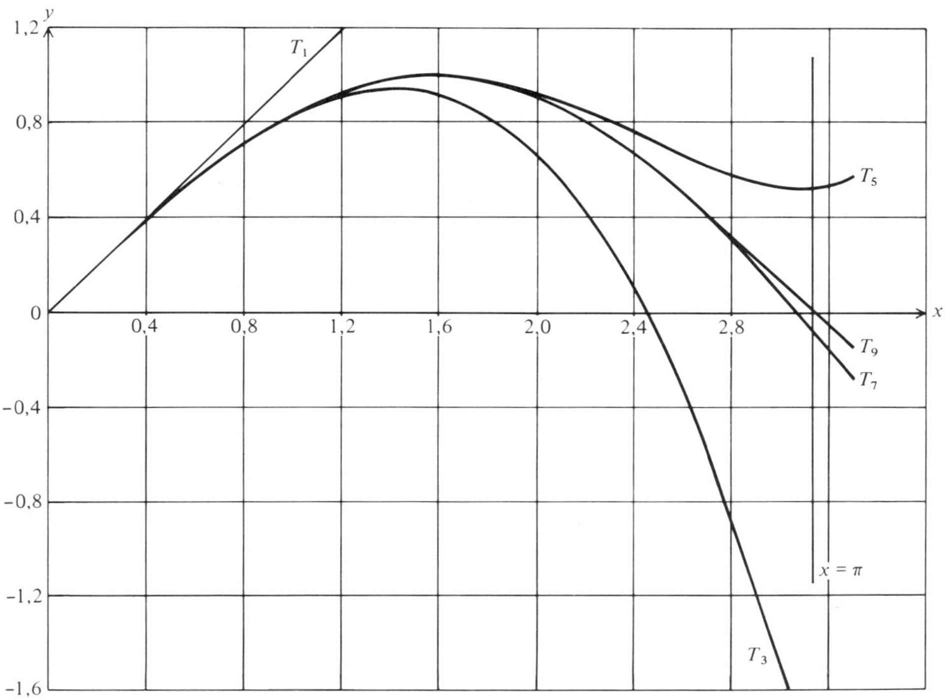

Bild 10.2 Approximation von $y = \sin x$ durch die Taylorschen Polynome T_1, T_3, T_5, T_7, T_9

Diese Form wird zu Gl. (10.3) reduziert, wenn $a = 0$ ist; man erhält Gl. (10.2), wenn $a = 0$ und auch $f(0) = 0$ gesetzt werden. Die *unendliche Reihe* auf der rechten Seite heißt *Taylorsche Entwicklung der Funktion f um den Punkt a.*

10.2. Brook Taylor war nicht der erste, der den nach ihm benannten Satz entdeckte, er war jedoch der erste, der ihn veröffentlichte, wodurch sein Name für immer damit verbunden blieb. Der Satz wurde gegen Ende des siebzehnten Jahrhunderts entdeckt und in vielen, sich etwas unterscheidenden Formen wiederentdeckt: von den Schotten James Gregory (1638–1675), der im Alter von 36 Jahren starb, und Colin Maclaurin (1698–1745), von Johann Bernoulli (1667–1748) aus der berühmten Schweizer Mathematiker- und Physikerfamilie (siehe Bild 10.3) und von Taylor selbst. Die Idee war wichtig, hatte sowohl hübsche als auch unmittelbar nützliche, praktische Folgen und schien dazu vorbestimmt, fast gleichzeitig mehreren Forschern einzufallen. Ihre praktische Bedeutung kann nicht überbetont werden. Selbst heutzutage bietet sie die klarste und oft erfolgreichste Methode, die Lösung von technischen Gleichungen zu approximieren, die zu kompliziert sind, um genau analysiert zu werden.

10.3. Einige Beispiele für den Gebrauch des Taylorschen Satzes sollen seine Bedeutung veranschaulichen. Tabelle 10.1 enthält eine Reihe von Ableitungen, die für diese Beispiele und auch für die Arbeit in Kapitel 11 nützlich sein werden.

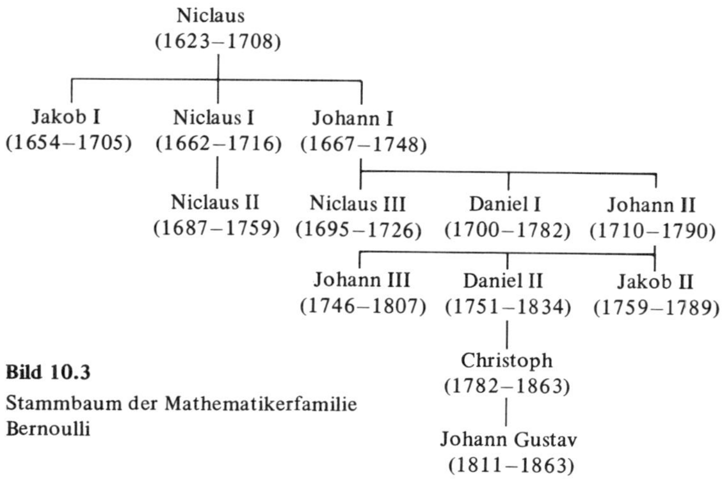

Bild 10.3
Stammbaum der Mathematikerfamilie Bernoulli

Tabelle 10.1 Einige wichtige Ableitungen

1. $\frac{d}{dx}(a_0 + a_1x + a_2x^2 + \ldots + a_kx^k) = a_1 + 2a_2x + 3a_3x^2 + \ldots + ka_kx^{k-1}$

2. $\frac{d}{dx}(a + x)^s = s(a + x)^{s-1}$ für beliebige s und a

3. $\frac{d^n}{dx^n}(a + x)^s = s(s-1)(s-2)\ldots(s-n+1)(a+x)^{s-n}$ für beliebige s und a

4. $\frac{d}{dx}\left(\frac{1}{1-x}\right) = \frac{1}{(1-x)^2}$

5. $\frac{d^n}{dx^n}\left(\frac{1}{1-x}\right) = \frac{n!}{(1-x)^{n+1}}$, wobei $n! = 1 \cdot 2 \cdot 3 \ldots n$

6. $\frac{d}{dx}\log_e(1+x) = \frac{1}{1+x}$

7. $\frac{d^n}{dx^n}\log_e(1+x) = \frac{(-1)^{n-1}(n-1)!}{(1+x)^n}$

8. $\frac{d}{dx}\sin x = \cos x$

9. $\frac{d^n}{dx^n}\sin x = \begin{cases} (-1)^k \cos x & \text{wenn } n = 2k+1 \\ (-1)^k \sin x & \text{wenn } n = 2k \end{cases}$

10. $\frac{d}{dx}\cos x = -\sin x$

11. $\frac{d^n}{dx^n}\cos x = \begin{cases} -(-1)^k \sin x & \text{wenn } n = 2k+1 \\ (-1)^k \cos x & \text{wenn } n = 2k \end{cases}$

12. $\frac{de^x}{dx} = e^x$, wobei e die Basis des Systems der natürlichen Logarithmen ist.

13. $\frac{d^n e^x}{dx^n} = e^x$

Betrachtet sei z. B. die Funktion

$$f(x) = \sqrt{1+x} = (1+x)^{1/2}.$$

Die Ableitungen dieser Funktion lassen sich einfach berechnen, und nachdem man die ersten gesehen hat, versteht man leicht ihre allgemeinen Bildungsgesetze. Zunächst ist nach Formel 2 (oder 3) in Tabelle 10.1 mit $s = \frac{1}{2}$

$$\frac{df}{dx} = \frac{1}{2}(1+x)^{-1/2}.$$

Die Art der Funktion ist geblieben, deshalb kann ihre Ableitung, d. h. die *zweite* Ableitung von f, auf ähnliche Weise (siehe Übung 10.16) als

$$\frac{d^2f}{dx^2} = \frac{1}{2}\left(-\frac{1}{2}\right)(1+x)^{-3/2}$$

berechnet werden. Wiederum hat das Ergebnis die gleiche Form, so daß auch wieder die gleiche Differentiationsregel zutrifft:

$$\frac{d^3f}{dx^3} = \frac{1}{2}\left(-\frac{1}{2}\right)\left(-\frac{3}{2}\right)(1+x)^{-5/2}.$$

Jetzt sollte es klar sein, wie das Verfahren fortzusetzen ist und daß die n-te Ableitung den Ausdruck

$$\frac{d^nf}{dx^n} = \frac{1}{2}\left(-\frac{1}{2}\right)\left(-\frac{3}{2}\right)\left(-\frac{5}{2}\right)\ldots\left(-\frac{(2n-3)}{2}\right)(1+x)^{-(2n-1)/2} \qquad (10.5)$$

haben wird. Wir wollen jetzt einen geeigneten Wert für den Parameter a im Taylorschen Satz wählen. Da die Werte der verschiedenen Ableitungen von f für den gewählten Wert a berechnet werden müssen, sollten wir a so wählen, daß die Berechnungen so einfach wie möglich werden. Eine Untersuchung von Gl. (10.5) zeigt, daß sich die Ableitungen bei $a = 0$ leicht berechnen lassen, und so wählen wir diesen Wert. Daher ist nach Gl. (10.5) mit $x = 0$

$$\frac{d^nf}{dx^n}(0) = (-1)^{n+1}\,\frac{3\cdot 5\cdot 7\ldots(2n-3)}{2^n} \quad \text{für } n > 1. \qquad (10.6)$$

Einsetzen dieses Ergebnisses in den Ausdruck für $f(x)$, der durch den Taylorschen Satz gegeben ist, führt zu

$$\sqrt{1+x} = 1 + \frac{1}{2}x - \frac{1}{8}x^2 + \frac{1}{16}x^3 + \ldots. \qquad (10.7)$$

Ist zum Beispiel $x = 0{,}03$, dann ist $\sqrt{1{,}03}$ durch

$$\begin{aligned}\sqrt{1{,}03} &= 1 + \frac{0{,}03}{2} - \frac{0{,}0009}{8} + \frac{0{,}000027}{16} + \ldots\\ &= 1 + 0{,}015 - 0{,}0001125 + \ldots\\ &= 1{,}01489\ldots\end{aligned}$$

gegeben, was auf vier Dezimalstellen genau ist. Dies ist offensichtlich ein praktisches und leistungsfähiges Hilfsmittel, um Quadratwurzeln auf beliebig viele Stellen genau zu berechnen. Es wird nichts weiter als die Rechenmethoden der elementaren Algebra benötigt.

Abgesehen davon, daß der Taylorsche Satz ein bequemes und genaues Berechnungsverfahren für Quadratwurzeln liefert, bringt er auch etwas Licht in die babylonische Näherungsmethode zur Bestimmung von Quadratwurzeln, die in Abschnitt 3.3 untersucht wurde. Man erinnere sich, daß die Babylonier auf der Suche nach $\sqrt{x}$ mit einer Näherung begannen und daraus eine Reihe immer besserer Näherungswerte entwickelten, indem sie

$$x_2 = \frac{x_1 + (x/x_1)}{2}$$
$$x_3 = \frac{x_2 + (x/x_2)}{2}$$
$$\vdots$$
$$x_{n+1} = \frac{x_n + (x/x_n)}{2}$$

berechneten. Wir wollen ihre Technik anwenden, um $\sqrt{1+x}$ zu bestimmen, und beginnen mit dem „ungefähren" Wert 1. Dann ist die zweite, bessere Approximation $\frac{1}{2}[1 + (1+x)/1] = \frac{1}{2}(2+x) = 1 + x/2$. Dies ist jedoch gerade das Taylorsche Polynom T_2 – die ersten beiden Glieder der Taylorschen Reihe in Gl. (10.7). Die nächste babylonische Approximation ist bereits viel schwieriger zu berechnen:

$$\frac{1}{2}\left[\left(1+\frac{x}{2}\right) + \frac{1+x}{1+x/2}\right]. \tag{10.8}$$

Ist x kleiner als 1, dann ist, wie man durch fortwährende Division nachprüfen kann,

$$\frac{1}{1+x/2} = 1 - \frac{x}{2} + \left(\frac{x}{2}\right)^2 - \left(\frac{x}{2}\right)^3 + \ldots$$

Dieser Ausdruck[1] wird in Gl. (10.8) eingesetzt, um den Ausdruck für die dritte babylonische Approximation zu finden, ***was nur für diejenigen Glieder durchgeführt werden soll, die in x quadratisch sind,***

$$\frac{1}{2}\left[1 + \frac{x}{2} + (1+x)\left(1 - \frac{x}{2} + \frac{x^2}{4} - \ldots\right)\right] = \frac{1}{2}\left[1 + \frac{x}{2} + \left(1 + x - \frac{x}{2} - \frac{x^2}{2} + \frac{x^2}{4} + \ldots\right)\right]$$
$$= 1 + \frac{x}{2} - \frac{x^2}{8} + \ldots,$$

was das Taylorsche Polynom dritten Grades ist. Die Fortsetzung dieses Prozesses führt tatsächlich zu den Taylorschen Polynomen von immer höheren Graden. Für diejenigen Leser, die sich über die heiklen Fragen der Mathematik Gedanken machen, sei bemerkt, daß wir in unsere Berechnungen eine *zweite* Art der Näherung eingeführt haben, indem der Quotient $(1 + x/2)^{-1}$ durch ein unendliches Polynom ersetzt, der größte Teil des Polynoms abgetrennt und nur die ersten drei Glieder beibehalten wurden. Dieses Verfahren ist nur anwendbar, wenn x zwischen -1 und $+1$ liegt, aber die babylonischen Approximationen ließen sich für alle x anwenden und sind für den besonderen Fall der Quadratwurzelberechnung sogar geeigneter als der Taylorsche Satz.

Für irgendeine bestimmte Funktion gibt es vielleicht einen besonderen Algorithmus, der für ihre Berechnung geeigneter ist als die Taylorsche Reihe; die Leistungsfähigkeit und die Bedeutung des Taylorschen Satzes liegen darin, daß er eine *einheitliche Methode*

[1] Der Ausdruck auf der rechten Seite ist eine geometrische Reihe.

liefert, mit der Näherungen für eine außerordentlich umfangreiche und wichtige Funktionenklasse gefunden werden können. Er erlaubt dem Benutzer, ohne schöpferische Ideen auszukommen, was, wie wir ständig betont haben, eines der grundlegenden Kennzeichen der Nützlichkeit ist. Um zu illustrieren, wie man tatsächlich auf das Denken verzichten kann, indem man den Taylorschen Satz benutzt, soll folgendes Problem betrachtet werden: Es sind Potenzen – nicht unbedingt ganzzahlige Potenzen – von Zahlen nahe bei 1 zu berechnen, z. B.

$$(1+x)^s$$

für kleine x und beliebige s. Die Quadratwurzel, die wir früher betrachtet haben, ist der Spezialfall für $s = \frac{1}{2}$. Das allgemeine Problem ist unter anderen für die Banken und Versicherungsgesellschaften wichtig, da dies die Formel zur Berechnung des Zinseszins ist: Beträgt der Zinsfuß x-Prozent pro Zeiteinheit, so wächst eine Mark, die für s Zeiteinheiten investiert ist, auf $(1 + x)^s$ Mark an. Man wüßte gerne, wie man diese Zahl für verschiedene Auswahlwerte von s und x berechnen könnte; x ist leider immer zu klein und s zu groß (zumindestens vom Standpunkt der Bankkunden aus gesehen).

Unter Verwendung der Formel (3) in Tabelle 10.1 und des Taylorschen Satzes, finden wir *automatisch* und *ohne Denken zu müssen* (aber vorsichtig)

$$\begin{aligned}(1+x)^s &= 1 + sx + \frac{s(s-1)}{1\cdot 2}x^2 + \frac{s(s-1)(s-2)}{1\cdot 2\cdot 3}x^3 \\ &\quad + \ldots + \frac{s(s-1)\ldots(s-n+1)}{1\cdot 2\cdot 3\ldots n}x^n + \ldots\end{aligned} \tag{10.9}$$

Zum Beispiel ist:

$$\begin{aligned}(1{,}01)^{1/10} &= 1 + (0{,}1)(0{,}01) + \frac{(0{,}1)(0{,}1-1)(0{,}01)^2}{2} + \ldots \\ &= 1 + 0{,}001 - 0{,}000\,004\,5 + \ldots \\ &= 1{,}000\,995\,5 \ldots\end{aligned}$$

10.4. In Kapitel 7 wurden die elementaren Eigenschaften und Anwendungen der Logarithmen besprochen und das Problem der Berechnung von Logarithmentafeln berührt. Es sollte selbstverständlich sein, daß das grobe Verfahren, mit dem wir dort zeigten, wie die Aufstellung einer Logarithmentafel denkbar wäre, tatsächlich viel zu ungenau ist, um eine wirklich nutzbare Tafel innerhalb eines Lebensalters herzustellen. Außerdem war es bei jener Methode schwierig, den Fehlergrad zu ermessen, der jedem der berechneten Werte anhaftet. Der Taylorsche Satz kann leicht auf $f(x) = {}^e\log(1 + x)$ angewendet werden. Man erhält eine einfache Taylorsche Reihe, die die Aufstellung einer Logarithmentafel zu einem mechanischen Prozeß reduziert, der am besten von einer Maschine ausgeführt wird. Heute werden diese Tafeln tatsächlich maschinell berechnet.

Aus den Formeln 6 und 7 in Tabelle 10.1 und indem im Taylorschen Satz $a = 0$ angenommen wird, findet man die folgende Reihe (die, nachdem x zu $-x$ abgeändert wird, die gleiche ist wie diejenige auf S. 173):

$${}^e\log(1+x) = x - \frac{x^2}{2} + \frac{x^3}{3} - \frac{x^4}{4} + \ldots \tag{10.10}$$

Diese Reihe kann nur dann als Näherung für Logarithmen verwendet werden, wenn $-1 < x < 1$ ist. Nach den Regeln der Logarithmen ist dies aber ausreichend, um die Logarithmen für *jede beliebige* Zahl zu finden. Um Beispielsweise $^{e}\log 2$ zu finden, können wir auf folgende Weise vorgehen: Da $2 = 1 + 1$ ist, kann die Reihe nicht benutzt werden. Wir wissen aber, daß $\log(2) = -\log(\frac{1}{2})$ ist. Nun ist $\frac{1}{2} = 1 - \frac{1}{2}$, was eine brauchbare Form ist. Wir erhalten

$$\begin{aligned}
^{e}\log 2 &= -\,^{e}\log\left(\frac{1}{2}\right) = -\,^{e}\log\left(1 - \frac{1}{2}\right)\\
&= -\left[\left(-\frac{1}{2}\right) - \frac{(-1/2)^2}{2} + \frac{(-1/2)^3}{3} - \ldots\right] = \frac{1}{2} + \frac{1}{8} + \frac{1}{24} + \ldots\\
&= 0{,}500\,0\ldots + 0{,}125\,00\ldots + 0{,}04\,166\,66\ldots\\
&\quad + 0{,}015\,625\,0\ldots + 0{,}006\,250\,0\ldots + 0{,}002\,604\,1\ldots + \ldots\\
&= 0{,}691\,1\ldots,
\end{aligned}$$

indem die ersten sechs Glieder summiert wurden. Der wahre Wert von $^{e}\log 2$ (den man durch Summierung ausreichend vieler Glieder der Reihe erhält) ist 0,691 3 ...

Die Basis e des natürlichen Logarithmussystems ist einfacher zu errechnen. Die Reihe für die Funktion $f(x) = e^x$ ist nach den Formeln 12 und 13 in Tabelle 10.1 und dem Taylorschen Satz

$$e^x = 1 + x + \frac{x^2}{2!} + \frac{x^3}{3!} + \ldots + \frac{x^n}{n!} + \ldots \tag{10.11}$$

Wird $x = 1$ gesetzt, ergibt dies

$$\begin{aligned}
e &= 1 + 1 + \frac{1}{2} + \frac{1}{6} + \frac{1}{24} + \frac{1}{120} + \frac{1}{720} + \ldots\\
&= 1 + 1 + 0{,}5 + 0{,}166\,666\ldots + 0{,}041\,666\,6\ldots\\
&\quad + 0{,}008\,333\,3\ldots + 0{,}001\,388\,8\ldots + \ldots\\
&= 2{,}718\ldots
\end{aligned} \tag{10.12}$$

Der Wert von e auf 12 Dezimalstellen genau ist tatsächlich

$$e = 2{,}718\,281\,828\,459\ldots.$$

Zum Schluß müssen noch zwei Beispiele, die Taylorschen Reihen für die Sinus- und Kosinusfunktionen, erwähnt werden. Nach dem gleichen Verfahren, das wir bereits mehrere Male angewandt haben, und indem diesmal die Formeln 8 bis 11 in Tabelle 10.1 benutzt werden, findet man (vgl. Bild 10.2):

$$\sin x = x - \frac{x^3}{3!} + \frac{x^5}{5!} - \frac{x^7}{7!} + \ldots \tag{10.13}$$

und

$$\cos x = 1 - \frac{x^2}{2!} + \frac{x^4}{4!} - \frac{x^6}{6!} + \ldots. \tag{10.14}$$

Der Lehrsatz des Pythagoras für die Seiten eines rechtwinkligen Dreiecks, was natürlich das gleiche ist wie die grundlegende Gleichung

$$(\sin x)^2 + (\cos x)^2 = 1\,, \tag{10.15}$$

wird unter diesem Gesichtspunkt *eine Gleichung mit unendlichen Reihen.* Quadriert man die Reihen für $\sin x$ und $\cos x$, so erhält man Reihen mit den Anfangsgliedern

$$(\sin x)^2 = x^2 - \frac{2x^4}{3!} + \ldots$$

und

$$(\cos x)^2 = 1 - \frac{2x^2}{2!} + \frac{x^4}{(2!)^2} + \frac{2x^4}{4!} + \ldots$$

Man addiert diese Gleichungen, um

$$(\sin x)^2 + (\cos x)^2 = 1$$

zu erhalten, was mindestens bis zur vierten Potenz in x korrekt ist. Mit Sorgfalt und auf überzeugende Weise kann gezeigt werden, daß sich alle Potenzen von x auf der rechten Seite aufheben. Folglich liefert die Taylorsche Reihe eine nichttrigonometrische Methode zum Beweis der grundlegenden Identität (10.15) der Trigonometrie.

An dieser Stelle sollte der Leser sich an Aristarchos' geniale Methode zur Abschätzung des Wertes für $\sin 3^\circ$ erinnern, die in Abschnitt 4.3 diskutiert wurde, und versuchen, mit Hilfe von Gl. (10.13) eine bessere Abschätzung zu erhalten. Man erinnere sich daran, daß $3^\circ = \pi/60 = 0{,}052\ldots$ im Bogenmaß ist, das in Gl. (10.13) benutzt werden *muß*. Indem nur die ersten *beiden* Glieder der Taylorschen Reihe und die oben erwähnte Näherung für 3° verwendet werden, was darauf hinausläuft, daß man den exakten Wert von π nur auf drei Stellen genau kennt, nämlich 3,14, haben wir uns tatsächlich über Aristarchos hinaus verbessert, jedoch mit wesentlich stärkerem Handwerkszeug.

10.5. In den vorangegangenen Abschnitten dieses Kapitels wurde nur wenig darüber gesagt, wie die *Genauigkeit* eines Näherungswertes bestimmt werden kann, der sich bei Anwendung des Taylorschen Satzes ergeben hat. Im ersten Beispiel ergab z. B. die Berechnung von $\sqrt{1{,}03}$ den Wert 1,0149, indem die ersten drei Glieder der Reihe benutzt wurden. Wenn man sieht, wie schnell die Werte der aufeinanderfolgenden Glieder der Reihe abzunehmen scheinen, so leuchtet es ein, daß der Beitrag späterer Glieder in der Reihe keinen weiteren Einfluß auf die vierte Dezimalstelle ausüben wird. Ein derartig „überzeugendes Argument" kann irreführen. Es wäre jedenfalls beruhigend, wenn nach einer einfachen Methode absolut verläßlich die Größe des Fehlers berechnet werden könnte, je nachdem, ob nur das erste Glied, bzw. zwei, drei oder n Glieder einer gegebenen Reihe benutzt werden. Ein Teil des Taylorschen Satzes, der zu technisch für dieses Buch ist und deshalb unberücksichtigt gelassen wurde, vermittelt ein derartiges Verfahren. Dadurch ist der Satz sowohl für die praktische Anwendung als auch für die Forschung ein ausgezeichnetes Hilfsmittel.

Es gibt einen Fall, in dem der maximale Fehler, der durch Benutzung der ersten n Glieder der Taylorschen Reihe oder tatsächlich von *irgendeiner* Reihe entsteht, leicht zu berechnen ist. Alterniert das *Vorzeichen* aufeinanderfolgender Glieder der Reihe, wie z. B. in

$$1-\frac{1}{3}+\frac{1}{5}-\frac{1}{7}+\ldots \tag{10.16}$$

(der Nenner durchläuft die ungeraden ganzen Zahlen) oder in der Reihe (10.7) für $\sqrt{1+x}$, dann ist der Fehler nach der Summierung von n Gliedern der Reihe immer geringer (als absoluter Wert) als der Wert des nächsten Gliedes (als absoluter Wert). Für Gl. (10.16) bedeutet dies, daß der Fehler bei Verwendung der ersten drei Glieder, $1-\frac{1}{3}+\frac{1}{5}=0{,}866\,66\ldots$, zwischen $-\frac{1}{7}$ und $+\frac{1}{7}$ liegen muß, d.h. zwischen $-0{,}1428\ldots$ und $+0{,}1428\ldots$. Dies ist für uns von größter Bedeutung, wenn man sich an Abschnitt 4.7 und daran erinnert, daß die Reihe (10.16), die Gregorysche Reihe, die Summe $\pi/4$ hat. Die Fehlerregel versichert uns, daß $\pi/4$ mit Hilfe der Gregoryschen Reihe beliebig genau approximiert werden kann, und daß es genügt, so viele Glieder zu addieren, bis z.B. ein Glied zwischen $-0{,}01$ und $+0{,}01$ erreicht ist. Dann ist der Näherungswert bis auf etwa ein Hundertstel (0,01) genau. Durch Untersuchung der Reihe wird deutlich, daß dies beim Glied $+1/101$ erreicht ist. Deshalb genügt die Summierung der ersten 50 Glieder, um die erforderliche Genauigkeit zu erreichen. Der Leser hat jetzt einen höheren Standpunkt, von dem aus er Archimedes' Bestimmung von π würdigen kann, denn es war für ihn nicht sehr viel mehr Arbeit, ein Ergebnis von gerade dieser Genauigkeit zu erhalten, als die ersten 50 Glieder der Reihe zu summieren. Die Summation ist jedoch eine mechanische Tätigkeit und kann automatisch erfolgen. Soll ein Ergebnis bis auf ein Zehntausendstel (0,0001) genau sein, summiere man einfach die ersten 5 000 Glieder der Reihe – oder lasse dies eine Maschine in weniger als einer Sekunde durchführen.

Bild 10.4 zeigt, wie sich die Gregorysche Reihe langsam $\pi/4$ nähert, wenn ihre Glieder summiert werden. Die Summe der ersten n Glieder ist graphisch als Ordinate

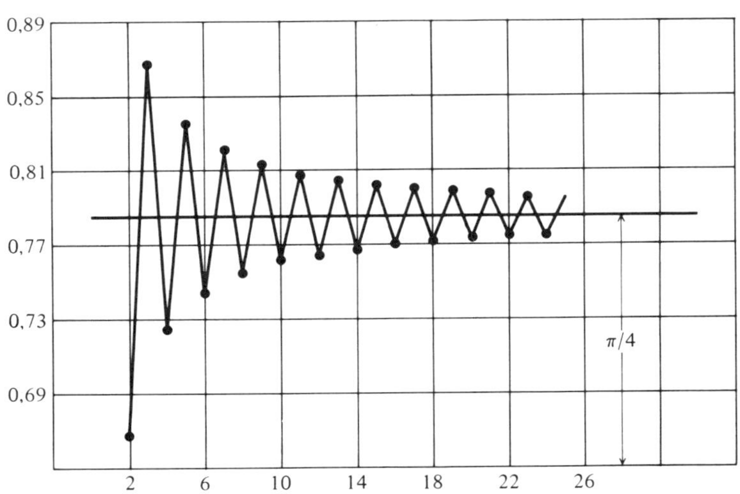

Bild 10.4 Fehler nach der Summierung von n Gliedern der Gregoryschen Reihe für $\pi/4$

gegen n aufgetragen. Die dadurch entstehenden Punkte wurden durch Geradenabschnitte verbunden, damit sich leichter ablesen läßt, was hier vor sich geht. Die daraus entstandene Zickzacklinie ist auf Grund der Wechsel des Vorzeichens der Glieder in der Reihe (10.16), abwechselnd größer und kleiner als $\pi/4$. Dies ist typisch für alternierende Reihen, aber nicht für die Summen anderer Reihen.

Zum Beispiel stellt die Dezimalbruchentwicklung einer Zahl eine numerische Reihe dar, wie

$$\frac{1}{3} = 0{,}333\,33\ldots = \frac{3}{10} + \frac{3}{10^2} + \frac{3}{10^3} + \ldots.$$

Da diese Glieder alle positiv sind, ist jede Näherungssumme größer als alle vorangegangenen, die weniger Glieder enthalten. Übrigens ist diese besondere Reihe ein Spezialfall der geometrischen Reihe, bei der das erste Glied $\frac{3}{10}$ und das Verhältnis aufeinanderfolgender Glieder $\frac{1}{10}$ ist. Aus der Diskussion in Kapitel 1 wissen wir, wie die Summen geometrischer Reihen sich ihrem jeweiligen Wert nähern, wenn eine immer größere Anzahl von Gliedern summiert wird (vgl. S. 28).

Mit dem gleichen Verfahren kann jetzt festgestellt werden, daß die ersten drei Glieder der Reihe (10.7) für $\sqrt{1{,}03}$ tatsächlich zu einem Ergebnis führen, das auf vier Dezimalstellen genau ist. Denn das vierte Glied jener *alternierenden Reihe* ist 0,000 027/16, und der Fehler, der sich beim Summieren von nur drei Stellen ergibt, muß noch geringer sein.

Haben die Glieder einer Reihe keine alternierenden Vorzeichen, dann ist es schwieriger zu entscheiden, wie groß der Fehler ist, der nach der Summierung von n Gliedern vorhanden ist. Die üblichen Fehlerabschätzungen, die Teil des Taylorschen Satzes sind, benutzen die Größe der Ableitungen der durch die Taylorsche Reihe dargestellten Funktion, oder auch die Größe eines Integrals, das durch die Funktion gegeben wird. Gewöhnlich können diese Größen ohne viele Schwierigkeiten ausgerechnet und dadurch die Fehlerschranken für die Taylorsche Reihe bestimmt werden.

Übungen

10.1. Betrachten Sie die quadratische Funktion

$$f(x) = 5 + 3x^2$$

a) Berechnen Sie die *Taylor-Entwicklung* der Funktion $f(x)$ bis einschließlich der zweiten Ableitungen; d. h., berechnen Sie das Taylorpolynom T_2 zweiter Ordnung für diese Funktion f im Punkt $x = 0$.
b) Worin besteht der Unterschied zwischen $f(x)$ und T_2; d. h., wie groß ist der Fehler bei dieser Approximation?

10.2. Wie in Übung 10.1 werde das Taylorpolynom zweiter Ordnung für die Funktion

$$f(x) = 5 + 3x^2 + 2x^3$$

für $x = 0$ berechnet. Wie groß ist der Fehler in der Approximation von $f(x)$ durch T_2?

10.3. Betrachtet werde die Funktion

$$f(x) = (1 + x)^5$$

a) Schreiben Sie $f(x)$ in der Form

$$f(x) = a_0 + a_1 x + \ldots + a_5 x^5$$

(indem Sie die bestimmten Werte der a_k angeben), entweder unter Verwendung des binomischen Lehrsatzes oder mittels Durchführung der angegebenen Multiplikation.

b) Leiten Sie dieselbe Lösung wie in a) ab, indem Sie den Taylorschen Satz und die Taylorsche Formel (2) in Tabelle 10.1 benutzen.

10.4. Finden Sie die Taylor-Entwicklung der Funktion

$$f(x) = \sqrt{4 + x}$$

in $x = 0$, indem Sie insbesondere eine Formel für $(d^n f/dx^n)$ ableiten [vgl. (10.6)].

10.5. Unter Verwendung der Tatsache (die wir hier annehmen), daß die Taylor-Entwicklung für $f(x)$ in Übung 10.4 sinnvoll ist (konvergiert), solange $-4 < x < +4$ ist, berechnen Sie den Wert von $\sqrt{2}$ bis auf *vier* Dezimalstellen genau. (*Hinweis:* Man erinnere sich der Besprechung über den Fehlerbetrag in einer Reihe, deren Glieder alternierende Vorzeichen haben.)

10.6. Berechnen Sie unter Verwendung der Taylor-Entwicklung der Funktion

$$f(x) = (1 + x)^s$$

den Zinsbetrag, der in sechs Monaten für eine Spareinlage von 100 DM bei einem jährlichen Zinsfuß von 4 % gewonnen wurde, bis auf den Pfennig genau.

10.7. Eine Verallgemeinerung der Formel (2) in Tabelle 10.1 wird für irgendeine Funktion $g(x)$ mit einer Ableitung durch

$$\frac{d}{dx}(g(x))^s = s(g(x))^{s-1}\frac{dg}{dx}(x) \tag{A}$$

ausgedrückt. Formel (2) gibt den Fall $g(x) = 1 + x$ und $dg(x)/dx = 1$ an. Die allgemeinere Formel ist ein Sonderfall der *Kettenregel* in der elementaren Infinitesimalrechnung und wird direkt aus der Definition der Ableitungen hergeleitet. Eine wichtige Funktion in der Mathematik ist $y = \arctan x$. Sie ist dann und nur dann durch $y = \arctan(x)$ definiert, wenn $x = \tan y = \sin y/\cos y$ (für $-\pi < y < \pi$) ist. Unter Verwendung der Eigenschaften der Ableitungen von $\sin x$ und $\cos x$, können wir die folgende Formel für die Ableitung von $\arctan(x)$ gewinnen:

$$\frac{d}{dx}(\arctan(x)) = \frac{1}{1 + x^2}. \tag{B}$$

Leiten Sie unter Verwendung von (A), worin $g(x) = (1 + x^2)$ ist, und (B) die Taylorentwicklung für arctan (x) ab. Zeigen Sie, daß diese Reihe für $x = 1$ berechnet die Gregorysche Reihe für $\pi/4$ ist (vgl. 10.16).

10.8. Es sei $i = \sqrt{-1}$, d.h., $i^2 = -1$, die imaginäre Einheit. Zeigen Sie, unter Verwendung der Reihen für $\sin x$, $\cos x$ und e^x, daß

$$e^{ix} = \sin x + i \cos x,$$

indem die Reihe für e^{ix} aufgeschrieben und in zwei Reihen aufgeteilt wird. (*Anmerkung:* Man operiert mit imaginären Größen nach den Regeln $(ix)^2 = i^2x^2 = -x^2$, $(ix)^3 = i^3x^3 = i^2 \cdot ix^3 = -ix^3$ und so weiter, genau wie mit reellen Zahlen).

10.9. Auf Seite 249 wurde der Ausdruck „Quadrieren der Reihe für $\sin x$" verwendet. Erklären Sie, was dies bedeuten könnte, und geben Sie mehrere Beispiele (vgl. die Definition für die Multiplikation reeller Zahlen, die in Kapitel 1 gegeben wurde).

10.10. Zeigen Sie, daß wir unter Verwendung zweier Glieder für die Taylor-Entwicklung von $\sin x$ die Bestimmung des Aristar für sin 3° verbessern können (erinnern Sie sich daran, daß 3° = $\pi/60$ ist und nehmen Sie an, daß π durch 3,14 approximiert wird).

10.11. a) Wie viele Glieder der Gregoryschen Reihe müssen benutzt werden, um einen Wert für π zu erhalten, der auf
I. eine Dezimalstelle,
II. zwei Dezimalstellen,
III. sechs Dezimalstellen
genau ist.
b) Führen Sie diese Berechnung für Teil (I) aus.
c) Wie steht dies im Vergleich zu der Genauigkeit der Berechnung von π durch Archimedes?

10.12. Geben Sie eine Formel für den Fehler beim Summieren von n Gliedern einer geometrischen Reihe. Veranschaulichen Sie die Formel an zwei Beispielen. (*Hinweis:* Siehe die Diskussion geometrischer Reihen in Kapitel 1.)

***10.13.** Betrachtet werde eine Reihe von Gliedern

$$a_0 + a_1 + a_2 + \ldots + a_n + \ldots,$$

in der a_n nicht gegen Null geht, wenn n groß wird. Kann eine derartige Reihe gegen eine Zahl konvergieren? Warum? Geben Sie ein Beispiel, um die Antwort zu belegen. (*Hinweis:* Man betrachte zuerst Beispiele, *die* konvergieren und konstruiere dann Beispiele für Reihen, die nicht konvergieren.)

10.14. Gegeben sei eine alternierende Reihe

$$a_0 - a_1 + a_2 - a_3 + \ldots \pm a_n \ldots,$$

in der die Glieder a_n gegen Null gehen, wenn n groß wird; zum Beispiel:

$$1 - \frac{1}{2} + \frac{1}{3} - \frac{1}{4} + \ldots$$

Glauben Sie, daß eine derartige Reihe immer konvergiert? Warum?

10.15. Geben Sie ein Beispiel für eine alternierende Reihe, die nicht gegen irgendeine reelle Zahl konvergiert.

10.16. Zeigen Sie unter Verwendung der Definition (9.4) der Ableitung, daß

$$\frac{dcf}{dx} = c\,\frac{df}{dx}$$

ist, wenn c eine Konstante und f eine Funktion ist.

11. Differentialgeometrie

Die ***Differentialgeometrie*** **verbindet die Problemstellungen der Geometrie mit den Verfahrens**techniken der Infinitesimalrechnung, um dadurch eine Methode zur Untersuchung der Geometrie gekrümmter Flächen zu schaffen. Dieses Kapitel führt diese Methoden anhand der Geometrie der Kugel ein, was teilweise bereits in den Kapiteln 5 und 6 vorbereitet wurde, und vergleicht sie mit der euklidischen Geometrie. Die anschauliche Auffassung der *Krümmung* wird präzisiert und die Darstellung *geodätischer Kurven* auf Flächen wird, durch bestimmte Funktionsableitungen ausgedrückt, plausibel gemacht. Dieses Kapitel soll den Mechanismus vermitteln, der es ermöglicht, die Relativitätstheorie in Kapitel 12 und den Rahmen für den Vergleich der physikalischen Theorien von Newton und Einstein auf anschauliche, aber dennoch exakte Weise zu untersuchen.

11.1. Nicht lange nach der Erfindung der Infinitesimalrechnung durch Newton und Leibniz, wurde dieses leistungsfähige Instrument bei der Behandlung eines der ältesten Probleme der Mathematik eingesetzt: der Geometrie von Kurven, Flächen und Raum im allgemeinen. Diese Anwendung der Infinitesimalrechnung auf die Geometrie wurde als *Differentialgeometrie* bekannt, die sich als unabhängige mathematische Disziplin von den Anfängen um 1800 bis zur Reife zu Beginn des 20. Jahrhunderts entwickelte. 1916 benutzte Albert Einstein sie in seiner Formulierung der allgemeinen Relativitätstheorie. Die Aufgabe dieses Kapitels besteht darin, die grundlegenden Begriffe der Differentialgeometrie zusammen mit einer Erläuterung ihres Ursprungs einzuführen. Diese Begriffe werden später bei der Beschreibung der allgemeinen Relativitätstheorie in Kapitel 12 benutzt.

Unser Eingehen auf die Differentialgeometrie steht im Einklang mit einem der grundlegenden Themen dieses Buches: Sie stellt eine Hauptentwicklung der mathematischen Ideen dar, die zum Verständnis der geometrischen Beschaffenheit des Raumes jenseits der unmittelbaren Wahrnehmung des Menschen nötig sind.

Viele der Grundbegriffe in der Differentialgeometrie entwickelten sich als Folge eines Versuchs von Carl Friedrich Gauß (1777–1855), die detaillierte geometrische Form der Erdoberfläche konkret zu beschreiben. Dieses Problem verlangt mathematische Hilfsmittel, die einen Schritt über die *flache euklidische Geometrie* der Griechen und Römer (in Übereinstimmung mit ihrer „flachen" Welt; vgl. Bilder 6.15 bis 6.19) und die symmetrische *sphärische Geometrie* der Nachfolger von Ptolemäus und der Seefahrer der Renaissance hinausgehen (vgl. Kapitel 5 und 6). Denn für weitere Fortschritte mußten die Grenzwertbegriffe eingeführt werden, die der Infinitesimalrechnung zugrunde liegen.

11.2. Die Differentialgeometrie untersucht die Eigenschaften von Kurven und Flächen im Raum, genauer ausgedrückt: die *Länge* von Kurven, den *Inhalt* der durch Kurven begrenzten Flächen auf Oberflächen, sowie *Krümmung* und *Verzerrungen* unter verschiedenen Nebenbedingungen. In diesem Zusammenhang benötigt man drei fundamentale mathematische Begriffe, die grundlegend für die Untersuchung der Differentialgeometrie sind. Ihnen allen liegt, wie auch immer, die fundamentale Auffassung des *Raumes* zugrunde, in dem die Geometrie der Kurven oder Flächen betrachtet werden muß. Dieser Raum könnte z. B. die Ebene, die Oberfläche einer Kugel, der dreidimensionale Raum, die Oberfläche eines Ellipsoids oder die Oberfläche der am Nord- und Südpol abgeflachten Erde sein. Es ist nicht einfach, eine Definition der Räume zu geben, die für die Untersuchung der Geometrie zulässig sind. Eine sehr nützliche Definition des geometrischen Raumes stammt von Bernhard Riemann (1826–1866); sie unterliegt den meisten modernen Modellen des Universums und wird später noch betrachtet. Die Geometer vor 1850 hatten gewisse feste Vorstellungen von Räumen, die zulässig waren. Die obengegebenen Beispiele gehörten dazu, aber nicht viele weitere. „Räume" von mehr als drei Dimensionen wurden z. B. innerhalb dieses Rahmens nicht erfaßt. Wie später jedoch gezeigt wird, ist diese Verallgemeinerung für die Relativitätstheorie unentbehrlich, in der der *geometrische Raum*, der der Theorie zugrunde liegt, *vierdimensional* ist.

Wir wollen uns darüber einig sein, wie ein „Raum" beschaffen sein muß. Bezüglich eines gegebenen Raumes definieren wir drei fundamentale Begriffe der Differentialgeometrie: *Metrik, geodätische Linie* und *Krümmung*.

1. Eine *Metrik* ist eine Regel oder Formel, die die *Entfernung* zwischen zwei Punkten im Raum bestimmt (definiert).
2. Eine *geodätische Linie* ist eine Kurve, die zwei gegebene Punkte im Raum verbindet und deren Länge gleich der Entfernung zwischen den Punkten ist.[1])
3. *Krümmung* ist die Gesamtheit an natürlicher Biegung oder gebogener Beschaffenheit des Raumes an einem gegebenen Punkt im Raum.

Um diese erläuternden Definitionen näher auszuführen, veranschaulichen wir sie an einigen Beispielen. Angenommen, der Raum sei die gewöhnliche euklidische Ebene E^2 oder der gewöhnliche dreidimensionale Raum E^3. Indem ein fester Punkt 0 und senkrecht aufeinanderstehende Koordinatenachsen gewählt werden (Bild 11.1), kann ein Punkt P durch seine Koordinaten (x, y) in E^2 und (x, y, z) in E^3 dargestellt werden. Man erinnere sich daran, daß dies eine Beschreibung der Punkte dieser geometrischen Räume mittels der analytischen Geometrie ist, wie sie in Kapitel 8 eingeführt wurde. Die *Entfernung* zwischen den beiden Punkten P und P' ist durch den Satz des Pythagoras gegeben (Bild 11.2). Hierbei ist es von der Anschauung her deutlich, daß die kürzeste Entfernung zwischen zwei Punkten die Länge der Geraden ist, die sie verbindet. Somit sind die geodätischen Linien für E^2 und E^3 Geraden. An dieser Stelle wird die Infinitesimalrechnung noch nicht benötigt, und der Begriff der *Krümmung* von E^2 und E^3 ist geometrisch nicht offenbar, da diese Räume sich als *flach* erweisen; ihre Krümmung ist Null.

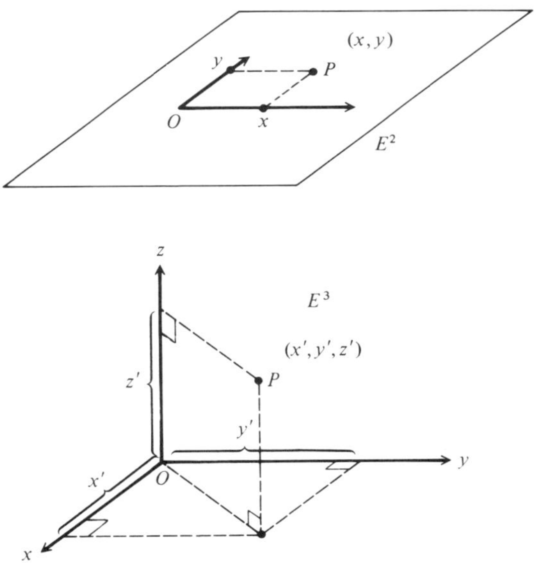

Bild 11.1
Kartesische Koordinatensysteme in der Ebene und im dreidimensionalen Raum

[1]) Der Einfachheit halber benutzen wir diese Definition einer geodätischen Linie, die sich von der üblichen Definition unterscheidet. Jedoch stimmen beide Definitionen überein, wenn die gegebenen **Punkte nahe genug beieinanderliegen. In jedem Fall ist eine geodätische Linie in unserem Sinne** immer eine geodätische Linie im üblichen Gebrauch der Differantialgeometrie.

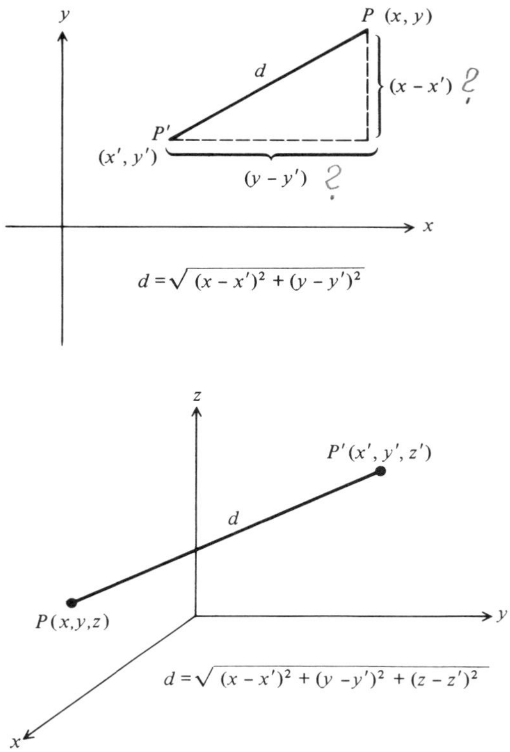

Bild 11.2
Satz des Pythagoras in der Ebene und im dreidimensionalen Raum

Metrik

11.3. Es gibt verschiedene Arten Krümmung, und der Begriff der Krümmung eines gegebenen Raumes ist nicht einfach zu verstehen. Betrachten wir zunächst einen einfacheren Begriff: die ***Krümmung einer Kurve*** im Raum und, als Sonderfall, die Krümmung einer Kurve in der Ebene. Gegeben sei eine Kurve in E^2, die *keine* Gerade ist. Sie ist dann tatsächlich *gekrümmt*, wie die Kurve Γ in Bild 11.3.

Die Krümmung einer Kurve ist ein Maß dafür, wie „gebogen" oder „gekrümmt" sie in jedem ihrer Punkte ist, d. h., sie ist ein Maß dafür, wie stark sie von einer Geraden abweicht.

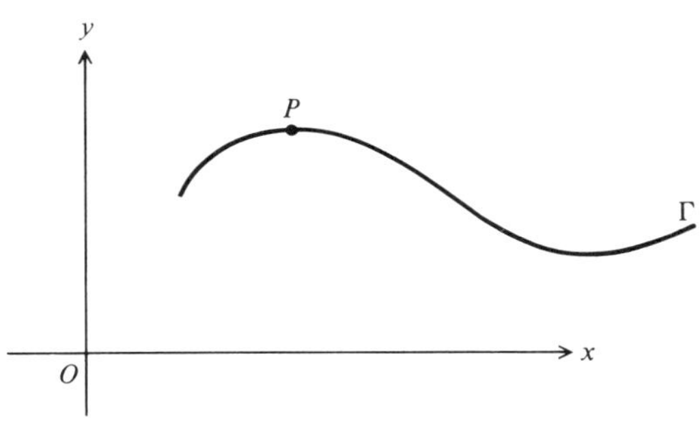

Bild 11.3
Eine Kurve, die in P „gekrümmt" ist

Man rufe sich ins Gedächtnis zurück, daß es eines der Probleme der Infinitesimalrechnung war, die *Tangente* an eine gegebene Kurve zu finden. Ein analoges Problem ist folgendes: Gesucht wird der Radius eines Kreises, der Γ in P berührt, und der sich der Kurve Γ in P besser nähert als jeder andere Kreis. In Bild 11.4 sind drei Kreise S_0, S_1, S_2 (mit den jeweiligen Radien R_0, R_1 und R_2) eingezeichnet, die Γ in P berühren. Offensichtlich approximiert S_1 die Kurve in P besser als einer der beiden anderen Kreise S_0 und S_2. Dies ist ein analoges Problem wie das, eine Approximation einer gegebenen Funktion durch ein Polynom zu finden. Dies wurde in Kapitel 10 besprochen. Es ist jedoch nicht selbstverständlich, daß es einen *besten Kreis* gibt, aber für die meisten Kurvenpunkte, die natürlicherweise vorkommen, kann seine Existenz bewiesen werden.

Wir betrachten eine Schar von Kreisen mit einer gemeinsamen Tangente, wie beispielsweise in den Bildern 11.4 oder 11.5. Je kleiner der Radius eines der Kreise in Bild 11.5 ist, desto stärker ist er offensichtlich, *in Bezug* auf die anderen Kreise dieser Schar, im Punkt P gebogen oder gekrümmt. Dies veranlaßt uns, die Krümmung K_P eines Kreises im Punkt P als $K_P = 1/R$ zu definieren, wobei R der Radius des betrachteten Kreises ist. Wird R groß, so wird die Krümmung K_P klein, und umgekehrt wird K_P groß, wenn R klein wird. Wenn der Radius R des Kreises unbegrenzt zunimmt, nähert sich der Kreis der Tangente T, die daher die Krümmung $K_P = 0$ hat und im Punkt P als *flach* bezeichnet wird. Allgemeiner betrachtet ist die *Krümmung von Γ in P* in Bild 11.4 die Zahl, die be-

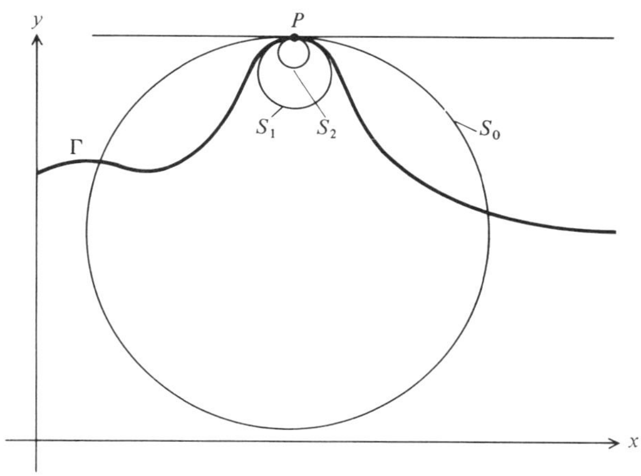

Bild 11.4
Beste Annäherung einer Kurve durch berührende Kreise im Punkt P. S_1 approximiert besser als S_0 oder S_2

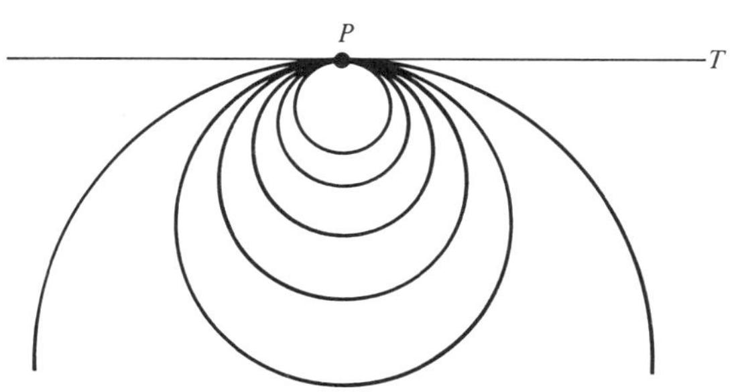

Bild 11.5
Krümmung von Kreisen mit verschiedenen Radien

sagt, wie stark Γ in diesem Punkt gekrümmt ist. Sind R_0 und R_2 die jeweiligen Radien von S_0 und S_2 (siehe Bild 11.4), dann ergibt sich aus der Anschauung:

$$\frac{1}{R_0} < K_P < \frac{1}{R_2}.$$

Somit definieren wir die Krümmung von Γ in P als $K_P = 1/R_1$, wobei S_1 der sich in diesem Punkt am besten anschmiegende Kreis ist.

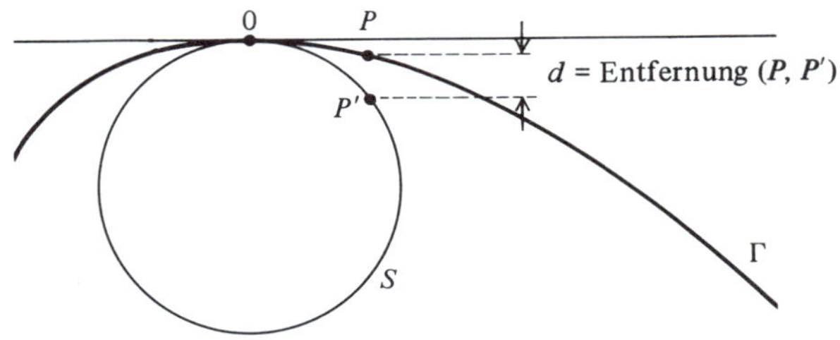

Bild 11.6
Der beste Näherungskreis, der eine Kurve in *0* berührt

Das Problem der Bestimmung der Krümmung ist eine Minimierungsaufgabe der folgenden Art: Gesucht sei der Kreis S, der Γ in O berührt und für den die Entfernung $d(P, P')$ zwischen entsprechenden Punkten auf S und Γ (Bild 11.6) *schneller* auf Null zugeht (wenn P und P' beide O zustreben) als die entsprechende Entfernung für jeden anderen derartigen Kreis. Dies klingt kompliziert und ist es in der Tat auch. Was minimiert wird, ist ein bestimmter Grad der Veränderung (einer Entfernung, wenn P und P' sich auf O zubewegen). In Kapitel 9 wurde festgestellt, daß ein Maß der Entfernungsveränderung die *erste Ableitung* (die *Geschwindigkeit*) einbezieht. Die Lösung eines Minimierungsproblems verlangt ebenfalls die Berechnung einer Ableitung. Daher scheint die Krümmung einer Kurve Γ in einem Punkt P eine Zahl zu sein, die errechnet werden könnte, wenn die *ersten* und *zweiten Ableitungen* der Funktion, die die Kurve Γ definiert, bekannt sind. Dies stimmt, aber das Problem der Minimierung ist zu kompliziert, um hier gelöst zu werden. Trotzdem wird das Ergebnis kurz angegeben. Als Konsequenz ergibt sich, daß die Krümmung, die heuristisch durch „beste Annäherung" von Kreisen definiert wurde, ein sinnvoller Begriff ist.

Die Formel für die Krümmung einer Kurve, die die graphische Darstellung einer Funktion $y = f(x)$ in der (x, y)-Ebene ist, lautet

$$K_P = \pm \frac{f''(x)}{[1 + [f'(x)]^2]^{3/2}}$$

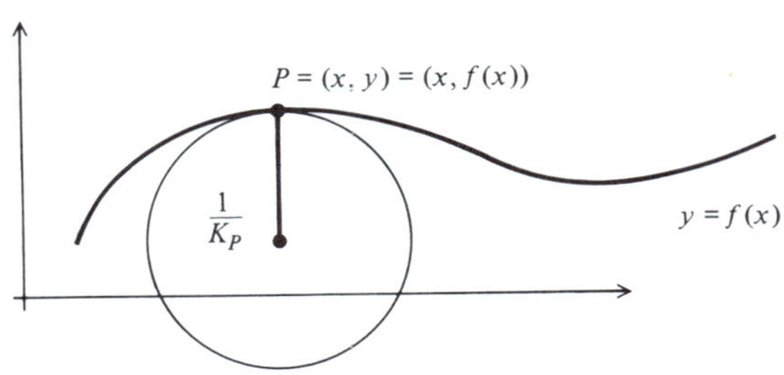

Bild 11.7
Krümmungskreis in *P*

(siehe z. B. Thomas [65], S. 406), wobei das Vorzeichen so gewählt wird, daß K_P eine positive Zahl wird, nämlich der reziproke Wert des Radius des sich am stärksten annähernden Kreises.

Betrachten wir z. B. die Parabel $y = x^2$ (Bild 11.8), dann ist

$$y = f(x) = x^2$$

und

$$f'(x) = 2x$$
$$f''(x) = 2\ .$$

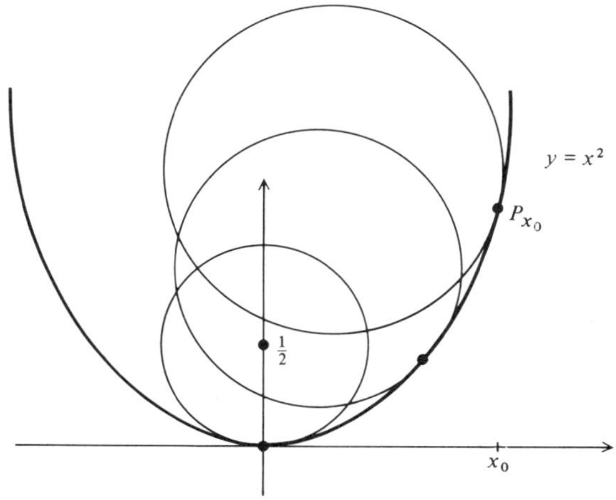

Bild 11.8
Verschiedene Krümmungskreise für $y = x^2$

Daher ist nach der oben gegebenen Formel

$$K_P = K_x = \frac{2}{[1 + (2x)^2]^{3/2}}\ .$$

Insbesondere ist $K_0 = 2$, somit hat der am besten approximierende Kreis (der sogenannte *Krümmungskreis*) in $x = 0$ den Radius $\frac{1}{2}$. Wird x größer, nimmt die Krümmung in P_x ab (Bild 11.8), was bedeutet, daß der Radius des approximierenden Kreises größer wird. Die Kurve wird also flacher. Dies stimmt sicherlich mit unserem anschaulichen Bild einer Parabel überein.

Die Krümmung einer Kurve in E^2 ist *noch kein* Beispiel für die *Krümmung des Raumes*, in dem die Geometrie betrachtet wird, aber, wie wir später zeigen werden, hat sie einen Einfluß auf dieses Problem. In diesem Beispiel ist die Krümmung des Raumes E^2 immer noch *Null.*

11.4. Betrachtet werde eine Kugel S (d. h. die Oberfläche einer Kugel) mit dem Radius R in E^3. In Übereinstimmung mit unserer Besprechung von Kreisen in der Ebene ist es **sinnvoll zu behaupten, daß eine Kugel *S stärker gekrümmt* ist als eine zweite Kugel *S'*,** wenn erstere einen *kleineren* Radius hat als die zweite und umgekehrt. Diese Definition führt sofort zu Beispielen von „Räumen" – Oberflächen von Kugeln – mit einer „Krümmung", die ungleich Null ist (Bild 11.9). Eine Kugel S mit dem Radius R ist ein Beispiel für einen zweidimensionalen Raum, wie die Erdoberfläche und die euklidische Ebene. In

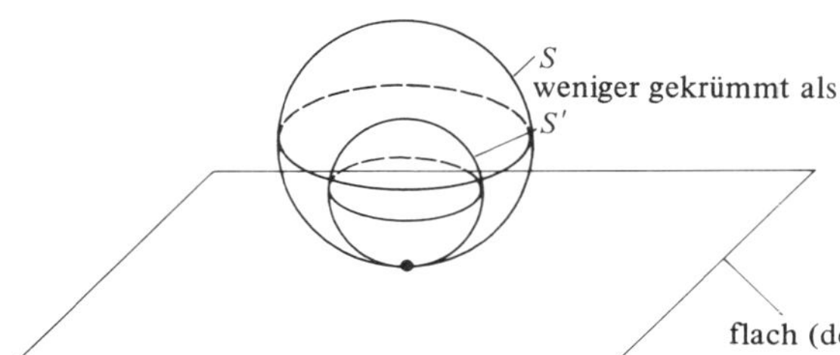

Bild 11.9
Kugeln mit verschiedenen Radien

bezug auf die Kugel fragen wir uns vielleicht, was die gewöhnliche *Metrik*, was die *geodätischen Linien* und was die *Krümmung* dieses Raumes ist. In diesem Abschnitt besprechen wir die Metrik und die geodätische Linie. Auf das schwierigere Problem der Definition und Berechnung der *Krümmung* einer allgemeinen Fläche in E^3 wird in Abschnitt 11.5 eingegangen.

Sind P und P' zwei Punkte auf einer Kugel, so können wir den gewöhnlichen Abstand zwischen ihnen auf der Kugel (nicht im dreidimensionalen Raum) berechnen. Reden wir z. B. von der Entfernung zwischen New York und London, meinen wir den Abstand auf der Erdoberfläche, die „Luftlinie", d. h. die kürzest mögliche Entfernung. Das ist dasselbe wie die Länge der kürzesten Kurve, die *auf der Kugel liegt* und P mit P' verbindet. In Abschnitt 9.10 sahen wir, wie die Länge einer Kurve in der Ebene gemessen werden kann, nämlich als Wert eines bestimmten Integrals (s. Gl. (9.19)). Wir wollen diese Formel auf Kurven im dreidimensionalen Raum E^3 verallgemeinern. Wir denken uns eine Kurve im (x, y, z)-Raum als die Laufbahn der Bewegung eines Punktes in Abhängigkeit von der Zeit. Dann werden die Koordinaten (x, y, z) eines Kurvenpunktes P zu Funktionen der Zeit $(x(t), y(t), z(t))$, wie in Bild 11.10 gezeigt ist. Eine Formel für die Länge einer derartigen Bahn oder Kurve kann in gleicher Weise abgeleitet werden wie Gl. (9.19). Wir finden, daß die Länge der Kurve, von der Zeit $t = T_0$ bis zur Zeit $t = T_1$ gemessen, durch die Formel

$$l = \int_{T_0}^{T_1} \left[\left(\frac{dx}{dt}\right)^2 + \left(\frac{dy}{dt}\right)^2 + \left(\frac{dz}{dt}\right)^2\right]^{1/2} dt \qquad (11.1)$$

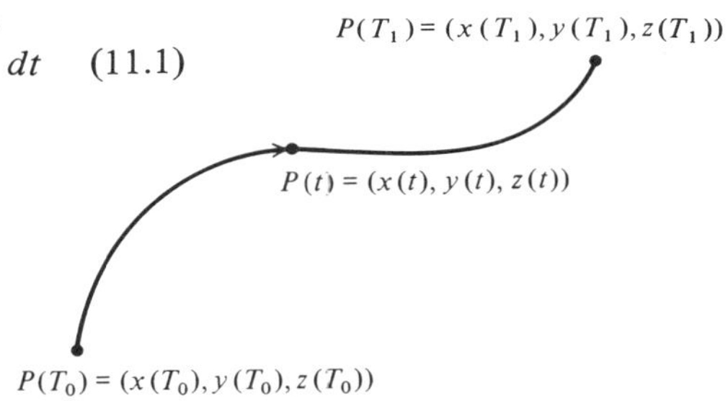

Bild 11.10
Eine Kurve betrachtet als die Laufbahn eines sich bewegenden Punktes

gegeben ist. Dies ist der Grenzwert der Längen einer Folge polygoner Strecken, die die Kurve zwischen $P(T_0)$ und $P(T_1)$ approximieren; eine dieser Approximationen zeigt Bild 11.11. Die gesuchte Länge hängt von der gewöhnlichen Metrik von E^3 ab, die ihren Ausdruck im Lehrsatz des Pythagoras findet, mit dessen Hilfe die Gln. (9.19) und (11.1) abgeleitet werden.

Angenommen, wir betrachten die Symbole dx, dy, dz als formale Bezeichnung „kleiner Zahlen" und schreiben Gl. (11.1) formal um, indem wir

$$ds = [(dx)^2 + (dy)^2 + (dz)^2]^{1/2} = \left\{\left[\left(\frac{dx}{dt}\right)^2 + \left(\frac{dy}{dt}\right)^2 + \left(\frac{dz}{dt}\right)^2\right] \cdot (dt)^2\right\}^{1/2}$$

$$= \left[\left(\frac{dx}{dt}\right)^2 + \left(\frac{dy}{dt}\right)^2 + \left(\frac{dz}{dt}\right)^2\right]^{1/2} dt$$

setzen. Hierbei ist die letzte Formel die Quadratwurzel der Summe der Quadrate der Ableitungen der Funktionen $x(t)$, $y(t)$, $z(t)$ zur Zeit t, und dt ist ein formales Symbol, das im Integrationsprozeß der Formel (11.1) eine „infinitesimale Zeit" darstellt. Ein Vergleich mit Gl. (11.1) zeigt, daß

$$l = \int_{T_0}^{T_1} ds = \int_{T_0}^{T_1} [(dx)^2 + (dy)^2 + (dz)^2]^{1/2} \tag{11.2}$$

ist. Die strenge Interpretation der Formel (11.2) wird durch (11.1) gegeben. Das Symbol

$$(ds)^2 = (dx)^2 + (dy)^2 + (dz)^2 \tag{11.3}$$

oder

$$ds = [(dx)^2 + (dy)^2 + (dz)^2]^{1/2}$$

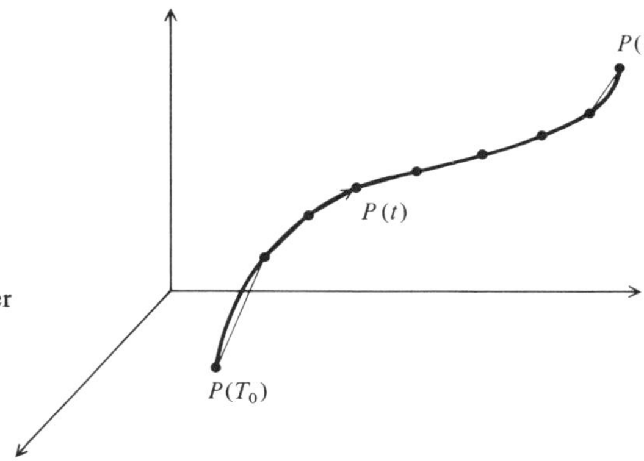

Bild 11.11
Eine Kurve im Raum mit polygonaler Näherung

wird sehr anschaulich als *infinitesimales Element der Bogenlänge* bezeichnet und entspricht anschauungsgemäß den Längen eines Segments der polygonalen Näherung in Bild 11.11. Integration von ds entlang einer Kurve $(x(t), y(t), z(t))$, wie in Gl. (11.2), ergibt die Länge der Kurve. Deshalb kann die Länge berechnet werden, wenn die Kurve als Funktion der Zeit und der Ausdruck (11.3) gegeben sind. Hier sind natürlich x, y und z Koordinaten in E^3.

Nun wird eine Kurve auf der Kugel S betrachtet, die durch die *Koordinaten von S* (wie sie z. B. durch Breiten- und Längengrade für zweidimensionale Kugeln gegeben sind) ausgedrückt ist. Wie finden wir einen entsprechenden Ausdruck für das infinitesimale Element der Bogenlänge? Dies ist wichtig, um die Länge von Kurven auf der Erde zu finden, da diese Kurven (z. B. der Flugweg eines Flugzeuges) als Funktion der Zeit in den Breiten- und Längenkoordinaten (α, β) wie beispielsweise in Bild 5.2 ausgedrückt sind (Bild 11.12). Gibt man α und β als Funktionen von x, y und z an, erhält man die

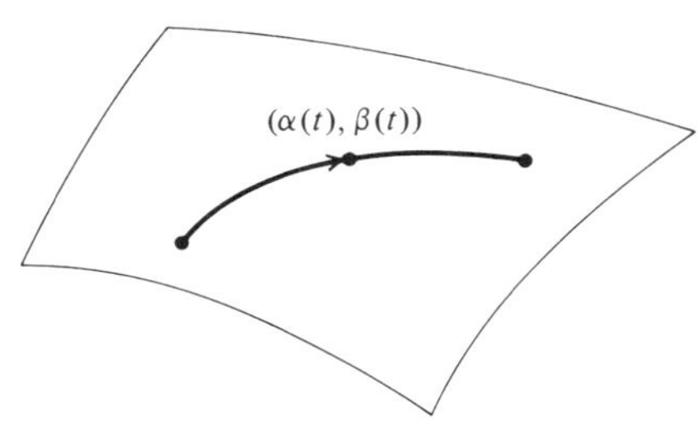

Bild 11.12

folgende Formel für die Länge einer Kurve, ausgedrückt durch α und β, wobei R den Kugelradius bezeichnet:

$$l = \int_{T_0}^{T_1} \left[R^2 \left(\frac{d\alpha(t)}{dt}\right)^2 + R^2 \cos^2\alpha(t) \left(\frac{d\beta(t)}{dt}\right)^2 \right]^{1/2} dt \tag{11.4}$$

oder in der infinitesimalen Formulierung:

$$ds^2 = R^2 (d\alpha)^2 + R^2 \cos^2\alpha (d\beta)^2 .$$

ds stellt dasselbe Längenelement wie vorher dar, jedoch durch andere Koordinaten ausgedrückt, d. h.

$$(ds)^2 = (dx)^2 + (dy)^2 + (dz)^2 = R^2 (d\alpha)^2 + R^2 \cos^2\alpha (d\beta)^2 \tag{11.5}$$

für Kurven, die auf diese besondere Kugel mit dem Radius R beschränkt sind.

Gleichung 11.5 kann leicht mit Hilfe der elementaren Infinitesimalrechnung abgeleitet werden. Wir benötigen die folgenden Formeln, die in jedem Buch über Infinitesimalrechnung zu finden sind. Wenn $f(t)$, $g(t)$ zwei Funktionen von t sind, dann ist

$$\frac{d}{dt}(f \cdot g) = \frac{df}{dt} \cdot g + f \cdot \frac{dg}{dt}$$

$$\frac{d}{dt}(\cos f(t)) = -\sin f(t) \cdot \frac{df(t)}{dt}$$

$$\frac{d}{dt}(\sin f(t)) = \cos f(t) \cdot \frac{df(t)}{dt}.$$

Unter Verwendung des Bildes 11.13 ergibt sich aus der Elementartrigonometrie die Beziehung zwischen den Koordinaten:

$$x = R \cos\alpha \sin\beta$$
$$y = R \cos\alpha \cos\beta$$
$$z = R \sin\alpha.$$

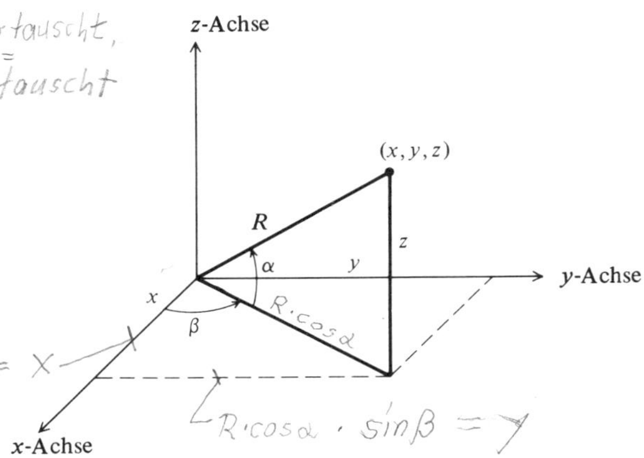

Bild 11.13
Beziehung zwischen kartesischen und sphärischen Koordinaten

Beschreiben $\alpha(t)$ und $\beta(t)$ eine Kurve auf der Kugel mit dem Radius R, dann ist die durch die Koordinaten $(x(t), y(t), z(t))$ dargestellte Kurve durch

$$x(t) = R \cos\alpha(t) \sin\beta(t)$$
$$y(t) = R \cos\alpha(t) \cos\beta(t)$$
$$z(t) = R \sin\alpha(t)$$

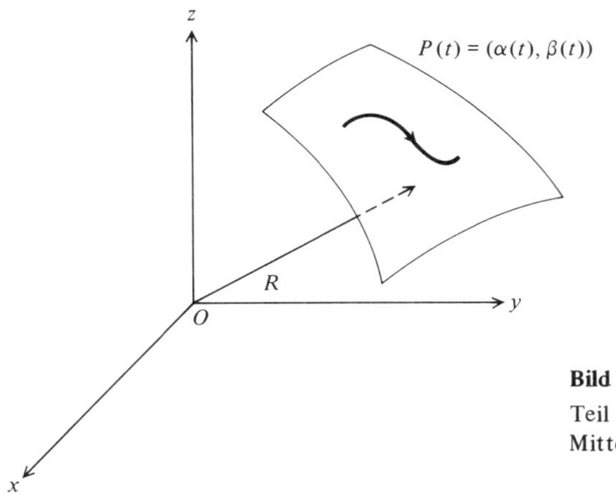

Bild 11.14

Teil der Oberfläche einer Kugel mit Radius R und Mittelpunkt O

gegeben (Bild 11.14). Deshalb finden wir durch Berechnung von dx/dt, dy/dt und dz/dt und unter Verwendung der gegebenen Differentiationsformel (wir unterdrücken in der Schreibweise die Abhängigkeit der Funktionen von der Veränderlichen t):

$$\frac{dx}{dt} = R \cos\alpha \cos\beta \frac{d\beta}{dt} - R \sin\alpha \frac{d\alpha}{dt} \sin\beta$$

$$\frac{dy}{dt} = -R \cos\alpha \sin\beta \frac{d\beta}{dt} - R \sin\alpha \frac{d\alpha}{dt} \cos\beta$$

$$\frac{dz}{dt} = R \cos\alpha \frac{d\alpha}{dt}.$$

Faßt man die Glieder zusammen, berücksichtigt, daß $\sin^2 + \cos^2 = 1$ ist, und kürzt in geeigneter Weise, so erhält man

$$\left(\frac{dx}{dt}\right)^2 + \left(\frac{dy}{dt}\right)^2 + \left(\frac{dz}{dt}\right)^2 = R^2 \left[\left(\frac{d\alpha}{dt}\right)^2 + \cos^2\alpha \left(\frac{d\beta}{dt}\right)^2\right].$$

Daher gilt Gl. (11.4) und entspricht der *infinitesimalen Form* (11.5).

Um also so die Länge einer Kurve Γ auf der Kugel S zu messen, müssen wir lediglich das Integral

$$\int_\Gamma \sqrt{R^2 [(d\alpha)^2 + \cos^2\alpha\, (d\beta)^2]}$$

berechnen, das eine symbolische Darstellung von Gl. (11.4) ist. Der symbolische Ausdruck

$$ds^2 = R^2 [d\alpha^2 + \cos^2\alpha\, d\beta^2]$$

wird als die *metrische Form (infinitesimale Metrik)* der Kugel S mit dem Radius R bezeichnet. Die Koeffizienten von $d\alpha^2$ und $d\beta^2$ sind Funktionen, deren Werte auf der Kugeloberfläche variieren. Indem wir für $d\alpha^2$ und $d\beta^2$ die Ableitungen $(d\alpha/dt)^2$ und $(d\beta/dt)^2$ für eine gegebene Kurve $(\alpha(t), \beta(t))$ auf S einsetzen, können wir die so entstehende Funktion von t integrieren, und erhalten die Länge der Kurve. Somit ist die Länge der Kurve auf S durch die *Form* des Ausdrucks

$$ds^2 = R^2 d\alpha^2 + R \cos^2 \alpha d\beta^2$$

und die Beziehung zwischen α und β bestimmt, die die Kurve definiert.

Wir können jetzt die *Metrik* auf S definieren. Betrachtet werden zwei Punkte P_1 und P_2 auf S. Γ sei irgendeine Kurve, die P_1 mit P_2 wie in Bild 11.15 verbindet. Sie soll die zusätzliche Eigenschaft haben, daß die Ableitungen der Funktionen $\alpha(t), \beta(t)$, die die Kurve definieren, für alle t existieren, so daß Gl. (11.4) sinnvoll ist. Die Länge von Γ kann wie oben berechnet werden, d. h.,

$$l(\Gamma) = \int_\Gamma ds,$$

Metrik

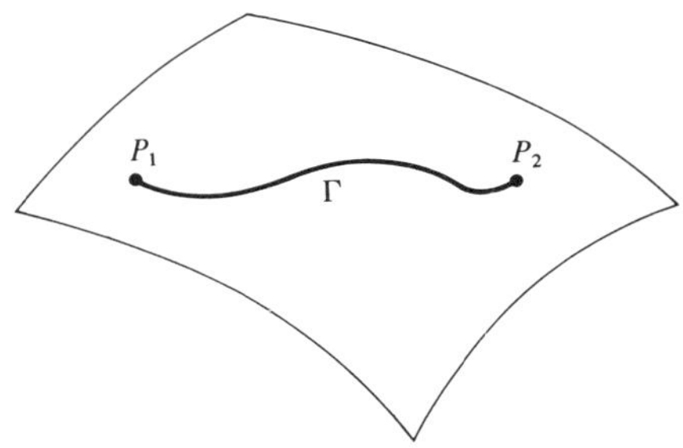

Bild 11.15

wobei ds durch Gl. (11.5) gegeben ist. Der *Abstand zwischen P_1 und P_2 auf S* sei so definiert, daß er der *Minimalwert* der Längen aller Kurven ist, die P_1 und P_2 miteinander verbinden. Der Anschauung nach sollte so ein Minimum existieren. Seine Existenz kann tatsächlich gezeigt werden, indem man auf einige grundlegende Eigenschaften der reellen Zahlen zurückgreift. Daher definiert diese Methode eine Metrik auf der Kugel S, und an dieser sind wir interessiert. Die Kenntnis dieser Metrik entspricht der Kenntnis der *metrischen Form* ds^2.

Würden wir eine an ihren Polen abgeflachte Kugel betrachten (eine bessere Approximation an die Form der Erdoberfläche), hätten wir eine ähnliche Situation (Bild 11.16). Dieselben Winkel α und β könnten als Koordinaten benutzt werden, aber der Ausdruck für die metrische Form wäre anders; er wäre durch

$$ds^2 = E(\alpha, \beta)\, d\alpha^2 + 2F(\alpha, \beta)\, d\alpha \cdot d\beta + G(\alpha, \beta)\, d\beta^2 \tag{11.6}$$

gegeben, wobei E, F und G Funktionen der Breiten- und Längenkoordinaten sind. Für die Kugel mit dem Radius R galt

$$E(\alpha, \beta) = R^2 \cos^2 \beta$$
$$F(\alpha, \beta) = 0$$
$$G(\alpha, \beta) = R^2,$$

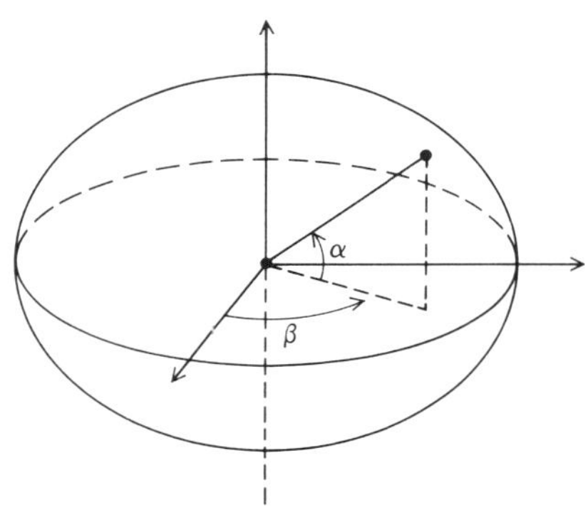

Bild 11.16

Breiten- und Längenkoordinaten für ein Ellipsoid

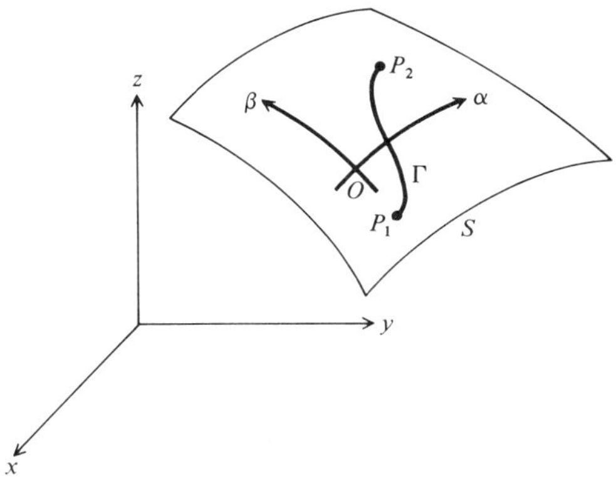

Bild 11.17
Koordinatensystem auf einer Fläche im dreidimensionalen euklidischen Raum

was das Problem vereinfachte. Für eine gegebene Fläche S, wie z. B. ein Ellipsoid mit den Koordinaten α und β, gäbe es eine entsprechende metrische Form, die wie Gl. (11.6) aussehen würde. Die Funktionen E, F und G würden davon abhängen, wie die Fläche S in E^3 enthalten ist, beispielsweise wie in Bild 11.17. Die Längen der Kurven Γ *auf* S könnten unter Benutzung der grundlegenden metrischen Form bestimmt werden, wenn die Koeffizientenfunktionen E, F und G für die Fläche S bekannt wären. Die *Entfernung* zwischen zwei Punkten P_1 und P_2 auf S könnte dadurch bestimmt werden, daß die Minimallänge aller Kurven gefunden wird, die auf S liegen und P_1 mit P_2 verbinden. Daher bestimmt die *metrische Form* die *Metrik*. Es wäre interessant, die metrische Form für die Erdoberfläche zu kennen, da sie die geodätischen Linien bestimmen würde, d. h. die Kurven auf der (Erd-) Oberfläche, die jeweils Minimallängen haben. Für eine Kugel sind dies bekanntlich die Großkreise, die eine wichtige Rolle in den Kapiteln 5 und 6 spielten und im allgemeinen ausreichende Approximationen für die tatsächlichen geodätischen Linien auf der Erde sind. Allgemeiner gesehen, wären sie kompliziertere Kurven, die von den drei oben erwähnten Funktionen E, F und G abhängig sind. Die Form der Abhängigkeit von E, F und G ist ein grundlegendes Problem der Differentialgeometrie, das durch Anwenden der Differentialrechnung auf dieses Minimierungsproblem gelöst werden kann. Es ist wesentlich schwieriger als die einfachen Minimierungsprobleme, die in Kapitel 9 beschrieben wurden, ist jedoch von der gleichen Art. Probleme dieser Art wurden von Leonhard Euler (1707–1783), Joseph Louis Lagrange (1736–1813) und verschiedenen Mitgliedern der Bernoulli-Familie untersucht (siehe den Stammbaum in Bild 10.3). Das Ergebnis war, daß eine *geodätische Kurve* $(\alpha(t), \beta(t))$ auf einer Fläche S mit der metrischen Form

$$ds^2 = E\,d\alpha^2 + 2F\,d\alpha\,d\beta + G\,d\beta^2$$

zwei Differentialgleichungen (in der „Zeit"-Veränderlichen t) der Form

$$\begin{aligned}
&\frac{d^2\alpha}{dt^2} + f_1\left(\frac{d\alpha}{dt}\right)^2 + g_1\left(\frac{d\alpha}{dt}\right)\left(\frac{d\beta}{dt}\right) + h_1\left(\frac{d\beta}{dt}\right)^2 = 0\\
&\frac{d^2\beta}{dt^2} + f_2\left(\frac{d\alpha}{dt}\right)^2 + g_2\left(\frac{d\alpha}{dt}\right)\left(\frac{d\beta}{dt}\right) + h_2\left(\frac{d\beta}{dt}\right)^2 = 0
\end{aligned} \qquad (11.7)$$

befriedigen muß, wobei $f_1, f_2, g_1, g_2, h_1, h_2$ Funktionen der Koordinaten α, β sind. Diese Funktionen $f_1(\alpha, \beta)$, $g_1(\alpha, \beta)$, usw. sind tatsächlich bestimmte Kombinationen von *Ableitungen* der Funktionen E, F und G. Sind $E(\alpha, \beta)$, $F(\alpha, \beta)$, $G(\alpha, \beta)$ Konstanten, dann sind die Koeffizienten $f_1(\alpha, \beta)$, $g_1(\alpha, \beta)$ usw. alle *Null*, und die Gln. (11.7) lassen sich auf die einfacheren Formen

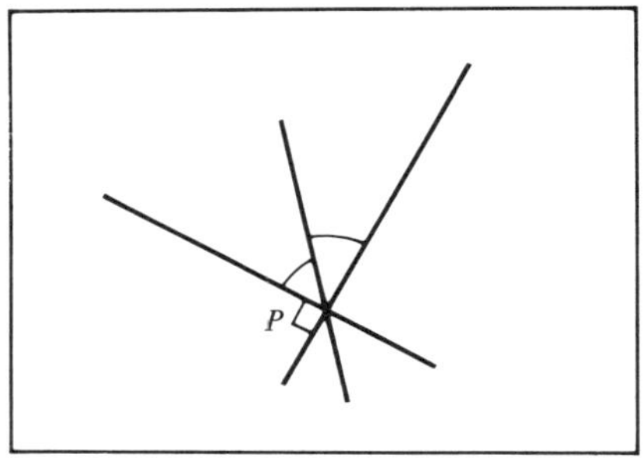

$$\frac{d^2\alpha}{dt^2} + 0 + 0 + 0 = 0$$

$$\frac{d^2\beta}{dt^2} + 0 + 0 + 0 = 0$$

reduzieren, d.h. auf

$$\frac{d^2\alpha}{dt^2} = \frac{d^2\beta}{dt^2} = 0. \qquad (11.8)$$

Gilt Gl. (11.8), dann müssen die Koordinaten (α, β) auf der Oberfläche die Form

$$\alpha(t) = at + b$$
$$\beta(t) = ct + d \qquad (11.9)$$

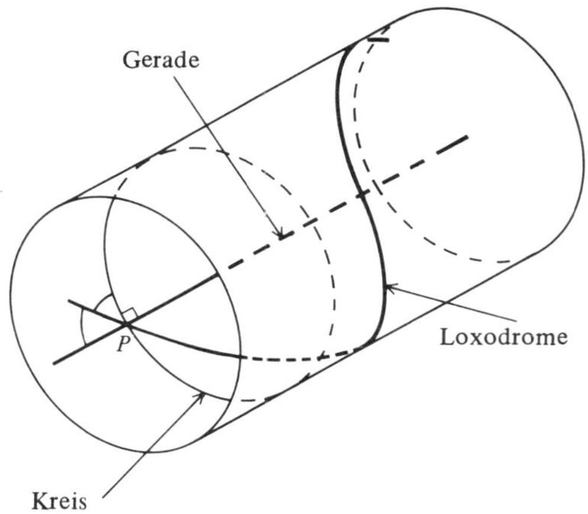

Bild 11.18
Geodätische Linien in der Ebene und ihre Abbildung auf einem Zylinder

haben, wobei a, b, c und d Konstanten sind. Sind die Koordinaten (α, β) gewöhnliche kartesische Koordinaten, dann beschreibt Gl. (11.9) eine *Gerade*; Gl. (11.9) kann aber auch eine kompliziertere Kurve darstellen, wenn S keine Ebene ist. S sei z. B. ein Zylinder (Bild 11.18), (α, β) seien Koordinaten auf diesem Zylinder und sollen die metrische Form $f_1 = g_1 = \ldots = 0$ befriedigen. Dann sind die geodätischen Linien [die durch Gl. (11.9) beschrieben werden] entweder *Kreise, Geraden* oder *Loxodromen*. Die Kreise entstehen durch Schnitt des Zylinders mit den Ebenen, die senkrecht zur Zylinderachse stehen. Die Geraden ergeben sich durch Schnitte von Ebenen parallel zur Zylinderachse mit dem Zylinder. Die Loxodromen sind überhaupt nicht auf solche Schnitte zurückzuführen (vgl. die Besprechung der Mercatorprojektion in Kapitel 6).

Man erinnere sich, daß, wenn S die Oberfläche einer Kugel ist,

$$E = R^2 \cos^2\beta \neq \text{konstant}$$
$$F = 0 \qquad = \text{konstant}$$
$$G = R^2 \qquad = \text{konstant}$$

gilt. Für diese Werte von E, F und G ist die durch Gl. (11.6) definierte Metrik relativ einfach, da die Ableitungen von F und G Null sein werden (nicht aber die Ableitungen von E!). Die Lösungen von Gl. (11.7) sind die bekannten Großkreise der Kugel mit dem Radius R.

In der Besprechung der Relativitätstheorie in Kapitel 12 werden wir zeigen, daß eine *geodätische Linie* in einem *bestimmen* Raum mit einer *speziellen* Metrik als die Bahn eines sich bewegenden „Teilchens", z. B. eines Raumfahrtsschiffes, eines Planeten oder eine Sterns, in den aufeinander wirkenden Schwerefeldern der materiellen Bestandteile des Weltalls interpretiert werden kann. Der „Raum", der der kosmologischen Geometrie angemessen ist, wird mehr als die *beiden* Dimensionen der Flächen haben, die wir als Beispiele benutzt haben. Aber die *Ideen* und die *geometrische Anschauung* sind genau dieselben, und die grundlegenden Begriffe sind immer noch die der Metrik, der geodätischen Linie und der Krümmung, die die Bausteine für Einsteins rein geometrisches Modell des Weltalls vermitteln.

11.5. Zur Definition der *Krümmung einer Fläche S in einem Punkt P* in Analogie zur Krümmung einer Kurve in einem Punkt untersuchen wir die Eigenschaften einiger grundlegender Beispiele, um entscheiden zu können, welche Merkmale die Krümmung haben sollte. Es gibt zwei wesentlich unterschiedliche lokale Flächenformen, die in dem betreffenden Punkt nicht „flach" sind:

a) diejenigen, die in der Nähe des Punktes „rund" wie die Oberfläche einer Kugel sind und
b) diejenigen, die in der Nähe des Punktes wie ein *Sattel* geformt sind.

Beide Formen zeigt Bild 11.19 a und b. Die Ebene repräsentiert die Ebene in E^3, die die Fläche im Punkt P berührt. Beachten Sie, daß in Bild 11.19a die Tangentialebene die Fläche nur in einem Punkt nahe bei P berührt, wogegen in Bild 11.19b die Schnittlinie aus einem Paar gekrümmter Linien besteht. Ein dazwischen liegender Fall wird in Bild 11.19c gezeigt, in dem eine zylindrisch geformte Fläche von einer Ebene berührt wird. Eine günstige Krümmungsdefinition sollte zwischen diesen drei verschiedenen Typen von gekrümmten Flächen unterscheiden. Da es drei Arten nichtflacher Flächenformen in der Umgebung eines Punktes gibt (nämlich die, die in Bild 11.19 dargestellten), aber nur eine lokale krummlinige Kurvenform in der Ebene, sollte klar sein, daß ein Versuch, diese Flächen mit Kugeln zu approximieren, nicht ausreicht, um die verschiedenen Flächentypen zu charakterisieren, im Gegensatz zur Approximation von Kurven durch Kreise in der Nähe eines ihrer Punkte. Deshalb wollen wir auf völlig andere Weise verfahren. Betrachten wir irgendeine der Flächen in Bild 11.19 und außerdem irgendeine Ebene H in E^3, die die senkrecht auf der Tangentialebene T im Punkt P stehende Gerade N enthält, wie in Bild 11.20 (wir nennen H eine „senkrechte Ebene"). Γ sei die Kurve, die durch den Schnitt von S mit H entsteht. Diese Kurve liegt in der Ebene H und hat im Punkt P die Krümmung $K_P(\Gamma)$. Wie schon in Abschnitt 11.3 besprochen wurde, ist $K_P(\Gamma)$ reziprok zum Radius des Kreises in H, der sich in P am besten an die Kurve annähert. L sei die Gerade, die als Schnittlinie der Ebene H mit der Ebene T entsteht. Wir wollen annehmen, daß wir auf der Geraden N eine Richtung *fixiert* haben, wie durch den

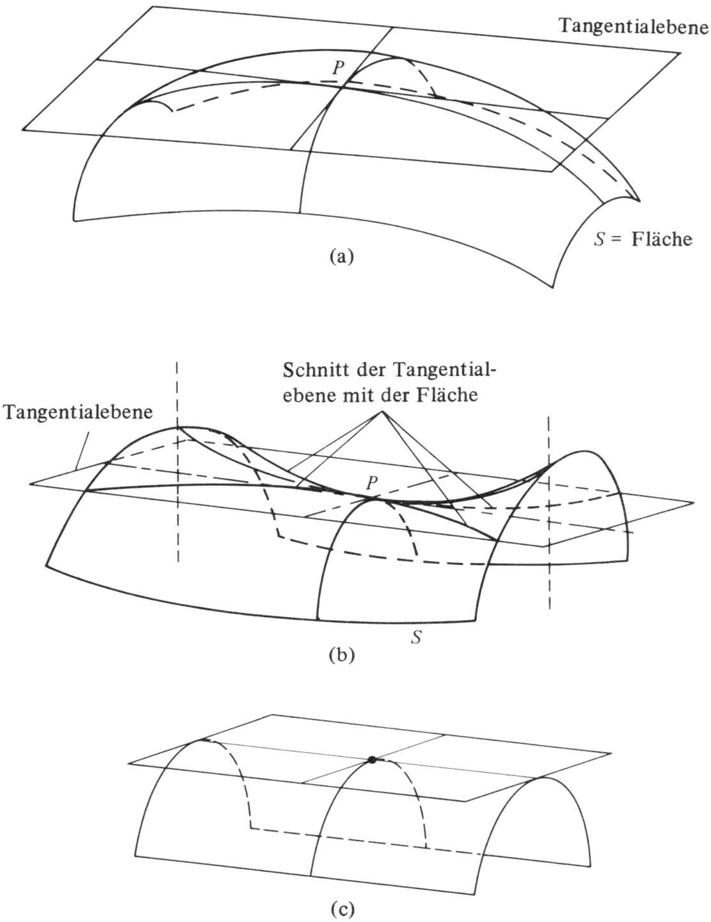

Bild 11.19
(a), (b) und (c): Typen gekrümmter Flächen

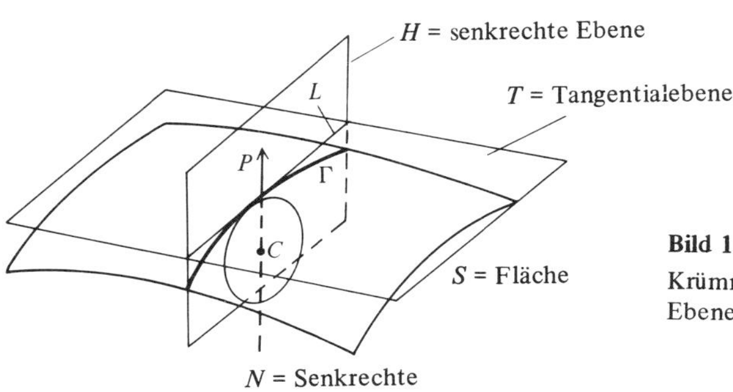

Bild 11.20
Krümmung des Schnittes einer senkrechten Ebene mit einer Fläche

Pfeil in Bild 11.20 angegeben. Wir definieren, als *Krümmung der Fläche S „in der Richtung“ L,*

a) $K_P(\Gamma)$, wenn der Mittelpunkt C des approximierenden Kreises, der $K_P(\Gamma)$ definiert, auf der *entgegengesetzten* Seite der Geraden L von der Pfeilrichtung N liegt (siehe Bild 11.20);

b) $-K_P(\Gamma)$, wenn wir die umgekehrte Situation haben.

Wir wollen diese Zahl mit $K_P(S, L)$ bezeichnen, da sie von der *Fläche S*, der *Geraden L* und dem *Punkt P* abhängt. In unserer Besprechung sind S, P und die senkrechte Richtung N fixiert, aber wir können die Gerade L variieren lassen (die Ebene H rotiert um die „Achse“ N). Für jedes L erhalten wir eine Zahl $K_P(S, L)$, die die „Krümmung in der Richtung L“ darstellt. Es sollte aus der Anschauung klar sein, daß $K_P(S, L)$ einen *größten* und einen *kleinsten* Wert hat, wenn die Richtung L variiert, während P und S fest bleiben. Die ± Zeichen werden eingeführt, um zwischen den Flächen der in Bild 11.19a, b dargestellten Arten der Krümmung zu unterscheiden. In Bild 11.21a sehen wir, daß $K_P(S, L_1)$ und $K_P(S, L_2)$ beide *positiv* sind, wogegen $K_P(S, L_1)$ in Bild 11.21b positiv, $K_P(S, L_2)$ hingegen negativ ist. Beachtet sei, daß sich in dem zweiten Fall die Kurve Γ_2 nach oben in dieselbe Richtung krümmt wie die Senkrechte N. Dies ist genau das *Gegenteil* der Situation, die in Bild 11.20 dargestellt ist und dem Fall für positives Vorzeichen entspricht. In Bild 11.21c sehen wir, daß Γ_2 in der Ebene H_2 die Krümmung Null hat und damit $K_P(S, L_2) = 0$ ist.

Die Gesamtheit der Zahlen $K_P(S, L)$ für alle Geraden L in der Tangentialebene T vermittelt so viel Information über die Krümmung, wie wir möglicherweise benötigen, aber wir möchten eine *einzige* Zahl haben, die die Krümmung für Flächen, genau wie für Kurven, kennzeichnet. Ein primitiver Versuch wäre es, wenn er sich überhaupt realisieren ließe, den *Durchschnittswert* aller dieser Zahlen als ein allgemeines Maß für die Krümmung zu verwenden. Dieser Weg ist jedoch nicht erfolgreich. Leonhard Euler bewies, daß es zwei Richtungen L_M und L_m gibt, für die $K_P(S, L)$ seine *Maximal-* und *Minimal*werte erreicht. Man nenne diese Zahlen K_M und K_m. Die *Krümmung der Fläche S im Punkt P* wird durch

$$K_P(S) = K_M \cdot K_m$$

besser definiert. Aus Bild 11.21 ersehen wir, daß

$$\begin{aligned} K_P(S_a) &> 0 \quad \text{(Bild 11.21a)} \\ K_P(S_b) &< 0 \quad \text{(Bild 11.21b)} \\ K_P(S_c) &= 0 \quad \text{(Bild 11.21c).} \end{aligned}$$

Deshalb unterscheidet die Zahl $K_P(S)$ diese Fläche deutlich. Ist S eine Kugel mit dem Radius R, dann ist auch aus Bild 11.22 leicht zu ersehen, daß für jeden Punkt P auf S

$$K_P(S) = \frac{1}{R^2}$$

gilt. Tatsächlich ist die Krümmung in *jeder* Richtung L durch $K_P(S, L) = 1/R$ gegeben, woraus das Maximum K_M = Minimum $K_m = 1/R$ und das Ergebnis aus der Definition $K_P(S) = K_M \cdot K_m$ folgen.

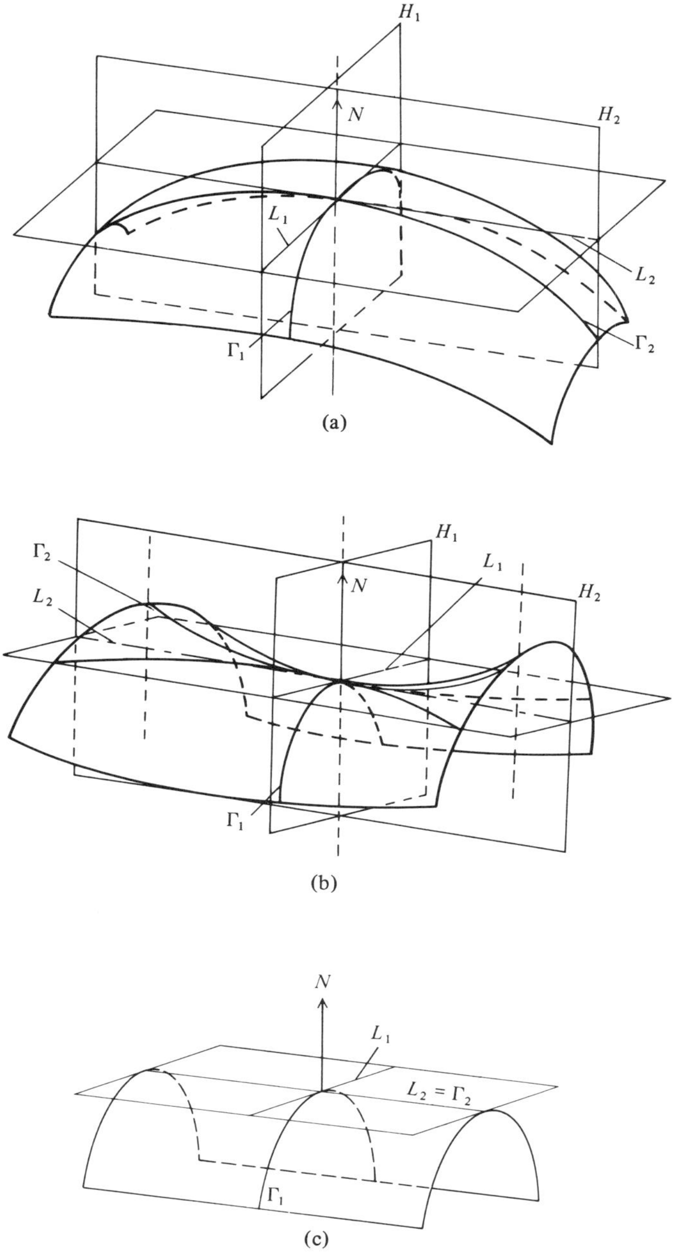

Bild 11.21 Krümmung für die verschiedenen Typen gekrümmter Flächen

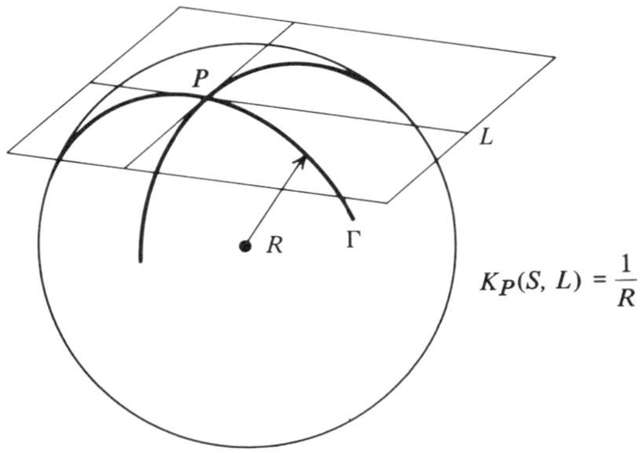

Bild 11.22
Die Krümmung der Kugel mit Radius R ist $1/R^2$

Wir kommen jetzt zu einem berühmten und bemerkenswerten Ergebnis, das wir Gauß verdanken. Angenommen, wir nehmen eine Kurve Γ in der Ebene und biegen sie, als wäre sie ein Stück Faden, dehnen sie aber nicht. Offensichtlich verändert sich die Krümmung, wenn wir die Kurve biegen. Weiter wird angenommen, wir würden auch eine Fläche S zu einer anderen Fläche S' deformieren, *ohne* die Fläche *zu dehnen.* (Man denke daran, ein Stück Papier zu biegen, ohne es zu falten.) Deformationen dieser Art werden in Bild 11.23 dargestellt.

Dann ist, wie Gauß bewies, die Flächenkrümmung $K_P(S)$ die *gleiche* wie die Krümmung $K_{P'}(S')$, wobei P' der Punkt von S' ist, der dem Punkt P nach der Deformation entspricht.

Beachten Sie, daß bei der Deformation einer Fläche die lokalen Koordinaten (α, β) auf der Fläche immer noch Punkte kennzeichnen und die Längen der Kurven auf der

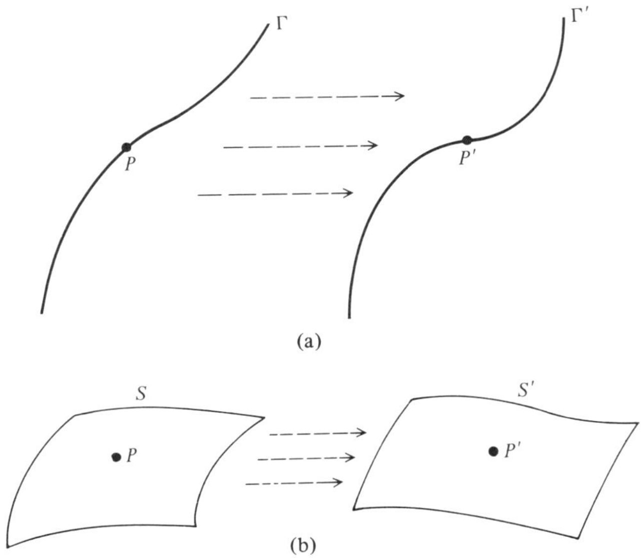

Bild 11.23
(a) und (b): Deformation einer Kurve und einer Fläche

236 DISQUISITIONES GENERALES

Combinatio huius aequationis cum aequatione (10) producit

$$DD''-D'D' = (\alpha\alpha''+\beta\beta''+\gamma\gamma''-\alpha'\alpha'-\beta'\beta'-\gamma'\gamma')\Delta$$
$$+E(n'n'-nn'')+F(nm''-2m'n'+mn'')+G(m'm'-mm'')$$

Iam patet esse

$$\frac{dE}{dp} = 2m,\quad \frac{dE}{dq} = 2m',\quad \frac{dF}{dp} = m'+n,\quad \frac{dF}{dq} = m''+n',\quad \frac{dG}{dp} = 2n',\quad \frac{dG}{dq} = 2n''$$

sive

$$m = \tfrac{1}{2}\frac{dE}{dp},\qquad m' = \tfrac{1}{2}\frac{dE}{dq},\qquad m'' = \frac{dF}{dq}-\tfrac{1}{2}\frac{dG}{dp}$$
$$n = \frac{dF}{dp}-\tfrac{1}{2}\frac{dE}{dq},\qquad n' = \tfrac{1}{2}\frac{dG}{dp},\qquad n'' = \tfrac{1}{2}\frac{dG}{dq}$$

Porro facile confirmatur, haberi

$$\alpha\alpha''+\beta\beta''+\gamma\gamma''-\alpha'\alpha'-\beta'\beta'-\gamma'\gamma' = \frac{dn}{dq}-\frac{dn'}{dp} = \frac{dm''}{dp}-\frac{dm'}{dq}$$
$$= -\tfrac{1}{2}.\frac{ddE}{dq^2}+\frac{ddF}{dp.dq}-\tfrac{1}{2}.\frac{ddG}{dp^2}$$

Quodsi iam has expressiones diversas in formula pro mensura curvaturae in fine art. praec. eruta substituimus, pervenimus ad formulam sequentem, e solis quantitatibus F, F, G atque earum quotientibus differentialibus primi et secundi ordinis concinnatam:

$$4(EG-FF)^2k = E\left(\frac{dE}{dq}\cdot\frac{dG}{dq}-2\frac{dF}{dp}\cdot\frac{dG}{dq}+\left(\frac{dG}{dp}\right)^2\right)$$
$$+F\left(\frac{dE}{dp}\cdot\frac{dG}{dq}-\frac{dE}{dq}\cdot\frac{dG}{dp}-2\frac{dE}{dq}\cdot\frac{dF}{dq}+4\frac{dF}{dp}\cdot\frac{dF}{dq}-2\frac{dF}{dp}\cdot\frac{dG}{dp}\right)$$
$$+G\left(\frac{dE}{dp}\cdot\frac{dG}{dp}-2.\frac{dE}{dp}\cdot\frac{dF}{dq}+\left(\frac{dE}{dq}\right)^2\right)$$
$$-2(EG-FF)\left(\frac{ddE}{dq^2}-2\frac{ddF}{dp.dq}+\frac{ddG}{dp^2}\right)$$

12.

Quum indefinite habeatur

$$dx^2+dy^2+dz^2 = Edp^2+2Fdp.dq+Gdq^2$$

patet, $\sqrt{(Edp^2+2Fdp.dq+Gdq^2)}$ esse expressionem generalem elementi linearis in superficie curva. Docet itaque analysis in art. praec. explicata, ad inveniendam mensuram curvaturae haud opus esse formulis finitis, quae coordina-

Bild 11.25

tas x, y, z tamquam functiones indeterminatarum p, q exhibeant, sed sufficere expressionem generalem pro magnitudine cuiusvis elementi linearis. Progrediamur ad aliquot applicationes huius gravissimi theorematis.

Supponamus, superficiem nostram curvam explicari posse in aliam superficiem, curvam seu planam, ita ut cuivis puncto prioris superficiei per coordinatas x, y, z determinato respondeat punctum determinatum superficiei posterioris, cuius coordinatae sint x', y', z'. Manifesto itaque x', y', z' quoque considerari possunt tamquam functiones indeterminatarum p, q, unde pro elemento $\sqrt{}(\mathrm{d}x'^2+\mathrm{d}y'^2+\mathrm{d}z'^2)$ prodibit expressio talis

$$\sqrt{}(E'\mathrm{d}p^2+2F'\mathrm{d}p\,.\,\mathrm{d}q+G'\mathrm{d}q^2)$$

denotantibus etiam E', F', G' functiones ipsarum p, q. At per ipsam notionem *explicationis* superficiei in superficiem patet, elementa in utraque superficie correspondentia necessario aequalia esse, adeoque identice fieri

$$E = E', \quad F = F', \quad G = G'$$

Formula itaque art. praec. sponte perducit ad egregium

THEOREMA. *Si superficies curva in quamcunque aliam superficiem explicatur, mensura curvaturae in singulis punctis invariata manet*

Manifesto quoque *quaevis pars finita superficiei curvae post explicationem in aliam superficiem eandem curvaturam integram retinebit.*

Casum specialem, ad quem geometrae hactenus investigationes suas restrinxerunt, sistunt superficies in planum explicabiles. Theoria nostra sponte docet, talium superficierum mensuram curvaturae in quovis puncto fieri $= 0$, quocirca, si earum indoles secundum modum tertium exprimitur, ubique erit

$$\frac{\mathrm{dd}z}{\mathrm{d}x^2}\cdot\frac{\mathrm{dd}z}{\mathrm{d}y^2}-\left(\frac{\mathrm{dd}z}{\mathrm{d}x\,.\,\mathrm{d}y}\right)^2=0$$

quod criterium, dudum quidem notum, plerumque nostro saltem iudicio haud eo rigore qui desiderari posset demonstratur.

13.

Quae in art. praec. exposuimus, cohaerent cum modo peculiari superficies considerandi, summopere digno, qui a geometris diligenter excolatur. Scilicet quatenus superficies consideratur non tamquam limes solidi, sed tamquam soli-

Bild 11.25 (Fortsetzung)

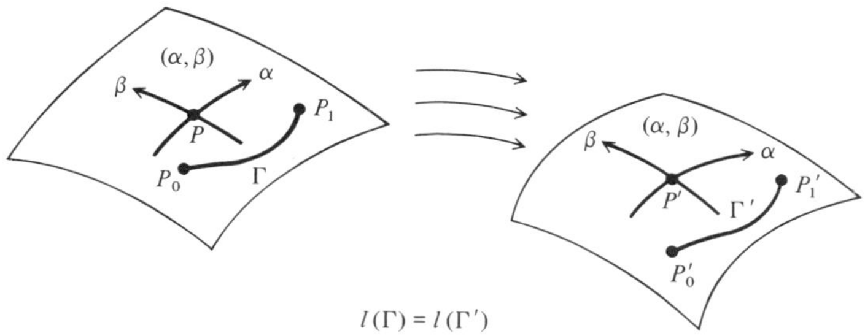

Bild 11.24
Deformation einer Fläche

Fläche unverändert sind (was mit *Nichtdehnen* der Fläche während der Deformation gemeint ist). So bleiben die Funktionen $E(\alpha,\beta), F(\alpha,\beta), G(\alpha,\beta)$, die in der metrischen Form erscheinen, durch die Deformation unverändert, da sie nur Funktionen der Koordinaten (α, β) sind (Bild 11.24). Gauß gelang es zu zeigen, daß die Krümmung $K_P(S)$ mittels der ersten und zweiten Ableitungen der Funktionen $E(\alpha,\beta)$, $F(\alpha,\beta)$, $G(\alpha,\beta)$, die in der metrischen Form von S erscheinen, berechnet werden kann. Da die Funktionen sich infolge der Deformation nicht verändern, tut es die Krümmung auch nicht, was den Satz beweist.

Dieses Ergebnis erschien in seiner berühmten Monographie, *Disquisitiones Generales Circa Superficies Curvas* („Allgemeine Untersuchungen bezüglich gekrümmter Flächen"), die 1824 ([36]) veröffentlicht wurde. Zwei Seiten dieses einflußreichen Werkes sind in Bild 11.25 wiedergegeben. Man beachte die Gleichung auf der ersten Seite unten. Gauß benutzte p und q so, wie wir α und β verwendeten, und unsere Wahl der Bezeichnungen E, F und G stammt tatsächlich aus dieser ursprünglichen Arbeit und ist jetzt in allen Texten der Differentialgeometrie üblich. Gauß' Darstellung seines Satzes steht auf der Mitte der zweiten Seite.

11.6. Die Monographie von Gauß gab dem in seinen Anfängen steckenden Gebiet der Differentialgeometrie einen wesentlichen Anstoß. 1854 trug sein Schüler Bernhard Riemann in Göttingen über eine Arbeit vor (auch Gauß befand sich unter den Zuhörern; es war ein Jahr vor seinem Tode), die den Titel „Über die Hypothesen, die der Geometrie zugrunde liegen" hatte. Diese Arbeit von Riemann bildete die Grundlage für die Forschung in den nächsten 50 Jahren, und ihre Ergebnisse benutzte Einstein bei der Erarbeitung seiner relativistischen Theorie der Schwerkraft.

Man kann sich fragen, ob andere Mathematiker zu Gauß' Zeiten eine derartige Arbeit wie die Gaußsche hätten schreiben können, oder ob es tatsächlich eine einzigartige Leistung gewesen ist. Indem wir ein Genie zur Beurteilung eines anderen heranziehen, zitieren wir folgende Aussage von Einstein ([29], S. 350):

> Das Beste, was uns Gauß gegeben hat, war gleichfalls ein einzigartiges Werk. Hätte er nicht seine Flächengeometrie geschaffen, die Riemann als Grundlage diente, dann hätte wohl kaum ein anderer sie jemals erfunden. [1]

[1] Freie Übersetzung aus dem Englischen; Original in G. W. Dunnington [29].

Einstein sagte außerdem über Gauß ([29], S. 349):

> Die Bedeutung von C. F. Gauß für die Entwicklung einer modernen physikalischen Theorie und in Bezug auf das mathematische Fundament der Relativitätstheorie ist tatsächlich überwältigend ... Meiner Meinung nach ist es unmöglich, sich ein zusammenhängendes und objektives Bild der Welt auf Grund von Vorstellungen zu verschaffen, die mehr oder weniger auf inneren psychologischen Erfahrungen aufbauen.[1)]

Der letzte Satz bezieht sich teilweise darauf, wie Gauß zur Untersuchung der Flächenkrümmungen motiviert wurde. Fast gleichzeitig mit dem Erscheinen seiner abstrakten Untersuchung über gekrümmte Flächen (auf Lateinisch geschrieben), veröffentlichte er zwei lange technische Arbeiten (auf Deutsch), die die Messungen der metrischen Form für die Erdoberfläche behandelten. Sie enthielten viele geodätische Messungen, die er in der Umgebung der kleinen Universitätsstadt Göttingen, im Königreich Hannover, gemacht hatte, wo er seine Forschungen durchführte. Gauß war für die geodätische Landvermessung des gesamten Königreichs verantwortlich, ein Projekt, das etwa fünf Jahre dauerte und die geometrischen Fragen, die er stellte (und beantwortete!), auf einem abstrakten mathematischen Niveau enorm beeinflußte.

Gauß' Beitrag hatte schließlich große Auswirkungen. Seine Vorgänger untersuchten die Eigenschaften gekrümmter Linien und Flächen und wendeten die sich schnell entwickelnden Techniken der Infinitesimalrechnung an, um zahlreiche Extremalprobleme zu lösen. Bezeichnend hierfür ist der Titel des berühmten Buches, das Gaspard Monge (1746–1818) schrieb: *Applications de l'analyse à la géométrie* („Die Anwendungen der Infinitesimalrechnung auf die Geometrie"). Gauß fand jedoch ein neues Konzept, indem er zeigte, daß Flächen in E^3 ohne Dehnung in E^3 deformiert werden konnten und trotzdem bestimmte ihrer ursprünglichen Eigenschaften beibehielten: z. B. die Länge der Kurven und, was am überraschendsten war, die Krümmung in einem Punkt, die gerade durch ihre Definition natürlich davon abzuhängen scheint, wie die Fläche in E^3 enthalten ist. Diese Eigenschaften, die sich nicht ändern, wenn die Fläche deformiert wird, nennt man *natürliche* Eigenschaften. Der Beweis, daß Krümmung natürlich ist, regte die Suche nach anderen natürlichen Eigenschaften und ihrer physikalischen Interpretation an, die sich als grundlegend in der Anwendung der Differentialgeometrie auf die Beschreibung der physikalischen Wirklichkeit erweisen sollten. Gauß' eigene Beschreibung läßt sich nicht übertreffen ([36], S. 344):

> Diese Sätze führen dahin, die Theorie der krummen Flächen aus einem neuen Gesichtspunkte zu betrachten, wo sich der Untersuchung ein weites noch ganz unangebautes Feld öffnet. Wenn man die Flächen nicht als Grenzen von Körpern, sondern als Körper, deren eine Dimension verschwindet, und zugleich als biegsam, aber nicht als dehnbar betrachtet, so begreift man, dass zweierlei wesentlich verschiedene Relationen zu unterscheiden sind, theils nämlich solche, die eine bestimmte Form der Fläche im Raume voraussetzen, theils solche, welche von den ververschiedenen Formen, die die Fläche annehmen kann, unabhängig sind. Die letzteren sind es, wovon hier die Rede ist: nach dem, was vorhin bemerkt ist, gehört dazu das Krümmungsmaass; man sieht aber leicht, daß eben dahin die Betrachtung der auf der Fläche construirten Figuren, ihrer Winkel, ihres Flächeninhalts und ihrer Totalkrümmung, die Verbindung der Punkte durch kürzeste Linien u. dgl. gehört.

---

1) Freie Übersetzung aus dem Englischen; Original in G. W. Dunnington [29].

Gauß sagt hier, daß man Geometrie einer bestimmten Art *auf* den Flächen ausführen und den umgebenden dreidimensionalen Raum außer acht lassen kann. Diese abstrahierte „Geometrie auf einer Fläche" war der grundlegende Beitrag von Gauß zur Geometrie.

Von diesem Standpunkt aus fuhr Berhard Riemann (1826–1866) folgendermaßen fort: Betrachtet werde ein geometrischer Raum *beliebiger* Dimension (zum Beispiel vier). Der Raum besteht aus *Punkten.* In der Nähe jedes gegebenen Punktes können wir diesen Raum beschreiben, und zwar in diesem Fall durch vier *Koordinaten,* d. h. eine geordnete Reihe von vier reellen Zahlen (x_1, x_2, x_3, x_4). Verbunden mit den Koordinaten ist eine *metrische Form*, die im einfachsten Fall folgendermaßen aussehen kann

$$ds^2 = f_1\,dx_1^2 + f_2\,dx_2^2 + f_3\,dx_3^2 + f_4\,dx_4^2.$$

Unter Verwendung der metrischen Form können wir die Kurvenlänge messen, wie in den Abschnitten 11.2 und 11.3, und auf diese Weise verfuhr Riemann. Er wich radikal von der Tradition ab, aber, indem er analog zu Gauß' Entwicklungen für zweidimensionale Flächen arbeitete, konstruierte er eine weitreichende Theorie der Geometrie beliebig dimensionaler Räume. Diese Theorie wird heute in den fortgeschrittenen Anfangssemestern an den Universitäten gelehrt, aber vor 100 Jahren war es das Gebiet einer nur kleinen Gruppe erstklassiger Mathematiker. Es liegt nicht im Rahmen dieses Buches, seine Verallgemeinerung im einzelnen zu besprechen, aber sie zeigt durchweg eine starke Analogie zu dem Fall einer Fläche mit gegebener metrischer Form, einschließlich eines wohldefinierten Begriffs der *Krümmung des höherdimensionalen Raumes*, was der Krümmung der Fläche analog ist. Dies wird gründlicher in Kapitel 12 besprochen, wo gezeigt wird, daß das Weltall, in dem wir leben, als *vierdimensionaler Raum* betrachtet werden kann: In der Nähe jedes *Punktes* im vierdimensionalen Weltall können wir rechtwinklige *Raumkoordinaten* und eine *Zeitkoordinate* betrachten. Wir fragen uns dann: Gibt es eine *natürliche metrische Form* auf diesem mehrdimensionalen Raum? Wie variiert die *Krümmung* in diesem Raum? Welches sind die *geodätischen Linien?*

Übungen

11.1. Berechnen Sie die Entfernung zwischen den folgenden Punktpaaren

a) in E^2

I. $(1, 0)$ und $(0, 1)$

II. $(\pi, 1)$ und $(0, 0)$

b) in E^3

I. $(0, 0, 1)$ und $(0, 0, 2)$

II. $(1, 0, 1)$ und $(0, 1, 0)$.

11.2. (x_0, y_0, z_0) sei ein fester Punkt in E^3. S sei die Punktmenge (x, y, z) in E^3, die

$$(x - x_0)^2 + (y - y_0)^2 + (z - z_0)^2 = 1$$

befriedigt. Beschreiben Sie die Menge S geometrisch.

11.3. (x_0, y_0, z_0) sei ein fester Punkt in E^3. S sei die Punktmenge (x, y, z) in E^3, die

$$(x - x_0)^2 + (y - y_0)^2 = 1$$

befriedigt. Beschreiben Sie die Menge S geometrisch.

11.4. Betrachtet werde die Kurve Γ, die durch die Gleichung $y = x^2$ in der (x, y)-Ebene definiert wird. Finden Sie den Punkt oder die Punkte auf Γ, in denen a) die Krümmung maximal ist, b) die Krümmung minimal ist, wenn diese Krümmungen existieren. Stellen Sie graphisch die Lage der Punkte in a) und/oder b) dar.

11.5. Welche Arten von Kurven in E^2 haben in jedem ihrer Punkte konstante Krümmung?

11.6. Angenommen, $P(t)$ ist ein veränderlicher Punkt in E^3, gegeben durch

$$P(t) = (x(t), y(t), z(t)),$$

wobei

$$x(t) = t$$
$$y(t) = t$$
$$z(t) = t$$

für $0 \leqslant t \leqslant 1$ ist.

a) Zeigen Sie, daß die Bahn von $P(t)$ eine Gerade in E^3 wiedergibt, wenn t variiert. Zeichnen Sie ein Diagramm, das diese Gerade enthält.

b) Verwenden Sie die Formel (11.1), um die Länge dieser Geraden zu berechnen, und vergleichen Sie das Ergebnis mit dem, das unter Verwendung der Entfernungsformel in Bild 11.2 erhalten wurde (*Hinweis*: Benutzen Sie zur Berechnung des Integrals den Fundamentalsatz der Infinitesimalrechnung.)

11.7. Beantworten Sie die gleichen Fragen wie in Übung 11.6, wenn

$$x(t) = 1 + t$$
$$y(t) = 2$$
$$z(t) = 3$$

für $0 \leqslant t \leqslant 2$ definiert ist.

11.8. Betrachtet werde auf der Kugel mit dem Radius R in E^3 eine Kurve Γ, die durch

$$\alpha(t) = 0$$
$$\beta(t) = t \qquad 0 \leqslant t \leqslant \pi$$

definiert ist, wobei α und β die Breiten- und Längenkoordinaten sind (vgl. Bild 11.12).

a) Beschreiben Sie diese Kurve geometrisch.

b) Berechnen Sie die Länge von Γ
   I. mittels elementarer Geometrie,
   II. unter Verwendung von Formel (11.4).

11.9. Betrachtet werde auf der Kugel mit dem Radius R in E^3 eine Kurve, die durch

$$\alpha(t) = t \qquad 0 \leqslant t \leqslant \frac{\pi}{4}$$

$$\beta(t) = 0$$

definiert wird.

a) Beschreiben Sie diese Kurve geometrisch.

b) Finden Sie die Länge dieser Kurve, indem Sie Formel (11.4) benutzen und sie mit dem Ergebnis vergleichen, das mit elementaren Methoden erhalten wurde.

11.10. Γ sei eine Kurve auf einer Kugel mit dem Radius R und werde durch

$$\alpha(t) = \frac{\pi}{4} \qquad 0 \leqslant t \leqslant \frac{\pi}{4}$$

$$\beta(t) = t$$

definiert.

a) Beschreiben Sie diese Kurve geometrisch.

b) Finden Sie die Länge der Kurve (I) mittels elementarer Geometrie und Trigonometrie, (II) unter Verwendung von Gl. (11.4).

11.11. Ist die Kurve Γ in Übung 11.10 eine geodätische Linie? Warum?

11.12. Betrachtet werde die Fläche S in E^3, die durch die Gleichung $z = x^2 + y^2$ definiert wird, sowie der Punkt $P = (0, 0, 0)$ und die Gerade L_0 in E^3, die durch P verläuft und durch $y = 0$, $z = 0$ (dies ist die x-Achse) gegeben ist.

a) Zeichnen Sie ein Diagramm, um die Fläche, die Tangentialebene, die Gerade L_0 und die senkrechte Ebene H zu veranschaulichen (siehe Bild 11.20).

b) Berechnen Sie die Krümmung $K_P(S, L)$ für diese Wahl von S, L und P.

11.13. Betrachtet sei die Fläche S, die in Übung 11.12 definiert wurde.

a) Wie wird $K_P(S, L)$ variieren, wenn L in alle von P ausgehenden Richtungen variiert.

b) Berechnen Sie die (Gaußsche) Krümmung von S in P.

11.14. Berechnen Sie die Gaußsche Krümmung in $P = (0, 0, 0)$ für die Fläche S, die durch a) $z = x^2 - y^2$, b) $z = 3x^2 + y^2$ definiert wird. (*Hinweis*: Zeichnen Sie ein schematisches Diagramm und bestimmen Sie nach der Anschauung die Maximal- und Minimalwerte von $K_P(S, L)$).

11.15. Zeigen Sie, daß ein Zylinder in E^3 (dessen Metrik definiert wird durch Berechnung der Längen von Kurven in E^3, die auf dem Zylinder liegen) in allen seinen Punkten die Krümmung 0 hat, indem Sie den Gaußschen Lehrsatz verwenden. (*Hinweis*: Beachten Sie, daß ein Stück Papier in einen Zylinder gerollt werden kann. Das ist die Idee.) Bestimmen Sie die Gaußsche Krümmung aus den Maximal- und Minimalkrümmungen von Kurven, die durch einen beliebigen Punkt auf dem Zylinder verlaufen.

11.16. Wird eine Fläche S in E^3 ohne Dehnung deformiert (d.h. ohne den Begriff der Entfernung auf S zu verändern), dann zeigt sich, daß geodätische Linien als solche bestehen bleiben. Beschreiben Sie die geodätischen Linien auf einem Zylinder (der ein ungedehnter, aufgerollter Teil einer Ebene ist) unter Verwendung dieser Tatsache und Ihrer Kenntnis darüber, was geodätische Linien in einer Ebene sind.

11.17. Ein Gummiball werde mit den Fingern eingedrückt. Wird die Oberfläche gedehnt? (*Hinweis*: Verwenden Sie den Gaußschen Lehrsatz und bestimmen Sie, ob der eingedrückte Ball in allen Punkten dieselbe Krümmung hat, die er in seiner ursprünglichen Form hatte.)

11.18. Beschreiben Sie mit Ihren eigenen Worten, was der Begriff „vierdimensionaler Raum" bedeutet.

11.19. Beschreiben Sie mit Ihren eigenen Worten, was der Begriff „n-dimensionaler Raum" bedeutet, wobei n irgendeine positive ganze Zahl ist.

12. Weltmodelle

Dieses Kapitel ist der Relativitätstheorie gewidmet. Mit den bereits eingeführten Hilfsmitteln kann ein Spezialfall der Einsteinschen Gleichungen gelöst werden, die es uns in Verbindung mit den Messungen der *Hubbleschen Rotverschiebung* ermöglichen, das *Alter des Weltalls* für das zur Diskussion stehende *Modell des Weltalls* zu bestimmen. Mathematische Modelle werden in allgemeinerem Rahmen besprochen. Das Kapitel endet mit einer geometrischen Raum-Zeit-Beschreibung der Bahn eines Raumschiffes, das von der Erde zum Mond fliegt, um die Verbindung der Probleme der Navigation und Kartographie mit den in früheren Kapiteln besprochenen zu zeigen. Die Fragen bleiben stets die gleichen, sie beziehen sich jedoch auf andere, komplexere geometrische Objekte.

12.1. Modelle werden im täglichen Leben für die verschiedensten Zwecke benutzt. Konstrukteure stellen maßstabsgetreue Modelle von Schiffen und Flugzeugen her, um das Aussehen und die Form eines geplanten Erzeugnisses zu illustrieren oder auch um Versuche in Wassertanks oder Windkanälen anzustellen. Natürlich besteht ein Unterschied zwischen einem richtigen Flugzeug und einem Windkanalmodell, aber soweit es seine flugtechnischen Eigenschaften betrifft, sind beide annähernd gleich. Zwischen ihren Reaktionen besteht eine enge Beziehung. Das Modell repräsentiert diese Eigenschaften des „echten" Flugzeugs genau, obwohl viele andere Eigenschaften bei ihm überhaupt nicht zu finden sind.

Die Konstruktion eines physikalischen oder eines *abstrakten Modells* eines Gegenstandes dient dazu, das Augenmerk auf eine beschränkte Zahl von Eigenschaften zu lenken. Die Eigenschaften, die für die jeweiligen Überlegungen nicht von Interesse sind, werden ignoriert oder nur gering beachtet. Der Erfolg des Modells hängt davon ab, wie *exakt* es die interessierenden Gesichtspunkte abgrenzt.

Seit Jahrtausenden hat sich der Mensch mit dem Wechsel der Jahreszeiten, der Vorhersage von Finsternissen und Kometen, von Mond- und Planetenpositionen beschäftigt. Im Verlauf der Geschichte wurden viele unterschiedliche Modelle für Teile des Weltalls konstruiert, um die Aufmerksamkeit auf einige Aspekte der Wirklichkeit zu lenken. Die frühesten exakten astronomischen Modelle wurden von den Babyloniern erfunden, um Finsternisse und die Winkelstellungen des Mondes und der Planeten auf der Himmelskugel vorherzusagen. Ihre Modelle waren arithmetischer Art: Rechnerische Verfahren wurden erfunden, die die genaue Berechnung dieser Stellungen erlaubten. Es wurde aber kein geometrisches Modell entwickelt, um die verschiedenen Bewegungen in eine natürliche und sinnvolle Beziehung zu setzen (vgl. Abschnitt 3.5 und [50]). Ihr arithmetisches Modell beschäftigte sich weder mit Erklärungen für das Auftreten von Finsternissen noch mit den geometrischen Formen der Himmelskörper oder ihren relativen Positionen im Raum. Nur bestimmte Aspekte der scheinbaren Bewegung von Himmelskörpern gegen den Hintergrund der Himmelskugel wurden in dem Modell dargestellt, und zwar ziemlich gut.

Aristarchos und seine Zeitgenossen interessierten sich mehr für geometrische Fragen: die Entfernung zwischen der Erde und anderen astronomischen Körpern, ihre Form und ihre Größe. Die Beantwortung dieser Fragen verlangte nach einem mehr geometrischen Modell. Zunächst einmal, wenn sich der Mond und die Sonne in festen Abständen von der Erde befinden (damit die erste Frage sinnvoll ist), dann müssen sie sich, auf Grund ihrer, von der Erde aus gesehenen, scheinbaren Bewegung, in kreisförmigen

Bahnen um die Sonne bewegen. Diese geometrische *Annahme* verleiht nicht nur der Frage nach der Berechnung ihrer Entfernungen von der Sonne Sinn, sondern schlägt auch ein geometrisches Modell für Finsternisse vor: Eine Sonnenfinsternis findet statt, wenn der Mond zwischen der Erde und der Sonne steht, während eine Mondfinsternis auftritt, wenn die Erde sich zwischen der Sonne und dem Mond befindet (vgl. Abschnitt 4.2).

Dieses sinnvolle geometrische Modell ist grundlegend anders als das babylonische Modell, das einem geometrischen Modell entsprechen könnte, in dem die Erde der Mittelpunkt der Himmelskugel ist, auf der sich alle anderen astronomischen Körper bewegen. Ein derartiges Modell kann keine Interpretation für Finsternisse vermitteln und deutet auch darauf hin, daß alle Himmelskörper gleiche Abstände von der Erde haben, was eine unergiebige Folgerung ist.

Neben seinem Interesse an astronomischen Entfernungen beschäftigte Aristarchos auch die Größe der Himmelskörper. Daher wurden sie in seinem Modell durch Kugeln dargestellt. Wie wir heute wissen, besteht hier keine vollkommene Korrespondenz, da rotierende Körper an ihren Polen abgeflacht sind. Aber zum Messen astronomischer Entfernungen ist die Kugel ein hinreichend genaues geometrisches Modell. Für andere Zwecke kann es nicht verwendet werden.

Ein wesentlicheres Merkmal des Modells von Aristarchos besteht darin, daß es tatsächlich nur zweidimensional ist. Da sich Erde, Mond und Sonne scheinbar auf der gleichen Ebene im Raum bewegen, geht in Bezug auf die Größe oder die gegenseitigen Entfernungen der Kugeln voneinander keine Information verloren, wenn die Kugeln durch Scheiben in dieser Ebene ersetzt werden. Der geniale Aspekt des Modells liegt in der Interpretation der Entfernung. Aristarchos nahm an, daß die Ebene der Umlaufbahnen die gewöhnliche euklidische Ebene ist, in der die übliche Entfernungsformel gilt. Zu seiner Zeit gab es keinen direkten Beweis dafür, daß ein Raum mit Entfernungen von mehr als einigen Kilometern euklidisch ist. Der Raum könnte z. B. tatsächlich die dreidimensionale Oberfläche einer riesigen vierdimensionalen Kugel sein. Bezogen auf die unmittelbare Umgebung erschiene er dann als ein gewöhnlicher euklidischer Raum, aber im Maßstab des Sonnensystems bedürfte es dreidimensionaler sphärischer Geometrie, um die Beobachtungen richtig zu interpretieren. Ebenso erfordern nautische Beobachtungen auf der Erde, daß die Erdoberfläche als zweidimensionale Kugeloberfläche betrachtet wird und nicht als eine euklidische Ebene. Heute wissen wir, daß die Umgebung der Erde nicht ganz euklidisch ist. Der Raum ist gekrümmt oder *gebogen;* aber für die meisten Zwecke ist die Abweichung von euklidischer Ebenheit geringfügig.

12.2. Als spätere Astronomen versuchten, alle Planeten in das Modell von Aristarchos einzufügen und ihre gegenseitigen Bewegungen und Entfernungen zu bestimmen, erkannten sie die Notwendigkeit, anstelle der einfachen, zur Erde konzentrischen Kreise neue Modelle für die Umlaufbahnen aller Planeten zu entwickeln. Zusätzlich zu diesen kreisförmigen Bewegungen wurde ein Modell für simultane, kreisförmige Bewegungen um andere Mittelpunkte eingeführt. Umlaufbahnen, die sich aus solchen simultanen Bewegungen zusammensetzen, werden *Epizykel* genannt. Dieses neuartige, kompliziertere Modell erhielt seine endgültige Form durch Ptolemäus und wird heutzutage allgemein unter seinem Namen erwähnt. Es existierte bis ins sechzehnte Jahrhundert und wurde

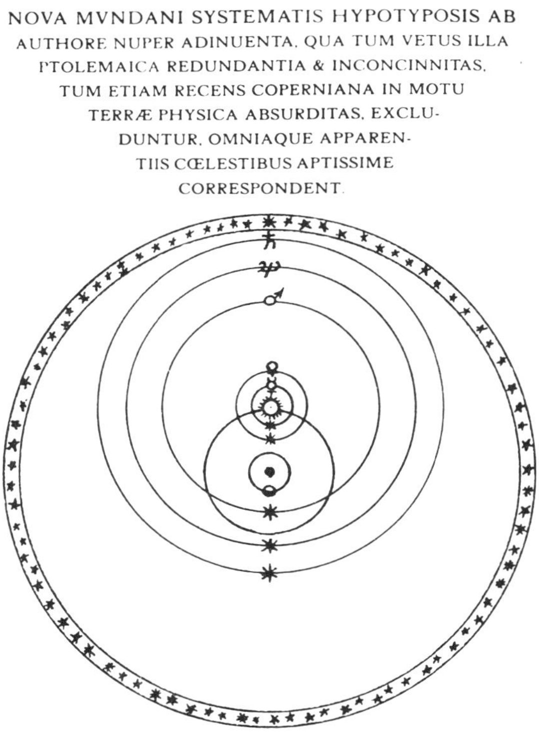

Bild 12.1
Modell des Sonnensystems von Tycho Brahe

dann von dem Kopernikus-Kepler-Newtonschen heliozentrischen Modell abgelöst.[1]) Astronomen hielten, solange sie konnten, an dem geozentrischem Modell von Ptolemäus fest. Um es aber in Übereinstimmung mit neuen, auf Beobachtungen beruhenden Ergebnissen zu bringen, wurden verschiedene Änderungen vorgenommen, die bereits Aspekte des endgültigen heliozentrischen Modells des Kopernikus einführten. Eine derartige Zwischenlösung, nämlich das Werk des großen dänischen Astronomen Tycho Brahe (1546–1601), zeigt Bild 12.1 (aus Flammarion [82]).

Die Trigonometrie reicht aus, um alle Beziehungen zwischen Kreisen und zwischen Punkten zu beschreiben und zu berechnen, die sich auf Epizykeln mit konstanter Geschwindigkeit auf jedem zum System gehörenden Kreis bewegen. Folglich war die Mathematik, die Ptolemäus um 150 zur Verfügung stand, zur Untersuchung und zum Gebrauch des ptolemäischen Modells ausreichend. Die Anwendung des scharfsinnigeren heliozentrischen Modells von Kopernikus mußte auf die Entwicklung der Infinitesimalrechnung durch Newton und Leibniz warten, da die Umlaufbahnen des kopernikanisch-keplerschen Modells Ellipsen sind. Neuere Modelle des Weltalls, die das Thema dieses

1) Ptolemäus nahm an, daß die Erde feststeht und die anderen Himmelskörper sich um sie drehen, ein Standpunkt, der bis zur Zeit des Kopernikus vorherrschend war. Einige ältere Griechen, besonders Aristarchos, glaubten jedoch, daß die Erde sich um die Sonne dreht.

Kapitels bilden, bauen auf der Differentialgeometrie auf, die im 19. Jahrhundert, nur ungefähr 50 Jahre vor Einsteins erstem Modell, entwickelt worden war. Der Zweck dieses Kapitels soll es sein, die Modelle Einsteins zu beschreiben, aber auch auf die Gründe hinzuweisen, aus denen wir von Newtons einfachem und erfolgreichem Standpunkt zu den viel höherentwickelten und technisch schwierigeren Modellen Einsteins übergehen. Um unsere Diskussion der Unterschiede zwischen diesen Modellen zu vertiefen, beschreiben wir zunächst kurz das Newtonsche Modell, und zwar in einer Form, die für unsere späteren Ziele praktisch ist, sich aber ziemlich stark von der üblichen Methode unterscheidet, in der dieses Modell gewöhnlich in einer Anfängervorlesung der Physik eingeführt wird.

12.3. Dreihundert Jahre nach seiner Erfindung bildet das Newtonsche Modell des Weltalls immer noch die Grundlage aller einführenden Physikvorlesungen. Aristarchos und Ptolemäus folgend nahm Newton an, daß die Struktur des Raumes durch die dreidimensionale euklidische Geometrie exakt wiedergegeben werden kann und daß die Zeit ein äußerer Parameter ohne direkte geometrische Darstellung ist. Aristarchos hatte sich nicht mit den Bewegungen der Himmelskörper beschäftigt. Ptolemäus schloß aber ihre Umlaufbahnen mit in sein Modell ein, indem er annahm, daß sie durch Epizykel dargestellt werden können: Beide Modelle waren *geometrische Interpretationen* aller Phänomene, an denen ihre Erfinder Interesse hatten. Newtons Modell ist nur teilweise geometrisch. In der Tat nahm er an, daß unter „normalen" (d.h. „kräftefreien") Umständen die Bahn eines Körpers im Raum eine geodätische Linie sein würde und daß die *Zeit* benutzt werden könnte, um die *Entfernung* zu messen, die ein Körper zurücklegt, indem die zur Fortbewegung benötigte Zeit mit einer Konstanten multipliziert wird. Dies führt zur Wahl einer angemessenen Maßeinheit für die Zeitmessung. Da die geodätischen Linien des euklidischen Raumes Geraden sind, bedeuten Newtons Annahmen, daß sich ein Gegenstand auf einer geraden Linie fortbewegt, wenn keine Kräfte auf ihn einwirken. Darüber hinaus ist die Strecke, die in der Zeit t zurückgelegt wird, sagen wir $s(t)$, durch $s(t) = vt$ gegeben, wobei v eine Konstante ist. Dies bedeutet, daß sich der Körper mit der konstanten Geschwindigkeit v gradlinig fortbewegt. Normalerweise bewegen sich Körper aber nicht auf Geraden mit konstanter Geschwindigkeit. Zum Beispiel fällt ein massiver Gegenstand von einem hohen Turm zwar gradlinig, aber mit ständig zunehmender Geschwindigkeit herab (vgl. Abschnitt 9.9). Ein Geschoß, das unter einem Winkel zur Vertikalen abgeschossen wird, bewegt sich auf einer parabolischen Bahn mit einer Geschwindigkeit, die mit seiner Bahnposition variiert. Die Umlaufbahn der Erde ist eine Ellipse, eine geschlossene Kurve, die einer Geraden im dreidimensionalen Raum völlig unähnlich ist. Um derartige Bewegungen zu berücksichtigen, führte Newton in seinem geometrischen Modell gewisse *nichtgeometrische* Begriffe ein, an deren erster Stelle *Kräfte* stehen. Kräfte sind die hypothetischen Ursachen für Abweichungen von der gradlinigen Bewegung mit konstanter Geschwindigkeit. Sie entsprechen im dreidimensionalen Raum nicht natürlichen geometrischen Strukturen, sondern sind grundsätzlich den arithmetischen Aspekten babylonischer Modelle ähnlich, obwohl sie viel höherentwickelt sind und weitreichendere Folgerungen mit sich bringen. Genau wie in den babylonischen arithmetischen Modellen müssen auch die Eigenschaften und das Wesen der Kräfte für bestimmte wichtige Klassen von Bewegungen auf eine Weise bestimmt werden, die von den geometrischen Bestandteilen des Modells unabhängig ist. Ist dies einmal geschehen, dann können die Auswirkungen der Kräfte auf geometrische Art und Weise interpretiert werden; z. B. die Umlaufbahn eines betrachteten Körpers, indem eine von Newton entdeckte *Differentialgleichung* benutzt wird, die die nichtgeometrischen Kräfte in Beziehung mit den Gleichungen der Umlaufbahn bringt. Dies läßt sich auf folgende Weise durchführen (man erinnere sich an eine ähnliche Diskussion in Abschnitt 9.9): Es wird ein kartesisches Koordinatensystem im Raum gewählt, so daß (x, y, z) die Koordinaten eines typischen Punktes sind. Nun wird angenommen, daß ein sich im Raum bewegender Körper in dem Modell durch einen sich bewegenden Punkt (in der Anschauung entspricht dieser Punkt dem Schwerpunkt des Körpers) dargestellt wird. Wirkt eine Kraft F_x in der Richtung der x-Achse, eine Kraft F_y in Richtung der y-Achse und eine Kraft F_z in Richtung der z-Achse auf den Punkt (Körper) ein, dann ändern sich die Koordinaten (x, y, z), die die Lage des Punktes beschreiben, mit der Zeit. Die Gleichungen, die diese Änderung bestimmen, sind

Newtonsche Gleichungen

$$m \frac{d^2 x}{dt^2} = F_x \qquad m \frac{d^2 y}{dt^2} = F_y \qquad m \frac{d^2 z}{dt^2} = F_z \,. \tag{12.1}$$

Hierbei ist m eine Konstante, die nur von der Beschaffenheit des Körpers anhängt; sie wird als dessen *Masse* bezeichnet.

Können diese Gleichungen gelöst werden, ist es vielleicht möglich, die Zeit t aus den Ergebnissen zu eliminieren, was zu zwei Gleichungen führt, die x, y und z in Beziehung zueinander bringen. Diese Gleichungen stellen eine Kurve im dreidimensionalen Raum dar, die Bahnkurve des sich bewegenden Körpers.

Ist z. B., wie in Abschnitt 9.9, die wirkende Kraft die Schwerkraft in der Nähe der Erdoberfläche, so ist (aus Experimenten) bekannt, daß die Kraft nach unten zeigt (sagen wir in Richtung der negativen z-Achse) und proportional zur Masse m des Körpers ist. Dies bedeutet:

$$F_x = 0 \quad F_y = 0 \quad F_z = -mg,$$

wobei g der Proportionalitätsfaktor ist (die Gravitationskonstante). In diesem Fall lassen sich die Newtonschen Gleichungen zu

$$\frac{d^2 x}{dt^2} = 0 \qquad \frac{d^2 y}{dt^2} = 0 \qquad \frac{d^2 z}{dt^2} = -g \tag{12.2}$$

vereinfachen. In Abschnitt 9.4 lernten wir, wie Polynome differenziert werden. Dabei zeigte sich insbesondere, daß die zweite Ableitung eines Polynoms ersten Grades gleich Null und die zweite Ableitung eines Polynoms zweiten Grades eine Konstante ist. Damit können wir die Gleichungen (12.2) lösen; die Lösungen sind:

$$x = at + b \tag{12.3a}$$

$$y = ct + d \tag{12.3b}$$

$$z = -\frac{g}{2}t^2 + et + f, \tag{12.3c}$$

wobei $a, b, \ldots, f$ bestimmte Konstanten sind, deren Werte danach bestimmt werden, welchen Ort und welche Geschwindigkeit der Körper anfangs zur Zeit $t = 0$ hatte; dies soll uns hier nicht beschäftigen.

Um die geometrische Umlaufsbahn zu finden und dadurch die Lösung wieder in den Bereich des geometrischen Modells zu bringen, muß die Zeit, die keine geometrische Größe ist (d.h. die keine Darstellung im euklidischen dreidimensionalen Raum hat), aus den drei Gleichungen (12.3) eliminiert werden. Aus (12.3a) erhält man $t = (x - b)/a$. Setzt man dies in Gl. (12.3b) ein, gelangt man nach geringer Vereinfachung zu

$$ay - cx = ad - bc, \tag{12.4a}$$

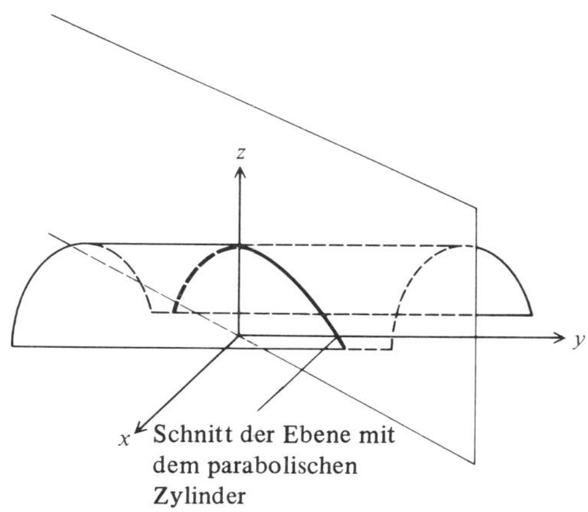

Bild 12.2
Parabel als Schnitt einer Ebene mit einem parabolischen Zylinder

d.h. zur Gleichung der Ebene, die parallel zur z-Achse verläuft (Bild 12.2). Außerdem setzt man den für t gefundenen Wert in Gl. (12.3c) ein und erhält

$$z = -\frac{m}{2}\left(\frac{x-b}{a}\right)^2 + e\left(\frac{x-b}{a}\right) + d, \tag{12.4b}$$

die Gleichung eines parabolischen Zylinders, dessen Achse parallel zur y-Achse verläuft. Die Umlaufbahn des Körpers besteht aus den Punkten, die auf beiden Flächen liegen, d.h. auf der Schnittlinie der beiden Flächen. Diese Parabel ist in Bild 12.2 verstärkt eingezeichnet.

Die Bedeutung dieser Berechnungen besteht darin, daß die geometrische Bahn gefunden werden kann, indem die Newtonschen Gleichungen gelöst werden und die Zeit eliminiert wird. Somit ist eine geometrische Darstellung der Bewegung im dreidimensionalen euklidischen Raum möglich, und zwar mittels der nichtgeometrischen Begriffe von Kraft und Zeit, die durch Ableitungen enthaltende Gleichungen mit der Geometrie verbunden sind.

12.4. Die Umlaufbahnen, die in Newtons Modell vorkommen, haben keine innere Beziehung zu dem zugrunde liegenden euklidischen Raum. Tatsächlich sind die einzigen *natürlichen* Kurven auf einer Fläche oder in einem Raum deren jeweilige geodätische Linien, Kurven, die den kürzesten Weg zwischen Punkten im Raum markieren. Keine andere Kurve steht mit der Flächengeometrie auf derartig unmittelbare und bedeutsame Weise in Verbindung. Dies bedeutet, daß *jedes beliebige Weltmodell, das den physikalischen Raum durch den dreidimensionalen euklidischen Raum darstellt, nichtgeometrische Begriffe wie die Kraft einführen muß, wenn es die Bewegungen der Planeten und anderer astronomischer Körper beschreiben soll.* Deshalb genügt eine geringfügige Änderung des Newtonschen Modells nicht, um den Kräftebegriff auf geometrische Weise zu verallgemeinern, denn im euklidischen dreidimensionalen Raum existiert kein natürliches geometrisches Objekt, das eine derartige Aufgabe übernehmen könnte.

Um ein *vollständig geometrisches Modell* für die Bewegungen astronomischer Körper zu schaffen, die sich unter dem Einfluß ihrer gegenseitigen Anziehungskraft bewegen, muß der dreidimensionale euklidische Raum aufgegeben werden. Wir führen dies in zwei verschiedenen Etappen durch, um zu zeigen, wie Newtons Modell zu Einsteins Modell wird, sobald wir versuchen, Newtons Begriff der Kraft auf natürliche Weise zu geometrisieren.

Zuerst müssen wir vereinbaren, was wir von einem vollständig geometrischen Modell verlangen. Die grundsätzliche Forderung ist: Die *Bahnen der astronomischen Körper müssen geodätische Linien des Modellraums sein.* Wird z. B. die Umlaufbahn der Erde um die Sonne in einem euklidischen dreidimensionalen Raum betrachtet, so unterscheidet sie sich in diesem Modellraum deutlich von einer geodätischen Linie, d. h. einer Geraden. Dies bedeutet, daß der euklidische dreidimensionale Raum aufgegeben werden muß, wie oben schon bemerkt wurde. Er muß durch einen Raum ersetzt werden, dessen geodätische Linien mit den beobachteten Umlaufbahnen astronomischer Körper wie der Erde übereinstimmen. Dies ist auf zwei Weisen möglich, die sich nicht gegenseitig ausschließen. Erstens vergrößere man die Anzahl der Dimensionen des Raumes. Dies ändert die Beziehung zwischen dem Raum und seinen geodätischen Linien. Nachdem die neuen Dimensionen mit physikalischen Begriffen interpretiert worden sind, so daß die geometrischen Größen in diesem neuen Raum Bedeutungen bekommen haben, kann es sich ergeben, daß die geodätischen Linien genau mit den tatsächlich beobachteten Umlaufbahnen übereinstimmen. Zweitens werde der euklidische Raum so gebogen, daß seine geodätischen Linien keine Geraden mehr sind. Beide Änderungen des ursprünglichen euklidischen Raumes können ausgeführt werden, das Ergebnis ist ein höherdimensionaler, nichteuklidischer Modellraum. Genau dies führte Einstein aus, um sein Modell zu konstruieren, das vierdimensional und nichteuklidisch ist.

Die Bedeutung der „Dimension“ wurde in Kapitel 11 kurz besprochen; hier genügt es, daß der Leser seinen Zweifel zurückhält und damit übereinstimmt, daß ein vierdimensionaler *euklidischer* Raum, unabhängig von seinen möglichen anderen Eigenschaften, „flach“ ist und seine geodätischen Linien ebenso wie in zwei- und dreidimensionalen

Räumen Geraden sind. Wenn wir uns dann einig sind, wollen wir das Aussehen der Bahn der Erde um die Sonne, wie es in einem vierdimensionalen euklidischen Modell erscheinen würde, untersuchen. Drei der Dimensionen werden benutzt, um den gewöhnlichen physikalischen Raum darzustellen, wogegen die vierte Koordinatenachse, t-Achse genannt, die Veränderung der Zeit darstellt. Dies bedeutet lediglich, daß jeder Punkt im vierdimensionalen euklidischen Raum durch eine geordnete Menge von vier Zahlen (x, y, z, t) wiedergegeben wird, wobei die ersten drei Zahlen die Lage im physikalischen Raum angeben, die auf ein geeignetes kartesisches Koordinatensystem bezogen wird; die vierte Zahl bezieht sich auf die mit dem betrachteten Vorgang verbundene Zeit.

Die Zeit kann in Jahren und die Entfernung in Kilometern gemessen werden. Wie können aber derartige Messungen miteinander verglichen werden? Welches Maß der Zeit bildet das Gegenstück zu einem Kilometer oder was entspricht einem Jahr in Kilometern? Die experimentellen Physiker haben diese Frage beantwortet. Sie entdeckten, daß unabhängig vom Bezugssystem die Lichtgeschwindigkeit eine Konstante ist und ungefähr 299 000 Kilometer pro Sekunde (beinahe $3 \cdot 10^{10}$ Zentimeter/Sekunde) beträgt. Somit braucht Licht eine feste Zeit, um eine bestimmte Entfernung zurückzulegen. Deshalb können wir uns darauf einigen, daß eine bestimmte Entfernung durch die Zeit gemessen werden kann, die das Licht braucht, um diese Entfernung zurückzulegen. Zum Beispiel legt Licht in einem Jahr ungefähr 9 460 500 000 000 km zurück; diese Entfernung, ein *Lichtjahr* genannt, ist eine Normaleinheit der astronomischen *Entfernungsmessung*. Die Erde ist etwa 149,5 Millionen km von der Sonne entfernt, und so benötigt das Licht ungefähr 8 min, um von dort hierher zu kommen. Es kann daher gesagt werden, daß die Erde *8 Lichtminuten von der Sonne entfernt* ist.

Wenn Übereinstimmung darüber besteht, daß Entfernungen auf diese Weise durch die Zeit gemessen werden können, und wenn als Ebene der Erdumlaufbahn um die Sonne die x-y-Ebene gewählt wird, in der der Nullpunkt des Koordinatensystems im Mittelpunkt der räumlichen Umlaufbahn der Erde liegt (die der Einfachheit halber als Kreis angenommen wird), dann entspricht die Bahn der Erde um die Sonne im *vierdimensionalen* Modell einer *Schraubenlinie* (diese Linie entspricht dem Gewinde einer Maschinenschraube oder der Windung einer Wendeltreppe), deren Achse die Zeitachse ist. Bild 12.3 zeigt diese Bahn. Die z-Achse ist nicht dargestellt, genauso wie Aristarchos die unnötige Raumachse in seinem Modell nicht berücksichtigte, da sie keine Information beiträgt. Die Zeit nimmt auf der t-Achse nach oben zu. Nach dem Verlauf eines Jahres liegt der die Erde darstellende Punkt über der Lage im Raum (dargestellt durch die x-y-Ebene), an der er sich vor genau einem Jahr befand: Die Schraubenlinie hat sich also genau einmal um die Zeitachse herumgewunden.

Bild 12.3 wird der physikalischen Wirklichkeit nicht gerecht, denn die Skalen der Raum- und Zeitmessungen haben nicht dieselben Maßeinheiten. Dadurch wird es unmöglich, sich eine klare Vorstellung von der Ganghöhe der Schraubenlinie zu machen, d.h. von der relativen Höhe auf der t-Achse, die die Schraubenlinie für eine vollständige Windung um die t-Achse benötigt. Um eine genauere Darstellung zu erreichen, wird in Bild 12.4 die Entfernung durch die Zeit ausgedrückt, die das Licht benötigt, um diese Entfernung zurückzulegen. Aber selbst in Bild 12.4 wurde die schraubenförmige Umlaufbahn der Erde verzerrt dargestellt, damit sie von der Zeitachse unterschieden werden kann.

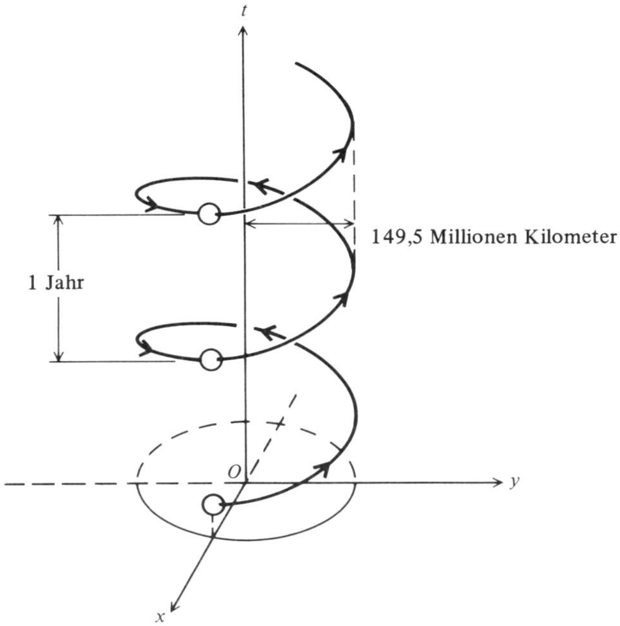

Bild 12.3
Raum-Zeit-Diagramm der Erdbewegung in bezug auf die Sonne

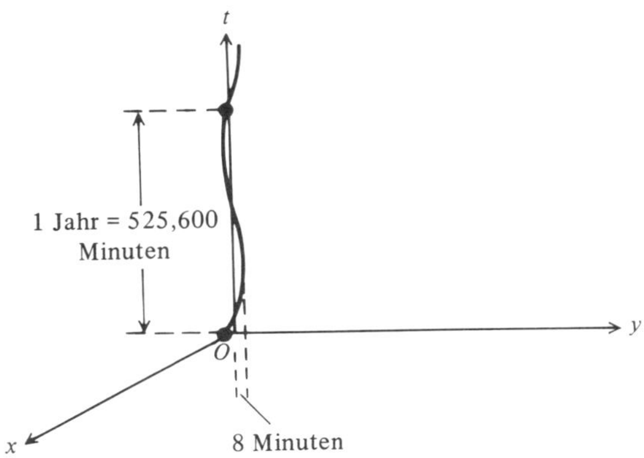

Bild 12.4
Bild 12.3 in genauerem Maßstab

Die Ganghöhe der Schraubenlinie ist

$$1 \text{ Jahr}/8 \text{ Minuten} = 525\,600 \text{ Minuten}/8 \text{ Minuten} = 65\,700.$$

Die Schraubenlinie steigt daher so steil an, daß sie eigentlich in keinem Diagramm von der Zeitachse zu unterscheiden ist.

In diesem vierdimensionalen Modell ist die Erdbahn um die Sonne tatsächlich beinahe eine Gerade; d.h., sie ist beinahe eine geodätische Linie des vierdimensionalen euklidischen Raumes. Dies deutet darauf hin, daß durch eine nur geringfügige Deformation des vierdimensionalen euklidischen Raumes eine neue, gebogene, vierdimensionale

Fläche entstehen könnte, deren geodätische Linien die schraubenförmige Erdumlaufbahn enthalten würden. In einem solchen Modell würde die Krümmung der Fläche die „Ursache“ der gekrümmten geodätischen Linien sein und wäre damit eine geometrische Erklärung von Newtons Gravitations-„Kraft“. In einem derartigen Modell bestünde keine Notwendigkeit für Gleichungen, die geometrische Größen in Beziehung zu äußeren, nicht-geometrischen Begriffen setzen.

1916 schuf Albert Einstein ein derartiges Modell. Zusätzlich zu einer qualitativen Beschreibung, ähnlich der oben gegebenen, verlangt ein solches Modell eine mathematische Vorschrift, die die genaue Beschaffenheit der geodätischen Linien von Punkt zu Punkt auf der das Universum darstellenden Fläche bestimmt oder zumindestens abgrenzt. Da die geodätischen Linien, die die Bahnen von Himmelskörpern sind, durch die Krümmung bestimmt sind, leuchtet es ein, daß die mathematische Vorschrift aus einer Reihe von Gleichungen bestehen muß, die die möglichen Werte der Krümmung an verschiedenen Punkten der vierdimensionalen Fläche beschränkt. Einsteins berühmte *Schwerkraftsgleichungen*, die den Kern seiner Theorie bilden, bewirken genau das. Sie sind Differentialgleichungen, die die Werte der Krümmung in Beziehung zu den Werten ihrer Ableitungen setzen (d.h. dem Ausmaß der Krümmungsveränderung), und zwar für jeden Punkt auf der vierdimensionalen Raum-Zeit-Fläche, die die Modelldarstellung des Weltalls bildet (Bild 12.5).

Ist die vierdimensionale Fläche in irgendeinem Gebiet beinahe flach, so sind ihre geodätischen Linien dort beinahe Gerade. In diesem Fall lassen sich Einsteins komplizierte Gleichungen auf die Form der Newtonschen Gleichungen vereinfachen, aber anstelle des Newtonschen Kraftbegriffs gibt es hier eine geometrische Größe. Dies bedeutet, daß Einsteins Modell in einem annähernd flachen vierdimensionalen Raum Newtons Modell (einschließlich seines nichtgeometrischen Schwerkraftbegriffes) im dreidimensionalen euklidischen Raum äquivalent ist. Dies ist keineswegs überraschend, denn Newtons Modell läßt sich sehr gut zur Beschreibung der Planetenbewegungen verwenden. Zum Beispiel ist die (vierdimensionale) Umlaufbahn der Erde um die Sonne beinahe eine Gerade, und sie liegt in einem Gebiet, das annähernd flach ist. Deshalb sollte Einsteins Modell für diesen Fall gleich dem Newtonschen Modell sein. Tatsächlich können die Astronomen bis heute keinen Unterschied zwischen den Vorhersagen in den beiden Modellen für die Erdumlaufbahn feststellen.

12.5. Der einzig mögliche Vorteil des Einsteinschen Modells in Bezug auf die Erdumlaufbahn ist ein begrifflicher. Viele Physiker und Mathematiker glauben, daß das Einsteinsche Modell die beobachteten Bewegungen und Eigenschaften anschaulicher und leichter erklärbar macht. Es gibt andere astronomische Erscheinungen, für die die beiden

$$g_{\underset{+}{i}k;s} = 0, \qquad \Gamma_i = 0$$

$$R_{ik} = 0, \qquad R_{\underset{\vee}{ik},l} + R_{\underset{\vee}{kl},i} + R_{\underset{\vee}{li},k} = 0$$

Bild 12.5
Die Einsteinschen Gleichungen auf der Titelseite von *The New York Times*, Montag, 30. März, 1953

Modelle unterschiedliche Ergebnisse voraussagen. Ein Vergleich ihrer Vorhersagen mit der Wirklichkeit ist schwierig, da alle heute bekannten Unterschiede geringfügig sind und Beobachtungen der Phänomene mit großer Sorgfalt und speziell entworfenen Apparaten gemacht werden müssen. Alle experimentellen Untersuchungen, die seit der Einführung des Einsteinschen Modells im Jahre 1916 durchgeführt wurden, scheinen zu bestätigen, daß dieses Modell eine genauere Darstellung der beobachteten Erscheinungen vermittelt als irdendein anderes bekanntes Modell.

Es gibt für das Einsteinsche Modell drei wesentliche experimentelle Prüfungsverfahren. Eins beschäftigt sich mit einer Anomalie in der Bewegung des Planeten Merkur; diese war den Astronomen des 19. Jahrhunderts bekannt, konnte jedoch nicht durch Newtons Modell dargestellt werden; die anderen beiden Verfahren betrafen neue Phänomene, die von Einsteins Modell vorhergesagt worden waren, von deren Existenz man aber vorher nichts wußte. Experimente zeigen, daß sie bestimmt existieren. Diese qualitative Bestätigung des Modells wird dadurch bekräftigt, daß die experimentellen Beobachtungen mit den Voraussagen durch das Modell auch quantitativ übereinstimmen.

Die drei Tests sind die folgenden:

1. Die Perihelbewegung des Merkur.
2. Die Lichtablenkung in einem Schwerefeld.
3. Die relativistische Rotverschiebung.

In diesem Abschnitt wird jedes dieser Phänomene beschrieben; im darauffolgenden Abschnitt 12.6 stellen wir ein „Modell des Einsteinschen Modells" vor, das eine von der Anschauung her vernünftige Erklärung für jedes dieser Phänomene vermittelt.

1. Die *Perihelbewegung des Merkur.* Die Griechen des Altertums nahmen an, daß sich die Planeten in kreisförmigen Bahnen bewegen. Keplers genaue Untersuchung dieser Bahnen im Zusammenhang mit dem heliozentrischen Modell von Kopernikus zeigte, daß sie in Wirklichkeit ellipsenförmig sind. Einer der Brennpunkte[1)] dieser elliptischen Bahn liegt fast genau im Massenschwerpunkt des rotierenden Planeten und der Sonne. Für unsere Zwecke genügt aber die Annahme, daß der Brennpunkt tatsächlich mit dem Schwerpunkt der Sonne zusammenfällt. Es gibt zwei geometrisch bedeutende Punkte auf einer elliptischen Bahn: Einer, in dem sich der Planet so nah wie möglich an der Sonne befindet, und einer, in dem er so weit wie möglich von ihr entfernt ist. Letzterer ist ein sonnenferner Punkt, das sogenannte *Aphel*, der erstere ein sonnennaher Punkt oder *Perihel.*

Newtons Theorie sagt voraus, daß ein Planet sich auf einer vollkommen elliptischen Bahn bewegt. Nehmen wir an, daß ein Planet, der sich auf einer vollkommen elliptischen Bahn bewegt, zu einer bestimmten Zeit an einem sonnennahen Punkt (Perihel) seine Bewegung beginnt; nach genau einem seiner Umlaufjahre kehrt er dann genau an diesen Punkt zurück, um seine jährliche Bewegung neu zu beginnen. Ist die Bahn nicht genau

[1)] Die *Brennpunkte* einer Ellipse sind zwei Punkte F_1 und F_2 im Inneren der Ellipse mit der Eigenschaft, daß die Summe der Entfernungen $\overline{PE_1} + \overline{PF_2}$ konstant bleibt, wenn P alle Punkte der Ellipse durchläuft. Diese Eigenschaft verwendeten die Griechen für eine *synthetische* Definition einer Ellipse. Decken sich F_1 und F_2, dann wird die Ellipse ein Kreis mit dem Mittelpunkt $F_1 = F_2$.

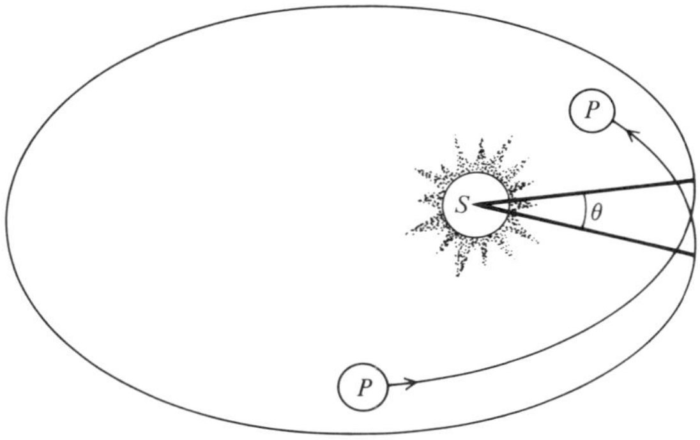

Bild 12.6
Perihelpräzession für eine Umdrehung

elliptisch, dann kehrt der Planet nach einjährigem Umlauf beinahe zum Perihel zurück, von dem aus er seine Bewegung begann. Ein Maß für die Abweichung von der vollkommenen Ellipsenform (und daher auch von der Newtonschen Theorie) ist der Winkel θ, der von den Linien gebildet wird, die die Sonne und das Perihel, bzw. die Sonne und die Position des Planeten, nach einer Umdrehung verbindet. Dieser Winkel ist in Bild 12.6 angegeben. Mit jeder Umdrehung um die Sonne rotiert die Bahn um einen Winkel θ; noch bildlicher ausgedrückt: Die elliptische Newtonsche Bahn verlagert sich bei jeder Umdrehung fortschreitend um einen Winkel θ.

Sorgfältige Messungen zeigen, daß das Ausmaß der jährlichen Präzession für Planeten unseres Sonnensystems äußerst klein ist. Für die Erde geben Landau und Lifschitz [46]

$$\theta_{\oplus} = 0{,}046'' \pm 0{,}027'' \tag{12.5a}$$

an. Für den Merkur ist die Präzession am größten:

$$\theta_{☿} = 0{,}426'' \pm 0{,}009'' \tag{12.5b}$$

und war bereits von Astronomen des 19. Jahrhunderts entdeckt worden. Man erinnere sich, daß eine *Bogensekunde*, abgekürzt durch das $''$ Zeichen, gleich 1/3600 Grad ist; deshalb ist die Abweichung $\theta_{☿}$ ungefähr 1/100 000 eines rechten Winkels, eine erstaunliche Genauigkeit bei einer Messung.

Einsteins Modell berechnet die Präzession der Planetenbahnen voraus; die numerischen Werte, die mit dem Modell für die Erde und Merkur berechnet wurden, sind

$$\text{(Modell)}\quad \theta_{\oplus} = 0{,}038'' \tag{12.6a}$$

und

$$\text{(Modell)}\quad \theta_{☿} = 0{,}430''. \tag{12.6b}$$

Sie stimmen ausgezeichnet mit den Beobachtungen überein (12.5a, b).

2. *Die Lichtablenkung in einem Schwerefeld.* Unter gewissen Umständen verhält sich Licht so, als bestehe es aus Wellen elektrischer und magnetischer Felder, aber oft verhält es sich wie eine Menge von Teilchen. Für das Verhalten des Lichts in einem Schwerefeld ist die Vorstellung von Teilchen angemessen. Auf der Erde scheinen alle Experimente zu zeigen, daß Licht sich im Vakuum geradlinig ausbreitet. Daher war es

einleuchtend, anzunehmen, daß dies auch für Licht zutrifft, das sich in einem Raum ausbreitet, in dem eine Schwerkraft wirkt. Da von der Schwerkraft angenommen wurde, daß sie die Bahn materieller Körper beeinflußt, indem sie auf deren Masse einwirkt, und da Experimente zeigten, daß Lichtteilchen keine Masse haben (jedenfalls nicht im üblichen Sinne), nahm man an, daß die Schwerkraft keinen Einfluß auf das Licht ausüben könne, und daß Licht sich deshalb entlang der geradlinigen geodätischen Linien des Newtonschen Modells fortbewegen würde. Die grundsätzliche Idee des Einsteinschen Modells, daß nämlich die Schwerkraft die Krümmung im Raum verursacht, und daß die natürlichen Bahnen von Körpern geodätische Linien dieses deformierten Raumes sind, deutet darauf hin, daß die Bahnen der Lichtstrahlen immer dort von Geraden abweichen sollten, wo die geodätischen Linien auf Grund der Schwerkraft nicht gerade sind. Insbesondere schlägt dieses Modell vor, daß die Bahn eines Lichtteilchens zu den stärker gekrümmten Gebieten abgelenkt werden sollte (physikalisch ausgedrückt: in Richtung auf die *Ursprünge* der Schwerkraft). Das Einsteinsche Modell sagt voraus, daß die Richtung eines Lichtstrahls, der noch gerade eben den Rand der Sonne streift, gegen die Sonne unter einem Winkel von 1,75″ abgelenkt wird (Bild 12.7). Durch Beobachtung der Bahn von Sternenlicht, das während Sonnenfinsternissen nahe am Rand der Sonne vorbeistreift, und durch Vergleich der scheinbaren Richtung dieser Bahnen, wenn die Erde zwischen den Sternen und der Sonne steht, wird diese Vorausberechnung bestätigt.

3. *Die relativistische Rotverschiebung.* Eine weitere neue und unerwartete, aber experimentell bestätigte Voraussage des Einsteinschen Modells ist: Licht, das von einem Gebiet stärkerer Krümmung in ein Gebiet mit geringerer Krümmung gelangt, ändert seine Farbe und wird röter. Dieses Phänomen wurde bestätigt, indem man das Licht, das vom Wasserstoff extrem dichter Sterne, wie die „Blauen Zwerge", ausgestrahlt wird, beobachtet. Diese Sterne sind Quellen intensiver Schwerkräfte und führen infolgedessen zu Krümmung in dem Modell. Die Farbe des ausgestrahlten Lichts wird mit der Farbe des entsprechenden Lichts verglichen, das hier auf der Erde von Wasserstoffbomben ausgestrahlt wird. Der Unterschied ist ein Maß für die Größe der Schwerkraft in der Nähe der Oberfläche des beobachteten Sterns.

12.6. Man kann sich ein einfaches „Modell des Einsteinschen Modells" vorstellen, das es einem erleichtert, sich die komplizierten vierdimensionalen geometrischen Eigenschaften, die die Einsteinschen Krümmungsgleichungen enthalten, zu veranschaulichen. Die Bewegungsbahnen von Planeten und Doppelsternen, die Lichtablenkung und die relativistische Rotverschiebung erhalten mit Hilfe dieser heuristischen, vereinfachten Form nach einigen Überlegungen einen Sinn. Obwohl das vereinfachte Modell nicht zur Berechnung der Werte irgendeiner dieser interessanten Größen benutzt werden kann, ist es dennoch nützlich, da es zu einer qualitativ richtigen Betrachtungsweise führt.

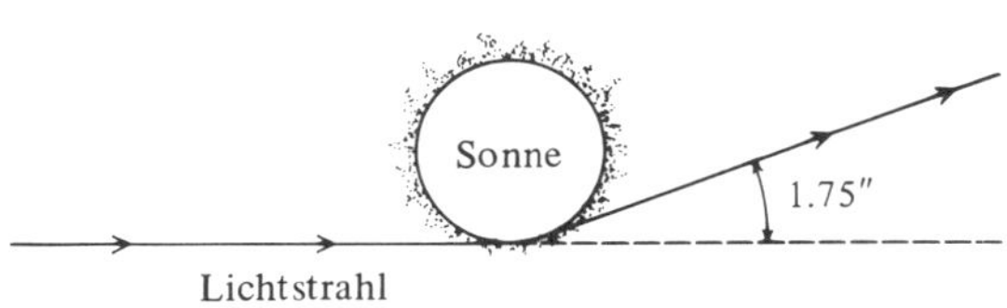

Bild 12.7
Bahn eines Lichtstrahls in einem Schwerefeld

Es werde eine glatte, dicke Gummischicht auf eine glatte horizontale Tischplatte gelegt. Ihre Oberfläche stellt zwei der drei Raumdimensionen des vierdimensionalen Weltmodells dar. Man nimmt nun an, daß ein Anzahl von Kugeln verschiedener Radien und unterschiedlicher Dichte vorhanden sind. Einige seien aus einer dichten Substanz wie Blei, andere sind hohl, so daß ihre Gesamtdichte gering ist. Diese Kugeln sollen die Rolle der Sterne, Planeten und anderer astronomischer Objekte spielen. Weiterhin wird angenommen, daß Lichtteilchen von außerordentlich kleinen Kugeln, die beinahe kein Gewicht haben, dargestellt werden und daß es kaum einen ihre Bewegung hemmenden Widerstand gibt, wenn eine dieser Kugeln über die Gummifläche gerollt wird.

Legt man eine große, dichte Kugel auf die Gummifläche, so verursacht sie eine Vertiefung in der Fläche. Je größer die Dichte der Kugel ist, desto größer ist die Vertiefung für Kugeln mit gleichem Radius (bei Γ). Dies bedeutet ebenfalls, daß die Krümmung der Gummifläche für dichte Kugeln größer ist, d.h. zumindestens in deren unmittelbarer Nähe. Die gekrümmte Gummifläche stellt die Anziehungskraft des Gegenstandes dar, den die Kugel repräsentiert. Jetzt setzt man eine kleine Kugel mit geringerer Dichte in einiger Entfernung von der großen Kugel auf die Fläche (wir nennen die große einen „Stern", die kleine einen „Planeten"). Die kleine Planetenkugel verursacht nur eine kleine Vertiefung in dem Gummi, aber sie wird sich bereits in der Vertiefung des Sterns befinden und die Tendenz haben, abwärts in die Vertiefung des Sterns zu rollen. Gleichermaßen wird die kleine, vom Planeten verursachte Vertiefung weder sehr gekrümmt noch sehr tief sein, aber sie wird sich dennoch über die ganze Tischfläche erstrecken, so daß der Stern sich auf einem Teil dieser kleinen Vertiefung befindet und die Tendenz hat, abwärts gegen den Planeten zu rollen, obwohl mit viel langsamerer Geschwindigkeit als die, mit der der Planet in Richtung des Sterns rollt. Auf diese Weise sehen wir, daß zwei beliebige Körper sich anziehen. Dies ist die Wirkung der allgemeinen Schwerkraft, wie sie in dem Modell dargestellt wurde (Bilder 12.8 und 12.9).

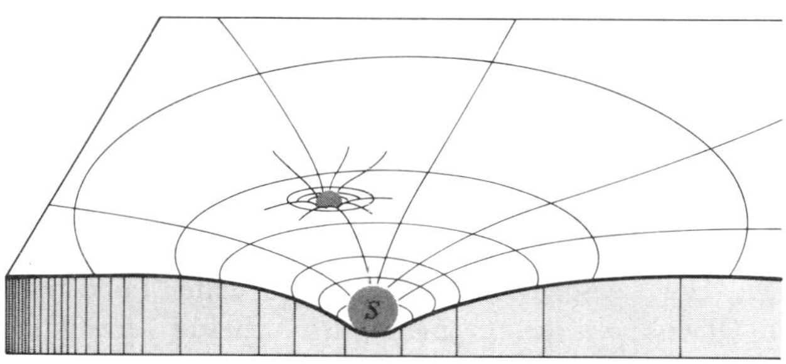

Bild 12.8 Schnittperspektive des Tischplattenmodells für die Raumkrümmung

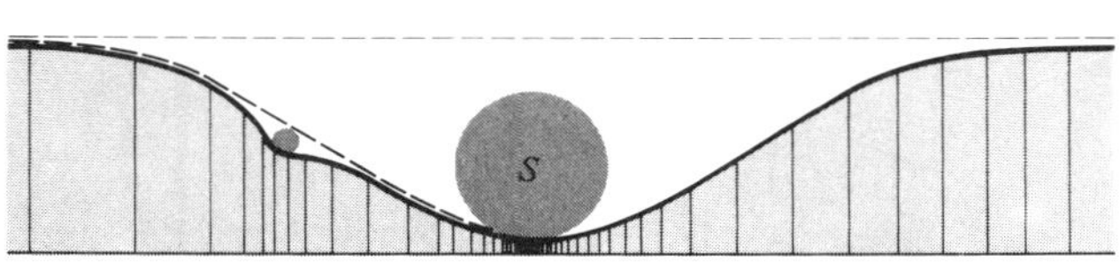

Bild 12.9 Ausschnitt der Konfiguration in Bild 12.8

Es ist leicht ersichtlich, wie sich ein Planet um einen Stern drehen kann. Bleibt der Planet ungestört, so wird er einfach abwärtsrollen und schließlich mit dem Stern zusammenstoßen. Rollt der Planet jedoch mit großer, aber konstanter Geschwindigkeit vorwärts (die nicht durch Reibung vermindert wird, da es keine Reibung geben soll), können wir uns leicht davon überzeugen, daß seine Bahn als Gerade beginnt, sich dann aber etwas gegen den Stern neigen wird, wenn der Planet weiter in die Vertiefung des Sterns vordringt, und daß er (da die Geschwindigkeit als groß genug angenommen wird) wieder auf einer neuen gradlinigen Bahn aus der Vertiefung herauslaufen wird. Das Diagramm, das diese Bahn veranschaulicht, ist das gleiche wie dasjenige für die Lichtablenkung in der Nähe eines Sterns (Bild 12.7), aber der Ablenkungswinkel wird natürlich ein anderer sein. *Wenn* Richtung und Geschwindigkeit der Planetenbewegung richtig gewählt werden, kann man erreichen, daß der Einfluß der Krümmung, die den Planeten in Richtung der Vertiefung zieht, gerade durch die Tendenz des Planeten, auf Grund seiner Ausgangsgeschwindigkeit von dem Stern wegzufliegen, ausgeglichen wird. Anschaulicher ausgedrückt: Wenn ein Planet ohne Anfangsgeschwindigkeit in den Stern stürzen wird und wenn ein Planet mit großer Anfangsgeschwindigkeit von ihm fortfliegt, dann muß es eine mittlere Geschwindigkeit und eine bestimmte Richtung geben, die den Planeten vollständig im Gleichgewicht zwischen dem Hineinstürzen und dem Fortfliegen hält. Diese Gleichgewichtsbahn ist die gebundene Umlaufbahn. Der Planet kreist innerhalb der Vertiefung um den Stern wie in Bild 12.10.

In gleicher Weise kann man die Bewegung zweier Sterne darstellen, die ein Doppelsternsystem bilden. Jeder von ihnen „fällt" in die Vertiefung des anderen, und zwar gerade mit der richtigen Anfangsrichtung und Geschwindigkeit, um sowohl ein Zusammenstoßen als auch eine endgültige Trennung zu verhindern.

Dieses einfache Tischplattenmodell erklärt nicht direkt die Präzession des Perihels eines Planeten. Dies würde kompliziertere Rechnungen erfordern, die auf der Theorie der Elastizität der Materialien fußen und mühsamer sind als die Einsteinschen Gleichungen für das wirkliche vierdimensionale Modell. Die beiden anderen experimentellen Tests für das Einsteinsche Modell können leicht an Hand des Tischplattenmodells erklärt werden.

Die Ablenkung der Lichtstrahlen in der Nähe der Sonne ergibt sich aus den bereits gemachten Bemerkungen. Ein Lichtteilchen verursacht keine große Vertiefung, da es in dem Modell eigentlich kein Gewicht hat. Erhält es aber einen Anstoß, so wird seine Bahn auf der deformierten Gummifläche eine geodätische Linie sein. Rollt ein Licht-

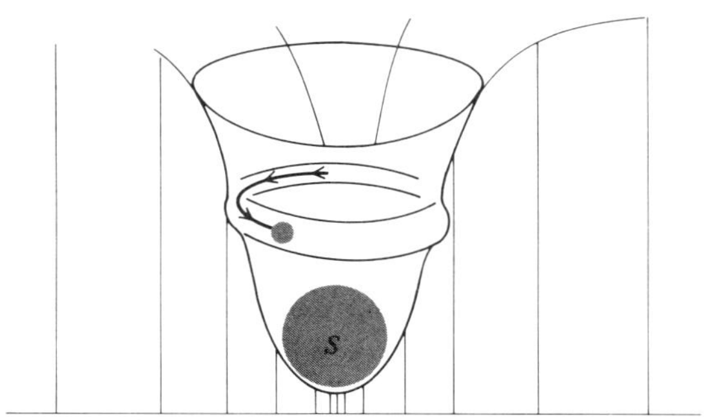

Bild 12.10

Übertriebene Ansicht eines Planeten, der sich um einen Stern dreht, im Tischplattenmodell

teilchen so, daß es nahe an einem Stern vorbeiläuft, wird es in seine Vertiefung stürzen. Da aber die Dichte eines typischen Sterns relativ gering ist, wird das Teilchen weder wie ein Planet von dem Stern gefangen werden, noch wird es in den Stern stürzen. Seine Bahn wird in Richtung der Sternkugel von der Vertiefung abgelenkt werden, wie das Einsteinsche Modell es voraussagt und Experimente bestätigen.

Um die relativistische Rotverschiebung an Hand des Tischplattenmodells zu erklären, müssen wir die im folgenden beschriebene experimentelle Tatsache kennen. Zu Beginn des 20. Jahrhunderts wurde festgestellt, daß die Energie eines Lichtteilchens nicht von seiner Geschwindigkeit, die konstant ist, sondern vielmehr von seiner *Farbe* abhängt. „Farbe" ist das gebräuchliche Wort für den physikalischen Begriff „Frequenz". Max Planck (1858–1947) entdeckte, daß die Energie eines Lichtteilchens proportional zu seiner Frequenz ist. Die Proportionalitätskonstante wird jetzt zu Ehren dieser wichtigen Entdeckung *Plancksches Wirkungsquantum* genannt. Licht in der Nähe des blauen Endes des Spektrums hat größere Energie als Licht nahe dem roten Ende. Folglich bedeutet eine Verschiebung gegen Rot einen Energieverlust. Was passiert unter diesem Gesichtspunkt, wenn ein Lichtteilchen sich von einem Gebiet größerer in ein Gebiet geringerer Anziehungskraft bewegt? Im Rahmen des Tischplattenmodells steigt die Kugel, die das Lichtteilchen darstellt, aus einer Vertiefung in der Gummifläche heraus. Um herauszusteigen, muß sie einige Energie abgeben: Wäre die Kugel ein Planet, so würde sie beim Heraussteigen Geschwindigkeit verlieren, aber die Lichtgeschwindigkeit ist konstant. Licht kann nur Energie verlieren, indem es die Farbe ändert, es wird röter. Dies ist das Phänomen der relativistischen Rotverschiebung.

12.7. Das Tischplattenmodell vermittelt ein verläßliches Bild des Einsteinschen Modells in der Nähe eines Sterns, aber es scheint vorauszusetzen, daß bei großen Entfernungen vom Stern die vierdimensionale Fläche, die das Weltall darstellt, flach wie der euklidische Raum ist. Dies trifft wahrscheinlich nicht zu und ist bestimmt nicht im Einsteinschen Modell enthalten. Deshalb müssen einige Worte über die Gesamtform des Weltalls (oder *Form im Großen*) gesagt werden. Ein Modell des gesamten Weltalls, das dessen Gesamtform darstellt, nennt man ein *kosmologisches Modell*. Modelle des Weltalls werden so konstruiert, daß sie mit den beobachteten makroskopischen Eigenschaften des physikalischen Weltalls übereinstimmen. Sie sind auch darauf beschränkt, einen gewissen Grad mathematischer Einfachheit einzuhalten, so daß die vorkommenden Gleichungen mit gegenwärtig vorhandenen mathematischen Verfahren bearbeitet werden können.

Eines der erfolgreichsten kosmologischen Modelle nimmt an, daß das räumliche Weltall in seinen makroskopischen Eigenschaften allen Beobachtern gleich erscheint, unabhängig davon, wo sie sich darin zu einem gegebenen Zeitpunkt befinden. Diese Auffassung entspricht der Idee, daß die Erdoberfläche in der Umgebung eines Beobachters sphärisch zu sein scheint, d.h. würde man die Berge glätten und die Meere aufschütten, so würde die Erde in jedem ihrer Punkte sphärisch erscheinen. Ähnlich plausibel ist es, obwohl nicht sicher, daß das räumliche Weltall allen Beobachtern gleich erscheinen muß, wenn man eine homogene Verteilung der Sternenmasse annimmt und die bekannten Eigenschaften des räumlichen Weltalls betrachtet. Geometrisch bedeutet dies, daß es ein dreidimensionaler Raum mit konstanter Krümmung sein muß. Aus dem Studium der Differentialgeometrie ist bekannt, daß es (örtlich) nur drei Möglichkeiten gibt:

Der Raum muß eine konstante *positive* Krümmung wie eine Kugel haben oder eine *Nullkrümmung* wie ein euklidischer Raum oder eine konstante *negative* Krümmung. Es gibt kein völlig natürliches Modell, das den letzten Fall veranschaulicht, aber die Fläche eines einschaligen Hyperboloids (Bild 12.11) ist ein zweidimensionaler Raum mit nichtkonstanter negativer Krümmung, der uns vielleicht in der Anschauung hilft (vgl. ebenso Bild 5.15). Auf jeden Fall beachte man, wie die aus Beobachtungen hergeleitete Annahme in ein geometrisches Modell übersetzt wird. Nun muß nach Einstein jedes geometrische Modell des Weltalls bestimmte auf die Krümmung bezogene Differentialgleichungen erfüllen. Aber die Krümmung ist die Krümmung von *Raum-Zeit*, einem vierdimensionalen geometrischen Raum, der nicht mit dem dreidimensionalen physikalischen Raum zu verwechseln ist. Dies bedeutet, daß die Krümmung von Raum-Zeit von den Einsteinschen Gleichungen bestimmt wird, obwohl die räumliche Krümmung des physikalischen, dreidimensionalen Raumes konstant sein kann.

Bis jetzt ist nichts darüber gesagt worden, wie das räumliche Weltall mit der Zeit variieren kann. Hat der Raum zum Beispiel eine konstante positive Krümmung, dann kann man ihn sich als eine dreidimensionale Kugel vorstellen, und wenn die Zeit verstreicht, kann sich der Radius dieser Kugel verändern. Nimmt der Radius mit der Zeit zu, dann ist es sinnvoll, von einem *sich ausdehnenden Weltall* zu sprechen. Dies hat bestimmte bemerkenswerte physikalische Folgen, die weiter unten besprochen werden. Die Art und Weise, in der sich der Radius des Weltalls (oder analoger Größen, wenn das räumliche Weltall die Krümmung Null oder negative Krümmung hat) mit der Zeit verändert, wird durch die Einsteinschen Gleichungen bestimmt.

Wir können die Einsteinschen Gleichungen in Verbindung mit der Messung der *beobachtbaren Ausdehnung* des Weltalls benutzten, um sein *Alter* zu bestimmen. Ein kurzer Abriß dieser Ableitung wird in den folgenden Absätzen gegeben.

Die Einsteinschen Gleichungen lassen sich für dieses Modell (konstante Krümmung) auf zwei einfache Gleichungen reduzieren. Der Radius des Weltalls wird mit $r(t)$ bezeichnet (für den Fall positiver Krümmung; die analoge geometrische Größe für die anderen Fälle wird hier nicht beschrieben). Er kann von der Zeit t abhängen. Die Dichte der Masse im räumlichen Weltall sei ρ (ρ = Masse/Volumen) und g die allgemeine Gravitationskonstante (eine Zahl, deren Wert wir hier nicht zu wissen brauchen). Endlich sei ϵ gleich $+1, 0, -1$, je nachdem, ob das gewählte Modell ein dreidimensionaler physikalischer Raum mit konstanter positiver, Null- oder negativer Krümmung ist. Dann lassen sich die Einsteinschen Gleichungen auf

$$\frac{\epsilon}{r(t)^2} + \frac{r'(t)^2}{r(t)^2} + 2\frac{r''(t)}{r(t)} = 0 \qquad (12.7a)$$

$$\frac{\epsilon}{r(t)^2} + \frac{r'(t)^2}{r(t)^2} - \frac{1}{3} g \rho = 0 \qquad (12.7b)$$

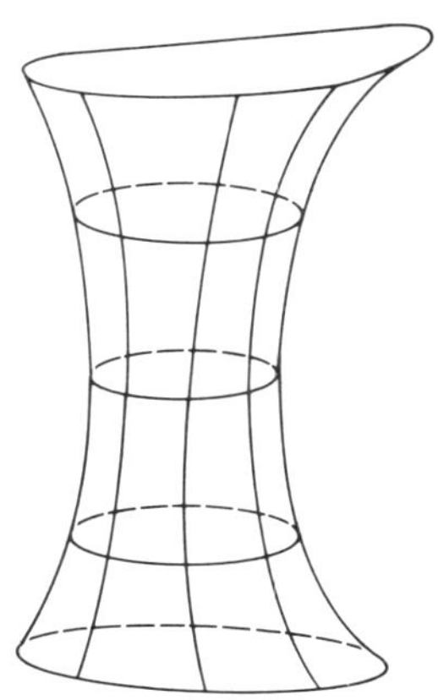

Bild 12.11

Einschaliges Hyperboloid: eine Fläche mit negativer Krümmung

reduzieren. In diesen Gleichungen bezeichnet $r'(t)$ die Ableitung von $r(t)$ in Bezug auf die Zeit t, und $r''(t)$ bezeichnet die zweite Ableitung in Bezug auf t.

Angenommen, daß wir, per definitionem, $r'(t)/r(t) = h(t)$ setzen. Dies vereinfacht die Form der Gleichungen (12.7a, b); was aber wichtiger ist: $h(t)$ hat eine interessante physikalische Bedeutung. Es stellt die Geschwindigkeit der Veränderung des Radius je Entfernungseinheit, in der der Radius gemessen wird, dar. Um die Bedeutung dieser Größe zu verstehen, wollen wir annehmen, daß das räumliche Weltall die Oberfläche eines Ballons ist (d. h. zwei- anstatt dreidimensional), und daß die Sterne in fester Lage auf die Fläche geheftete Punkte sind. Dehnt sich der Ballon aus, vergrößert sich mit der Zeit sein Radius, und die Sterne auf seiner Oberfläche entfernen sich immer weiter voneinander. Ein Beobachter, der sich auf oder in der Nähe eines dieser Sterne befindet, würde annehmen, daß alle anderen Sterne sich von ihm entfernen und daß sich sein Weltall *ausdehnt*; er hätte natürlich kein Recht, daraus zu schließen, daß sein Stern oder Planet sich in irgendeiner Hinsicht als Mittelpunkt des Weltalls auszeichnet, denn alle Beobachter im Weltall würden dasselbe Phänomen beobachten. Andererseits scheint es klar, daß die nahen Sterne scheinbar mit einer bestimmten Geschwindigkeit zurückweichen, wogegen die weiter entfernten Sterne mit viel größerer Geschwindigkeit fliehen.

Tatsächlich wird die Entfernung $D(t)$ zwischen den Sternen A und B im Bild 12.12 nur durch die Beziehung $D(t) = r(t)\,\theta$ gegeben, wobei θ der Mittelpunktswinkel ist. Daher ist die Geschwindigkeit, mit der B sich von A entfernt, die Ableitung dD/dt; da θ nicht von der Zeit abhängt, ist $dD/dt = \theta\, dr/dt = \theta\, r'(t)$. Dies drückt aus, daß die Fluchtgeschwindigkeit proportional zum Winkel ist. Daher scheinen die Sterne, die anfangs weiter von Stern A entfernt sind, sich schneller zu entfernen. Durch den Winkel θ ergibt sich in der Gleichung eine Abhängigkeit dieses Ergebnisses von der Lage des Sterns. Um diese Abhängigkeit zu eliminieren, dividieren wir die Gleichung durch $D(t)$. Dies ergibt $D'(t)/D(t) = \theta\, r'(t)/D(t) = r'(t)/r(t)$, da $D(t) = \theta\, r(t)$ ist, und zeigt, daß das Verhältnis D'/D dasselbe ist wie das Verhältnis r'/r, das wir $h(t)$ nannten. Daher liegt die Bedeutung von $h(t)$ darin, daß es *das gemeinsame Fliehen der Sterne durch den Radius des Weltalls ausdrückt.* Die Größe D'/D, die die Geschwindigkeit der Sterne geteilt durch ihre Entfernung von uns darstellt, ist als *Hubble-Expansion* bekannt; sie wurde um 1936 von dem Astronom Edwin Hubble entdeckt und gemessen.

Wir wollen festhalten, daß die Hubble-Expansion $h(t)$ experimentell bestimmt worden ist, und drücken die Einsteinschen Gleichungen (12.7a, b) durch diese Größe aus, um zu sehen, was sie über die makroskopischen Eigenschaften des Weltalls besagen, d. h. über die kosmologischen Modelle, die wir untersuchen. Nach einigen elementaren Vereinfachungen werden (12.7a, b) zu

$$\frac{\epsilon}{r^2} + 2\,h'(t) + 3\,h(t)^2 = 0 \qquad (12.8a)$$

$$\frac{3\,\epsilon}{r^2} + 3\,h(t)^2 = g\,\rho. \qquad (12.8b)$$

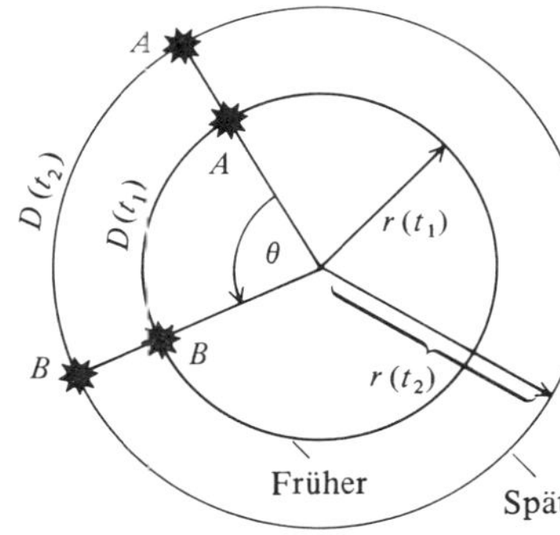

Bild 12.12
Schnittbild eines sich ausdehnenden Weltalls zu zwei verschiedenen Zeitpunkten

Unsere weiteren Untersuchungen dieser beiden Gleichungen lassen sich sehr vereinfachen, wenn wir zuerst $\epsilon = 0$ annehmen, da dann das äußerste linke Glied in jeder der Gleichungen (12.4) verschwindet, und sich

$$2\,h'(t) + 3\,h(t)^2 = 0 \qquad (12.9)$$

$$3\,h(t)^2 = g\,\rho \qquad (12.10)$$

ergibt.

Es läßt sich leicht nachprüfen, daß die Lösung der Differentialgleichung (12.9) einfach

$$h(t) = \frac{2}{3(t - t_0)} \tag{12.11}$$

ist, wobei t_0 eine Konstante ist, die der Wahl des Anfangspunktes der Zeitmessung entspricht. Setzen wir $t_0 = 0$, wird Gl. (12.11) zu

$$h(t) = \frac{2}{3t} \; . \tag{12.12}$$

Die Zeit ist in dieser Gleichung ein Maß für das *Weltalter*, denn wenn sie in (12.12) Null ist, ergibt $h(0)$ keinen Sinn, und deshalb kann die physikalische Zeit keine negativen Werte annehmen. Gleichung (12.12) sagt aus, daß beim Verstreichen der Zeit das in der Hubble-Expansion dargestellte Verhältnis abnimmt. Von wesentlich größerem Interesse ist die Tatsache, daß wir, seit die Hubble-Expansion aus Beobachtungsergebnissen für die heutige Zeit bekannt ist, durch Einsetzen dieses Beobachtungswertes eine vollständige und spezifische Altersbestimmung des Weltalls erhalten haben. Es ergibt sich dabei ein Alter von ungefähr 18 Milliarden Jahren (siehe [67] für eine detaillierte Diskussion der verschiedenen Altersabschätzungen und [83] für die modernsten Ergebnisse).

Es ist ein erstaunliches Ergebnis des Modells – das ein rein geometrisches ist –, daß es das Alter des Weltalls an eine einfach meßbare Größe wie die der Hubble-Expansion knüpft. Es ist außerdem ein ausgezeichnetes Beispiel für die Bedeutung abstrakter geometrischer Modelle für physikalische Systeme. Bevor wir uns jedoch zu sehr über dieses Ergebnis freuen, müßte es mit anderen Abschätzungsmethoden für das Weltall verglichen werden. Wir müssen auch beachten, daß die anfänglichen, auf die Geometrie und Beobachtungen gegründeten Vermutungen, die wir aufstellten, um dieses Ergebnis zu erhalten, nicht für die frühe Existenz des Weltalls gültig gewesen sein können. Es gibt keinen Grund zur Annahme, daß es gleich nach seiner „Erschaffung" allen Beobachtern glatt und gleich erschien, d. h. für sehr kleine Zeitwerte. In unserem Zusammenhang muß der Ausdruck „Alter des Weltalls" die Zeitdauer bedeuten, in der das Weltall in einem Zustand der Raumsymmetrie besteht, so daß alle Beobachter *wirklich* dieselbe Auffassung seiner räumlichen Gestalt erhalten. Eine weitere Bemerkung vereinfacht die Sache: Um das oben erwähnte Alter (18 Milliarden Jahre) zu erhalten, wurde angenommen, daß der Weltraum euklidisch wäre: $\epsilon = 0$. Dies führte zu einfachen Gleichungen; aber selbst wenn ϵ nicht gleich Null ist, ist es möglich, $h(t)$ als eine Funktion von t zu berechnen (vielleicht, indem man einen Computer für $\epsilon = -1$ benutzt). Wir finden dann als Alter immer noch 18 Milliarden, obwohl es nicht genau dasselbe ist wie das, was sich aus der euklidischen Annahme ergab.

Es gibt zwei andere Verfahren zur Altersbestimmung des Weltalls. Sie liefern tatsächlich untere Schranken für das Alter. Das eine dieser Verfahren, von zweifelhafter Gültigkeit, benötigt eine Berechnung der Zeitdauer, die die Galaxien brauchten, um ihre gegenwärtigen relativen Positionen im Weltraum einzunehmen und ist auf bestimmten Annahmen über ihre Struktur zu Anfang der Expansion des Weltalls begründet. Dieses komplizierte System führt zu einem Alter von derselben Größenordnung wie dasjenige, das durch das kosmologische Modell bestimmt wurde, aber die Einzelheiten sind viel zu schwierig, um hier besprochen zu werden. Die zweite Methode betrifft den Zerfall von Uran. Aus Untersuchungen von auf der Erde vorkommendem Uran sind seine Zerfallsgesetze genau bekannt. Weiterhin zeigen Untersuchungen der Spektraleigenschaften des Lichtes von Sternen, daß Uran auf ihnen vorkommt, und die relativen Mengen können für Sterne verschiedener Typen bestimmt werden. Die Vermutung ist, daß Uran zur selben Zeit wie andere Elemente erzeugt wurde; dies liefert ein Mittel zur Altersbestimmung von Uran und damit des Weltalls in der heutigen Form. Das Ergebnis liegt zwischen 7 bis 15 Milliarden Jahren, was auch im allgemeinen mit den Ergebnissen des kosmologischen Modells übereinstimmt.

Es ist interessant, sich daran zu erinnern, daß geologische Abschätzungen des Erdalters zwischen 2 und 4 Milliarden Jahre betragen; die Erde ist also kein Neuling auf der Himmelsbühne.

12.8. Im Dezember 1968 befreite sich der Mensch erstmals vom Einfluß der Erdanziehungskraft, als das Raumschiff Apollo 8 den Mond umflog. Der Weltraumflug befindet sich in einem Anfangsstadium. Die erforderliche Energie, um sich in den Gravitationsfeldern des Weltraums frei zu bewegen, ist gegenwärtig in chemischen Treibstoffen gespeichert, die viel Platz beanspruchen und schwer sind. Deshalb ist nur eine begrenzte Antriebskraft für Flüge möglich, und während des Raumflugs muß das Raumschiff größtenteils den geodätischen Linien des Weltraums folgen, was keinen Energieaufwand erfordert. Dies bedeutet, daß die Fähigkeit, mit großer Genauigkeit zu navigieren, eine wertvolle Kunst ist. Kann die geodätische Linie vom Ausgangs- bis zum Ankunftspunkt genau berechnet werden, dann kann die benötigte Treibstoffmenge auf ein Minimum reduziert werden, was längere und kompliziertere Fahrten möglich macht. Der Flug von Apollo 8 bestand zum Beispiel aus fünf Abschnitten. Zunächst mußte Energie aufgewendet werden, um das Raumschiff von der Erdoberfläche in die Erdumlaufbahn zu heben. Dann war zusätzliche Energie erforderlich, um das die Erde umkreisende Raumschiff auf eine Raum-Zeit-Geodäte vorwärts zu bringen, die nah an der Mondoberfläche vorbeiführte. Während dieses Flugabschnittes wurde keine Energie verbraucht, ebenso wie es keine Energie erforderte, die Bewegung entlang der Erdumlaufbahn einzuhalten, die ebenfalls eine geodätische Linie ist. Beim Erreichen der Mondnähe wurde eine kleine Energiemenge aufgewandt, um die Bewegung auf der geodätischen Linie von der Erde zum Mond auf eine neue geodätische Linie abzuändern, die um den Mond herumführt. Für die Rückkehr zur Erde wurde dieser Handlungsablauf in umgekehrter Reihenfolge wiederholt: Von der geodätischen Linie der Mondbahn zur Mond-Erde-Geodäte, dann zur Erdbahn-Geodäte und von dort zurück zur Erdoberfläche (Bild 12.13).

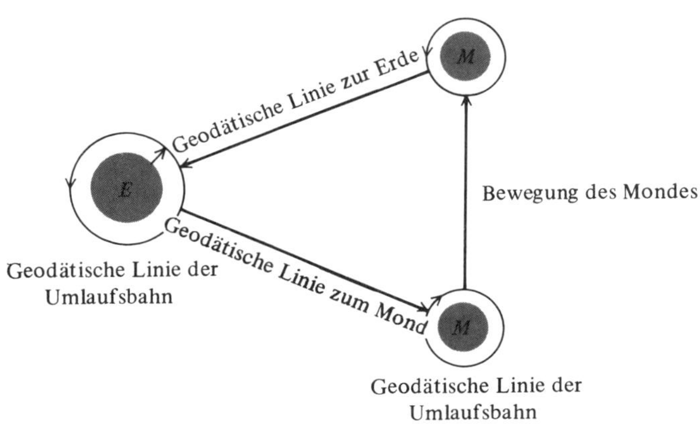

Bild 12.13
Schema des Raumflugs von Apollo 8

Da geodätische Linien in der Nähe der Sonne beinahe gerade, Erde- und Mondbahnen jedoch im dreidimensionalen Raum beinahe kreisförmig sind und selbst im leicht deformierten dreidimensionalen Raum keine geodätischen Linien sein würden, ist es klar, daß die einfachste Betrachtungsweise für Weltraumflüge der vierdimensionale Raum-Zeit-Aspekt ist. Die Situation ist ähnlich der in den Bildern 12.8 und 12.10. Da aber die Mondmasse nur ein Bruchteil der Erdmasse ist, müssen wir uns jetzt entscheiden, wie die Koordinatenachsen für die graphische Darstellung zu wählen sind, damit sich eine einfache „Karte" ergibt. Eine geeignete Annahme ist die: Die Zeitachse fällt mit dem Weg des Körpers mit der größeren Masse – der Erde – zusammen. Von der Erde aus gesehen, scheint der Mond um sie zu kreisen. Daher wird in dem Diagramm sein Weg als Schraubenlinie um die Zeitachse dargestellt (Bild 12.14). Wir könnten die Ganghöhe und den Radius der Schraubenlinie des Mondes leicht genug berechnen. Der Radius ist gleich der Entfernung Erde – Mond (der Einfachheit halber nehmen wir sie als konstant an, d. h., der Mond soll sich auf einem Kreis um die Erde bewegen). Diese Entfernung war, jedenfalls so ungefähr, schon Aristarchos bekannt. Aber Raum-Zeit-Koordinaten erfordern, daß Entfernungen und Zeiten in miteinander verträglichen Einheiten gemessen werden. Deshalb sollte diese Entfernung in Einheiten der Zeit umgerechnet werden, die das Licht braucht, um die Strecke Erde – Mond zurückzulegen, was etwa 1,29 Sekunden ergibt. Die Zeit, die der Mond für eine vollständige Windung der Schraubenlinie benötigt, ist ein Mondmonat – etwa 28 Tage. Daher ist die Ganghöhe der Schraubenlinie des Mondes um die Erde ungefähr (28 Tage)/(1,29 Sekunden) $\approx$ 2 390 000. Auf Seite 287 zeigte unsere Berechnung, daß die Ganghöhe der Schraubenlinie der Erde, wenn sie sich um die Sonne bewegt, nur etwa 65 700 ist. Dies bedeutet, daß die Schraubenlinie, die der Bewegung des Mondes um die Erde entspricht, viel eher eine Gerade ist, als die Schraubenlinie der Erdbewegung um die Sonne. Der Grund ist einfach: Das Schwerefeld der Sonne ist viel stärker als das der Erde, und deshalb verzerrt es die Raum-Zeit um ein Vielfaches mehr als es die Erde vermag, was wiederum dazu führt, daß die geodätischen Linien sich stärker von Geraden unterscheiden.

Um ohne Energie von der Erdumlaufbahn zur Mondumlaufbahn zu fliegen, müssen wir die geodätische Linie finden, die die Erdumlaufbahn und die Mondumlaufbahn

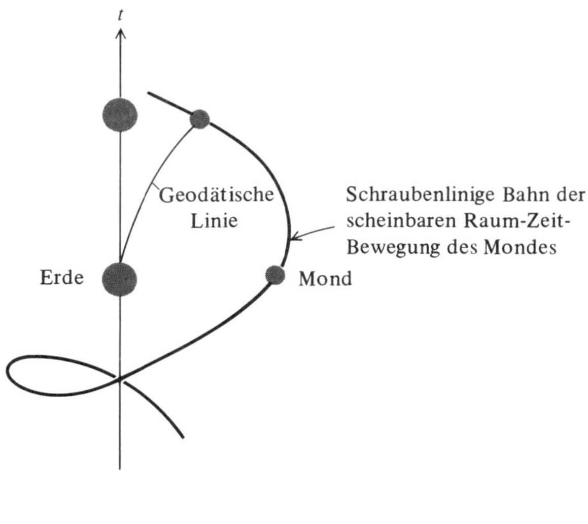

Bild 12.14

kreuzt. Dann muß genügend Energie aufgewendet werden, um das Raumschiff von der geodätischen Linie der Umlaufbahn zu der geodätischen Linie zu steuern, die von einem Himmelskörper zum anderen führt. Um den Rest der Diskussion zu vereinfachen, nehmen wir an, wir suchten eine geodätische Linie, die durch den Mittelpunkt der Erde und den des Mondes verläuft und vergessen im Augenblick die Umlaufbahnen. Dann wird eine geodätische Linie gesucht, die von der Zeitachse, die die Bahn der Erde in der Raum-Zeit bildet, zu der beinahe geraden Schraubenlinie, die die Bahn des Mondes in der Raum-Zeit ist, verläuft. In Bild 12.14 wird diese Situation dargestellt, in der eine mögliche geodätische Linie die beiden Körper verbindet. Sind die Berechnungen zur Bestimmung der geodätischen Linien nicht ganz genau, so wird das Ergebnis nicht die richtige geodätische Linie sein. Anstatt den Mond zu treffen, kommt sie ihm nur nahe, und eine *Korrektur auf halbem Wege* ist notwendig, d.h., es muß zusätzliche Energie aufgewendet werden, um das Raumfahrzeug von der beinahe richtigen geodätischen Linie zur genau richtigen zu bewegen.

Man beachte, daß das Problem, die richtige geodätische Linie zu finden, tatsächlich eine Aufgabe der Differentialgeometrie ist. Von einer anderen Seite aus betrachtet, entspricht dies dem traditionellen Problem, ein Schiff auf der Erdoberfläche von einem Punkt zum anderen auf möglichst rationelle Weise zu steuern. Die Nautik und die Differentialgeometrie sind unlösbar miteinander verbunden. Überdies sind die Raum-Zeit-Diagramme, die wir aufgezeichnet haben, wirklich *Abbildungen* der geometrischen Situation und sind dazu bestimmt, die für die Nautik wichtigen Tatsachen praktisch darzustellen. Der Mensch ist noch nicht genügend im Weltraum gereist, um die bestgeeignete Karte gefunden zu haben. Unsere Raum-Zeit-Diagramme sind weder so einfach noch so nützlich, wie die Mercatorprojektion es für ihre Zwecke war. Die Diagramme sind natürlich auch nicht völlig exakt; sie sind grobe Darstellungen, die nicht die Nebenwirkungen der Sonne und anderer Planeten berücksichtigen. Genauere Karten werden sich zweifellos aus Vermessungsarbeiten ergeben, wenn die Raumfahrt allgemein stärker verbreitet und systematischer durchgeführt wird.

Die Analogie zwischen der Erforschung der Erdoberfläche durch die Seefahrer im 15. Jahrhundert, die die weiten Strecken der Ozeane befuhren, und der Erforschung des Sonnensystems im 20. Jahrhundert durch die Astronauten, die in noch größere Weiten vordringen, ist in ihren technischen Aspekten überraschend genau. Sie deutet ebenfalls an, was die mögliche Wirkung dieser enormen und begeisternden Bemühungen auf unsere Kultur sein wird. Die wichtigsten Folgerungen aus den Erforschungen der Erde des 15. Jahrhunderts waren weder die technischen Verbesserungen, die bis in jeden „Haushalt" vordrangen, noch bestanden sie in der Entdeckung natürlicher Rohstoffe wie Gold oder Gewürze.

12.9. Das Einsteinsche Weltmodell bildet sicherlich nicht den letzten Schritt auf unserem Weg zum Verständnis der geometrischen Natur des Weltraums, aber es ist ein wichtiger Schritt in der Entwicklungsgeschichte der mathematischen Beherrschung des Weltalls durch den Menschen. Von babylonischen, arithmetischen Modellen über die synthetischen, geometrischen Modelle des Aristarchos und Ptolemäus zum analytischen, auf der Infinitesimalrechnung begründeten Modell von Newton, und weiter bis zum differentialgeometrischen Einsteinschen Modell haben die Ideen mathematischer Wissenschaftler die gesamte zivilisierte Welt beeinflußt, als die Konsequenzen ihrer Modelle bis in schwierige Einzelheiten untersucht und erforscht wurden. Der nächste bedeutende Schritt wartet auf einen unbekannten jungen Wissenschaftler, vielleicht ein Leser dieses Buches, durch dessen Vorstellungskraft und Mut zum Wagnis noch ein weiterer Name auf die Liste der *bedeutenden Mathematiker* gesetzt wird.

Übungen

12.1. Was ist ein „mathematisches Modell" der physikalischen Welt?

12.2. Beschreiben Sie kurz drei verschiedene Weltmodelle mit Angaben über ihre Beschaffenheit, ihren Ursprung und ihre Nützlichkeit.

12.3. Warum vermittelt das babylonische Weltmodell keine hinreichende Erklärung für eine Finsternis, obwohl die Zeit ihres Eintretens und ihrer Dauer mit diesem Modell exakt vorhergesagt werden kann?

12.4. $P(t) = (x(t), y(t), z(t))$ sei die Bahn eines Teilchens in einem Newtonschen Weltmodell. Es werde angenommen, daß die Koordinaten in Metern gemessen werden, und daß keine Kräfte auf das Teilchen einwirken. Außerdem werde angenommen, daß sich das Teilchen zur Zeit $t = 0$ im Nullpunkt (0, 0, 0) befindet und sich mit einer Geschwindigkeit von 2 m/s entlang der x-Achse fortbewegt.

a) Welche Gleichung muß $(x(t), y(t), z(t))$ erfüllen?

b) Schreiben Sie, unter Verwendung der obengegebenen Daten, die Lösung der Gleichungen auf. [*Hinweis*: Die allgemeine Lösung wird ähnlicher Art sein, wie die in Übung (12.3) gegebene, ohne daß jedoch eine Schwerkraft wirkt.] Der spezifische Wert der Konstanten wird durch die obengegebenen Daten bestimmt:

$$x(0) = y(0) = z(0) = 0$$

$$\frac{dx}{dt}(0) = 2 \quad \frac{dy}{dt}(0) = 0 \quad \frac{dz}{dt}(0) = 0$$

c) Wie weit wird sich das Teilchen in 10 s fortbewegt haben?

12.5. a) Ist die Situation, die in Übung 12.4 beschrieben wurde, realistisch für Teilchen in der wirklichen Welt? Warum?

b) Ist die Situation, die im Text [(12.2) und 12.3)] beschrieben wird, realistisch? Warum?

12.6. Es werde angenommen, daß eine 10-pfündige Kugel von einem 30 Meter hohen Turm fallen gelassen wird. Wenn die Gravitationskonstante $g = 980{,}665$ cm/s^2 ist, wie lange braucht die Kugel dann, um auf dem Boden aufzutreffen? [*Hinweis*: Man benutze die Lösung der Newtonschen Gleichungen, die durch Gl. (12.3) gegeben wurden.]

12.7. In den Übungen 12.4 und 12.6 ist die Bahn des sich bewegenden Gegenstandes eine Gerade, im Newtonschen Modell jedoch eine geodätische Linie. In dem einen Fall wirkt eine Kraft, im anderen Fall dagegen nicht. Worin unterscheiden sich diese Bewegungen?

12.8. Es werde angenommen, daß die Kugel in Übung 12.6 vom Turm aus in Richtung der x-Achse mit einer Geschwindigkeit von 3 m/s geworfen worden ist.

a) Auf welcher Art Kurve würde sich die Kugel fortbewegen?

b) Wie lange würde es dauern, bis sie am Boden auftrifft?

12.9. Was spielt in dem Einsteinschen Weltmodell die Rolle der Newtonschen Kräfte, die die Bewegung der Teilchen (oder astronomischer Körper) verursachen?

12.10. Geben Sie Beispiele für Situationen, in denen es praktischer ist, das
a) babylonische Weltmodell
b) Newtonsche Weltmodell
c) Einsteinsche Weltmodell
zu benutzen. Geben Sie kurze Begründungen für Ihre Wahl.

12.11. Warum zeigen die drei Tests der Einsteinschen Theorie, daß das Einsteinsche Relativitätsmodell ein besseres Weltmodell ist als das von Newton?

12.12. Im „Tischplatten-" Modell eines relativistischen Weltalls soll die Bewegung eines Teilchens, das sich der Sonne aus großer Entfernung nähert, beschrieben werden. (*Hinweis*: Es gibt mehrere verschiedene Fälle.) Ist es möglich, daß ein derartiges Teilchen in eine geschlossene Umlaufbahn um die Sonne tritt? Geben Sie Beispiele für astronomische Objekte, die sich in der Art und Weise verhalten, wie Sie sie in dieser Übung beschreiben.

12.13. Das Newtonsche Modell wurde über 250 Jahre lang verwendet, um die Bewegung astronomischer Objekte im Sonnensystem zu beschreiben. Seine Ergebnisse werden für allgemein exakt gehalten. Was bedeutet dies für das Ausmaß der Krümmung des vier-dimensionalen Weltalls in der Nähe des Sonnensystems?

12.14. Glauben Sie, daß das Weltall *endlich* und *begrenzt* ist (wie die Oberfläche einer Kugel)? Warum? Was sind die Alternativen?

Anhang

13. Die Mathematik im 20. Jahrhundert

13.1. Die Mathematik hat sich unvermindert bis ins 20. Jahrhundert weiterentwickelt und entfaltet und übt einen immer stärkeren Einfluß auf unsere Kultur aus. Man erkennt schnell die Bedeutung der Berechnung von Flugbahnen, auf denen *Apollo*-Raumschiffe zum Mond gelangten und auf denen *Mariner* und *Voyager* bis zu den äußeren Planten vorstießen. Aber diese Beispiele für die Anwendung der Mathematik in unserer heutigen Welt sind nur ein schwaches Abbild einer viel subtileren und universellen Präsenz der Mathematik, die unser Verständnis von der Struktur der physikalischen Welt kennzeichnet und die bis in unsere Sprache und unser Denken reicht.

Die beiden Hauptrichtungen des mathematischen Fortschritts, durch die die Leistungen der Mathematiker den Bedürfnissen der Zivilisation in den früheren, in diesem Buch besprochenen Zeitaltern entsprachen, behalten auch für die Entwicklungen im 20. Jahrhundert ihre Bedeutung bei. Das Studium der *geometrischen Beschaffenheit des Raumes* schließt im 20. Jahrhundert unter anderem die Vermittlung eines umfassenden Verständnisses *unendlichdimensionaler* Räume ein. In der besonderen Form der *Hilberträume* bilden sie das mathematische Fundament, auf dem die Quantentheorie aufbaut, die zu einem neuen Verständnis der physikalischen Wirklichkeit führte. Dies zeigt sich deutlich in für das vorhergehende Jahrhundert völlig unerwarteten Erfindungen, zum Beispiel in der rapiden Entwicklung von Mikrocomputern, deren Funktion auf Prozessen beruht, die in Zeit- und Raumintervallen stattfinden, die charakteristisch für Quantenphänomene sind. Die Computer, der Laser und der Kernreaktor sind drei treffende Beispiele für die symbiotische Entwicklung von Mathematik und Physik und für unsere Fähigkeit, im 20. Jahrhundert die Natur unseren Interessen dienstbar zu machen.

Zwar beruht die Funktionsweise moderner Computer völlig auf der Quantentheorie, und damit auf der Mathematik unendlichdimensionaler Räume; jedoch sind die logische Organisation der physikalischen Komponenten, aus denen sich der Computer zusammensetzt, und seine Anwendungen praktische Folgen eines weitgreifenden Fortschritts im Rahmen des zweiten unserer beiden Hauptthemen: der Entwicklung der *Fähigkeit zu rechnen.* Dieser Vorstoß wurzelt in Aristoteles' Versuch, das logische Denken zu formalisieren, und in der axiomatischen Methode, die erstmals von den griechischen Mathematikern eingeführt wurde, und in Euklids *Elementen der Geometrie*, dem bedeutenden intellektuellen Zeugnis des griechischen Altertums, ihren Ausdruck fand. Versuche, Beweis und Schlußfolgerung zu formalisieren, wurden weiterhin mit nur kümmerlichen Ergebnissen über Jahrhunderte unternommen, bis das Problem der Natur des Beweises umgewandelt und neuformuliert wurde, so daß es den mathematischen Logikern des 20. Jahrhunderts, im besonderen Kurt Gödel, möglich war, entscheidende und schokkierende Vorstöße zu machen, von denen ihre Vorgänger nicht die geringste Vorahnung hatten.

Das Wort „schockierend“ tritt in einem Mathematikbuch selten auf; jedoch scheint es das einzige zu sein, das die Lage entsprechend beschreibt. Vor dem 20. Jahrhundert entwickelte sich die Wissenschaft immer stärker in mathematische Richtung, und als es der Technologie gelang, das neuerworbene Verständnis physikalischer Prozesse zu immer komplexeren Erfindungen für das tägliche Leben zu nutzen, wuchs der Glaube an die Kraft der Vernunft und an die Mathematik als dem Gipfel der Vernunft. Vielen schien es, daß die Zukunft des Weltalls lediglich durch eine (wenn auch für die Praxis zu lange) Berechnung vorausgesehen werden könne, wenn es nur möglich wäre, alle Beobachtungen zu sammeln. Zumindest im Prinzip wurde angenommen, daß die Abläufe im physikalischen Weltall verständlich oder sogar schon größtenteils verstanden seien und daß es lediglich nötig sei, noch mehr Daten zu sammeln und die Einzelheiten mathematisch auszuarbeiten. Im besonderen wurde angenommen, daß jede wahre mathematische Behauptung *bewiesen* werden könne, obwohl der Beweis einiger Behauptungen im Vergleich zu anderen wesentlich größeren Aufwand und Genialität verlangte.

Diese Ansichten ergaben sich aus dem großen Erfolg von Newtons Theorie der klassischen Mechanik – seinen berühmten drei Gesetzen der Mechanik und dem Gravitationsgesetz – und erhielten Substanz durch die mathematischen Methoden der Differential- und Integralrechnung, die ein so wirksames Hilfsmittel wurde, daß damit scheinbar die Lösung aller physikalischen Probleme möglich war.

Dieser Glaube herrschte bis zum letzten Viertel des 19. Jahrhunderts vor. Dann jedoch kristallisierten sich zwei völlig unterschiedliche Forschungsrichtungen heraus, die beide andeuteten, daß weder die physikalischen Theorien über die Natur noch mathematische Methoden weiterhin als vollständige Beschreibungen akzeptiert werden konnten. Erst nach weiteren fünfzig Jahren, im mittleren Drittel unseres Jahrhunderts, kam man endgültig zu der Einsicht, daß weder die materielle Wirklichkeit der Natur noch die abstrakte Wirklichkeit der Mathematik jemals gänzlich erkannt werden können: Es gibt nämlich physikalische Größen, die sich nicht gleichzeitig messen lassen und wahre mathematische Behauptungen, die sich nicht beweisen lassen. In der Physik wird diese wesentliche Unvollständigkeit unseres Wissens gewöhnlich als *Heisenbergsche Unschärferelation* bezeichnet; in der Mathematik ist sie unter dem Namen *Gödelscher Unvollständigkeitssatz* bekannt.

Diese Tatsachen deuten darauf hin, daß wir durch einige Schleier nie dringen werden, daß einige Rätsel für immer ungelöst bleiben müssen; daß die Mathematik und die Gebiete, die auf ihr beruhen, eine wesentliche und unabänderliche Begrenzung haben, was viele für einen entscheidenden Mangel halten mögen. Dies sind wahrhaftig schockierende Behauptungen. Gleichzeitig sind wir jedoch in einen scheinbaren Widerspruch verwickelt, denn in den nachfolgenden Jahren, nachdem die Grenzen der physikalischen Wissenschaft und der mathematischen Methoden erkannt worden waren, machten Mathematik und Naturwissenschaft noch schnellere Fortschritte. Unser Vermögen, den Verlauf der Natur vorauszusehen und zu steuern und die noch offenstehenden Probleme der Mathematik zu lösen, entwickelte sich wesentlich wirkungsvoller als zuvor. Ordnung aus der Unsicherheit und Präzision aus der Unvollständigkeit kennzeichnen den mathematischen Fortschritt des 20. Jahrhunderts.

Wir wollen jetzt kurz einige der wesentlichsten Entdeckungen in der Mathematik des 20. Jahrhunderts beschreiben und ihre Zusammenhänge besprechen. Dabei betrachten wir zuerst die Geometrie. Der Begriff eines *unendlichdimensionalen Raumes* wurde bereits im 19. Jahrhundert aufgestellt, jedoch wurden diese Räume und ihre Transformationen erstmals systematisch und erfolgreich in den ersten Jahrzehnten dieses Jahrhunderts untersucht. Noch heute wird auf diesem Gebiet geforscht. Wir können uns den zweidimensionalen Raum als die gewöhnliche Euklidische Ebene vorstellen, deren Punkte wir mit den Koordinaten (x, y) beschreiben. Punkte in dem dreidimensionalen Euklidischen Raum haben die entsprechenden Koordinaten (x, y, z). Bei der Allgemeinen Relativitätstheorie (Kapitel 12) war es jedoch nützlich, den vierdimensionalen Raum einzuführen, dessen Punkte die Koordinaten (x, y, z, t) oder (x_1, x_2, x_3, x_4) haben, wobei x_1, x_2, x_3, x_4 unabhängige reelle Zahlen sind. Also können wir *geordnete Zahlenmengen* benutzen, um den Begriff eines Punktes für Räume von höherer Dimension zu *definieren.* Der *Vektor* vom Ursprung eines Koordinatensystems zu einem Punkt kann mit diesem Punkt und deshalb mit seinen Koordinaten identifiziert werden. Vektoren können mit Hilfe der Parallelogrammregel addiert werden (siehe Bild 13.1).

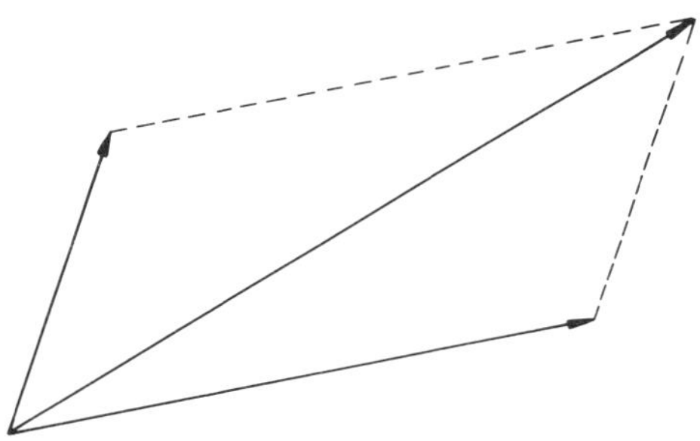

Bild 13.1
Parallelogrammregel für die Addition von Vektoren

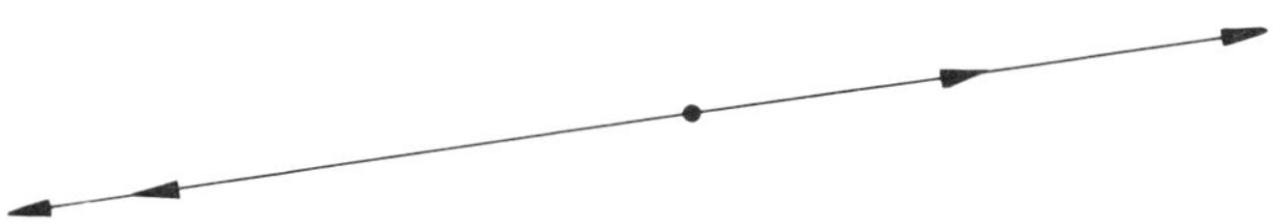

Bild 13.2 Multiplikation eines Vektors mit verschiedenen Skalaren

Da sie mit Punkten identifiziert werden können, ist die Addition von Vektoren gleich der Addition der entsprechenden Koordinaten der Vektorsummanden. Ein Vektor kann ebenfalls mit einer Zahl multipliziert werden, wodurch seine Länge und/oder seine Richtung verändert wird (vgl. Bild 13.2).

Nun betrachten wir die Menge aller *Folgen* reeller Zahlen, $V = \{(x_1, x_2, \ldots, x_n, \ldots)\}$. Wir nennen V einen *Raum* und jede Folge darin einen *Punkt.* V ist ein Beispiel für einen *unendlichdimensionalen Raum.* Indem man die entsprechenden Koordinaten addiert, können zwei Folgen addiert werden, also

$$(x_1, x_2, \ldots, x_n, \ldots) + (y_1, y_2, \ldots, y_n, \ldots) = (x_1 + y_1, x_2 + y_2, \ldots, x_n + y_n, \ldots),$$

und mit Skalaren (d. h. Zahlen) multipliziert werden,

$$a(x_1, x_2, \ldots, x_n, \ldots) = (ax_1, ax_2, \ldots, ax_n, \ldots).$$

Jede Menge mathematischer Objekte mit einer *Vektoraddition* und einer *Multiplikation mit Skalaren*, für die bestimmte natürliche Bedingungen erfüllt sind, welche die im gewöhnlichen zwei- oder dreidimensionalen Euklidischen Raum geltenden Gesetze für Vektoren verallgemeinern, heißt *Vektorraum*. Der Raum ist unendlichdimensional, wenn es unendlich viele Freiheitsgrade gibt. Dieser Begriff erhielt erst um die Jahrhundertwende eine präzise Bedeutung.

Das Euklidische *Skalarprodukt* zweier Vektoren im dreidimensionalen Raum $\mathbf{R}^3$, gegeben durch die Formel

$$\mathbf{x} \cdot \mathbf{y} = (x_1, x_2, x_3) \cdot (y_1, y_2, y_3) = x_1 y_1 + x_2 y_2 + x_3 y_3,$$

schließt als Sonderfall das Quadrat der Euklidschen *Länge* des Vektors $\mathbf{x}$ ein: Man setze $\mathbf{y} = \mathbf{x}$ und erhält

$$\mathbf{x} \cdot \mathbf{x} = x_1^2 + x_2^2 + x_3^2, \text{ gewöhnlich mit } \|\mathbf{x}\|^2 \text{ bezeichnet.}$$

Diese Formel motiviert eine Definition der Länge des Vektors in einem unendlichdimensionalen Raum. Für den unendlichdimensionalen Raum V der oben eingeführten Folgen betrachtet man die Untermenge aller Folgen, deren Quadratsumme der Vektorkomponenten konvergiert, d.h. man betrachtet

$$l^2 = \{(x_1, x_2, \ldots, x_n, \ldots) : x_1^2 + x_2^2 + \ldots + x_n^2 + \ldots < \infty\}.$$

Es ergibt sich, daß diese Untermenge von V selber ein unendlichdimensionaler Vektorraum ist, wobei der Begriff der Länge für jeden seiner Vektoren definiert ist. Ein Raum dieser Art ist ein *Hilbertraum*, nach dem deutschen Mathematiker David Hilbert (1862–1943). Das Skalarprodukt zweier Vektoren in l^2 kann als

$$\mathbf{x} \cdot \mathbf{y} = x_1 y_1 + x_2 y_2 + \ldots + x_n y_n + \ldots$$

definiert werden, wenn $\mathbf{x} = (x_1, x_2, \ldots, x_n, \ldots)$ und $\mathbf{y} = (y_1, y_2, \ldots, y_n, \ldots)$ und das Quadrat der Länge von $\mathbf{x}$

$$\|\mathbf{x}\|^2 = x_1^2 + x_2^2 + \ldots + x_n^2 + \ldots$$

sind. Die Summen konvergieren dann gegen endliche Zahlen.

Ein weiteres wichtiges Beispiel für einen Hilbertraum ist die Menge L^2 der quadratintegrierbaren Funktionen, die auf dem Einheitsintervall $[0, 1]$ definiert sind, d.h. diejenigen Funktionen f, die

$$\int_0^1 (f(x))^2 \, dx < \infty$$

erfüllen. Zu diesem Raum gehören unbeschränkte Funktionen, jedoch nur diejenigen, deren Quadrat eine endliche Fläche unter der Kurve einschließt. Ein Beispiel einer solchen Funktion ist $f(x) = x^{-1/4}$, da

$$\int_0^1 (f(x))^2 \, dx = \int_0^1 x^{-1/2} \, dx = \lim_{\epsilon \to 0} \int_\epsilon^1 x^{-1/2} \, dx = \lim_{\epsilon - 0} 2x^{1/2} \Big|_\epsilon^1 = 2$$

ist. Wenn f, g zu L^2 gehören, dann wird ihr Skalarprodukt durch

$$f \cdot g = \int_0^1 f(x)\, g(x)\, dx$$

definiert. Eine Funktion kann mit einem Skalar (d.h. mit einer Zahl) multipliziert werden, und die beiden Funktionen können in der gewöhnlichen Art und Weise addiert werden. Also ist L^2 ein unendlichdimensionaler Vektorraum mit einem Skalarprodukt, d.h. ein Hilbertraum. Um diese Folgerungen streng zu begründen, bedarf es einer *Integrationstheorie für Funktionen*, die der französische Mathematiker Henri Lebesgue (1875–1941) im Jahre 1900 aufstellte. Diese Theorie ist umfassender als diejenige von Archimedes, die Riemann in der Mitte des 19. Jahrhunderts formalisierte (vgl. Kapitel 4 und 5).

In Kapitel 8 erwähnten wir, daß eine quadratische Gleichung zweier reeller Veränderlicher x und y von der Form

$$Q(x, y) = ax^2 + bxy + cy^2 = 0$$

das algebraische Äquivalent eines geometrischen Kegelschnitts ist, d.h., daß sie einer Ellipse, einer Hyperbel oder einer Parabel entspricht. Pierre de Fermat (1601–1665) entdeckte eine wichtige Eigenschaft dieser quadratischen Funktion: das *Hauptachsentheorem*. Dieser Satz behauptet, daß es Vektoren **u** und **v** in $\mathbf{R}^2$ gibt, die in Richtung der Hauptachsen des Kegelschnitts verlaufen, und daß es reelle Zahlen α und β gibt, die die Dehnung der Kurve in diese Richtungen darstellen (Bild 13.3); in Formeln ausgedrückt:

$$Q(\mathbf{u}) = \alpha \, \|\mathbf{u}\|^2, \quad Q(\mathbf{v}) = \beta \, \|\mathbf{v}\|^2 .$$

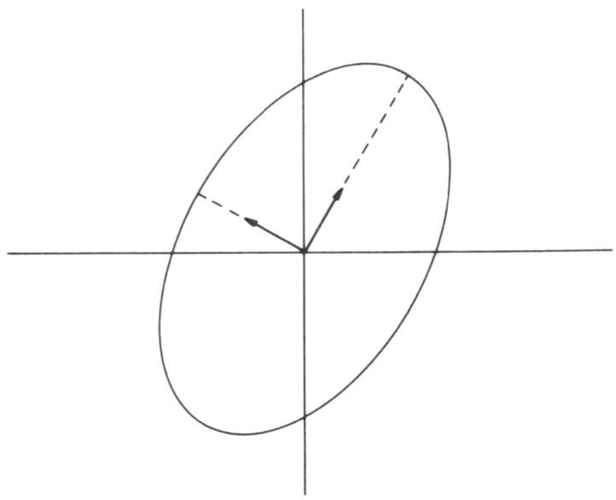

Bild 13.3
Hauptachsen einer Ellipse

Die Dehnung oder Kompression der Vektoren **u** und **v** entlang der Hauptachsen wird jeweils durch α und β beschrieben, und $\|\mathbf{u}\|$ und $\|\mathbf{v}\|$ bezeichnen die Länge von **u**, beziehungsweise **v**. Man nennt α und β *Eigenwerte* der quadratischen Funktion Q, **u** und **v** heißen *Eigenvektoren*. Die Menge der Eigenwerte der quadratischen Form ist ihr Spektrum und, wie unser Beispiel zeigt, besteht das Spektrum einer quadratischen Funktion Q zweier Veränderlichen aus genau zwei reellen Zahlen. Die Verallgemeinerung dieser einfachen Ideen auf quadratische Funktionen von Vektoren, die unendlichdimensionalen Hilberträumen angehören, führte zu der erstaunlich reichen und komplexen *Spektral-*

theorie, die deren Eigenwerte und Eigenvektoren beschreibt. Diese Theorie wurde hauptsächlich von Hilbert selber und seiner Schule im zweiten und dritten Jahrzehnt dieses Jahrhunderts ausgearbeitet.

Das Spektrum einer quadratischen Funktion in einem Hilbertraum kann zwar im allgemeinen sehr kompliziert sein, die einfachsten Beispiele imitieren jedoch das Verhalten des oben beschriebenen Spektrums der quadratischen Funktion zweier Veränderlicher: Es gibt eine unendlichdimensionale Version des Hauptachsensatzes, die eine unendliche Anzahl von Eigenvektoren $\mathbf{v}_1, \mathbf{v}_2, \ldots, \mathbf{v}_n, \ldots$ enthält, ebenso wie eine unendliche Zahl diskreter Eigenwerte $\alpha_1, \alpha_2, \ldots, \alpha_n, \ldots$, die die unendlich vielen Gleichungen

$$Q(\mathbf{v}_1) = \alpha_1 \|\mathbf{v}_1\|^2, \ldots, Q(\mathbf{v}_n) = \alpha_n \|\mathbf{v}_n\|^2, \ldots$$

befriedigen. Hierbei ist $\|\mathbf{v}\|^2 = \mathbf{v} \cdot \mathbf{v}$ die quadrierte Länge des Vektors $\mathbf{v}$ im unendlichdimensionalen Raum. 1925–1926 entdeckten Werner Heisenberg (1901–1976) und Erwin Schrödinger (1887–1961) unabhängig voneinander verschiedene spezifische Hilberträume und mit ihnen verbundene quadratische Funktionen Q. Hiermit konnten sie die experimentell erwiesene Tasache erklären, daß die möglichen Zustände eines Elektrons in einem Atom (die man sich in diesem Zusammenhang als Elektronenbahnen um den zentralen Atomkern vorstellen kann) auf eine wohldefinierte diskrete Menge beschränkt sind, die durch spezifische Energieniveaus charakterisiert ist. Es erwies sich, daß die Energieniveaus durch die Eigenwerte der quadratischen Funktionen bestimmt sind. Den experimentell beobachteten Frequenzen der Spektrallinien, die von thermisch angeregten Atomen (Bild 13.4) ausgestrahlt werden, entsprechen jeweils Differenzen zwischen zwei Eigenwerten. Diese erstaunliche Entdeckung öffnete während des folgenden Jahrzehnts den Weg zur Entwicklung der äußerst erfolgreichen Theorie atomarer Systeme, die man als *Quantenmechanik* bezeichnet.

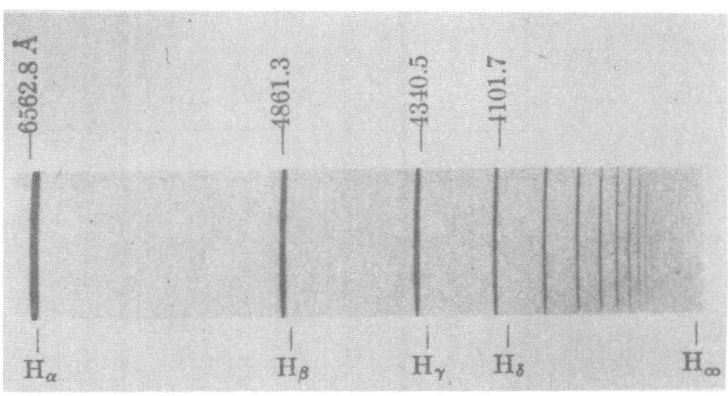

Bild 13.4
Spektrum des Wasserstoffatoms (Balmer-Serie)

Um dies etwas zu vereinfachen, wollen wir annehmen, daß das hier betrachtete physikalische System eindimensional ist und nur von x abhängt. In Schrödingers Darstellung der Quantenmechanik ist der Zustand des physikalischen Systems (z. B. eines an den Atomkern gebundenen Elektrons) durch eine Ortsfunktion ψ beschrieben, wobei $\bar{\psi}(x)\, \psi(x)\, dx$ die Wahrscheinlichkeit ist, daß das Elektron in dem „infinitesimalen Volumen" dx mit dem Mittelpunkt x gefunden werden kann (vgl. Kapitel 9); hierbei ist $\bar{\psi}$ die komplex konjugierte Funktion zu ψ. Die möglichen Zustandsfunktionen ψ gehören zu L^2 (die Funktionen können jedoch Werte annehmen, die *komplexe Zahlen* sind). Die quadratische Funktion $Q(\psi)$ ist

$$Q(\psi) = \int \overline{\psi}(x)\left(-\frac{\hbar^2}{2m}\frac{d^2}{dx^2} + V(x)\right) \psi(x)\, dx, \tag{13.1}$$

wobei $\hbar$ eine universelle Konstante ist (die „Plancksche Konstante durch 2π dividiert", was etwa $1{,}05 \times 10^{-27}$ erg sek ergibt), und $V(x)$ ist die Potentialfunktion, die zu dem System gehört (diese ist nicht zu verwechseln mit dem Vektorraum V). Für ein Elektron, das an einen Atomkern gebunden ist, beschreibt die Potentialfunktion die elektrostatische Anziehung zwischen dem Kern und dem Elektron.

Ein Postulat der Quantenmechanik ist es, daß zu jeder beobachtbaren Größe ein linearer Operator gehört, der Zustandsfunktionen des L^2 auf andere Vektoren abbildet. Insbesondere entspricht die quadratische Funktion Q in Gl. (13.1) der beobachtbaren Größe *Energie*; sie führt zu einem linearen Operator, der eine Zustandsfunktion in eine andere transformiert. Die quadratische Funktion, deren Werte Zahlen sind, kann in folgender Form ausgedrückt werden:

$$Q(\psi) = \int \overline{\psi}\, \mathfrak{Q}\, \psi\, dx,$$

wobei $\mathfrak{Q}$ ein *Operator* ist, der Vektoren in Vektoren transformiert und im allgemeinen ein Ausdruck ist, der Differentialoperatoren und Multiplikation mit gewöhnlichen Funktionen einschließt. In dem Beispiel oben ist der Operator $\mathfrak{Q}$, der der quadratischen Funktion $Q(\psi)$ in Gl. (13.1) entspricht

$$\mathfrak{Q} = -\frac{\hbar^2}{2m}\frac{d^2}{dx^2} + V(x),$$

und $\mathfrak{Q}$ verwandelt den Vektor ψ in den Vektor

$$\mathfrak{Q}\psi = -\frac{\hbar^2}{2m}\frac{d^2\psi}{dx^2} + V(x)\,\psi.$$

Die Eigenwerte α und die Eigenvektoren ψ der quadratischen Funktion $Q(\psi)$ sind genau diejenigen Zahlen und Vektoren, die die Operatorgleichung

$$\mathfrak{Q}\psi = \alpha\,\psi,$$

befriedigen, und α ist ein beobachtbarer und meßbarer Wert der physikalischen Größe, die durch $\mathfrak{Q}$ dargestellt wird.

Wenn man für alle Zustände des gegebenen physikalischen Systems gleichzeitig die Werte zweier physikalischer Größen messen kann, die beispielsweise durch die Operatoren $\mathfrak{Q}_1$ und $\mathfrak{Q}_2$ dargestellt werden, dann ist nach der vorangegangenen Diskussion $\mathfrak{Q}_1\,\psi = \alpha_1\,\psi$ und $\mathfrak{Q}_2\,\psi = \alpha_2\,\psi$. Die entsprechenden Eigenwerte sind α_1 und α_2. Daher ist

$$\mathfrak{Q}_1\mathfrak{Q}_2\,\psi = \mathfrak{Q}_1(\alpha_2\,\psi) = \alpha_2(\mathfrak{Q}_1\,\psi) = \alpha_2\alpha_1\,\psi$$

und

$$\mathfrak{Q}_2\mathfrak{Q}_1\,\psi = \mathfrak{Q}_2(\alpha_1\,\psi) = \alpha_1(\mathfrak{Q}_2\,\psi) = \alpha_1\alpha_2\,\psi,$$

so daß $\mathfrak{Q}_1\mathfrak{Q}_2\ \psi = \mathfrak{Q}_2\mathfrak{Q}_1\ \psi$ ist, woraus folgt, daß

$$\mathfrak{Q}_1\mathfrak{Q}_2 - \mathfrak{Q}_2\mathfrak{Q}_1 = 0; \tag{13.2}$$

Operatoren, die diese Beziehung befriedigen, sind *vertauschbar.*

Im umgekehrten Fall, wenn Gl. (13.2) zutrifft, kann gezeigt werden, daß die physikalischen Größen, die $\mathfrak{Q}_1$ und $\mathfrak{Q}_2$ entsprechen, gleichzeitig gemessen werden können. Die *Heisenbergsche Unschärferelation* besagt: Physikalische Größen, die nicht vertauschbaren Operatoren entsprechen, können nicht gleichzeitig gemessen werden. Der *Ort* und der *Impuls* eines Teilchens sind Beispiele für zwei physikalische Größen, deren Werte nicht gleichzeitig gemessen werden können. Der Operator, der dem Ort entspricht, multipliziert einen Zustandsvektor mit x: $\psi \to x\ \psi = \mathfrak{Q}_1\ \psi$, und der Operator, der dem Impuls entspricht, ist proportional zum Differentialoperator: $\psi \to \frac{d\psi}{dx} = \mathfrak{Q}_2\ \psi$. Diese Operatoren sind nicht vertauschbar, da

$$(\mathfrak{Q}_2\mathfrak{Q}_1 - \mathfrak{Q}_1\mathfrak{Q}_2)\ \psi = \frac{d\,(x\psi)}{dx} - x\,\frac{d\psi}{dx} = \psi,$$

das heißt, als Operatoren

$$\mathfrak{Q}_2\mathfrak{Q}_1 - \mathfrak{Q}_1\mathfrak{Q}_2 = 1 \text{ (Multiplikation mit 1).}$$

Aufgrund dieser erstaunlichen Eigenschaft der Quantenmechanik spielt die Algebra nicht vertauschbarer Operatoren in der Physik eine wichtige Rolle.

Die Regel, die die Operatorenpaare $(\mathfrak{Q}_2, \mathfrak{Q}_1)$ mit den neuen Operatoren $\mathfrak{Q}_2\mathfrak{Q}_1 - \mathfrak{Q}_1\mathfrak{Q}_2$ verbindet, kann als eine Art Multiplikationsregel für Operatoren aufgefaßt werden. In Verbindung mit der gewöhnlichen Regel für die Addition von Operatoren macht dieses Produkt (das gewöhnlich mit $[\mathfrak{Q}_2, \mathfrak{Q}_1]$ bezeichnet wird) die Operatorenmenge zu einer *Lieschen Algebra* (benannt nach dem norwegischen Mathematiker Marius Sophus Lie (1842–1899). Operatoren, die beobachtbaren Eigenschaften physikalischer Systeme entsprechen, gehören bestimmten Lieschen Algebren an, deren Struktur Symmetrien der physikalischen Systeme wiedergibt. Vom mathematischen Standpunkt aus legt die quantenmechanische Beschreibung eines bestimmten physikalischen Systems eine Liesche Algebra fest, deren Struktur die ‚Naturgesetze' umfaßt, und weiterhin legt sie einen unendlichdimensionalen Hilbertraum fest, dessen Vektoren die verschiedenen möglichen Zustandsvektoren des physikalischen Systems sind. In erster Linie besteht das Problem darin, alle möglichen expliziten Realisierungen der Lieschen Algebra des physikalischen Systems (die man als *Darstellungen* bezeichnet) als Liesche Algebren von Operatoren zu bestimmen, die auf Vektoren eines Hilbertraumes wirken. Jede Realisierung (oder Darstellung) entspricht einem möglichen physikalischen System, dessen Verhalten von den Naturgesetzen bestimmt wird, die durch die Struktur der Lieschen Algebra ausgedrückt sind. Ferner kann jede Realisierung aus bestimmten Darstellungen konstruiert werden, die als *irreduzibel* bezeichnet werden. Die irreduziblen Darstellungen sind die Bausteine für die verschiedenen möglichen Systeme. Da, wie oben erwähnt, die physikalischen Größen mit Operatoren korrespondieren, sind die beobachtbaren Werte der physikalischen Größen die Eigenwerte derjenigen Operatoren, die ihnen in den verschiedenen Darstellungen entsprechen.

Die Untersuchung der Darstellungen von Lieschen Algebren ist hauptsächlich eine Leistung des 20. Jahrhunderts, obwohl die Anfänge auf das letzte Viertel des 19. Jahrhunderts zurückgehen. Elie Cartan (1869–1951) entdeckte den engen Zusammenhang zwischen der Differentialgeometrie und Lieschen Algebren. Er wäre jedoch sehr erstaunt gewesen, hätte er gewußt, daß die Physiker seine Klassifikation der möglichen Strukturen der Lieschen Algebren benutzen würden, um die Beziehungen zwischen Elementarteilchen zu beschreiben. Währenddessen erklärte Hermann Weyl (1885–1955) in seiner Arbeit die Verbindung zwischen der Symmetrie physikalischer Systeme und den Strukturen Liescher Algebren und zeigte, wie verschiedene Darstellungen auf systematische Weise konstruiert werden können. Sowohl die mathematischen Untersuchungen der Darstellungen der Lieschen Algebren als auch ihre Anwendung auf die Beschreibung der Natur sind heutzutage weiterhin von größter Bedeutung.

Die komplexen und subtilen mathematischen Theorien unendlichdimensionaler Räume und der Darstellungen der Lieschen Algebren liefern den Rahmen, um die heutigen Theorien der Atom-, Kern- und Elementarteilchenphysik zu formulieren. Ihr Einfluß auf das tägliche Leben nimmt ständig zu; Maschinen, die auf Quantenphänomenen beruhen, werden überall verwendet. In Rechenanlagen und Uhren, in Computern für den Hausgebrauch und in Lasersystemen für die Unterhaltungselektronik, und bald auch ohne Zweifel in supraleitenden elektrischen Fernleitungen finden diese mathematischen Kenntnisse ihren physikalischen Ausdruck; so zeigt sich die starke Verbindung des Praktischen mit dem Abstrakten.

Wir wenden uns nun dem zweiten Thema zu, nämlich der *Fähigkeit zu rechnen*. Unsere Fähigkeit zu rechnen hat sich sprunghaft weiterentwickelt. Ein sichtbares und allgegenwärtiges Zeugnis davon ist der elektronische Taschenrechner. In wenigen Jahren entwickelte er sich von einer bescheidenen Maschine für die vier Grundrechenarten und für die Auswertung elementarer transzendenter Funktionen (d.h. trigonometrischer und Exponentialfunktionen sowie deren Umkehrfunktionen) in ein wesentlich stärkeres und vielseitigeres Gerät, das für unterschiedlichste Rechnungen programmiert werden kann, die große Speicher benötigen, in denen Entscheidungen getroffen werden und die Befehle für Programmverzweigungen enthalten. Dies ist jedoch irreführend, denn obwohl die Taschenrechner programmiert werden können, berechnen sie die gleichen Funktionen und rechnen im Prinzip mit Hilfe der gleichen Algorithmen, die schon früher bekannt waren und benutzt wurden. Für viele Fälle waren die Rechenmethoden bereits im 18. Jahrhundert bekannt. Rechenmaschinen rechnen lediglich viel schneller und mit weniger Fehlern als Menschen. Die Eigenschaft der Programmierbarkeit jedoch deutet auf eine neuere und subtilere mathematische Leistung hin, nämlich auf neue Vorstellungen von der Natur des Denkens.

Was ist eine *Rechnung* überhaupt? Man kann sie sich als eine bestimmte Art von *Beweis* vorstellen, dessen Resultat ein *Satz* ist. Ein Beweis ist lediglich eine Folge von Aussagen, die jeweils entweder eine Annahme (d.h. eine Aussage, die angeblich wahr ist) oder ein Lehrsatz sind, oder eine Aussage, die aus früheren Aussagen des Beweises durch *Regeln der Logik* abgeleitet wurde. Diese Regeln sind formale Aussagen des gewöhnlichen Denkprozesses aller vernünftigen Menschen. Eine dieser Regeln besagt zum Beispiel (Nummer 2 in Bild 13.7): wenn eine Behauptung oder Aussage P wahr ist, und wenn die Aussage „aus P folgt Q“ wahr ist, dann ist die Behauptung Q notwendigerweise wahr. Da jeder Schritt in einer Rechnung auf vorhergegangene Schritte folgt, unter Verwendung von Arithmetik und einigen Aussagen, die bereits als Sätze bekannt sind, ist es offensichtlich, daß eine Rechnung in der Tat eine spezielle Art von Beweis ist.

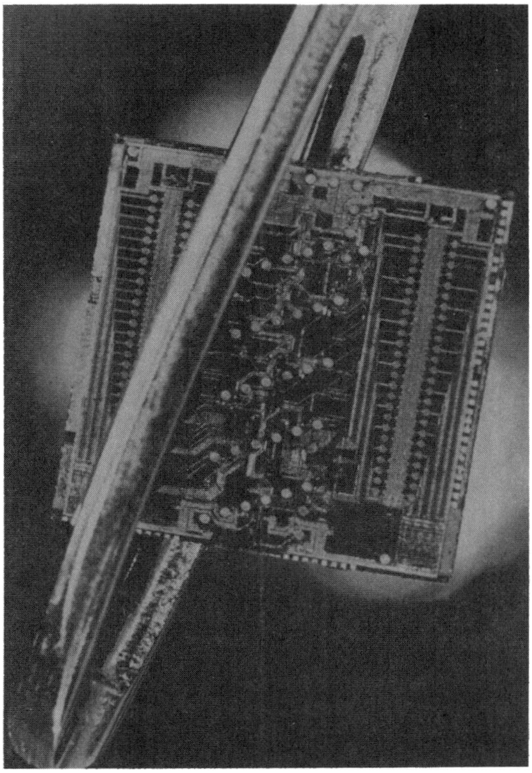

Bild 13.5
LSI-Chip (in der Öse einer Nadel zum Größenvergleich)

Erst kürzlich sind Mathematiker und Logiker sich bewußt geworden, daß jeder Beweis auch als eine Art Rechnung betrachtet werden kann, so daß zwischen diesen beiden Auffassungen tatsächlich kein Unterschied besteht. In der Tat kann jedes dieser Symbole, die für logische Aussagen innerhalb eines Beweises verwendet werden, mit Ziffern chiffriert werden, zum Beispiel mit einer Folge von Nullen und Einsen, wie es gewöhnlich gemacht wird, wenn Symbole wie die Buchstaben des Alphabets in einen Computer eingegeben werden. Rechenoperationen, die der Anwendung von Regeln der Logik entsprechen, können außerdem als Rechnungen dargestellt werden, die mit logischen Aussagen verbundene Zahlen verwenden. George Boole (1815–1864) war wahrscheinlich einer der ersten, der einen Beweis bestimmter Behauptungen auf Rechnungen reduziert hat. Die von ihm entwickelten Verfahren sind heutzutage unter Elektroingenieuren gebräuchlich, die Schaltkreise für Rechenanlagen entwerfen. Booles Idee kann folgendermaßen beschrieben werden: Man betrachte eine beliebige Aussage P, die sich aus anderen Aussagen $P_1, P_2, \ldots, P_n$ zusammensetzt (in völliger Übereinstimmung mit den Regeln der Logik) und verbunden ist durch die logischen Operationen ‚und‘, ‚oder‘, ‚nicht‘ und ‚wenn …, dann …‘. Diese Operationen werden gewöhnlich durch besondere Symbole bezeichnet, wie zum Beispiel ‚$P \wedge Q$‘ für ‚P und Q‘, ‚$P \vee Q$‘ für ‚P oder Q‘, ‚$\sim P$‘ für ‚nicht P‘ und ‚$P \Rightarrow Q$‘ für ‚wenn P, dann Q‘. Wenn wir wissen, daß jede der Aus-

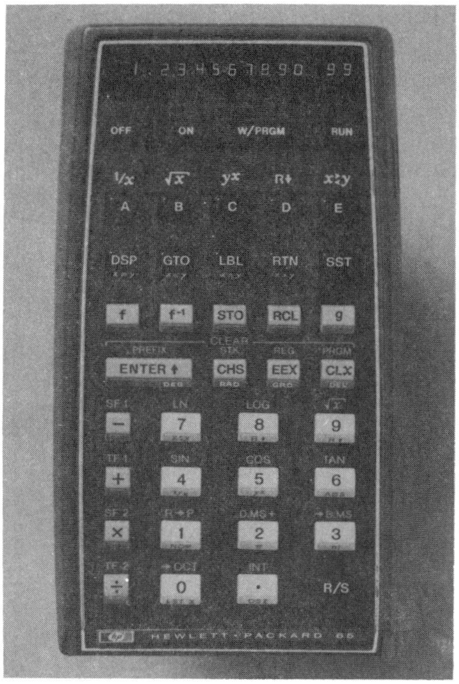

Bild 13.6
Programmierbarer Taschenrechner

Hypothesen für den Aussagenkalkül

1a. $P \Rightarrow (Q \Rightarrow P)$ 1b. $(P \Rightarrow Q) \Rightarrow ((P \Rightarrow (Q \Rightarrow R)) \Rightarrow (P \Rightarrow R))$
2. $(P \wedge (P \Rightarrow Q)) \Rightarrow Q$
3. $P \Rightarrow (Q \Rightarrow P \wedge Q)$
4a. $P \wedge Q \Rightarrow P$ 4b. $P \wedge Q \Rightarrow Q$
5a. $P \Rightarrow P \vee Q$ 5b. $Q \Rightarrow P \vee Q$
6. $(P \Rightarrow R) \Rightarrow ((Q \Rightarrow R) \Rightarrow (P \vee Q \Rightarrow R))$
7. $(P \Rightarrow Q) \Rightarrow ((P \Rightarrow \sim Q) \Rightarrow \sim P)$
8. $\sim \sim P \Rightarrow P$

Zusätzliche Hypothesen für den Prädikatenkalkül

‚x' bezeichnet eine Veränderliche und
‚c' bezeichnet eine Konstante.
‚$P(x)$' bezeichnet eine Aussage, die von der Veränderlichen x abhängt.
‚$\forall x$' bezeichnet ‚für alle x';
‚$\exists x$' bezeichnet ‚es gibt ein x, so daß'

9. Wenn $R \Rightarrow P(x)$, dann $R \Rightarrow \forall x P(x)$
10. $\forall x P(x) \Rightarrow P(c)$
11. $P(c) \Rightarrow \exists x P(x)$
12. Wenn $P(x) \Rightarrow Q$, dann $\exists x P(x) \Rightarrow Q$

Bild 13.7 Nach S. C. Kleene, *Introduction to Metamathematics,* D. van Nostrand, 1950

sagen $P_1, P_2, \ldots, P_n$ wahr ist, dann können wir entscheiden, ob die gesamte Behauptung wahr ist, indem wir die Regeln der Logik anwenden, d. h., wir können entscheiden, ob P ein wahrer Satz ist, wenn die Annahmen $P_1, P_2, \ldots, P_n$ gegeben sind. Für die Umwandlung dieses Verfahrens in eine Rechnung wollen wir eine *Wahrheitsfunktion* mit numerischem Wert definieren, so daß $t(P) = 1$ ist, wenn P eine wahre Aussage ist, und ansonsten $t(P) = 0$ ist. Dann kann leicht nachgeprüft werden, daß für alle Aussagen P und Q

$$t(P \wedge Q) = t(P)\, t(Q)$$

ist und

$$t(\sim P) = \frac{1 + (-1)^{t(P)}}{2}$$

ist. Als Anwendung dieses rechnerischen Schemas, sieht man, daß die Aussage $P \vee Q$ durch die Formel

$$P \vee Q = \sim((\sim P) \wedge (\sim Q))$$

ausgedrückt werden kann. So läßt sich $t(P \vee Q)$ ermitteln, indem die beiden obengenannten Formeln nacheinander angewendet werden. Dies ergibt

$$t(P \vee Q) = \frac{1}{2}\left[1 + (-1)^{(1 + (-1)^{t(P)} + (-1)^{t(Q)} + (-1)^{t(P) + t(Q)})\frac{1}{4}}\right],$$

was lediglich bedeutet, daß $t(P \vee Q) = 0$ ist, wenn $t(P) = t(Q) = 0$ ist, d. h., wenn P und Q beide falsch sind, und sonst $t(P \vee Q) = 1$ ist. Auf ähnliche Weise können wir $t(P \Rightarrow Q)$ aus $t(P)$ und $t(Q)$ errechnen und tatsächlich $t(P)$ aus $t(P_1), t(P_2), \ldots, t(P_n)$. Damit ist die Wahrheit der Aussagen, die lediglich die obengegebenen Operationen benutzen, d.h. die Aussagen des sogenannten *Aussagenkalküls*, auf numerische Rechnungen reduziert worden.

Die Wahrheit von Aussagen des Prädikatenkalküls kann ebenfalls auf bestimmte numerische Rechnungen reduziert werden. Eine Aussage des Prädikatenkalküls kann man sich in der folgenden Form denken: $P = P_1 \wedge P_2 \wedge P_3 \wedge \ldots \wedge P_n \wedge \ldots$. Also kann P aus einer unendlichen Zahl von Aussagen bestehen, die mittels Konjunktionen verkettet sind. Um zu ergründen, ob eine derartige Behauptung wahr ist, müssen wir den Wert des Produkts $t(P) = t(P_1)\, t(P_2)\, t(P_3) \ldots t(P_n) \ldots$ berechnen. Ist es möglich, den Wert dieses Produkts zu berechnen, welches vielleicht eine unendliche Zahl von Faktoren einschließt? Es gibt natürlich Fälle, in denen dieses möglich ist; um jedoch den Allgemeinfall zu lösen, muß man das Wesen des Rechnens verstehen und die fundamentale Frage beantworten, welche Funktionen explizit berechnet werden können. Der österreichische mathematische Logiker Kurt Gödel (1906–1978) und der englische Mathematiker Alan Turing (1912–1954) gingen dieses Problem von verschiedenen, jedoch sich ergänzenden Gesichtspunkten an.

1931 zeigte Gödel, daß es mathematische Behauptungen gibt, die weder bewiesen noch widerlegt werden können. Dies bedeutet, daß eine derartige *unentscheidbare Behauptung* nicht als letzte Aussage irgendeines Beweises erscheinen kann. Daraus folgt, daß die Auffassung mathematischer Wahrheit sich von der Auffassung mathematischer Beweisbarkeit unterscheidet. Gewisse Behauptungen, die sich seither als unentscheidbar erwiesen haben, sind im allgemeinen ziemlich kompliziert und eignen sich schlecht für eine nicht fachliche Diskussion. Viele Mathematiker glauben jedoch, daß es eine Behauptung gibt, die nicht entscheidbar ist, sich aber leicht aussprechen läßt. Gemeint ist der „Letzte Satz“ von Fermat, der behauptet, daß die Gleichung $x^n + y^n = z^n$ keine Lösung mit positiven ganzen Zahlen x, y, z und n hat, wenn n größer als 2 ist. Mit ausführlichen und umfangreichen Maschinenberechnungen hat man vergebens nach einer Lösung gesucht, was die Annahme natürlich unterstützt. Wir können uns jedoch leicht vorstellen, was es für Fermats Behauptung bedeutet, wahr oder falsch zu sein. Vielleicht ist diese Entscheidung *unmöglich*. Es gibt kompliziertere Behauptungen, deren Unentscheibarkeit man *beweisen* kann.

Die Frage, ob eine Behauptung bewiesen werden kann oder nicht, wenn Regeln der Logik und Annahmen über Zahleneigenschaften zusammen mit den Annahmen des Prädikatenkalküls in Bild 13.7 verwendet werden, fragt nach der Stärke des Systems formalen Denkens und ob es stark genug ist, alles, was wahr ist, zu erkennen. Gödels Satz beweist das Gegenteil.

Wenn unser System der Schlußfolgerung jedoch die unentscheidbare Behauptung U enthält, können wir nicht dann die Schwierigkeit umgehen, wenn wir U als eine der Annahmen des Systems betrachten? Ein weiterer Satz von Gödel vernichtet diese Hoffnung, denn er besagt, daß es eine zusätzliche Aussage gibt, die in dem neuen erweiterten System formuliert werden kann, die nicht entscheidbar ist, wenn die unentscheidbare Behauptung U den Annahmen beigefügt wird. Das Wesentliche der komplexen Systeme formalen Denkens besteht darin, daß sie nicht stark genug sind, alles zu beweisen, was wahr ist. Dies bedeutet wiederum, daß es ein Wissen gibt, das nicht aus dem formalen Denken resultiert.

1936 analysierte Turing den Rechenprozeß und zerlegte ihn in seine elementaren Bestandteile. Auf diese Weise entwickelte er die *Turingmaschine*, eine idealisierte, universelle Rechenmaschine, den abstrakten Vorgänger unserer heutigen Rechenmaschine, die ein Jahrzehnt später gebaut wurde. Eine Turingmaschine besteht aus einer in zwei Richtungen verlaufenden unendlichen Folge von Speicherstellen, dem sogenannten Rechenband. Jede dieser Stellen kann eine Informationseinheit speichern, d. h. die Binärziffern 0 oder 1. Das Rechenband kann an der Lese- und Eingabestation entlang von einer Speicherstelle zur nächsten bewegt werden. Wenn sich eine Speicherstelle am Lese- und Eingabekopf befindet, läßt sich der Inhalt der Speicherstelle verändern, oder das Band kann in eine der beiden Richtungen um eine Stelle weiterbewegt werden, je nach der darin enthaltenen Information und der jeweiligen Vorschrift. Nachdem die Vorschrift ausgeführt ist, wählt die Kontrolleinheit den nächsten Befehl aus. Die Fähigkeiten der Turingmaschine scheinen unserer intuitiven Vorstellung der Berechenbarkeit zu entsprechen. Eine bestimmte Rechnung kann so umorganisiert und chiffriert werden, daß sie sich auf einer derartigen Maschine ausführen läßt.

Wir nennen eine Funktion f berechenbar, wenn die Turingmaschine den Wert $f(x)$ errechnet und auf das Band aufschreibt, immer wenn ein x, für das die Funktion definiert ist, eingelesen wird. Sind ein x und ein Programm oder eine Regel für die Berechnung von f gegeben, dann können wir uns fragen, ob die Turingmaschine tatsächlich $f(x)$ berechnen kann und nach einer endlichen Anzahl von Rechenschritten aufhört. Turing bewies, daß es Funktionen gibt, die auf diese Weise nicht berechenbar sind. Wenn wir die Identifizierung von Rechnungen mit Beweisen akzeptieren, so zeigt Gödels Satz, daß nicht jede Funktion berechenbar ist. In der Tat: Wir numerieren alle möglichen mathematischen Behauptungen mit den natürlichen Zahlen 1, 2, ..., und betrachten die Funktion f, die so definiert ist, daß $f(x) = 1$ ist, wenn die mit x bezeichnete Behauptung wahr ist, und sonst $f(x) = 0$ ist. Gäbe es für die Turingmaschine ein Programm, das die Werte für f berechnet, dann könnten wir für jedes x die Berechnung von $f(x)$ in einen Beweis der Behauptung übersetzen, die mit x bezeichnet ist. Dies würde bedeuten, daß jede wahre Behauptung beweisbar ist, im Widerspruch zu Gödels Satz. Im Rahmen der Turingmaschine gesehen: Wenn ein x, das eine unbeweisbare, aber wahre Behauptung beschreibt, eingelesen wird, dann kann die Berechnung von $f(x)$ nicht vollendet werden, und die Maschine hört nie auf.

Wenn wir uns das menschliche Gehirn und das zentrale Nervensystem lediglich als eine komplexe biologische Rechenmaschine vorstellen, die sich, zumindestens im Prinzip, im wesentlichen nicht von elektronischen Digitalrechnern unterscheidet, dann müßten sich die Ergebnisse von Gödel und Turing auf das Denken anwenden lassen. Es müßte wahre Behauptungen geben, die im Prinzip Denkprozessen nicht zugänglich sind. Es ist noch nicht klar, welche Rolle Zufallserscheinungen in menschlichen Denkprozessen oder in der Rechentheorie vielleicht spielen mögen; wenn sie jedoch eine Rolle spielen, dann ermöglichen sie es uns vielleicht, Schlüsse über die Wahrheit zu ziehen, die über die Vernunft hinausgehen.

Obwohl die Theorien der Berechenbarkeit und der Beweisbarkeit die wesentliche Gleichheit dieser beiden Ideen gezeigt haben, halten viele Mathematiker sie in der Praxis immer noch für völlig verschieden. Daher ist ein Beweis, der als Rechnung dargestellt wird, im allgemeinen weniger elegant und gibt weniger Aufschluß als ein ‚nicht rechnerischer' Beweis. Diese Gesichtspunkte scheinen aber eher Ansichten des Geschmacks als inhaltliche Substanz zu zeigen. Der kürzlich geführte Beweis des berühmten Vierfarbenproblems (in dem behauptet wird, daß zur Darstellung jeder Karte vier Farben ausreichend sind) verwendet traditionelle Beweisverfahren in Verbindung mit gewaltigen Computerrechnungen, die weit über menschliches Vermögen hinausgehen. Zweifellos zeigt es gerade erst den Beginn einer Ära an, in der Geschwindigkeit und Genauigkeit der Rechenmaschinen dazu dienen werden, den formalen menschlichen Denkprozeß zu erweitern und zu einem gewissen Grad zu ersetzen.

Bis jetzt haben wir berechenbare Funktionen, deren Werte mit einer Turingmaschine in endlicher Zeit errechnet werden können, von nicht berechenbaren Funktionen unterschieden, bei deren Berechnung die Turingmaschine vielleicht nie zu einem Ende käme. Die Gruppe berechenbarer Funktionen kann noch weiter in Unterklassen unterteilt werden, je nach der *rechnerischen Komplexität* der verschiedenen berechenbaren Funktionen. Es existieren verschiedene Möglichkeiten, die rechnerische Komplexität zu messen. Eine dieser Möglichkeiten, die sich für unseren gegenwärtigen Zweck eignet, besteht darin, diese Komplexität im Rahmen der Zeit zu messen, die eine ideale, auf effektivste Weise programmierte Rechenmaschine benötigt, um den Wert der Funktion $f(x)$ zu berechnen. Dann muß man die größte dieser Zeitspannen betrachten, wobei x über den Definitionsbereich der Funktion f variiert. Diese Zeit wird mit $T(f)$ bezeichnet. Wenn $T(f) = \infty$ ist, dann ist f im Rahmen der vorangegangenen Diskussion nicht berechenbar, denn dies bedeutet, daß es ein x gibt, für das die Rechenmaschine oder die Turingmaschine nie stehenbleiben wird, wenn sie versucht, $f(x)$ zu berechnen. In diesem Rahmen ergibt es sich aus Gödels und Turings Resultaten, daß es Funktionen gibt, für die $T(f) = \infty$ ist.

Für die berechenbaren Funktionen f, für die $T(f) < \infty$ ist, besteht natürlich ein Unterschied darin, ob zum Beispiel $T(f) = 1$ Sekunde oder $T(f) = 10^{100}$ Sekunden ist, denn im ersten Fall können die Werte der Funktion in einer praktischen Zeitperiode berechnet werden, während die zweite viel länger ist als das geschätzte Alter des Weltalls. Kürzlich wurde bewiesen, daß es unabhängig von der Größe der Zahl N Funktionen gibt, für die $T(f) > N$ ist, d.h., es gibt Funktionen von endlicher aber beliebig großer rechnerischer Komplexität. Diese und ähnliche Resultate haben Mathematiker und Computerspezialisten zu dem Versuch veranlaßt, Funktions- und Problemgruppen nach ihrer rechnerischen Komplexität zu beschreiben, um besser zu verstehen, welche Probleme tatsächlich praktisch anstatt nur im Prinzip gelöst werden können. Bei Verwendung der Äquivalenz zwischen Beweisen und Berechnungen entsprechen diese Untersuchungen dem Studium der Klassen von Sätzen, die von Maschinen innerhalb einer angemessen kurzen Zeit bewiesen werden können und so dem schöpferischen Mathematiker nützlich sind.

Es ist noch nicht klar, ob die Erforschung der rechnerischen Komplexität zu tiefgründigen und bedeutenden mathematischen Ergebnissen führen wird. Diese Untersuchungen haben bereits überraschend anregende und möglicherweise wichtige praktische Folgen gehabt, besonders in der Anwendung auf die Kryptographie. Diese beschäftigt sich mit der Verschlüsselung einer Mitteilung, so daß lediglich ein bestimmter Empfänger, der im Besitz des ‚Schlüssels' ist, sie entziffern kann. Eine Mitteilung kann man sich als eine Folge von Symbolen denken, die einem festgelegten Inventar entnommen werden. Ohne Einschränkung der Allgemeinheit, können dies die Zahlen 0 und 1 sein. Auf diese Weise kann eine Mitteilung durch die Dualbruchentwicklung einer Zahl zwischen 0 und 1 ausgedrückt werden. Die Verschlüsselung einer Zahl besteht darin, eine Zahl durch eine andere auszudrücken. Um dies praktisch auszunutzen, muß ein Verschlüsselungsalgorithmus auf alle möglichen Mitteilungen anwendbar sein, und daraus folgt, daß jede Zahl zwischen 0 und 1 auf eine andere Zahl gleicher Art übertragen wird. Also ist die Verschlüsselungsregel lediglich eine Funktion, zum Beispiel f. Da eine praktische Regel für eine Verschlüsselung es dem vorbestimmten Empfänger erlauben muß, die chiffrierte Mitteilung zu entwirren, so muß es auch möglich sein, die Mitteilung x aus der verschlüsselten Version $f(x)$ zu berechnen. Dies bedeutet, daß die Funktion f eine Umkehrfunktion f^{-1} hat. Nehmen wir an, daß, ohne Kenntnis des Schlüssels, die Funktion f^{-1} rechnerisch komplexer als f ist. Das heißt, selbst wenn die Verschlüsselungsfunktion f mitgeteilt würde, wäre es praktisch unmöglich, f^{-1} zu berechnen und die Mitteilung, die durch f verschlüsselt ist, zu dechiffrieren.

Gewisse Funktionen und Verfahren, die in der Zahlentheorie auftauchen, scheinen diese Eigenschaften zu haben. So glauben viele Mathematiker zum Beispiel, daß die rechnerische Komplexität der Berechnung von Primfaktoren einer ganzen Zahl wesentlich größer ist als die Komplexität zur Berechnung von Produkten ganzer Zahlen. Aufgrund dieser Annahme sind Verschlüsselungsalgorithmen vorgeschlagen worden, die mit vorher ausgewählten großen Primzahlen anfangen und eine Verschlüsselungsfunktion f verwenden, deren Definition ihr Produkt, zum Beispiel P, einschließt. Für diese bestimmten Funktionen verlangt die Berechnung der Umkehrfunktion Kenntnis der Primfaktoren von P, die praktisch nicht berechenbar sind, wenn die Komplexität der Algorithmen für Faktorzerlegung tatsächlich sehr groß ist. Wer diese bestimmte Funktion angegeben hat, muß natürlich zunächst die Primfaktoren von P ausgewählt haben und daher kennen. Sie bilden den ‚Schlüssel', mit dem die Entschlüsselung möglich ist. Probleme dieser Art sind gegenwärtig Gegenstand aktiver Forschung, und man hat sich der Untersuchung von Faktorzerlegungen sowie verwandten grundlegenden Aspekten der synthetischen Zahlentheorie zugewandt, die zu den ältesten in der Mathematik zählen. Heute spielen sie auch in der praktischen Anwendung eine Rolle.

Schließlich sind unsere beiden Themen der *geometrischen Beschaffenheit des Raumes* und der *Fähigkeit zu rechnen* in uns Menschen selbst verwirklicht, und miteinander verwoben, denn in der biologischen Realisierung einer abstrakten Rechenmaschine, nämlich unseres Gehirns, vereinigen sich der Unvollständigkeitssatz und die Unschärferelation, die großen Unbestimmbarkeiten der physikalischen Wirklichkeit und des abstrakten Denkens.

Literaturverzeichnis

[1] Oscar S. Adams: *A Study of Map Projections in General*, U.S. Department of Commerce, Coast and Geodetic Survey Special Publication No. 60, Washington, 1919.
[2] American Mathematical Society: *Combined Membership List, 1966–1967*, Providence, 1967.
[3] Leo Bagrow: *Die Geschichte der Kartographie*, Berlin, Safari-Verlag, 1951.
[4] James Phinney Baxter, 3rd: *Scientists Against Time*, Little, Brown, Boston, 1946.
[5] Friedrich Bleich, C. B. McCullough, Richard Rosecrans, and George S. Vincent: *The Mathematical Theory of Vibration in Suspension Bridges*, U.S. Department of Commerce, Washington, D.C., 1950.
[6] Salomon Bochner: *Eclosion and Synthesis*, Benjamin, New York, 1969.
[7] Emile Borel: *Space and Time*, Dover, New York, 1960.
[8] Carl B. Boyer: *A History of Mathematics*, Wiley, New York, 1968.
[9] –: *History of Analytic Geometry*, Wiley, New York, 1956.
[10] Harrison Brown: *The Challenge of Man's Future*, Viking, New York, 1954.
[11] Harrison Brown, James Bonner, and John Weir: *The Next Hundred Years, Viking, New York*, 1957.
[12] Lloyd A. Brown: *The Story of Maps*, Little, Brown and Bonanza Books, Boston, 1949.
[13] Sir E. A. Wallis Budge: *Egyptian Language*, Routledge, London, 1966.
[14] Roger Burlingame: *March of the Iron Men*, Scribner, New York, 1938.
[15] Florian Cajori: *A History of Mathematical Notations*, 2 vols., Open Court, Chicago, 1928–1929.
[16] –: *The Early Mathematical Sciences in North and South America*, Richard G. Badger, Boston, 1928.
[17] –: History of the exponential and logarithmic concepts, *Amer. Math. Monthly* **20**, 5–14 (1913).
[18] John F. Campbell: *History and Bibliography of the* New American Practical Navigator *and the* American Coast Pilot. Peabody Museum, Salem, 1964.
[19] A. M. Carr-Saunders: *World Population*, Oxford University Press, Oxford, 1936.
[20] Kuan-I Chen: *World Population Growth and Living Standards*, College and University Press, New Haven, 1960.
[21] Edward Chiera: *They Wrote on Clay*, University of Chicago Press, Chicago, 1938.
[22] Julian Lowell Coolidge: *A History of Geometrical Methods*, Oxford University Press, Oxford, 1940.
[23] Giorgio De Santillana and Hertha von Dechend: *Hamlet's Mill*, Gambit, Boston, 1969.
[24] Derek J. De Solla Price: *Big Science, Little Science*, Columbia University Press, New York, 1963.
[25] –: *Science Since Babylon*, Yale University Press, New Haven, 1962.
[26] T. K. Derry and Trevor I. Williams: *A Short History of Technology*, Oxford University Press, Oxford, 1960.
[27] R. H. Dicke: Dating the galaxy by uranium decay, *Nature* **194**, 329–330 (1962).
[28] –: The earth and cosmology, *Science* **138**, 653–664 (1962).
[29] G. Waldo Dunnington: *Gauss: Titan of Science*, Hafner, New York, 1955.
[30] Arthur Stanley Eddington: *The Mathematical Theory of Relativity*, Cambridge University Press, Cambridge, 1952.
[31] Albert Einstein: *The Meaning of Relativity*, 5th ed., Princeton University Press, Princeton, N.J., 1955.
[32] Howard Eves: *An Introduction to the History of Mathematics*, 3rd ed., Holt, Rinehart and Winston, New York, 1969.

[33] Henry Faul: *Ages of Rocks, Planets, and Stars,* McGraw-Hill, New York, 1966.
[34] Frantisek Fiala: *Mathematische Kartographie,* VEB Verlag Technik, Berlin, 1957.
[35] James Kip Finch: *The Story of Engineering*, Doubleday, New York, 1960.
[36] Carl Friedrich Gauss: *Werke*, Vol. IV, Königliche Gesellschaft der Wissenschaften, Göttingen, 1873.
[37] I. J. Gelb: *A Study of Writing*, rev. ed., University of Chicago Press, Chicago, 1963.
[38] Charles Homer Haskins: *The Rise of Universities*, Cornell University Press, Ithaca, 1957.
[39] Gerald S. Hawkins: *Stonehenge Decoded*, Doubleday, New York, 1965.
[40] Sir Thomas Heath: *A History of Greek Mathematics*, 2 vols., Oxford University Press, Oxford, 1921.
[41] –: *Archimedes*, Macmillan, London, 1920.
[42] –: *Aristarchus of Samos*, Oxford University Press, Oxford, 1913.
[43] –: *The Works of Archimedes*, with a supplement, *The Method of Archimedes*, Dover, New York, o.J.
[44] George Huxley: *The Interaction of Greek and Babylonian Astronomy*, The Queen's University, Belfast, Northern Ireland, 1954.
[45] Felix Klein: Elementarmathematik vom höheren Standpunkt aus, 3. Aufl., bearbeitet von Fr. Seifarth, Berlin, Springer, 1924–28.
[46] L. Landau und E. Lifschitz: *The Classical Theory of Fields*, Addison-Wesley, Cambridge, Mass., 1951.
[47] Jose Maria Matinez-Hidalgo: *Columbus' Ships*, Barre Publishers, Barre, Mass., 1966.
[48] G. C. McVittie: *Fact and Theory in Cosmology,* Macmillan, New York,1961.
[49] Karl Menninger: *Zahlwort und Ziffer*, Vandenhoeck & Ruprecht, Göttingen, Germany, 1958.
[50] O. Neugebauer: *The Exact Sciences in Antiquity*, Brown University Press, Providence, R.I., 1957.
[51] O. Neugebauer und A. Sachs: *Mathematical Cuneiform Texts*, American Oriental Series, Vol. 29, American Oriental Society, New Haven, Conn., 1945.
[52] Leo Oppenheim: *Ancient Mesopotamia*, University of Chicago Press, Chicago, 1964.
[53] J. H. Parry: *The Age of Reconnaissance*, World, Cleveland, Ohio, 1963.
[54] Palmer Cosslett Putnam: *Energy in the Future*, Van Nostrand, New York, 1963.
[55] *Recent Developments in General Relativity;* Pergamon, New York, 1962.
[56] H. L. Resnikoff and J. L. Dolby: On the analysis of library growth, *Rice, University Studies* **55** No. 4, 55–89 (1969).
[57] David B. Steinman: *A Practical Treatise on Suspension Bridges*, 2nd ed., Wiley, New York, 1949.
[58] David B. Steinman and Sara Ruth Watson: *Bridges and Their Builders*, Dover, New York, 1957.
[59] D. J. Struik: *A Source Book in Mathematics, 1200–1800,* Harvard University Press, Cambridge, Mass., 1969.
[60] –: *A Short History of Mathematics*, 3rd ed., Dover, New York, 1968.
[61] –: *Yankee Science in the Making,* rev. ed., Collier, New York, 1962.
[62] –: *Lectures on Classical Differential Geometry*, Addison-Wesley, Cambridge, Mass., 1950.
[63] Tata Institute of Fundamental Research, School of Mathematics: *World Directory of Mathematicians, 1966*, Bombay, o.J.
[64] E. G. R. Taylor: *The Mathematical Practitioners of Tudor and Stuart England*, Cambridge University Press, Cambridge, 1967.
[65] George B. Thomas: *Calculus and Analytic Geometry*, Addison-Wesley, Cambridge, Mass., 1953.
[66] E. M. Tillyard: *The Elizabethan World Picture*, Penguin, Hammondsworth, England, 1963.
[67] R. C. Tolman: The age of the universe, *Rev. Mod. Phys.* **21**, 374–378 (1949).
[68] Stephen Toulmin and June Goodfield: *The Fabrice of the Heavens*, Harper & Row, New York, 1961.
[69] J. Tropfke: *Geschichte der Elementarmathematik in systematischer Darstellung*, zweite Auflage, sieben Bände. Walter de Gruyter & Co., Berlin, 1921–1924. Dritte Auflage der ersten vier Bände, 1930/40.
[70] U. S. Hydrographic Office: *Hydrographic Publication No. 9, American Practical Navigator*, originally by Nathaniel Bowditch, Washington, D.C.
[71] B. L. Van der Waerden: *Science Awakening*, Wiley, New York, 1963.

[72] Kurt Vogel: *Vorgriechische Mathematik,* 2 Bde., Hermann Schroedel Verlag KG, Hannover, 1959.

[73] Sir Edmund Whittaker: *From Euclid to Eddington*, Dover, New York, 1958.

[74] –: *A History of the Theories of Aether and Electricity*, Nelson, London, 1951 and 1953.

[75] John A. Wilson: *The Culture of Ancient Egypt,* University of Chicago Press, Chicago, 1951 (formerly titled *The Burden of Egypt*).

[76] E. M. Bruins: "On Plimpton 322, Pythagorean numbers in Babylonian mathematics," *Acad. v. Wetenshappen, Amsterdam. Afdeling Natuurkunde, Proc.* **52**, 629–632 (1949).

[77] –: *Codex Constantinopolitanus,* 3 vols., E. J. Brill, Leiden, 1964.

[78] T. Eric Peet, *The Rhind Mathematical Papyrus*, Liverpool Univ. Press, 1923.

[79] E. T. Whittaker, and G. N. Watson: *Modern Analysis*, Cambridge, 1927.

[80] G. Loria, *Spezielle algebraische und transzendente Ebene Kurven: Theorie und Geschichte;* I, II, B. G. Teubner, Leipzig and Berlin; 1910, 1911.

[81] O. Neugebauer, *Vorlesungen über Geschichte der Antiken Mathematischen Wissenschaften: Vorgriechische Mathematik*, Springer Verlag, New York, Heidelberg, Berlin, 1934.

[82] Camille Flammarion, *The Flammarion Book of Astronomy,* Simon and Schuster, New York, 1964.

[83] William D. Metz: The decline of the Hubble constant: a new age for the universe, *Science* **178**, 600–601 (1972).

[84] O. Neugebauer, *Mathematische Keilschrifttexte*, Quellen und Studien zur Geschichte der Mathematik, A3, Berlin, 1935.

[85] B. L. van der Waerden: *Erwachende Wissenschaft*, Basel u. Stuttgart, 1956.

[86] R. Descartes: *La Géométrie*, in: La Géométrie Analytique d'Auguste Comte, Bahl Libraire, Paris, 1894.

[87] I. J. Gelb: *Von der Keilschrift zum Alphabet*, Stuttgart, 1958.

Tabellen

Tabelle 1: Dekadische (Briggssche) Logarithmen

N	0	1	2	3	4	5	6	7	8	9
10	0000	0043	0086	0128	0170	0212	0253	0294	0334	0374
11	0414	0453	0492	0531	0569	0607	0645	0682	0719	0755
12	0792	0828	0864	0899	0934	0969	1004	1038	1072	1106
13	1139	1173	1206	1239	1271	1303	1335	1367	1399	1430
14	1461	1492	1523	1553	1584	1614	1644	1673	1703	1732
15	1761	1790	1818	1847	1875	1903	1931	1959	1987	2014
16	2041	2068	2095	2122	2148	2175	2201	2227	2253	2279
17	2304	2330	2355	2380	2405	2430	2455	2480	2504	2529
18	2553	2577	2601	2625	2648	2672	2695	2718	2742	2765
19	2788	2810	2833	2856	2878	2900	2923	2945	2967	2989
20	3010	3032	3054	3075	3096	3118	3139	3160	3181	3201
21	3222	3243	3263	3284	3304	3324	3345	3365	3385	3404
22	3424	3444	3464	3483	3502	3522	3541	3560	3579	3598
23	3617	3636	3655	3674	3692	3711	3729	3747	3766	3784
24	3802	3820	3838	3856	3874	3892	3909	3927	3945	3962
25	3979	3997	4014	4031	4048	4065	4082	4099	4116	4133
26	4150	4166	4183	4200	4216	4232	4249	4265	4281	4298
27	4314	4330	4346	4362	4378	4393	4409	4425	4440	4456
28	4472	4487	4502	4518	4533	4548	4564	4579	4594	4609
29	4624	4639	4654	4669	4683	4698	4713	4728	4742	4757
30	4771	4786	4800	4814	4829	4843	4857	4871	4886	4900
31	4914	4928	4942	4955	4969	4983	4997	5011	5024	5038
32	5051	5065	5079	5092	5105	5119	5132	5145	5159	5172
33	5185	5198	5211	5224	5237	5250	5263	5276	5289	5302
34	5315	5328	5340	5353	5366	5378	5391	5403	5416	5428
35	5441	5453	5465	5478	5490	5502	5514	5527	5539	5551
36	5563	5575	5587	5599	5611	5623	5635	5647	5658	5670
37	5682	5694	5705	5717	5729	5740	5752	5763	5775	5786
38	5798	5809	5821	5832	5843	5855	5866	5877	5888	5899
39	5911	5922	5933	5944	5955	5966	5977	5988	5999	6010
40	6021	6031	6042	6053	6064	6075	6085	6096	6107	6117
41	6128	6138	6149	6160	6170	6180	6191	6201	6212	6222
42	6232	6243	6253	6263	6274	6284	6294	6304	6314	6325
43	6335	6345	6355	6365	6375	6385	6395	6405	6415	6425
44	6435	6444	6454	6464	6474	6484	6493	6503	6513	6522
45	6532	6542	6551	6561	6571	6580	6590	6599	6609	6618
46	6628	6637	6646	6656	6665	6675	6684	6693	6702	6712
47	6721	6730	6739	6749	6758	6767	6776	6785	6794	6803
48	6812	6821	6830	6839	6848	6857	6866	6875	6884	6893
49	6902	6911	6920	6928	6937	6946	6955	6964	6972	6981
50	6990	6998	7007	7016	7024	7033	7042	7050	7059	7067
51	7076	7084	7093	7101	7110	7118	7126	7135	7143	7152
52	7160	7168	7177	7185	7193	7202	7210	7218	7226	7235
53	7243	7251	7259	7267	7275	7284	7292	7300	7308	7316
54	7324	7332	7340	7348	7356	7364	7372	7380	7388	7396

Tabelle 1 (Fortsetzung)

N	0	1	2	3	4	5	6	7	8	9
55	7404	7412	7419	7427	7435	7443	7451	7459	7466	7474
56	7482	7490	7497	7505	7513	7520	7528	7536	7543	7551
57	7559	7566	7574	7582	7589	7597	7604	7612	7619	7628
58	7634	7642	7649	7657	7664	7672	7679	7686	7694	7701
59	7709	7716	7723	7731	7738	7745	7752	7760	7767	7774
60	7782	7789	7796	7803	7810	7818	7825	7832	7839	7846
61	7853	7860	7868	7875	7882	7889	7896	7903	7910	7917
62	7924	7931	7938	7945	7952	7959	7966	7973	7980	7987
63	7993	8000	8007	8014	8021	8028	8035	8041	8048	8055
64	8062	8069	8075	8082	8089	8096	8102	8109	8116	8122
65	8129	8136	8142	8149	8156	8162	8169	8176	8182	8189
66	8195	8202	8209	8215	8222	8228	8235	8241	8248	8254
67	8261	8267	8274	8280	8287	8293	8299	8306	8312	8319
68	8325	8331	8338	8344	8351	8357	8363	8370	8376	8382
69	8388	8395	8401	8407	8414	8420	8426	8432	8439	8445
70	8451	8457	8463	8470	8476	8482	8488	8494	8500	8506
71	8513	8519	8525	8531	8537	8543	8549	8555	8561	8567
72	8573	8579	8585	8591	8597	8603	8609	8615	8621	8627
73	8633	8639	8645	8651	8657	8663	8669	8675	8681	8686
74	8692	8698	8704	8710	8716	8722	8727	8733	8739	8745
75	8751	8756	8762	8768	8774	8779	8785	8791	8797	8802
76	8808	8814	8820	8825	8831	8837	8842	8848	8854	8859
77	8865	8871	8876	8882	8887	8893	8899	8904	8910	8915
78	8921	8927	8932	8938	8943	8949	8954	8960	8965	8971
79	8976	8982	8987	8993	8998	9004	9009	9015	9020	9025
80	9031	9036	9042	9047	9053	9058	9063	9069	9074	9079
81	9085	9090	9096	9101	9106	9112	9117	9122	9128	9133
82	9138	9143	9149	9154	9159	9165	9170	9175	9180	9186
83	9191	9196	9201	9206	9212	9217	9222	9227	9232	9238
84	9243	9248	9253	9258	9263	9269	9274	9279	9284	9289
85	9294	9299	9304	9309	9315	9320	9325	9330	9335	9340
86	9345	9350	9355	9360	9365	9370	9375	9380	9385	9390
87	9395	9400	9405	9410	9415	9420	9425	9430	9435	9440
88	9445	9450	9455	9460	9465	9469	9474	9479	9484	9489
89	9494	9499	9504	9509	9513	9518	9523	9528	9533	9538
90	9542	9547	9552	9557	9562	9566	9571	9576	9581	9586
91	9590	9595	9600	9605	9609	9614	9619	9624	9628	9633
92	9638	9643	9647	9652	9657	9661	9666	9671	9675	9680
93	9685	9689	9694	9699	9703	9708	9713	9717	9722	9727
94	9731	9736	9741	9745	9750	9754	9759	9763	9768	9773
95	9777	9782	9786	9791	9795	9800	9805	9809	9814	9818
96	9823	9827	9832	9836	9841	9845	9850	9854	9859	9863
97	9868	9872	9877	9881	9886	9890	9894	9899	9903	9908
98	9912	9917	9921	9926	9930	9934	9939	9943	9948	9952
99	9956	9961	9965	9969	9974	9978	9983	9987	9991	9996

Tabelle 2: Natürliche Logarithmen

n	$\log_e n$	n	$\log_e n$	n	$\log_e n$
0.0	*	**4.5**	1.5041	**9.0**	2.1972
0.1	7.6974	4.6	1.5261	9.1	2.2083
0.2	8.3906	4.7	1.5476	9.2	2.2192
0.3	8.7960	4.8	1.5686	9.3	2.2300
0.4	9.0837	4.9	1.5892	9.4	2.2407
0.5	9.3069	**5.0**	1.6094	**9.5**	2.2513
0.6	9.4892	5.1	1.6292	9.6	2.2618
0.7	9.6433	5.2	1.6487	9.7	2.2721
0.8	9.7769	5.3	1.6677	9.8	2.2824
0.9	9.8946	5.4	1.6864	9.9	2.2925
1.0	0.0000	**5.5**	1.7047	**10**	2.3026
1.1	0.0953	5.6	1.7228	11	2.3979
1.2	0.1823	5.7	1.7405	12	2.4849
1.3	0.2624	5.8	1.7579	13	2.5649
1.4	0.3365	5.9	1.7750	14	2.6391
1.5	0.4055	**6.0**	1.7918	**15**	2.7081
1.6	0.4700	6.1	1.8083	16	2.7726
1.7	0.5306	6.2	1.8245	17	2.8332
1.8	0.5878	6.3	1.8405	18	2.8904
1.9	0.6419	6.4	1.8563	19	2.9444
2.0	0.6931	**6.5**	1.8718	**20**	2.9957
2.1	0.7419	6.6	1.8871	25	3.2189
2.2	0.7885	6.7	1.9021	30	3.4012
2.3	0.8329	6.8	1.9169	35	3.5553
2.4	0.8755	6.9	1.9315	40	3.6889
2.5	0.9163	**7.0**	1.9459	**45**	3.8067
2.6	0.9555	7.1	1.9601	50	3.9120
2.7	0.9933	7.2	1.9741	55	4.0073
2.8	1.0296	7.3	1.9879	60	4.0943
2.9	1.0647	7.4	2.0015	65	4.1744
3.0	1.0986	**7.5**	2.0149	**70**	4.2485
3.1	1.1314	7.6	2.0281	75	4.3175
3.2	1.1632	7.7	2.0412	80	4.3820
3.3	1.1939	7.8	2.0541	85	4.4427
3.4	1.2238	7.9	2.0669	90	4.4998
3.5	1.2528	**8.0**	2.0794	**95**	4.5539
3.6	1.2809	8.1	2.0919	100	4.6052
3.7	1.3083	8.2	2.1041		
3.8	1.3350	8.3	2.1163		
3.9	1.3610	8.4	2.1282		
4.0	1.3863	8.5	2.1401		
4.1	1.4110	8.6	2.1518		
4.2	1.4351	8.7	2.1633		
4.3	1.4586	8.8	2.1748		
4.4	1.4816	8.9	2.1861		

* Man subtrahiere 10 von $\log_e n$ für $n < 1.0$.

Tabelle 3: Exponentialfunktionen

x	e^x	e^{-x}	x	e^x	e^{-x}
0.00	1.0000	1.0000	**3.5**	33.115	0.0302
0.05	1.0513	0.9512	3.6	36.598	0.0273
0.10	1.1052	0.9048	3.7	40.447	0.0247
0.15	1.1618	0.8607	3.8	44.701	0.0224
0.20	1.2214	0.8187	3.9	49.402	0.0202
0.25	1.2840	0.7788	**4.0**	54.598	0.0183
0.30	1.3499	0.7408	4.1	60.340	0.0166
0.35	1.4191	0.7047	4.2	66.686	0.0150
0.40	1.4918	0.6703	4.3	73.700	0.0136
0.45	1.5683	0.6376	4.4	81.451	0.0123
0.50	1.6487	0.6065	**4.5**	90.017	0.0111
0.55	1.7333	0.5769	4.6	99.484	0.0101
0.60	1.8221	0.5488	4.7	109.95	0.0091
0.65	1.9155	0.5220	4.8	121.51	0.0082
0.70	2.0138	0.4966	4.9	134.29	0.0074
0.75	2.1170	0.4724	**5**	148.41	0.0067
0.80	2.2255	0.4493	6	403.43	0.0025
0.85	2.3396	0.4274	7	1096.6	0.0009
0.90	2.4596	0.4066	8	2981.0	0.0003
0.95	2.5857	0.3867	9	8103.1	0.0001
1.0	2.7183	0.3679	**10**	22026	0.00005
1.1	3.0042	0.3329			
1.2	3.3201	0.3012			
1.3	3.6693	0.2725			
1.4	4.0552	0.2466			
1.5	4.4817	0.2231			
1.6	4.9530	0.2019			
1.7	5.4739	0.1827			
1.8	6.0496	0.1653			
1.9	6.6859	0.1496			
2.0	7.3891	0.1353			
2.1	8.1662	0.1225			
2.2	9.0250	0.1108			
2.3	9.9742	0.1003			
2.4	11.023	0.0907			
2.5	12.182	0.0821			
2.6	13.464	0.0743			
2.7	14.880	0.0672			
2.8	16.445	0.0608			
2.9	18.174	0.0550			
3.0	20.086	0.0498			
3.1	22.198	0.0450			
3.2	24.533	0.0408			
3.3	27.113	0.0369			
3.4	29.964	0.0334			

Tabelle 4: Trigonometrische Funktionen

Winkel					Winkel				
Grad	Bogenmaß	Sinus	Kosinus	Tangens	Grad	Bogenmaß	Sinus	Kosinus	Tangens
0°	0.000	0.000	1.000	0.000					
1°	0.017	0.017	1.000	0.017	**46°**	0.803	0.719	0.695	1.036
2°	0.035	0.035	0.999	0.035	47°	0.820	0.731	0.682	1.072
3°	0.052	0.052	0.999	0.052	48°	0.838	0.743	0.669	1.111
4°	0.070	0.070	0.998	0.070	49°	0.855	0.755	0.656	1.150
5°	0.087	0.087	0.996	0.087	50°	0.873	0.766	0.643	1.192
6°	0.105	0.105	0.995	0.105	**51°**	0.890	0.777	0.629	1.235
7°	0.122	0.122	0.993	0.123	52°	0.908	0.788	0.616	1.280
8°	0.140	0.139	0.990	0.141	53°	0.925	0.799	0.602	1.327
9°	0.157	0.156	0.988	0.158	54°	0.942	0.809	0.588	1.376
10°	0.175	0.174	0.985	0.176	55°	0.960	0.819	0.574	1.428
11°	0.192	0.191	0.982	0.194	**56°**	0.977	0.829	0.559	1.483
12°	0.209	0.208	0.978	0.213	57°	0.995	0.839	0.545	1.540
13°	0.227	0.225	0.974	0.231	58°	1.012	0.848	0.530	1.600
14°	0.244	0.242	0.970	0.249	59°	1.030	0.857	0.515	1.664
15°	0.262	0.259	0.966	0.268	60°	1.047	0.866	0.500	1.732
16°	0.279	0.276	0.961	0.287	**61°**	1.065	0.875	0.485	1.804
17°	0.297	0.292	0.956	0.306	62°	1.082	0.883	0.469	1.881
18°	0.314	0.309	0.951	0.325	63°	1.100	0.891	0.454	1.963
19°	0.332	0.326	0.946	0.344	64°	1.117	0.899	0.438	2.050
20°	0.349	0.342	0.940	0.364	65°	1.134	0.906	0.423	2.145
21°	0.367	0.358	0.934	0.384	**66°**	1.152	0.914	0.407	2.246
22°	0.384	0.375	0.927	0.404	67°	1.169	0.921	0.391	2.356
23°	0.401	0.391	0.921	0.424	68°	1.187	0.927	0.375	2.475
24°	0.419	0.407	0.914	0.445	69°	1.204	0.934	0.358	2.605
25°	0.436	0.423	0.906	0.466	70°	1.222	0.940	0.342	2.747
26°	0.454	0.438	0.899	0.488	**71°**	1.239	0.946	0.326	2.904
27°	0.471	0.454	0.891	0.510	72°	1.257	0.951	0.309	3.078
28°	0.489	0.469	0.883	0.532	73°	1.274	0.956	0.292	3.271
29°	0.506	0.485	0.875	0.554	74°	1.292	0.961	0.276	3.487
30°	0.524	0.500	0.866	0.577	75°	1.309	0.966	0.259	3.732
31°	0.541	0.515	0.857	0.601	**76°**	1.326	0.970	0.242	4.011
32°	0.559	0.530	0.848	0.625	77°	1.344	0.974	0.225	4.331
33°	0.576	0.545	0.839	0.649	78°	1.361	0.978	0.208	4.705
34°	0.593	0.559	0.829	0.675	79°	1.379	0.982	0.191	5.145
35°	0.611	0.574	0.819	0.700	80°	1.396	0.985	0.174	5.671
36°	0.628	0.588	0.809	0.727	**81°**	1.414	0.988	0.156	6.314
37°	0.646	0.602	0.799	0.754	82°	1.431	0.990	0.139	7.115
38°	0.663	0.616	0.788	0.781	83°	1.449	0.993	0.122	8.144
39°	0.681	0.629	0.777	0.810	84°	1.466	0.995	0.105	9.514
40°	0.698	0.643	0.766	0.839	85°	1.484	0.996	0.087	11.43
41°	0.716	0.656	0.755	0.869	**86°**	1.501	0.998	0.070	14.30
42°	0.733	0.669	0.743	0.900	87°	1.518	0.999	0.052	19.08
43°	0.750	0.682	0.731	0.933	88°	1.536	0.999	0.035	28.64
44°	0.768	0.695	0.719	0.966	89°	1.553	1.000	0.017	57.29
45°	0.785	0.707	0.707	1.000	90°	1.571	1.000	0.000	

Sachwortverzeichnis

Kursiv gedruckte Seitenzahlen verweisen auf kursive Schlagwörter im Text.